Die Entwicklung des Verkehrs

Von

Dr.-Ing. Otto Blum

o. Professor an der Technischen Hochschule Hannover

Erster Band

Die Vergangenheit und ihre Lehren

Mit 26 Abbildungen im Text

Berlin
Verlag von Julius Springer
1941

ISBN-13: 978-3-642-89551-7   e-ISBN-13: 978-3-642-91407-2
DOI: 10.1007/978-3-642-91407-2

Vorwort.

Das vorliegende Buch wendet sich zunächst an die Studierenden der Universitäten, Technischen und anderen Hochschulen und der entsprechenden Fachschulen, für die eine grundlegende Ausbildung im Verkehrswesen notwendig ist.

Darüber hinaus soll es den jüngeren Beamten ein Wegweiser sein, um sich in die Verkehrsfragen einzuarbeiten. Es soll aber auch den schon in höheren Stellungen in den Verkehrsanstalten tätigen Männern und den Beamten der Reichs-, Staats- und Kommunalbehörden, die den Verkehr zu leiten und zu beaufsichtigen haben, ein zuverlässiges Hilfsmittel sein, um zu den so vielgestaltigen und teilweise so heiß umstrittenen Problemen des Verkehrs sachlich Stellung nehmen zu können; in ähnlicher Weise möge es den Industrie- und Handelskammern und wirtschaftlichen Körperschaften dienen.

Das Werk behandelt vorzugsweise die geschichtlichen, politischen, sozialen und wirtschaftlichen Gebiete; es geht dagegen auf die technischen (also die bau-, maschinen- und betriebstechnischen) Fragen nur insoweit ein, wie das zum Verständnis der angegebenen Gebiete notwendig ist; es werden also bei dem Leser mathematische und technische Kenntnisse nicht vorausgesetzt.

Aus den Erörterungen wurden die verkehrsgeographischen Fragen und die des Nahverkehrs (Vorort- und Stadtverkehrs) fortgelassen, weil ich diese Gebiete in meinen Büchern „Verkehrsgeographie" (Springer 1936) und „Städtebau" (Springer 1937) eingehend erörtert habe.

Die Handschrift zu dem vorliegenden Buch lag im Sommer 1939 druckfertig vor, als der Krieg ausbrach. Die Handschrift umfaßte damals im Rahmen der verschiedenen Abschnitte die Zeit bis in die „aktuelle" Gegenwart hinein; sie behandelte also auch die gewichtigen, glückverheißenden Verkehrsprobleme, die durch den Wiederaufstieg unseres Vaterlandes ausgelöst worden sind, die Rückgliederung der Ostmark und der Sudetenländer, die Erstarkung Italiens und des europäischen Südostraumes; desgleichen waren die macht- und verkehrspolitischen Fragen Ostasiens und des Großen Ozeans mitbehandelt. In besonderen Abschnitten waren die besonderen Forderungen erörtert, die die Erschließung der subtropischen und tropischen Gebiete, namentlich der Kolonien, an den Verkehr stellt, desgleichen das Problem „Krieg und Verkehr", — dieses besonders ausführlich, — nicht nur im Sinn der eigentlichen Kriegführung sondern allgemein der Machtpolitik. Da ich aber das besondere Glück hatte, alsbald zur Fahne einberufen zu werden, war 1939 an die Drucklegung nicht zu denken.

Nun hat aber der gegenwärtige Krieg dem Verkehr so viele neue Aufgaben gestellt und die Verkehrswissenschaft so bereichert, und der künftige Aufbau des europäischen Lebensraumes stellt dem Verkehr weiterhin so große und vielgestaltige Aufgaben, daß es nicht zweckmäßig war, diese Gebiete mit den schon druckfertig vorliegenden Erörterungen in demselben Buch zu vereinigen.

Demgemäß wird das Werk in zwei Bänden erscheinen. Der vorliegende Erste Band behandelt hierbei:

Die Vergangenheit und ihre Lehren,

während der später erscheinende Zweite Band behandeln wird:

Die Zukunft und ihre Aufgaben.

In ihm werden die Aufgaben erörtert werden, die durch die politischen Ereignisse von 1933 ab ausgelöst worden sind, wobei auch die Verkehrserschließung der Kolonien und das besonders wichtige Gebiet „Verkehr und Krieg" behandelt werden wird.

Durch die Aufteilung in diese beiden Bände, von denen der erste rückschauend die Vergangenheit betrachtet, während der zweite die Zukunft zu ergründen versucht, muß die Erörterung an manchen Stellen unterbrochen werden. Hierbei war es bei der Erörterung der verschiedenen Verkehrsmittel zweckmäßig, bei den einen, nämlich beim Seeverkehr und bei den Binnenwasserstraßen, die Untersuchungen fast ganz in den Ersten Band zu übernehmen, während bei den anderen Verkehrsmitteln, nämlich bei den Eisenbahnen, dem Kraftwagen- und Luftverkehr, vieles besser erst im Zweiten Band zu erörtern sein wird. Die Behandlung dieser Verkehrsmittel mag daher im Ersten Band etwas kurz erscheinen.

In dem letzten Teil des Ersten Bandes werden viele Fragen erörtert, die für Deutschland jetzt abgeklärt, also keine „Probleme" mehr sind. Der Leser möge aber berücksichtigen, daß dieser Erste Band vor allem den Zweck hat, aus der Vergangenheit Belehrung zu schöpfen.

Hannover, im Januar 1941.

O. BLUM.

Inhaltsverzeichnis.

Anhang.

Dritter Hauptabschnitt.

Die Wirkungen der fortschreitenden Verkehrsentwicklung.   193

Anhänge.

Einführung.

Da der Verkehr in seiner wahren Gestalt den meisten Laien weniger bekannt ist, als sie im allgemeinen selber glauben, erscheint es zweckmäßig, zunächst eine Reihe von Tatsachen kurz zu skizzieren, damit der Leser von Anfang an die richtige Grundanschauung erhält und nicht in den vielen, leider so weit verbreiteten Irrtümern befangen bleibt. Die nachstehenden hierzu dienenden Bemerkungen sind zum Teil ohne inneren Zusammenhang lose aneinandergereiht, und vieles ist in ihnen nur kurz angedeutet, was erst in den weiteren Abschnitten genauer ausgeführt und bewiesen werden kann.

A. Zweck des Verkehrs.

Der **Zweck des Verkehrs** ist die Ortsveränderung, und zwar der drei „Verkehrsarten" Menschen, Nachrichten und Güter. Die Verkehrsmittel haben also die Aufgabe, die geographischen Entfernungen zu überwinden, — dagegen nicht etwa, sie zu beseitigen, denn das ist unmöglich; auch der Fernsprecher und der Rundfunk schafften die Entfernungen nicht aus der Welt, sondern nur den Zeitverlust, der sonst im Verkehrswesen unvermeidlich ist.

Bei der Überwindung der Entfernungen hat der Verkehr bestimmte **Widerstände** zu überwinden. Dies ist mit Kosten, Zeitaufwand und unter Umständen auch mit Gefahren verbunden; und der Verkehr, d. h. die Verkehrsanstalten, haben die Aufgabe, die Kosten, den Zeitaufwand und die Gefahren möglichst herabzudrücken.

Die zu überwindenden Widerstände lassen sich in drei Gruppen einteilen; es sind nämlich:

a) Die jeder Fortbewegung entgegenwirkenden Naturkräfte, und zwar für die waagerechte Bewegung die Reibung und der Luftwiderstand, für die senkrechte Bewegung die Schwerkraft; — die Hebung erfolgt im Verkehr nur selten senkrecht (nämlich nur in Schleusen und im Aufzug), sonst auf schrägen Bahnen (vgl. die Aufwärtsfahrt auf Flüssen und auf steigenden Straßen und Eisenbahnen); die Hebung erfordert ungemein mehr Kraft, sie verursacht also mehr Kosten und mehr Zeitverlust als die waagerechte Fortbewegung; demgemäß ist alles Ebene dem Verkehr günstig, alles Gebirgige ungünstig.

b) Die dem Verkehr ungünstigen politischen Erscheinungen, als da sind: eine etwaige grundsätzlich verkehrsfeindliche Einstellung der Staatsgewalt (oder auch der Religion); Mißtrauen in der Außenpolitik und die daraus folgenden Paß-, Zoll-, Polizei- und Devisenschwierigkeiten an den Grenzen; ungünstige Gestalt der Staaten (vgl. die frühere Tschechoslowakei) in Verbindung mit schlechten, der Natur widersprechenden Grenzen; Kleinstaaterei (vgl. das frühere Deutschland und das bisherige Europa). Günstig ist es dagegen, wenn der Staat den Fortschritten der Technik und des Verkehrs wohlgesinnt ist, wenn er also von fortschrittfreudigen Männern geleitet wird; ungünstig kann es werden, wenn in den Verkehr zuviel strategische Erwägungen hineingeheimnist werden, oder wenn die Hauptstadt zu stark betont wird.

c) Die dem Verkehr ungünstigen geographischen Erscheinungen. Diese müssen wir im Gegensatz zu den unter a) und b) angedeuteten Kräften etwas genauer skizzieren.

Die verschiedenen Gebilde der Erdoberfläche einschließlich ihrer Wasser- und
Lufthülle können wir in verkehrstechnisch günstige und ungünstige geographische Erscheinungen einteilen.

Über all das, was günstig ist, genügen vorab wenige Worte:

Günstig ist das Einheitliche, Gleichmäßige, Gleichbleibende, Milde; günstig
ist die Ebene und die tiefe Lage (außer in gewissen Tropengegenden), das Gemäßigte im Klima, das Milde im Gebirgsaufbau; günstig ist der starke Aufschluß
des Landes durch das Meer, günstig sind große Flußsysteme; durchschnittlich am
günstigsten sind die großen Tiefebenen der gemäßigten und subtropischen Zonen,
zumal die Ebenen, die durch das Meer erschlossen sind, Seeklima haben und
durch Fruchtbarkeit ausgezeichnet sind; sie sind die großen Sammelbecken der
Menschheit und ihres Verkehrs.

Ungünstig ist dagegen allgemein das Uneinheitliche, Ungleichmäßige, das
Schroffe und Unfertige, das Gebirge und die hohe Lage; ungünstig sind starke
Klimaextreme; durchschnittlich am ungünstigsten sind die großen geschlossenen
Landmassen mit kontinentalem Klima, die Steppen und Wüsten, die Hochgebirge und die eisbedeckten Gebiete.

Im einzelnen sind die dem Verkehr ungünstigen geographischen Erscheinungen
etwa wie folgt zu kennzeichnen, wobei zu beachten ist, daß meist das, was dem Verkehr ungünstig ist, auch für die Wirtschaft und für das politische Leben, namentlich für die Staatenbildung, ungünstig ist, so daß sich die Ungunst für den Verkehr verstärkt, denn der Verkehr ist von dem Hochstand des wirtschaftlichen
und staatlichen Lebens stark abhängig.

Der Verkehr hat zwei Hauptfeinde, die ihn und die Wirtschaft unter Umständen praktisch zum Erliegen bringen können, nämlich die Kälte und die Hitze.

Die Kälte macht große Gebiete der Hochgebirge zu schweren Verkehrshindernissen, innerhalb deren der Verkehr nur mit hohen Kosten für Bau, Unterhaltung
und Betrieb und nur unter Gefahren den Naturgewalten abgetrotzt werden kann.
Sie erschwert, unterbricht und gefährdet den Verkehr außerdem in vielen Gebieten zeitweilig durch Schnee, Lawinen, Glatteis, Frost, Eisberge und Treibeis.
Vor allem aber hat die Kälte bisher den Verkehr auf den beiden Polkappen
fast vollständig verhindert; sie hat hiermit die Erdoberfläche aus einer Kugelin eine Ringfläche verwandelt; hierdurch werden wichtige Nord-Süd-Verbindungen (z. B. New York—Tokyo) in Ost-West-Verbindungen umgebogen, wodurch bedeutende Wegeverlängerungen entstehen.

Hierbei müssen aber gewisse Einschränkungen gemacht werden: Die beiden Polkappen,
die etwa ein Zwölftel der gesamten Erdoberfläche einnehmen, sind nicht mehr ohne Bedeutung für Wirtschaft und Politik und damit für den Verkehr.

Das Südpolargebiet wird allerdings größtenteils von einer Landmasse eingenommen,
die infolge ihrer Lage, ihrer großen Durchschnittshöhe ($+2200$ m!) und ihrer Eisbedeckung
wirtschaftlich fast wertlos ist; aber der umgebende Meeresring ist so reich an Walfischen,
daß er heute deren wichtigstes Fanggebiet darstellt. Und das Nordpolargebiet, das im
Gegensatz zum Südpolargebiet in der Hauptsache aus einem Meer besteht, zeigt eine reiche
Tierwelt von Eisbären, Füchsen, Renntieren, Polarrindern, Walen, Walrossen, Seehunden,
Fischen und verfügt auch über Holz und Bodenschätze (Kohlen, Erze) und über fossiles
Elfenbein. Ferner ist es durch seine reiche Küstengliederung und Inselwelt gut aufgeschlossen,
und hierbei hat der Golfstrom an einer Stelle dem Verkehr bis weit nach Norden hinauf
einen von Eis ziemlich freien Weg gebahnt; — die russische Murmanküste ist eisfrei und
hat daher eine hohe, schnell zunehmende politische Bedeutung, sie ist mit Inner-Rußland
durch eine im Weltkrieg gebaute Eisenbahn verbunden. Um die Erschließung des Nordpolargebiets kämpft vor allem Rußland; es hat sich hier drei Aufgaben gestellt: die wirtschaftliche Erschließung Sibiriens, das Schaffen einer „nördlichen Durchfahrt" vom Atlantischen Ozean nach der Beringstraße und Ostsibirien und die Einrichtung von Fluglinien,
bei denen durch Überfliegung des Nordpols die obenerwähnten großen Umwege ausgemerzt
werden sollen.

Die Hitze erzeugt als trockene Hitze die Wüsten und Steppen, als feuchte
Hitze die Urwälder der Tropen, also jene ausgedehnten Gebiete, die eine höhere

Wirtschaft nicht aufkommen lassen und dem Verkehr große Schwierigkeiten und Gefahren bereiten.

Der große Wüstengürtel, der sich durch Nordafrika — Vorderasien — Hochasien zieht, ist (trotz des Karawanenhandels) immer eine der stärksten Grenzen der Welt gewesen; er hat durch seine lähmende Kraft von den ältesten Zeiten an die Geschicke der Mittelmeerwelt, Vorderasiens, Indiens, Chinas und Rußlands stark beeinflußt; er hat ungeheure Heldentaten der Verkehrsmänner gesehen; aber ihre Leistungen hatten nie längeren Bestand. Heute wird an vielen Stellen (in Westafrika, von Ägypten, Syrien und Turkestan aus und in der Mongolei) darum gerungen, diesen breiten Trennungsgürtel endgültig zu durchbrechen. Das wichtigste Mittel hierzu ist der Eisenbahnbau (unter Umständen mit dem Kraftwagen als Vorläufer); das Ziel ist die Vorbereitung der kommenden großen machtpolitischen Auseinandersetzungen; die Träger dieser Bestrebungen sind Völker, die außerhalb des Gürtels sitzen, man kann ihn selber also als „passiv" bezeichnen. Aber in dem Gürtel selbst wächst eine große Kraft heran, die des wiedererwachenden Islam. Bereitet sich hier eine „aktive" Erscheinung vor?

Die bisher größte Leistung, die die neuzeitliche Verkehrstechnik in der Bezwingung der Wüsten vollbracht hat, ist der Bau der Eisenbahn von Ägypten nach Chartum; diese Linie — einschließlich der 354 km langen Flußstrecke Shellal—Wadi Halfa, rund 2370 km lang! — mußte 1896—98 geschaffen werden, um endlich den Mahdi niederwerfen zu können; nur auf der Grundlage dieses Bahnbaus war der Sieg von Omdurman möglich, der hiermit (wie so mancher militärische Erfolg in Kolonialgebieten) mehr als verkehrstechnischer denn als soldatischer Erfolg zu würdigen ist.

Die „Wüstenbahn" nach Chartum ist inzwischen bis El Obeid, also in das Herz des Sudans hinein, verlängert worden, also in ein wirtschaftlich wertvolles Gebiet, das ein bedeutungsvolles Land für Baumwolle, Viehzucht, Gummi usw. zu werden verspricht.

Die nächsten großen Verkehrsschöpfungen in den Wüsten dürften die Transsahara-Bahn und die Bahn durch die Mongolei sein. Wer wird diese Bahn bauen? Rußland, China, Japan? Welchen Staaten zum Nutzen? Welchen zum Leid?

Von den Urwaldgebieten ist das größte das des Amazonas; es wirkt auch heute noch trennend, obwohl es vom größten Stromgebiet der Erde erschlossen ist. Stark trennend hat in Afrika immer der Urwaldgürtel gewirkt, der der Guineaküste folgt. In diesem dichten und sehr ungesunden Wald konnten die Urwaldneger dem Eindringen der Sudanneger und Araber, die von Norden her vorstoßen wollten, und später dem der Europäer, die von der Küste her vorgingen, stärksten Widerstand entgegensetzen. Infolgedessen ging der Handel jahrtausendelang trotz aller Schwierigkeiten nach Norden durch die Wüste zum Mittelmeer; erst der neuzeitlichen Technik ist es gelungen, von der Küste her den Urwald zu durchbrechen und daher den Sudan nach Süden zu öffnen; hierdurch ist der Saharaverkehr gemindert worden, aber er wird in unsern Tagen durch Eisenbahn und Kraftwagen wieder zu neuem Leben erweckt.

Neben den vorstehend skizzierten Hauptfeinden des Verkehrs (und der Wirtschaft) und neben den steilen Erhebungen sind noch folgende ungünstige geographische Bildungen minderen Grades zu nennen:

Die unklaren Übergänge zwischen Land und Wasser (Watten, Haffe, Lagunen, seichte Meereseinbrüche, dazu wandernde Sande und Dünen); ausgedehnte Wälder, auch wenn es sich nicht um tropische Urwälder handelt; Moore und Sümpfe; ferner Gebiete mit den Krankheitsträgern, die die großen Seuchen der Menschen und ihrer Nutztiere hervorrufen.

Die Versumpfung der Niederungen hat die Verkehrsentwicklung Deutschlands stark beeinflußt, denn solange die Niederungen nicht entsumpft waren, mußten die Wege über die trockenen Bergränder gelegt werden, vgl. die „Bergstraßen" und die „Hellwege"; und da an diesen viele wichtige Orte entstanden sind, wurde auch für die Eisenbahnen (namentlich für die ersten) die Linienführung über die Höhen gewählt, vgl. die Oberrheinische Ebene und den Nordrand der deutschen Mittelgebirge; und noch heute spielt im Verkehrsnetz der Norddeutschen Tiefebene der Unterschied zwischen Geest und Marsch eine Rolle; hier haben auch die „Moorpässe", d. h. die schmalen, trockenen Durchgangsstellen zwischen den Mooren, die Linienführung von Eisenbahnen und Straßen stark beeinflußt. — Besonders kritisch sind die Sümpfe in Rußland, wo man sich in weiten Gebieten zwar im Winter bei Frost und im Sommer bei trockener Hitze, nicht aber in den Übergangsjahreszeiten bewegen kann; — die Unkenntnis dieser geographischen Erscheinung hat uns im Weltkrieg schwer geschadet! — Welche Hindernisse dichte Wälder, namentlich wenn sie versumpft sind, dem Verkehr bereiten, können wir heute in den Kulturländern nur noch in Naturschutzparks studieren; aber die Römer hatten vor unsern Wäldern solchen Respekt, daß sie die Gebirge nicht „montes", sondern „silvae" nannten. — Die dichten Wälder haben uns im Weltkrieg stark aufgehalten; 1939/40 sind sie von uns glatt durchbrochen worden.

Den vorstehend skizzierten ungünstigen geographischen Erscheinungen sind noch die beiden großen „Wasserwüsten" des Großen und des (südlichen) Indischen Ozeans hinzuzurechnen.

Hiermit nehmen die ungünstigen Gebiete den weitaus größeren Teil der Erde ein, während die günstigen Gebilde nur von bescheidenem Umfang sind. Die günstigen Gebiete kann man wie folgt einteilen:

Die erste Gruppe bilden bestimmte großräumige Gebiete, besonders die drei Mittelmeergebiete (reiche Küstengliederung und Inselbildung, günstiges Klima, hohe Fruchtbarkeit, teilweise auch Bodenschätze, namentlich Öl und Erze), die großen Tiefebenen der gemäßigten Zonen, einzelne Beckenlandschaften (Lombardei, Ungarn).

Die zweite Gruppe bilden jene zwar nur mittelgroßen, aber gerade für den Verkehr (und die Wirtschaft) besonders wichtigen schmalen langgestreckten Gebiete, die meist als „Linien" bezeichnet werden, besser aber „Bänder" genannt werden; denn sie haben immer eine gewisse Breite, so daß oft auf ihnen mehrere Parallelwege entstehen bzw. geschaffen werden müssen. Zu nennen sind die Küsten, Flüsse, Täler und Gebirgsränder. Dazu kommen die für das Wirtschaftsleben so bedeutungsvollen und daher den Verkehr anlockenden Bänder besonders hoher Fruchtbarkeit (meistens Küstenstreifen oder bestimmte Talseiten oder Gebirgsränder) und die durch Bodenschätze ausgezeichneten „Linien" der Salze, Öle, Kohlen, Erze und Heilquellen.

Die dritte Gruppe bilden die durch ihre verkehrsgeographische Lage ausgezeichneten kleinen Räume, die wir meistens „Punkte" nennen, die aber in Wirklichkeit kleine Räume sind. Viele von ihnen steigen zu den maßgebenden Umschlag- und Knotenpunkten der Verkehrsnetze auf und führen zur Bildung des überhaupt größten Städtetyps, nämlich der vereinigten Verkehrs-, Handels- und Industriestadt, die oft auch Landeshauptstadt und großer Waffenplatz ist. Zu nennen sind die Zentralpunkte einheitlicher Räume (Paris, Prag, Mailand, auch Stuttgart und Budapest); ferner die Endpunkte der besonders gut wegsamen Flächen, namentlich die „Spitzenpunkte" der Meeresbuchten (Hamburg, Lübeck, London, Genua, Buenos Aires, Kalkutta) und der Binnenseen (Genf, Luzern, Zürich, Chicago); sodann die Endpunkte der verkehrsschwierigen Gebiete, also die Endpunkte von Gebirgen, Wüsten, Steppen, Sümpfen; schließlich alle Arten von „Pässen", zu denen aber nicht nur die Gebirgspässe, sondern auch die guten Brückenstellen und alle Arten von Land- und Meerengen zu rechnen sind. — Bei der überragenden Bedeutung, die im Verkehrswesen die „Stationen" und namentlich die Knotenpunkte gegenüber den „freien Strecken" haben, bilden diese „Punkte" im allgemeinen die überhaupt wichtigsten Grundlagen für die Netzgestaltung; wir müssen uns daher noch viel mit ihnen beschäftigen.

B. Kenntnisse, deren der Verkehrsfachmann bedarf.

Bei dieser Fülle von ungünstigen und günstigen Erscheinungen ist es offensichtlich Aufgabe des Verkehrs, d. h. des Verkehrsfachmanns, insbesondere des trassierenden Ingenieurs, der die Bahnen sucht und die Netze gestaltet, alles Günstige so stark wie möglich auszunutzen und das Ungünstige zu vermeiden oder zu überwinden. Die hierzu erforderlichen Kenntnisse erschöpfen sich aber nicht im Technischen, es sind vielmehr außerdem geographische, geologische und volkswirtschaftliche Kenntnisse notwendig und außerdem die Fähigkeit, die politischen und militärischen Möglichkeiten und Notwendigkeiten beurteilen zu können.

Daß geographische Kenntnisse erforderlich sind, um eine einzelne Linie richtig zu führen oder gar ein ganzes Verkehrsnetz richtig gestalten zu können, ist so selbstverständlich, daß man dies eigentlich gar nicht erwähnen dürfte; aber abgesehen davon, daß die Geographie in der sog. „allgemeinen Bildung" leider stark vernachlässigt wird, ist hier auf folgende Punkte hinzuweisen: Die kühnen Entdecker und großen Forscher und die Vertreter der geographischen Wissenschaften haben uns allerdings über die Kontinente und Meere und die Lufthülle ein so zuverlässiges Wissen zur Verfügung gestellt, daß grobe Fehler bei der Gestaltung des Verkehrs heute nicht mehr vorkommen dürften. Aber schon das Kartenwesen ist außerhalb der sog. „Vollkulturländer" noch so wenig entwickelt, daß eingehende Bereisungen und landmesserische Aufnahmen erforderlich werden. Im Weltkrieg haben z. B. für das Trassieren von Bahnen die Karten von Frankreich gut ausgereicht, die von Rußland dagegen bei weitem nicht.

Große Vorsicht ist sodann den klimatischen Verhältnissen gegenüber geboten, und zwar besonders aus folgendem Grund: Die Verkehrstechnik ist wie die allgemeine neuzeitliche Technik größtenteils in Westeuropa geschaffen worden. Hier herrscht aber ein für den Verkehr ungewöhnlich günstiges mildes Seeklima. Die weitaus größten Gebiete der Erde zeigen aber starke, dem Verkehr ungünstige Klimaextreme, an die der Westeuropäer zunächst nicht glauben will; namentlich unterschätzt er die Gefahren des Wassers, des Schnees und der Kälte, und hierdurch werden trotz aller bösen Erfahrungen immer wieder schwere Fehler gemacht, aber nicht nur im Verkehr, sondern auch bei der allgemeinen Erschließungstätigkeit, im Siedlungswesen und in der Kriegführung. Im Weltkrieg hat uns das Klima in Rußland böse Überraschungen bereitet, noch bösere in Mazedonien und Palästina. In Sibirien haben die Russen offensichtlich den Einfluß der Kälte unterschätzt, desgleichen die Japaner in der Mandschurei; dagegen ist die Eroberung Abessiniens durch Italien unter sorgfältigster Beachtung des sehr schwierigen Klimas vorbereitet und durchgeführt worden. — Allgemein muß sich der Westeuropäer von der Meinung frei machen, daß unser Klima das „normale" wäre; in Wahrheit wohnen wir in einem „anormalen", nämlich einem ungewöhnlich milden Klima; „normal" aber sind auf der weiten Erde die Klimaextreme, in Hitze und Kälte, Feuchtigkeit und Trockenheit.

Die geographischen Kenntnisse des Verkehrsingenieurs müssen durch geologische ergänzt und vertieft werden; denn der Verkehr hat es nicht nur mit der Erdoberfläche, sondern auch mit der Tiefe, mit der Erdrinde, den Schichten, ihren Bodenschätzen und ihrem Wasser zu tun.

Zunächst sind beim Festlegen der neuen Verkehrswege, insbesondere ihrer Brücken, Tunnel und „Stationen" (z. B. der Häfen) die gesamten geologischen Verhältnisse sorgfältig zu beachten, weil alle ungünstigen Verhältnisse vermieden, alle günstigen aufgesucht werden müssen, denn die einen verteuern und gefährden Bau, Betrieb und Unterhaltung, die andern dagegen verbilligen und erleichtern alles. Namentlich ist dies für das Hochgebirge von Bedeutung, ferner für alle Gebiete, die einmal vergletschert waren (z. B. für große Teile der Norddeutschen Tiefebene und das Alpenvorland), ferner für die vulkanischen Gebiete. Der trassierende Ingenieur benutzt außerdem oft Bildungen verschiedener geologischer Zeitalter, z. B. zerrissene oder zusammengesetzte Täler oder Inselketten, die früheren zusammenhängenden Gebirgen entsprechen, oder Oasenketten, die im Zuge eines früheren Flusses liegen, oder z. B. in der Norddeutschen Tiefebene die alten Urstromtäler zum Bau von Kanälen und Eisenbahnen. In all solchen Fällen lehrt uns die Geologie, wie man die heutigen Zustände aus ihrer Entstehung zu betrachten hat, und sie zeigt uns Zusammenhänge, die uns bei nurgeographischer Betrachtung nicht genügend anschaulich werden. Demgemäß sind auch die geologischen Karten von großer Bedeutung für das Trassieren und den Bau von Großanlagen, namentlich von Häfen.

Ferner gibt uns die Geologie wichtige und oft die überhaupt wertvollsten Aufschlüsse über die Fruchtbarkeit der Böden und über die Bodenschätze, also über die Grundlagen, die das wirtschaftliche Leben (Land- und Forstwirtschaft und Industrie) und hiermit die Größe und die Art des Verkehrs am stärksten beeinflussen. Bei den Bodenschätzen ist hierbei nicht nur an Kohle, Öl, Erze, Salze, Erden und Steine, sondern vor allem auch an das Wasser zu denken. — Die Bodenschätze liegen, ihrer geologischen Entstehung entsprechend, oft auf bestimmten „Linien" (oder vielmehr Bändern, s. o.); auf ihnen verdichtet sich das gewerbliche Leben besonders stark, und demgemäß müssen auf ihnen auch die Verkehrswege besonders zahlreich und leistungsfähig ausgebaut werden; das bedeutungsvollste derartige „Band" ist in Europa das dem Nordrand der Mittelgebirge folgende „Kohlenband" Lens—Charleroi—Aachen—Essen —Hannover—Leipzig—Oberschlesien—Lemberg, das aber nicht nur durch Stein- und Braunkohle, sondern auch durch Öl, Salze und Erze ausgezeichnet ist und mit die wichtigsten Schnellzuglinien Europas trägt.

Wirtschaftliche Kenntnisse sind für den Verkehrsfachmann von besonderer Bedeutung, weil er seinen Auftraggebern und insbesondere seinem Volk und Land gegenüber die Verantwortung dafür trägt, daß bei allen seinen Maßnahmen des Trassierens und Baus, der Unterhaltung, Erneuerung und Verbesserung, des Betriebs, der Verkehrshandhabung und der Tarifbildung das sog. „Grundgesetz der Wirtschaftlichkeit" beobachtet wird. Dies Gesetz fordert, daß der Verkehrszweck mit dem geringsten Aufwand von Mitteln erzielt wird. Um hier einem weitverbreiteten Irrtum entgegenzutreten, sei betont, daß es im Verkehr (wie in fast der gesamten Produktion) nicht darauf ankommt, das sog. „Beste" zu erreichen, also die unbedingt beste Verkehrsleistung zur Verfügung zu stellen; es sind vielmehr nur die zweckentsprechenden, angemessenen — „vernünftigen" — Leistungen erforderlich; diese aber müssen mit dem geringstmöglichen Aufwand hervorgebracht werden, damit die Beförderungspreise für die Reisenden und namentlich für die Güter so niedrig wie möglich gehalten werden können; denn die Transportkosten machen einen recht hohen Bestandteil der Gesamtproduktionskosten aus, und es ist daher für jede Volkswirtschaft von hoher Bedeutung, daß — namentlich auch im Hinblick auf den Außenhandel — die Transportkosten niedrig gehalten werden.

Seine wirtschaftlichen Kenntnisse müssen den Verkehrsfachmann befähigen: beim Trassieren und Bauen die künftigen Verkehrsmengen und deren Transportweiten zu ermitteln und hieraus die Gesamtsummen der zu erwartenden Personenkilometer (pkm) und Gütertonnenkilometer (tkm) und hieraus weiter die Einnahmen zu berechnen; ferner beim Bau und Betrieb die notwendigen Leistungen mit dem geringsten Aufwand zu erzielen, also die Ausgaben möglichst niedrig zu halten; die Beförderungstarife so zu handhaben, daß die Ausgaben gedeckt, gleichzeitig aber der höchste Nutzen für die Allgemeinheit erzielt wird; außerdem müssen die Verkehrsunternehmen ständig so erweitert und verbessert werden, daß sie allen vernünftigen Forderungen ständig gerecht werden können.

Wir brechen hier die Aufzählung der Kenntnisse, die vom Verkehrsfachmann gefordert werden müssen, ab; die Aufzählung ist aber noch nicht vollzählig, denn der Verkehr bedarf, abgesehen vom Bau- und Maschineningenieur, Elektrotechniker und Schiffbauer, noch des Juristen, Geodäten, Physikers, Chemikers, Hüttenmannes und Arztes und besonders all der vielen „Praktiker", die für die so verschiedenartigen Dienstzweige entsprechend vor- und ausgebildet werden müssen. — Einen „akademisch vorgebildeten Universalverkehrsmann" kann es nicht geben.

C. Motive des Verkehrs.

Die Ursachen für das Streben nach Ortsveränderung — also die „Motive des Verkehrs" — liegen nicht etwa nur im Wirtschaftlichen, sondern auch im Politischen, Strategischen, Kulturellen und Religiösen. Dies muß deshalb besonders betont werden, weil wir nicht jener üblen Zeiterscheinung verfallen dürfen, die in allem menschlichen Handeln nur noch „Wirtschaft" sah. Der Verkehr ist **nicht ein Teil der Wirtschaft**, sondern er steht **selbständig** neben ihr und ist wie sie Diener der Allgemeinheit. Um dies klar herauszustellen, sei nachstehend die Bedeutung der Religion und des staatlichen Lebens für den Verkehr kurz skizziert; — auf die Bedeutung des Verkehrs für die Landesverteidigung, die Volksgesundheit, das Siedlungswesen und die Raumordnung und das kulturelle Leben müssen wir an anderen Stellen noch genauer eingehen.

Die **Religion** weckt (ständig oder gelegentlich) Verkehrsbeziehungen durch Missionstätigkeit, Pilgerfahrten, Kirchenversammlungen (Konzile) und außerdem durch die Religionskriege, insbesondere durch die Ausbreitung des Glaubens mit dem Schwert. Gelegentlich haben gerade religiöse Bewegungen zu den größten Verkehrsfortschritten geführt, vgl. die Ausbreitung des Buddhismus von Vorderindien über Ostasien, die Kolonisierung von Mittel- und Ostdeutschland durch die Träger des Christentums, die Ausbreitung des Islam (aus Arabien bis zum Atlantischen und dem Großen Ozean!); vgl. ferner die gewaltige Bewegung der Kreuzzüge mit ihren Folgen für Handel, Verkehr und Gewerbe und die Bedeutung religiöser Motive für die Eroberung der Welt durch die Europäer. Die Pilgerfahrten nach Mekka sind heute noch die wichtigsten Träger des Handels, sie haben den Bau der sog. Hedschasbahn aus Spenden der Gläubigen der ganzen mohammedanischen Welt veranlaßt. Vielfach hat die Religion, nämlich der „Gottesfriede", die einzige Möglichkeit zu friedlichem Handel und Verkehr zwischen Völkern gegeben, die sonst in ewiger blutiger Fehde liegen.

Die Bedeutung der Religion für den Verkehr ist so groß, daß man geradezu von **verkehrsfreundlichen** und **verkehrsfeindlichen** Religionen sprechen kann. Die der Brahmanen ist verkehrsfeindlich, weil sie das Volk in Kasten teilt und hierdurch die politische Kraft und das wirtschaftliche Leben lähmt, weil sie den Händler und Gewerbetreibenden in die untern Kasten herabdrückt, und weil sie dem Gläubigen das Verlassen des heiligen Bodens, also den Besuch des Auslands zu Studien und Geschäftsreisen verbietet; — das ist aber in den letzten Jahrzehnten anders geworden! Besonders verkehrsfreundlich ist der Islam; er stammt nämlich aus einem Land, in dem der Verkehr besonders schwierig und gefährlich ist, und es ist daher erklärlich, daß hier die Gastfreundschaft und der Schutz der Verkehrswege und Brunnen zu göttlichem Gebot erhoben wurden.

Das **staatliche** Leben erfordert ursprünglich vor allem einen zuverlässigen und schnellen **Nachrichtenverkehr**; denn der Herrscher muß ständig Berichte empfangen und Befehle erteilen. Aus diesem Grund haben auch in früheren Zeiten die großen Staaten und ihre großen Fürsten sich so sehr um die „Post" bemüht, vgl. die Leistungen der Chinesen, der Pharaonen, der Perserkönige, später der Römer, der Inkas, des Dschingis Chan und noch später die Napoleons; in unsern Tagen lassen sich sog. Halbkulturstaaten, die aufsteigen wollen, vor allem den Ausbau des elektrischen Nachrichtenverkehrs angelegen sein. Nächstdem ist für das aufsteigende staatliche Leben der **Personenverkehr** von Bedeutung, und zwar für Beamte, Richter, Polizei und Soldaten. Eine der größten Verkehrsleistungen des Altertums ist der Bau der Königstraße von Susa nach Sardes; ihre Trace ist — unter hervorragender Beachtung der örtlichen Verhältnisse — so geführt, wie es der staatliche Nachrichtendienst und der Marsch größerer Truppenverbände erforderte — möglichst gestreckte Verbindung der Hauptstädte der Satrapien, Vermeidung der Wüsten, Aufsuchen der fruchtbaren Landstriche und besonders der Wasserstellen, Ausstattung mit Poststationen![1].

---

[1] Die zu starke Betonung der staatlichen Bedürfnisse kann zu einer ungünstigen Gesamtgestaltung des Verkehrsnetzes des Landes führen, nämlich zu einer zu starken Betonung der Hauptstadt, der eine entsprechende Vernachlässigung der „Provinz" gegenübersteht! Auch die Fahrplanpolitik kann in diesem Sinn ungünstig wirken.

Diese und die andern nichtwirtschaftlichen Kräfte dürfen im Verkehrswesen niemals übersehen werden; sie spielen gerade in unsern Tagen wieder eine große Rolle, und zwar einerseits in dem durch die sog. „Friedensschlüsse" von 1918 und 1919 zerschlagenen Europa mit seinen vielen neuen, der Natur oft stark widersprechenden Grenzen, andrerseits in jenen Räumen, in denen sich die großen kommenden machtpolitischen Auseinandersetzungen vorbereiten (Mittelmeer, Mandschurei, Nordchina, Vorderasien, Südwestgebiet des Großen Ozeans); allenthalben werden hier krampfhaft Verkehrsanlagen (Häfen, Eisenbahnen, Straßen, Ölleitungen, Flugplätze) geschaffen, — nicht aus wirtschaftlichen Gründen!

Die nichtwirtschaftlichen Kräfte sind oft, wie angedeutet, zeitlich die ersten Förderer des Verkehrs, und sie haben vielfach die kühnsten Leistungen der Verkehrstechnik hervorgerufen; aber später, wenn sie ihren ursprünglichen Zweck erfüllt haben, wenn die Kriege ausgekämpft sind, wenn der Staat fest zusammengeschweißt ist, dann kommt die Wirtschaft — der Kaufmann — und nutzt die Wege nun für andere Zwecke aus; dann gewinnt der Güterverkehr immer mehr an Bedeutung, während die des Nachrichten- und Personenverkehrs relativ sinkt.

Manchmal geht die Staatsgewalt allerdings auch den umgekehrten Weg: man beginnt mit der Wirtschaft, nämlich mit der sog. „friedlichen Durchdringung": Händler und Gewerbetreibende gehen hinaus, das „Kapital" folgt und bringt das fremde Land durch Lieferungen und Anleihen in Abhängigkeit; hierbei spielt auch der Bau von mehr oder weniger notwendigen Verkehrsanlagen eine Rolle; oft müssen sie dem fremden Herrscher regelrecht „aufgeschwatzt" oder abgetrotzt werden; selbstverständlich wird hierbei das Verkehrsnetz nicht so angelegt, wie es für das fremde Land, sondern für die Bringer der Kultur und für die künftigen Eroberer am zweckmäßigsten ist; — und da wundert sich heute das internationale Kapital, daß immer mehr Völker das „verfluchte fremde Geld" ablehnen und es vorziehen, die Eisenbahnen nach eigenem Ermessen und mit eigenem Geld zu bauen!

Dies vorausgeschickt, ist aber doch festzustellen, daß die Wirtschaft durchschnittlich doch der größte Förderer und wichtigste Kunde des Verkehrs ist, womit gleichzeitig die Bedeutung des Güterverkehrs in die Erscheinung tritt. Hierzu brauchen wir an dieser Stelle nur die folgenden Ausführungen zu machen:

Die wichtigste Ursache für den Güterverkehr ist die Erscheinung, daß an zwei verschiedenen Stellen der Erde Verschiedenheiten, d. h. unterschiedliche Voraussetzungen für die Produktion vorhanden sind und daß diese zu einem „Ausgleich der Spannung" drängen; wir können dies mit „Anziehungskraft des Ungleichartigen" bezeichnen. Was darunter im einzelnen zu verstehen ist, ergibt sich aus folgenden Gegenüberstellungen:

1. Binnenland und Küste; das Binnenland führt seine Erzeugnisse über die Seehäfen aus und erhält dafür überseeische Güter; dazu kommt der Reiseverkehr über See und der Erholungsverkehr zu den Seebädern.

2. Warme und kalte Gebiete; die Tropen und Subtropen senden ihre Erzeugnisse vornehmlich nach den Industrieländern der gemäßigten Zonen und erhalten dafür Industrieerzeugnisse; zu erwähnen ist auch die Zufuhr arktischer Erzeugnisse nach Europa usw.

3. Gebirge und Ebene; die Gebirge senden ihre Erzeugnisse (Holz, Steine, Erze, Vieh, Milch usw.) in die Städte der Ebene und erhalten dafür Industrieerzeugnisse; dazu kommt der die Gebirgswelt aufsuchende Erholungsverkehr.

4. Fruchtland und Steppe (Wüste); die dünne, arme Bevölkerung der Steppe tauscht ihre Erzeugnisse (Tiere, Teppiche) gegen Lebensmittel usw. ein.

5. Stadt und Land; das Land versorgt die Stadt mit Lebensmitteln, Baustoffen, Textilrohstoffen und Holz und erhält dafür gewerbliche und kulturelle Erzeugnisse.

6. Industrie- und Agrarstaat; ähnlich wie vorstehend, aber in größerem Maßstab und oft unter Einschaltung des Seewegs.

7. Dicht- und dünnbesiedelte Gebiete; sie decken sich stark mit den unter 6. genannten; sie erzeugen Binnenwanderungen, Ein- und Auswanderung, Kolonisation usw.

Da bei diesen Ortsveränderungen der Güterverkehr am wichtigsten ist, so sei noch hinzugefügt:

Die meisten Güter müssen vom Ort ihrer ersten Entstehung bis zu dem des endgültigen Verbrauchs bestimmte Wege zurücklegen:

α) Die Güter werden als „Rohstoffe" (Erze, Weizen, Baumwolle, Wolle) an bestimmten Stellen gewonnen, die aber gemäß den geologischen und klimatischen Verhältnissen nach Zahl und Raum beschränkt sind.

β) Die Rohstoffe müssen dann zur Verarbeitung nach andern Stellen transportiert werden, und zwar nach solchen, an denen einerseits die erforderlichen Hilfsstoffe (namentlich Kohle) billig zur Verfügung gestellt werden können, und an denen andrerseits geschulte Arbeitskräfte, Kapital (Fabriken usw.) und gute Verkehrsmöglichkeiten vorhanden sind. — Oft müssen hierbei die Güter viele Arbeitstätten hintereinander aufsuchen, bis endlich der ganze Veredelungsprozeß durchgeführt ist.

γ) Die Fertigerzeugnisse müssen dann den Orten des Verbrauchs (des Absatzes) zugeführt werden.

Die Disposition über diese Bewegungen liegt größtenteils beim Handel, und die Güter wechseln bei ihren vielen Wegen oft den Eigentümer; der Verkehr erhält daher viele seiner Aufträge vom Handel.

Die Anziehungskraft des Ungleichartigen wird durch die des Gleichartigen ergänzt. Sie löst haupsächlich Personen- und Nachrichtenverkehr aus, denn sie hat ihre Wurzel im „Gemeinsamen" der Abstammung und Familie, der Wissenschaft und Kultur, der Religion und Weltanschauung, des Volks und Staats, außerdem in allen Gemeinsamkeitsbestrebungen des wirtschaftlichen Lebens.

D. Begriffe, — Verkehrsarten, Verkehrsgruppen, Verkehrsanstalten und Verkehrsmittel.

Da in der Verkehrswissenschaft leider teilweise noch keine allgemeingültigen Bezeichnungen eingeführt sind, wir aber mit klaren Begriffen arbeiten müssen, so seien die nachfolgenden kurz erläutert:

1. Unter Verkehrsarten verstehen wir die „Transportgegenstände". Hiervon gibt es drei Hauptarten, nämlich:

    a) Menschen (Fahrgäste, Reisende);

    b) Nachrichten (Briefe, Anweisungen, Telegramme, Ferngespräche usw.);

    c) Güter (Sachen und Tiere).

Aus der Art und Weise aber, wie diese Verkehrsarten beim Transport (im Schiff oder Zug) zusammengefaßt bzw. getrennt befördert werden, ergibt sich die Zweiteilung:

α) Der Personenverkehr (Fahrgast- oder Reiseverkehr) umfaßt: Fahrgäste, Gepäck, Nachrichten und eilbedürftige Güter, nämlich solche Güter, die hochwertig oder leichtverderblich sind und daher einer besonders schnellen und fahrplanmäßigen Beförderung bedürfen und daher als Eil- oder Expreßgut befördert werden. Wie umfangreich der Nachrichten- und Sachenverkehr im „Personenverkehr" ist, kann man an der Zusammensetzung der sog. „Reisezüge", also der Züge des Personenverkehrs erkennen; diese bestehen nämlich nur etwa zu 75% aus Personenwagen, während die übrigen 25% „Güterwagen", nämlich Pack-, Post- und Eilgutwagen sind; — ähnlich im Luft- und Omnibusverkehr.

β) Der Güterverkehr umfaßt alle Sachen und Tiere (soweit sie nicht zu α) gehören), also vornehmlich alle mittel- und geringwertigen Güter und außerdem größere Menschenmassen, z. B. Pilger, Auswanderer und vor allem Truppen.

Der Personenverkehr stellt an die Qualität der Beförderung (Pünktlichkeit, Häufigkeit, Regelmäßigkeit, Schnelligkeit, Sicherheit, Ausstattung) höhere Anforderungen und muß demgemäß höhere Preise bezahlen; der Güterverkehr ist dagegen bescheidener, kann infolgedessen aber auch billiger bedient werden; im volkswirtschaftlichen Interesse müssen die sog. „wohlfeilen Massengüter" (Kohlen, Erden, Erze, Holz, Steine, Kartoffeln usw.) besonders billig transportiert werden, denn sie bilden die Grundlage des wirtschaftlichen Lebens; sie machen in den Industrieländern 80 % und mehr des gesamten Güterverkehrs aus.

Im allgemeinen wird der Personenverkehr über-, der Güterverkehr unterschätzt, vgl. z. B. die laienhafte Überschätzung der Luxuszüge und Riesendampfer und allgemein der Geschwindigkeit. In Wirklichkeit ist der Güterverkehr für die Volkswirtschaft und Landesverteidigung und für die gesamte Struktur der großen Fernverkehrsanstalten die wichtigere Verkehrsart; er erfordert die größeren Bauanlagen und mehr Fahrzeuge, also größeren Kapitalaufwand, ferner mehr Betriebsleistungen und mehr Personal, also höhere Betriebsausgaben; er bringt aber auch die größeren Einnahmen. Der Güterverkehr bildet damit das wirtschaftliche Rückgrat der meisten Verkehrsunternehmen, während der Personenverkehr oft nur seine Betriebskosten decken kann. — Wo Verkehrsanstalten nur oder hauptsächlich vom Personenverkehr leben müssen, ist ihre wirtschaftliche Lage meist schwierig, vgl. z. B. den Stadt- und den Luftverkehr.

Der Güterverkehr kann nur dann billig bedient werden, wenn die Verkehrstechnik hoch steht. Bei primitiver Technik sind die Beförderungskosten so hoch, daß nur hochwertige Güter transportiert werden können. In den Anfangszeiten des Verkehrs spielt daher der Transport von Kostbarkeiten (Edelmetall, Bernstein, Seide, Wein, Sklaven) die Hauptrolle; je mehr die Technik aber aufsteigt, desto mehr kommen Güter von geringerem Wert zur Geltung.

Allgemein kann man die Güter in ihrer Bedeutung für den Verkehr etwa in folgende Unterarten einteilen:

1. höchtwertige: Edelmetalle, Edelsteine, Perlen, Pelze, Seide, Erzeugnisse der Kunst, Leckereien und Spezereien, auch Salz und Sklaven;

2. hochwertige: Gehaltvolle Nahrungsmittel, Salz, Kolonialwaren, Chemikalien, Kleider, Stoffe, Möbel, Bücher;

3. mittelwertige: Massennahrungsmittel, Erzeugnisse der Grobgewerbe, Wolle, Baumwolle, Leder, Kautschuk, Kupfer, Stahl, Stabeisen;

4. geringwertige (oft fälschlich „minderwertige" genannt): Brennstoffe, Holz, Erze, Steine, Erden, Düngemittel — kurzum die „wohlfeilen Massengüter", die heute für alle höher entwickelten Länder am bedeutungsvollsten sind.

2. Unter **Verkehrsgruppen** verstehen wir die Aufteilung nach den Entfernungen. Bei dieser „regionalen" Gliederung ergeben sich zwei Hauptgruppen:

a) Nahverkehr (Stadt- und Vorortverkehr);

b) Fernverkehr (Bezirks-, Landes- und internationaler Verkehr).

Die Grenzen zwischen diesen beiden Hauptgruppen sind fließend; scharfe Grenzen ergeben sich aber dann, wenn für den Nahverkehr besondere Verkehrsmittel (Straßen- und Schnellbahnen und Omnibusse) bestehen und wenn der Nahverkehr der Fernbahnen durch besondere Vorortbahnen bedient und durch besondere Tarife begünstigt wird. Den „Bezirksverkehr", z. B. den Verkehr Köln—Dortmund oder Wiesbaden—Frankfurt, könnte man als eine dritte, selbständige Hauptgruppe auffassen. — Im Personenverkehr ist der Nahverkehr, nach der Zahl der Fahrgäste berechnet, in Industriestaaten weit größer als der

Fernverkehr; es ist dies eine Folge der weitgehenden Verstädterung. — Die durchschnittliche Reiselänge aller Fahrgäste der Deutschen Reichsbahn betrug 1938 nur etwa 29 km!

3. Unter **Verkehrsanstalten** verstehen wir die Unternehmungen, die den Verkehr besorgen, also z. B. die Deutsche Reichsbahn, die Reichspost, die Lufthansa, den Norddeutschen Lloyd. Man findet hierfür auch die Bezeichnung „Verkehrsträger". Bei dem Begriff „Verkehrsanstalt" denkt man weniger an die technischen Einrichtungen, als vielmehr an die Bedeutung als große Organisationen und wirtschaftliche Unternehmungen. Die Verkehrsanstalten sind entweder im Privatbetrieb, dann sind sie meistens Aktiengesellschaften, wie z. B. die meisten Reedereien oder die Eisenbahnen in Amerika; oder sie sind im Besitz und Betrieb öffentlicher Körperschaften, und zwar die Fernverkehrsanstalten im Betrieb des Staates, die Nahverkehrsanstalten in dem der Städte; dazwischen gibt es aber viele Übergänge und außerdem noch „gemischtwirtschaftliche" Unternehmungen.

4. Unter **Verkehrsmitteln** verstehen wir die technischen Anlagen und Einrichtungen, mittels deren die Transporte durchgeführt werden, z. B. die „Eisenbahn" mit Strecken, Stationen, Lokomotiven, Wagen usw., aber auch den einzelnen Kraftwagen oder das einzelne Schiff.

Die verschiedenen Verkehrsmittel sind:

a) Die **Wasser**-Verkehrsmittel. Sie sind nach **See**- und **Binnen**verkehr einzuteilen; die Grenze zwischen beiden ist fließend, vgl. den Verkehr in den großen Strommündungen (Hamburg—Helgoland) oder auf den Großen Seen in Nordamerika, oder die Rhein-See-Schiffahrt (Köln—London oder Köln—Hamburg). Der Überseeverkehr stellt den überhaupt wichtigsten Teil des Weltverkehrs dar; er vermittelt vor allem den Verkehr der wohlfeilen Massengüter und ist hiermit für die Verteilung von Landwirtschaft und Industrie und für die Zusammenballung der Bevölkerung in den Industriebezirken und Millionenstädten von hoher Bedeutung.

b) Die **Land**-Verkehrsmittel, und zwar:

α) **Schienenwege**, — Eisenbahnen, Kleinbahnen, Straßenbahnen, Stadtschnellbahnen;

β) **Straßen**, — Stadtstraßen, Landstraßen, Autobahnen;

γ) **Leitungen**, — für elektrischen Strom, Öl und Gas und für Wasser.

c) Die Mittel des **elektrischen Nachrichtenverkehrs**, — Telegraph, Fernsprecher, Rundfunk.

d) Die **Luft**-Verkehrsmittel, — Flugzeuge und Luftschiffe.

Jedes Verkehrsmittel besteht aus vier „Gliedern": **Weg, Kraft, Fahrzeug** und **Stationsanlagen.** Bei allen Vergleichen und bei jedem Werturteil über ein Verkehrsmittel müssen alle diese vier Faktoren berücksichtigt werden, wenn man zu einer richtigen (gerechten) Beurteilung kommen will; — leider geschieht dies recht oft nicht! Unter „Stationsanlagen" sind hierbei nicht nur die Ladeanlagen (Bahnsteige, Ladestraßen, Schuppen, Speicher, Kajen), sondern auch die Einrichtungen für Bau, Betrieb und Unterhaltung (Werften, Fabriken, Rangierbahnhöfe, Docks, Werkstätten, Tankstellen) zu verstehen. Wie wichtig die „Stationsanlagen" sind, zeigt sich besonders in den See- und Lufthäfen.

Die verschiedenen Verkehrsmittel sind für die Beförderung der verschiedenen Verkehrsarten in den verschiedenen Verkehrsrelationen **verschieden gut** geeignet. Es ist also von höchster Bedeutung, daß für jeden Transport das hierfür insgesamt **geeignetste** Verkehrsmittel eingesetzt wird. Es wäre scheinbar sehr schön, wenn es ein „Universal-Verkehrsmittel" gäbe, mit dem man jede beliebige Verkehrsart in jeder beliebigen Menge zu jeder beliebigen Zeit in jeder beliebigen Richtung transportieren könnte. Ein solches Verkehrsmittel scheint das Flugzeug zu sein, weil es — theoretisch! — jeden Punkt mit jedem andern Punkt unmittelbar verbinden kann, weil es jederzeit fliegen kann und weil man alles hineinladen kann. Aber in Wirklichkeit ist gerade das Tätigkeitsfeld des Flugzeugs sehr beschränkt, nämlich auf zahlungsfähige Transporte über große Entfernungen.

Wir müssen uns also damit abfinden, daß die verschiedenen Verkehrsmittel unter Beschränkungen zu leiden haben; insbesondere ist hierbei zu beachten:

α) Die meisten Verkehrsmittel können sich nur in bestimmten geographischen Gebilden bewegen, — entweder auf dem Land oder auf dem Wasser oder in der Luft;

β) manche Verkehrsmittel können nur bestimmte Verkehrsarten befördern (vgl. die elektrischen Nachrichtenmittel und die Leitungen für Kraft usw.);

γ) manche Verkehrsmittel können zeitweilig (bei Nacht, bei schlechter Witterung) nicht Dienst tun;

δ) manche Verkehrsmittel sind für viele Transporte zu teuer.

Dies vorausgeschickt, kann man aber davon sprechen, daß es zwei Hauptverkehrsmittel gibt, nämlich: das Seeschiff auf dem Meer und die Eisenbahn auf dem Land. Diese Bemerkung ist aber nur als vorläufige Orientierung zu bewerten; wir müssen selbstverständlich auf das Verhältnis der verschiedenen Verkehrsmittel zueinander noch eingehend zurückkommen.

E. Gestaltung der Verkehrsnetze.

Zum richtigen Einsatz der verschiedenen Verkehrsmittel, zur planmäßigen Erschließung des ganzen Landes und zur Erzielung der erstrebten wirtschaftlichen, politischen, militärischen usw. Wirkungen gehört vor allem eine sinnvolle **Gestaltung der Verkehrsnetze.** Hierbei kann es sich um sehr verschieden große Räume handeln, nämlich um die ganze Erde, die einzelnen je eine Einheit bildenden Erdräume, den Staat, den Bezirk oder letzten Endes die Stadt.

Legen wir hierbei zunächst die Erde als Ganzes, also den „Weltverkehr" zugrunde, so haben wir festzustellen: Die wichtigste Verkehrsart ist der Güterverkehr in den mittel- und geringwertigen Massengütern; diese aber müssen auf billigsten Transport großen Wert legen; das billigste Verkehrsmittel aber ist das Seeschiff. Demgemäß muß das Meer zur Durchführung dieser Transporte soweit wie irgend möglich ausgenutzt werden; es muß also das die Ozeane befahrende Seeschiff mit Hilfe der Nebenmeere und Buchten so tief wir irgend möglich in das Innere der Landmassen hineingeführt werden.

Für die Lage der überhaupt bedeutungsvollsten Punkte des Weltverkehrs, nämlich der großen Seehäfen, ergibt sich hieraus der klare Hinweis, daß sie in den tiefsten Winkeln der Meeresbuchten liegen müssen, wie es z. B. bei Hamburg, Genua und Kalkutta zum Ausdruck kommt. Damit aber an einer derartigen Stelle ein großer Hafen entsteht, sind noch drei weitere Bedingungen zu erfüllen, nämlich:

1. Das Meer muß an dieser Stelle günstig, insbesondere eisfrei sein; wo das nicht der Fall ist, entstehen höchstens kleine Häfen für einen schwachen örtlichen Verkehr, vgl. die tiefen Vorstöße des Nördlichen Eismeers: Hudsonbai, Weißes Meer, Mündung des Ob, an denen nur kleine Häfen liegen. Auch der St.-Lorenz-Golf kann hier genannt werden; da er nämlich nicht eisfrei ist, ist seine Verkehrsbedeutung trotz seiner sonst vortrefflichen verkehrs- und wirtschaftsgeographischen Lage verhältnismäßig gering; und es ist dem nächsten eisfreien Hafen, nämlich New York, gelungen, den Verkehr an sich zu ziehen.

2. Das Hinterland muß wirtschaftlich stark sein, da sonst keine großen Gütermengen zum Umschlag kommen.

3. Das Hinterland muß einigermaßen gut wegsam sein.

Alle diese Faktoren wirken dahin zusammen, daß die großen Seehäfen vornehmlich dort liegen, wo sich die großen fruchtbaren Tiefebenen mit ihren Strömen zum Meer öffnen (vgl. Odessa, Kalkutta, Schanghai, Kanton, Bangkok, Rangoon, Buenos Aires, Montevideo), oder wo kleinere oder größere Meeresbuchten in die dichtbesiedelten Industriestaaten vorstoßen (vgl. Liverpool, London, die Rheinmündungshäfen, Bremen, Hamburg, Stettin, Marseille, die Häfen der nördlichen Adria, ferner alle Häfen Nordamerikas).

Diese Häfen, die man in irgendeiner Rangfolge als „Haupthäfen" bezeichnen könnte, konzentrieren also nach Abb. 1 die Schiffslinien auf sich, und sie lassen von sich aus die großen Linien des Binnenverkehrs (Eisenbahnen und Binnenwasserstraßen) ausstrahlen. Sie werden hierdurch je für den Wasser- und den Landverkehr zu einem „Halbstrahlenpunkt" (s. u.). In typischen Seestaaten (England, Japan, auch Portugal), insbesondere aber in den Kolonialstaaten, werden sie zu den maßgebenden Verkehrsknotenpunkten, von denen aus das Gesamtverkehrsnetz des Landes beherrscht wird, — besonders gut zu erkennen bei New York, Montevideo, Buenos Aires, ferner bei Bombay und Kalkutta, sodann auch bei Chicago, das in diesem Sinn als der beherrschende Punkt am tiefsten Winkel der Großen Seen zu betrachten ist. Indem an solchen Stellen die typische „Vereinigte Verkehrs-, Handels- und Industriestadt" zur Mehr-Millionen-Stadt aufsteigt, werden hierdurch die bekannten sozialen, völkischen und politischen Gefahren der zu starken Zusammenballungen in besonders hohem Maß heraufbeschworen, — zumal dann, wenn sich die Bevölkerung aus vielen Rassen und aus zum

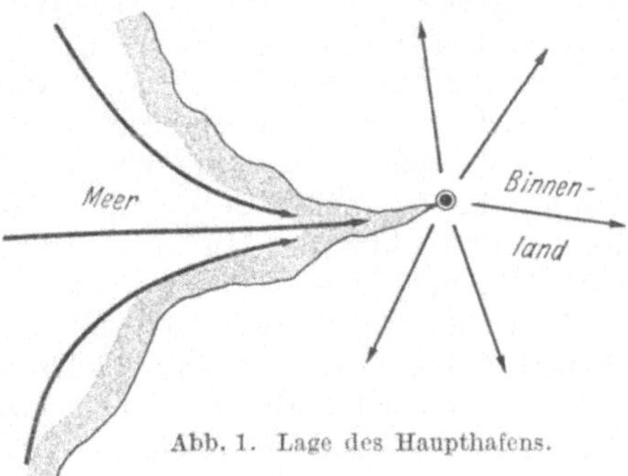

Abb. 1. Lage des Haupthafens.

Teil minderwertigen Menschen zusammensetzt; — abschreckendstes Beispiel New York. — In Kontinentalstaaten liegen diese Verhältnisse nicht so ungünstig, weil in ihnen die Seestädte gegenüber den großen Binnenstädten nicht diese krankhaft übersteigerte Bedeutung haben.

Außer den vorstehend kurz gekennzeichneten Haupthäfen haben wir noch drei andere Arten von Häfen zu unterscheiden, die für die Gestaltung der Gesamtnetze maßgebend sind, so daß also insgesamt vier Arten von Häfen zu unterscheiden sind:

1. Haupthäfen, — bereits erörtert.

2. Vorgeschobene Häfen. Während die meisten Güter den größten Wert auf Billigkeit legen und daher das langsamere Seeschiff soweit wie nur möglich ausnutzen, müssen die Fahrgäste, die Post und die besonders eilbedürftigen Güter den größten Wert auf Zeitersparnis legen und daher die Eisenbahn möglichst weit ausnutzen. Dieser Forderung müssen die Verkehrsanstalten gerecht werden, indem sie „vorgeschobene Häfen" anlaufen, die auf den äußersten Landvorsprüngen liegen und hierdurch für den Umschlag des „Personenverkehrs" besonders günstig sind. Solche Häfen sind Cuxhaven, Bremerhaven, Southampton und Cherbourg für die Fahrt von den Nordseehäfen nach Nordamerika; Lissabon für die Fahrt nach Westindien, Südamerika und Westafrika; Marseille, Genua und Neapel für die Suezlinien. Infolgedessen müssen gute Schnellzugstrecken und Fluglinien auf diese „Landvorsprünge" hinausführen; — in diesem Sinn hat man Italien als eine gewaltige in das Meer hinausführende „Mole" bezeichnet.

3. Anlaufhäfen. Sie liegen:

α) an Landvorsprüngen, vgl. Kapstadt, Colombo, Singapore;

β) an Meerengen, vgl. Gibraltar, Istanbul, auch Port Said und Aden; auch Singapore kann hier wiederholt werden, weil es die maßgebende Meerenge zwischen dem Indischen und Großen Ozean beherrscht;

γ) auf beherrschenden Inseln, vgl. Madeira, Hongkong, Honolulu, auch Malta. In unsern Tagen gewinnt auch so manche landferne Insel an Bedeutung, weil sie vom see- oder luftstrategischen Standpunkt als wertvoller Stützpunkt angesehen wird. — Allgemein haben viele Anlaufhäfen eine große militärische Bedeutung; sie bedürfen dann einer guten Einfügung in das gesamte Verkehrsnetz. Vorgeschobene und Anlaufhäfen sind auch für den Luftverkehr wichtig, — vgl. z. B. die Linien zwischen Europa und Südamerika.

4. Aus- und Einfuhrhäfen für bestimmte Massengüter, namentlich für Kohle, Erze, Getreide, Wolle, Baumwolle, Öl, vgl. Emden, Newcastle, die spanischen Erzhäfen, Haifa als Endpunkt der englischen Ölleitung, New Orleans und Galveston, die südafrikanischen und australischen Häfen. — Solche Häfen gibt es auch an Binnenwasserstraßen (Duisburg, Duluth).

Aus den Beziehungen zwischen dem See- und dem Binnenverkehr ergeben sich folgende Arten von Haupteisenbahnen:

1. Strahlenlinien (Radiallinien) von den Haupthäfen aus. In den Kontinentalstaaten brauchen sie nicht die überhaupt bedeutungsvollsten Linien zu sein; wichtig sind sie aber immer, vgl. die von Bremen, Hamburg und Stettin, die von Marseille und Genua oder auch die von Venedig und Triest ausstrahlenden Hauptbahnen. In den See- und den Kolonialstaaten sind sie aber fast immer die überhaupt wichtigsten Linien, vgl. die von Rotterdam, Antwerpen, London, New York, Buenos Aires, Bombay ausgehenden Eisenbahnen.

2. Ausläuferlinien nach den „vorgeschobenen Häfen", vgl. als Vertreter kleinen Maßstabs die Linien nach Cuxhaven und Bremerhaven, dagegen als Vertreter großen Maßstabs die Linien aus Mitteleuropa nach Cherbourg, Lissabon, Genua, Neapel und Brindisi.

3. Verbindungslinien zwischen den Gewinnungsstellen bestimmter Massengüter und ihren Ausfuhrhäfen, desgleichen Verbindungen zwischen den Einfuhrhäfen und ihrem industriellen Hinterland. Für den Ölverkehr wird die Eisenbahn unter Umständen durch die Leitung ersetzt. Da es sich um Massengüter handelt, kann die Wasserstraße einen großen Teil des Verkehrs übernehmen, vgl. den Rhein und den Dortmund-Ems-Kanal. Eine typische derartige Bahn war die polnische „Kohlen-Magistrale" von Oberschlesien nach Gotenhafen.

4. Transkontinental-Bahnen zur Verbindung von Meer zu Meer quer durch das Land, vgl. Hamburg—Genua, Bagdadbahn, Sibirische Bahn, Pacificbahn, Transandenbahn.

Aus diesen Andeutungen läßt sich auch bei Kontinentalstaaten schon viel für die Gestaltung der binnenländischen Verkehrsnetze erklären; bei ihnen und auch bei den See- und Kolonialstaaten kommen aber noch die binnenländischen Kräfte hinzu, namentlich die von den Großstädten und Industriebezirken ausstrahlenden Kräfte; — wir brauchen hierauf aber an dieser Stelle nicht näher einzugehen; dagegen seien, um irrigen Ansichten von Anfang an entgegenzuwirken, noch folgende Punkte kurz erörtert:

1. Jeder Staat kann gemäß seinen wirtschaftlichen Kräften und dem daraus sich ergebenden Eigenverkehr und gemäß seiner Lage und dem daraus sich ergebenden Durchgangsverkehr nur eine bestimmte Menge von Kapital (bzw. von jährlichen Ausgaben) in seine Verkehrsanlagen hineinstecken. Die zur Verfügung stehenden Mittel sind aber selbst in reichen Ländern kleiner als die für den Verkehr begeisterten Laien im allgemeinen glauben wollen. Infolgedessen wird allenthalben ein großartigerer Ausbau verlangt, als ihn die verantwortlichen Stellen verantworten können. Es muß also maßgehalten werden, und die verfügbaren Mittel müssen „gerecht" — d. h. zum höchsten Nutzen für die All-

gemeinheit — auf die verschiedenen Verkehrsmittel und auf die verschiedenen
Landesteile verteilt werden; es wird aber immer viele Leute geben, die ihren
Landesteil (ihre Stadt, ihren Hafen, ihren Bahnhof) und das von ihnen besonders
geschätzte Verkehrsmittel für das wichtigste halten; es wird also viele Meinungs-
verschiedenheiten, Fehden und bittere Kämpfe geben. Ihnen gegenüber müssen
die verantwortlichen Kreise fest bleiben; was z. B. das Eisenbahnnetz eines
Landes anbelangt, so kann dies nur aus je einer bestimmten Zahl von Kilometern
Hauptbahnen, Nebenbahnen und Kleinbahnen bestehen; desgleichen kann sich
jede Stadt nur eine bestimmte Gesamtlänge von Straßenbahn- und Omnibuslinien
leisten. Aus diesen beschränkten Möglichkeiten heraus das Verkehrsnetz so
zweckentsprechend wie möglich zu schaffen, ist die Kunst des Fachmanns, —
und diese Kunst ist sehr schwer!

2. Im Verkehr sind Umwege vielfach nicht zu vermeiden; sie sind aber meist
nicht so kritisch, wie der Laie annimmt. Allerdings ist die Gerade am kürzesten,
aber sie ist für die Verkehrswege nur ausnahmsweise zu erreichen, denn die geographischen Verschiedenheiten und zahlreiche wirtschaftlichen (oder politischen)
Verhältnisse fordern Abwei-
chungen. Die Gerade kann
überhaupt nur in der gleichmäßigen Ebene und auf dem
Wasser erzielt werden; aber
bekanntlich macht das Schiff
selbst auf dem offenen Ozean
gern Umwege, wenn es da-

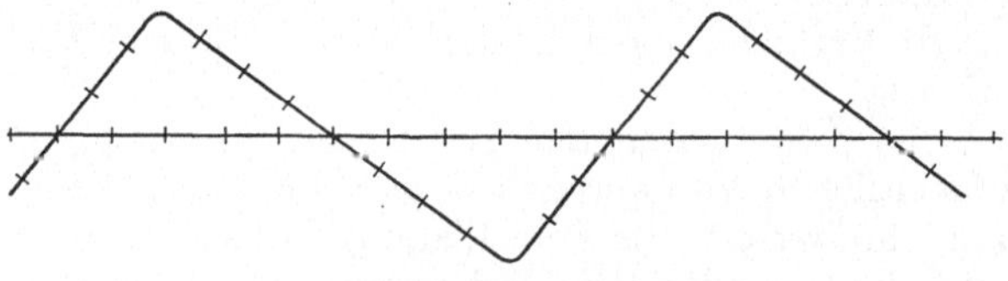

Abb. 2. Größe von Umwegen.

durch Eis und Nebel, Sturm und ungünstige Strömungen vermeiden kann. Allgemein ist nicht der kürzeste, sondern der günstigste Weg zu wählen; dieser
aber ist fast immer krumm; denn Ablenkungen sind notwendig, um ungünstige
Verhältnisse (auf dem Land insbesondere verlorene Steigungen) zu vermeiden
und um günstige Gebiete auszunutzen, insbesondere auch, um verkehrbringende
Orte zu berühren.

Die Furcht vor Umwegen ist deshalb besonders groß, weil unser Auge beim
Betrachten der Karten, aber auch bei Besichtigungen des Geländes, gegen Ab-
weichungen von der Geraden übertrieben empfindlich ist, so daß wir die Größe
des Umwegs und des sich daraus ergebenden Mehraufwands an Kosten und Zeit
überschätzen. Betrachten wir z. B. Abb. 2, so sind wir schnell geneigt, den
krummen Weg als doppelt so groß wie den geraden zu bezeichnen; in Wirklichkeit ist er nur um 40% länger. Was aber die Kosten anbelangt, so werden,
wenn es sich z. B. um eine Eisenbahn handelt, nur die „Streckenkosten" um
40% erhöht, und da diese vielleicht die Hälfte der Gesamtkosten ausmachen,
so beträgt die Gesamterhöhung für Verzinsung, Tilgung und Unterhaltung nur
20%. Werden aber ungünstige Steigungen vermieden, so gehen die Betriebskosten entsprechend herunter, und die Erhöhung der Gesamtjahresausgabe beträgt dann vielleicht nur noch 10%. Und wenn durch den Umweg einige Orte
besser bedient und die Einnahmen dadurch um 10% erhöht werden, so macht
der gemäß der Abbildung geradezu grotesk wirkende Umweg im wirtschaftlichen
Endergebnis in Wirklichkeit nichts aus!

3. Wenn wir vorstehend erwähnt haben, daß es für jedes Land usw. eine
„günstigste" Gestalt seines Verkehrsnetzes gibt, so darf das nicht zu der Ansicht verleiten, als ob diese günstigste Form durch alle Zeiten hindurch un-
abänderlich wäre. In Wirklichkeit sind die Verkehrswege und besonders auch
ihre Knotenpunkte häufigen Veränderungen unterworfen. Die Ursachen für
diese „Verlagerungen" sind die folgenden:

a) Der Wechsel in den geographischen Kenntnissen; — wir verweisen
hierzu auf frühere Ausführungen.

b) Veränderungen in den natürlichen geographischen Verhältnissen.

c) Veränderungen in den wirtschaftlichen Verhältnissen. Hier sind besonders wichtig:

das Urbarmachen der Naturlandschaften, also ihre Umwandlung in Forsten, Wiesen, Äcker, Gärten, Plantagen usw. einschließlich der Ent- und Bewässerungen;

die Erschließung von Rohstoffen, namentlich durch Steinbrüche und Bergwerke;

die Gründung von Industrien und in Verbindung hiermit die Entstehung von Großstädten und Industriegebieten;

allgemein die Stärkung oder Schwächung des wirtschaftlichen Lebens, sei es insgesamt oder nur auf einzelnen Gebieten; von Bedeutung ist hierbei der Ersatz altgewohnter Güter durch neue und die Entthronung alter Erzeugungsgebiete durch neue, vgl. den Ersatz von Kohle durch Öl, Gas und elektrischen Strom, von Rohr- durch Rübenzucker, von Baumwolle durch Kunstseide, von Eisen und Kupfer durch Leichtmetalle, von Südfrüchten durch nordisches Obst. Allenthalben verlieren hierdurch alte Wege an Bedeutung, während neue gewinnen.

d) Veränderungen in den politischen Verhältnissen. Hier sind besonders wichtig:

alle Änderungen der politischen Grenzen, vgl. die Überwindung der einer einheitlichen Verkehrspolitik so schädlich gewesenen Kleinstaaterei in Deutschland, andrerseits die Zerschlagung Mitteleuropas durch die sog. Friedensverträge und dann wieder die Verbesserungen durch die Rückgliederung der Ostmark und der Sudetenländer usw.;

die Machtverschiebungen in Nachbarstaaten, durch die namentlich die angrenzenden kleinen Staaten zu Änderungen ihrer Verkehrspolitik veranlaßt werden;

die Wechsel in den Ansichten über die zweckmäßigste Verkehrspolitik bei den maßgebenden Stellen (Herrschern, Regierungen, Parlamenten); — das ist besonders kritisch, wenn der Verkehr zum Gegenstand politischen „Kuhhandels" gemacht wird;

die Änderungen im Einfluß der kapitalstarken Länder auf das Verkehrswesen der kapitalschwachen und daher wirtschaftlich abhängigen Länder.

e) Veränderungen in den militärischen Verhältnissen, nämlich:

die Wechsel in der militärischen Kraft des eigenen Landes und der Nachbarstaaten;

die Änderungen in der Bündnispolitik;

die Vorbereitung kommender machtpolitischer Auseinandersetzungen und der entsprechende Ausbau der Verkehrsnetze, vgl. die frühere gegen Deutschland, Österreich, Konstantinopel, Armenien, Indien, China, Japan gerichtete Eisenbahnbaupolitik Rußlands, ferner den Ausbau der Eisenbahnen und Häfen usw. in der Mandschurei, in Nordchina, in Vorderasien;

der Wechsel in der Waffentechnik und damit in den strategischen und taktischen Grundlagen; besonders wichtig ist die Entthronung der Einzelstadt als Festung und damit als „beherrschenden Knotenpunktes" und statt dessen die Befestigung ganzer Gebiete (Maginot-Zone!), die einen entsprechenden Ausbau der Verkehrsanlagen erfordern, — Aufmarsch- und Etappenlinien senkrecht zur Stellung, Rochadelinien parallel hinter ihr.

Zu d) und e) ist zu bemerken, daß durch politische und militärische Bestrebungen Wegeverlegungen von größtem Ausmaß und weltgeschichtlicher Bedeutung erstrebt und erkämpft werden, wenn immer ein Staat die Vormachtstellung anderer Staaten in Handel und Verkehr umgehen oder brechen will; das großartigste Beispiel hierfür ist der Kampf um die Wege von Europa nach Vorderindien.

f) Die Fortschritte der Verkehrstechnik. Abgesehen davon, daß jede Vermehrung der wirtschaftlichen, politischen und militärischen Stärke die Möglichkeit gewährt, mehr Kapital in den Verkehr hineinzustecken, also die alten Wege zu verbessern und durch neue (wesentlich bessere) zu ersetzen, gibt auch jede Verbesserung der Verkehrstechnik diese Chancen; insbesondere wird der Mensch durch jeden Fortschritt von der Natur unabhängiger; er ist also nicht mehr so stark darauf angewiesen, die natürliche Gunst auszunutzen, sondern ist mehr und mehr in der Lage, starke natürliche Hindernisse zu überwinden und hierdurch seinen Verkehrslinien den für seine Zwecke günstigsten Verlauf zu geben. Hierbei werden die Verlagerungen und deren Wirkungen verhältnismäßig bescheiden bleiben, wenn dasselbe Verkehrsmittel beibehalten wird, sie werden dagegen groß und weitreichend sein, wenn ein schwaches Verkehrsmittel durch ein starkes ersetzt wird; das wichtigste Beispiel hierfür ist die Verdrängung des Fernverkehrs von den alten Chausseen durch die Eisenbahn und die „Degradierung" der Straße zur Zubringerin für die Schiene. Sehr weitreichend war der Einfluß der großen Alpentunnel (besonders des Gotthardtunnels) und der der ersten Brücken über den Rhein, die Weichsel, den Mississippi; von weltgeschichtlicher Bedeutung ist der Bau der großen Seekanäle, besonders des Suezkanals und so mancher transkontinentalen Eisenbahn. — Der Straße gab dann der Kraftwagen die eigenständige Bedeutung zurück.

Die Geschichte des Verkehrs und seiner Technik.

Einleitung. — Zeitliche Gliederung.

Solange wir die Geschichte der alten Kulturländer zurückverfolgen können, hat es Verkehr — friedlichen und kriegerischen — gegeben. Immer sind die Menschen über Land und Meer in die Weite vorgedrungen, oft unter größten Gefahren und Entbehrungen, sei es, daß sie neue Gebiete zur Ernährung des wachsenden Volkes brauchten, oder daß sie nach fremden Waren begehrlich waren, oder daß sie ihren Glauben andern Völkern bringen wollten, oder daß sie Freude hatten an Krieg und Raub und an der Beute an Land, Menschen und Gütern. So verlockend es ist, all dem nachzugehen, so wollen wir uns hier auf den europäisch-mittelmeerischen Verkehrsraum als den uns nächstliegenden und heute für die ganze Welt wichtigsten beschränken; wir müssen dabei aber auf den ostasiatischen und indischen Kulturkreis übergreifen und möchten daher von Anfang an hervorheben, daß diese Kreise im Alter ihrer Geschichte, in Kultur und Zivilisation, in Handel, Verkehr und Technik nicht hinter unserem Kreis zurückstehen, daß also der leider so weit verbreitete und so schädliche Dünkel des Europäers gegenüber den andern Völkern auch in dieser Beziehung unberechtigt ist.

Für geschichtliche Betrachtungen sind Zeiteinteilungen notwendig; sie müssen aber dem Thema angepaßt sein, und wir müssen daher fragen, in welche großen Zeitabschnitte die Geschichte des Verkehrs zu gliedern ist. Diese Frage kann man recht verschiedenartig beantworten, und jede Antwort hat dabei ihre Berechtigung, je nachdem man mehr die geographische, wirtschaftliche, politische oder technische Seite des Verkehrs betont.

1. Die übliche Einteilung der Weltgeschichte in die vier Abschnitte Altertum, Mittelalter, Neue Zeit, Neueste Zeit ist auch für die Verkehrsgeschichte brauchbar. Hierbei ist das Altertum durch die Vorherrschaft des Mittelländischen Meers gekennzeichnet; mit dem Anfang des Mittelalters beginnt der allmähliche Aufstieg der germanischen Welt und damit der Ost- und Nordsee; der Anfang der Neuen Zeit wird durch die großen Entdeckungen eingeleitet, die dann die Vorherrschaft des Atlantischen Ozeans und die weltbeherrschende Kolonisation durch die Europäer begründen; und die Neueste Zeit bringt den Dampf, mittels dessen sich der Dampfer und die Lokomotive die Welt erobern und das einheitliche Weltmeer, den wirklichen Weltverkehr und Weltmarkthandel schaffen.

2. Eine andere Einteilung sieht im Jahr 1200 einen entscheidenden Wendepunkt: Nachdem die Alte Welt (auch im Byzantinischen Reich) ihre Rolle ausgespielt hat, sind allmählich die germanischen Kräfte, die bisher den Schild über die sterbende Kultur des Mittelmeerraumes und das aufstrebende Christentum gehalten haben, innerlich so erstarkt, daß sie die Geschicke der europäischen Welt in die Hand nehmen können. Der Atlantische Ozean gewinnt in seinem nordöstlichen Teil maßgebenden Einfluß auf den „Weltverkehr"; er erzieht sich (im Gegensatz zu dem milden Mittelmeer) als sturmgepeitschtes Meer ein meer-

tüchtiges Geschlecht; das nördliche Klima stellt der Technik in Häuserbau, Kleidung, Heizung neue Aufgaben, es gibt ihr aber auch neue Chancen durch Ausnutzung der Binnengewässer zu Kraftgewinnung und Verkehrswegen; die Auffassung vom Menschen wird edler und sozialer; die Wissenschaft zeigt neues Leben, das dann zu großen praktischen Ergebnissen führt, die auch dem Verkehr neue Möglichkeiten eröffnen.

3. Eine dritte Einteilung geht von den beherrschenden Meeren aus: hierbei reicht die Zeit des Mittelländischen Meers bis zu den großen Entdeckungen, also bis etwa 1500 (also bis zum Ende des sog. Mittelalters); die Zeit des Atlantischen Ozeans reicht bis zur Einführung des Dampfes in die Wirtschaft und den Verkehr; und diese wird mit der Beendigung der Napoleonischen Kriege und der Begründung des britischen Weltreichs und mit dem Beginn der neuzeitlichen Technik (Dampfmaschine, Eisenbahn, Seedampfer, Suezkanal) in die Zeit des Weltmeers übergeleitet. Das Entscheidende bei dieser Einteilung ist also der verkehrsgeographische Rahmen, innerhalb dessen sich das „Weltengeschehen" abspielt: Zuerst ein Binnenmeer, dann ein Ozean, schließlich das Weltmeer als Einheit.

4. Eine vierte Einteilung kennt nur zwei Hauptabschnitte: eine „Frühere Zeit", die die Jahrtausende bis 1830 umfaßt, und eine „Gegenwart", die jetzt 110 Jahre währt. Sie sieht in der Einführung von Dampf, Stahl und Elektrizität (Schwachstrom) den Wendepunkt. Am großen Unterschied in der Zeitdauer gemessen, wirkt diese Einteilung grotesk; wenn man aber bedenkt, welche Machtmittel diese drei Dinge den Völkern gebracht haben, die sich die neue Technik dienstbar gemacht haben; wenn man die wirtschaftlichen, militärischen, politischen, verkehrstechnischen Erfolge betrachtet; wenn man sieht, wie die Europäer mit ihrer Hilfe sich fast die ganze Welt unterworfen haben; wenn man die ungeheure Volksvermehrung und die gewaltigen Völkerwanderungen überblickt, dazu dieses Emporschießen der Riesenstädte und der Industriebezirke: — dann ist man doch wohl berechtigt, von etwas ganz Neuem zu sprechen; und noch mehr wird das klar, wenn man an die tiefgreifenden sozialen Umwälzungen denkt und all die großen Aufgaben, die uns heute die Industrialisierung und Verstädterung mit ihren unheilvollen Folgen für Körper und Seele, für Familie und Volk stellt.

Welche dieser Einteilungen für die Verkehrsgeschichte am richtigsten sein mag, bleibe dahingestellt; wir wollen nachstehend zuerst die Zeit des Mittelländischen Meers, dann die das Atlantischen Ozeans skizzieren, die dann aber in die gegenwärtige Zeit des einheitlichen Weltmeers ausklingen muß.

Schrifttum.

Rein, Adolf: Die europäische Ausbreitung über die Erde. Potsdam: Akad. Verlagsges. Potsdam 1931.
Götz, Wilh.: Die Verkehrswege im Dienst des Welthandels. Stuttgart. Enke 1888.
Herre, Paul: Weltgeschichte am Mittelmeer. Athenaion-Verlag 1930.
Hennig: Terrae incognitae. Leiden: Brill 1938.

A. Das Zeitalter der Vorherrschaft des Mittelländischen Meeres.

Wenn wir den Verkehr des europäisch-mittelmeerischen Raumes betrachten, so finden wir, daß er an einen bestimmten geographischen Rahmen gebunden ist, nämlich an das Mittelländische Meer und seine Randländer. Der Rahmen ist also — nach unsern heutigen Anschauungen — recht klein; aber in Wirtschaft, Politik und Verkehr kommt es eben nicht auf die äußerliche Größe, sondern auf die Güte an, und dieser Raum ist nach Lage, Gliederung und Klima wahrlich gesegnet.

Trotz seiner Kleinheit umfaßt der Raum Teile von drei Kontinenten, von Europa, Afrika und Asien; aber diese Kontinente sind für unsern Zusammenhang belanglos; denn die Kontinente sind keine Einheiten; vom Standpunkt des Verkehrs wirken die großen Landmassen, namentlich wenn sie von Wüste oder Urwald bedeckt sind, nicht verbindend, sondern lähmend und trennend. Die wirklichen Einheiten sind bestimmte einheitliche „Lebensräume", und diese werden (fast ausschließlich) durch das Meer zusammengefaßt; — „Länder trennen, Meere verbinden"! Der heutige „Europäische Lebensraum" umfaßt Nordafrika, Syrien, die Türkei und sogar noch das Zweistromland mit; im grauesten Altertum reichte er von Sizilien, heute vom Nordkap bis Bagdad-Basra.

Um den Mittelmeerraum vom Standpunkt des Verkehrs richtig zu erfassen, müssen wir außer ihm selbst noch zwei andere Räume kennen, nämlich Vorderindien und den Indischen Ozean. Es sei daher diesen drei Gebieten je eine Skizze gewidmet.

I. Die für die Verkehrsgeschichte des Mittelmeers maßgebenden Räume.

a) Vorderindien[1].

Vorderindien ist für die Handels- und Verkehrsgeschichte des europäisch-vorderasiatischen Kulturkreises seit den ältesten Zeiten bis in unsere Tage hinein bedeutungsvoll gewesen. Mit die schwersten Kämpfe zwischen den Völkern des Abend- und Morgenlandes sind um die Herrschaft über die Verkehrswege zwischen Europa und Indien ausgefochten worden; auf den Beziehungen zwischen diesen beiden Gebieten beruht die Bedeutung der Räume Anatolien, Mesopotamien, Syrien, Ägypten; die Suche nach dem Seeweg nach Indien hat zu den kühnsten Seefahrten und den größten Entdeckungen Anlaß gegeben; immer ist Indien für den Europäer und den Orientalen das ferne Märchenland gewesen, das über unerhörte Reichtümer verfügt.

Vorderindien ist die „inselhafteste aller Halbinseln"; es ist eine Welt für sich, abgeschlossen gegen die übrige Welt, aber immer von ihr erstrebt und oft durch Fremde gewaltsam geöffnet.

Der Abschluß nach außen kommt an den Landgrenzen in den hohen Gebirgsketten gegen Belutschistan-Afghanistan, die aber jetzt von der Lokomotive bezwungen sind, gegen Tibet-China und auch gegen Hinterindien (Burma) zum Ausdruck. Über diese schweren Hindernisse hinweg hat bis in die Gegenwart hinein nur ein schwacher Karawanenverkehr bestanden[2]. Aber auch die Seegrenzen, die doch sonst die Länder dem Verkehr öffnen, wirken für Indien abschließend. Die Küsten sind nämlich für den Verkehr ungünstig; sie sind glatt und gerade und zeigen nur wenig Gliederung; wo einige Buchten in das Land einschneiden, liegen irgendwelche örtlichen Sonderverhältnisse vor, die das Ent-

---

[1] Wir schließen Ceylon hier mit ein, obwohl es völkisch, verkehrsgeographisch und verwaltungstechnisch eine Sonderstellung einnimmt.

[2] Die hinterindischen Gebirge sind allerdings durch die politisch zur Zeit so bedeutungsvolle „Burma-Straße" überwunden. Diese Straße stellt gegenwärtig die einzige Verbindung zwischen dem Meer und der Republik China dar. Die Verbindung beginnt in Rangoon, dem großen englischen Hafen Burmas, und besteht zunächst aus einer Eisenbahn, die 900 km weit nach Norden bis Laschio führt und als ausreichend leistungsfähig bezeichnet werden muß. Von Laschio führt die Straße mit rd. 1400 km Länge nach Kumming; von da sind es dann noch rd. 850 km bis Tschunking, wo die Verteilung der Transporte erfolgt. Insgesamt sind also mehr als 3000 km zu bewältigen! Die Straße hat ungeheure Schwierigkeiten zu überwinden, da sie mehrere Gebirgsketten in Höhen von 2000 m (!) überklettern und immer wieder in tiefe Schluchten hinabsteigen muß. Die Leistungsfähigkeit der Straße ist sehr gering; sie wird zu nur 10000 t monatlich angegeben, also zu einem halben Güterzug täglich. Ob der Verkehr in der ungünstigen Jahreszeit überhaupt aufrecht erhalten werden kann, wird der Kenner der Tropen bezweifeln. Außerdem ist die Straße wegen ihrer vielen Brücken durch die Luftwaffe stark bedroht; — Karte s. Arch. Eisenbahnw. **1940**, 1038.

stehen eines guten Hafens verhindern. So ist Indien das beste oder vielmehr schlimmste Beispiel für den **großen Lebensraum** — mit 330000000 Einwohnern! — **ohne guten Naturhafen!** Von den vier größten Häfen sind jetzt Bombay und Colombo mit großem Aufwand gut ausgebaut, Madras ist noch schlecht, Kalkutta wegen der schwierigen Fahrt auf dem Hugli immer noch geradezu berüchtigt.

Dieser starke Abschluß hat es wohl auch mit verschuldet, daß der Inder früher so wenig in die Welt hinausgegangen ist. Mehr noch ist dies aber wohl darauf zurückzuführen, daß Vorderindien, von den Schneebergen des Himalaja bis in die Tropen rund 2500 km von Nord nach Süd reichend, alle Zonen umfaßt und daher alle Nahrungs- und Genußmittel erzeugen kann; und da es außerdem auch über ausreichende mineralische Rohstoffe verfügt, konnte es selbstgenügend — autark — sein und hatte es nicht nötig, lebenswichtige Güter im Ausland zu suchen.

Dazu kommt, daß die **Verkehrs-Leitfähigkeit** im Innern der großen Halbinsel gut ist, so daß die notwendigen Binnentransporte ohne große Schwierigkeiten durchgeführt werden können. Indien besteht (abgesehen von den Randgebirgen) aus großen Ebenen, ziemlich breiten Küstensäumen, welligem und hügeligem Land; hohe Gebirge und andere starke Binnengrenzen sind aber nur wenige vorhanden; auch der Aufstieg auf die Ghats (Küstengebirge) sind nicht schwierig, wenn sie auch an einigen Stellen besondere Lösungen für die Verkehrswege erfordert haben.

Diese gute Verkehrs-Leitfähigkeit hat aber bei der außerordentlichen Größe des Landes früher nicht verhindern können, daß bei örtlichen Mißernten in dem einen Bezirk Hunderttausende Hungers starben, während in andern Bezirken Überfluß war; die Hungersnöte sind jetzt durch die Eisenbahn beseitigt. Vorderindien verfügt nämlich über ein gut entwickeltes Eisenbahnnetz mit großen, von den Haupthäfen ausstrahlenden Durchgangslinien. Leider ist aber für die ersten Bahnen eine sog. Breitspur gewählt worden, die — breiter als unsere europäische Normalspur! — für den vergleichsweise schwachen Verkehr eines subtropischen Landes zu teuer ist, so daß später eine Schmalspur, nämlich die Meterspur, angewandt wurde, und zwar nicht etwa nur für Nebenlinien, sondern auch für durchgehende Hauptbahnen und strategisch wichtige Linien. Der Verkehr Indiens leidet — ebenso wie der Südamerikas und Australiens — unter diesen verschiedenen Spurweiten stark; man hat das „Chaos" aber noch nicht überwinden können.

So ist Vorderindien durch die drei maßgebenden Kennzeichen — starken Abschluß nach außen, gute Verkehrsleitfähigkeit im Innern, wirtschaftliche Selbstgenügsamkeit — eines der besten Beispiele für einen typischen selbständigen „Lebensraum". Aber es ist trotzdem auch Teil eines größeren Ganzen, und zwar in doppelter Beziehung:

α) Seine Südspitze, namentlich die so reiche und wunderbar schöne Tropeninsel Ceylon mit dem großen Hafen Colombo, ist neben Singapore der wichtigste Stützpunkt auf dem großen Seeweg von Suez nach dem Fernen Osten und „Trennungsbahnhof" für den Verkehr nach Madras-Kalkutta, Rangoon, Penang-Singapore und Australien. — „Die Welt ist klein, und Colombo ist ihr Mittelpunkt", sagt man dort[1].

β) Noch höher ist aber zu bewerten, daß Vorderindien ein Teil der Monsunländer ist, also des „Goldsaums am Bettlergewand Asiens", und zwar bilden Vorderindien und China-Japan die beiden bedeutungsvollsten Gebiete dieses reichen Erdgürtels, auf dem beinahe die Hälfte der Menschheit wohnt, nämlich 330000000 in Vorderindien, 400000000 im östlichen China, 100000000 in Groß-Japan. Zwischen den beiden „Dichtegebieten" liegt Hinterindien, das zwar einige sehr fruchtbare Becken (mit den großen Holz- und Reis-Ausfuhrhäfen Rangoon und Bangkok) aufweist, im übrigen aber so von hohen Gebirgen erfüllt ist, daß es durchschnittlich nur eine schwache Bevölkerung ernähren kann.

---

[1] Übrigens ist Ceylon eigentlich keine Insel mehr; die Palkstraße ist nämlich sehr seicht — so daß sie auch keine Verkehrsbedeutung hat —, und durch sie führt eine Kette von Inseln und Untiefen, die sog. Adamsbrücke, nach dem Festland hinüber, über die eine Eisenbahn gebaut ist. — Ein Gegenstück zu diesem Bau ist die — 180 km lange! — Eisenbahn, die von der Südspitze von Florida nach dem Kriegshafen Key West führt; auch hier ist eine Inselkette ausgenutzt; die Bahn besteht etwa zur Hälfte aus Brücken; von denen die längsten zusammenhängenden Bauten 3500, 4500 und 11000 m lang sind! — Im Zeitalter des Verkehrs muß es sich so manche Insel gefallen lassen, Festland zu werden, vgl. Sylt, Fünen, Rügen.

Über die reichlich verwickelten und umstrittenen Bevölkerungs- und Religionsverhältnisse Vorderindiens sind in unsrem Zusammenhang nur folgende für Wirtschaft, Handel und Verkehr wichtige Angaben zu machen:

Von den rund 330000000 Bewohnern werden rund 220000000 als „Hindu" bezeichnet. Sie sind Anhänger des Brahmanismus, der aber je weiter nach Süden immer mehr in Aberglauben ausartet. Dieser Abfall, der auch im übrigen kulturellen und wirtschaftlichen Leben offensichtlich ist, ist hauptsächlich wohl daraus zu erklären, daß sich im Süden die dunkle, tiefstehende Urbevölkerung der Dravida erhalten hat, während je weiter nach Norden der Einschlag der hellfarbigen, hochstehenden, um 3000—2000 v. Chr. eingewanderten Arier (Indogermanen) immer stärker wird.

Neben und zwischen den Hindus wohnen, vornehmlich im Nordwesten, die rund 70000000 Mohammedaner. Sie stammen aus iranischen und turkmenischen, also aus indogermanischen und mongolischen Stämmen, vielleicht mit einem gewissen semitischen Einschlag. Sie sind hauptsächlich zwischen 1000 und 1500 n. Chr. eingewandert und haben u. a. das einst so blühende, kulturell so hochstehende Reich des Großmoguls geschaffen und die märchenhaften Meisterwerke der Baukunst, das Taj Mahal, die Audienzhalle von Delhi, die Moscheen und Grabmäler errichtet, die jeden Menschen von Kultur mit Erfurcht vor ihren Erbauern erfüllen müssen.

Außerdem sind noch die Parsen zu nennen; sie sind Nachkommen von Persern, die 717 n. Chr. vor den Mohammedanern geflüchtet sind. Sie sind „Feueranbeter" (!), sind an Volkszahl schwach (nur etwa 102000, davon 70000 in Bombay, die übrigen in den andern Hafenstädten Ostasiens), aber geistig hochstehend und wohlhabend, spielen sie als geschätzte bzw. gefürchtete Kaufleute eine große Rolle im Wirtschafts- und Verkehrsleben.

Zu diesen Hauptunterschieden, zu denen aber noch viele kleinere hinzukommen, tritt noch die für die wirtschaftliche und politische Kraft so verhängnisvolle Einteilung in die Kasten hinzu. Bedenkt man weiter, daß Vorderindien infolge der großen Unterschiede in den Niederschlägen die größten Verschiedenheiten in der Fruchtbarkeit, von der absoluten Wüste Thar bis zur üppigsten Tropenpracht der Malabarküste und Ceylons zeigt, und daß hiermit auch die Bevölkerungsdichte außerordentlich verschieden ist, so ist es klar, daß auch das Binnenverkehrsnetz, besonders das Eisenbahnnetz, starke Unterschiede in der Dichte aufweisen muß und daß die Bedeutung der kleineren Häfen sehr ungleich sein muß.

b) Der Indische Ozean.

Der Indische Ozean umfaßt mit 75000000 qkm rund 14,8% der Erdoberfläche, und zwar 20,6% der Wasserfläche[1]. Er schiebt sich von seiner breiten südlichen

[1] Die für alle unsere Betrachtungen wichtigsten Zahlengrößen über die Kontinente und Meere sind:

	Landfläche			Wasserfläche			Bevölkerung		
	Mill. qkm	in Proz. des Landes	der Erde	Mill. qkm	in Proz. des Meeres	der Erde	Mill.	in Proz. der Erde	Dichte je qkm
Europa	9,7	7,4	1,9				447	27,5	45,7
Afrika	29,8	22,7	5,9				135	8,3	4,6
Asien	44,2	33,7	8,7				855	52,7	19,0
Australien	8,9	6,8	1,7				7	4,3	0,8
Nordamerika	24,9	16,7	4,0				126	7,8	5,0
Südamerika	17,7	13,5	3,5				52	3,2	2,9
Antarktis	14,0	9,4	2,7				—	—	0
Großer Ozean				180	50,0	35,4			
Atlantischer Ozean . . .				106	29,4	20,8			
Indischer Ozean				75	20,6	14,8			
Zusammen	149,0		29,0	361		71,0	1622		19,0

Basis aus wie ein großes Trapez nach Norden in die Landmassen hinein. Sein größerer südlicher Teil hat bisher fast keine verkehrsgeographische Bedeutung, und hiermit hat der ganze Ozean keine „ozeanische" Bedeutung. Er ist eine große „Wasserwüste", die noch dazu fast ohne Inseln ist und von den beiden Länderriesen Afrika und Australien flankiert wird, die beide glatte Küsten ohne starke Gliederung zeigen und außerdem bisher eine vergleichsweise nur geringe wirtschaftliche Bedeutung hatten. Als Ozean mit transozeanischem Verkehr ist dieses Weltmeer im Verlauf seiner Geschichte nur zeitweilig hervorgetreten: bei der großen Völkerwanderung der Malaien und für den Verkehr von Europa nach Indien in der Zeit von Vasco da Gama bis zum Bau des Suezkanals. Für die Gegenwart ist aber auf die Fahrten zwischen Ostafrika und Indien, auf die Linie Colombo—Australien und auf die Segelfahrt von Europa um das Kap nach Rangoon usw. hinzuweisen. Außerdem kann der Indische Ozean eine große Bedeutung — auch für den Luftverkehr! — erhalten, wenn die Wege über Suez und Syrien verriegelt werden sollten.

Dagegen ist der Nordrand des Ozeans stark betont und in jeder Beziehung, durch Lage, Gliederung, Klima, Fruchtbarkeit, Wirtschaft, Kultur begünstigt; der Indische Ozean wird hierdurch zu einem der stärksten Randmeere der Welt. Der Nordrand ist ein Glied der großen Westoststraße der Welt (s. u.); er verbindet seit undenklichen Zeiten den vorderasiatisch-europäischen mit dem indischen, chinesischen und malaiischen Raum; auf ihm ist der Buddhismus von Vorderindien, der Islam von Arabien aus nach der Inselwelt und China gewandert; er spaltet den Südrand Asiens in die beiden großen Halbinseln auf; er sendet die beiden Fühlhörner des Persischen Golfs und vor allem des Roten Meers gegen das Mittelmeer und Europa vor; er ist mit dem Großen Ozean durch mehrere Seestraßen verbunden. — Nachteilig wirkt auf den Nordrand, daß Arabien, Iran und Beludschistan vom Monsun kaum getroffen werden und daher unfruchtbar sind, und daß Sumatra und besonders Java dem Indischen Ozean typisch ihre „Rückseite" zuwenden[1].

Den Indischen Ozean kann man trotz Frankreich, Holland und Italien als ein „mare clausum britannicum" bezeichnen, so lange seine drei Zugänge — der Weg Gibraltar—Malta—Suez—Aden, das Kapland und Singapore in Englands Hand sind; — nicht England, sondern der Indische Ozean ist das Zentrum des britischen Weltreichs (!?); — „wir sind eine asiatische Macht", hat Disraeli gesagt!

c) Der Mittelmeer-Raum.

Vorbemerkung. Es schien uns richtig zu sein, die Ausführungen über das Mittelländische Meer und seine Randländer ziemlich eingehend zu halten. Dieses Gebiet ist nämlich zur Zeit von besonders großer Bedeutung für die hohe Politik, und es befindet sich daher — namentlich in seinem östlichen Teil — in einem starken verkehrstechnischen Ausbau (vgl. die von England so schnell geschaffene strategische und Verkehrsbasis Cypern—Haifa—Mosul—Bagdad—Basra—Akaba—Alexandria—Mersa Matruch). Ferner lassen sich eine Fülle von Erscheinungen wirtschafts- und verkehrsgeographischer Art, die Allgemeingültigkeit haben, hier in besonders lehrreichen Beispielen erläutern. Sodann ist es wichtig, die großen Unterschiede zwischen Nordwesteuropa und dem Mittelmeerraum klar herauszustellen, weil wir mit diesem Gebiet kulturell und wirtschaftlich so eng verflochten sind, uns aber oft keine Rechenschaft darüber geben, wie verschieden doch diese Welten sind. Schließlich ist dies Gebiet das einzige in der weiten Welt, das für den Mitteleuropäer im allgemeinen noch erreichbar ist.

---

[1] Java, die Perle des niederländischen Kolonialbesitzes, die schönste Tropeninsel der Welt, ist eines der lehrreichsten Beispiele dafür, wie starke Unterschiede selbst ein verhältnismäßig kleiner Raum aufweisen kann: Infolge der klimatischen Verhältnisse und des Verlaufs der Gebirgszüge prangt die Nordseite größtenteils in unerhörter Fruchtbarkeit; und da diese Nordseite außerdem nach reichen, wichtigen Gegenküsten schaut und dem beherrschenden Zentralpunkt Singapore zugewandt ist, während der Süden an der verkehrs- und wirtschaftslosen Wasserwüste liegt, so sind das wirtschaftliche Leben, die Bevölkerung, die Eisenbahnen, Straßen und die Häfen auf der Nordseite konzentriert.

Das Mittelländische Meer ist durch bestimmte geographische Erscheinungen ausgezeichnet, die wir zum Teil auch bei den beiden andern Mittelmeeren, dem amerikanischen und asiatisch-australischen, wiederfinden:

1. Die drei Mittelmeere sind die Glieder der großen durchgehenden Bruchzone, durch die die Landmassen der Erde zertrümmert und in die sog. Nord- und Südkontinente zerlegt worden sind. In früheren Zeiten hat sich diese Zertrümmerung in ihrer für den Verkehr so günstigen Weise nur örtlich ausgewirkt; heute sind die drei Mittelmeere die wichtigsten Verbindungsglieder der großen einheitlichen West-Ost-Straße, die sich über (Nordsee—) Gibraltar —Suez—Colombo—Singapore (—Yokohama—San Francisco)—Panama (—New York—Nordsee) um die Welt schlingt.

2. Die drei Mittelmeerräume werden auf große Strecken von verkehrsfeindlichen geographischen Gebilden (Kettengebirgen, Wüsten, Steppen) eingerahmt. Hierdurch werden sie nach außen abgeschlossen. Andrerseits sind sie in sich durch das Meer aufs beste aufgeschlossen, denn sie bestehen überhaupt nur aus Buchten und Meerengen, Inseln, Halbinseln und Küsten. Ferner ist das Klima für die Seeschiffahrt günstig, da Nebel und Eis kaum vorkommen. Der Abschluß nach außen und die gute Wegsamkeit (Leitfähigkeit) im Innern verleihen diesen Räumen eine besondere Eigenart und machen sie den anschließenden Kontinenten gegenüber zu selbständigen geographischen Gebilden mit eigenen Charakterzügen.

3. Hierzu gehört auch die Vielheit der Völker und Sprachen. Sie hat zu ständigen politischen Spannungen und deren kriegerischen Lösungen geführt. Hierbei ist es nur einmal zu einer einheitlichen Beherrschung des Gesamtraums gekommen, nämlich nur im Römischen Weltreich. Die Völker scheiden sich in Land- und Seevölker. Typische Landvölker waren die alten Kulturvölker des Zweistromlands, die Perser, die Ägypter und die aus Innerasien vordringenden Völker, aber auch die Römer, Germanen und Araber; sie sind aber, durch die politischen Schwierigkeiten gezwungen und durch die wirtschaftlichen Aussichten eingeladen, schließlich doch aufs Meer hinausgegangen. Zu den Landvölkern gehören auch die Spanier, die trotz der von ihnen ausgegangenen Entdeckungen im wesentlichen ein Kontinentalvolk geblieben sind. Typische Seevölker sind dagegen die Phöniker, Griechen, Dalmatiner, Venetianer und andere italienische Stämme.

Der Unterschied zwischen See- und Landvölkern ist in den friedlichen und kriegerischen Beziehungen der Staaten und Religionen zum Ausdruck gekommen, und der Verkehr ist hierdurch je nachdem nach der kontinentalen oder der maritimen Seite hin beeinflußt worden. Es hat Zeiten gegeben, in denen man auf den Landverkehr eingestellt war, vgl. die Perser unh später die Römer mit ihrem Straßenbau, die Mohammedaner und die Vorstöße ihrer Heere gegen den Balkan und Wien und gegen Nordafrika und Spanien, die ersten drei Kreuzzüge, in denen die Kreuzritter den Landweg wählten und in denen typische Landheere gegeneinander kämpften, vgl. in unsern Tagen den Bau der Eisenbahnen über den Balkan nach Kleinasien, Irak, Iran und Arabien. Es hat aber auch Zeiten gegeben, in denen der Seeverkehr vorherrschte, vgl. die Handelsfahrten der Phöniker, die Kolonisation der Griechen, den Seeverkehr der späteren Römer, die Leistungen der Venetianer und anderer Italiener.

Hierbei sind die Völker gelegentlich gezwungen worden, ihr ursprüngliches Element zu verlassen; Perser, Römer, Germanen, Araber und Türken wurden gezwungen, aufs Meer zu gehen und Kriegsflotten zu bauen; die Venetianer aber mußten sich Söldnerheere anwerben, um auf dem Land zu kämpfen. Dabei haben die volksstarken Landvölker auch auf dem Meer Großes geleistet und schließlich über die volksschwachen Seevölker, die sogar ihre Schiffe mit Volksfremden bemannen mußten, triumphiert; — Landvölker mögen schwerfällig und langsam und daher auch im Verkehr nicht sehr impulsiv sein, dafür aber sind sie, in der heiligen Mutter Erde verwurzelt, doch schließlich bei großer Volksstärke die Sieger über die zwar lebhafteren und beweglicheren Seevölker, die gar zu leicht zerflattern, namentlich dann, wenn ihre Volksstärke gering ist und wenn ihre Reiche aufgelöste, nur von der Handels- und Kriegsflotte zusammengehaltene Ketten von Inseln und Halbinseln und Küsten sind!

4. Der Mittelmeerraum unterscheidet sich von dem nördlich angrenzenden Gebiet (Nordwesteuropa-Rußland) durch sein Klima: Der Mittelmeerraum ist wärmer als die nördlich anschließenden Gebiete. Hierdurch mögen seine Völker (zeitweilig oder dauernd?) weniger zu Arbeit, Tatkraft und Zähigkeit erzogen worden sein; dafür sind aber auch die wirklichen Bedürfnisse, also die notwendigen Ansprüche an Wohnung, Kleidung, Nahrung und Heizung und demgemäß auch die „Produktionskosten" niedriger; — und wer bei diesen Unterschieden im Weltwettbewerb günstiger dasteht, der Norden oder der Süden, mag strittig sein. Nachdem nun der „Norden" nicht durch seine Industrieerzeugnisse, sondern auch seine Industriemittel (Maschinen und Verfahren) nach dem Süden eingeführt hat, wird der Mittelmeerraum immer mehr selber Industriegebiet, und hierbei kann er von dem Vorteil der niedrigeren Produktionskosten und der demgemäß niedrigeren Löhne Gebrauch machen. Nachdem außerdem Nordwesteuropa den Verkehr zwischen Nord und Süd erheblich verbessert und verbilligt hat, wird die südliche Landwirtschaft der nördlichen ein ernsthafter Wettbewerber, denn sie hat den doppelten Vorteil des wärmeren Klimas und der niedrigeren Löhne; — schon ist der französische Wein-, Obst- und Gemüsebau durch den algerischen stark bedroht! Wie wird diese Entwicklung weitergehen?

Eine Parallelerscheinung hierzu findet sich in Nordamerika: Der Obst- und Gemüsebau in den Nordstaaten, in denen die Farmen noch von Weißen bewirtschaftet werden, kann sich kaum mehr halten und ist zu einem erheblichen Teil schon zum Erliegen gekommen, weil die Südstaaten billiger erzeugen können, denn ihnen kommt die größere und jahreszeitlich früher eintretende Wärme und die niedrigere Lebenshaltung der Farbigen zugute; und der Aufwand an Zeit und Kosten für den Transport kommt kaum mehr in Betracht. — Es sind hier aber noch andere Gründe maßgebend, — Raubbau, Waldverwüstung, Landflucht, Verstädterung.

5. Das Mittelmeergebiet ist ferner durch das Fehlen von Kohle und das Vorkommen von Öl gekennzeichnet. Diese Erscheinung ist natürlich erst im letzten Jahrhundert wirksam geworden; sie ist für die Gegenwart und die nähere Zukunft hochbedeutsam; — auch hier ist die Parallelerscheinung in Amerika zu beachten.

Da die Kohle in die Wirtschaft und Technik, namentlich auch in die Kriegstechnik, früher eingeführt worden ist als das Öl, so ist das Mittelmeergebiet in seiner Wirtschaft und in seiner machtpolitischen Bedeutung gegenüber Nordwesteuropa zurückgeblieben. Selbstverständlich ist hierbei das Fehlen von Kohle nicht die einzige und für viele Gebiete nicht einmal die wichtigste Ursache; man beachte aber den starken Druck, unter dem Italien stand, als England im Anfang des Weltkriegs die Kohlenzufuhr sperrte. Unter diesem Druck würden die Mittelmeerstaaten ständig zu leiden haben, wenn jetzt nicht — abgesehen von dem Erschließen von Kohle in der Türkei usw. — das Öl in immer größeren Mengen gewonnen würde. Hieraus ergibt sich die macht- und verkehrspolitische Situation,

daß imperialistische „Kohle-Staaten" sich durch die „jungen Öl-Staaten" beeinträchtigt oder sogar bedroht fühlen und daher ihre — ursprünglich auf der Kohle aufgebaute — kapitalistische und militärische Überlegenheit dazu ausnützen, um sich die wirtschaftliche, verkehrspolitische und militärische Hoheit über die Ölfelder und deren Verkehrslinien zu sichern;

und daß die jungen Öl-Staaten sich gegen diese Bestrebungen zur Wehr setzen.

Dieser Kampf wird vorläufig noch mit „friedlichen" Mitteln durchgeführt, namentlich mit Anleihen und Kapitalinvestierungen und dem Bau von Verkehrsanlagen (Häfen, Eisenbahnen, Ölleitungen), wobei die Empfangenden den menschenfreundlichen Spendern entsprechende Konzessionen gewähren müssen. Aber mehr und mehr verliert man in den jungen Staaten das Verständnis für diese „Selbstlosigkeit" des internationalen Kapitals, das nun über diese „schnöde Undankbarkeit" entrüstet ist, zumal es sich dabei auch über die Abneigung gegen das Christentum und die Kultur so wirkungsvoll entrüsten kann.

Das Öl beeinflußt auch unmittelbar die Entwicklung des Verkehrswesens im Mittelmeerraum:

α) Da das Öl hohe Transportkosten tragen kann, reizt es zur Verbesserung vorhandener und zur Anlage neuer Verkehrsanlagen.

β) Die Schiffahrt wird angeregt, von der Kohle zum Öl überzugehen.

γ) Der Kraftverkehr wird verbilligt; das ist besonders für den Verkehr durch die Steppen und Wüsten wichtig, weil die Verkehrsmengen vorläufig noch so klein sind, daß sie mit Kraftwagen auf schlechten Wegen befördert werden können.

δ) Das Öl veranlaßt die Eisenbahn, die Ölfeuerung und den Triebwagen zu bevorzugen und gibt ihr die Berechtigung, vergleichsweise stärkere Steigungen anzuwenden als bei Kohle-Dampf-Betrieb; — das ist in den hohen schroffen Gebirgen des Mittelmeerraums sehr wichtig, vgl. die Eisenbahnbauten in der Türkei, Syrien und in Iran.

ε) Hochbedeutsam ist das Öl für die Kriegsmarinen der Mittelmeermächte, zu denen auch England gehört; die Leitungen und ihre Endpunkte haben daher eine hohe strategische Bedeutung und müssen demgemäß u. a. auch verkehrstechnisch ausgestaltet werden[1].

Seinem geologischen Aufbau nach besteht der Mittelmeerraum aus drei Hauptteilen, — eine Gliederung, die auch für den Verkehr, insbesondere den Binnen-, weniger für den Seeverkehr von Bedeutung ist. Es sind nach Abb. 3 drei West-Ost-Streifen zu unterscheiden:

1. Das russisch (-turkmenische) Tafelland im Norden berührt den Mittelmeerraum allerdings nur im Gebiet des Schwarzen (und Kaspischen) Meers, ist aber trotzdem wegen seiner guten Wegsamkeit und seiner großen Ströme von besonderer Bedeutung. Es hat lange Zeiten hindurch durch seine Ausfuhr (im Altertum Tiere, Felle, Gold und Sklaven, vor dem Weltkrieg Getreide und Öl) eine große Rolle gespielt, und es ist die natürliche Basis für das Vortreiben der Eisenbahn nach Armenien, Iran und Afghanistan hinein, aber auch für kriegerische Vorstöße, namentlich von Rußland aus gegen Konstantinopel.

2. Das Gebiet der Kettengebirge umfaßt den Nordwesten Afrikas, den Süden Europas und Vorderasien mit Ausnahme des größeren Teils von Arabien; — dieses einheitliche Gebiet reicht also über drei Kontinente!

Die Gebirgszüge verlaufen hauptsächlich in der Richtung West—Ost und Nordwest—Südost. Sie erschweren daher dem Verkehr — und den Regenwinden! — vor allem die Richtungen Süd—Nord und Südwest—Nordost. Dies kommt in Europa in den Alpen- und Apenninbahnen, die die längsten Tunnel der Welt aufweisen, in den mangelhaften Eisenbahnverhältnissen Dalmatiens und in den großen Steigungen der Balkanbahnen zum Ausdruck. Noch größere Schwierigkeiten entstehen aber an den Gebirgskämmen der Atlasländer, Kleinasiens und Irans. Hier vereinigen sich fast immer drei ungünstige Momente:

---

[1] Wenn wir vorstehend die Bedeutung des Öls so betonen, möchten wir doch davor warnen, in dem Aufstieg der „Weltmacht Öl" schon den Zusammenbruch der „Weltmacht Kohle" zu sehen. Abgesehen von vielem andern ist die Bedeutung der Kohle als Ausgangsstoff für viele „Ersatzstoffe" stark im Steigen.

die Linien müssen hohe, steile Hänge erklettern;

sie stoßen in ein regenarmes und daher wirtschaftlich schwaches Hinterland vor, und

die Flüsse sind infolge der räumlich und zeitlich ungleichmäßigen Verteilung der Niederschläge schlecht schiffbar; ihre Wasserführung ist unregelmäßig; die Täler sind steil, tief eingeschnitten und zerklüftet; — all dies ist abgeschwächt schon in Italien und Dalmatien zu erkennen.

Andrerseits wird der Nord-Süd-Verkehr an einzelnen Stellen durch Einsenkungen und Brüche usw. begünstigt, vgl. das Rhone- und das Etschtal, die Straße von Messina, die Adria, den Bosporus und die Dardanellen.

3. Die saharisch-arabische Tafel umfaßt die Sahara und die Wüsten und Steppen Arabiens; sie ist vom geologischen, klimatischen, wirtschaftlichen, ver-

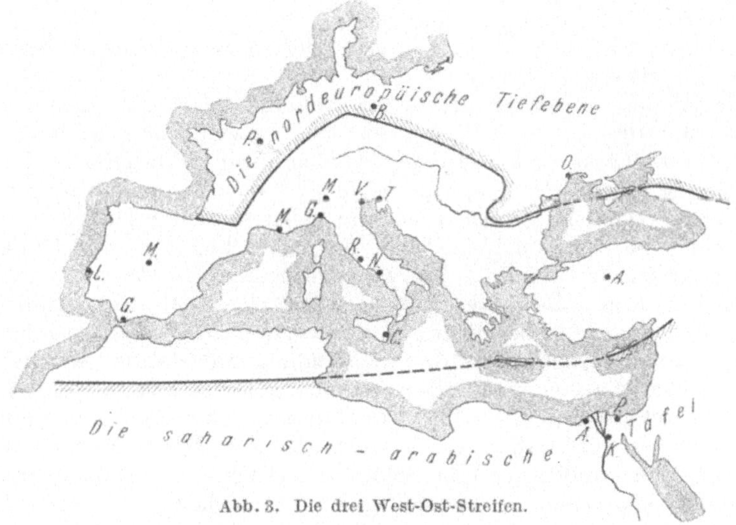

Abb. 3. Die drei West-Ost-Streifen.

kehrstechnischen und religiösen Standpunkt eine Einheit; sie wird durch das Rote Meer — trotz dessen hoher Bedeutung für den Durchgangsverkehr! — nicht gegliedert; wenn man schon nach einer Teilung sucht, so liegt diese jedenfalls eher in der langgestreckten Groß-Oase des Niltals. Das ganze Gebiet ist klimatisch und wirtschaftlich durch seine übergroße Trockenheit benachteiligt. Hieraus ergeben sich auch große Schwierigkeiten für die Verkehrserschließung; sie werden an einigen Stellen durch die Höhe und Steilheit der die Küste begleitenden Höhen verschlimmert, desgleichen durch die Klimaextreme; — in Ägypten schneit es gelegentlich; im Jordantal schwankt die Temperatur von —7° auf | 12°; auf dem Libanon müssen die Kamelkarawanen während mancher Wochen meilenweit durch hohen Schnee ziehen und bilden dann außer der Eisenbahn das einzige Verkehrsmittel.

An die saharisch-arabische Tafel schließt im Süden der Sudan an, der (ebenfalls als Einheit) nach Südarabien hinübergreift.

Auch die Meeresteile des Mittelmeerraums haben an den drei geologischen Streifen teil, und sie zeigen daher große Unterschiede, die von Geologen, Geographen, Botanikern, Zoologen, Klimakundigen usw. erörtert werden; für den Verkehrsfachmann (und für den Politiker und Wirtschaftler) ist diese Art von Vielgestaltigkeit aber von geringer Bedeutung; denn für ihn ist nur die oberste Wasserschicht — so tief seine Schiffe eintauchen und so tief seine Hafenbauten gegründet werden müssen —, von Bedeutung; und in diesem Sinn ist das Mittelmeer mit allen seinen Buchten und Meerengen und mit dem Roten

Meer die große Verkehrseinheit, gleichgültig, ob die Wasser 15 m oder 4000 m tief sind.

Die verkehrsgeographisch wichtigsten Kennzeichen des Mittelmeers sind die Lage und die starke Gliederung; hierbei ist die Lage mehr für den Durchgangsverkehr, die starke Gliederung mehr für den Eigenverkehr von Bedeutung. Durch seine Lage ist das Mittelmeer heute (nach dem Bau des Suezkanals) die zweitwichtigste der „Hochstraßen des Weltverkehrs", deren wichtigste die Nordatlantische Straße (Nordsee—New York) ist. Sie verbindet das „Zentralbecken des Weltverkehrs", nämlich den Raum Liverpool—Hamburg (und Nordamerika) über Gibraltar—Suezkanal—Aden mit Ostafrika, dem Indischen Ozean, Ostasien, Australien und dem Großen Ozean.

Außerdem bilden bestimmte Teile des Mittelmeergebiets für den europäischen Lebensraum die maßgebenden „Brücken" (Verbindungsglieder, Übergangsgebiete) zu andern Erdräumen, nämlich:

die Pyrenäen-Halbinsel für die Bereiche der südatlantischen Fahrten (Westafrika, Südamerika);

das Gebiet des Schwarzen Meers für Rußland, Iran, Afghanistan;

Ägypten für den (so schnell an Bedeutung gewinnenden) Sudan;

Syrien für die Land- und Luftwege nach dem übrigen Vorderasien und Indien.

Durch seine starke Gliederung begünstigt das Mittelmeer in erster Linie seinen Eigen- (inneren, Binnen-) Verkehr, aber sie kommt auch dem Durchgangsverkehr zugute, was namentlich in der trefflichen Lage von Marseille und Genua zum Ausdruck kommt. Der Mittelmeerraum ist derart in Inseln und Halbinseln aufgelöst, daß das Seeschiff nach fast allen wichtigen „Landschaften" gelangen kann, und daß überall nur kurze Landwege notwendig werden. Dabei stoßen die Landvorsprünge bei Gibraltar, Sizilien und Istanbul so weit vor, daß die Fahrten über die hier trennenden Wasserflächen sehr kurz werden. Ferner hat der geologische Aufbau überall — jedenfalls an allen maßgebenden Punkten — gute Naturhäfen geschaffen, die in Verbindung mit der günstigen Witterung (wenig Frost, Nebel und Sturm) die Schiffahrt erleichtern, verbilligen und — von einigen Stellen abgesehen — ziemlich gefahrlos machen.

Die starke Gliederung hat aber durch alle Zeiten hindurch die Kleinstaaterei begünstigt und in Verbindung mit gewissen klimatischen und Wasserverhältnissen eine Verstädterung hervorgerufen, wie sie sich sonst nirgends auf der Welt (außer in Australien, hier aber auf ganz anderer Grundlage) findet. Kleinstaaterei und Verstädterung, wie sie in den antiken Stadtstaaten und den heutigen „Bauernstädten" Siziliens in die Erscheinung treten, haben die politische Entwicklung oft gefährdet, — vgl. hierzu das so lockere Gefüge des Römischen Weltreichs, das eigentlich nie „vielmehr als ein Städtebund mit der Stadt Rom als führender Spitze" gewesen ist.

Die starke Gliederung verleiht dem Mittelmeerraum auch bestimmte strategische Züge, die auf das Verkehrswesen, insbesondere den Ausbau der Häfen, der Eisenbahnen und des Luftverkehrsnetzes stark einwirken:

Bis zum Weltkrieg galten alle Mittelmeerstaaten (außer Frankreich) als stark bedroht durch die Flotten der großen Seemächte, insbesondere also Englands; und tatsächlich war England hier die Macht, der sich alle andern beugen mußten, und für England war das Mittelmeer die Straße nach Indien, die „Hauptschlagader des britischen Weltreichs". Die Macht Englands stützte sich hierbei einerseits auf die wirtschaftliche und industrielle Schwäche der andern, die große Flotten weder bezahlen, noch bauen, noch unterhalten konnten, andrerseits auf die eigene Flotte, namentlich die Schlachtschiffe; denn diese konnte von ihren zwar räumlich sehr kleinen, aber kaum verwundbaren Stützpunkten aus nicht nur die Handelsschiffahrt lahmlegen und bei Gibraltar und im Suezkanal vollkommen unterbinden, sondern namentlich auch die Küstenstädte und die Küsteneisenbahnen beschießen (und überfallen), — vgl. z. B. wie empfindlich die Linie Ventimiglia—Genua—Livorno—Rom—Neapel—Messina—Palermo, die man die „Hauptschlagader Italiens" nennen kann, gegen Angriffe von See aus ist! — vgl. weiter, wie empfindlich die Türkei war, solange Konstantinopel ihre Hauptstadt war.

Heute hat sich aber vieles gewandelt: Die Schlachtschiffe bilden zwar — manchen „modernen" Anschauungen zum Trotz — immer noch den Kern der Kriegsflotten, aber es sind zwei neue Waffen erschienen: das U-Boot und das Flugzeug, deren Gefechtskraft besonders groß ist, wenn sie nur im kleinen Raum zu kämpfen haben. Namentlich in der strategischen Defensive, also bei der Abwehr einer überstarken Schlachtschiff-Flotte, sind sie, taktisch offensiv vorgehend, in den küstennahen Meeresteilen um so stärker, je kleiner diese Räume sind und je mehr Schlupfwinkel sie bieten, aus denen man immer wieder vorbrechen und in die man sich immer wieder schnell zurückziehen kann. Von dieser Chance können außerdem die Torpedoboote guten Gebrauch machen, und zwar reichen dafür kleine Schiffe aus, die nur schnell sein müssen; und für die typischen Küstengewässer genügen sogar Torpedo-Motorboote (Schnellboote), die nicht hochseetüchtig zu sein brauchen. Ferner spielen Minen in so engen Gewässern eine große Rolle. Die Erscheinung, daß die Fortschritte der Technik die Verteidigung so gestärkt haben, weil die Abwehrwaffen wirksamer geworden sind, zeigt sich also nicht nur im Land-, sondern bei entsprechenden geographischen Verhältnissen auch im Seekrieg.

Aber auch die Offensive bietet in diesem Sonderfall dem Schwächeren dadurch große Chancen, daß er aus der sicheren Basis des eigenen Landes zu schnellen, kurzen Stößen gegen eine Schlachtflotte vorbrechen kann, die fern der Heimat kämpft und, den Angriff suchend, immer wieder zu langen Fahrten auf die hohe See hinaus muß, wodurch Schiff, Maschine und Mannschaft zermürbt werden. Von besonderer Bedeutung sind auch Luftangriffe auf die so kleinräumigen, aber unentbehrlichen Stützpunkte wie Gibraltar und Malta; nicht umsonst hat sich England die großflächige Basis Cypern—Haifa—Port Said (mit rund 500 km Durchmesser) ausgebaut. — Das große Gegenstück für den Mittelmeerraum als den seestrategisch „kleinen Raum" bildet der Große Ozean als der seestrategisch „große Raum".

Einige Worte sind noch über das Klima und in Verbindung hiermit über Wasser, Wald und Landwirtschaft notwendig.

Das Klima des Mittelmeerraums zeigt unserem, also dem nordwesteuropäischen Klima gegenüber folgende Unterschiede, die nicht nur für die Wirtschaft, sondern auch für den Verkehr (Bau, Betrieb, Kosten) von Bedeutung sind; es ist ins-

Abb. 4. Die Januar-Isothermen des Mittelmeer-Raumes.

gesamt kontinentaler, hat durchschnittlich geringere Niederschläge und zeigt stärkere Extreme. Diese ungünstigen Verhältnisse werden um so schlimmer, je weiter die Gebiete vom Atlantischen Ozean entfernt liegen; denn dieser kann seinen günstigen Einfluß nicht weit nach Osten auswirken lassen; — der Einfluß des Indischen Ozeans ist wegen der Richtung des Monsuns und der hohen Randgebirge gering.

Die Sommerwärme ist der südlicheren Lage entsprechend größer als bei uns; es gedeihen daher Südfrüchte, teilweise auch Palmen, Reis, Baumwolle, Sojabohnen und besonders gute Tabake. Die Winterkälte ist viel stärker als wir im allgemeinen annehmen; Abb. 4 zeigt den steilen Abfall der Januar-Isothermen von Nord nach Süd, zu beachten ist besonders die Isotherme ±0, die vom Nordkap (!) bis beinahe Istanbul und bis Buchara (!) abfällt.

Die an und für sich geringeren Regenmengen fallen hauptsächlich im Frühjahr, auf das dann schnell ein heißer, trockner Sommer folgt; viele Gebiete zeigen daher zwar im Frühling üppigste Fruchtbarkeit, nehmen aber schon vom Juli ab Steppencharakter an; — gut im Innern Siziliens zu beobachten, noch charakteristischer in Spanien und Anatolien. Die Menschen müssen sich dem anpassen; sie können in vielen Gebieten nur Früchte anbauen, die mit einer kurzen frühen Vegetationsperiode auskommen, und sie müssen vor allem sorgfältigst Wasserwirtschaft treiben; sie müssen das kostbare Naß den Flüssen entnehmen oder tief aus der Erde herausholen, müssen es aufspeichern und in planmäßiger Bewässerung ausnutzen. Diese Wasserwirtschaft zeigt zwei für das ganze wirtschaftliche und soziale Leben maßgebende Hauptformen:

In den östlichen Steppen und Wüsten, die fast regenlos sind, ist Ackerbau nur auf der Grundlage vollständig künstlicher Bewässerung möglich. Das Wasser hierzu wird den großen Flüssen entnommen, und auf dieser Grundlage sind die „Groß-Oasen" Mesopotamien (jetzt stark versteppt) und Ägypten entstanden. Da hierbei „Wasser-Großbetrieb" notwendig ist, ist kleinbäuerlicher Betrieb zwar nicht unmöglich, aber es sind starke Anreize zum Latifundien- (Plantagen-) Betrieb vorhanden. Dieser hat sich daher seit den ältesten Zeiten immer wieder durchgesetzt, und die Lage der breiten Masse des Volkes ist daher sozial immer ungesund gewesen; der „Ägypter ist immer ein armer Fellache" gewesen, gleichgültig, welcher Rasse oder Religion seine Herren angehörten. Der Großbetrieb kann außerdem noch die schädliche Folge haben, daß einseitig das lohnendste Gut angebaut wird, in diesem Fall vor allem Baumwolle, daß aber nicht genügend Nahrungsmittel erzeugt werden. Gerade in einem Gebiet, das so stark mit politischen Spannungen geladen ist, müssen aber die Regierungen darauf bedacht sein, daß die Landwirtschaft vielseitig und daß mindestens die Ernährung von Mensch und Tier und die Versorgung der lebenswichtigen Gewerbe auch beim Abschneiden aller Zufuhr sichergestellt sein muß; in diesem Sinn geht jetzt Ägypten vor, das bisher Nahrungsmittel einführen mußte[1].

Die Bedeutung des Wassers für die schon in Kultur stehenden und neue in Kultur zu nehmende Gebiete kann auch zu schweren politischen Spannungen führen; denn die Beherrscher des Oberlaufs haben, sobald sie über gewisse Fähigkeiten in der Wasserbaukunst verfügen, die Bewohner des Unterlaufgebiets wirtschaftlich in der Hand. Um dieses Problem gingen viele Kämpfe im Altertum; heute ist es vor allem für die Quellflüsse des Nil wichtig; denn von seinem Wasser hängt nicht nur das ganze Leben der Ägypter, sondern auch die Erschließung des Sudan durch die Engländer ab. Das hat sich auch schon seit längerer Zeit im Verkehrswesen ausgewirkt, vgl. die großen Eisenbahnbauten der Engländer von Alexandria und von Port Sudan (am Roten Meer) in das Herz des Sudan[2]. — Übrigens darf man wohl auch vermuten, daß die große Macht der Priester in den alten Oasenstaaten zum Teil darauf beruht hat, daß sie als Astronomen, Mathematiker, Geodäten und Wasserbauer die Wasserwirtschaft leiteten.

Im Gegensatz zu diesen fast regenlosen östlichen Gebieten sind viele westlichen Gebiete immerhin so gut beregnet, daß hier unter Zusatz von künstlicher Bewässerung Landwirtschaft, Garten- und Weinbau möglich ist. Hier werden von alters her die drei Hauptgewächse Weizen, Oliven und Wein angebaut, die auch die wichtigsten Handels- und Verkehrsgüter gewesen sind und in gewissen Verkehrsrelationen heute noch sind. Dazu kommen die mittelmeerischen Edelfrüchte, die in den prachtvollen Fruchthainen der Küstensäume in harter Gartenkultur gezogen werden und für manche Länder die wichtigste wirtschaft-

---

[1] Wie furchtbar sich die einseitige Bevorzugung bestimmter, wenn auch sehr lohnender Erzeugnisse und die Vernachlässigung der Ernährungsbasis rächen kann, haben im Sezessionskrieg die Südstaaten erlebt; einseitig auf die „Monokulturen" Baumwolle und Tabak eingestellt, mußten sie dem berüchtigten Abwürgungs- (Anakonda-) Plan erliegen, da sie sich, von allen Zufuhren abgeschnitten, von Baumwolle und Tabak nicht ernähren konnten (s. u.).

[2] Die Eisenbahn von Ägypten nach dem Süden geht nicht geschlossen durch. Das Eisenbahnnetz Ägyptens endigt vielmehr in Asswan (Schellal) und das des Sudan beginnt erst in Wadi Halfa; für die Zwischenstrecke ist der Verkehr auf die Schiffahrt auf dem hier von Katarakten freien Nil angewiesen. Außerdem haben die Bahnen Ägyptens Normalspur, die des Südens dagegen Schmalspur.

Die Engländer halten offensichtlich eine besonders gute Pflege des Verkehrs zwischen Ägypten und dem anglo-ägyptischen Sudan nicht für zweckmäßig; sie leiten vielmehr die Ein- und Ausfuhr des Sudan über den am Roten Meer gelegenen Hafen Port Sudan.

liche Grundlage und den bedeutendsten Teil ihrer Ausfuhr darstellen. Verkehrstechnisch kommen diese Güter zwar mit kurzen Landtransporten bis zur Küste
aus, aber sie stellen hohe Anforderungen an die Güte der Beförderung, Schnelligkeit, Pünktlichkeit, Frischhaltung.

Bei dieser Form der Landwirtschaft konnte der freie, mit der Scholle verwurzelte
Bauer entstehen, und ursprünglich ist die gesunde Bauernwirtschaft auch allenthalben die
Grundlage von Volk und Staat gewesen, vgl. das Alte Rom zu seiner besten Zeit. Daß sich
aber auch im Westen vielfach die Latifundienwirtschaft durchsetzen konnte, ist wider die
Natur geschehen, und es hat sich an den Völkern bitter gerächt. Am übertriebenen Großgrundbesitz kranken noch heute viele Gebiete des Mittelmeers, namentlich Spanien, Sizilien,
Unteritalien und Rumänien; dabei werden die Agrarverhältnisse und hiermit die wirtschaftlichen, sozialen, kulturellen und politischen Verhältnisse noch dadurch weiter verschlechtert,
daß die Großgrundbesitzer nicht mehr auf dem Land, sondern in der Großstadt wohnen
und ihren Besitz an spekulativ eingestellte Großpächter verpachten, die ihn dann an die
Kleinpächter weiter verpachten; — hiergegen kämpfen jetzt die Regierungen an.

Von großer Bedeutung für die klimatischen und damit für die wirtschaftlichen
und Verkehrsverhältnisse ist der Unterschied zwischen den Rand- und den
Innengebieten; es ist das aber keine Sondererscheinung des Mittelmeerraums;
wir finden sie vielmehr überall wieder. Alle vom Meer umgebenen Räume, also
die Kontinente und die (großen) Inseln und Halbinseln haben ein Innen und
ein Außen: Das Innen ist das vom Meer entfernte Innengebiet, das in Klima,
Verkehrsstruktur, Wirtschaft und Politik kontinental (ländisch) orientiert ist;
das Außen sind die Randgebiete, die ozeanische (meerische) Züge tragen.

Fast immer sind die Randgebiete bevorzugt, und zwar doppelt: durch
ihr Klima und durch ihre Verkehrsverhältnisse. Das Meer bringt die notwendige
Feuchtigkeit und mildert die Temperaturschwankungen; es stellt außerdem die
besten und billigsten Wege zur Verfügung und verbindet die Küstengebiete untereinander und mit aller Welt; — allerdings gewährt es auch dem Feind und Seeräuber und verderblichem fremdem Einfluß bequemsten Einlaß. Dagegen ist das
Innengebiet durch die geringere Feuchtigkeit, die größeren Temperaturschwankungen und die schwierigeren Verkehrsverhältnisse benachteiligt.

Diese Unterschiede werden gemildert:

wenn das Land nur schwach ansteigt (vgl. Deutschland);

wenn die etwa vorhandenen Randgebirge niedrig sind oder tiefe Sättel aufweisen, so daß die Regenwinde eindringen können und auch den Landverkehrsmitteln ihr Weg erleichtert wird;

wenn im Innern des Landes höhere Gebirgszüge vorhanden sind, an denen
sich die Regenwinde entladen, vgl. den Nord- und den Südhang der Alpen und
den Himalaya, ferner den Antilibanon und die Randgebirge Irans gegen Irak;
solche Gebirgsstöcke gibt es vereinzelt auch in Anatolien;

wenn gute schiffbare Ströme tief ins Innere hineinführen, in deren Tälern
auch die Eisenbahnen billig gebaut und betrieben werden können; — im Mittelmeerraum ist das aber im allgemeinen nicht der Fall.

Dagegen werden die Unterschiede verschärft:

wenn hohe Randgebirge das Innere gegen die Regenwinde und den Verkehr
abriegeln (großartigstes Beispiel die amerikanische Westküste);

wenn die Flüsse und ihre Täler schlecht entwickelt sind, — im Mittelmeergebiet leider meist der Fall;

wenn im Innern große abflußlose Gebiete entstehen, — großartigstes Beispiel
Innerasien, ferner große Gebiete von Arabien und Anatolien.

Im Mittelmeerraum sind die Unterschiede zwischen Innen- und Randgebieten
meist recht groß; das gilt schon von verhältnismäßig kleinen Räumen wie Sar-
dinien, Sizilien und Unteritalien; infolgedessen sind hier auch die Unterschiede
in der Wirtschaftskraft und der Dichte der Bevölkerung groß; die Umgebungen
von Neapel, Palermo und Catania gehören zu den dichtest besiedelten Gebieten
der Welt; aber nicht weit davon im Landesinnern wohnen nur wenige Hirten!

Auch in der Türkei sind die Unterschiede kraß; noch schlimmer aber in Syrien. Das ist natürlich wirtschaftlich und politisch und auch verkehrstechnisch ungünstig; politisch besonders deswegen, weil die wirtschaftlichen und völkischen Kraftgebiete nicht zentral im Innern, sondern peripherisch an den Rändern zerstreut liegen und daher von flottenmächtigen Feinden bedroht sind.

Einige Worte müssen wir noch der Klimaverschlechterung widmen, die im Mittelmeerraum offensichtlich zu beobachten ist. In manchen Teilgebieten waren in früheren Zeiten (Jahrtausenden und Jahrhunderten) die Wasserverhältnisse besser als heute. Das mag an bestimmten Stellen in einer echt-natürlichen Klimaänderung begründet sein; so soll sich z. B. der Hochwasserstand des Nils innerhalb der geschichtlichen Zeit, also in rund 4000 Jahren (2300 v. Chr. bis 1900 n. Chr.) durchschnittlich um 7 m und der höchste Hochwasserstand um 8,17 m vermindert haben, was aus den uralten in die Felsen eingehauenen Marken zu erkennen sein soll; ferner scheinen die Nordgrenzen der Syrischen Wüste und der Sahara im Lauf von zwei bis drei Jahrtausenden weiter vorgerückt zu sein und früheres Fruchtland mit seinen Städten (Leptis magna) verschlungen zu haben. Für die meisten Stellen muß man aber vermuten, daß es sich nicht um natürliche Vorgänge handelt — gegen die sich der Mensch nicht oder nur schwach wehren könnte —, sondern daß menschliche Schuld vorliegt, nämlich die Vernachlässigung der Wasserwirtschaft und die Vernichtung des Waldes.

Beides ergibt sich zunächst aus dem Jahrtausende alten und in den (zurückgebliebenen) Gebieten auch heute noch nicht beendeten Kampf zwischen Bauer und Hirt, zwischen Bauernvölkern und Hirtenvölkern. Der Bauer, seßhaft und mit der Scholle verankert, hegt und pflegt für sich und die kommenden Geschlechter das Wasser, den Mutterboden und den Wald; mindestens läßt er den Wald nicht durch Ziegen verwüsten, weil für ihn nicht Ziege und Schaf, sondern Rind und Büffel die wichtigsten Tiere sind. Der Hirt dagegen zieht nomadisierend umher und opfert verständnislos den Wald der Ziege. Aus seinen kargen Steppen oder Gebirgen bricht er als kühner Reiter in den Besitz des friedlichen Bauern ein; wenn er dann aber die reichen Bauernstaaten überrannt und die Bevölkerung vernichtet oder zu Sklaven gemacht hat, steht er den Anforderungen der Wasserwirtschaft kenntnis- und verständnislos gegenüber, und die Bewässerungswerke zerfallen und das Land verdorrt, vgl. Mesopotamien und Inner-Anatolien. Dazu kommt bezüglich der Waldverwüstung der große Bedarf an Holz für Heizung, den Bau von Häusern und Schiffen und für Pfahlgründungen hinzu; — die entsetzliche Verkarstung Dalmatiens soll teilweise auf den Holzbedarf der venetianischen Seemacht zurückzuführen sein. — Heute haben die Mittelmeerstaaten die Fehler erkannt, und sie gehen energisch an die Wasserwirtschaft und Wiederaufforstung heran, wobei ihnen nun nicht nur die Kenntnisse des eigenen Landes und eine jahrhundertealte „handwerksmäßige" Überlieferung, sondern außerdem die Kenntnisse, Erfahrungen und Mittel der neuzeitlichen Technik (Talsperren, Pumpen, Maschinen) zur Verfügung stehen.

Für uns sind aber die furchtbaren Schäden, die so manches Mittelmeerland durch Waldverwüstung und schlechte Wasserpflege erlitten hat, eine Warnung, daß wir die Geschenke der Natur nicht verschleudern, sondern hegen und pflegen. Das muß namentlich auch bei der Binnenschiffahrtspolitik beachtet werden; manche Kreise vertreten den Standpunkt, daß nicht der Verkehrswasserbau, sondern die Wasserwirtschaft den Vorrang beanspruchen müsse — und das mit Recht.

Die Sahara soll auch gegen Süden, also den Sudan, im Vorrücken sein; das ist bei der Kolonialpolitik zu beachten.

II. Der geschichtliche Verlauf.

Wenn wir die Geschichte des Mittelmeers in ihrem Gesamtverlauf, also bis in die Gegenwart hinein überblicken, so besteht sie aus zwei Hauptteilen, die — sehr bezeichnend für die Bedeutung des Verkehrs! — durch ein Verkehrsereignis voneinander geschieden werden, nämlich durch die Entdeckung des Seewegs nach Indien. Bis dahin war das Mittelmeer schlechthin „das Weltmeer". Dann aber ist es vom Atlantischen Ozean entthront worden, der zum Weltmeer aufstieg und das Mittelmeer zur bescheidenen Rolle eines Nebenmeers herabdrückte. Die Geschichte dieses zweiten Abschnitts besteht aus zwei Unterabschnitten, die — wieder bezeichnend für die Bedeutung des Verkehrs! — ebenfalls durch ein Verkehrsereignis voneinander geschieden werden, nämlich durch den Bau des Suezkanals, der 1869 das Mittelmeer aus seiner Abgeschiedenheit erlöste und es zur zweitwichtigsten Welthandelsstraße machte.

Während dieser wechselvollen Geschichte ist das verkehrspolitische Schwergewicht im Mittelmeer zwischen Ost und West hin- und hergependelt; der östlichste Punkt lag hierbei im Raum Bagdad, der westlichste in Rom; das weite Ausschlagen des Pendels nach Osten war geographisch, wirtschaftlich und kulturell mehr begründet als das nach Westen; die zeitweilige Lage des Schwerpunkts in Rom ist nämlich nur durch die machtpolitischen Verhältnisse und die aus ihnen folgenden ungünstigen wirtschaftlichen Zustände zu erklären (s. u.).

Nachstehend werden wir vor allem die geschichtlichen Ereignisse hervorheben, die auch noch für die Handels- und Verkehrspolitik der Gegenwart lehrreich sind und die in unsern Tagen Parallelerscheinungen haben. Wir werden dabei sehen, daß so manches, was heute im sog. „friedlichen Wettstreit der Nationen" so „aktuell" ist, uralt ist. Genau wie heute hat man auch früher den eigenen Handel gefördert: durch die Bevorzugung der eigenen Verkehrsmittel und der eigenen Häfen, durch die Unterhaltung einer großen Handelsflotte, durch die Erleichterung der Einfuhr von Rohstoffen, durch die Förderung der Ausfuhr von Fertigwaren, durch Zölle und Monopole, durch die Begünstigung der Exportindustrie, durch militärische und Handelsbündnisse, durch die Gründung von Stützpunkten (Faktoreien und Kolonien) im Ausland, durch Kapitalinvestierungen in der weiten Welt (namentlich zur Anlage von Bergwerken, aber auch von Weingärten und Olivenhainen), durch Beschaffung von Arbeitskräften (Sklaven), durch engste Zusammenschlüsse der Kaufleute und Reeder, durch gemeinsamen Ein- und Verkauf, durch Abreden über die Preise usw. Und genau wie heute hat man früher den Handel der Fremden niedergehalten: durch Verkehrsschikanen aller Art, durch Zölle, Ein- und Ausfuhrverbote, Preisunterbietungen, Dumping, billigen Schund. Genau wie heute bedurfte auch früher der Handel des militärischen Schutzes gegen Feinde und Räuber durch Kriegsschiffe, Befestigung der Stützpunkte, Patrouillendienst auf den Karawanenstraßen. Wo man diese Militärkraft nicht selber aufbringen konnte oder wo dem händlerischen Geist der Dienst in Armee und Marine nicht zusagte, suchten die kleinen Handelsstaaten Anlehnung an die mächtigen Reiche, denen man dann allerdings Tribute zahlen und Kriegsfolge leisten mußte, wie z. B. die Phöniker den Kontinentalmächten Vorderasiens. Genau wie heute kam es auch oft zu innerpolitischen Kämpfen zwischen der reichen dünnen Oberschicht und der breiten Masse des besitz- und rechtlosen Volkes; Auseinandersetzungen über die allgemeine Wehrpflicht und eine gerechte Verteilung der Kosten der Landesverteidigung, Kämpfe zwischen dem „heldischen" und dem „händlerischen" Geist, zwischen der national eingestellten Landwirtschaft und dem international eingestellten „Kapital" waren an der Tagesordnung. — Auch damals waren die Händler von dem Streben erfüllt, ehrbare Kaufleute zu sein; und dieses Streben war auch von Erfolg gekrönt, wenn man dem Partner an Waren- und Marktkenntnis, Schlauheit, wirtschaftlicher Stärke und politisch-militärischer Macht unterlegen war; dagegen war dem Streben nach Ehrbarkeit der Erfolg oft nicht beschieden, wenn man sich überlegen fühlte. Gelegentlich scheint es auch zu Diebstahl, Betrug, Raub, Piraterie, Totschlag, Mord, Menschenraub gekommen zu sein; aber man hatte auch damals schon für diese Zweige des Wirtschaftslebens sehr schön klingende Bezeichnungen; man war auch damals schon des Eigenlobes voll, wenn man den „tiefer" stehenden Völkern Zivilisation und Kultur brachte.

Über die Entdeckungsfahrten in diesem Zeitabschnitt sei folgender Überblick gegeben:

Vor Christi:

1400—1250	Ägypter nach Arabien und Ostafrika.
1200	Phöniker bis Cadix (und England?).
1000	Phöniker nach Ophir.
600	Umsegelung Afrikas durch Phöniker, und zwar im Auftrag des ägyptischen Königs Necho??
465	Karthager in Westafrika bis Kap Palmas.
345	Griechen, Pytheas (von Massilia aus) zur Nordsee und Thule[1].
330—325	Alexander der Große, Indusgebiet.
290	Ptolemäer, Nilquellen und Seen.
ab 100	Römer bis zur Elbe und Ostsee.

---

[1] Unter „Thule" ist vermutlich nicht Island, sondern ein Vorgebirge bei Bergen in Norwegen zu verstehen.

Nach Christi:
ab 900   Wikinger, — Färöer und Island.
etwa 1000   Wikinger (Normannen), Grönland und das amerikanische Festland, Winland.
um 1200   Araber bis Sibirien!
1246   Erste päpstliche Gesandtschaft in die Mongolei.
1271—1295   Marco Polo zu Land durch die Mongolei nach China, zurück zur See über Hinter-
                indien.
um 1350   Araber bis zum Senegal und bis in die Südsee.

a) Die älteste Zeit bis zum Aufstieg der Griechen.

Aus dem Dunkel der Geschichte treten uns drei Gruppen von Völkern oder Staaten entgegen:

1. An erster Stelle sind die großen Kulturstaaten zu nennen, die sich in Mesopotamien und am Nil bildeten. In beiden Fällen handelt es sich also um Flußstaaten; jedoch war der Fluß nicht in erster Linie als Verkehrsträger, sondern vielmehr als Wasserspender wichtig; es stand also damals die Wasserwirtschaft über dem Wasserverkehr. Diese Staaten, die man vom verkehrsgeographischen Standpunkt als „Flußfäden-Staaten" bezeichnen kann, waren in erster Linie „Groß-Oasen", wie es Ägypten heute noch ist, Irak durch Pflege der Wasserwirtschaft wieder werden wird.

Mesopotamien selber ist ungenügend beregnet, also Steppe und zum Teil sogar Wüste. Die frühere hohe Fruchtbarkeit beruhte auf der künstlichen Bewässerung, und zwar wurde u. a. das Wasser des höher liegenden Tigris zu dem tiefer liegenden Euphrat geleitet. — Verkehrsgeographisch hat der Euphrat die Bedeutung, daß er sich im Raum Aleppo der Meeresküste stark nähert; dagegen ist der Tigris weit besser schiffbar. Es besteht heute auf ihm eine rege Dampfschiffahrt; im Weltkrieg ist er von Flußkanonenbooten befahren worden. Die Eisenbahn Basra—Bagdad folgt mit Recht dem Euphrat, dessen sog. Schiffbarkeit so beschränkt ist, daß nur Hammelschläuche und kleine Kastenschiffe verkehren können. Der heutige Endpunkt der Seeschiffahrt ist Basra (100000 Einwohner); es liegt am Schatt el Arab, der trotz seiner Barren für Schiffe von 5000—6000 BRT. fahrbar ist. Das heutige wirtschaftliche und politische Zentrum ist Bagdad, das in dem „Raum Babylon" liegt, nämlich in dem Raum, der durch die starke gegenseitige Annäherung der beiden Ströme ausgezeichnet ist und daher schon mehrfach ein großes Verkehrszentrum getragen hat. Ein weiteres wichtiges Zentrum liegt heute bei Mosul (gegenüber dem alten Ninive!), dem Hauptort des Ölgebiets. Die Bagdadbahn hat Mosul jetzt endlich erreicht; die durchgehende Verbindung nach Bagdad leidet aber unter dem Wechsel der Spurweite, da die Türkei Normalspur, Irak dagegen Meterspur hat, die übrigens allen Anforderungen gewachsen ist.

Diese uns aus der Geschichte bekannten alten Kulturreiche fanden ihre wirtschaftliche Grundlage in der Landwirtschaft, die teils in gesunder Form auf Bauerntum, teils aber auch auf Latifundienwirtschaft mit Sklaven beruhte; in beiden Fällen müssen wir uns die große Masse des Volkes als recht arm vorstellen. Da diese großen und fast ständig politisch und militärisch mächtigen Kontinentalstaaten wirtschaftlich ziemlich selbständig waren, hatten sie keinen starken Anlaß, Außenhandel zu treiben, den Verkehr außerhalb des eigenen Landes zu pflegen und planmäßig eine Exportindustrie aufzubauen. Der Außenhandel beschränkte sich auf die Einfuhr von Baustoffen, Kostbarkeiten, Metallen und Sklaven, die Ausfuhr auf Getreide. Die Verbindung mit dem Meer war schwach. Es haben aber zeitweilig große Fürsten dem Verkehr Aufmerksamkeit geschenkt, teils zu friedlichen Zwecken, mehr noch zu kriegerischen, nämlich zur Vorbereitung von Eroberungen und zum Festhalten der eroberten Gebiete.

Wenn hierbei Konflikte zwischen Mesopotamien und Ägypten bestanden, so war für beide Syrien das wichtigste Ziel, nämlich gemäß Abb. 5 das schmale Küstenband, das sich zwischen dem Meer und der verkehrsfeindlichen Wüste als die einzige verkehrsfähige schmale Landbrücke vom Nil zum Euphrat hinzieht. Syrien ist aber nicht nur Durchmarschland, sondern hierdurch auch Glacis für die Verteidigung, Sprungbrett für den Angriff; das ist heute nicht anders wie vor Jahrtausenden. Syrien bildet außerdem für Mesopotamien die Verbindung mit dem Mittelmeer; hierauf beruht die Bedeutung all der vergangenen und noch lebenden Seestädte von Alexandrette bis Haifa und der Binnenstädte von Aleppo bis Damaskus. Für Ägypten hat Syrien diese Bedeutung allerdings unmittelbar nicht; aber die Syrische Küste mit ihren guten Häfen bildet eine starke Ausgangsstellung für einen Feind, der Ägypten angreifen will; Ägypten und der Suezkanal müssen also in Syrien (Palästina) verteidigt werden, vgl. die Kämpfe im Weltkrieg.

2. Neben den großen Kulturreichen stehen die vom Schicksal enterbten Völker der Wüsten, Steppen und Gebirge. Sie sind arm und haben schwer gegen die harte Natur zu kämpfen; aber sie sind tüchtige Krieger (und Räuber!), gute Reiter, an Entbehrungen, Strapazen, Hitze und Kälte[1], Durst und Hunger gewöhnt. Ihre wirtschaftliche Grundlage ist die Viehzucht (Kamele, Ziegen, Pferde); die Mehrzahl sind Nomaden; seßhaft können sie nur werden, wo in den Oasen Landwirtschaft möglich ist; manche Oasen sind prachtvolle Fruchtgärten, die — ebenso wie die Bauten und das Kunsthandwerk — Zeugnis ablegen von dem Fleiß und der Geschicklichkeit der von uns so oft unterschätzten Araber usw.,

Abb. 5. Die Lage Syriens.

so z. B. Damaskus, das der Sohn der Wüste mit Recht ein Paradies nennt. Zur wirtschaftlichen Grundlage gehört auch der Handel und der Verkehr durch die Wüste, den sie auch heute noch monopolistisch beherrschen, wenn auch der Kraftwagen beginnt, in das Monopol einzubrechen und diesen Erwerbzweig zu bedrohen.

Diese armen, aber kriegerischen Völker schauen begehrlich auf den Reichtum der in den Groß-Oasen seßhaften reichen und satten Völker, und eines Tages brechen sie ein und vernichten die „Kulturstaaten", d. h. meist nicht die unterdrückte Landbevölkerung, sondern nur die üppige Oberschicht; denn diese reichen Tiefländer, die man „Vorzugländer" genannt hat, kranken oft daran, daß die große Masse des Volks wirtschaftlich und kulturell tief herabgedrückt wird. Aber aus geknechteten Landarbeitern können die Herrschenden zwar Geld erpressen, aber keine das Vaterland froh bejahenden Menschen und keine tüchtigen Soldaten machen; andrerseits versinkt die in den wenigen Großstädten wohnende Oberschicht leicht in Üppigkeit, Luxus, Weichlichkeit und materielle Gesinnung. — Man darf eben den Einfluß der wirtschaftsgeographischen Grundlagen nicht nur vom wirtschaftlichen Standpunkt aus betrachten, sondern man muß auch die

---

[1] In der Wüste ist es oft sehr kalt!

sozialen, sittlichen und militärischen Wirkungen beachten; — auf den armen Böden der Heide, Gebirge und Steppen sind große Staaten herangewachsen; — Preußen hat sich „groß gehungert"; gleiches tun zur Zeit die Balkanvölker, Türken und Japaner.

Welchen Neid die reichen Völker bei ihren Nachbarn erregt haben, kann man aus dem Alten Testament, namentlich aus den Prophezeiungen über die Zerstörung Babylons, Ninives und Tyrus' entnehmen (vgl. Jeremias 50, 16 — Hesekiel 26 und 27 — Nahum 3, 17). In ihnen kommt übrigens auch zum Ausdruck, welche Gefahr darin liegt, wenn ein Volk (oder eine Stadt) zu viele Fremdstämmige in sich aufnimmt, vgl. in der Gegenwart New York, Singapore, Schanghai. Darf man auch hier prophezeien? — Desgleichen, wenn ein Volk seine Wehrmacht und seine Schiffsbesatzungen stark aus fremden Söldnern zusammensetzt, wenn es aber selber in Wohlleben verweichlicht.

Mehrfach hat die Weltgeschichte es erlebt, daß aus den großen Steppen heraus die Völker über unendliche Räume dahingebraust sind; in grauer Vorzeit hat ja wohl auch eine solche Völkerwelle Binnenvölker an die syrische Küste getrieben, und später hat der Islam aus Arabien heraus seine Scharen bis zum Atlantischen Ozean und tief in den Sudan hinein, bis zum Großen Ozean (Java) und bis in die Mongolei (Sinkiang) wie in Explosionen geschleudert.

3. Den beiden vorstehend skizzierten kontinentalen Völkergruppen, die im großen Raum lebten, sind als dritte Gruppe die maritimen Völker gegenüberzustellen, namentlich die Phöniker und Griechen. Sie wohnten im kleinen Raum, auf schmalen Küstensäumen, auf Inseln und Halbinseln und wurden durch die Natur ihres Lebensraumes auf das Meer, auf Handel, Verkehr und Kolonisieren hingewiesen und erscheinen uns als die ersten typischen Handelsvölker.

Es seien hier, um irrigen Ansichten vorzubeugen, einige Bemerkungen über die Größe der Bevölkerung der verschiedenen Staaten gemacht:

Wenn wir von „großen" Kulturstaaten sprechen, so ist das Wort „groß" relativ aufzufassen; der Volkszahl nach waren alle Staaten des Altertums „Kleinstaaten". Es hat nur einen „Mittelstaat" gegeben, nämlich das Römische Weltreich, dem man 54 Millionen Einwohner zubilligt (andere Forscher sprechen von 110 Millionen, — eine Zahl, die hoch erscheint); übrigens wohnten mehr als die Hälfte in dem östlichen Reichsgebiet, da der Westen (außer auf einzelnen gesegneten Strichen) noch sehr dünn besiedelt war. Die „Groß-Oasen-Staaten" Mesopotamien und Ägypten hatten je eine Bevölkerung, die unter dem Einfluß von Seuchen und Kriegen von etwa 3—5—7 Millionen geschwankt haben mag (heute Irak infolge Vernachlässigung der Wasserwirtschaft nur 3 Millionen, Ägypten dagegen 15 Millionen!). Das Karthagische Reich soll in Afrika 3—4 Millionen Einwohner gehabt haben. Die griechischen Stadtstaaten sind auf je 250 000 kaum hinaufgekommen; die Gesamtzahl der „Griechen" mag um Christi Geburt 5—6 Millionen betragen haben, zur gleichen Zeit die Bevölkerung Europas 30 Millionen. Für Deutschland werden angegeben für das Jahr 50: 2—3 Millionen; 1250 bis 1340: 12 Millionen; 1620: 15 Millionen; 1800: 22—24 Millionen. Die germanischen Stämme der Völkerwanderung sind vielleicht mit Weib und Kind 100 000—200 000 Köpfe stark gewesen; so manches Volk ist damals in einem „Begegnungsgefecht" vernichtet worden! Die Dichte der Bevölkerung auf den Quadratkilometer kann angenommen werden für:

<pre>
Hirten-Nomaden   0,7
Keltische Ackerbauern . . . .   5—12
Griechenland (400—300 v. Chr.) ⎫
Italien (300 vor bis 100 n. Chr.) ⎬ . . . . 18—27
Mitteleuropa (1200—1500)   ⎭
Heutige Ackerbaugebiete Mitteleuropas . . . . . .   70—100
Heutige Ackerbaugebiete Javas und Chinas   170
Heutige Industriegebiete . . . . 250—300
</pre>

So unsicher diese Zahlen sein mögen, so zeigen sie doch, wie klein die Völker damals gewesen sind!

Nur aus dieser Kleinheit und aus der primitiven Verkehrstechnik heraus ist auch die Kriegführung der damaligen Zeit (oder vielmehr bis zur Zeit Friedrichs des Großen!) zu verstehen: Im allgemeinen ging der Krieg das „Volk" gar nichts an; er war eine Sache der Könige usw., die mit ihren sehr kleinen Heeren „Raids" durch das feindliche Staatsgebiet machten; man schlug dann eine Entscheidungsschlacht, besetzte die Hauptstadt, die Residenzen der Statthalter und die Burgen, und dann erfuhr allmählich das „Volk", daß es „unterjocht" war und daher an einen andern Steuern zu zahlen hatte; — vom „Krieg" hatten bis dahin nur die etwas gemerkt, die an den „Heerstraßen" entlang wohnten und daher ausgeplündert, abgebrannt, totgeschlagen oder in die Sklaverei verkauft worden waren. Man muß sich hierbei vor allem vor Augen halten, daß selbst dort, wo für den Fernverkehr, insbesondere den Nachrichten- und den militärischen Verkehr, glänzend gesorgt war, die weiten Gebiete, die abseits von den wenigen Durchgangsstraßen lagen, verkehrstechnisch nahezu unerschlossen waren. Man bedenke, daß selbst in dem furchtbaren Dreißigjährigen Krieg weite Gebiete Deutschlands vom Krieg nur mittelbar betroffen worden sind. Die schlechte Erschließung des „platten Landes" machte es den Herrschern auch unmöglich, aus dem Volk viele Soldaten herauszupressen; denn gar zu viele konnten sich dem Zugriff der Aushebungsoffiziere entziehen; daran hat das große Österreich noch in dem Kampf gegen Friedrich den Großen, also gegen das kleine Preußen, gekrankt. — Sogar der Krieg im Westen 1940 hat weite Gebiete fast unberührt gelassen, da Angriff und Verteidigung scharf auf die Straßen und Eisenbahnen und deren Knotenpunkte und bestimmte Häfen konzentriert wurden.

Die obige Charakterisierung der Völker und die Betonung der Bedeutung der Landwirtschaft für die großen alten Kulturstaaten darf nicht zu dem Irrtum verleiten, die Bedeutung der einen Völker für den Verkehr zu unter-, die der andern zu überschätzen.

Allerdings hat Ägypten den Seeverkehr nur wenig entwickelt; denn das Nildelta hat keine guten Häfen, und das Rote Meer ist der Schiffahrt wenig günstig; auch verfügt das Land nicht über Schiffbauholz; außerdem lehnte die Priesterkaste den Seeverkehr ab und predigte die Verachtung der Fremden. Nur Ramses II. (1292—1225) versuchte, den Seehandel (mit phönikischer Hilfe) zu pflegen, im übrigen blieb der Seehandel aber den Phönikern überlassen, die in Kanopus eine Faktorei hatten und Wein, Öl, Holz, Bernstein und die zum Einbalsamieren der Leichen notwendigen Stoffe lieferten. Später mußten sich die Phöniker hier den Wettbewerb der Griechen gefallen lassen, die um 600 v. Chr. zugelassen wurden und in Naukratis (70 km landeinwärts, aber für Seeschiffe erreichbar?) ihren Hauptstützpunkt hatten. Ägypten hat aber doch dadurch mittelbar Handel und Verkehr gefördert, daß seine Gewerbe, namentlich auch sein Kunstgewerbe, hochgeschätzte Ausfuhrgüter herstellte, z. B. Leinwand (Byssusgewänder und Prunksegel), Gläser, Parfümerien und Papier (aus der Papyrosstaude).

Größer war die Bedeutung Mesopotamiens. Auch hier entwickelte sich eine Exportindustrie; sie erzeugte vor allem, gestützt auf die aus der Nachbarschaft bezogene Wolle, Kleiderstoffe, Vorhänge, Decken, Teppiche, Zelte, die durch Färben und Sticken zu hohem Wert erhoben wurden, ferner Salben und Parfümerien (für die damals unter Umständen mehr Geld ausgegeben wurde als für Nahrung) und geschnittene Steine zu Schmuck, Siegeln usw. Vor allem aber unterhielt Mesopotamien einen ausgedehnten, regelmäßigen Handel, und zwar Karawanenhandel zur „Seidenstraße", die von China nach Zentralasien führte und jetzt in ihrem Verlauf ziemlich genau festliegt, ferner nach Indien, zum Schwarzen Meer (?), nach Syrien und Ägypten, und Seehandel nach Indien (Ceylon?), nach Südarabien und Ostafrika.

Mit was für Schwierigkeiten, Gefahren und Entbehrungen der Karawanenhandel mit dem fernen China verbunden war, das möge man in Sven Hedins Werk „Die Seidenstraße" nachlesen, das übrigens auch lehrt, mit welchen Schwierigkeiten hier auch der neuzeitliche Verkehr noch zu rechnen haben wird; in diesem Klima furchtbarster Extreme wird kaum der Kraftwagen, sondern vornehmlich die Eisenbahn eine zuverlässige Beförderung größerer Massen gewährleisten, also die militärisch notwendige Verbindung darstellen.

Aber die Gefahren und Kosten lohnten sich, denn die Schätze Chinas und Indiens wurden hoch bezahlt; ihre Stapelplätze und Messen waren die Großstädte Mesopotamiens, in denen ein buntes Völkergemisch und Sprachengewirr herrschte (vgl. den Turmbau zu Babel), — wie heute in Port Said und Singapore und auch in New York.

In Verbindung mit Verkehr, Handel und Industrie, ferner mit dem Geldbedürfnis der Herrschenden war auch das Geld-, Bank- und Kreditwesen hoch entwickelt.

Das Volk aber, das wir das erste typische Handels- und Industrievolk der Erde nennen können, war das der Phöniker.

Hierbei müssen wir aber von Anfang an einer Überschätzung entgegentreten: Es erscheint ausgeschlossen, daß dieses kleine Volk, in sehr engem Raum lebend und fast dauernd in viele Stadtstaaten zerfallend, in Handel und Schiffahrt oder gar in Kolonisation all das geleistet haben soll, was ihm zugeschrieben wird. Diese falsche Auffassung ist — abgesehen von der (widerwilligen) Hochachtung, die im Alten Testament zum Ausdruck kommt — darauf zurückzuführen, daß die Griechen, aus deren Berichten wir früher fast ausschließlich schöpften, alles mit „phönikisch" bezeichneten, was orientalisch war. Die Phöniker haben mit kurzen Unterbrechungen unter der Hoheit der Großstaaten gestanden, und ihre Hafenstädte dürften oft nur in deren Schutz zu ihrer hohen Blüte aufgestiegen sein. Auch die angeblichen „Erfindungen" der Phöniker (Schrift, Glas, Purpur, Bronzeguß) sind allgemein orientalisch; sie haben es aber verstanden, kunstgewerbliche Gegenstände als Massenware herzustellen und nach aller Welt abzusetzen. Groß sind ihre Leistungen auf dem Gebiet des Schiffbaus; den geographischen Rückhalt hierzu bildete der Libanon mit seinen Zedern, — die übrigens heute fast verschwunden sind, so daß die vom Regen nicht getroffenen Osthänge des Libanon und besonders des Antilibanon Felsenwüsten sind.

Durch diese Einschränkungen wird die hohe Bedeutung der verkehrsgeographischen Lage nicht verdunkelt. Die phönikische Küste war immer und ist auch heute noch der wichtigste Teil des so wichtigen Durchgangslandes Syrien. Hier führt die kleinasiatische Küste nach Westen weiter; hier liegt die so fruchtbare, kupferreiche Insel Cypern als Sprungbrett vor der Küste; hier stößt der Euphrat so weit nach Westen vor; hier liegen eine Fülle guter Naturhäfen an der so gesegneten, einst wohl noch üppigeren „syrischen Riviera". Dazu kommt, daß die Arabische Wüste so weit nach Norden vorstößt und dadurch den Verkehr im Innern nach Norden drängt, und daß die Fruchtbarkeit und die Güte der Küste nach Süden zu immer mehr abnimmt; Palästina ist doch eigentlich nicht viel mehr als eine von Oasen durchsetzte Felsensteppe, und der letzte gute Hafen ist Haifa, das zur Zeit als Endpunkt der Ölleitung und Ausgangspunkt der Eisenbahnen von den Engländern so stark ausgebaut worden ist.

Phönikien vereinigt in sich alle Vorzüge der Schwellen-, der Flur- und der Zwischenlage; so ist es immer gewesen und so ist es auch heute noch, was bei allen machtpolitischen und Verkehrsproblemen der heutigen „Mandatsgebiete" zu beachten ist.

Die Phöniker hatten noch folgende besondere Fähigkeiten für Handel und Verkehr:

α) Sie hatten starken händlerischen Instinkt; sie verstanden es, in dem weiten von ihnen bedienten Raum, der von England bis zum Indischen Ozean reichte, Angebot und Nachfrage zu erforschen und die richtigen Güter vom richtigen Ort zu holen und zum richtigen Ort hinzubringen.

β) Sie verstanden es, eine bedeutende Exportindustrie aufzubauen; insbesondere müssen sie die kunstgewerbliche Produktion stark gepflegt haben, — auch auf Kitsch, Schund, Galanteriewaren? Sie haben sicher auch die Herstellungsverfahren streng geheimgehalten.

γ) Sie waren nicht einseitig nur Seefahrer oder nur „Landratten", sondern sie beherrschten die beiden Verkehrstechniken, die Seeschiffahrt und den Karawanenverkehr und waren hierdurch allen nur einseitig eingestellten Völkern überlegen.

δ) In der Verkehrs- und Handelspolitik waren sie Meister im Fern- und Niederhalten der ausländischen Konkurrenz; die Handelswege wurden möglichst geheimgehalten; die fremde Schiffahrt wurde, wo man die Macht dazu hatte, mit Gewalt unterdrückt; wo man die Macht nicht hatte, suchte man sie wenigstens durch das Erfinden von Greuelmärchen abzuschrecken, vgl. die Scylla und Charibdis, die Sirenengesänge, die Riesen, die zusammenschlagenden Felsen; auch die Seeschlange wurde damals schon eifrig bemüht. Den fremden Kaufleuten wurde der Handel erschwert, die Benutzung der Häfen verteuert; die eigene Flagge erhielt das Monopol; selbstverständlich erwarb man sich aber hohe Verdienste um die Bekämpfung der Seeräuber, zumal man dieses einträgliche Geschäft lieber selber ausübte, es sich aber wahrscheinlich schon damals durch Kaperbriefe sanktionieren ließ.

Bei den Gütern, die damals umgesetzt wurden, konnte es sich bei den hohen Transportkosten und dem gewaltigen Risiko nur um hoch- und höchstwertige handeln. Seide und Stickereien kamen aus China, Perlen, Edelsteine, Gewürze und Pfauen[1] aus Indien (Ceylon), Gold aus „Ophir", Elfenbein und Affen[1] aus Afrika, Silber aus Spanien, Zinn aus England, Bernstein von der Ostsee. Dazu traten Webwaren aus Wolle, Seide und Leinwand, oft kostbar gefärbt und bestickt, ferner kunstgewerbliche Gegenstände, namentlich aus Ton, Glas und Bronze, Parfümerien und andere Toiletteartikel, schließlich Waffen und Lederwaren. — All das waren also Waren für die „vornehme Welt", für die Repräsentation der Fürsten, Priester und Reichen, für eine sehr dünne Oberschicht und deren Luxusweiber. Die große Masse des Volkes hatte davon blutwenig; der ganze Handel war also sozial ungünstig orientiert! — Einsichtsvolle römische Kaiser sind später gegen die Einfuhr von Luxuswaren (mit Verboten, Kontingentierungen usw.) vorgegangen; — ob mit Erfolg, wird nicht berichtet; welcher König ist so mächtig, daß er die Einfuhr von Dingen verhindern könnte, die von der Königin Mode zu „notwendigen Attributen der eleganten Dame" erklärt worden sind?

Ein Verzeichnis der Einfuhrgüter nach Tyrus gibt im Alten Testament der Prophet Hesekiel: Zypressenholz, Zedern, Eichen, Buchsbaumholz, Leinwand (aus Ägypten), Decken von blauem und rotem Purpur, Elfenbein, Silber, Eisen, Zinn, Blei (diese Metalle aus Tharsis in Spanien), Geräte aus Erz, leibeigene Menschen, Rosse, Wagenpferde, Maulesel, Rubine, Teppiche, Korallen, Kristalle, Ebenholz, Weizen, Balsam, Honig, Öl, Mastix (diese fünf aus Palästina), Wolle (aus Damaskus), Eisenwerk, Kassia, Kalmus, Reitdecken, Schafe (diese drei aus Arabien), Spezerei, Edelstein, Gold (diese drei aus Saba, Südarabien), köstliche Gewänder, purpurne und gestickte Tücher (aus Mesopotamien); — „aber die Tharsisschiffe sind die vornehmsten auf deinen Märkten gewesen".

Der Menge nach aber waren wohl die auch heute noch so wichtigen drei Güter Wein, Olivenöl und Weizen ausschlaggebend; sie kamen auch einer breiteren Schicht zugute; — daß in allen geordneten Staaten eine planmäßige Getreidevorratswirtschaft bestanden hat und daß dazu Getreidespeicher vorhanden waren, ist bekannt; weniger bekannt ist uns, daß mit dem Getreide oft ein schamloser Wucher getrieben worden ist, und daß arme Wüsten- und Steppenvölker ihre eigenen Töchter verkaufen mußten — müssen? —, um nicht zu verhungern.

Ein sehr wichtiges Transportgut waren ferner die Sklaven, die vielfach den lohnendsten, aber auch den am stärksten mit Risiko behafteten Handelsartikel darstellten. — Noch Jahrtausende später haben die frommen Venetianer an Sklaven große Geschäfte gemacht, nachdem es ihnen gelungen war, wichtige orientalische Sklavenmärkte in ihre Gewalt zu bringen. Noch später haben die noch frommeren Leute in London und Boston am Sklavenhandel noch mehr verdient.

Über die räumliche Ausdehnung des Handels sei (unter Hinweis auf HENNIG, a. a. O.) kurz erwähnt: Nach Westen dehnten die Phöniker (südlich an Griechenland vorbeifahrend) ihren Handel, ihre Faktoreien und ihre gewerbliche Tätigkeit (Bergbau, Fischfang) über Sizilien und Nordafrika bis über Gibraltar nach Tharsis bei Cadix aus[2]. Von hier fuhren sie nach Süden vielleicht bis Kamerun (?),

---

[1] Pfauen und Affen müssen damals unerhörte Luxustiere gewesen sein; erst in der Römerzeit wurden sie billiger.

[2] Tharsis (Tartessus) wird oft mit Cadix (dem alten Gades) verwechselt; es ist aber eine selbständige Siedlung gewesen; sie ist vollkommen untergegangen; ihre genaue Lage ist noch nicht festgestellt.

mindestens bis zu den Kanarischen Inseln, nach Norden bis England, wo sie das Zinn holten, das damals zur Legierung mit dem reichlich vorhandenen Kupfer hochgeschätzt war. Ob die Phöniker auch bis in die Ostsee gelangt sind, um dort den Bernstein unmittelbar zu holen, ist zweifelhaft; auf jeden Fall haben sie im Nordseegebiet Bernstein von nordischen Händlern eingetauscht; im übrigen ist das Bernstein auf der uralten „Bernsteinstraße" über Land von Samland nach dem Mittelmeer gewandert.

Nach Osten fuhren die Phöniker und andere Völker nach Südarabien und bis Ceylon, wo man sich mit Händlern aus China und der Südsee traf. Nach Süden kam man bis Ostafrika und Rhodesien (?). Aus diesen Seefahrten ist auch abzuleiten, welch große Bedeutung von jeher Ägypten durch seine Schlüsselstellung am Zugang zum Roten Meer gehabt hat. Die Waren gingen mit Seeschiff zu den im Nildelta liegenden Seehäfen, dann mit Flußschiff auf dem Nil rund 800 km aufwärts nach Koptos bei Theben, von da mit Karawane rund 150 km quer durch die Wüste zum Hafen am Roten Meer. Es ist zu verstehen, daß sich große Fürsten schon in grauer Vorzeit um den Bau eines „Suezkanals" bemüht haben.

Eine erste Wasserverbindung zwischen dem Nildelta und dem Roten Meer (oder dem heutigen Timsalsee?) mag um 2300 v. Chr. bestanden haben. Vielleicht folgte sie einem alten Nillauf, der durch das Land Gosen von Westen nach Osten führte. Dieser ist heute noch in der Oasenkette zu erkennen, der die Eisenbahn Kairo—Ismailie (—Port Said) folgt.

Eine Verbindung vom Nil zum Roten Meer wurde im 14. Jahrhundert v. Chr. von Sethos I. und Ramses II. geschaffen; sie verfiel aber wieder.

Dann wurde ein Kanal von Necho (619—604) begonnen, aber erst von Darius (521—486) vollendet; er war zu Kleopatras Zeiten versandet, wurde aber von Trajan wiederhergestellt. — Weiteres s. u.

Ob die Phöniker Afrika umsegelt haben, ist zweifelhaft. Wo das Goldland Ophir zu suchen ist, ist immer noch nicht ermittelt.

Die Schiffe, die Salomo aussandte, kamen „in drei Jahren einmal und brachten Gold, Silber, Elfenbein, Affen und Pfauen"; aber das Reiseziel wird leider nicht angegeben (I. Könige, Kap. 10, 22). Daß die Schiffe Salomos drei Jahre für eine Hin- und Herfahrt gebraucht haben, wird dadurch erklärt, daß die Kaufleute (an der Küste entlang?) von Hafen zu Hafen fuhren und in jedem zu Kauf und Verkauf längere Zeit Aufenthalt nehmen mußten.

Neuerdings will man „Ophir" in Rhodesien bestimmt gefunden haben. — Rhodesien muß vor Jahrtausenden von einem hochzivilisierten Volk bewohnt oder wenigstens ausgebeutet worden sein. Man hat hier verlassene Goldgruben entdeckt, die eine hochentwickelte Technik zeigen. Gewisse Merkmale weisen auf die Phöniker hin; die Verzierungen sind denen der Ruinen in Syrien gleichgearbeitet, Darstellungen des Baal und der Astarte sind gefunden worden, desgleichen Ketten, Ringe, Becher usw. Dagegen haben sich keine Wasserhaltungsanlagen nachweisen lassen. Es muß sich dort vor 3500 Jahren ein Drama ereignet haben, denn die Goldgruben sind gemäß den Funden plötzlich im Stich gelassen worden; — ein siegreicher Angriff der eingeborenen Neger? — ein Aufstand der Bergwerkssklaven? Hennig nimmt an, daß Ophir noch im Gebiet des Roten Meeres gelegen hat.

b) Aufstieg und Vorherrschaft der Griechen, vgl. Abb. 6.

Gegen die Handelsvormacht der Phöniker erhoben sich mit zunehmendem Erfolg die Griechen. Sie waren mehr noch als ihre Rivalen auf das Meer hingewiesen, denn Griechenland besteht ja überhaupt nur aus Inseln und Halbinseln, und die Schiffahrt wird in seinen Gewässern durch die dichte Lage der Inseln, die Fülle guter Häfen und die Milde des Klimas erleichtert. Dagegen ist das gebirgige Land so arm, daß die Bevölkerung sich aus ihm nicht ernähren kann. Sie muß also aufs Meer hinausgehen, um durch Fischfang und Handel den Lebensunterhalt zu verdienen, und da sie nur Wein und Öl (heute dazu noch Rosinen und Tabak) als Ausfuhrwaren dem Fremden anbieten kann, so muß sie eine Exportindustrie aufbauen. Es besteht für sie auch ein starker Anreiz, durch Kolonisation in fruchtbaren Gegenden weiteren Lebensraum zu gewinnen. — Bei all dem liegt der Vergleich mit dem heutigen Japan nahe.

Unsere Ansichten über die alten Griechen sind zu ihren Gunsten gefärbt; denn wir kennen die Antike ja hauptsächlich nur aus den Werken griechischer Schriftsteller, und diese haben offensichtlich schon damals stark nach dem Grundsatz gehandelt: „Right or wrong, my country."

Wir erkennen die Werke der griechischen Kunst (Architektur, Bildhauerei, Malerei) und des Kunsthandwerks restlos an, verschweigen aber nicht, daß die Griechen auf der mykenischen Kunst weitergebaut und manches von den „Orientalen" übernommen haben. Wir erkennen auch (gerade im Hinblick auf den Verkehr) ihre Leistungen auf dem Gebiete des Bauingenieurwesens (des Straßen-, Hafen-, Brücken- und Wasserbaus), des Schiffbaus und des Nachrichtendienstes an, haben aber auch da wieder die Befruchtung durch den Orient festzustellen. Wir müssen aber auf zwei Punkte hinweisen, bezüglich deren wir umlernen müssen:

1. Das politische Leben der Griechen bedeutet wirklich keinen Höhepunkt; in diesen kleinen Stadtstaaten herrschte meist ein Parlamentarismus übelster Sorte, ein ekelhafter Klüngel und Kuhhandel; und in der Außenpolitik war Treulosigkeit und Verrat (des eigenen Landes und der Bundesgenossen) an der Tagesordnung; und die Kriege untereinander wurden mit besonderer Gehässigkeit geführt, vgl. den Untergang der Gefangenen in der Latomia von Syrakus.

Abb. 6. Die Handelswege der Griechen.

2. Größte Vorsicht ist geboten gegenüber allen Zahlenangaben, namentlich über die Größe von Städten, Heeren und Kriegsflotten und auch über Geschwindigkeiten. Daß die Heere der Perser auch nur annähernd so groß gewesen sein könnten, wie von den Kriegsberichterstattern angegeben wird, ist schon einfach deswegen nicht möglich, weil die Etappenschwierigkeiten verkehrstechnisch nicht hätten gemeistert werden können. — Diese Übertreibungen ziehen sich übrigens durch die ganze Kriegsgeschichte hin; desgleichen durch die ganze Geschichte des Städtewesens; wir werden auf beides noch zurückkommen.

Unbestritten ist es, daß die Griechen auf dem Gebiet der Kultur, der Kunst und der Wissenschaft Unerreichtes geleistet haben; sonst hätte sich ja auch ihre Kultur nicht derart stark in Vorderasien, im Römischen Weltreich und schließlich im heutigen europäischen Kulturkreis durchsetzen können.

Solange die Griechen noch schwach waren, konnten sie in das Verkehrsmonopol der Phöniker nicht gewaltsam einbrechen.

Sie suchten daher die Handelswege (und deren militärisch gesicherten Stützpunkte) zu umgehen. In diesem Sinn gingen die Griechen nach Westen, indem sie den nördlichen Weg über Messina—Neapolis—Massilia bis zur Ostküste Spaniens (Malaga) ausbauten, da der südliche Weg über Karthago nach Tartessus in phönikischer Hand war. Über Gibraltar hinauszugehen, haben aber die Phöniker und später die Punier (fast ganz) verhindert. Von Massilia aus haben die Griechen die so wegsame Verkehrsfurche der Rhone erschlossen; — auf diesem Weg ist wahrscheinlich die Weinrebe zum Rhein gelangt. Als wichtiger muß man aber den Weg der Griechen nach Osten bezeichnen: Da ihnen nämlich die

Wege über Syrien verriegelt waren, strebten sie mit Mesopotamien und dessen Hinterland dadurch in Fühlung zu kommen, daß sie durch die Dardanellen (Troja, Abydus)—Byzanz in das Schwarze Meer fuhren, um von dessen östlichen Häfen aus in das Land vorzustoßen. Hierbei haben sie zwar in dem zunächst erstrebten Verkehr, nämlich mit Mesopotamien, keine besonderen Erfolge erzielt; sie haben aber — wie das so oft in der Verkehrsgeschichte zu beobachten ist — etwas anderes erreicht; sie haben hierdurch nämlich den Süden Rußlands geöffnet, und da sie bald erkannten, daß dieser wertvolle Güter liefern konnte, so haben sie hier am Nordrand des Schwarzen Meeres ihre Kolonien gegründet; die Ausfuhr bestand in Fleisch, Fischen (getrocknet, geräuchert und gesalzen) und Getreide (wichtig für die Ernährung der Industriestädte Griechenlands), ferner in Flachs, Hanf, Wachs, Bauholz (für Schiffe), in Leder, Fellen und Gold (vgl. das Goldene Vließ) und in Sklaven. Hierbei wurden die Griechen auch Zwischenhändler für andere Völker, die vom Schwarzen Meer zu Land nach der Ostsee, Innerrußland und nach Turkestan usw. Handel trieben. Dieser Handel dürfte sich vielfach der leichten Nachen (Kanus) bedient haben, mit denen man die Flüsse hinauffuhr, um sie dann über die flachen Wasserscheiden zu den anderen Flüssen (Weichsel, Memel, Wolga) hinüberzutragen; — eine Verkehrstechnik, die auch von den Indianern in Nordamerika zu hoher Vollendung ausgebildet worden ist. — Mit dem Festsetzen der Griechen am Schwarzen Meer war auch der Grundstein zu dem später so glänzenden Aufstieg von Byzanz gelegt.

Wie die Griechen (etwa von 900 v. Chr. ab) allmählich wirtschaftlich und politisch erstarkten und wie sie die Phöniker zurückdrängten, brauchen wir nicht darzustellen. Das Schlußergebnis ist, daß die Griechen unter Alexander dem Großen ganz Vorderasien und Ägypten eroberten und die Macht der Phöniker im östlichen Mittelmeer austilgten. Auch hierzu haben wir nur zwei kurze Bemerkungen zu machen:

α) Trotz des frühen Todes Alexanders und der anschließenden Kriege hat sich die griechische Kultur, Sprache, Handels- und Verkehrstätigkeit im ganzen Orient erhalten; eine maßgebende Änderung ist auch durch die Römer nicht herbeigeführt worden; ihre Herrschaft hat vielmehr wesentlich dazu beigetragen, den Handel und Verkehr zu beleben; gewisse Gebiete wurden allerdings durch die Partherkriege verschlossen. Das Ende dieses Zeitalters, in denen das Griechentum im Orient wirtschaftlich und kulturell herrschte, kam erst durch den Islam, also rund 1000 Jahre später.

β) Bei der Zerstörung der phönikischen Städte durch Alexander wanderten viele reiche Familien mit ihren Schätzen und Schiffen nach Karthago aus, dessen glänzende Verkehrslage sie längst erkannt hatten. Sie verstärkten hierdurch (und durch ihre Kenntnisse und Beziehungen) die Wirtschaftskraft der Tochterstadt derart, daß diese zur ersten politischen und Handelsmacht im westlichen Becken des Mittelmeers aufstieg. Die andern phönikischen Kolonialstädte erkannten die Vorherrschaft Karthagos mehr oder weniger freiwillig an. Die „Punier" haben das Verdienst, den räumlichen Bereich des (damaligen) Welthandels dadurch erweitert zu haben, daß sie die Atlasländer und den Sudan einbezogen haben. — Die Schwäche der Punier bestand darin, daß sie über eine nur sehr geringe eigene Volkskraft verfügten; sie waren daher gezwungen, mit Sklaven und Söldnern zu arbeiten; das rächte sich, als der punische Händler mit dem römischen Bauern zusammenstieß.

c) Das römische Zeitalter.

Italien zeigt vom wirtschafts- und verkehrsgeographischen Standpunkt Griechenland gegenüber erhebliche Unterschiede:

Seiner Lage nach ist es nach Westen gerückt und hiermit von den orientalischen Kraftfeldern und dem Schwarzen Meer weiter entfernt; dagegen liegt es näher an Gallien und Germanien und damit am Atlantischen Ozean, der Nordsee und England; diese Gebiete mußten also um so mehr in den Weltverkehr hineinwachsen, je mehr Rom aufstieg. Italien liegt ferner ziemlich in der Mitte des eigentlichen Mittelmeers. Es beherrscht hierbei durch seinen weiten Vorstoß nach Süden die Verbindung zwischen dem West- und Ostbecken (heute den Durchgangsweg Gibraltar—Malta—Suez). Es bildet eine Landbrücke zwischen Europa und Afrika (Tunis); ferner verbindet Oberitalien Südgallien mit den mittleren Donau- und Balkanländern.

Seiner Einzelgestaltung nach ist Italien nicht so reich gegliedert wie Griechenland; es verfügt allerdings über manchen guten Hafen, weist aber auch lange glatte Küsten ohne guten Hafen auf (z. B. von Pisa bis Neapel und von Venedig bis Brindisi). Die Bewohner gewisser Landschaften sind also vom Meer nicht gerade eingeladen. Hierzu kommt, daß es zwar mit seiner „Vorderseite" auf das offene Tyrrhenische und über dies nach wertvollen Gegenküsten blickt, daß es aber seine andere Seite nach dem Adriatischen Binnenmeer und nach wirtschaftlich schwachen, von schwierigen Gebirgen verriegelten Ländern wendet. Ferner ist Italien für die Landwirtschaft günstiger gestellt als Griechenland (übrigens auch als Spanien und die meisten Balkanländer); denn es verfügt reichlich über Ebenen usw., in denen Weizen wächst, und über Hänge, die sich zum Oliven-, Wein- und Obstbau trefflich eignen. So ist in weiten Gebieten die Grundlage dafür gegeben, daß der Italiener Bauer, aber nicht Händler und Seefahrer wurde; ähnliches gilt übrigens auch vom Spanier.

So überließen die Landeseinwohner (Gallier, Etrusker, Italiker und Veneter) den Außenhandel lange Zeit hindurch den Fremden (Griechen, Phönikern und Puniern); es ist aber zu gelegentlichen Vorstößen der Etrusker über See gekommen. Erst im zweiten Punischen Krieg wurden die Römer quasi gezwungen, den entscheidenden Schritt aufs Meer hinaus zu tun und hiermit dem Stand des Bauern den des Händlers und dem Landheer die Kriegsmarine zuzufügen. Diese gewaltige Umstellung des römischen Volkes ist bekanntlich unter schweren inneren Kämpfen zwischen den Bauern und der schnell aufsteigenden Plutokratie erfolgt; sie hat in Verbindung mit der schnellen Ausdehnung der politischen Macht den Verkehr und Handel zu einer Blüte emporgeführt, wie sie später erst im Dampfzeitalter wieder erreicht worden ist; aber das glänzende Bild weist doch auch viele Schattenseiten auf.

Räumlich haben die Römer den Verkehr dadurch ausgedehnt und innerlich gestärkt, daß sie — als einziges Volk der Erde! — das ganze Mittelmeergebiet politisch und hiermit wirtschaftlich und verkehrstechnisch einten. Alle bisherigen Grenzen mit allen ihren Schwierigkeiten für Handel und Verkehr fielen; alle großen Verkehrslinien wurden nach einheitlichen Gesichtspunkten ausgebaut; ein einheitlicher Nachrichtendienst (zunächst allerdings nur für den Staat) wurde eingerichtet; ein einheitliches Recht ordnete die Handels- und Verkehrsbeziehungen; ein einheitliches Geld- und Bankwesen das Geschäftsleben; einheitlich wurden im ganzen Reich die beiden Sprachen Latein und Griechisch von den „Gebildeten" in Wort und Schrift beherrscht. — Von neuen Gebieten wurden vor allem Gallien, Belgien, England und Teile von Germanien erschlossen; hierbei lieferten diese „Rohstoffländer" (außer wie schon früher Zinn und Bernstein) Pferde, Rinder, Schweine, Fische, Flachs, Felle, dazu blondes Frauenhaar (denn in Rom galt der Satz „Blondinen bevorzugt") und Soldaten und Sklaven. Ferner wurde die Herrschaft über die mittleren und unteren Donauländer ausgedehnt. Der Handel mit Indien wurde so ausgebaut, daß Flotten (mit jährlich etwa 120 Schiffen) regelmäßig mit den Monsunwinden nach der Malabarküste und Ceylon fuhren, wo man sich nicht nur mit arabischen und indischen, sondern auch mit chinesischen Kaufleuten traf.

Neben dieser räumlichen Ausweitung ist die Ausdehnung des Verkehrs auf die mittel- und geringwertigen Güter, also auf Massengüter von Bedeutung. Die großen Bauten (Häfen, Straßen, Wasserleitungen, Brücken, Tempel, Paläste) erforderten große Transporte in Bausteinen (darunter riesige Marmor- und Basaltblöcke) und in Holz; noch mehr wurde Holz für den Schiffbau, für Gründungen und als Brennholz benötigt; dazu kam die Versorgung der Hauptstadt Rom und der anderen Großstädte mit Lebensmitteln, war doch eine der Hauptaufgaben der 54 Millionen Staatsangehörigen mit dem ganzen Aufwand von Armee und Marine, Straßen und Schiffen, Häfen und Märkten die Bevölkerung der Großstädte zu unterhalten!

Da wir voraussetzen dürfen, daß unseren Lesern bekannt ist, wieviel Ungesundes im politischen, kulturellen, völkischen und wirtschaftlichen Leben auf den Verfall dieses äußerlich so glänzenden Weltreichs hinwirkte, möchten wir nur noch auf folgende Punkte hinweisen, die für den Verkehr von besonderer Bedeutung sind:

α) Die Wehrpolitik der Römer hatte den Verkehr von Anfang an machtvoll angeregt; denn der vortreffliche Generalstab der römischen Armee hatte die Bedeutung des Satzes „Der Sinn des Krieges ist die Bewegung" voll erkannt. Er führte daher nicht nur während der Kriege große Straßenbauten aus, sondern er bereitete auch die beabsichtigten Eroberungen durch planmäßigen Ausbau der Straßen in Richtung auf die Grenzen vor und er sicherte sofort den Besitz durch weitere Straßenbauten. Außerdem hatte er den Nachrichten- und Etappendienst glänzend organisiert. — Der Schritt der Römer aufs Meer förderte allgemein die „Industrialisierung", denn eine starke Kriegsflotte, die allen anderen Flotten nicht nur an Zahl, sondern auch an Güte überlegen sein soll, kann nicht geschaffen und erhalten werden, wenn nicht die Schiffbaukunst mit allen Nebengewerben auf der Höhe steht. Das kam natürlich auch der Handelsmarine zugute, ebenso wie der Bau von Häfen, Leuchttürmen usw. und der Nachrichten- und Lotsendienst. Von besonderer Bedeutung war die Vernichtung der Seeräuber.

Sobald Rom lange Kriege fern der Heimat führen mußte, mußte die Wehrverfassung geändert werden, denn der Bauer kann nicht jahrelang Soldat sein; infolgedessen mußten Heere von Berufssoldaten aufgestellt werden, wie es erstmalig durch Marius geschah. Die schädlichen Folgen dieser Einrichtung (fremdstämmige Söldner, Prätorianer) sind uns bekannt; hier haben wir die Folgen hervorzuheben, die für Wirtschaft und Verkehr von Bedeutung sind: großer Geldbedarf, Intendantur mit Arsenalen und Magazinen, großer Troß, sehr lange Etappenstraßen.

Die Hauptetappenstraßen der Römer sind übrigens meiner Ansicht nach die Seewege gewesen; in das Landesinnere konnten sie überhaupt nur so weit vordringen, wie dies die Leistungsfähigkeit ihrer Landstraßen zuließ, — wie sich ja auch heute große Truppenkörper nicht weiter als 100 km von der „Eisenbahnspitze" entfernen können [1]. Die großen Schwierigkeiten, die die Römer gegen die Parther und die Germanen zu überwinden hatten, waren (klimatischer, hygienischer und) verkehrstechnischer Natur. Es ist bezeichnend, daß Rom in Vorderasien scheiterte, sobald hier nach den Wirren der Diadochenkriege sich wieder ein großer Kontinentalstaat bildete. Und seit dem Tag von Carrhae, an dem im Jahr 53 v. Chr. Crassus sein unrühmliches Ende fand, bis zu jenen Septembertagen des Jahres 1921, in denen die Griechen an der Sakaria, dem „Schicksalsfluß der Neuen Türkei", ihre furchtbare Niederlage erlitten, sind immer wieder die Abendländer gescheitert, wenn sie sich in Überschätzung ihrer Waffentechnik und in Unterschätzung der klimatischen und Verkehrsschwierigkeiten in den Orient vorwagten und dieser durch eine starke Kontinentalmacht verteidigt wurde.

β) Die Verkehrswirtschaft der Römer ist sehr kritisch anzusehen. Bei den so hochbewunderten Leistungen wird fast immer übersehen, daß diese auf ungesunden wirtschaftlichen Grundlagen beruhten, nämlich auf einem schamlosen Raubbau am Menschen (Ruder- und anderer Transportsklaven) und auf

---

[1] Motorisierte Verbände können natürlich weiter vorstoßen und einige Zeit mittels Kraftwagen versorgt werden; — wir kommen auf diese Fragen im Zweiten Band zurück.

der Ausplünderung ganzer Landstriche, die auf der Grundlage von Fron- und Spanndiensten die Straßen bauen und unterhalten und den Betrieb leisten mußten.

Noch kritischer ist ihr Handel oder vielmehr ihre ganze Wirtschaftspolitik anzusehen. Ihr Grundzug war Ausplündern der Unterworfenen und der kleinen eigenen Volksgenossen durch das immer fremdstämmiger werdende Hochkapital, das auch die Staatsführung immer mehr an sich riß.

Aus der römischen Verkehrswirtschaft, die schließlich jammervoll zusammenbrach, kann man lernen: Im Verkehr sind „Zuschußbetriebe" bei weiser zeitlicher und räumlicher Beschränkung zweifellos zulässig, nützlich und oft sogar notwendig (vgl. Luftverkehr, Kleinbahnen, Postdienst auf dem platten Land, Omnibuslinien nach neuen Siedlungen, neu eröffnete Überseelinien); aber dauernd und überall kann man im Verkehr nicht mit Subventionen arbeiten und die Unterbilanzen aus allgemeinen Steuern decken.

γ) Die Entvölkerung des platten Landes und das Anwachsen der Städte, durch das der Verkehr so weitgehend beeinflußt wird, war im Römischen Reich außerordentlich stark: die Ausdehnung der Latifundienwirtschaft hat — besonders in Italien — nicht nur die Bauern als Proletariat in die Stadt getrieben, sondern die Ländereien in ihrem Ertrag so heruntergesetzt, daß sie später für die Ernährung des Volkes überhaupt nicht mehr in Betracht kamen. Teilweise wurden nämlich reine Luxusgüter angelegt, teilweise lohnte es nicht mehr, Getreide zu bauen, weil das Getreide in den Provinzen billiger erzeugt werden konnte; man ging daher zur extensiven Weidewirtschaft über, bei der endlose Flächen von wenigen Hirten (Sklaven) bewirtschaftet wurden. Während bei uns die von der Stadt angelockten Landbewohner dort wenigstens noch Arbeit (in Bergbau und Industrie) finden, fanden dies die vertriebenen römischen Bauern nicht; sie wurden vielmehr erwerbslos, d. h. staatlich anerkannte hauptberuflich Erwerbslose, die vom Staat zu füttern und von der Hochfinanz zu amüsieren waren und dafür willfähriges Stimmvieh wurden. — Außerdem waren die städtebaulichen und hygienischen Zustände sehr schlimm. Ferner ging im Römischen Reich vielfach nicht nur der Bauer, sondern auch der freie Handwerker durch den gewerblichen Sklaven-Großbetrieb unter.

Der Übergang zur Latifundienwirtschaft und die Verstädterung hat aber nicht nur die Vernichtung des Bauern und die Entvölkerung des platten Landes zur Folge, sondern auch die Verwüstung der Wälder und die Versumpfung weiter Ebenen. Hieran leidet Italien noch heute! — Vor nunmehr rund 2300 Jahren (340 v. Chr.) haben die Römer die Volsker überwältigt; sie waren Kleinbauern, die ihr Land gartenbaumäßig bewirtschafteten und die Be- und Entwässerung sorgfältig pflegten; nach ihrer Unterwerfung und Verpflanzung verfiel ihr Land der Latifundien-Mißwirtschaft, und daraus wurden die Pontinischen Sümpfe! Erst das heutige Italien hat hier wieder Wandel geschaffen.

d) Byzanz und der Islam (330—1204).

Aus welchen Gründen und durch welche Teilereignisse das morsche Römische Weltreich zerfiel, ist bekannt. Wir haben hier nur darauf hinzuweisen, daß die Entthronung Roms auch verkehrsgeographisch begründet war:

Zweifellos ist die Stadt Rom 4—5 Jahrhunderte hindurch der Mittelpunkt des damaligen Welthandels und -verkehrs gewesen. Diese Stellung war aber weder in natürlichen geographischen Gegebenheiten noch in gesunden wirtschaftlichen Verhältnissen begründet; sondern sie war gekünstelt, denn sie gründete sich fast nur auf machtpolitische und die oben skizzierten ungesunden wirtschaftlichen Verhältnisse. Allerdings verfügt Rom über eine gewisse Zentrallage in Halbinsel-Italien; es liegt auch an der wichtigeren Küste und außerdem am Ausgang des einzigen großen Längstals (Florenz—Rom), in dem so viele Schlachten geschlagen worden sind. Aber das begründet noch keine Zentrallage in Ganz-Italien oder gar im Mittelmeerraum; es ist hier vielmehr die allgemein wichtige Erscheinung zu beachten, daß in langgestreckten Gebilden — also auf den oben erwähnten „Bändern" — also z. B. an einem großen Strom (Bonn—

Duisburg) oder an einer langen glatten Küste (Lübeck—Königsberg) oder in einer langgestreckten Ebene (Frankfurt—Basel oder Turin—Venedig) ein überragendes „Zentrum" überhaupt unnatürlich ist. Solche Gebilde sind vielmehr auf **Dezentralisation** gestellt (und das ist gut, denn es wird dadurch die Zusammenballung verhindert).

Aber auch von der Mittellage Roms in Mittel-Italien ausgehend, muß man sich darüber klar werden, daß sich dieser Zentralpunkt auflösen mußte, sobald sich das Reich nach Süden, Norden und Osten auszudehnen begann, daß also hierbei neue Zentren entstehen mußten:

Als die Römer nach Süden gingen und sich dann die (damals so reiche) Provinz Afrika angliederten, mußten Verkehrszentren auf Sizilien entstehen.

Die Bedeutung Siziliens in der Verkehrsgeschichte hat je nach den machtpolitischen Verhältnissen außerordentlich geschwankt. Diese schöne — und für uns so lehrreiche! — Insel, von den Göttern gesegnet, aber von den Dämonen verflucht, war verkehrspolitisch immer nur dann stark, wenn sie politisch mächtig war; das waren die Zeiten der Griechen, der Sarazenen und des großen Staufen Friedrich II.; aber meist war sie politisch schwach und das Ziel fremder Seeräuber, Ausbeuter und Eroberer. Heute nimmt Sizilien an Bedeutung stark zu, als Bindeglied zwischen dem europäischen und afrikanischen Italien und als Torwächter an der Straße Gibraltar—Suez.

Als die Römer nach Norden gingen und Gallien, Germanien und die Donauländer in ihren Verkehrsbereich einschlossen, begannen die natürlichen Knotenpunkte Oberitaliens (Turin, Mailand, Verona) in die verkehrsgeographische Bedeutung hineinzuwachsen, durch die sie heute so ausgezeichnet sind: sie werden die Ausgangspunkte für die Alpenpässe und die Durchgangspunkte für den Verkehr Südfrankreich—Serbien.

Als die Römer nach Osten gingen, mußten Häfen auf der Küstenlinie Brindisi—Syrakus, also in Unteritalien entstehen; vor allem aber mußten im östlichen Mittelmeerraum die Häfen aufblühen, die gemäß ihrer Lage die natürlichen Vermittler zwischen Abendland und Morgenland sind; es waren das insbesondere Konstantinopel und Alexandria, dazu Rhodus und andere griechische und syrische Städte; von Binnenstädten sei Palmyra genannt, damals eine blühende Oase und glanzvolle Handelsstadt, heute ein armes Dorf.

Zu diesen verkehrsgeographischen Gegebenheiten kam nun das so bedeutsamste politische Geschehen hinzu, daß die Stürme der Völkerwanderung fast nur den Westen trafen, den Osten dagegen ziemlich verschonten. Nachdem Konstantin im Jahre 330 Byzanz zur Hauptstadt erhoben hatte, verlagerte sich auch der wirtschaftliche, kulturelle und politische Schwerpunkt immer mehr nach dem Goldenen Horn, und es entwickelte sich hier außerdem das starke Zentrum der griechischen Kirche.

Die Geschichte Ostroms, des „Byzantinischen Reichs", ist recht wenig bekannt; es bestehen hierüber sogar vielfach ganz irrige Ansichten; und die Geschichte der slavischen Völker, die mit der Ostroms innig verknüpft ist, ist noch weniger bekannt; der größtenteils von ihnen besetzte Raum Südosteuropa spielt aber heute für den Handel und Verkehr von Mittel- und Westeuropa eine so wichtige Rolle, daß es richtig erscheint, zunächst die wichtigsten geschichtlichen Ereignisse kurz anzugeben:

46	Thracia (Gebiete südlich des Balkans) von Rom (Westrom) erobert.
98—117	Kaiser Trajan; größte Ausdehnung des Reichs.
107	Dacia (Rumänien) erobert.
um 250	Beginn der Völkerwanderung.
260	Die Goten dringen von Südrußland her in Kleinasien ein.
269	Die Goten bei Naissus (Nisch) geschlagen.
270—275	Kaiser Aurelian; Alemannen, Goten und Vandalen aus Rätien und Pannonien zurückgeschlagen, Dakien (Rumänien) aber aufgegeben!
324—337	Kaiser Konstantin.
330	Byzanz (Konstantinopel) Hauptstadt.
375	Einbruch der Hunnen in Europa, ständiger Völkerdruck von Osten her.

378	Sieg der Goten bei Adrianopel; Ansiedlung im heutigen Bulgarien, Annahme des Christentums.
395—1453	Byzantinisches Reich.
395—476	Auflösung des Weströmischen Reichs unter dem Ansturm der germanischen Stämme; Alemannen und Burgunder an der oberen Donau.
ab 400	Die Bischöfe von Byzanz steigen zu Patriarchen auf.
451	Die Griechische Kirche selbständig.
527—565	Kaiser Justinian. Höhepunkt!
ab 600	Die Awaren und Serben dringen in die Donauländer ein.
620	Anfänge des Islam, Mohammed 570—632, Hidschra 622.
von 632	Ständige Angriffe der Mohammedaner in Vorderasien und den Küstengebieten.
678	Konstantinopel durch das „Griechische Feuer" gerettet.
679	Die Bulgaren gründen in Mösien ein eigenes Reich.
700—1200	Wechselvolle Auseinandersetzungen zwischen Serben, Bulgaren und Byzanz; die Bulgaren und Serben nahmen das griechische, die Kroaten und Slowenen das römische Christentum an.
809	Die Magyaren rücken in Ungarn ein.
814	Das Deutsche Reich unter Karl dem Großen bis zur Linie Budapest—Belgrad ausgedehnt.
860	Eine russische Kriegsflotte vor Konstantinopel.
975	Ungarn nimmt das römische Christentum an.
988	Rußland nimmt das griechische Christentum an.
1077	Kleinasien durch die Osmanen erobert.
um 1150	Einwanderung von Deutschen in Siebenbürgen und Oberungarn.
ab 1100	Die Normannen (von Unteritalien aus) gegen Byzanz.
1173—1196	Blüte des Ungarischen Reiches.
1204	Die Kreuzfahrer stürmen Konstantinopel; Lateinisches Kaiserreich bis 1261, Aufstieg Venedigs.
1218—1241	Blüte des Bulgarischen Reiches.
1241	Einbruch der Mongolen in Ungarn.
1261	Das Lateinische Kaiserreich wieder beendet.
1283—1918	Das Haus Habsburg in Österreich.
von 1300 ab	Bildung der Donaufürstentümer in Rumänien, Annahme des griechischen Christentums.
1331—1355	Blüte des Serbischen Reiches.
1354—1683	Vordringen der Türken in Südosteuropa.
1354	Die Türken überschreiten die Dardanellen.
1365	Adrianopel Hauptstadt der Türken.
1371	Die Türken erobern Mazedonien.
1389	Die Türken besiegen die Serben auf dem Amselfeld.
1393	Bulgarien von den Türken erobert.
1453	Konstantinopel von den Türken erobert; Ende des Byzantinischen Reiches!

Die Bedeutung des Byzantinischen Reichs wird oft unterschätzt; es handelt sich aber bei seiner tausendjährigen Geschichte (395—1453) durchaus nicht um einen „tausendjährigen Verfall", wie es mißgünstige Geschichtsschreiber dargestellt haben; das Reich hat vielmehr nicht nur Zeiten sinkender Macht, sondern auch Höhepunkte erlebt. In Wirtschaft, Handel und Verkehr, vielleicht noch mehr in Kunst und Kunstgewerbe war Konstantinopel führend; es hätte ja wohl auch das griechische Christentum nicht so aufsteigen können, wenn nicht ein starker politischer und wirtschaftlicher Rückhalt vorhanden gewesen wäre. Jedenfalls war Konstantinopel die Klammer, die das Abend- mit dem Morgenland verband, und die große Werkstatt und Schatzkammer, aus denen viele Kostbarkeiten stammen, die wir noch heute außer in den Museen in den alten Schlössern und Domen bewundern, denn die Hauptkäufer waren die Fürsten und die römische Kirche. Auch der Handel mit China und Indien riß nicht ab, und später hat — nach einer kurzen Zeit von Kämpfen — die mohammedanische Welt ihre Güter wieder in reicher Fülle geliefert; ihr Zentrum war in diesem Sinn die Märchenstadt Bagdad, in der Harun al Raschid, der Freund Karls des Großen, seine prächtige Hofhaltung führte.

Von Konstantinopel aus wurden auch neue Gebiete befruchtet: Süd- und Westrußland, dessen Wege zur Ostsee immer wichtiger wurden, und die unteren und mittleren Donauländer, in denen die „Donaustädte" aufblühten. Insgesamt kann man sagen, daß sich im Zeichen des Verkehrszentrums Byzanz für Europa ein großes Straßenviereck ausbildete mit den Linien:

1. Byzanz—(Griechenland—Italien—)Marseille,
2. Marseille—Rhonetal—Flandern—London,
3. Flandern—Nordsee—Ostsee,
4. Ostsee—Westrußland—Byzanz.

Von diesen Hauptstraßen wird Deutschland nicht durchquert, sondern nur von der zweiten und dritten gestreift. Hierdurch kam es, in Verbindung mit den politischen Zuständen, daß sich in Deutschland noch keine maßgebenden Verkehrszentren bildeten und daß das Land noch lange im Zustand der Naturalwirtschaft verharrte. Aber der deutsche Kaufmann suchte und fand den Anschluß an die Welthandelsstraßen: unmittelbar an der Ostsee, mittelbar über den Rhein, die Donau und die Alpenpässe; die Städte Köln, Mainz, Ulm, Regensburg, Passau, Lüneburg (die Salzstadt), Magdeburg, Meißen, Lübeck be-

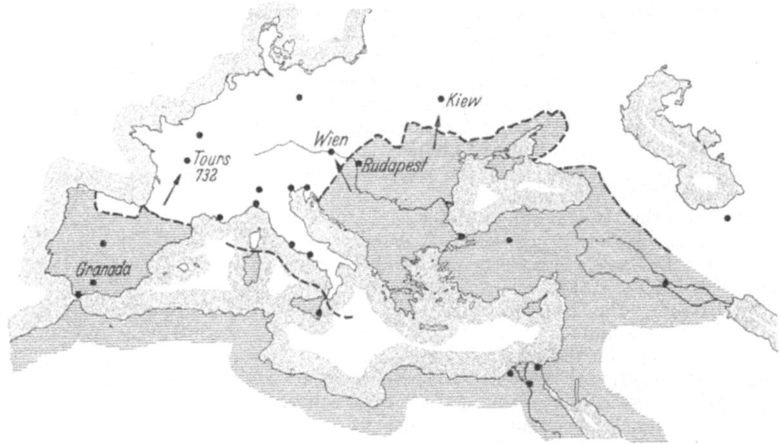

Abb. 7. Größte Ausdehnung mohammedanischer Reiche im Westen.

gannen aufzusteigen. — Ehe sich dies aber auswirken konnte, erhoben sich zwei mittelmeerische Kräfte gegen Byzanz: der Islam und die (ober-)italienischen Stadtstaaten, dazu noch die Normannen (von Sizilien aus).

Der **Islam** schuf von Arabien aus jene große Kontinentalmacht, die dem Abendland die Wege nach dem Osten abriegelte, und er zwang hiermit Europa, das Monopol der Mohammedaner für den Zwischenhandel mit Indien usw. anzuerkennen. Hierbei drang der Islam gemäß Abb. 7 und 8 nach Osten bis in die Mongolei, Indien, China und die Inselwelt (Java), also bis zum Großen Ozean vor, nach Westen bis an den Atlantischen Ozean, bis in den Sudan, nach Sizilien, Spanien und in die Donauländer bis vor Wien, ferner nach Südrußland. An vielen Stellen begründete er starke, durch hohe Zivilisation und Kultur ausgezeichnete Staaten.

Die Leistungen der Mohammedaner werden von uns meistens unterschätzt; viele von uns wissen nicht, was die Wissenschaft (Astronomie, Mathematik, Heilkunde, Geographie, Chemie), die Kunst (Dichtkunst, Architektur), das Kunstgewerbe, auch die Handels- und Verkehrstechnik ihnen verdanken; wir halten sie oft auch für religiös unduldsam, was aber heute bestimmt nicht mehr zutrifft. Die Bedeutung des Islam für Handel und Verkehr kann kaum überschätzt werden; schon die außerordentlich große räumliche Ausdehnung vom Großen zum Atlantischen Ozean, vom Jangtse bis zum Senegal, von der Krim bis Madagaskar weist darauf hin. Heute sind hiervon allerdings einige Randgebiete abgesplittert, und die innere Stärke hat erheblich verloren, weil die Mohammedaner weder politisch noch religiös geeinigt sind, vgl. z. B. die starken Gegensätze zwischen Türken und Arabern, die im Weltkrieg von den Engländern so geschickt ausgenutzt worden sind und sich für uns so verhängnisvoll ausgewirkt haben. Wir haben bei der Verkehrsbedeutung des Islam auch die einheitliche Sprache des Koran zu beachten, die in allen mohammedanischen Ländern (vielleicht mit Ausnahme der Türkei?) in jeder Stadt von irgendeinem „Gebildeten" verstanden wird, ferner den obenerwähnten sehr verkehrsfreundlichen Zug der Religion und die regelmäßigen Pilgerfahrten, die auch dem Handel, der einheitlichen Kulturpflege und wohl auch der einheitlichen Politik zugute kommen.

Nach der Stiftung der mohammedanischen Religion (Mohammed 570—632, Hidschra 632) gingen die Araber an die Eroberung der drei Kontinente Asien,

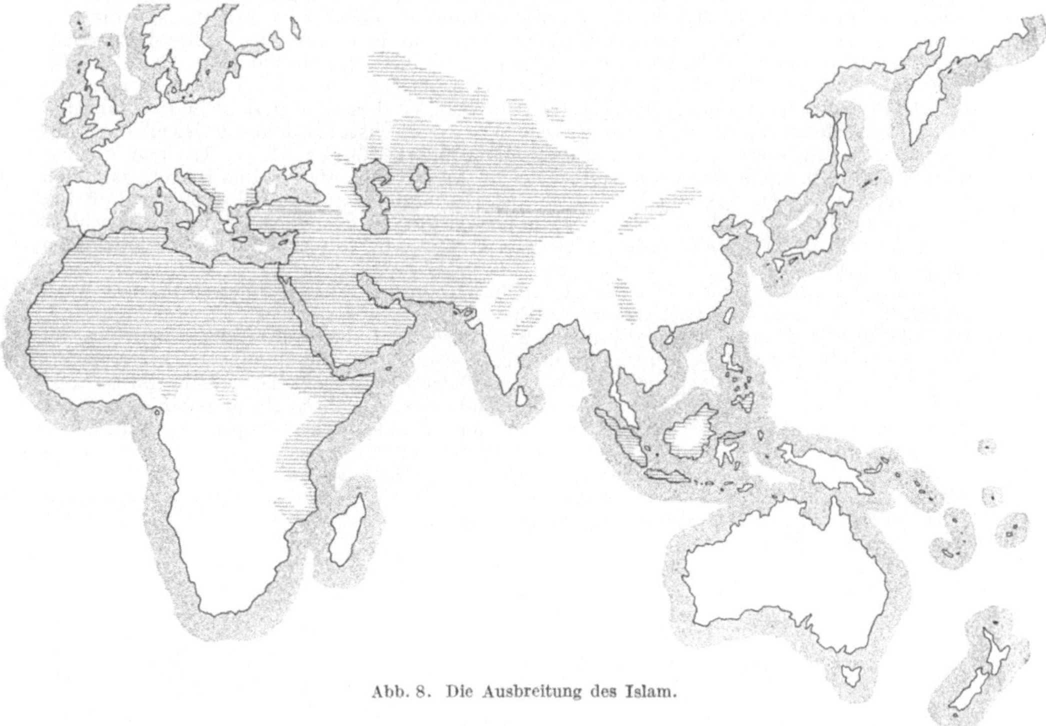

Abb. 8. Die Ausbreitung des Islam.

Afrika und Europa, die nach der Weisung des Propheten nicht zuletzt durch sorgfältige Pflege des Verkehrs einheitlich um das Zentrum Mekka zusammengefügt und gehalten worden sollten. Außer ihren anderen großen Eroberungen überrannten sie mit unerhörter Geschwindigkeit Ägypten, Vorderasien und Nordwestindien, so daß, wie gesagt, der ganze Zwischenhandel über See und über Land nach Indien usw. in die Hand des Arabers kam, der ein tüchtiger, wagemutiger, weitblickender Kaufherr und Reeder gewesen ist und auch heute noch ist. Der mohammedanische Angriff richtete sich hierbei vornehmlich gegen Byzanz; vorwärtsgetragen wurde er zuerst von den Arabern, später aber von anderen vorderasiatischen Stämmen und dann von den Osmanen, einem türkisch-mongolischen Mischvolk, das bald nach seinem Einbruch in Kleinasien den mohammedanischen Glauben angenommen hatte und nun die Fahne des Propheten bis vor Wien und Kiew trug. Kraftvoll hat Byzanz wie schon vorher gegen die Parter auch gegen den Islam den Schild über die Christenheit gehalten, und es ist dem Ansturm nicht erlegen; aber im Vierten Kreuzzug ist ihm (1204) durch Christen (!) die schwere Wunde geschlagen worden, von der er sich nicht mehr erholen konnte, so daß es 1453 ausgelöscht wurde.

Der Vormarsch der Osmanen (Türken) gegen Südosteuropa hat bis 1699 gedauert; von 1541 bis 1699 (Friede von Karlowitz) dauerte ihre Herrschaft über Ungarn; 1683 stießen sie gegen Wien, also gegen die Hauptstadt des durch den Dreißigjährigen Krieg zerfleichten Deutschen Reichs vor. Dies war der Wendepunkt, von dem ab die türkische Herrschaft in den bis 1912 dauernden sog. „Türkenkriegen" aus Südosteuropa und Rußland verdrängt wurde; allerdings war die osmanische Seemacht schon 1571 in der Seeschlacht bei Lepanto schwer geschlagen worden, was namentlich für den Verkehr zwischen Italien und dem Orient wichtige Folgen hatte.

Da wir dieses ständige Zurückdrängen der Türken und ferner die Schwäche der Alten Türkei (den sog. „kranken Mann am Bosporus") so gut kennen, von der übrigen mohammedanischen Welt aber so wenig wissen, sind wir leicht geneigt, uns über die militärische, religiöse und politische Macht und demgemäß auch über die Bedeutung der mohammedanischen Macht für den Weltverkehr falschen Vorstellungen hinzugeben. Es sei daher folgendes angedeutet: Auch heute noch geht die mohammedanische Macht vom Atlantischen bis zum Großen Ozean, bis zur Wolga und zur Mongolei. Man zählt heute rund 240 Millionen Bekenner des Islam, davon rund 3,1 Millionen in Europa (ohne Rußland), 43 Millionen in Afrika, 18 Millionen im russischen Weltreich und 160 Millionen im übrigen Asien. Abgesehen von ihrer Bedeutung für Nordafrika, dem Sudan und Ostafrika, für Vorderindien und die Südsee, für Rußland und die Mongolei, ist für die europäische Welt von höchster Bedeutung der mohammedanische Block, der sich in Vorderasien gebildet und die Türkei, Iran, Irak, Afghanistan, wohl auch schon Arabien und vielleicht Ägypten umfaßt. Das ist rein räumlich betrachtet ein Gebiet, das von West nach Ost (Istanbul—Kabul) rund 4000 km groß ist; aber man müßte eigentlich Sinkiang noch hinzurechnen; — das Gebiet deckt sich übrigens fast genau mit dem Weltreich Alexanders des Großen: Ist das ein Zufall oder kann man das geopolitisch deuten?

Und dieser gewaltige Machtbereich ist nicht nur kontinental, sondern insofern auch „maritim", als er das Schwarze Meer, das aber in diesem Sinn weniger wichtig ist, teilweise, das Rote Meer mit dem Suezkanal und den Persischen Golf aber vollständig beherrscht. Zu dieser Behauptung mag man Fragezeichen setzen; aber das ist unzweifelhaft: Dieser Machtbereich, der für gewisse europäische Mächte „maritime" Züge trägt, ist in sich „kontinental"; er ist nämlich eine große geschlossene Landmasse, die ihrer Natur nach — nämlich als typischer „großer Raum", geschützt durch hohe Randgebirge, Steppen und Wüsten — für einen vom Meer kommenden Angreifer nahezu unangreifbar ist; und in diesem großen kontinentalen Raum bauen die Staaten zur Zeit die starken Klammern, nämlich die durchgehenden Eisenbahnen, aus, deren sie zu einheitlichem politischem Handeln bedürfen, und sie lassen sich bei diesen und andern verkehrspolitischen Maßnahmen auch nicht mehr von Fremden hineinreden.

e) Venedig, Italien und die Kreuzzüge (1200—1500).

Wie oben erwähnt, hatte die Einbeziehung Germaniens usw. in den Verkehr des (west-)römischen Reichs die Bedeutung der Alpenpässe und der oberitalienischen Knotenpunkte ansteigen lassen. Diese Entwicklung wurde dann aber durch die Völkerwanderung unterbrochen; es hielten sich aber doch gewisse Kräfte und diesen gelang es, nachdem die Welt sich beruhigt hatte, den Handel und Verkehr wieder aufzunehmen. Es waren besonders die Seestädte Amalfi, Pisa, Genua und Venedig und die Binnenstädte Florenz und Mailand; von ihnen stiegen als Handels- und Verkehrsplätze Genua und besonders Venedig, als Geld- und Börsenplatz besonders Florenz auf. Am wichtigsten (und lehrreichsten) ist für unseren Zusammenhang Venedig. Wenn wir uns aber nachstehend hauptsächlich mit der venetianischen Macht beschäftigen, so dürfen dabei die anderen Städte — und außerdem die Römische Kirche — nicht vergessen werden. Wichtig ist, daß in dieser ganzen Zeit Italien (oder auch nur Oberitalien) nicht als einheitliche Macht auftrat, sondern daß die einzelnen Stadtstaaten getrennt vorgingen und oft in bitterer Fehde gegeneinander lagen, namentlich Genua gegen Pisa, und Venedig gegen Genua.

Venedig hat eine ausgezeichnete Lage, zunächst allgemein, nämlich in dem bekannten tiefsten Winkel der Meeresbucht (also des Adriatischen Meers), dann aber im besonderen: die Stadt Venedig selber ist eine Insel, die erst im Eisenbahnzeitalter „landfest" geworden ist, und ihre Bewohner sind daher aufs

Meer hingewiesen. An der ganzen Westküste der Adria findet sich kein guter anderer Hafen, an der Ostküste gibt es allerdings viele gute Häfen, sie sind aber durch hohe Randgebirge gegen ihr Hinterland abgeriegelt. Die Dalmatinische Küste lieferte treffliches Schiffsbauholz (jetzt ist sie verkarstet) und hervorragende Matrosen und Soldaten. Das festländische Hinterland, die Lombardei, ist wegsam und fruchtbar; das Etschtal ist tief eingeschnitten (Bozen nur +265 m!) und es leitet nach den tief liegenden Pässen der Reschenscheidegg (+1500 m) und des Brenner (nur +1362 m) und damit zum Inntal, zum Alpenvorland und den Donaustädten hinüber; — allgemein kann man ja dies Gebiet der Alpen (Graubünden—Tirol) als ein „Paßland" bezeichnen.

Der Hauptweg über die Alpen führte zunächst wohl über Bozen—Meran—Vintschgau—Reschenscheidegg—Landeck—Fernpaß—Ehrenberger Klause—Füssen; der Weg über den Brenner ist infolge des streckenweise zerklüfteten Gebirges sicher oft schwierig gewesen; immerhin muß er doch so gut gewesen sein, daß die Kaiser ihre Heere über ihn führen konnten. Als Zeugen der engen Beziehungen zu Italien (besonders auch zu Genua) reden heute noch die auf die Kirchen und Häuser aufgemalten Monumentalarchitekturen eine beredte Sprache.

Venedig wurde 452 von Flüchtlingen gegründet und stand lange Zeit unter byzantinischer Herrschaft, die aber immer lockerer wurde, zumal seit 697 eine straffe aristokratische Regierung unter dem Dogen geschaffen wurde. Der von Anfang an auf den Handel mit der Levante eingestellte Stadtstaat eroberte bis 900 die Dalmatinische Küste, an der noch heute die wunderbare Altstadt von Ragusa, das aber seine Selbständigkeit behauptete, als ein Meisterwerk venetianischer Städtebaukunst von alter Herrlichkeit Zeugnis ablegt. Im Handel war man zunächst natürlich auf die Byzantiner angewiesen, aber es gelang den gerissenen Händlern — wie einst den Griechen gegenüber den Phönikern — sich einzuschieben und einzunisten und sogar in Byzanz selber selbständige Kontore einzurichten; und nachdem im Orient die Macht des Islam sich so glänzend entfaltete, wandte man wieder den erwähnten alten Trick an: man umging Byzanz, indem man am Schwarzen Meer Faktoreien einrichtete, mittels deren man den Handel aus Kleinasien und Rußland abfing und am Goldenen Horn vorbeileitete. Man erkannte auch bald den hohen Wert einer besonders starken eigenen Handelsflotte und einer Kriegsmarine mit vielen besten Kriegsschiffen und zahlreichen Stützpunkten. Hierbei wurde auch das System des Fahrens im „Geleitzug" — Convoy — gegen Feinde und Seeräuber hoch entwickelt. Man ging selbstverständlich auch kriegerisch vor, wo man sich stark genug fühlte, und wenn dies gegenüber den Ungläubigen nicht der Fall war, dann versuchte man wenigstens die christlichen Konkurrenten niederzuringen, namentlich Byzanz, gegen das man sich von etwa 1100 ab mit den Normannen verbündete, die sich von etwa 1000 ab in Unteritalien—Sizilien festgesetzt hatten; später wurde in einem Hundertjährigen Krieg (1280—1380) Genua niedergerungen.

Außer ins Schwarze Meer fuhren die Venetianer unmittelbar nach Ägypten, wo sie von den arabischen Zwischenhändlern die Güter Indiens einhandelten. Ferner wurde der Verkehr mit den alten Häfen an der syrischen Küste wieder aufgenommen; von ihnen gingen die wieder zur Blüte aufsteigenden Karawanenwege (etwa über Aleppo oder Damaskus) nach dem großen Handels-, Industrie- und Kulturzentrum Bagdad. Im Verkehr Italien—Syrien war auch der Personenverkehr recht lohnend, nämlich der von Pilgern nach dem Gelobten Land.

Nach Westen gingen die Italiener auf dem Landweg die Rhonefurche hinauf und auf dem Seeweg nach England und zu den „Rheinmündungshäfen".

Dieser weitschauenden, zielbewußten, von einer Handelsherrenaristokratie getragenen, nötigenfalls mit brutalen und recht unchristlichen Mitteln arbeitenden Handels-, Verkehrs- und Machtpolitik kam nun eine Bewegung zugute, die im Anfang sicher nichts mit Wirtschaft zu tun hatte, nämlich die der Kreuzzüge (1095—1254). Den Kreuzfahrern selbst, namentlich dem „kleinen Volk" einschließlich der Ritter, ist es dabei sicher, wenigstens im Anfang, um das Christentum und die Befreiung der heiligen Stätten gegangen; bei den Päpsten mögen machtpolitische Bestrebungen eine Rolle gespielt haben; bei den führenden Herzögen und Grafen war die Aussicht, eigene Fürstentümer zu gründen, anregend; und bei den Reedern, Kaufherren und Bankiers in Venedig und Florenz — —? Da wird man wohl die militärischen Chancen nicht allzu hoch eingeschätzt haben, denn man kannte ja die Macht des Feindes und die Schwierigkeiten der Kriegführung in jenen Ländern; aber immerhin: politisch mußte man es mit den Kreuzfahrern halten; was aber viel wichtiger war: wirtschaftlich mußte man verdienen, denn wozu werden Kriege geführt, wenn es keine Kriegsgewinnler gibt? — vgl. BRENTANO: Über den vierten Kreuzzug. Verlag Meurer 1923.

Und verdient hat man! — Da man über das notwendige Kapital verfügte, finanzierte man den Krieg, betätigte sich also als Rüstungslieferant; und da

Abb. 9. Die Handelswege der Venetianer.

man über die notwendigen Schiffe verfügte, betätigte man sich im Transport- und Verpflegungswesen, also ganz typisch in der „Etappe", und da weder die Kreuzfahrer noch die Päpste mit Geld zahlen konnten, nahm man als Bezahlung Inseln, Halbinseln, Häfen, Faktoreien und ließ sich außerdem das Monopol für den Handel mit den Ungläubigen geben, vor dem ja die anderen Christen bewahrt werden mußten. So schuf sich Venedig sein Reich, das nach Abb. 9 typisch wie das der Phöniker ein Reich in „zerstreuter Lage" (mit all seinen Vorzügen und Schwächen) war.

Als die schlauen Händler sich aber davon überzeugt hatten, daß die Macht des Islam nicht zu brechen war, da fühlte die venetianische Diplomatie im Vierten Kreuzzug die christlichen Ritter gegen Christen, nämlich gegen den großen Konkurrenten Byzanz, das 1204 gestürmt wurde und dann als „Lateinisches Kaisertum" seine Küsten und Inseln an Venedig abtreten und ihm außerdem wichtige Handelsvorrechte einräumen mußte; und wenn auch das Lateinische Kaisertum schon 1261 (unter Beihilfe Genuas) gestürzt wurde, so blieb die Macht des Markuslöwen im Orient doch noch bis 1453 fast unerschüttert und sie hat sogar noch 1571 zu dem Höhepunkt der Seeschlacht von Lepanto geführt.

Wieviel das Abendland in Wissenschaft, Kunst und Kunstgewerbe durch die Kreuzzüge vom Morgenland empfangen hat, braucht nicht besonders ausgeführt zu werden; wir erinnern nur an die Kostbarkeiten, die seit jener Zeit nach dem Westen geflossen sind; sind doch noch heute die Bezeichnungen für edelste Stoffe usw. arabische Lehnworte: Atlas, Baldachin, Brokat, Damast, Teppich; noch heute sind manche Arten von orientalischen Webereien und Stickereien und die „echten Teppiche" unübertroffen; ausgezeichnet sind ferner die Erzeugnisse des orientalischen Kunsthandwerks auf den Gebieten der Metallbearbeitung (Silber, Messing, Stahl); — heute alles schwer bedroht durch billigsten von Westeuropa eingeführten Schund!

Nachdem sich Venedig sein „meerisches" Reich geschaffen hatte, ging es auch dazu über, sich auf dem italienischen Festland einen „Brückenkopf" auszubauen; es gewann von 1389 an die „Terra forma" und erweiterte und sicherte sie so, daß sie von hier aus die Alpenpässe beherrschte; auf so mancher Veste des burgenreichen Landes Tirol saßen damals die Ritter und Grafen als Vögte der Republik, die den Markuslöwen im Wappen führte.

Es scheint im Wesen der Inselstaaten zu liegen, daß sie, sobald sie sich stark genug fühlen, auf das benachbarte Festland übergreifen. Die Abschließung durch das Meer ermöglicht dem Inselvolk, sich in starker Schutzstellung zu entwickeln und seine völkischen, militärischen und wirtschaftlichen Kräfte reifen zu lassen und dann zum Angriff überzugehen, vgl. Englands Kriege um den Brückenkopf in Frankreich, vgl. den Sprung Japans auf das Festland, — vgl. auch die Sorge Englands, daß ihm gegenüber nur kleine Staaten bestehen dürfen.

Es verlohnt sich, an dieser Stelle die wichtigsten Mittel der Handels- und Verkehrspolitik der italienischen Stadtstaaten kurz zusammenzustellen:

α) Die Staatslenkung lag in den Händen von Männern, die — unter Umständen unter großen innerpolitischen Kämpfen — klar und bestimmt die Ziele, die sie als richtig erkannt hatten, verfolgten. Sie wendeten die „ultima ratio regis", die Kanonen, nur an, wenn es anders nicht ging; im übrigen arbeitete man mit Geld (Subsidien), Diplomatie, Bündnissen und politischen Ränken. Das eigene Blut schonte man; lieber ließ man andere Krieg führen, die man dafür bezahlte. Aber man hatte eine starke Flotte; schlimmstenfalls mußte diese sogar in einer die Entscheidung suchenden großen Seeschlacht eingesetzt werden; im übrigen aber wurde für die „Große Flotte" die Strategie der „fleet in being" und der Kreuzerkrieg gegen die feindlichen Handelsschiffe bevorzugt. Insgesamt herrschte in der ganzen Politik mehr händlerischer als heldischer Geist. — Parallelerscheinungen in unseren Tagen?

β) Man hielt alle Handels- und Verkehrsmonopole so stark aufrecht wie nur möglich, also allen gegenüber, die militärisch schwächer waren; die deutschen Kaufleute mußten in ihrem Fondaco dei Tedeschi wohnen und wurden so sorgsam überwacht, daß jeder unmittelbare Handel zwischen ihnen und den Morgenländern verhindert wurde.

γ) Man pflegte neben dem Handel die Exportindustrie, vor allem die Textilindustrie und die Herstellung kunstgewerblicher Exportwaren: Leinwand, Woll- und Seidenwaren, Stickereien, Glaswaren, Edelmetallwaren, Schmuck aus edeln und halbedeln Stoffen, Mosaik- und Lederarbeiten, Waffen (Helme, Panzer, Schwerter), dazu Chemikalien und Arzneien und alle Teile des Schiffbaus und der Schiffsausrüstung. — Diese Industrien blühen fast alle heute noch in Italien.

δ) Man baute das Bankwesen aus. Indem man durch den Handel usw. so ungeheure Kapitalien gewann, erhielt man die Möglichkeit, diese auszuleihen, um weitere kaufmännische oder industrielle Unternehmungen zu finanzieren und um vor allem den immer geldbedürftigen Fürsten und Päpsten ihre politischen Pläne zu ermöglichen. Besonders machtvoll wurden die Bankherren von Florenz; — auch die Medici waren ursprünglich Bankiers.

Oberitalien, namentlich Florenz, wurde die Geburtsstätte des modernen Bank- und Börsenwesens; hier wurden die Grundlagen der Wertpapiere, des Handelsrechts und der Handelsformen geschaffen, desgleichen die Formen der großen Handelsgesellschaften. Hier war auch die hohe Schule, auf der die jungen Kaufleute Europas ausgebildet wurden. Die Bedeutung Italiens auf diesem Gebiet ist daran zu erkennen, daß so viele banktechnische Ausdrücke italienische Lehnworte sind (Konto, Skonto, Diskonto, Agio, Bilanz).

Übrigens wurde die Macht der städtischen Kaufmannsgeschlechter dadurch gestärkt, daß der die Latifundien besitzende Adel, wie oben schon bemerkt, mehr und mehr dazu überging, seine Ländereien an Pächter zu geben, diese stark auszupressen, selber aber in die Stadt zu ziehen und die Einnahmen aus der Landwirtschaft nicht dieser wieder zugute kommen zu lassen, sondern in kaufmännischen und gewerblichen Unternehmungen anzulegen. Die Stadt gewann hierdurch, aber das platte Land und seine Bevölkerung verkamen, — und das ist heute noch nicht überwunden!

ε) Man pflegte nicht nur den Güter-, sondern auch den Personen-, namentlich den Fremdenverkehr. Abgesehen davon, daß schon damals das milde Klima, die Schönheit der Städte, Schlösser und Kirchen und der frohe Lebensgenuß viele reiche Reisenden aus dem Norden anlockten, wirkten in diesem Sinn besonders die Kunst (Malerei, Bildhauerkunst, Architektur, Dichtkunst) und die Wissenschaft durch ihre Universitäten und anderen hohen Schulen.

Über den Niedergang des italienischen oder vielmehr des ganzen Mittelmeerhandels genügen folgende Hinweise: Es sind zwei Ursachen gewesen, die eine von mehr „lokaler“ oder territorialer, die andere von Weltbedeutung.

Die erste ist in den Änderungen innerhalb des mohammedanischen Machtbereichs zu suchen; hier wurden nämlich die besonders handelsfreundlichen Araber in Syrien und Ägypten durch die Osmanen ersetzt, die mehr auf Krieg und Eroberung eingestellt waren und den Handel Venedigs an den verschiedenen Orten teils dauernd, teils zeitweilig unterbrachen, die auch gegen die venetianischen Besitzungen selber vorgingen und durch ihr Vordringen über den Balkan auch die Verkehrswege im Donauraum zum Absterben brachten.

Noch kritischer wirkte die zweite Ursache, nämlich die Auffindung des Seewegs nach Vorderindien durch die Portugiesen, die hier die Araber schnell aus dem Zwischenhandel verdrängten und nun — nach berühmten Mustern — ihrerseits das Handelsmonopol für den Verkehr zwischen Indien und Europa aufrichteten. Verzweifelt kämpfte man gegen die Verlagerung des Warenstroms an; man erwog den Bau eines Suezkanals; man versuchte über den Sultan von Ägypten auf die mohammedanischen Fürsten Indiens einzuwirken, daß sie die eingedrungenen Christen wieder hinauswerfen sollten; man erwog auch die eigene Fahrt über Gibraltar und das Kap, aber man mußte einsehen, daß man sich hier gegen die portugiesische Macht nicht werde durchsetzen können.

Man darf aber nicht dem Irrtum verfallen, anzunehmen, daß ein plötzlicher Niederbruch erfolgt wäre; — so schnell verlagern sich die Verkehrswege nun doch nicht und so schnell sterben Handels- und Geschäftsbeziehungen, die in Jahrhunderten aufgebaut worden sind, doch nicht ab. Das Mittelmeer wurde allmählich ein Binnenmeer; daran ist nicht zu deuteln; aber es blieben die regen Handelsbeziehungen zwischen den Ländern nördlich und denen südlich der Alpen; es behaupteten sich noch lange Zeit die wirtschaftlichen Kräfte Italiens (Kapital, Industrie, Schiffahrt) und noch länger die kulturellen (Wissenschaft und Kunst).

Von etwa 1690 ab beginnt dann der Einbruch der westeuropäischen Völker in das Mittelmeer, in erster Linie der Engländer, aber auch der Franzosen, die viermal (unter Ludwig XIV., Napoleon I., Napoleon III. und nach 1870) ab die Herrschaft zu erringen versuchen.

III. Die Verkehrsentwicklung im germanischen Lebensraum.

Wir haben bei der Besprechung des Mittelmeerraums schon oft auf den „Norden“ hinweisen müssen; wir haben hierunter die Gebiete jenseits der Alpen verstanden; ihr Kernstück ist der Raum der Nordsee—Ostsee, der germanische Lebensraum, der aber nach Südwest zu nach Frankreich, nach Ost zu nach Rußland übergriff. Da wir uns auf die Geschichte des Verkehrs beschränken und uns kurz fassen müssen, wollen wir auf die „Vorzeit“ (bis etwa 800) nicht eingehen, obwohl in dieser die Germanen sich durch kühne Fahrten über See und nach Rußland hinein hervorgetan haben.

Wir beginnen mit jener großen deutschen Tat, durch die der deutsche
Osten dem Deutschtum und dem Christentum gewonnen worden ist,
die eine der größten Taten der Kolonialgeschichte aller Zeiten gewesen ist, die
aber selbst uns Deutschen recht wenig bekannt ist, weil der Schulunterricht
das Ringen der deutschen Kaiser um Italien so stark betonte. Dieses gewaltige
Werk hebt mit Karl dem Großen an, der Niedersachsen, also kerndeutsches
Land, seinem Reich eingliederte und dadurch das Sprungbrett zur Ostsee und
zu der Tiefebene jenseits der Weser und Elbe schuf, der aber auch aus Franken

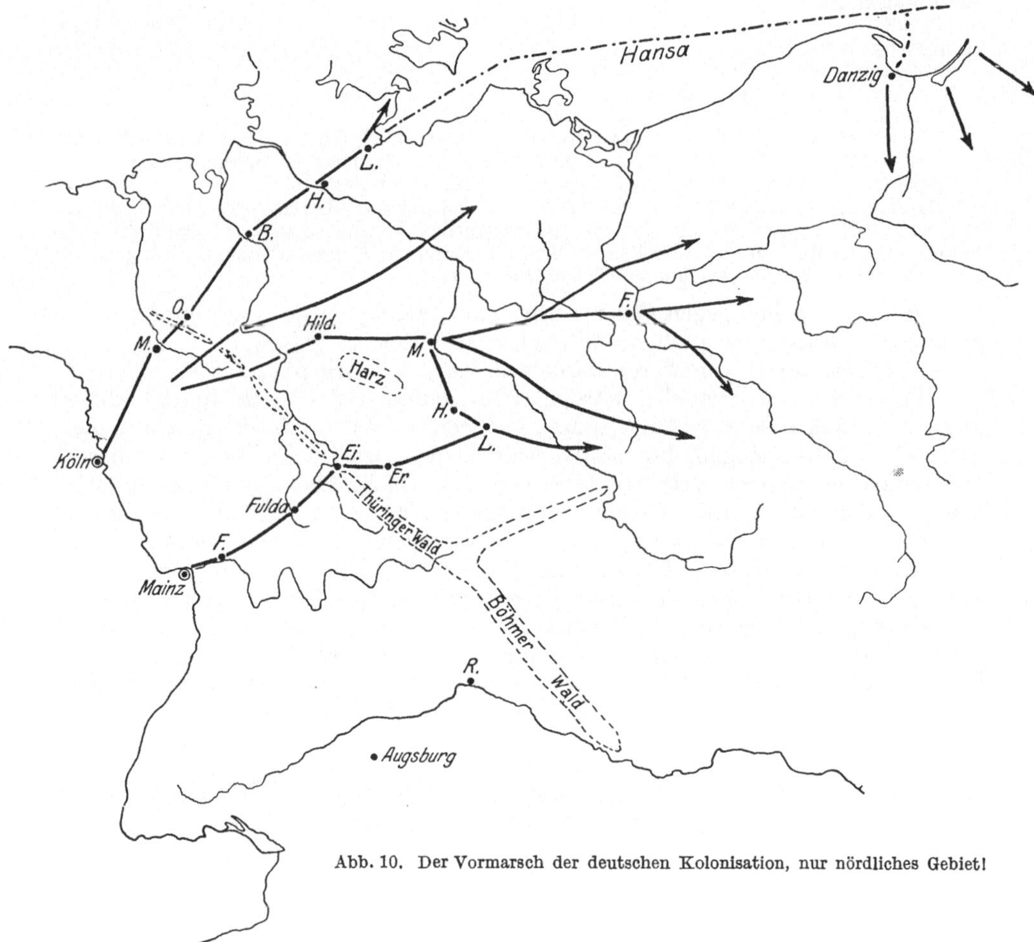

Abb. 10. Der Vormarsch der deutschen Kolonisation, nur nördliches Gebiet!

bis weit nach Österreich vorstieß. Mögen dann anfänglich es wirklich Missionare gewesen sein, denen die Ausbreitung des Christentums das Wesentlichste
gewesen sein mag, so waren doch auch diese Männer Städtegründer, Wasser-
wirtschaftler und Verkehrstechniker, indem sie Klöster gründeten, die Niederungen entsumpften, Wege und Brücken bauten, die Flüsse und Seen zur Schiff-
fahrt ausnutzten. Die Hauptträger der Kolonisation aber waren die Fürsten
und Ritter (Ritterorden) und Bauern, die das „Land nahmen", denen also die
Besiedlung und die Erschließung für die Landwirtschaft die Hauptsache war,
und die Kaufleute, die von den alten und neuen Städten aus den Handel vor-
trieben und hiermit den Osten dem Verkehr erschlossen.

Der Vormarsch der Deutschen erfolgte nach Abb. 10 hauptsächlich aus drei
Etappengebieten heraus, und zwar in ebenfalls drei Neugebiete hinein:

1. Aus Niedersachsen nach Mecklenburg, Pommern, Preußen, Kurland und Livland, nach der Mark Brandenburg und nach Polen; — außerdem durch die Lausitz nach Schlesien.

2. Aus Kurmainz nach Thüringen (um den Thüringer Wald herum); die Stoßkraft war aber an der Saale erschöpft, so daß Obersachsen, die Lausitz und Schlesien von Niedersachsen aus erschlossen werden mußten.

3. Aus Bayern nach Österreich und Ungarn.

Einige Jahreszahlen der Gründung der Städte usw. mögen den zeitlichen Gang dieser Bewegungen erläutern:

Bremen 845, Hamburg 831, Lübeck 1143, Wismar 1229, Stettin 1243, Danzig 1224, Königsberg 1256;

der Deutsche Orden in Preußen seit 1230;

die Hanse im Ostseeraum seit 1200;

Riga 1201, Reval 1219, Dorpat 1225, Narwa 1223;

Magdeburg 805, Berlin 1240, Frankfurt 1253, Posen 1253, Gnesen 1262, Lowitsch 1355;

Halle 1156, Liegnitz 1149, Breslau 1242, Krakau 1257, Prag 1235, Iglau 1250;

Regensburg 739, Salzburg 696, Wien 1030, Ofen (Budapest) 1022.

Daß hierbei manche Städte — im Sinne des Marsches nach Osten — recht früh, andere so spät gegründet worden sind, liegt an geschichtlichen Vorgängen und an verkehrsgeographischen Gegebenheiten; die schnelle Erschließung der Ostsee-Randländer ist darin begründet, daß die Ostsee ein ausgezeichneter Verkehrsweg ist.

Für das Vorgehen gegen Osten waren zwei geographische Erscheinungen von großer Bedeutung, die auch heute noch nachwirken:

1. Die Niederungen waren damals so stark versumpft, daß sie einerseits von den Deutschen gemieden werden mußten und daß sich in ihnen andererseits die Slawen besonders lange halten konnten; — wie die Niederungen damals ausgesehen haben mögen, kann man wohl heute noch im Spreewald studieren. Die Deutschen marschierten infolgedessen zwar nicht über die Gebirgskämme, aber auf den trockenen Gebirgsrändern; hier haben sie ihre „Hellwege" (Höhenwege) geschaffen; und da an diesen manches Städtchen entstand, das dann gestützt auf Holz und Holzkohle, Wasserfälle, Erze und Salze sich emporarbeitete, so ist auf den Gebirgsrändern eine besonders dichte gewerbefleißige Bevölkerung emporgewachsen. Später hat die Steinkohle diese Erscheinung auf gewissen Teilen des Gebirgsrandes weiter verstärkt; und hieraus ist es zu erklären, daß die Gebirgsränder auch ein so dichtes Eisenbahnnetz tragen, obwohl sie ihrer Natur nach für den Schienenweg nicht günstig sind. In den Niederungen konnte sich dagegen das wirtschaftliche Leben erst entfalten, nachdem sie entsumpft worden waren; erst dann entstanden in ihnen größere Städte und damit lebhaftere Verkehrsbedürfnisse. Von den heutigen Durchgangseisenbahnlinien folgen die wichtigsten der Tiefebene, dagegen nimmt ihre Bedeutung um so mehr ab, je höher sie auf dem Gebirgsrand liegen,

vgl. die Linie Hannover—Stendal—Berlin—Breslau

gegen die Linie Hannover—Leipzig—Dresden—Breslau,

oder die Linie Goslar—Vienenburg—Halberstadt

gegen die Linie Goslar—Harzburg—Ilsenburg—Halberstadt.

2. Die nach Osten marschierenden Männer hatten einen scharfen Blick für richtige Städtelagen. Sie wählten die Punkte für ihre Burgen und Städte sorgfältig danach aus, daß sie vier Forderungen entsprechen mußte:

α) Sie mußten geschützt sein gegen Gegenangriffe von Osten; den besten Schutz aber gewährten die Flüsse; demgemäß liegen die Städte in Schutzlage auf dem „deutschen" (westlichen) Ufer der Flüsse.

β) Sie mußten natürliche Sammelpunkte für die aus dem Etappengebiet heranführenden Straßen sein.

γ) Sie mußten aber auch gute Ausstrahlungspunkte für die in das Neuland vorzutreibenden Wege sein.

δ) Sie mußten gute Brückenstellen sein.

Die hiernach gegründeten Städte sind dann die maßgebenden „Brücken-orte" an den Strömen und ihren großen Nebenflüssen geworden; sie haben später auch die Eisenbahnlinien auf sich gezogen und manche solche Stadt ist zu einem großen Eisenbahnknotenpunkt aufgestiegen[1].

Aber die Deutschen zogen nicht nur über Land, sondern auch über das Meer, und zwar nicht so sehr über die Nord- als über die Ostsee. Die Ostsee überragte damals die Nordsee wirtschaftlich, politisch und verkehrstechnisch an Bedeutung. Allerdings hatte sich die sturmgepeitschte Nordsee ein Geschlecht kühner, gewandter und erfahrener Seeleute erzogen; aber die großen überseeischen Unternehmungen wurden zwar ursprünglich durch wirtschaftliche Not veranlaßt, es traten aber bei ihnen die wirtschaftlichen Fragen, besonders der Handel, stark zurück gegenüber dem Drang in die Ferne, der Abenteurerlust, dem Streben nach Landgewinn und Staatengründungen.

Die Normannen besetzten um 700 die Faröer, 874 Island, 986 Grönland, und um 1000 gelangten sie nach Westen bis Nordamerika und nach Norden bis zum Weißen Meer. Von der Ostsee aus drangen sie 862 in Rußland ein, das von ihnen (Rus) seinen Namen erhielt; schon 866 erschienen sie vor Byzanz (s. o.). England wurde von ihnen von 787, das Frankenreich von etwa 800 ab heimgesucht; 911 gründeten sie das Herzogtum der Normandie, von dem aus Wilhelm der Eroberer 1066 England eroberte. Um 1000 drangen sie ins Mittelmeer ein und gründeten auf Sizilien und in Unteritalien ihre Herrschaften, die dann auf die Hohenstaufen übergingen.

Zur wirtschaftlichen Betätigung waren damals aber die Gestade der Nordsee zu arm und die Schiffahrt bei den kleinen Schiffen zu gefährlich.

Dagegen war die Ostsee ein verhältnismäßig ruhigeres Meer, und ihre Randländer lieferten manche Güter, die in Nordwesteuropa (Flandern) und auch im Mittelmeerraum begehrt waren (Holz, Felle, Leder, Getreide, Fische, Salz, Wachs), und die breite Tiefebene mit ihren großen Strömen erleichterte den Verkehr bis weit ins Land hinein.

Trägerin des Handels, Verkehrs und des Fischfangs (und der deutschen Kultur) wurde die Hanse (Hansa) — vgl. Abb. 11. Sie war ursprünglich, von etwa 1200—1358 eine ziemlich lockere Vereinigung von Ausland-Kaufleuten (von Köln, Soest, Bremen usw.), die im Ausland gemeinsame Kontore hatten (z. B. den Stalhof in London) und sich gegenseitig unterstützten. Die Führung ging bald auf Lübeck über.

Lübeck hat, wenn man von dem Ostseeraum als einem machtvollen einheitlichen Verkehrsgebiet ausgeht und die regen Handelsbeziehungen zu Flandern (und England) berücksichtigt, eine ausgezeichnete verkehrsgeographische Lage: Es halbiert etwa den Gesamtweg von London nach Riga; es liegt in dem tiefsten Winkel der Ostsee, dort, wo diese am weitesten nach dem Elbe- und Wesergebiet, dem Niederrhein und Flandern vorstößt. An derselben Stelle führt aber auch eine besonders gute Landbrücke (über Fehmarn) von Deutschland nach den nordischen Ländern hinüber. Es liegt zwar nicht an der Elbe, aber es liegt Hamburg so nahe, daß der Landweg Lübeck—Hamburg dem weiten und gefährlichen, oft auch von Feinden bedrohten Seeweg um Skagen vorgezogen wurde. Außerdem wurde Lübeck schon 1398 durch den Stecknitzkanal mit der Elbe verbunden; diese erhielt hierdurch eine „zweite Mündung", nämlich zur Ostsee; über sie gingen das Getreide und Holz des Elbegebiets und das Salz und die Fässer (für die Konservierung und Verpackung der Heringe) von Lüneburg zur Ostsee. Der Stecknitzkanal gestattete nur Schiffen bis zu 37 t die Fahrt, also nur „Nachen"; er hatte noch keine richtigen „Kammerschleusen", sondern nur sog. „Kistenschleusen"; die Kammerschleuse wurde erst um 1480—1500 erfunden; er wurde später durch den Elbe-Trave-Kanal bzw. durch den Nordostseekanal ersetzt.

Lübeck zeigt einen stolzen Aufstieg und einen bedauerlichen Abstieg. Gegründet 1143, wurde es nach Zerstörung 1158 wieder aufgebaut, und zwar von dem vielverkannten, um die deutsche Kolonisation so hochverdienten, aber geächteten Heinrich dem Löwen. Von etwa 1250 ab stieg es zum Haupt der Hanse auf. Von klugen Kaufherren geleitet, erwarb es sich hohe Verdienste durch die Gründung deutscher Städte im Osten und durch die Unterstützung des Deutschen Ordens in Preußen. Es fiel mit der Hanse, mit der Verlagerung der

---

[1] Die wichtigste Stadt war damals Magdeburg; sie war der „Etappenhauptort", von dem aus die Wege der Kolonisation in den Sektor Magdeburg—Stettin—Danzig und Magdeburg—Halle—Prag (!)—Iglau—Pest (!) ausstrahlten. Von Königsberg bis Pest herrschte in den (Handels-) Städten Magdeburger Recht.

Verkehrswege, mit dem Aufstieg Hamburgs. Aber noch Napoleon I., dieser hervorragende „praktische Verkehrsgeograph", hat Lübeck so hoch eingeschätzt, daß er die Grenze des Kaisertums Frankreichs durch Niedersachsen derart zog, daß die uralte „Etappenstraße Karls des Großen" Osnabrück—Bremen—Hamburg—Lübeck nicht im Königreich Westfalen, sondern im Kaiserreich Frankreich verlief, daß also ein „Korridor" von Frankreich nach der Ostsee entstand; — wit kommen auf dies Streben Frankreichs, in das Rheingebiet und sogar über dieses hinaus vorzustoßen, noch zurück. — Im Eisenbahnzeitalter hat Lübeck stark unter der Kleinstaaterei gelitten; auf diese ist es wohl auch zurückzuführen, daß der Bau der „Fehmarnlinie" bisher unterblieben ist. Diese Linie würde die so reichen und dichtbevölkerten Industriegebiete Nordfrankreichs, Belgiens und des Niederrheins fast schnurgerade mit Kopenhagen und hierdurch mit den nordischen Reichen verbinden, und zwar mit einer nur 18 km-Fährstrecke (über den Fehmarn-Sund).

Abb. 11. Der Machtbereich der Hanse.

Nachdem die Hanse eine große räumliche Ausdehnung gewonnen und wichtige Vorrechte in den Randstaaten, Skandinavien, England und Flandern errungen hatte, wurde die Kaufmannshanse zu einer Städtehanse umgestaltet. Sie wurde damit auch äußerlich eine gewaltige politische Macht; aber sie blieb doch nur ein lockerer Bund von Städten, der sich vom politischen Leben des Deutschen Reichs bewußt fernhielt und scharf auf seine Aufgabe — Seeherrschaft in Nordeuropa und deutsche Kolonisation im Baltikum — konzentriete.

Neben Lübeck hatten Wisby auf Gotland und Nowgorod die größte Verkehrsbedeutung. Gotland ist durch seine Zentrallage in dem damals maßgebenden Teil der Ostsee ausgezeichnet, und Nowgorod war der große Umschlagpunkt für den Handel mit dem russischen Hinterland, es kamen hierhin aber auch orientalische Waren aus Byzanz auf dem Landwege.

Wisby war so reich, daß von ihm die Sage geht, hier hätten die Frauen auf goldenen Spinnrädern gesponnen, und von Nowgorod galt der Spruch: „Wer kann wider Gott und Groß-Nowgorod?"

Den Handel mit Norwegen vermittelte vor allem Bergen mit dem Kontor „Tyskebrüggen"; Einfuhrgüter waren Getreide, Wein, Südfrüchte, Gewürze, Ausfuhrgüter Holz und vor allem Fische (Stockfische), die damals im Mittelmeerraum wegen der vielen Fastentage guten Absatz fanden; die Rückfracht bestand u. a. in Wein; — bekanntlich trinkt man noch heute in den Küstenstädten der Nord- und Ostsee ausgezeichnete Bordeauxweine. In England war neben andern Orten vor allem London mit dem berühmten Stalhof (d. h. „Musterhof") der Sitz der Hanse; England hatte damals noch kaum eigene Industrie, es führte vielmehr Rohstoffe aus; Zinn, Häute und Wolle waren die Hauptausfuhrgüter. Am Atlantischen Ozean entlang gingen die Faktoreien der Hanse über La Rochelle und Bordeaux bis Lissabon.

Am wichtigsten war aber insgesamt der Handel mit Flandern, und zwar mit Brügge als Zentrum. Hier hatte sich vor allem die Textilindustrie, gestützt auf die englische Wolle, entfaltet; der Reichtum der hansischen Kaufleute stammte in erster Linie aus dem flandrischen Handel. Der Stadt Brügge gelang es auch, den von Venedig über das Rhonetal und die Messestädte der Champagne führenden großen Landweg auf das Meer (über Gibraltar) umzulegen und hierdurch zum Hauptstapelplatz für die italienischen und orientalischen Waren aufzusteigen. — Die höchste Blüte Brügges liegt im Anfang des 14. Jahrhunderts; vom verkehrsgeographischen Standpunkt fällt auf, daß Brügge keinen guten Naturhafen hat und nicht am Rhein liegt; es hat daher später mit aus diesen Gründen seine Stellung an Antwerpen, das mit dem Rhein gut verbunden ist, abtreten müssen.

Da sich nach Vorstehendem von etwa 1200 an südlich und nördlich der Alpen zwei starke Verkehrszonen herausbildeten, mußten sich naturgemäß zwischen beiden Verkehrsbeziehungen entwickeln. Diese folgten entweder dem Rhonetal, oder sie mußten über die Alpen geleitet werden. Die so wegsame Rhone-Saone-Furche lockte den Verkehr mächtig an und leitete ihn zunächst bis Burgund. Hier gabelte sich der Weg: Der eine führte durch die so tief eingeschnittene Burgundische Pforte in den großen oberrheinischen „Verkehrsgraben", von wo er über Mainz zum Niederrhein und über Frankfurt nach Mitteldeutschland weiterführt.

Dieser Verkehrzug entspricht heute der Eisenbahn von Marseille über Lyon—Straßburg nach Köln, Hannover—Hamburg und Leipzig—Berlin, die für den internationalen Verkehr so bedeutungsvoll sein könnte, wenn sie nicht durch die politischen Verhältnisse so gelähmt würde.

Der andere Weg ging nach Flandern—England (—Lübeck), also durch die Champagne, deren Städte zu berühmten Messen aufstiegen, später aber ihre Stellung an Lyon abtreten mußten, das zeitweilig eines der wichtigsten Geldzentren Europas wurde; man beachte hierzu, daß Lyon auch an dem Weg Marseille—Burgundische Pforte liegt; es war daher auch für die deutschen Kaufleute von großer Bedeutung, die später diesen Weg für den Verkehr nach Spanien und Portugal benutzten.

Der größere Teil des Verkehrs zwischen Italien und Deutschland ging aber über die Alpenpässe — Simplon, Splügen, Maloja-Julier, Reschenscheidegg, Brenner —, dagegen nicht über den Gotthard, der trotz seiner zentralen Lage infolge der Geländeschwierigkeiten (Urner Loch, Teufelsbrücke) erst spät (1707) eine fahrbare Straße erhielt[1]. Die Alpenstraßen riefen, da sie von Süd nach Nord verlaufen, am Austritt aus dem Gebirge Städtereihen hervor, die von West nach Ost verlaufen müssen; wir können sie in das Schema bringen: die Alpenstädte in der Schweiz und Tirol (Zürich, Chur, Konstanz, Landeck, Innsbruck), die sog. „Donaustädte", die man aber besser als „Städte des Alpenvorlands" bezeichnet (Ulm, Ingolstadt, Regensburg, Passau, dazu vor allem Augsburg, weiter im Osten Linz und Wien), und die Städte der Mainlinie (Frankfurt, Würzburg, Bayreuth und vor allem Nürnberg).

---

[1] Notdürftig fahrbar gemacht worden ist der Gotthard-Paß aber schon kurz vor 1231.

Augsburg, einst das „Haupt der Donaustädte", und Nürnberg, damals und heute eine der wichtigsten „Mainstädte", liegen beide nicht an „ihrem Hauptfluß", — ebenso wie Marseille nicht an der Rhone, Mailand nicht am Po, Zürich nicht am Rhein, Hannover nicht an der Weser, Berlin weder an der Elbe noch an der Oder liegt. — Hieraus kann man ableiten, daß man die Bedeutung der Flüsse für die Ausbildung beherrschender Verkehrsknotenpunkte nicht — durch Schematisieren — überschätzen darf. Der Fluß, auch der große Strom, ist eben nur eine Kraft. Wenn andere Kräfte (geographischer oder politischer, fördernder oder hindernder Art) hinzukommen, entsteht die „Hauptstadt", nämlich der maßgebende Knotenpunkt, unter Umständen nicht am Hauptfluß, sondern an einem Nebenfluß; — und für die sog. „Donaustädte" ist überhaupt nicht so sehr die Donau, sondern das Alpenvorland die maßgebende geographische Erscheinung.

Im Innern Deutschlands blühten besonders Köln auf, das neben Lübeck einst die größte Stadt Deutschlands — aber mit wahrscheinlich nur 70000 Einwohnern! — war; ferner Erfurt, durch Zentrallage und hohe Fruchtbarkeit seiner Umgebung ausgezeichnet; — in Erfurt sind die damaligen Straßenanlagen für den schweren Frachtwagenverkehr noch gut zu erkennen. Auch Leipzig begann damals aufzusteigen.

Alle diese führenden Städte waren aber nicht nur Handelsstädte, sondern sie pflegten auch die Gewerbe, namentlich das Kunstgewerbe, wovon heute noch das Germanische Museum in Nürnberg so beredt Kunde gibt, und sie waren Stätten der Kultur, der Kunst und der Wissenschaft, deren Ruhm heute noch die Patrizierhäuser und Dome künden. Außerdem blühte in Deutschland die Landwirtschaft, der Obst- und Weinbau, desgleichen der Bergbau und die Ausnutzung der Wasserkräfte. Wir dürfen nicht vergessen, daß in jener Zeit Deutschland in Technik, Industrie und Verkehr über England stand; — die Königin Elisabeth berief zur Erschließung des Bergbaus Bergleute aus dem Harz. — Über den Niedergang müssen wir noch berichten, aber hierzu müssen wir erst die großen Entdeckungen betrachten, durch die von 1500 ab das Weltbild umgestaltet wurde.

B. Der Weltverkehr unter dem Zeichen des Atlantischen Ozeans.

I. Das Zeitalter der Entdeckungen: Spanien und Portugal, 1492—1588.

a) Die maßgebenden geographischen Räume.

Um uns in das nun anhebende Zeitalter einzuführen, in dem der Atlantische Ozean (und später die Einheit der drei Ozeane) die Geschicke der Menschheit beherrscht, müssen wir zunächst zwei geographische Räume betrachten, nämlich den Atlantischen Ozean und die Pyrenäenhalbinsel.

1. Der Atlantische Ozean. Die Hauptkennzeichen des Atlantischen Ozeans sind seine geringe Breite in der West-Ost- und seine große Länge in der Nord-Süd-Richtung, ferner seine starke Gliederung und seine Bevorzugung durch den Verlauf der Hauptwasserscheide der Erde. Er ist ein nur 5000 km breiter, aber 20000 km langer Nord-Süd-Kanal, der an der Beringstraße beginnt, das Nördliche Eismeer umschließt und dann zwischen der Alten und der Neuen Welt bis zur Antarktis führt und hierdurch vier Kontinente miteinander verknüpft.

An verkehrsfeindlichen Faktoren sind nur zu nennen: Sein nordwestlicher Teil ist (außerhalb des Bereichs des Golfstroms) stark durch Eis behindert und gefährdet, — und zwar bis beinahe auf die Höhe von New York! Der ganze südliche Teil, der aber für den Verkehr keine große Rolle spielt, ist durch die hier besonders großen Eisberge gefährdet. Der vor Europa liegende Teil ist recht stürmisch, — aber dafür auch ein großer Erzieher tüchtiger Seeleute. Der ganze Süden liegt, ähnlich wie der Indische Ozean, zwischen den wenig gegliederten Landmassen der beiden Südkontinente, in denen noch dazu Wüste und Urwald in breiten Fronten an den Ozean herantreten; hier wirkt ferner die Inselarmut lähmend auf den Verkehr.

Die verkehrsfreundlichen Faktoren sind hauptsächlich auf den nördlichen Teil und hier vornehmlich auf der östlichen (europäischen) Seite vereinigt. Drei Mittelmeere, das europäische, das amerikanische und das Nördliche Eismeer stoßen hier tief in die Landmassen ein und (jetzt) bis in die beiden andern Ozeane durch. Von ihnen steht das Eismeer an Verkehrsbedeutung an dritter Stelle, es geht jetzt aber der Erschließung (durch See- und Luftfahrt) entgegen. Das unbedingt wichtigste Mittelmeer ist das europäische, es ist dem amerikanischen überlegen, weil es den Weg zu dem indischen und ostasiatischen Raum öffnet, während das amerikanische zur „Wasserwüste“ des Großen Ozeans führt; es ist ferner im einzelnen besser gegliedert und es hat ein durchschnittlich günstigeres Klima, da das amerikanische Mittelmeer so weit südlich liegt, daß sich schon der die Wirtschaft lähmende Einfluß der Tropen bemerkbar macht. Ferner ist Europa begünstigt, weil, wie aus Abb. 12 hervorgeht, der Golfstrom die

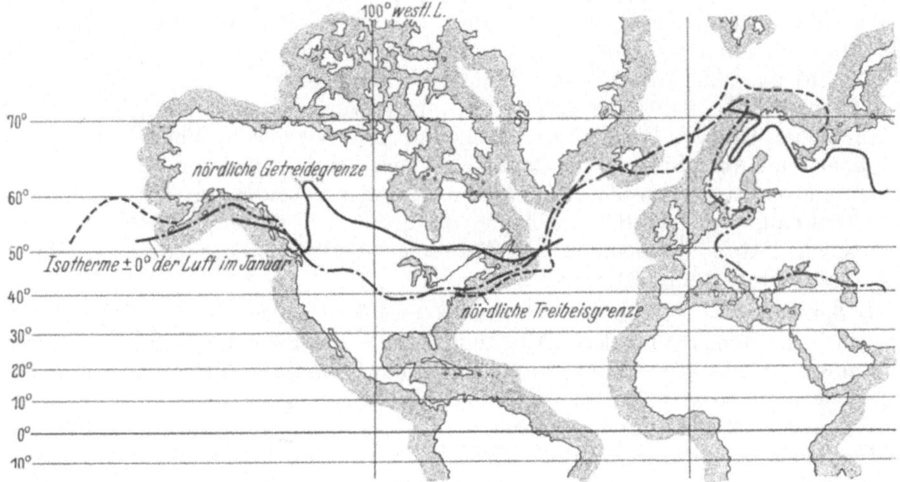

Abb. 12. Der nördliche Atlantische Ozean.

Randländer erwärmt, die Getreidegrenze nach Norden (bis zu 68° nördl. Br.!) schiebt und sogar noch die russische Murmanküste eisfrei hält, da er das Treibeis bis zu 73° nördl. Br. fernhält. Dagegen ist Nordamerika benachteiligt, weil der Labradorstrom die Randländer auskältet, die Getreidegrenze nach Süden schiebt [in Neufundland bis auf etwa 48° nördl. Br., also bis zur Breite unseres mit Obst und Wein gesegneten Oberrheins (!)], und weil er das Treibeis bis zum 41. Grad nördl. Br. [also bis beinahe New York (!)] nach Süden drückt. Infolge dieser Unterschiede sind auf der europäischen Seite die großen Meeresbuchten, Nord- und Ostsee usw., (fast) eisfrei, während der St.-Lorenz-Golf und die Hudson bai — der „Eiskeller“ Nordamerikas — durch Eis den Verkehr stark lähmen.

So oft auf diese gewaltigen Unterschiede im Klima Europas und des östlichen Nordamerika und auf die wirtschaftlichen und verkehrstechnischen Folgen hingewiesen wird, so sind sie doch immer noch zu wenig bekannt. Man muß sich aber bei allen Fragen der nordatlantischen Fahrt immer vor Augen halten, daß New York auf der Breite von Lissabon—Neapel—Konstantinopel liegt, daß es aber der nördlichste eisfreie Hafen Amerikas ist; — gerade hierauf beruht in erster Linie die verkehrsgeographische Stellung New Yorks; wir fahren vom Kanal nach New York nicht nach Westen, sondern nach West-Süd-West.

Da die Vereinigten Staaten südlicher als Europa liegen, nämlich in der Breite zwischen Wien und Kairo, ist es auch erklärlich, daß ihre Südstaaten nicht Gebiete des Getreides und des weißen Mannes, sondern der Baumwolle und des Schwarzen sind. — Nordamerika reicht mit der Südspitze von Florida beinahe an die Tropen heran; — aber es erfrieren dort infolge der so ungünstigen Klimaextreme nicht selten die Südfrüchtekulturen!

Man halte sich ferner immer vor Augen, daß Nordamerika südlich von Kap Hatteras keine guten Naturhäfen mehr hat, während Europa an allen Küsten durch vortreffliche Häfen ausgezeichnet ist.

Den beiden anderen Ozeanen gegenüber ist der Atlantische in einer ganz merkwürdigen Weise dadurch ausgezeichnet, daß die Hauptwasserscheide der Erde durchaus zum Vorteil des Atlantischen und zum Nachteil der beiden andern Ozeane verläuft. Alles Land auf Erden ist in zwei Hauptentwässerungsgebiete aufgeteilt: 53% entwässern zum Atlantischen und nur 25% zum Großen und Indischen Ozean zusammen, der Rest von 22% umfaßt die Gebiete ohne Abfluß zum Meer. Die acht größten Stromgebiete der Erde (Amazonas, Kongo, Mississippi, La Plata, Ob, Nil, Jenissei, Lena) gehören zum Atlantischen Ozean und leiten den vom Meer kommenden Verkehr tief in die Landmassen weiter. Sein verkehrsgeographischer Machtbereich geht aber noch über diese Gebiete hinaus: er greift nach Mesopotamien und von Suez und Kapstadt aus nach Ostafrika über, desgleichen von Panama aus nach der Westküste Amerikas, die entsprechenden Teile der andern Ozeane sind also eigentlich aus diesen losgelöst und zu „Ausläufern" des Atlantischen geworden.

Wirtschaftliche, politische und Verkehrsbedeutung der vom Atlantischen Ozean erschlossenen Gebiete hängen zum Teil von den skizzierten Verhältnissen, zum Teil aber auch von ihren Nutzpflanzen, Mineralien und Bewohnern ab. Auf den beiden nordatlantischen Küstengebieten stehen die beiden großen Werkstätten und Bankhäuser der Welt; hier liegen die größten Seehäfen, Werften, Handels- und Kriegsflotten, desgleichen die dichtesten Eisenbahnnetze und die Zentren des Nachrichten- und Luftverkehrs.

2. Spanien und Portugal. Von Land und Volk der Pyrenäenhalbinsel haben wir meistens recht falsche Vorstellungen; wir müssen aber ein etwas klareres Bild gewinnen, da wir es sonst nicht verstehen können, daß Spanien und Portugal dereinst so gewaltig in die Weltgeschichte eingegriffen haben, so schnell zu ungeheurer Macht emporgestiegen und dann so stark abgesunken sind. Drei falsche Ansichten sind es hauptsächlich, von denen wir befangen sind: wir überschätzen den maritimen Charakter des Landes, die Einheitlichkeit von Land und Volk und die seemännischen Eigenschaften des Volkes. Bei der Richtigstellung dieser Irrtümer sprechen wir am besten von Spanien, nehmen also Portugal mehr oder weniger aus, denn dieser Küstenstaat ist tatsächlich stärker und einheitlicher maritim als Spanien.

Spanien ist eine Halbinsel, und zwar (wie Vorderindien, s. o.) eine sehr „inselhafte"; aber daraus folgt noch nicht, daß in ihm in Land, Klima, Wirtschaft und Volk die meerischen Züge über die ländischen die Oberhand zu haben brauchen; Spanien ist vielmehr auch insofern mit Vorderindien zu vergleichen, als es stark kontinental gerichtet ist. Zunächst ist Spanien recht groß (800 mal 800 km!) und dabei wenig gegliedert, so daß also die Binnentransporte lang und daher teuer werden. Sodann ist Spanien ein Hochland; mit einer durchschnittlichen Höhe von 800 m (!) ist es eines der höchstgelegenen Staaten Europas, dessen Durchschnittshöhe nur $+300$ m beträgt. Die Flüsse müssen also starke Gefälle, insbesondere einen schnellenreichen Mittellauf, haben und können schon aus diesem Grunde keine guten Träger des Verkehrs sein; und die Eisenbahnen und Straßen müssen von den Häfen aus stark steigen, haben also hohe Betriebskosten. Das Hochland zeigt aber keine ebenen und milden Formen, sondern es ist von vielen großen Gebirgszügen durchsetzt, die schroff und zerklüftet und hierdurch nicht nur verkehrsfeindlich sind, sondern auch als starke Binnengrenzen wirken.

Diese ungünstigen Erscheinungen werden durch das Klima verschärft; Spanien zeigt hier den obenerwähnten für den Mittelmeerraum charakteristischen Unterschied zwischen dem genügend beregneten Außen- und dem unzureichend beregneten Innengebiet; das Binnengebiet wird hierdurch zu einem Land für extensive Landwirtschaft und Viehzucht; weite Gebiete sind Steppe (!), und die Bevölkerungsdichte ist daher niedrig, nämlich nur etwa 25 auf den Quadratkilometer (ganz Spanien nur 47). Das Klima setzt auch den Wert der Flüsse noch weiter herab, da die Wasserführung ungleichmäßig wird; schiffbar sind nur kurze Strecken der Unterläufe. Größer ist die Bedeutung der Flüsse für die künstliche Bewässerung, die unter der arabischen Herrschaft zu hoher Blüte entwickelt, später aber leider vernachlässigt worden ist. Dagegen zeigen die Außengebiete, also die Rand- oder Küstenlandschaften, hochentwickelten Gartenbau auf, Obst, Wein, Südfrüchte und Oliven, dazu Reis, Baumwolle und Zuckerrohr; — Spanien hat die größte Olivenölerzeugung der Welt! Aber auch diese dichtbesiedelten Küstengebiete sind noch nicht dazu berufen, einen starken eigenen Seeverkehr zu erwecken, desgleichen nicht die vielartigen Bodenschätze, namentlich die Erze, an denen Spanien so reich ist.

Die Bevölkerung Spaniens beträgt heute etwa 24 Millionen; für die Zeit der großen Entdeckungen wird sie auf 10 Millionen geschätzt; sie ist dann aber durch Abwanderung in die Kolonien, religiöse Unduldsamkeit, Kriege und Unfähigkeit der leitenden Kreise schnell auf 7 Millionen gesunken. Die Bevölkerung ist nach Rasse, Sprache, Charakter und Kultur nicht einheitlich; sie besteht vielmehr aus Basken, Katalanen, Gallegos, Kastiliern und Andalusiern; dazu kommen noch die Portugiesen und früher die Araber, die erst 1492 (!) vertrieben worden sind. In dieser Zerklüftung des Volkes, die noch durch die starken Binnengrenzen und die großen Unterschiede in der Volksdichte und dem Wohlstand (reiche Latifundienbarone und ärmste Pächter!) verschärft werden, hat von jeher ein starkes Schwächemoment gelegen, das auch in der Außen- und der Verkehrspolitik immer wieder zum Ausdruck gekommen ist.

Die größten Städte sind heute die Häfen Barcelona (980000 Einwohner), Valencia (320000), Malaga (190000) und die Binnenstädte Madrid (890000) und Sevilla (224000); — diese Zahlen sind aber wegen der furchtbaren Wunden, die der Bürgerkrieg dem unglücklichen Land geschlagen hat, mit Vorsicht aufzunehmen!

Portugal ist zwar viel kleiner als Spanien, aber völkisch, wirtschaftlich und verkehrsgeographisch stärker; denn seine Bevölkerung ist einheitlich, das Land gehört überwiegend zu einer Küsten-Klimaprovinz, die Höhenlage ist gering, die Flüsse sind, da es sich nur um die Unterläufe handelt, teilweise schiffbar, der Hafen Lissabon ist vortrefflich. Die Bevölkerung wird für 1500 zu etwa 2 Millionen angegeben; sie ist dann in 50 Jahren infolge der Pest und der eben angegebenen Ursachen auf die Hälfte gefallen (!), und sie beträgt heute etwa 6,7 Millionen, was rund 72 auf den Quadratkilometer ergibt; — größte Städte sind die beiden Häfen Lissabon mit 600000 und Porto mit 240000 Einwohnern.

Die Verkehrsbeziehungen zwischen Spanien und Portugal sind schwach, da die beiden Länder die gleichen Güter erzeugen, also nichts miteinander auszutauschen haben (Parallelerscheinung: Norwegen und Schweden). — Die Grenze zwischen den beiden Ländern ist stark, da sie an unwegsamen Flüssen und über menschenleere Hochländer verläuft.

Die allgemeine verkehrsgeographische Lage der Pyrenäenhalbinsel ist dadurch gekennzeichnet, daß sie der am meisten nach Südwesten vorgeschobene Landvorsprung Europas und Brücke nach Westafrika und Südamerika ist. Dieser Lage entspricht es nach früheren Ausführungen, daß hier kein Raum für Welthäfen im Sinne großen Güterumschlags ist, denn die Massengüter fahren an Spanien und Portugal vorbei in die tiefsten Winkel der Meeresbuchten, also nach Marseille, Genua und Triest, nach Kanal, Nord- und Ostsee. Als Landvorsprung ist die Halbinsel aber bedeutungsvoll für den Personen- und Nachrichtenverkehr und für den Verkehr in eilbedürftigen Gütern; seine Häfen, besonders Lissabon, sind daher als „vorgeschobene Häfen" für die Fahrt von Europa nach Süd- und Mittelamerika und Westafrika zu werten, ferner als Stützpunkte für den Kabel- und Luftverkehr; hierbei ist auch die Verstärkung der verkehrsgeographisch so günstigen Lage durch die vorgelagerten Inseln, namentlich die Azoren, zu beachten, die der natürliche Stützpunkt für den Verkehr nach Mittel- und Nordamerika sind.

Man darf für absehbare Zeit wohl auch mit einer durchgehenden Eisenbahn von Europa über Gibraltar und dann an der — leider wüstenhaften — Westküste Afrikas entlang nach Kap Verde zum „Absprung" nach Südamerika (Pernambuco) rechnen; im Rahmen dieser Linie ist die Untertunnelung der Meerenge von Gibraltar ein beliebter Tummelplatz der Verkehrsdilettanten.

b) Die Taten der Portugiesen.

Schon während der Kreuzzüge mußten die Mittelmeervölker erkennen, daß die Macht der Mohammedaner mit den damaligen Mitteln der Verkehrs- und Waffentechnik nicht gebrochen werden konnte, daß man sich also mit ihrem Monopol als Zwischenhändler abfinden müsse. Die Kaufleute aus Venedig, Genua, Pisa, zu denen dann auch Südfranzosen und Katalanen hinzukamen, nahmen also auf dieser Grundlage den Verkehr mit den Ungläubigen wieder auf, zumal die Mamelucken in Ägypten dem Verkehr freundlich gesinnt waren. Aber die Abhängigkeit in Zoll, Markt, Handelsgebräuchen und Preisen wurde immer drückender, und die politische und militärische Macht der Christen (Ritterorden) im Orient wurde immer schwächer; so verfiel man wieder auf die alte Politik, nach Umgehungswegen zu suchen.

Welche Wege standen zur Verfügung? Vom Norden wußte man infolge der innigen Beziehungen zwischen den Normannen, deren Macht damals ja vom Nordkap bis Sizilien reichte, daß dort oben ewiges Eis die Durchfahrt sperrte. Aber in der Mitte schien die Verbindung möglich zu sein; man wußte in Europa, daß hinter dem Reich des Islam ein gewaltiger Staat bestehe, der vom großen Dschingis Khan (1150—1227) gegründet, auf die mohammedanischen Staaten von Osten her drückte. Mit ihm suchte man Fühlung; 1244 war Jerusalem den Christen wieder abgenommen worden, 1245 wurde die Aufnahme von Beziehungen zu den Mongolen auf dem Konzil zu Lyon beschlossen, 1246 empfing der Großkhan in seiner Residenz Karakorum die Abgesandten des Papstes freundlich; Händler und Missionare folgten, denn die Mongolen waren verkehrsfreundlich und religiös duldsam; das Land war aufs beste verwaltet und befriedet; — „im Mongolenreich konnte eine Jungfrau mit einem Sack voll Gold allein von einem Ende des Reichs bis zum andern reiten, ohne daß ihr das geringste Leid geschah"; 1271—1295 machte Marco Polo seine großen Reisen.

Marco Polo wurde 1268 von seinem Vater zum Großkhan (Kubilai-Khan) mitgenommen, der ihn freundlich aufnahm und 17 Jahre in seinem Dienst hielt. Er lernte hierbei Persien, Turkestan, die Mongolei, China und auf der Rückreise Indien und Abessinien kennen; er war auch der erste Europäer, der von Japan (Zipangu) Kunde erhielt. Das Verkehrswesen des gewaltigen Reichs war ausgezeichnet entwickelt; von Peking führten die Straßen in die Provinzen; Poststationen (mit zusammen mehr als 200000 Pferden) besorgten den Verkehr; ein ausgezeichneter Eildienst war eingerichtet. Als Marco Polo 1295 nach Venedig zurückkehrte, brachte das Abendland seinen Berichten viel Zweifel entgegen, da man sich keinen Begriff von Millionenstädten und Millionen Golddukaten machen konnte; er erhielt daher den Spottnamen „Marco Milione". — Die von ihm diktierten Reiseberichte sind eines der wertvollsten Werke der Welt; seine Angaben haben sich später als vollkommen richtig erwiesen.

Im Jahre 1308 wurde in Peking ein Erzbistum eingerichtet; 1340 erschien ein Vorläufer des „Baedeker" für die Reise von Europa durch Asien nach Peking[1]. Aber 1368 brach das Mongolenreich zusammen; China wurde wieder frei und zog sich in seine frühere Abgeschlossenheit zurück; der Druck auf den Islam ließ nach, die Mohammedaner gewannen auch wieder in Persien die Oberhand; und für den abendländischen Kaufmann wurden die Tore nach Hochasien und Indien wieder zugeschlagen.

---

[1] Näheres siehe bei REIN, S. 46.

So blieb nur der Weg über den Süden: Von Afrika, das dieser Richtung im Wege lag, hatte man dunkle Kenntnis über einen Teil der Westküste, vielleicht auch über die Inseln (Madeira?), ferner den Sudan, aus dem große Karawanen (aber der Araber!) durch die Wüste kamen, sodann über den oberen Nil und Abessinien; und die Karten der Araber umfaßten die ostafrikanische Küste bis zur Delagoabay und Madagaskar! Im übrigen tappte man aber im Dunkeln, und selbst die Geographen, die alle anderen Greuelmärchen von sich wiesen, fürchteten mindestens, daß die Hitze des Südens ein zu großes Hindernis wäre.

Wie dem auch sei, — in Genua ist der Entschluß gereift, die Umseglung Afrikas zu wagen, um auf diesem Weg unter Umgehung der feindlichen mohammedanischen Welt nach Indien und zu den fernen, dem Handel und dem Christentum freundlichen mongolischen Staaten zu gelangen. Der erste Versuch wurde 1291 unternommen, er hat aber nur zur (Wieder-) Entdeckung der Kanarischen Inseln geführt.

Aufstieg Portugals zur Kolonialmacht.

1394—1460	Prinz Heinrich der Seefahrer (Hochmeister des Ordens zur Bekämpfung der Ungläubigen, d. h. der Mohammedaner).
1418	Beginn der Entdeckungsfahrten an der Westküste Afrikas, — Guinea, Madeira, Azoren erschlossen.
1440	Negersklavenhandel.
1471	Der Äquator überschritten.
1482	Die Goldküste dauernd besetzt.
1486	Diaz am Kap der Guten Hoffnung.
1493 u. 1494	Demarkationslinie zwischen dem spanischen und portugiesischen Kolonialreich (durch Papst Alexander VI. Borgia) festgelegt.
1498	Vasco da Gama erreicht Indien!
1510	Goa erobert.
1511	Malakka besetzt; Westeuropa stößt in den Großen Ozean vor!
1515	Ormus den Arabern entrissen; Westeuropa tritt das Erbe des mohammedanischen Zwischenhandels an!
1516	Kanton erreicht.
1517	Ceylon besetzt.
1524	Aden erobert; die Araber von Indien abgeschnitten.
1528	Die Molukken (Gewürzinseln) östlich Celebes besetzt.
1542	Japan erreicht.
1577	Macao gegründet.
1581	Portugal fällt an Spanien; Niedergang des Kolonialreichs, der aber schon um 1520 begonnen hatte.

Hierdurch hat aber Portugal den Anreiz erhalten, sich ebenfalls den Entdeckungsfahrten zuzuwenden. Es war schon vorher auf das Meer hingewiesen worden: Schon um 1080 hatte es mit Hilfe französischer und burgundischer Ritter den Kampf gegen die arabische Herrschaft aufgenommen, 1147 Lissabon erobert und 1251 seine heutigen Grenzen erreicht. Hiermit wurden seine Häfen, namentlich Lissabon, die gegebenen — islamfreien — Stützpunkte für den Handel der Italiener mit Flandern (s. o.), und hierdurch wurden die Portugiesen zur Seefahrt erzogen. Sie haben sich hierbei allerdings stark der Genuesen bedient; aber in Portugal ist dann schnell jener eigenartige Typ des wagemutigen, rücksichtslosen Eroberers herausgebildet worden, der eine Mischung von Ritter und Händler, von Abenteurer und Missionar ist, der gleichzeitig brutal und fromm ist, der die „Wilden" je nachdem totschlägt oder in die Sklaverei verkauft oder selber ausnutzt, aber sie auf jeden Fall zu Christen macht. Portugal war damals in seinen führenden Schichten ein „Land der Ritter", in denen die Nachkommen der früheren Völker, aufgekreuzt durch Westgoten und Araber, unter einer burgundischen Dynastie mit Hilfe germanischer Ritter im Kampf gegen die Ungläubigen ihre Ideale sahen. Aber von 1385 ab stieg der Einfluß der Bürger und Städter und damit der Kaufleute.

Es war nun ein Mann, der selber nie zu Entdeckungen ausgefahren ist, aber „Gehirn und Herz, Geist und Seele" der planmäßig durchgeführten Erforschung vorwärts an der Küste Afrikas geworden ist: Prinz Heinrich der Seefahrer (1394—1460). Er stellte den abenteuerlustigen Männern aber nicht nur die Aufgaben, sondern auch die reichen Geldmittel zur Verfügung, die zu den Fahrten notwendig waren.

Zuerst wurde Ceuta, die reichste Stadt des Islam in Mauretanien, 1415 genommen und hiermit die Straße von Gibraltar von der mohammedanischen Sperre befreit; — 1704 übernahm England das Wächteramt! Dann ging es von 1418 ab an der afrikanischen Westküste entlang; 1445 wurden Kap Verde, also hinter dem entsetzlichen Wüstengürtel das üppige tropische Afrika und die Neger erreicht; die Lehre von der Vernichtung allen Lebens durch die Sonne war zerstört; man konnte guten Mutes weitergehen. Mit dem weiteren Vorgehen wurde der Handel der mohammedanischen Karawanen, die von Tunis und Kairo nach Westafrika kamen, ausgeschaltet; reiche Gewinne wurden erzielt durch Gold, Elfenbein und namentlich durch Sklavenhandel und Menschenraub; es entwickelte sich der Typ des „Menschenjägers", — auf der Menschenjagd konnte man sogar den Ritterschlag erwerben! — Auf diesen Fahrten wurden die Portugiesen aber auch zu tüchtigen Seeleuten; sie verstanden es, mit Kompaß, Quadrant und Seekarten umzugehen; sie verbesserten die Schiffsformen und entwickelten die Segeltechnik; sie armierten ihre Schiffe außerdem mit Kanonen, (die im Landkrieg in Portugal erstmalig 1385 verwendet worden waren). — Kanonen und „Büchsen" werden in den Rechnungsbüchern deutscher Städte von 1346 ab erwähnt; Frankfurt besaß von 1348, Nürnberg von 1356 ab Geschütze.

Gestützt auf diese Fortschritte, gingen die weiteren Fahrten schnell vor sich: 1486 erreichte Diaz das Kap der Guten Hoffnung; 1497 läuft Vasco da Gama mit einer Flotte von vier Schiffen mit zusammen 150 Mann Besatzung aus, die eigens ausgerüstet worden war, um sich nicht von Spanien den Rang ablaufen zu lassen; 1498 wird Mozambique erreicht, eine arabische (!) Stadt mit Schiffen, die indische (!) Güter führen; es kommt zum ersten Kampf zwischen Abendland und Morgenland auf dem Indischen Ozean; die Segeltechnik und die Artillerie der Portugiesen siegen leicht über die schwerfälligen, manövrierunfähigen „Dschunken" der Araber; dann wird in Melinde ein arabischer Lotse genommen und mit dem Monsun segelnd in 23 Tagen Kalikut erreicht, 20. Mai 1498.

Der Seeweg nach Indien war gefunden.

Konnte er aber von dem kleinen Portugal gegen Araber, Spanier, Venetianer gehalten werden? Konnte man die Entdeckung auch ausnutzen? Den Handel mit Indien in Gang bringen und behaupten? Weiter vordringen nach Osten? Nach dem Goldenen Chersones (Malakka?) Nach China? Zu den Christen, die man im Fernen Osten vermutete?

Die Lösung dieser Aufgabe lag (neben der militärischen und kaufmännischen Seite) stark auf verkehrstechnischem Gebiet. Sie wurde durch folgende Maßnahmen gelöst:

Die führenden Kreise erkannten, daß man mit kleinen Mitteln und mit Sanftmut nichts erreichen werde; es mußten große Mittel eingesetzt und schnelle, wuchtige Schläge ausgeteilt werden; hierbei konnte man sich auf den Mut und die Zähigkeit der Männer, die Güte der Schiffe und der Armierung verlassen, zumal den Arabern gegenüber, die es mit ihren schlechten (mit Bast zusammengebundenen) Schiffen nur verstanden, vor dem Winde zu segeln.

Zuerst kam der „Ausbau und die Sicherung der Etappenstraße" von Lissabon bis Mombassa; hierbei mußten die arabischen Stützpunkte an der Ostküste Afrikas genommen und es mußten portugiesische angelegt werden. Dann mußte man sich in Vorderindien festsetzen, befestigte Faktoreien anlegen und hier den arabischen Händler ausschalten; aber zwei ostindische Reiche standen schon unter mohammedanischer Herrschaft, und in dem dritten, noch unabhängigen, saßen bereits 4000 maurische Kaufleute in der Hauptstadt! Dann mußte man die arabische Handelsflotte vernichten. Dann — und das war wohl das Schwerste — mußte man die südlichen Ausgänge des Roten Meers und des Persischen Golfs versiegeln. Schließlich mußte man Malakka nehmen, wo aber auch schon ein mohammedanischer Fürst regierte.

Aber das Werk gelang; man rüstete 1500 eine große Flotte aus (15 Schiffe mit 1500 Mann), und jedes Jahr folgte eine weitere Flotte; die besten Schiffe, Kanonen, Seeleute und Ritter waren gerade gut genug für das schwere Werk; 1507 begann die Blockade der direkten Wege zwischen Indien und dem Mittelmeer; 1510 wurde Goa erobert, 1511 war Malakka erreicht, und 1524 fiel Aden, das letzte Bollwerk des Islam am „Tor der Tränen"; — 1839 übernahm England hier das Wächteramt!

Das portugiesische Weltreich war um 1525 fest begründet. So wie man sich 1493 über die Teilung der Welt mit Spanien verglichen und sich vom Papst (übrigens dem berüchtigten Alexander Borgia) die Herrschaft über die eine Hälfte der Welt hatte erteilen lassen, so zog man nun aus ihr ungeheuren Gewinn. Man kann hier eigentlich nicht von einem Kolonialreich sprechen; das Reich bestand vielmehr — ähnlich wie bei den Phönikern und Venetianern (und Engländern?) — aus Reihen von befestigten Stützpunkten; es war ein „Seereich" in ausgesprochen „zerstreuter Lage" mit Lissabon als Ausgangs- und Goa als Mittelpunkt; alles zusammengehalten durch die Handels- und Kriegsflotte. Die wirtschaftliche Grundlage war fast ausschließlich der Handel, und zwar nur in höchstwertigen Gütern (und Sklaven), denn die Transportkosten waren bei diesen Fahrten (4—6 Monate zwischen Lissabon und Indien!) auf diesen kleinen Schiffen natürlich so hoch, daß sie nur für wertvolle Güter tragbar waren. Der Handel war mit Betrug und Übervorteilen verbunden, er war oft von Diebstahl und Raub nicht zu unterscheiden. Wo man den Plantagenbau pflegte, beruhte er auf Frohnarbeit der Eingeborenen; — ein System, an dem viel zu tadeln ist, das aber teilweise aus der geringen Volkskraft Portugals zu erklären ist.

Den europäischen Konkurrenten gegenüber behauptete sich Portugal mit den bekannten Mitteln der Aufrichtung eines Verkehrsmonopols und dessen Aufrechterhaltung durch eine überlegene Kriegsflotte. Selbstverständlich wurden alle Wege streng geheimgehalten; jede Mitteilung an Fremde wurde als Landesverrat geahndet; Greuelmärchen über die Gefahren sollten abschreckend wirken; fremde Schiffe wurden kurzerhand vernichtet.

Ungeheure Reichtümer strömten in Lissabon zusammen; das kleine Portugal wurde der finanziell stärkste Staat Europas; es beherrschte den Weltmarkt in den tropischen Erzeugnissen; es wurde der Stapelplatz der Waren, der Treffpunkt der Kaufleute, Ritter, Abenteurer aus ganz Europa. Übrigens versuchte es hierbei nicht, in den Handel der andern europäischen Nationen einzudringen; es war klug genug, ihnen den Handel von Lissabon über Europa hinüber zu überlassen; es begnügte sich mit dem Zwischenhandel zwischen Lissabon und der tropischen Welt.

Über den weiteren Aufstieg des Portugiesischen Reichs brauchen wir nicht zu berichten, weil wir daraus zur Erläuterung der Verkehrsfragen nichts Wesentliches entnehmen können. Dagegen sind einige Andeutungen über den Niedergang lehrreich:

Bei Portugal können wir wieder erkennen, daß ein kleines Küsten- (oder Insel-) Volk, gestützt auf Wagemut und überlegene Technik, zwar schnell aufsteigen kann, daß es dann aber bald an seiner zu geringen Volkskraft scheitert. Portugal ist von Kämpfen mit europäischen Mächten ziemlich verschont geblieben; jedenfalls ist es durch solche nicht empfindlich geschwächt worden. Aber die Volkskraft ist durch die tropischen Besitzungen verzehrt worden; denn das Leben in den Tropen verbrauchte die Menschen schnell, zumal damals die gesundheitlichen Verhältnisse viel schlechter waren als heute; die Europäer blieben nämlich an die tiefgelegenen fieberreichen Hafenstädte gefesselt und konnten sich nicht in gesunden Höhenstationen erholen, da hierzu alle verkehrstechnischen Voraussetzungen fehlten. Auch die Kunst der Ärzte gegenüber den Tropen- und Schiffskrankheiten (Skorbut) war noch nicht entwickelt. Zudem lebten diese rauhen Männer in den Tropen zumeist ein wüstes Leben, und der Alkohol wirkt bekanntlich in dem heißen Klima weit schlimmer als bei uns. Auch die Blutmischung mit den Eingeborenen hat sich ungünstig, stellenweise furchtbar ausgewirkt. Insgesamt haben die Tropen in Verbindung mit Krieg und Pest am Mark der heimischen Volkskraft so gezehrt, daß in der kurzen Zeit von 1500 bis 1550 die Bevölkerung von 2 Millionen auf 1 Million sank! — Und in der Heimat ist der ungeheure Reichtum auch nicht zum Segen ausgeschlagen; wieder einmal ist hier ein Volk an seinen Schätzen — man könnte heute sagen: an dem übermäßigen Horten von Gold — erstickt. — Als Portugal 1581 vorübergehend an Spanien fiel, war der Verfall seines Kolonialreichs schon besiegelt.

c) Die Taten der Spanier.

Vorbemerkung. Wir können uns bei der Darstellung des Aufstiegs und Niedergangs der spanischen Kolonialmacht kurz fassen, da wir vieles schon angegeben haben, vieles als bekannt voraussetzen dürfen und auf die spätere Entwicklung noch öfter zurückkommen müssen.

In den Jahrzehnten, in denen Portugal seine Entdeckungen planmäßig vorbereitete, konnte und wollte Spanien noch nicht an solche Aufgaben denken, denn es war noch bis 1492 durch seine Einigungs- und Befreiungskriege in Anspruch genommen. Immerhin beschäftigten sich führende Kreise des Hofes und der Geistlichkeit (ebenso wie in Portugal) mit den Gedanken der Wissenschaftler, namentlich des Florentiner Gelehrten Toscanelli, daß die Erde eine Kugel, und zwar eine kleine Kugel sei, und daß der Weg nach Indien daher in der Fahrt nach Westen kürzer sei als in der Ostfahrt, die ja durch den Koloß Afrika so verlängert werde. Die Portugiesen gaben ihre Bemühungen um die Westfahrt schließlich auf und wiesen auch den genuesischen Kapitän Kolumbus endgültig ab. Dieser ging dann nach Spanien und fand hier Gehör, nachdem endlich am 2. Januar 1492 Granada gefallen war. Im August 1492 segelte er mit drei Schiffen (Schiffchen) und zusammen 120 Mann ab.

Am 12. Oktober 1492 landeten die Spanier auf Guanahani; — Amerika war entdeckt.

Aufstieg Spaniens zur Kolonialmacht.

1086	Ernstlicher Beginn des Zurückdrängens der Araber. Aufstieg der christlichen Königreiche.
1469	Spanischer „Gesamtstaat" (Ferdinand und Isabella).
1492	Endgültige Vernichtung der mohammedanischen Herrschaft.
1492	Kolumbus entdeckt Amerika (Westindien).
1497	Das Festland von Nordamerika,
1498	das Festland von Südamerika,
1502	das Festland von Mittelamerika erreicht.
1513	Balbao entdeckt den Großen Ozean.
1519—1556	Kaiser Karl V., Herr von Spanien, Deutschland, Burgund, den Niederlanden und der Lombardei. Kämpfe gegen Frankreich, die Reformation und die Mohammedaner (in Nordafrika).
1519—1521	Cortez erobert Mexiko.
1519—1522	Erste Weltumseglung, — durch Magalhaes.
1532—1534	Pizarro erobert Peru.
1565—1573	Die Philippinen besetzt.
1556—1598	König Philipp II.
1571	Großer Sieg bei Lepanto über die türkische Flotte.
1564—1581	Abfall der Niederlande; Beginn des Niedergangs Spaniens.
1588	Die Armada vernichtet.

Daß Nordamerika schon rund 500 Jahre vorher von den Wikingern entdeckt worden ist, kann als geschichtlich gelten. Abb. 13 zeigt die verschiedenen Fahrten, die etwa seit dem Jahr 1000 ausgeführt worden sind.

Es besteht auch eine Vermutung, daß Brasilien schon 50 Jahre früher (jedenfalls vor 1457) von den Portugiesen entdeckt worden sei. Die Entdeckung sei aber nicht ausgenützt und geheimgehalten worden, weil das einzige große Ziel der östliche Weg nach Indien gewesen sei. Aus diesem Grund sei auch Kolumbus (1484) von Portugal abgewiesen worden. — ??

In schneller Folge wurde dann das Festland von Mittel-, Süd- und Nordamerika entdeckt und (1513) die Landenge von Panama überschritten, also der Große Ozean erreicht. Den kühnen, romantischen, aber auch mit Greueln beladenen Eroberungen von Mexiko (1519—1521) und Peru (1532—1534) folgten noch die Besetzung von Florida (1565) und Neumexiko (1581); aber die Spanier hatten nicht mehr die Kraft oder den Willen, diese Gebiete zu kolonisieren; sie wurden hier vielmehr von den germanischen Kolonisatoren in die Defensive gedrängt (s. u.). Von 1580 erfolgten aber noch Ausdehnungen der Besitzungen in den La-Plata-Ländern.

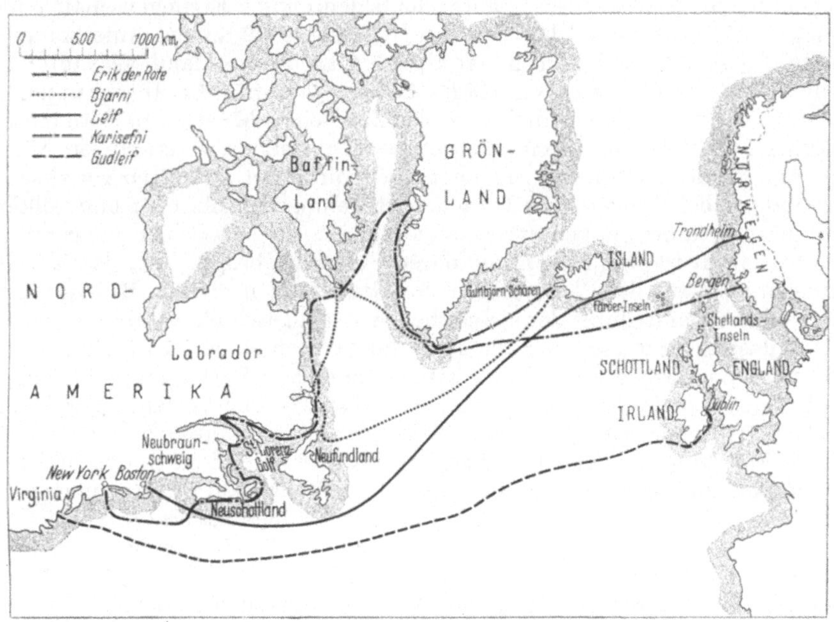

Abb. 13. Die Fahrten nach „Winland“.

In Spanien wurde Sevilla das Zentrum des Handels und Verkehrs mit den Kolonien und auch der Sitz der allgewaltigen Kolonialverwaltung, die die Erwerbungen bürokratisch regierte, die allzu üppig werdenden Kolonisatoren am Zügel hielt, das Monopolsystem in Handel, Verkehr und Industrie gegen die eigenen Bürger und besonders gegen alle Ausländer durchführte, mit der mächtigen Kirche zusammenarbeitete und die Abgaben für den — ach so geldbedürftigen! — Weltenherrscher eintrieb, der ohne Unterlaß Kriege führen mußte, um die Macht seines Hauses auszudehnen oder zu verteidigen. — Alle aus den Kolonien zurückkommenden Schiffe mußten nach Sevilla fahren, das hierdurch der große Stapelplatz für Kolonialwaren, Edelmetall und Kostbarkeiten wurde; und da die Kolonien außerdem allen ihren Bedarf an Fertigwaren nur aus dem Mutterland decken durften, so wurde Sevilla außerdem der Stapelplatz für die gewerblichen Erzeugnisse. Der Ruhm der Stadt begann aber zu verblassen, als Spanien um 1550 den Höhepunkt seiner Macht überschritten hatte, und als außerdem später der Guadalquivir versandete, so daß die Schiffahrt mehr und mehr nach Cadix abwanderte.

Ähnlich wie es vordem die führenden Handelsvölker getan hatten, so förderte auch Spanien die Exportindustrie, namentlich die Textilindustrie (auf Wolle und Seide) und das Kunstgewerbe, dazu den Weinbau, denn die Kolonisten hatten bei ihrem schwelgerischen Leben einen starken Bedarf an Wein, durften aber — in Überspannung des spanischen Merkantilsystems — selber keinen Weinbau treiben (!).

Da Spanien bei seiner geringen Volkszahl (10 Millionen?) und der agrarischen Einstellung eines großen Teiles des Volkes nicht in der Lage war, den Bedarf an kaufmännischen und gewerblichen Arbeitskräften und Seeleuten zu decken, die Ansprüche der Kolonien und des Verkehrs mit ihnen aber bevorzugt befriedigen mußten, um das Monopol hochzuhalten, so mußte es den Handel und Verkehr mit dem übrigen Europa den Ausländern, also den Kaufleuten der Hanse und der oberdeutschen Städte, Flanderns und der italienischen Stadtstaaten überlassen (s. u.).

Schon bald nach den ersten Entdeckungen hatte man die Erkenntnis gewonnen, daß Amerika doch nicht Indien sein könne, sondern ein selbständiger Kontinent, daß also die 1513 entdeckte „Südsee" ein selbständiger Ozean sein müsse. Da man diesen aber — wie früher den Atlantischen Ozean — für ziemlich schmal hielt, zog man den Schluß, daß man die 1511 von den Portugiesen über Indien erreichten Molukken durch die Westfahrt um Südamerika herum schneller erreichen könne. Diese Aufgabe löste im spanischen Dienst der Portugiese Magelhaes (Magellanus), der von 1519 bis 1522 die erste Weltumsegelung durchführte und hierdurch der spanischen Macht den Weg in die Südsee und zum Fernen Osten bahnte; die bedeutendste Errungenschaft bildeten die 1565—1573 eroberten Philippinen, die erst 1899 an die Amerikaner verlorengingen; — die Karolinen hat Spanien an Deutschland verkauft; heute sind diese die gegen Australien vorgeschobene japanische Inselgruppe.

Aber auch für Spanien schlug die stolze Zeit seines bis etwa 1550 anhaltenden gewaltigen Aufstiegs bald in eine Zeit eines langsamen, aber ständigen Niedergangs um. Welche Ursachen religiöser und politischer Art hierbei wirksam gewesen sind, ist bekannt; welche Ursachen verkehrsgeographischer und völkischer Art mitgewirkt haben, haben wir schon skizziert; wir haben hier daher nur noch die Kolonisationsmethoden und deren Folgen zu besprechen, da sie in ihren Wirkungen auch für den Weltverkehr der Gegenwart noch von Bedeutung sind.

Die übliche Darstellung der spanischen Kolonialgeschichte stellt den Spaniern recht ungünstige Zeugnisse aus; sie sieht nur Schlechtes und Törichtes, nur Ausplünderung und Habgier, nur Glaubensfanatismus und Verfolgung; sie sieht auch kaum Unterschiede in den portugiesischen und spanischen Verfahren. Wir sollten hier etwas kritischer sein[1]: Wir sollten doch wohl davon ausgehen, daß die spanische Kultur Süd- und Mittelamerika beherrscht und daß sie in den Südstaaten Nordamerikas und auch auf den Philippinen noch wirksam ist, was ohne positive Leistungen doch wohl kaum möglich wäre. Allerdings haben die Spanier weite Gebiete zwar besetzt, aber nicht kolonisiert; aber das ist wenigstens zum Teil ihrer geringen Volkskraft zugute zu halten; und denselben Vorwurf müßten sich heute die Engländer für Südafrika und Australien gefallen lassen! Es ist richtig, daß die Spanier auf Gebiete der gemäßigten Zone, wo der Weiße als Ackerbauer und Viehzüchter leben und sich fortpflanzen kann, keinen Wert gelegt haben, sondern daß sie nur die Tropen und Subtropen begehrten, die ihnen die hochbezahlten Gewürze usw. liefern sollten. Es ist auch richtig, daß sie auf schnellen Gewinn durch Handel mit den Eingeborenen den Hauptwert legten. Es ist auch richtig, daß die Behandlung der Eingeborenen teilweise ungeschickt und schlecht gewesen ist und daß der Staat der Kirche zu viele Rechte gegenüber den Eingeborenen eingeräumt hat. Aber wir möchten diesen Kritiken gegenüber folgende Punkte hervorheben:

Zum größeren Teil lagen die Gründe doch wohl nicht in den Kolonien und dem Verkehr mit diesen, sondern in Europa, nämlich in der Verkehrslage Spaniens (s. o.), in der Übermacht der Kirche, die ungeheure Reichtümer aufspeicherte und die Latifundienwirtschaft verstärkte, in der engen Verflechtung von Staat und Kirche, aus der die Unduldsamkeit oder vielmehr deren schädliche Folgen zu erklären sind, in den ewigen Kriegen in Europa, in den Überspannungen der Wirtschaftspolitik, durch die der Handel durch Zölle, die Industrie durch Steuern, der Verkehr durch Schikanen und Beschränkungen erdrosselt wurde, schließlich

---

[1] Vgl. Rein a. a. O. S. 137.

in der Überschätzung der Bedeutung der Edelmetalle, die ja doch durch den Handel nach Frankreich, Flandern, England, Italien entführt wurden; — „das Gold Amerikas hat Spanien arm gemacht", — Parallelerscheinung heute?

In den Kolonien selber haben die Spanier — trotz aller Fehler — zweifellos Großes geleistet; wir möchten aber folgende Punkte skizzieren, die den Niedergang mit verschuldet haben, aber in den meisten Darstellungen nicht genügend gewürdigt werden:

In jenen Zeiten von 1500 bis 1815, in denen Europa durch ständige Kriege so zerfleischt wurde, hatten die Kolonien noch weniger Ruhe; denn in Europa wurde durch die Friedensschlüsse doch wenigstens für einige Jahre Ruhe erzielt; aus diesem Frieden waren aber die Kolonien bis 1684 ausgeschlossen, denn „jenseits der Linie", d. h. auf allen Meeren und in allen Kolonien, durfte der Kampf weitergehen; dort herrschten nicht papierne Verträge, sondern die Gewalt und der Grundsatz: „Das Meer gehört dem Starken." Dort herrschten daher die staatlich konzessionierten, privilegierten und subventionierten Korsaren, Piraten und Räuber, die nur deswegen nicht als solche tituliert und bestraft wurden, weil sie ihr Geschäft im großen betrieben; sie begnügten sich auch nicht damit, Schiffe zu plündern, sondern gingen bald dazu über, Häfen und Städte zu überfallen; — die Kolonien haben hierunter natürlich schwer gelitten.

Das spanische Königtum setzte für die Kolonien eine straffe staatliche Verwaltung ein. Diese bemühte sich, gerecht (auch gegen die Eingeborenen) zu sein; aber die Zentralinstanz (in Sevilla) riß die Geschäfte immer mehr an sich, ließ den „Lokalbehörden" in den Kolonien zu wenig Selbständigkeit und Verantwortungsfreude, entschied zu viel „vom grünen Tisch" und mußte wohl auch unter dem Druck der ewig in der Klemme sitzenden Finanzminister zu viel aus den Kolonien, ihrem Handel und Verkehr herauspressen. Hierdurch entstand in den Kolonien eine ständig wachsende Mißstimmung gegen das Mutterland, namentlich in den Kreisen der Kreolen, also bei den reinblütigen Spaniern, die nun schon in Generationen im Ausland lebten, und als Reeder, Kaufherren, Plantagenbarone und Bergwerkbesitzer über große wirtschaftliche Macht verfügten und sich ständig von den Beamten und Priestern gegängelt, behindert, bevormundet und außerdem auch noch ausgepreßt sahen. Die Beamten und Offiziere wurden nämlich von Spanien immer nur auf wenige Jahre in eine Kolonie gesandt; sie sollten „objektiv" bleiben, formal juristisch korrekt „verwalten", sich aber von den wirtschaftenden Kreisen einschließlich der alteingesessenen reichen Familien auch gesellschaftlich fernhalten. Derartige Verfahren — die übrigens noch nicht ausgestorben sind — mußten natürlich Verbitterung auslösen. Außerdem wurde den Kreolen die freie Entfaltung der wirtschaftlichen Kräfte ihres neuen Vaterlandes erschwert und unter Umständen vollständig verboten, da es ja zum Merkantilsystem gehörte, daß die Kolonien nur Rohstoffe und Kolonialwaren gewinnen durften, sich aber der gewerblichen Tätigkeit zu enthalten hatten; außerdem hatten die Einwohner keine oder zu wenige Rechte bezüglich der Steuer- und Zollpolitik. In den spanischen Kolonien reifte die Verbitterung hiergegen aber doch langsamer als in den englischen in Nordamerika; hier dauerte es nur von 1600 bis 1760, bis sich die Kolonien vom Mutterland lossagten, in Mittel- und Südamerika immerhin von 1500 bis 1800, also rund doppelt so lang! — Darf man hieraus ein Werturteil über Kolonisationsfähigkeit ableiten?

II. Die Gründung der heutigen Kolonialreiche, 1560—1815.

a) Die Folgen der Entdeckungen für den Verkehr des übrigen Europa.

Wenn man so oft die Ansicht hört, daß unter den Auswirkungen der großen Entdeckungen die übrigen Verkehrsmächte (die Mohammedaner, Venetianer, Genuesen, die oberdeutschen Städte, die Hanse) sofort „zusammengebrochen" wären, so ist das nicht richtig; und bei einigem Nachdenken muß man sich doch selber darüber klar werden, daß eine derartige Wirkung allein schon aus verkehrswirtschaftlichen Gründen überhaupt nicht möglich gewesen ist, weil die Mengen von Waren, die aus den beiden Indien herbeigeschafft werden konnten, viel zu klein gewesen sind, als daß sie den Gesamtverkehr plötzlich in andere Bahnen hätten leiten können. Es konnte sich doch nur um sehr kleine Mengen höchstwertiger Waren handeln, die auf diesen kleinen Schiffen in monatelangen gefahrvollen Fahrten nach Lissabon und Sevilla gebracht wurden und dann von diesen so weit vorgeschobenen Umschlagstellen nach Europa hineintransportiert werden mußten. Es tritt uns hier die allgemeine Erscheinung gegenüber, daß der Laie den Fern- und Luxusverkehr gar zu gern überschätzt (vgl. die immer noch zu beobachtende Überschätzung der Luxuszüge in der Verkehrsgeographie). Aber damals schon waren die mittelwertigen Güter (Getreide, Fische, Felle, Häute, Leder, Wein, Öl, Wolle, Hanf, Flachs, Tuche, Kupfer, Zinn, Bronze und die unendliche Fülle der Fertigwaren) die für die Ausbildung und Bedeutung der Verkehrswege maßgebenden Handelswaren; und all dies wurde im europäischen Lebensraum (einschließlich des vorderen Orients und Rußlands) erzeugt, verarbeitet und verbraucht, hatte also mit den neuentdeckten Seewegen nichts zu tun. Auch die allgemeine wirtschaftliche Bedeutung des Zustroms von Kolonialwaren und Edelmetallen soll man nicht überschätzen, obwohl damals das „Geld", d. h. die finanzielle Macht der Staaten, eine so große Rolle zu spielen begann, denn es war die Zeit des aufdämmernden Merkantilismus, in der der Geldbedarf für die Ordnung und Verwaltung der sich bildenden Nationalstaaten, für die Beamten, die Heere und Flotten, den Ausbau der Verkehrsanlagen, den Aufbau eigener Industrien und vor allem für die unaufhörlichen Kriege immer größer wurden. — Die kleinen, aber so volk- und gewerbereichen Niederlande waren z. B. für Karl V. vom finanziellen Standpunkt aus wichtiger als die Neue Welt mit ihrem Gold und Silber!

Selbstverständlich haben Venedig und die andern italienischen Handels-Stadtstaaten darunter gelitten, daß der indische Warenstrom abebbte, als die Portugiesen den Persischen Golf und das Rote Meer versiegelten und die mohammedanischen Handelsschiffe vom Indischen Ozean vertrieben oder versenkten. Sie haben sich hiergegen auch gewehrt; sie haben den Herrschern Ägyptens Schiffe und Kanonen, Seeleute und Artilleristen zum Kampf gegen die Portugiesen gesandt; sie haben auch den Bau eines Suezkanals ernstlich erwogen; sie hatten jedoch mit beidem keinen Erfolg. Aber sie hätten diese Verluste doch wohl verschmerzen können; denn der östliche Mittelmeerraum war auch für sich so groß und so reich in Landwirtschaft und Industrie, daß der Zwischenhandel nach dem Atlantischen Ozean davon hätte leben können.

Auch bei den oberdeutschen Städten und der Hanse ist kein plötzlicher Niedergang festzustellen, obwohl im Donauraum verschärfend hinzutrat, daß der Handel mit dem Südosten um so mehr erlahmte, je mehr die Türken vorrückten (Ungarn erobert 1521, Wien belagert 1529). Abgesehen hiervon blieb aber der alte Verkehr erhalten; es waren nur Umstellungen bezüglich des Verkehrs mit dem ferneren Orient und Indien notwendig, da diese Waren nicht mehr über Ägypten—Venedig, sondern über Lissabon und Sevilla eingeführt wurden. Die deutschen Kaufleute haben dies richtig und rechtzeitig erkannt und hiernach ihre Maßnahmen getroffen: die Hanseaten bauten ihre Fahrten, die ja, wie oben erwähnt, schon früher bis Spanien gegangen waren, weiter aus, und die Oberdeutschen gingen nicht mehr nur nach Italien, sondern außerdem über den Rhein und die Niederlande oder über Lyon nach Spanien und Portugal. Sie gelangten hier schnell zu Ansehen und Privilegien und wußten durchaus die oben angedeutete Chance auszunutzen, daß die Portugiesen und Spanier durch ihren Überseehandel so stark in Anspruch genommen waren, daß sie den Handel mit dem europäischen

Hinterland nicht auch noch leisten konnten; auch in die Belieferung der spanischen Kolonien mit Industrieerzeugnissen konnten sie sich einschalten, da die spanische Exportindustrie die Ansprüche nicht befriedigen konnte. Allerdings hatten sie bei all diesen Geschäften viel unter Monopolbestrebungen, Schikanen, Steuern und Zöllen zu leiden; wie stark aber der Handel aufblühte, ergibt sich daraus, daß auf dem neuen Verkehrsweg Rhein—Rhone—Spanien der Knotenpunkt Lyon zu einem großen Stapel- und Messeplatz und insbesondere zu einem Geld-, Bank- und Börsenzentrum aufblühte, das auch in der Politik eine Rolle spielte; diese Blüte welkte erst um 1600 dahin, veranlaßt durch die Steuerschrauben der französischen Könige und die Verlagerung des Verkehrs nach Antwerpen und Amsterdam.

Die gewandten, kühnen und unternehmungslustigen deutschen Kaufleute begnügten sich aber nicht nur mit dem Zwischenhandel mit Sevilla und Lissabon, sondern sie stießen auch in planmäßiger, zäher Arbeit in die Überseegebiete selber vor; bekannt sind namentlich die Leistungen Behaims und Fahrten und Kolonisationsversuche der Welser in Venezuela, weniger bekannt ihre erste Fahrt (schon 1505) nach Vorderindien; — daß diese Unternehmungen keinen dauernden Erfolg hatten, ist nicht handels- oder verkehrspolitisch, sondern machtpolitisch zu erklären[1]. Welche wirtschaftliche Bedeutung die deutschen Kaufleute noch lange behielten, ist durch das Haus Fugger bezeugt, das die Wahl Karl V. zum Kaiser finanzierte und ihm später die großen Anleihen gewähren konnte, die er für seine politischen Pläne brauchte. Die Fugger waren die Bankiers des Kaisers und des Papstes, der weltlichen und geistlichen Fürsten, sie waren wie die anderen großen deutschen Häuser Zoll- und Steuerpächter, Großindustrielle und Bergwerkbesitzer; als solche gewannen sie insbesondere Kupfer, Silber- und Quecksilber — in Siebenbürgen, Ungarn, Schlesien, Böhmen, Kärnten, Tirol, England und Spanien!

Es hat damals selbstverständlich auch schon manchen „Projektemacher" gegeben, vom gutgläubigen Dilettanten bis zum abgefeimten Betrüger. Über einen Herrn Dr. Becher wird z. B. berichtet:

„Er hatte in Wien ein großes Kaufhaus und etliche theoretische Systeme aus dem Boden gestampft. Er war ein überzeugter Anhänger des Merkantilismus, und sein ‚Politischer Diskurs' zählt heute noch zu den wichtigsten Lehrbüchern dieser ökonomischen Richtung. Er war Gelehrter, Kaufmann, Ingenieur und Scharlatan und das getreue Abbild einer wirren, aber zukunftträchtigen Zeit.

Kolonien und überseeischer Handel, — das waren Axiome des merkantilistischen Glaubensbekenntnisses. Und deshalb witterte dieser projektenfreudige Dr. Becher Morgenluft. Er sammelte Nachrichten, knüpfte Kreuz- und Querverbindungen an und griff dann mutig in das langsam ratternde Getriebe der deutschen Kolonialpläne ein. Verschiedene Versuche im Dienste Leopolds I. und des Kurfürsten von Bayern schlugen fehl. Und da er mit den Großmächten kein Glück zu haben schien, befreundete er den winzigen Potentaten Grafen von Hanau mit seinen weltumspannenden Absichten. Er fand bei diesem deutschen Duodezfürsten, dessen Finanzen dem Zusammenbruche nahe waren, ein geneigtes Ohr und wurde sogleich als Gräflicher Geheimrat und Gesandter mit einem Gefolge von vier Kavalieren und mit prächtigen Geschenken aus der Hanauer Kunstkammer nach Amsterdam geschickt, um mit den ‚Herren Generalstaaten' über die Gründung einer hanauischen Überseekolonie zu verhandeln.

Mit der Ostindischen Kompanie war kein Geschäft zu machen, aber mit den Gewindhebbers der Westindischen Kompanie kam Becher schnell zum heißersehnten Ziele. Hanau erhielt im nördlichen Südamerika, im heutigen Guayana, 30 Meilen ‚wilde feste Küste' und 100 Meilen ‚in die Tiefe', also rund 3000 Quadratmeilen, zum erblichen Lehen und mit allen Souveränitätsrechten. Bezahlung forderten die Holländer nicht, aber der Graf mußte sich verpflichten, die ‚wilde Küste' in zwölf Jahren zu bebauen, die Kompanie mit einem hohen Hundertsatze an seinem künftigen Steuergewinne zu beteiligen, seinen gesamten europäischen Handel über niederländische Häfen zu leiten und dort die üblichen Umschlagzölle

---

[1] Über die Tätigkeit der Deutschen in Venezuela ist viel Ungünstiges berichtet worden, namentlich über die schlechte Behandlung der Eingeborenen. Diese ungünstigen Urteile sind auf einen verlogenen Bericht zurückzuführen, aus dem die Geschichtsschreiber 400 Jahre lang kritiklos abgeschrieben haben!

zu entrichten; zudem beanspruchte die Kompanie das Monopol auf die Einfuhr von Sklaven in das gräfliche Gebiet. Was sich die schlauen Amsterdamer dachten, als sie diesen Vertrag entwarfen, ist klar: der deutsche Michel sollte in dem noch unerschlossenen Lande die Schmutzarbeit bewältigen, um dann die Kompanie den merkantilen Rahm abschöpfen zu lassen. Was sich der Graf und sein Geheimrat dachten, und woher sie das Geld zur Verwirklichung ihrer ‚souveränen Rechte‘ nehmen wollten, ist um so rätselhafter.‘‘

Der Niedergang des deutschen Handels ist nicht auf die Verlagerung der Verkehrswege zurückzuführen; dieser war der deutsche Kaufmann, Bankier und Industrielle vielmehr schnell Herr geworden; der Niedergang ist vielmehr eine Folge der Ohnmacht des Deutschen Reichs, das seine Machtmittel in Italien und in anderem Hader vertan hatte und in jämmerliche Kleinstaaterei verfallen war. Die politischen Gewalten konnten den deutschen Kaufmann nicht schützen, als fremde Staaten gegen ihn vorgingen, als 1598 Elisabeth den Stalhof in London schließen ließ, als das erstarkende Schweden den Verkehr mit Rußland unterband, als Dänemark die Sundzölle erhöhte. So mancher Potentat hat sogar mit dem Ausland gegen den deutschen Kaufmann „Kippe gemacht“; — und dieser elende Zustand dauerte noch bis in das Eisenbahnzeitalter hinein! Und dann kam der Dreißigjährige Krieg, der nicht nur den deutschen Wohlstand vernichtete, und die Bevölkerung dezimierte, sondern auch die Mündungen der deutschen Ströme zu fremder Gewalten Gefangenen machte.

Ein weiterer Grund für den Niedergang des deutschen Handels und Gewerbes wird im allgemeinen übersehen: Als Frankreich zu erstarken begann und sich dann unter Colbert (1661—1683) ausgesprochen zum Merkantilismus bekannte, suchte es seine eigene Industrie dadurch zu unterstützen, daß es die Einfuhr ausländischer Fertigwaren durch Verbote und Zölle erschwerte; hierdurch haben namentlich die süddeutschen Industrieorte schwer gelitten. Ferner ist es Frankreich unter der Regierung des Sonnenkönigs (1643—1715) gelungen, sich zum Zentrum der Mode und des feinen Lebensgenusses aufzuschwingen; und seitdem strömen die französischen Mode-, Luxus- und Galanteriewaren, Parfümerien und kunstgewerblichen Gegenstände nach Deutschland hinein und lassen unsere Gewerbe nicht aufkommen, obwohl wir manches billiger, besser und geschmackvoller liefern können.

Die Hauptgründe für die großen Veränderungen, mit denen wir uns nun beschäftigen müssen, liegen überhaupt auf politischem Gebiet: Es vollzog sich nämlich in Europa eine Verlagerung der politischen und religiösen, der wirtschaftlichen und kulturellen Kräfte und hiermit der verkehrspolitischen Kraftzentren. Bisher hatte die Weltpolitik im Problem Kaiser und Papst geangelt und hiermit das Schwergewicht im Raum Rhein—Oberitalien—Rom gelegen; aber diese beiden Kräfte hatten sich in den langen Kämpfen zerrieben und aufgelöst, das Reich war regional zerfallen, und von der Römischen Kirche hatten sich viele Glieder abgesondert. Dagegen waren neue Kräfte aufgestiegen, und zwar nicht nur Spanien und Portugal, sondern auch die jungen Nationalstaaten Frankreich, in dem Ludwig XI. (1461—83) die Vasallen, darunter auch Karl den Kühnen (gefallen 1477) bezwungen hatte, ferner England (Heinrich VII. 1485—1509); und auch die Niederlande sind hier wegen ihrer verkehrsgeographischen Lage, starken Bevölkerung, wirtschaftlichen Macht und großen Flotte zu nennen. Und diese Mächte waren nicht mehr solche des Mittelmeers, sondern des Atlantischen Ozeans, des Weltmeers. Europa wandte sein Gesicht und seine Politik; hatte es bisher nach Osten und dem näheren Orient geschaut, so schaute es nun nach Westen, hinaus auf den freien Ozean und über diesen hinüber nach fremden Welten; hatte es vorher räumlich in Stadtstaaten, Grafschaften und Herzogtümern gedacht, so begann es nun, in König- und Weltreichen, in Ozeanen und Kontinenten zu denken; hatte vordem trotz aller maritimen Einschläge das Kontinentale in Politik und Wirtschaft und auch im Verkehr vorgeherrscht, so begann jetzt die Zeit ozeanischer Vorherrschaft. Diese Umstellung vollzog sich in einem Teil der Staaten ohne große innere Kämpfe; dort nämlich, wo schon rein geographisch das Maritime überwog, namentlich in England und den Niederlanden, mußte sie schnell und ziemlich kampflos vor sich gehen; dagegen mußte es in Deutschland und Frankreich zu längeren Auseinandersetzungen kommen. Wenn man nun bedenkt, daß sich das alles im Zeitalter der Reformation abspielte, so ist man vielleicht berechtigt, folgenden Zusammenhang anzudeuten, der meiner Ansicht nach mindestens für Frankreich mitbestimmend gewesen ist: das Königtum und der größere Teil des Volkes verharrte konservativ bei der katholischen Kirche und der binnenländischen Wirtschaft; in den Seeprovinzen aber regte sich das alte normannische Blut, hier drängte man auf das Meer hinaus, hier sagte man sich von den alten Bindungen an Rom los; die Hochburg der Hugenotten war die Seefestung La Rochelle, ihr Führer war der Admiral Coligny, und in der sonstigen Führung waren die altnormannischen und bretonischen Geschlechter stark vertreten. — Und später hat die französische Wirtschaftspolitik oft zwischen der mehr binnenländischen und der mehr überseeischen Richtung hin und her geschwankt.

b) Die Gründung der Kolonialreiche.

Vorbemerkung. Die Zeit von 1550 bis 1815 ist derart durch Kriege gekennzeichnet, daß die Entwicklung des Verkehrs, der Aufbau der Kolonialreiche und die sonstige Umgestaltung der wirtschaftlichen Verhältnisse vollkommen mit der Politik verflochten ist. Eine eingehendere Darstellung würde also zu einer Erörterung der Staats- und Wirtschaftsgeschichte führen, und zwar von mindestens vier Ländern (Niederlande, Frankreich, England und Deutschland); das kann aber nicht im Sinne unseres Werkes liegen. Andrerseits kann die Kenntnis der maßgebenden geschichtlichen Vorgänge bei unsern Lesern als bekannt vorausgesetzt werden; wir beschränken uns daher auf einen allgemeinen Überblick und fügen drei Geschichtstabellen bei, die die Entwicklung der Kolonialreiche der Niederlande, Frankreichs und Englands beleuchten; — was über andere Länder (Deutschland, Rußland, Italien, Nord- und Südamerika, China und Japan) für die Zeit von 1588 bis 1815 gesagt werden muß, kann im nächsten Abschnitt nachgeholt werden.

Man kann sich mit einiger gewissen Einseitigkeit vorstellen, daß die Weltgeschichte von 1500 bis in die Gegenwart hinein vornehmlich von zwei Faktoren beherrscht worden ist, nämlich

von dem Kampf des französischen Königtums gegen das Haus Habsburg, der von etwa 1650 ab zu einem ständigen Kampf Frankreichs gegen Deutschland wurde, und

von dem zielsicheren Streben Englands nach der Weltherrschaft und seiner Politik der „Balance of powers".

Hierbei führte das katholische Frankreich den Kampf gegen Deutschland zuerst vornehmlich mit dem Mittel, die deutschen evangelischen Fürsten gegen das katholische Kaisertum auszuspielen; dies wirkte sich, abgesehen von der wirtschaftlichen Schwächung Deutschlands, gerade für den Verkehr dadurch besonders ungünstig aus, daß die Kleinstaaterei immer schlimmer wurde; infolgedessen konnte sich der Verkehr auch dann nicht recht entwickeln, als nach 1815 Frankreich zurückgewiesen war. Vielmehr wirkte noch im Eisenbahnzeitalter, und zwar bis 1866—1871—1918—1939 (!!) die Politik Frankreichs und das Testament Richelieus nach: Deutschland blieb politisch zerstückelt; es konnte keine einheitliche Verkehrspolitik des deutschen Lebensraums getrieben werden; es konnte kein einheitliches deutsches Eisenbahnnetz geschaffen werden; es konnte auch kein planmäßiger Anschluß an die Nachbarstaaten hergestellt werden. Das Streben Frankreichs, Deutschland durch Beibehalten der Kleinstaaterei allgemein schwach zu halten, wirkt sich verkehrspolitisch noch dadurch besonders verhängnisvoll aus, daß Frankreich außerdem ständig gegen

den Rhein vordrängt, um den einheitlichen Verkehrsraum der Rhein-
lande zerstückelt zu erhalten.

Für die Politik Englands bildete sich in dieser Zeit die Richtlinie heraus,
ein auf Seeherrschaft gegründetes Weltreich zu schaffen, das jeder anderen
See- und Kolonialmacht überlegen sein mußte. Zu diesem Zweck mußte man

die besten Kolonialgebiete der Erde erwerben, also nötigenfalls den bisherigen
europäischen Besitzern abnehmen;

eine große Exportindustrie aufbauen, und zwar ausschließlich im Mutterland,
dagegen nicht in den Kolonien; — diese Politik erwies sich später als falsch;

die größte Handelsflotte der Welt unterhalten;

die größte und beste Kriegsmarine aufbauen und dauernd erhalten, und zwar
nicht nur Kriegsschiffe, sondern auch Kriegshäfen, Stützpunkte (Kohlen- und Öl-
stationen, Docks, Werften);

die Versorgungsbasis (für Nahrung, Kleidung, industrielle Rohstoffe, Brennstoffe) zuverlässig auszugestalten;

alle „Etappenstraßen" in eigene Gewalt bringen, und zwar durch Besetzung
der strategisch maßgebenden Punkte (vgl. Gibraltar, Malta, Cypern, Ägypten,
Ceylon, Singapore), evtl. auch durch Einsetzen von schwachen Staaten als
„Torwächtern" für die kritischen Punkte (Niederlande, Spanien, Portugal,
Türkei, Ägypten);

sich für bestimmte wirtschaftliche und strategische Faktoren und wichtige
Verkehrsanlagen das finanzielle Übergewicht sichern (Ölfelder, Suezkanal);

die Kabel beherrschen und die für die Erschließung und Beherrschung der
Länder notwendigen Eisenbahnen bauen.

Diese großen Aufgaben, bei denen der Verkehr offensichtlich eine entscheidende Rolle spielt, stellten aber an die völkische und wirtschaftliche Kraft des
Landes so hohe Anforderungen, daß man daneben unmöglich noch ein großes
Landheer unterhalten konnte. Zum Schutz des eigenen Landes brauchte man
dies auch nicht, da man sich auf seiner Insel sicher fühlte, und die Armee wurde
daher nur so weit ausgebaut, als die Besetzung der Kolonien (namentlich Indiens)
und die Kolonialkriege dies erforderten. Im übrigen stützte man sich aber auf
die Kriegsflotte und hielt für sie den „Zwei-Mächte-Standpunkt" aufrecht, nämlich den Grundsatz, daß die englische Flotte mindestens den beiden
nächst-stärkeren Flotten zusammen ebenbürtig sein müsse. Des weiteren stellte
man sich bewußt auf die Übersee-Politik ein, sorgte aber immer für die „Balance
of powers" in Europa, indem man grundsätzlich den stärksten (bzw. den am
meisten gefürchteten) festländischen Staat durch eine Koalition mit anderen Staaten niederrang; so wurde Spanien mit holländischer, Holland mit
französischer, Frankreich mit deutscher Hilfe, schließlich Deutschland mit Hilfe
der ganzen Welt niedergerungen. — Ein Grundzug der englischen Politik scheint
auch der zu sein, daß man lieber mit „silbernen Kugeln" als mit dem eigenen
teuren Blut kämpft.

Von welchen Zeitpunkten an sich die großen Staatsmänner, an denen England so reich war, zu diesen Grundsätzen bekannt haben, wird schwer festzustellen sein, denn über solche Dinge „spricht man nicht"; die Anfänge sind
jedenfalls schon in dem Zeitalter Elisaßeths (1558—1603) zu erkennen, das ja
überhaupt für die ganze Entwicklung grundlegend gewesen ist; folgerichtig
durchgeführt können wir fast alles bei Cromwell (1642) und mindestens nach
der „glorreichen Revolution" (1688) beobachten. Hierbei spielt es keine
Rolle, daß Zeiten einer zielbewußten, nach aufwärts gehenden Politik durch
Zeiten einer schwächlichen, schwankenden Politik unterbrochen worden sind;
man darf nämlich sie schweren innerpolitischen Kämpfe nicht übersehen.

Von charakteristischen Kennzeichen der kolonialen Entwicklung möchten
wir noch hervorheben:

α) In der Gesamtpolitik sinkt allmählich die Bedeutung der Religion, während die der Wirtschaft (Industrie) und des Verkehrs steigt. Auch die Missionstätigkeit wird gedämpft; man läßt die Eingeborenen mehr „nach ihrer Façon selig werden"; man wird insgesamt toleranter, namentlich gegen die Anhänger Mohammeds, Brahmas und Buddhas; auch die katholischen Staaten (Frankreich, Italien) stellen sich entsprechend um; Wirtschaft und Verkehr können hierdurch nur gewinnen.

β) Der Wert der Eingeborenen als des wichtigsten wirtschaftlichen Gutes der Kolonien wird erkannt; die Vernichtung der Indianer in Nordamerika dürfte das letzte große Verbrechen des weißen Mannes an den anderen Völkern gewesen sein; — dieses Verbrechen hat sich übrigens in Verbindung mit der Einfuhr von Negern furchtbar gerächt; es war also auch eine „ganz große Dummheit". Heute ist die Sorge für die Eingeborenen einer der wichtigsten Grundsätze der Kolonialpolitik.

γ) Die Wirtschaftspolitik steht unter dem Zeichen des Merkantilismus. Er beeinflußt aber nicht nur die innere, sondern auch stark die Außenpolitik. Der Verkehrsentwicklung ist er zweifellos günstig, da er dem Ausbau des Verkehrswesens größte Aufmerksamkeit widmet und zu diesem Zweck — und aus anderen Gründen (Festungsbau, Artillerie, Städtebau, Maschinenwesen) — auch die Technischen Wissenschaften fördert (Gründung der ersten „Technischen Hochschule", Paris 1671).

Die Übertreibungen des Merkantilismus führen aber — in Verbindung mit den politischen und religiösen Bedrückungen — zur Auflehnung. Im Zeitalter der „Aufklärung" setzen sich die freiheitlichen wirtschaftlichen Lehren der Physiokraten durch.

δ) Das ganze Zeitalter (von der „Renaissance" ab) zeigt einen gewaltigen Aufstieg der Wissenschaften. Schon die großen Entdeckungen waren ja wissenschaftlich (von Mathematikern, Astronomen, Geographen) vorbereitet. Mathematik, Astronomie, Geodäsie, Geographie und dann auch Geologie, Physik und Chemie erlebten einen glänzenden Aufschwung; hierauf wurde dann von etwa 1740 ab die sog. „moderne Technik" aufgebaut, die dann von 1800 ab unser ganzes Leben und nicht zuletzt den Verkehr umgestaltet hat.

Die erste Macht, die sich gegen Portugal und dann auch gegen Spanien durchsetzen konnte, waren die **Niederlande.** Als „Burgundische Erbschaft" fielen sie 1482 an das Haus Habsburg und umfaßten dann von 1543 ab vom heutigen Nordfrankreich noch die Grafschaften Artois und Hennegau, außerdem Luxemburg. Zentrum des weitreichenden Handels war Brügge (s. o.). Unter Karl V. wurden sie ein Glied des habsburgischen Weltreichs, und zwar dessen reichstes „Kronland".

Jetzt stieg besonders Antwerpen auf. Schon 1315 in die Hanse aufgenommen, hatte es sich gegen Brügge im englischen Handel (in Wolle und Tuchen) durchgesetzt und konnte nun Brügge um so mehr den Rang ablaufen, als es über den Rhein als Schiffahrtstraße weit nach Deutschland hinein verfügte. Um 1550 war Antwerpen die reichste Handelsstadt Europas und gleichzeitig ein großes Kulturzentrum mit der berühmten Malerschule. Der Niedergang Antwerpens kam, als sich das Land gegen die Bedrückungen durch die Spanier 1564 erhob und sich in schweren, bis 1581 währenden Kämpfen seine Freiheit eroberte. Der Niedergang Antwerpens hat sich auch für die deutschen Städte bis hinauf nach Augsburg und die großen deutschen Handelshäuser böse ausgewirkt.

Nach dem Ausscheiden der südlichen Provinzen, die etwa dem heutigen Belgien entsprechen, ging die Vorherrschaft im Handel auf die Provinz Holland und Amsterdam über. Es folgte (trotz innerer Wirren und äußerer Angriffe) eine Blütezeit in Industrie, Handel und vor allem kolonialer Tätigkeit.

Der Aufbau des niederländischen Kolonialreichs.

1482   Die Niederlande, einschließlich Belgien, Artois, Hennegau, Luxemburg, kommen als burgundische Erbschaft an das Haus Habsburg.

1519—1566   Kaiser Karl V. Aufblühen der Niederlande, Verlagerung des Verkehrszentrums aus Spanien nach der Rheinmündung.

um 1550   Höchste Blüte Antwerpens.

1555   Die Niederlande fallen an Spanien.

1566—1579   Die nördlichen Provinzen erkämpfen ihre Freiheit. Aufstieg Amsterdams.

1585   Antwerpen wieder spanisch, — Niedergang (bis 1839).

1588   „Republik der Niederlande." Die wallonischen Provinzen bleiben bei Spanien.

1602—1798   Ostindische Kompanie. Begründung des niederländischen Kolonialreichs, — Molukken, Java, Sumatra, Celebes, Malakka, Ceylon, Kapland. Batavia Hauptstadt.

1618—1648   Die Niederlande halten sich dem Dreißigjährigen Krieg fern und werden das reichste Land der Welt.

1621   Westindische Kompanie (Brasilien).

1637   Monopol des Handels mit Japan.

1648   Die Niederlande vollständig selbständig und auf dem Gipfel ihrer Macht.

1652   Der Wendepunkt! Beginn des Kampfes Englands (Cromwells) gegen die See- und Kolonialherrschaft der Niederlande. Die Navigationsakte Cromwells.

1652—1654 ⎫
1664—1667 ⎭   Kriege Englands gegen die Niederlande.

1668—1678   Frankreich beginnt seine Eroberungskriege gegen die Niederlande, wird aber zurückgeworfen.

1688   Wilhelm III. von Oranien als König nach England berufen. — Bündnis mit England; weitere Abwehrkämpfe gegen Frankreich, — 1713. Allmähliches Absinken der Macht.

1780—1784   Krieg gegen England.

1786—1815   Die Niederlande unter dem Einfluß der Französischen Revolution und Napoleons. Ende der niederländischen Seemacht! (Kapland und Ceylon verloren.)

ab 1850   Wiederaufstieg, — nicht zuletzt durch planmäßigen Ausbau der neuzeitlichen Verkehrsmittel.

Den Angriffen der Spanier hielt man im Bündnis mit England stand, die hier unter Elisabeth jene große Richtung der Außenpolitik einschlugen, immer die stärkste Macht des Kontinents — damals also Spanien — mit Hilfe anderer Kontinentalmächte zu Boden zu ringen. Die Vernichtung der Armada (s. u.) gab den Holländern 1588 die Hände frei.

Sie gründeten nun 1602 nach dem Vorbild der schon 1600 gegründeten Englischen Ostindischen Kompanie (s. u.) die Holländische Ostindische Kompanie, die das heutige Niederländische Kolonialreich schuf und erst 1798 nach schwerer Verschuldung aufgelöst wurde. Die Holländische Westindische Kompanie (gegründet 1621) hat keine große Bedeutung erlangt.

Die Handelskompanien waren ursprünglich Gesellschaften von Kaufleuten, die nach entfernten Ländern, namentlich den Kolonien, Handel trieben, aber das große Risiko der langen, gefährlichen Schiffahrt, der unsicheren Zahlung, der langen Zahlungstermine, der feindlichen Bedrohung und des Seeraubs, der teuren Ausstattung der Schiffe mit Artillerie nicht allein tragen konnten und sich daher zusammenschlossen. Eine besondere Begünstigung durch den Staat brauchte aber noch nicht in Erscheinung zu treten. Bald aber stattete der Staat die Kompanien mit besonderen Vorrechten aus, und zwar mit Vorrechten wirtschaftlicher Art (Monopolen, Privilegien), aber auch mit solchen politischer (staatsrechtlicher, polizeilicher) Art. Sie erhielten für gewisse Gebiete regelrecht staatliche Hoheitsrechte übertragen: sie durften Krieg führen, hatten den militärischen Schutz zu gewähren, erhielten die Gerichtshoheit, mußten zu diesem Zweck militärische Machtmittel unterhalten, durften Festungen anlegen, durften Münzen schlagen und Zölle erheben usw., — kurzum, sie waren den Fremden gegenüber „die Staatsgewalt". Für das Mutterland hatten sie namentlich bei der Kolonisation die hohe Bedeutung, daß sie von der Elastizität der Privatunternehmung Gebrauch machen konnten und nicht die vielen (außen- und innenpolitischen) Rücksichten zu nehmen brauchten, denen der Staat nun einmal unterworfen ist; — wir werden uns mit ähnlichen Fragen noch bei dem Problem Staats- oder Privatbetrieb der Verkehrsanstalten zu beschäftigen haben.

Indem die Kompanien dem Staat mindestens die „Pionierarbeit" abnahmen, mehrfach aber ganze Reiche eroberten, haben sie Großes geleistet, namentlich für Holland und England. Auch Frankreich, Dänemark, Schweden, Österreich und Preußen haben „Kompanien" gegründet, aber mit wenig Erfolg; in Preußen haben der Große Kurfürst 1682 und Friedrich der Große 1745 Versuche unternommen; von ihnen ist aber nichts übriggeblieben als das Staatliche Bankinstitut der sog. „Seehandlung". Bei einzelnen Kompanien sind nach anfänglicher Blüte später böse politische und Finanzskandale vorgekommen.

Da es den Niederlanden gelang, sich aus dem Elend des Dreißigjährigen Kriegs herauszuhalten und da sie 1648 ihre vollständige Unabhängigkeit zu erringen wußten, so waren sie um 1650 in Industrie, Handel, Verkehr und Finanzkraft die erste Weltmacht, ihre Flotte die leistungsfähigste und ihre Seeleute die besten. Um 1670 soll die Weltflotte 3000000 t stark gewesen sein, von denen 900000 auf Holland, 500000 auf England, 250000 auf die Hanse und Skandinavien, 250000 auf Spanien und Portugal zu rechnen sind.

Es war also die Zeit erfüllet, daß England eingreifen mußte, um diese Vormacht zu brechen[1]. Es geschah durch Cromwell (s. u.), der 1652 mittels der Navigationsakte den ersten Schlag gegen Holland führte. Sie besagten in der Hauptsache:

Waren aus Asien, Afrika und Amerika dürfen nach England nur auf Schiffen eingeführt werden, die englischen Untertanen gehören und hauptsächlich mit solchen bemannt sind;

Waren aus europäischen Ländern dürfen nach England nur eingeführt werden auf englischen Schiffen oder auf Schiffen des Ursprungslandes;

die englischen Schiffe dürfen diese Waren aber nur aus Häfen des Ursprungslandes, nicht aber aus holländischen holen.

Die Holländer konnten diesen schweren Schlag gegen ihren Zwischenhandel und ihre Flotte nicht kampflos hinnehmen. Es kam zu Kriegen; aber trotz glänzender Seesiege (Ruyter, Tromp) ging die Macht Hollands immer mehr herab. Sobald England aber seine Überlegenheit erkämpft und fest begründet hatte, hat es die schwach gewordenen Niederlande gegen die Raubgier der Franzosen dauernd geschützt, denn England will an seiner von Boulogne bis Borkum reichenden Gegenküste keinen mächtigen Staat dulden; in dem wirtschaftlich, verkehrsgeographisch und strategisch so wichtigen Rheinmündungsgebiet können nur schwache „Torwächter" geduldet werden; — Antwerpen ist nach einem Wort Napoleons die „auf das Herz Englands gerichtete Pistole". Folgerichtig hat England diese Politik gegen Ludwig XIV., Napoleon I. und auch 1830 verfolgt, und im Mai 1939 haben englische Offiziere den Hafen Antwerpen durch Sprengungen schwer geschädigt, die militärisch sinnlos waren!!

Frankreich war unter Ludwig XI. (1461—1483) ein Nationalstaat geworden; 1515 konnte es seinen großen Kampf gegen Habsburg beginnen; und etwa von 1600 an konnte es — trotz der Hugenottenkriege (1562—1629) — seine Kolonialpolitik einleiten. Die Bestrebungen richteten sich zunächst auf Kanada, wo trotz großer politischer und klimatischer Schwierigkeiten über das ganze Gebiet der Großen Seen und hiermit bis zum Mississippi vorgestoßen wurde. Gleichzeitig wurde in Europa von Richelieu, Ludwig XIV., Mazarin und Colbert die politische und wirtschaftliche Macht Frankreichs trotz aller Rückschläge erweitert, so daß um 1680 der Höhepunkt erreicht wurde. Dann griff England ein und führte von 1688 bis 1815 jenen gigantischen Kampf, der so manches Mal auf des Messers Schneide stand und schließlich für Frankreich mit dem Verlust aller Kolonien in Nordamerika und der meisten in Ostindien endete. — In Kanada hat sich Frankreich aber als Kulturmacht gut behauptet! — Seit 1830 hat sich die französische Kolonialpolitik Afrika, seit 1858 auch Hinterindien zugewandt.

---

[1] Damals schrieb ein Engländer: „An den Küsten Großbritanniens ist der reichste Fischfang, aber der größte Fischhandel ist in Holland; die reichsten Korn-, Salz- und Weinernten sind in Polen, Spanien und Frankreich, aber der Handel damit geschieht in Holland. Deutschland hat herrliche Wälder, England Blei, Zinn, Wolle und Tücher, aber ihr Markt ist eben wieder Holland, mit einem Worte, wir sind alle dienstbar der großen Vorratskammer an der Amstel und Maas, die wir mit unseren Tributen gefüllt haben."

Der Aufbau des französischen Kolonialreichs.

1461—1483	Ludwig XI., Bildung des Nationalstaats.
1515—1547	Franz I., Beginn des großen Kampfes Frankreichs gegen Habsburg.
1562—1629	Die Hugenottenkriege; nicht nur religiöse, sondern auch wirtschaftliche Gegensätze! Zerrüttung des Landes.
1589—1610	Heinrich IV. Wiederaufstieg. Kanada besetzt, — Anfänge des Kolonialreichs.
1610—1643	Ludwig XIII.
1624—1642	Richelieu.
1628	La Rochelle, die Hochburg der Hugenotten, fällt.
1635—1648	Teilnahme am Dreißigjährigen Krieg.
1643—1715	Ludwig XIV. Begründung der Vorherrschaft Frankreichs in Mode und Luxus, Aufbau der entsprechenden Industrie und des Fremdenverkehrs, — bis heute stark nachwirkend!
1643—1661	Mazarin.
1661—1683	Colbert, schärfster und erfolgreichster Vertreter des Merkantilismus in Frankreich; Pflege des Verkehrswesens, der Industrie und des Städtebaus, desgleichen der Technischen Wissenschaften. Ausbau des Kolonialreichs, — Kanada, Louisiana, Westindien, Senegambien. Schwere Schädigung Deutschlands durch Kriege, Reunionen, Zölle, Einfuhrverbote.
1678	Frankreich auf dem Gipfel seiner Macht.
1683	Beginn des Abstiegs.
1688—1815	Englands Kampf gegen Frankreich.
1692	Die französische Flotte bei La Hogue vernichtend geschlagen.
1715—1774	Ludwig XV. Kolonialaktienskandal Laws.
1756—1763	Siebenjähriger Krieg, — Kanada, Louisiana, viele ostindische Kolonien verloren. Im Innern: Willkür, Verschwendung, Maitressenwirtschaft. Die „Aufklärung" beginnt, — auch auf wirtschaftlichem Gebiet; die „Physiokraten", — Überwindung der Überspannungen des Merkantilismus.
1774—1793	Ludwig XVI. Revolution. Massenheere, allgemeine Wehrpflicht; Umgestaltung der Taktik im Landkrieg. Vernichtung des Marineoffizierskorps, hierdurch schwerste Schädigung der Seemacht.
1798	Napoleons Expedition nach Ägypten.
1803	Das westliche Louisiana an USA. verkauft. Haiti durch Aufstand verloren.
1804—1815	Napoleon I. Kaiser; — verzweifelter Kampf gegen den „Erbfeind" England.
1805	Trafalgar!
1806	Kontinentalsperre.
1812	Napoleon scheitert in Rußland am „großen Raum".
1815	Belle Alliance! Die englische Weltherrschaft ist endgültig begründet.

Weitere Daten nach 1815:

1830	Beginn der Eroberung Algeriens (bis 1847).
1840	Frankreich schaltet sich in Syrien und Ägypten ein.
1852	Napoleon III. Kaiser.
1856—1860	Krieg gegen China, Vertraghäfen.
1858—1862	Annam erobert.
1861—1867	Das mexikanische Abenteuer.
1869	Der Suezkanal vom Franzosen Lesseps geschaffen, — der bei den vorausgehenden politischen Kämpfen von seiner Base, der Kaiserin Eugenie, erfolgreich unterstützt wurde.
ab 1875	Starker Verkehrsausbau im Landesinnern.
ab 1879	Schaffung des zusammenhängenden westafrikanischen Kolonialreichs; neuzeitlicher Verkehrsausbau dieses riesigen Gebietes.
1881	Tunis, 1884 Madagaskar besetzt.
1892/93	Der Panamaskandal!

England war in den stolzen Zeiten der Hanse ein für Handel und Verkehr vergleichsweise unbedeutendes Land; noch ohne eigene Industrie führte es die gewonnenen Rohstoffe, namentlich Wolle aus; der Handel lag hauptsächlich bei den Hanseaten und Niederländern. Bis 1485 wurde das Land außerdem durch den Bürgerkrieg zerrissen; erst von da ab konnte es — nunmehr als Nationalstaat, aber noch ohne Schottland — aufsteigen. Heinrich VIII. vollzog 1533 die Trennung von der Römischen Kirche.

Die Gründung des englischen Weltreichs.

1455—1485	„Krieg der Rosen"; — 30jähriger Bürgerkrieg.
1485—1509	Heinrich VII. ⎫
1509—1547	Heinrich VIII. ⎬ Englands Stellung stärkt sich.
1533	Trennung von der Römischen Kirche.
1558—1603	Königin Elisabeth.

Der Grundstein zum Aufstieg.

Kampf gegen Spanien (zuerst nur durch Freibeuter), Unterstützung der Niederlande.

1564	Freibrief für die Merchant Adventures.
1577—1581	Drakes Weltumseglung.
1584	Kolonie Virginien.
1588	Die Armada vernichtet.
1598	Der Stalhof der Hanse in London geschlossen.
1600	Die Englische Ostindische Kompanie gegründet.

Die merkantilistische Politik fördert die Kriegsmarine, die Kolonien, den Handel und die Industrie; — aber:

der Großgrundbesitz geht vom Ackerbau zur Schafzucht über und schädigt hierdurch schwer die Landwirtschaft und die Bauern; starke Auswanderung nach USA.

1603—1688	Die Stuarts auf dem Thron, — und die Revolution.

Innere Schwierigkeiten; wenig Aktivität nach außen.

1642—53—58	Oliver Cromwell.
1649	Irland niedergeschlagen und wirtschaftlich planmäßig ausgeblutet; starke Auswanderung nach USA.
1651	Navigationsakte, — gegen Holland!
1655	Jamaika erobert.
1674	Die Niederlande endgültig so geschwächt, daß sie von nun ab als ungefährliche Macht von England gestützt werden.
1688	Die „Glorreiche Revolution".

Wilhelm III. von Oranien König.

Die entscheidenden Kämpfe gegen Frankreich beginnen. Einbruch in das Mittelmeer.

Hauptziel der englischen Politik: die Erhaltung des „europäischen Gleichgewichts", d. h. eines in sich zerrissenen, wirtschaftlich und politisch schwachen Europas.

1704	Gibraltar besetzt.
1714	Neufundland, Neuenglandstaaten, Hudsonbailänder gewonnen.
1740—1748	Neuer Krieg gegen Frankreich.
1757—1761	Pitt der Ältere.
1757—1763	Siebenjähriger Krieg.

Schwere Niederlage Frankreichs und Spaniens. Kanada, Louisiana (östlich des Mississippi), Florida, große Gebiete in Ostindien gewonnen.

1776—1783	Nordamerikanischer Freiheitskrieg.

Trotzdem starker wirtschaftlicher Aufschwung durch die Industrialisierung. Die großen technischen Erfindungen:

Verwendung des Koks zur Eisenverhüttung,

Maschinelle Spinnerei und Weberei,

Dampfmaschine.

Überwindung des Merkantilismus, Sieg der Physiokraten.

1783—1806	Pitt der Jüngere.
1788	Australien besetzt.
1793—1815	Krieg gegen die Französische Revolution und Napoleon.
1798	Seesieg bei Abukir, — ägyptische Expedition Napoleons gescheitert.
1805	Trafalgar.
1807	Die dänische Flotte genommen.
1814	Malta besetzt.
1815	Belle Alliance.

Dann wurde im Zeitalter Elisabeths (1558—1603) der Grundstein zum heutigen Britischen Weltreich gelegt: die Industrie und der Bergbau wurden entwickelt; die Auslandkaufleute, die „Merchant Adventures" erhielten die notwendigen Privilegien und staatlichen Hilfen; die Kolonialpolitik wurde (in Virginien) eingeleitet; die Ostindische Kompanie wurde gegründet; der Handel der anderen Seemächte wurde durch konzessionierte Seeräuber geschädigt; von ihnen führte Drake die erste kriegerische Weltumseglung durch; die Kriegsmarine wurde aufgebaut. Als man fertig war, wurde mit holländischer Hilfe gegen die stärkste Macht, Spanien, losgeschlagen; — mit der Vernichtung der Armada 1588 war der erste Höhepunkt erreicht.

Die Kämpfe der Armada sind auch für den Schiffbau und die Verkehrstechnik von Bedeutung. In ihnen zeigte sich, daß die Holländer und Engländer die Segeltechnik besser entwickelt hatten als die Spanier; diese scheinen überhaupt den Anforderungen, die die rauhen Verhältnisse des Kanals und der Nordsee stellen, nicht gewachsen gewesen zu sein; mit die größten Verluste sind nicht im Gefecht, sondern durch Stürme entstanden, als die geschlagene Flotte sich durch die Nordsee um Schottland herum zurückzog. Für den Schiffbau ist der Kampf bedeutungsvoll, weil die Engländer der Artillerie die Hauptaufgabe übertrugen. Während bisher trotz der Geschütze immer noch das Rammen, Entern und der Nahkampf eine große Rolle gespielt hatten, suchten die Engländer die Entscheidung durch die Schiffsartillerie. — Übrigens war der eigentliche Führer der englischen Flotte der Weltumsegler Drake; er hat auch das Verdienst, die Verteidigung des Inselreichs in offensiver Form durchgeführt zu haben.

Wie die anderen Mächte bekannte sich auch England zum Merkantilismus; dies führte in der äußeren Politik zu manchen Verwicklungen und in deren Verlauf auch zur Schließung des Stalhofs der Hanse, und in der inneren Politik zu der verhängnisvollen Erscheinung, daß die Großgrundbesitzer von dem weniger lohnend werdenden Ackerbau zu der lohnenderen Schafzucht übergingen, so daß die Bauern verelendeten und in großen Mengen (nach Amerika) auswanderten.

Unter Olliver Cromwell begannen dann 1651 die Wirtschaftskämpfe und Kriege gegen die Niederlande, die den Engländern viele wichtige Stützpunkte und die Übermacht zur See einbrachten. Daraufhin wurden von 1688 bis 1815 die entscheidenden Kämpfe gegen Frankreich durchgeführt.

Aber schon um 1750 stand England so gefestigt und in Industrie, Handel und Verkehr so überragend da, daß es nun, gestützt auf Rohstoffe, Verkehrslage, Arbeiterschaft und technische Intelligenz, mit Vorrang vor allen anderen Völkern die großen technischen Erfindungen ausnutzen konnte, die in dieser Zeit das Leben der sog. Kulturstaaten zu revolutionieren begannen; es waren namentlich die Verwendung der Steinkohle (des Koks) zur Eisenerzverhüttung, die Einführung der Maschinen in die Spinnerei und Weberei und die Erfindung der Dampfmaschine. Der Vorsprung, den England in dieser Zeit — unter Überwindung des Merkantilismus und unter großen sozialen Schwierigkeiten — erlangte, wurde vor allem nach den Freiheitskriegen fühlbar, als die ausgebluteten und technisch rückständigen Staaten des Kontinents mit den billigen englischen Industriewaren überschwemmt wurden und infolgedessen unter schwerer Arbeitslosigkeit zu leiden begannen. — Im Britischen Weltreich traten die schädlichen Folgen erst später zutage; zunächst sah man nämlich nur den äußeren Glanz aber nicht die soziale Rückständigkeit.

In der Zeit des gewaltigen Aufstiegs der britischen Weltmacht hat diese nur einen schweren Rückschlag erlitten, nämlich die Losreißung der nordamerikanischen Kolonien. Veranlaßt wurde sie durch die oben schon angedeutete zu starke Bevormundung der Kolonien, durch das Vorenthalten politischer Rechte, die Einengung der Selbstverwaltung, vor allem aber durch jene Grundsätze der Kolonialpolitik, daß die Kolonien keine eigene Industrie aufbauen dürften, sondern ihre Rohstoffe an das Mutterland abgeben und alle Industrieerzeugnisse von diesem beziehen müßten. Die Amerikaner erkämpften sich ihre Freiheit, aber so manche königstreuen (reichen) Familien wanderten aus, insbesondere nach Kanada. Die Engländer haben aus diesem Verlust die Lehre gezogen, daß man Kolonien, die von Weißen bewohnt werden, nicht am Gängelband führen darf, sondern ihnen auf wirtschaftlichem Gebiet Freiheit lassen muß; — dies ist vor allem in seinem Verhältnis zu Kanada, Südafrika und Australien zum Ausdruck gekommen.

Man kann übrigens zweifelhaft sein, ob die Gründung der unabhängigen Vereinigten Staaten für England mehr Nachteile als Vorteile gebracht hat. Bei der engen wirtschaftlichen und verwandtschaftlichen Verflechtung zwischen den beiden Ländern und dem starken Kapitalbedarf des jungen Koloniallandes konnte England hier so viel investieren, daß es von der so stürmischen Erschließung große Gewinne zog; — waren die USA. doch bis in den Weltkrieg hinein England gegenüber ein ausgesprochener Schuldnerstaat. Ferner hat England viele Jahrzehnte hindurch fast den ganzen Überseebedarf Nordamerikas bedient; — und daß (bei richtigem Einsatz von silbernen Kugeln) „Blut dicker ist als Wasser", hat ja der Weltkrieg erwiesen, den der Feindbund ohne die industrielle, finanzielle und wirtschaftliche Hilfe Amerikas nicht gewonnen haben würde.

C. Das Zeitalter des Dampfes und die Begründung des Weltverkehrs.

Vorbemerkung. In dem vorigen Abschnitt haben Politik und Krieg eine so große Rolle gespielt, daß darüber Handel und Verkehr fast zu kurz gekommen sind; aber die Zeit der Gründung der Nationalstaaten und der Kolonialreiche ist nun einmal überstark von machtpolitischen Kräften beherrscht. Im folgenden Abschnitt wollen wir dagegen versuchen, den Verkehr und seine Technik in den Vordergrund zu rücken; wir können dies auch tun, da die großen politischen Umgestaltungen mit 1815 zu einem gewissen Abschluß gelangt sind. Immerhin sind im letzten Jahrhundert (bis 1914) noch folgende für die Verkehrsentwicklung grundlegende politische Erscheinungen zu beachten, die wir aber als im wesentlichen bekannt voraussetzen dürfen: Die Gründung der Nationalstaaten Deutschland und Italien, das Erstarken des europäischen Südostens, die Gründung des russisch-sibirischen Weltreichs, der Aufstieg der Vereinigten Staaten, die Losreißung Mittel- und Südamerikas vom Mutterland, die Einbeziehung Australiens und dann Afrikas in den europäischen Machtkreis, der Aufstieg Japans und das Erwachen Chinas und der Eintritt des Großen Ozeans in den Weltverkehr. Von all diesen großen Erscheinungen bedarf aber nur der Große Ozean einer besonderen Erörterung; wir können sie dazu benutzen, um einige Seitenblicke auf seine Randgebiete, Ostasien, die Inselwelt und Australien und die Westküste der beiden Amerika zu werfen. Die Angaben werden namentlich dem Leser willkommen sein, der sich über Geographie, Geschichte, Bevölkerung, Verkehr und Wirtschaft jenes Raumes unterrichten will, in dem sich zur Zeit große machtpolitische Auseinandersetzungen vorbereiten.

I. Der Große Ozean und seine Randländer.

a) Geographische Grundlagen.

Das Hauptkennzeichen des Großen Ozeans ist seine Größe; aber das ist nicht günstig, denn der Ozean stellt in weiten Gebieten „Wasserwüsten" dar, die den Verkehr und die Wirtschaft lähmen. Seine Gestalt kann man gemäß Abb. 14 als ellipsenförmig oder auch als rechteckig bezeichnen; aber die richtige Form kommt in den meisten Karten nicht zum Ausdruck, namentlich nicht in denen, die in Mercators Projektion gehalten sind oder die nur den nördlichen Teil darstellen; wir haben uns bemüht, unsere Abbildungen möglichst flächentreu zu halten, mußten dabei aber die Kontinente gegeneinander verdrehen. Von dem besonders wichtigen nördlichen Teil kann man sagen, daß er sich (ähnlich wie der Indische Ozean, s. o.) wie ein ungeheures Dreieck von Süden her zwischen die Kontinente vorschiebt. Die Grundlinie dieses Dreiecks ist 12000 km lang! Am Äquator ist er sogar 14500 km breit, und seine wichtigste West-Ost-Linie (Yokohama—San Francisco) ist immerhin noch 9000 km lang! — vgl. dagegen den schmalen Atlantischen Ozean (s. o.) und die Pazifikbahn, New York—San Francisco 5357 km, — dagegen aber die Sibirische Bahn 10500 km. Nach Norden zu wird der Ozean zwar schmaler, aber leider zu kalt; nach Süden zu wird er kaum schmaler und entbehrt hier außerdem der Inseln, die als Stützpunkte dienen könnten. Am wichtigsten ist der West-Ost-Streifen, der durch die Häfen Yokohama, Shanghai, Hongkong, Singapore und Vancouver, San Francisco, Panama gekennzeichnet ist.

Der Große Ozean ist durch eine hohe Zahl von Nebenmeeren ausgezeichnet. Sie liegen sämtlich auf der asiatischen Seite, die auch in anderen Beziehungen begünstigt ist (vgl. Abb. 15).

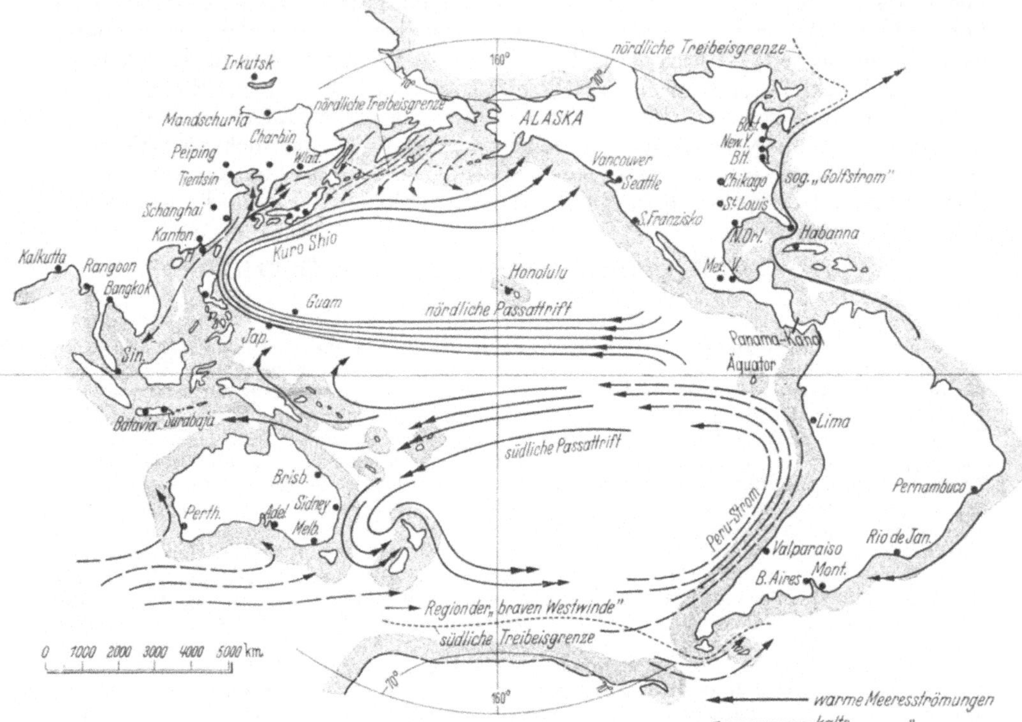

Abb. 14. Der Große Ozean.

Abb. 15. Die Westseite des Großen Ozeans.

Das Beringmeer war bis 1867 (Verkauf Alaskas an die Vereinigten Staaten von Nordamerika) ein russisches Binnenmeer; es wird von kalten Meeresströmungen beherrscht, hat ein arktisches Klima, liegt nach Abb. 14 und 16 fast ganz innerhalb der Treibeis- und nördlich der Getreidegrenze. Seine Bedeutung ist daher gering; die Russen bemühen sich aber um die „nördliche Durchfahrt", die durch die Beringstraße nach Ostsibirien führen soll; und die Amerikaner bauen auf den zu Alaska gehörigen Aleuten Dutch Harbour zum Kriegshafen und großen Flugstützpunkt aus; — dieser Teil der Inselkette und die Westküste Alaskas wird durch die warme Strömung (Ausläufer des Kuro Schio, s. u.) eisfrei gehalten.

Das Ochotskische Meer ist ein Randmeer; es war früher ein russisches Meer; heute werden seine Zugänge von Japan beherrscht. Es liegt innerhalb der Treibeis- und außerhalb der Getreidegrenze, hat also nur eine geringe Bedeutung. Die Halbinsel Kamtschatka hat zwar ein etwas besseres Klima, liegt aber auch noch außerhalb der Getreidegrenze, obwohl sie auf der Breite Oslo—Leipzig liegt! Die Insel Sachalin, 900 km lang, der Breite Hamburg—Triest entsprechend, ist in ihrem nördlichen, russischen Teil unwirtlich, hat hier aber wichtige Ölvorkommen; in ihrem südlichen, japanischen Teil liegt sie zwar innerhalb der Getreidegrenze, ist aber für die (wärmebedürftigen) Japaner zu kalt und daher nur dünn besiedelt (nur 100000 Einwohner?).

Das Japanische Meer ist durch Japan gegen den Ozean vollständig abgeschlossen, also ein japanisches Binnenmeer. In ihm liegt der wichtigste russische Hafen des Fernen Ostens, Wladiwostok — „Herrscherin des Ostens" —, durch Japan abgeriegelt!! Obwohl das Japanische Meer der Breite von London bis Gibraltar entspricht, liegt sein nördlicher Teil noch innerhalb der Treibeisgrenze; — der russische Hafen Wladiwostok ist mehrere Monate vom Eis blockiert, der japanische Hafen Raschin an der koreanischen Küste ist eisfrei! Auch die Häfen in Altjapan sind (fast ganz) eisfrei.

Abb. 16. Die wichtigsten Pflanzengrenzen im Gebiet des Großen Ozeans.

Das Ostchinesische Meer ist durch die rund 1200 km (!) lange japanische Inselkette der Riu-Kiu-Inseln und Formosa zwar vom Ozean abgeschlossen, kann aber doch nicht als ein japanisches Binnenmeer bezeichnet werden, da die Abstände zwischen den Inseln an vielen Stellen so groß sind, daß sie nur schwer gesperrt werden können. An diesem Meer liegen die wichtigsten Häfen Chinas, vor allem Schanghai. Bis hierhin wirken sich die kalten Strömungen und die unangenehmen kalten Winde so stark aus, daß Schanghai Kältegrade von —5° hat, — und das auf der Breite von Kairo, eine Tagereise von der Tropeninsel Formosa entfernt! Der nördliche Teil des Ostchinesischen Meeres, das reichgegliederte Gelbe Meer mit den Halbinseln Schantung, Liautung und Korea, bildet das große Eintrittstor nach der Mandschurei, der Mongolei und dem nördlichen China. Seine Häfen sind, soweit sie nicht Flußhäfen mit Süßwasser sind, eisfrei und daher besonders wichtig. Hier stoßen die großen Mächte Rußland, China, Japan (und England, Amerika?) zusammen; hier wurden seit 1894 die großen machtpolitischen Auseinandersetzungen durch das Schaffen von Verkehrsanlagen (Häfen und Eisenbahnen) vorbereitet und ausgewertet, die vielleicht noch wichtiger sind als die militärischen Bauten und die Industrialisierung.

Das Südchinesische Meer, in den Tropen liegend, ist von China und von amerikanischen, holländischen und britischen Kolonien umschlossen; England hat hier den großen Waffenplatz Singapore jetzt voll ausgebaut und ist am Werke, Hongkong wieder neu auszubauen; die Amerikaner hatten versprochen, sich aus den Philippinen, die seit 1935 „autonom" sind, in gewissem Sinn zurückzuziehen; jetzt haben sie dort aber eine „Asienflotte" und Luftgeschwader stationiert. Japan hat Formosa 1895 gewonnen und steht zur Zeit in Kanton, auf der Insel Hainan und in Indochina.

Die Schiffahrt ist im Ost- und Südchinesischen Meer besonders stark entwickelt. Es „überlappen" sich hier nämlich im Fernverkehr die großen europäischen Linien Suez—Colombo—Singapore—Hongkong—Schanghai—Nagasaki—Kobe—Yokohama mit den amerikanischen Linien Singapore—Hongkong—Schanghai—Yokohama—Vancouver und Honolulu—San Francisco. Ferner ist der „Bezirksverkehr" in dem rund 5000 km (!) langen Raum Japan—Singapore sehr stark; und dazu kommt der „Nahverkehr" an den Küsten und zwischen den Inselgruppen. Die wichtigsten Ausstrahlungspunkte für den Verkehr sind Singapore (nach Siam, Annam, der Inselwelt und der Südsee) und Yokohama (in den Großen Ozean hinein); die wichtigsten Umschlagpunkte für den Verkehr mit dem Binnenland sind bzw. waren Schanghai und Hongkong (Kanton), nächstdem die Häfen des Gelben Meers, dann Bangkok und die Häfen Javas (Surabaja und Batavia).

Die bedeutungsvollsten Eingangstore in den Großen Ozean liegen bei Singapore und Panama; Singapore in englischer, der Panamakanal in amerikanischer Hand, — als Menschenwerk empfindlich gegen Naturgewalten (Erdbeben?) und militärische Angriffe. Die weiteren Zufahrten (Beringstraße, Sundastraße, um Australien und Südamerika herum) haben nur für bestimmte Verkehrsrelationen Bedeutung, teilweise z. B. für die Segelfahrt; die Haupttore zum größten Ozean liegen also unter angelsächsischen Kanonen.

An Winden wehen auf dem Großen Ozean in seinem mittleren Gürtel die Passatwinde von Ost nach West, also von Amerika nach Asien. Sie begünstigen also die Schiffahrt in der Richtung von Amerika nach Asien, und selbst die großen Dampfer der Linienfahrt verschmähen es nicht, hier Segel zu setzen. Im südlichen Gürtel wehen, ebenso wie auf dem Atlantischen und Indischen Ozean, die sog. „braven Westwinde", die die Segelschiffahrt in der Richtung Kap der Guten Hoffnung—Australien—Kap Hoorn so erleichtern und außerdem durch ihr Abdrehen nach Norden die Fahrten der Reis-Segler nach Rangoon und der Salpeter-Segler nach den Salpeter-Häfen begünstigen. Ausgesprochen kalte Nordostwinde wehen im Winter von Ostsibirien und Alaska über die ostasiatischen Küstengebiete bis weit nach Süden. Kalte Südwinde wehen das ganze Jahr hindurch an der Westküste von Südamerika entlang. Wichtig sind ferner die Monsunwinde, nämlich der Südwestmonsun, der Hinterindien und Südchina, und der Südostmonsun, der Japan, Korea und der Mandschurei den nötigen Regen bringt; je weiter nach Norden, desto mehr vereinigen sich die beiden Winde zu Südwind. Berüchtigt sind von den Winden noch die Taifune; sehr unangenehm sind für die Segelschiffahrt und für die Gesundheit der dauernd in ihnen lebenden Europäer die Gebiete der Windstillen. — Die Winde mögen im Zeitalter der Dampfschiffahrt für den Verkehr keine große Rolle mehr spielen; sie behalten aber selbstverständlich ihre hohe Bedeutung für das Klima und hiermit für die Pflanzen- und Tierwelt und für den Menschen und seine Wirtschaft; und sie gewinnen wieder eine hohe Bedeutung für den Luftverkehr, namentlich die Passatwinde, die die Richtung von Nordamerika nach Ostasien begünstigen, die Gegenrichtung benachteiligen; — vgl. die Parallelerscheinung für den Luftverkehr zwischen Amerika und Europa.

Von den Strömungen des Großen Ozeans sind die wichtigsten die beiden von Ost nach West, also von Amerika nach Asien und Australien fließenden Äquatorialströme (Passat-Triften) und ihre drei Gegenströmungen. An den Ostküsten Asiens und Australiens biegen die beiden warmen Passat-Triften um und bilden die „Warmwasserheizungen" für die von ihnen bespülten Gestade. Von besonderer Bedeutung ist hierbei der Kuro Schio, der schwarze Strom oder der „japanische Golfstrom". Er beginnt an den Philippinen und strömt mit seiner Hauptwassermasse an· der Südostküste Japans vorbei, die hierdurch wirtschaftlich sehr wertvoll wird. Von Japan aus fließen die warmen Wasser nach dem nördlichen Teil der Westküste Nordamerikas weiter und erwärmen diese ähnlich, wenn auch nicht so intensiv, wie der Golfstrom die Westküste Europas erwärmt. Hierdurch wird an den beiden Westküsten der beiden Landfesten auf der nördlichen Halbkugel die Getreide- und die Treibeisgrenze nach Norden hinaufgedrückt (s. o.).

Außer dem Kuro Schio entsendet die warme nördliche Passat-Trift noch warme Ströme in das Ostchinesische und das Japanische Meer; diese sind von großer Bedeutung, weil sie die Häfen Nordchinas, der Mandschurei und Koreas (fast) eisfrei halten.

An kalten Strömungen ist der die Westküste Südamerikas abkühlende, aus der Westwind-Trift entstehende Perustrom (Humboldstrom) als Naturerscheinung der bedeutendste. Vom wirtschaftlichen, politischen und Verkehrsstandpunkt sind aber die kalten Strömungen wichtiger, die aus dem Bering- und dem Ochotskischen Meer nach Süden strömen und hierdurch die Sibirische Küste bis Korea hinunter, den Norden Japans und weiter nach Süden hin die japanische Nordwestküste abkühlen.

Von den zum Machtbereich des Großen Ozeans gehörigen Landgebieten sind die östlichen benachteiligt, die westlichen bevorzugt, und von diesem westlichen Gebiet ist wieder der nördliche Teil bevorzugt; — das politisch und wirtschaftlich und damit auch verkehrspolitisch bedeutungsvollste „Kraftfeld" des Großen Ozeans liegt (mit rund 500 Millionen Menschen) in seinem Nordwesten, zwischen Sachalin und Singapore.

Das östliche Küstengebiet, also die Westküste der beiden Amerika, ist dadurch gekennzeichnet, daß diese beiden Kontinente ihr Gesicht dem Atlantischen Ozean und Europa zuwenden, dem Großen Ozean und Asien dagegen ihre Rückseite. Dies ist in der Schmalheit des Atlantischen Ozeans, der Küstengliederung, den großen Stromsystemen und weiten Ebenen, andererseits in dem Verlauf des westlichen Küstengebirges begründet. Die gewaltige, hohe und schroffe Mauer der „Kordilleren" ist, wenn wir diesen Namen auf den ganzen Gebirgszug von der Beringstraße bis Kap Hoorn anwenden, rund 15000 km lang! Sie wird nur von drei größeren Flüssen (Jukon, Columbia und Colorado) durchbrochen, von denen nur der mittlere eine gewisse Verkehrsbedeutung besitzt, und sie weist nur zwei ausgesprochene Einsenkungen auf, und zwar beide dicht beieinander in Mittelamerika, je 82 und 207 m hoch und 44 und 200 km breit. Im übrigen sind die Schwierigkeiten durch die großen Höhen erschwert, liegen doch die maßgebenden Pässe in Nordamerika im allgemeinen über +2000 m, in Südamerika bei beinahe +4000 m! In Europa erklimmt die Gotthardbahn nur 1154 m, die Berninabahn, als höchste Alpenpaßbahn, +2380 m, die Jungfraubahn, als höchste Bahn Europas +3457 m; in Amerika hat dagegen die älteste Pazifikbahn zwei Scheitel von je +2141 und +2483 m Höhe mit einem dazwischenliegenden Abstieg auf +1283 m zu überwinden, und die leider recht unzuverlässige Trans-Anden-Bahn Buenos Aires—Valparaiso (im mittleren Teil Meterspur mit Zahnstange) unterfährt den 3070 m hohen Paß in einem 3030 m langen Tunnel in +3185 m Höhe. In den Kordilleren liegen die überhaupt höchsten Eisenbahnstationen der Welt, und zwar in Höhen von 4775 und 4880 m und die höchsten Städte (Potosi +4050 m); dagegen ist der höchste deutsche Berg, der Großglockner, „nur" 3860 m hoch; — die extremen Höhenlagen von Siedlungen und Verkehrswegen in Südamerika sind durch den Bergbau veranlaßt bzw. erzwungen worden, aber man beachte, daß das Kernland des alten Peru, das Gebiet des Titikakasees, auf +3860 m liegt! — Weiter wird der Verkehr noch durch die Steilheit der Randketten und durch die ausgedehnten Wüsten und Steppen im Innern erschwert. Dagegen sind einige Küstenstriche ungewöhnlich fruchtbar, besonders der Garten Kalifornien mit seinem herrlichen Klima.

Die Bedeutung der beiden Amerika für den Verkehr des Großen Ozeans ist sehr verschieden; sie ist groß im Norden, klein im Süden:

Die Westküste der Vereinigten Staaten hat trotz der vielen ungünstigen Umstände dem Gewicht (also der Menge), aber nicht dem Wert nach einen größeren Umschlag (1936 etwa 35% mehr!) als die atlantische Seite. Dies ist daraus zu erklären, daß die Ausfuhr hauptsächlich Massengüter umfaßt (Petroleum, Holz, Getreide, Mehl, dazu Früchte, Nüsse und Papier) und (im Durchschnitt der Jahre 1929—1933) rund 12 Millionen t erreichte; die Einfuhr betrug dagegen nur 2,5 Millionen t, da sie hauptsächlich aus hochwertigen Gütern besteht (Kopra, Eisen, Zucker, Kaffee, Kakao, Seide, Seidenwaren). Im Hinterland der USA.-Westküste wohnen bisher aber nur 12 Millionen Menschen; es handelt sich also um ein Gebiet, das erst im Anfang seiner Entwicklung steht. — Als wichtigster „Pazifikhafen" der USA. muß übrigens New York bezeichnet werden.

Der Verkehr von Mittel- und Südamerika über den Pazifik ist, abgesehen von den aus dem Panamakanal ausstrahlenden Linien gering, da der Verkehr von Peru und Chile usw. fast ausschließlich nach Europa und Nordamerika geht. — In dem südamerikanischen Hinterland wohnen etwa 12 Millionen Menschen.

Das westliche Küstengebiet ist ungleich wichtiger, was schon aus der Größe der Bevölkerung hervorgeht: 400 Millionen Chinesen, 100 Millionen Japaner, 60 Millionen in holländischen, 20 Millionen in französischen, 13 Millionen in amerikanischen Besitzungen, — aber nur rund 7 Millionen in Australien mit Neuseeland usw.

b) Zur Geschichte des Großen Ozeans.

Im Gebiet des Großen Ozeans leben seit grauer Vorzeit vier Rassen: die rote: Indianer in Amerika; die gelbe: Chinesen, Japaner, Koreaner, Mongolen; die schwarze: die Ureinwohner Australiens und der Inselwelt (sie haben mit den Negern Afrikas nichts zu tun), kulturell tiefstehend, im Niedergang begriffen, außer wo mit Malaien aufgekreuzt; die braune: Malaien, auf großen Wanderungen von West nach Ost über die ganze Inselwelt ausgebreitet. Hierzu ist anzuführen:

Die gelbe Rasse hat ihre Stammsitze in Innerasien, wo ein großer, in sich gut abgeschlossener Raum durch schmale Pforten mit den Nachbargebieten verbunden ist. Von hier ist sie, sobald der Bevölkerungsdruck zu stark wurde, vorgestoßen nach Westen (bis Lappland, Finnland, Ungarn und Kleinasien), nach Süden (über Iran nach Vorderindien) und besonders nach Osten. Beim Vorstoß nach Osten, also gegen den Großen Ozean, hat sie im Norden die spätere rote Rasse nach Amerika hinübergedrückt; weiter nach Süden zu aber ist sie nicht über den Ozean hinübergekommen. Dieser Unterschied ist in den geographischen Verhältnissen begründet: Im Norden ist nämlich einerseits das Klima (im heutigen Ostsibirien) so ungünstig, daß die Gedrängten hier nicht bleiben konnten, andererseits ist hier der Übergang über das Meer besonders leicht. Im Süden dagegen fanden die aus Wüste, Steppe oder Gebirge (um und vor 2000 v. Chr.?) vorstoßenden, zunächst sicher nicht volkreichen Nomaden in den Ebenen so große und so fruchtbare Räume, daß sie viele Jahrhunderte brauchten, um das Wort: „Füllet die Erde" wahrzumachen. Eine Veranlassung, noch weiter nach Osten, also über die hier liegenden großen Binnenmeere vorzustoßen, lag im eigentlichen Kernland China wohl nicht vor, und so sind hier die 400 Millionen Chinesen zu einem seßhaften Bauernvolk geworden, das sich kontinental verankert fühlte, maritime Ziele aber (im Gegensatz zu den Malaien) nicht stark verfolgte. Diese Einstellung Chinas wurde durch die Größe des Landes und der Bevölkerung verstärkt, die alle Bedürfnisse im eigenen Land befriedigen, also des Auslandes antreten konnte. — China ist immer eine Welt für sich gewesen und ist es heute noch! Diese Tatsache, die in zwingenden geographischen, also ewigen Tatsachen begründet ist, darf man nie übersehen.

Daß China so wenig zum Meer hinneigte, ist auch verkehrsgeographisch, nämlich darin begründet, daß die chinesischen Randmeere manche ungünstigen Eigenschaften haben, während das Landesinnere, namentlich im Osten, gut wegsam ist und zahlreiche Binnenwasserwege aufweist, deren Bedeutung durch den Bau von Kanälen schon früh verstärkt wurde. — Man darf aber trotzdem den Seeverkehr der Chinesen nicht unterschätzen. Der chinesische Kaufherr ist vielmehr kühn in die Südsee und vor allem in den Indischen Ozean vorgedrungen; in Ceylon traf sich dereinst der Chinese mit dem Phöniker, dem Griechen und Römer; und im Zeitalter der großen Entdeckungen gab es schon chinesische Faktoreien auf den Sundainseln. — Heute ist im ganzen Raum der Südsee der Chinese: Kaufherr, Industrieller und Bankier, Händler und Handwerker und sehr geschätzter, fleißiger, geschickter, billiger, tropenfester Arbeiter, Matrose und Schiffsheizer; — Singapore ist eine chinesische Stadt!

Wo die von Westen aus Innerasien kommenden Völkerwellen weiter im Norden keine so günstigen Lebensbedingungen vorfanden, haben sie die hier so gute Chance ausgenutzt, die vorgelagerten Gebiete zu besetzen, namentlich die Halbinsel Korea und das heutige Inselreich Japan. Hieraus haben sich die Koreaner als ein den Chinesen nahestehendes und von ihm kulturell stark befruchtetes Volk und die Japaner als ein besonders eigenartiges Volk entwickelt. Auf die bekannte Streitfrage, ob und inwieweit die Japaner ein Mischvolk sind, haben wir hier nicht einzugehen. Wir haben nur festzustellen, daß der Japaner große Fähigkeit zu wirtschaftlicher Tätigkeit jeder Art (Landwirtschaft, Fischerei, Gewerbe, Handel, Seefahrt) besitzt, daß er fleißig und anspruchslos und durch ungewöhnlich hohe vaterländische und militärische Tugenden ausgezeichnet ist. — Wie sich das von dem kleinen kargen Lebensraum aus nach außen auswirken muß, werden wir noch zu prüfen haben.

Die braune Rasse zeigt in Haar, Hautfarbe, Gesichtsbildung, Wuchs usw. große Unterschiede; offensichtlich spielen Blutmischungen mit Indern, Gelben und Schwarzen bei ihnen eine große Rolle.

Da die Malaien zeitlich in verschiedenen Wellen (innerhalb reichlich zweier Jahrtausende) über See eingewandert sind, haben die jüngeren Ankömmlinge immer die älteren vor sich hergeschoben, also weiter nach Osten über die Inselschwärme oder in das Innere der einzelnen (größeren) Inseln gedrängt. Demgemäß sitzen im Westen und an den Küsten die reinerblütigen und kulturell höherstehenden, im Osten und im Innern die stärker gemischten und tieferstehenden Gruppen. Von großer Bedeutung war eine Einwanderung, die von Vorderindien her eingesetzt und indische Kultur und die buddhistische Religion nach Java gebracht hat. Hierauf erblühte auf Java (und auf Teilen von Sumatra und Borneo) vor etwa 1000 Jahren eine indische Kultur, von der die großartigen Ruinen von Boroboeder (bei Djokjakarte in Mitteljava) noch heute Zeugnis ablegen. — Die buddhistische Religion ist in Java im 14. Jahrhundert durch die mohammedanische verdrängt worden; aber der Islam, dem etwa 94% der Bewohner angehören sollen, ist recht äußerlich.

Die Malaien leisten Hervorragendes in der Landwirtschaft; sie haben für die Reiskultur den Terrassenbau mit künstlicher Bewässerung zu hoher Stufe emporgeführt. Tüchtig sind sie auch als Seefahrer.

Trotz dieser beiden Fähigkeiten sind sie wirtschaftlich ziemlich schwach, weil sie zu genügsam, harmlos lebensfroh, sorglos und vertrauensselig, also zu „anständig" für den harten weltwirtschaftlichen Kampf mit anderen Rassen sind; im persönlichen Verkehr sind sie sehr angenehm. Sie stehen wirtschaftlich und kulturell über der schwarzen Rasse, aber sie sind nicht so zäh und hart, arbeitsam und unternehmungslustig wie die Europäer, Inder, Parsen, Chinesen und Japaner. Eine große Rolle spielen die malaiischen Mischlinge, bei denen meistens die Mutter Malaiin, der Vater Fremdling (Europäer, Inder, Chinese) ist. Über das Problem der entsprechenden Mischrasse sind manche Theorien aufgestellt worden; an Ort und Stelle sagt man, daß der Mischling zwischen dem europäischen Vater und der malaiischen Mutter von beiden Eltern die schlechten Eigenschaften, daß dagegen der Mischling zwischen dem chinesischen Vater und der malaiischen Mutter von beiden Eltern die guten Eigenschaften erbe. Das mag übertrieben sein; es kann aber kein Zweifel darüber sein, daß die Frage der Mischlinge für die europäische Herrschaft bedenklich ist. Die Mischlinge stellen im allgemeinen in Wirtschaft, Verkehr, Heer und Verwaltung eine Mittelschicht dar, die über der Hauptmasse der (armen) Eingeborenen, aber unter dem Europäer steht, und die von beiden nicht anerkannt wird; viele solche Mischlinge sind unglücklich, manche politisch bedenklich, wobei auch die Halbbildung ihre ungünstigen politischen und kulturellen Folgen zeigt.

So Großes Malaien und Chinesen in der Schiffahrt geleistet haben mögen, — entdeckt worden ist der Große Ozean erst durch die Europäer, und zwar hat das kleine Mittelmeer dieses größte der Weltmeere erschlossen!

Die Erschließung erfolgte durchaus auf dem Seeweg, denn für den Landweg ist bei den hier in Betracht kommenden Entfernungen die „lähmende Kraft des großen Raums" zu stark.

Da die Romanen, Spanier und Portugiesen, die Aufgabe der Entdeckung des „Seewegs nach Indien" übernommen hatten, sind sie es auch gewesen, die den Großen Ozean entdeckt haben, und zwar auf den beiden Wegen, dem westlichen über den Atlantischen und dem östlichen über den Indischen Ozean. Von den Spaniern erblickte als Erster Balboa 1513 den Großen Ozean; und die Portugiesen erreichten über Ceylon und Singapore bald nach 1500 die Inselwelt und saßen 1521 schon auf den Molukken, also dicht am offenen Großen Ozean, als dort die Spanier, von Osten kommend, eintrafen; es war das letzte Schiff des Magalhaes, der Südamerika umsegelt hatte, aber dann auf den Philippinen gefallen war. Aber es ruhte wenig Segen auf diesen handelspolitisch und verkehrstechnisch großartigen Leistungen der Spanier und Portugiesen. Nach wenigen Jahrzehnten einer blendenden Blüte folgte der tiefe Fall. Die portugiesische Macht brach schon 1580 zusammen, und im Großen Ozean behaupten sie heute nur noch die halbe Insel Timor und Macao. Die Spanier haben nach der Vernichtung der Armada (1588) ihren Kolonialbesitz noch lange behauptet; sie haben aber 1899 die Philippinen an die Amerikaner verloren und die Karolinen an Deutschland verkauft; heute weht die spanische Flagge nicht mehr am Großen Ozean. Auch die von Spanien gegründeten, aber seit den südamerikanischen Unabhängigkeitskriegen, also von etwa 1820 ab unabhängigen Staaten an der Westküste von Mittel- und Südamerika, haben aus den angegebenen Gründen und infolge ihrer geringen politischen und wirtschaftlichen Kraft vorläufig keine große Bedeutung für den Großen Ozean.

Das Werk der Spanier wurde von den Engländern und Holländern fortgesetzt. Die englischen Schiffe machten in den Kämpfen gegen Spanien, wie oben erwähnt, zuerst besonders Westindien unsicher, wo sie nicht nur Schiffe wegnahmen, sondern auch Häfen überfielen. Als dann die Spanier hier starke Kräfte gegen diese Handelsbelästigung einsetzten, faßte Drake den Entschluß, den Schauplatz seiner Tätigkeit nach der amerikanischen Westküste, also in den Großen Ozean, zu verlegen; er umsegelte 1577 Südamerika, brandschatzte dann die spanischen Schiffe und Häfen im Großen Ozean weiter, bekämpfte auch hier und dann an der Westküste Afrikas die Spanier und kehrte 1581 mit ungeheurer Beute zurück; er hat also die erste kriegerische Weltumseglung durchgeführt. Ihm folgten dann viele englische Schiffe, die im Großen Ozean die Politik Drakes fortsetzten.

Die Engländer haben in der Folge zahlreiche Inselgruppen im Ozean besetzt, ferner haben sie Anteil an Neuguinea und Borneo (mit Ölquellen!); Hongkong und Singapore sind schon erwähnt. Wir müssen hier einige Angaben über die Geschichte Australiens einschalten, da dieser Kontinent unter Umständen in kommenden machtpolitischen Auseinandersetzungen eine große Rolle spielen wird und daher zur Zeit in das strategische System des britischen Weltreichs besonders sorgfältig eingegliedert wird, was natürlich Rückwirkungen auf seine Verkehrsverbindungen haben wird; wir haben hier nur auf den Ausbau von Port Darvin zu einem großen Kriegshafen hinzuweisen, der zusammen mit Singapore und Hongkong ein großes Festungsdreieck bilden wird.

Australien wurde um 1600 entdeckt, aber es blieb vernachlässigt, weil man die klimatischen, wirtschaftlichen und auch die im Tiefstand der Bevölkerung begründeten völkischen Schwierigkeiten überschätzte. Der Anstoß zur Erschließung Australiens erfolgte erst durch den nordamerikanischen Unabhängigkeitskrieg (1775—1783), weil dieser den Engländern ihren wertvollsten Besitz raubte und sie auf ihre anderen Kolonien hinwies. Von 1788 ab begann England Australien nebst seinen großen Inseln zu erschließen und (teils mit Verbrechern) zu besiedeln. Die Besiedlung machte aber nur geringe Fortschritte; erst die 1851 erfolgte Auffindung von Goldlagern, aber mehr noch die später aufgenommene Schafzucht, ließ die Bevölkerung stärker anwachsen. Sie ist aber immer noch sehr schwach. Sie beträgt nämlich in Australien nur 6,1 Millioneu und auf Neuseeland 1,4 Millionen Einwohner; diese sind mit wenigen Ausnahmen rein weiß, und zwar überwiegend englisch. An Fremdstämmigen werden nur 4% nachgewiesen; die Zahl der in das öde Landesinnere abgedrängten Ureinwohner beträgt nur noch 230000; sie sind zum Aussterben verurteilt.

Daß die weiße Bevölkerung sich in Australien so rein erhalten hat, ist im Sinne der weißen Rasse gewiß zu begrüßen; man darf aber die Kehrseite der amtlichen australischen Bevölkerungspolitik nicht übersehen: Dieser Erdteil, der nur wenig kleiner als Europa ist, ist nämlich nicht etwa, wie behauptet wird, größtenteils Wüste oder Steppe; dieses ungünstige Urteil trifft vielmehr nur auf etwa ein Drittel der Gesamtfläche zu; in den anderen zwei Dritteln könnten dagegen — nach vorsichtigen Schätzungen deutscher Geographen — rund 60 Millionen Weiße als Ackerbauer und Viehzüchter leben. Wieviel Millionen der soviel anspruchsloseren Angehörigen der gelben Rasse könnten dann wohl hier ihr Brot finden? Das Land ist aber nicht nur durchschnittlich viel zu dünn besiedelt, sondern es krankt außerdem an einer gefährlichen Verstädterung; etwa 80% der Gesamtbevölkerung wohnen in Städten und etwa 46% sind in den fünf größten Städten konzentriert! Sidney hat die Million schon überschritten, und Melbourne wartet mit Sehnsucht darauf.

Vom verkehrsgeographischen Standpunkt ist der „Kontinent" Australien nichts als eine Reihe oder Linie von Mittel- und Großstädten, die sich über 5000 (!) km erstreckt mit unbewohntem Land dazwischen, — eine in jeder Beziehung (völkisch, wirtschaftlich, verkehrlich und strategisch) denkbar ungünstige Lage. Sie wird noch dadurch verschlimmert, daß Australien kein einheitlicher Staat, sondern ein Staatenbund ist, in dem die einzelnen Gliedstaaten (wie in USA.) eifersüchtig über ihre Sonderrechte wachen, worunter natürlich auch die Einheitlichkeit der Verkehrspolitik leidet; das kommt besonders in der Netzgestaltung der Eisenbahnen zum Ausdruck, die eben kein einheitliches Netz bilden und außerdem vier verschiedene Spurweiten aufweisen!

Von den Leistungen der Europäer für die Erschließung des Großen Ozeans ist aber (namentlich im Hinblick auf die großen Fragen der Gegenwart) die Erschließung Chinas und Japans am wichtigsten:

Die Geschichte Chinas kann bis etwa 2600 v. Chr. zurückverfolgt werden. Die ältesten Berührungen mit der fernen Mittelmeerwelt gehen bis in die Zeiten der Babylonier und Phöniker zurück, vgl. die Bedeutung der „Seidenstraßen“ und die Stellung Ceylons als Stützpunkt für den Zwischenhandel. Später hat die mongolische Yuen-Dynastie (1280—1368) mit den europäischen Herrschern Beziehungen unterhalten. Unter der chinesischen Ming-Dynastie (1368—1644) wurden, obwohl diese jeder fremden Kultur abweisend gegenüberstand, die Portugiesen 1517 zum Handel in Macao zugelassen; aber Beziehungen zu anderen Ausländern (einschließlich der Japaner) wurden abgelehnt. Die mandschurische Tsing-Dynastie schloß 1646 einen Handelsvertrag mit Rußland und gestattete 1660 den Franzosen, 1670 den Engländern den Handel, und zwar mit Kanton als Stützpunkt.

Die eigentliche „Öffnung Chinas“ für den auswärtigen Handel erzwang England 1840—1842 durch den „Opiumkrieg“, durch den die Einrichtung von Vertragshäfen bis hinauf nach Schanghai erzwungen wurde; England erhielt Hongkong und baute es zu einer starken Seefestung aus. Durch einen weiteren (recht wechselvollen) Krieg erlangten die vereinigten Engländer und Franzosen 1860 weitere Rechte und auch die Öffnung der weiter nördlich liegenden Häfen, wodurch die Erschließung von Nordchina und der Mandschurei erleichtert wurde. Die Verhältnisse beruhigten sich, namentlich nachdem der Taiping-Aufstand 1864 niedergeschlagen war; es setzte dann aber die starke Einwanderung von Chinesen nach der Südsee, Australien und auch nach Nordamerika ein, die zu vielen neuen Reibungen führte und bekanntlich heute ein besonders „heißes Eisen“ ist. Auf die weiteren Ereignisse (Krieg mit Japan und Verlust Koreas 1895, Verpachtung von Port Arthur, Boxeraufstand 1900, Sturz der Monarchie) braucht hier nicht eingegangen zu werden. Es muß aber betont werden, daß China im Krieg mit Japan (1895) die Bedeutung der europäischen Zivilisation für die wirtschaftliche, politische und militärische Stärke des Staates erkannte und daher von 1895 u. a. auch seine Abneigung gegen die neuzeitlichen Verkehrsmittel abstreifte. Hiermit brach auch für China das „Zeitalter der Eisenbahn“, aber noch nicht das der eigenen Seeschiffahrt an. Selbstverständlich waren noch viele Schwierigkeiten und Rückfälle in die Reaktion zu überwinden; aber seitdem ging es trotz aller innen- und außenpolitischen Hemmungen mit der Verkehrserschließung im „Reich der Mitte“ zielsicher vorwärts.

Eine eigene Schiffahrt hat sich China bisher, außer für die Küstenfahrt und die Fischerei, nicht schaffen können; hier ist neben der Schwäche Chinas der starke Wettbewerb der anderen Flaggen zu beachten.

Zur Zeit verfolgt China eine Wirtschafts-, Siedlungs- und Verkehrspolitik, die darauf gerichtet ist, sich dem Druck der von der Küste her vordringenden Japaner zu entziehen. China sieht als sein „Kernland“ die Provinz Szetschuan an, die reichlich 1000 km vom Meer entfernt ist und hiermit gesichert erscheint. Diese Umstellung kommt in den Plänen für den Ausbau des Eisenbahnnetzes zum Ausdruck; — sie wird einige Jahrzehnte erfordern, aber der Chinese ist es gewöhnt, in großen Räumen und großen Zeiten zu denken. Das Eisenbahnnetz Chinas ist früher weniger nach den Bedürfnissen des chinesischen Volkes entwickelt worden, das doch in seiner Hauptmasse ein kontinental verwurzeltes Bauernvolk ist, als vielmehr nach den Bedürfnissen des Außenhandels, des Ex- und Imports, der Verkehrserschließung vom Meer aus; der maritime Zug kommt also in ihm reichlich stark zur Geltung. Jetzt aber nimmt China die Verkehrspolitik selber in die Hand; die unangreifbare Binnenprovinz wird das Zentrum des Eisenbahnnetzes, aus dem nur die notwendigsten Linien nach den Seehäfen, über die die Fremdlinge einbrechen möchten, ausstrahlen, vgl. die Parallelerscheinung der typisch defensiven Eisenbahnbaupolitik in der heutigen Türkei.

Während die Engländer und Franzosen (und später u. a. auch die Deutschen) China von der See her dem Handel und dann auch der industriellen und verkehrstechnischen Erschließung öffneten, gingen die Russen über Land vor: Die Herrschaft Rußlands über Sibirien beginnt mit etwa 1590; damals wurde Tobolsk Hauptstadt der neuen Provinz. Dann drangen die Kosaken gegen Osten vor, und zwar in dem nördlichen, unwirtlichen, aber ebenen und ganz dünn bevölkerten Gebiet so schnell, daß schon 1633 Kamtschatka erreicht wurde; in dem südlichen, gebirgigen und besser besiedelten Gebiet ging es dagegen langsamer; hier wurde der Baikalsee erst 1646 erreicht. Mit China wurde 1646 ein Handelsvertrag geschlossen; nach einem kurzen Krieg bequemte Peter der Große sich 1688 zu einer Tributzahlung an China, erhielt aber dafür das Recht, jährlich eine Karawane über die seitdem so wichtige Straße durch die Mongolei Kjachta—Urga—Kalgan nach China zu senden; 1806 wurde das General-gouvernement Sibirien gegründet; die Amurprovinz wurde 1852 gebildet; über den Amur als Grenze verständigte sich Rußland 1860 mit China, über Sachalin 1875 und 1905 mit Japan.

Von Sibirien ging der Kosak Deschnew schon 1648 nach Amerika hinüber; ihm folgte 1728 Bering; 1799 wurde Alaska politisch eingegliedert, aber 1867 an die Vereinigten Staaten verkauft. Hiermit hat Rußland also den Verzicht auf amerikanischen Boden und die alleinige Beherrschung der Beringstraße ausgesprochen.

Die Besiedlung Sibiriens erfolgte zunächst durch Verbannte, dann aber auf dem Wege freiwilligen Zuzugs mit Hilfe der Sibirischen Eisenbahn. Zur Sicherung seiner Erwer-bungen, zur wirtschaftlichen Erschließung des Landes und zur Vorbereitung weiterer Vor-stöße begann Rußland 1891 mit diesem Bau. Bei der Bauausführung wurde außer der Baikalsee-Umgehungsbahn (325 km) die „Amurbahn" (2133 km) zunächst fortgelassen; denn diese Trasse verläuft in schwierigem Gelände und hat durch die kalten Winter schwer zu leiden. Rußland nutzte daher 1896 die Schwäche Chinas aus, um sich den Bau der „Chine-sischen Ostbahn" Tschita—Charbin—Pogranitschnaja (—Wladiwostok) und der „Süd-mandschurischen Bahn" Charbin—Port Arthur, den militärischen Schutz dieser Bahnen und anderer Konzessionen und den Ausbau Port Arthurs zu einem Kriegshafen genehmigen zu lassen.

Mit dem 1901 vollendeten Bau der Eisenbahn Irkutsk—Tschita—Mandschuria—Char-bin—Mukden—Dairen (Port Arthur) war die Schienenverbindung Europas mit dem Großen Ozean, und zwar mit einem eisfreien Hafen und gleichzeitig mit China geschaffen.

Japan fühlte sich durch das Vorgehen Rußlands so bedroht, daß es im Februar 1904 den Krieg gegen Rußland eröffnete; es gewann durch ihn die politische und wirtschaftliche Herrschaft über die südliche Mandschurei und die Oberhoheit über Korea, und in der Folge-zeit hat es diese Stellung immer weiter ausgebaut. Rußland sah sich hierdurch genötigt, die Chinesische Ostbahn an Japan zu verkaufen und als Ersatz die Amurbahn nun nachträglich doch zu bauen.

Die Nordamerikaner sind, nachdem sie sich 1783 ihre Freiheit erkämpft hatten, um 1800 als Pelzjäger bis zum Großen Ozean vorgestoßen: um 1823 waren einige Wege (Saumpfade) bis zur Küste erforscht. 1848 wurde Texas und Neu-Mexiko erobert; 1848 wurde in Kalifornien Gold gefunden; 1869 war die erste Pazifikbahn (Chikago—Omaha—Ogden—San Franzisko) fertig-gestellt, also der Große Ozean von Osten her durch die Lokomotive erreicht!

Für die Erreichung des Großen Ozeans durch die Eisenbahn sind folgende Daten maßgebend:
1869 Erste amerikanische Pazifikbahn (New York—Chikago—Ogden—San Franzisko).
1886 Erste kanadische Pacificbahn (Quebec—Vancouver).
1901 Sibirische Bahn.

Zu einer Erschließung des Ozeans durch die Vereinigten Staaten kam es aber vorerst nicht, weil sie zunächst noch zuviel im eigenen Lande zu erschließen hatten und daher noch nicht imperialistisch eingestellt waren. Immerhin ist der Erwerb Alaskas und die gewalt-same Öffnung Japans (1854) zu erwähnen. Erst von etwa 1890 ab trat die Union stärker nach außen auf; ein Zeichen hierfür war die Vergrößerung der Kriegsflotte, das Eintreten für einen Nicaraguakanal und das Betonen der sog. Monroedoktrin; 1896 trat Präsident MacKinley offen auf die Seite jener kapitalistischen Kreise, die die Ausdehnungspolitik forderten. Im Jahre 1898 wurde der Schritt auf den Großen Ozean getan, indem die Hawai-Inseln in die Union aufgenommen wurden, die jetzt ein gewaltiges militärisches Kraftzentrum sind. Dann wurde der Krieg mit Spanien herbeigeführt, der neben Kuba und Porto Rico die Philippinen einbrachte. In klarer Fortsetzung dieser imperialistischen Politik trat die Union (Präsident Roosevelt) für den Bau des Panamakanals ein und führte dieses große Werk trotz aller politischen, gesundheitlichen und technischen Schwierigkeiten durch; gleichzeitig wurde die Stellung im „Fernen Osten" so gestärkt, daß Roosevelt im Russisch-Japanischen Krieg als Vermittler auftreten konnte. Der Weltkrieg brachte den Vereinigten Staaten eine allgemeine Stärkung ihrer Stellung im Großen Ozean und in Ostasien; aber es ergaben sich auch Schwierigkeiten, namentlich bezüglich der Philippinen.

Die Philippinen wurden 1569 von Spanien besetzt. Sie dienten zunächst nur als Stützpunkt für den Handel mit China; erst im 18. Jahrhundert begann man mit der Plantagenwirtschaft. Hierbei erlangten die geistlichen Orden großen Reichtum und starke politische Macht. Deren Mißbrauch rief von 1865 ab ständig Aufstände hervor, deren Spanien nie recht Herr wurde. 1898 wurden die Spanier von den Vereinigten Staaten überrumpelt; aber die Union hatte noch viele Jahre viel Blut und noch mehr Dollar zu opfern, ehe sie ihres neuen Besitzes froh zu werden begann, und man konnte die politischen Schwierigkeiten nur dadurch beseitigen, daß man den Philippinen für 1935 eine Teilunabhängigkeit und für 1945 die volle Unabhängigkeit versprach. Demgemäß ist denn auch 1935 in Manila die jüngste Republik feierlich aus der Taufe gehoben worden; jedoch hat Amerika die militärische und finanzielle Macht behalten, und dem Präsidenten der neuen Republik ist ein amerikanischer Ratgeber beigegeben. Den Amerikanern ist dieser Verzicht auf die Philippinen anscheinend gar nicht so schwer gefallen; denn ihr Zucker war bei dem Fehlen einer Zollgrenze ein peinlicher Konkurrent für den Zucker, den das amerikanische Kapital in Kuba und Haiti in so großen Mengen erzeugt; vor allem aber liegen die Philippinen 12000 km von Amerika entfernt, — aber nur 400 km vom japanischen Formosa!

Übrigens werden jetzt in Amerika Stimmen laut, die das großmütige Geschenk der Freiheit bekämpfen; sie weisen auf die große Fruchtbarkeit, die dünne Besiedlung, die vielen Bodenschätze hin und betonen, daß die Amerikaner aus der reichen Inselgruppe weit mehr machen könnten als die nach Geist und Charakter zu schwachen und zu weichen Filipinos.

Mit Japan trat Europa zum erstenmal im Jahre 1543 in Verbindung, indem die Portugiesen landeten. Die damaligen Herrscher begünstigten den Handel und die christliche Mission. Aber 1586 trat ein Umschwung ein, an dem die Christen nicht unschuldig waren; später kam es auch zu Christenverfolgungen, namentlich 1638. Japan schloß sich dann immer mehr gegen außen ab, und zwar um so stärker, je mehr die Macht des in Kyoto lebenden göttlich verehrten Tenno (Kaisers) sank und die des in Tokio residierenden Schogun stieg.

Aber diese Abschließungspolitik war nicht mehr zu halten, als die Europäer in China, die Amerikaner in Kalifornien festen Fuß gefaßt hatten; von 1853 ab wurde Japan von Amerika, England, Rußland usw. zur Öffnung von Vertragshäfen gezwungen; noch bis 1867 hielt sich allerdings das fremdenfeindliche Schogunat, aber 1867 übernahm der Tenno die Regierung und 1869 bekannte er sich öffentlich zu der neuen fremdenfreundlichen Zeit.

Jetzt wurde die europäische Zivilisation (Technik, Industrie, Verkehr, Militärwesen) schnell übernommen; vielleicht zu schnell, denn leider wurde damit auch alte Kultur geopfert, während die Machenschaften international-kapitalistischer Richtung Eingang erstrebten; die heutigen innerpolitischen Kämpfe Japans mögen zum großen Teil wirtschaftlicher und machtpolitischer Art sein; sie sind aber zum Teil auch dadurch zu erklären und dahin zu verstehen, daß sich hier blutechtes bodenverbundenes Leben gegen das Nur-Rechnen und Nur-Wirtschaften der Intellektuellen aufbäumt.

Im Zug der nun beginnenden Entwicklung baute Japan vor allem auch sein Verkehrswesen aus. Der Eisenbahnbau begann 1872; zuerst bauten Engländer, Amerikaner und Deutsche (diese hauptsächlich auf Kiûshiû, bei der Usuipaßbahn und bei der Stadtbahn von Tokio, dann aber machten sich die Japaner von der Bevormundung frei. Schon 1904 hatte Japan sein Eisenbahnnetz soweit ausgebaut, daß es den Krieg gegen Rußland wagen konnte! Heute verfügt Japan über ein Eisenbahnnetz, das allen wirtschaftlichen und strategischen Forderungen gewachsen ist; insbesondere sind auch die schwierigen Querlinien nach den am Japanischen Meer gelegenen Häfen (Niigata, Tsuruga usw.) leistungsfähig ausgebaut; das ist wichtig, weil von diesen Häfen aus die Aufmarsch- und Etappenlinien durch das „mare clausum japonicum" nach den Häfen an der Ostküste Koreas führen; und von diesen gehen wieder die neuen Eisenbahn-

linien in die Mandschurei aus; Japan ist hiermit also nicht mehr auf die durch
das (ziemlich) offene Gelbe Meer führenden Linien (Nagasaki—Port Arthur usw.)
angewiesen, wie dies noch im russisch-japanischen Krieg der Fall war. — Der
Ausbau des Eisenbahnnetzes Japans steht insgesamt in engem Zusammenhang
mit der Industrialisierung und ist leider von einer bedenklich schnellen
Verstädterung begleitet.

In der Entwicklung seiner Seeschiffahrt konzentrierte Japan zunächst in
weiser Beschränkung seine bescheidenen Kräfte auf die Küstenschiffahrt. Die
erste Auslandlinie wurde 1875 (nach Schanghai) eingerichtet. Dann wurde die
Überseeschiffahrt durch hohe staatliche Subventionen, Seemannsschulen, Verbesserung des Kartenwesens und des Wetterdienstes, Vermessungen, Ausbau der
Häfen usw. planmäßig verbessert. Von 1896 ab wurde die Schiffahrt auch nach
Amerika und Europa ausgedehnt; ein großer Aufschwung kam nach dem russischen Krieg (1905), ein zweiter während des Weltkriegs. Heute steht Japan
in Schiffahrt und Schiffbau unbedingt selbständig da; es konzentriert aber seine
Kraft hauptsächlich auf die ostasiatischen Gewässer, die Südsee und den Indischen Ozean, hält sich aber vom Verkehr über den Suez- und Panamakanal
hinaus ziemlich zurück.

Über die geschichtlichen Vorgänge sei kurz bemerkt:

1894 löste Japan die gegen China bestehende Spannung durch den Krieg, der ihm im
Frieden von Shimonoseki 1895 Korea (aber nicht die erstrebte südliche Mandschurei!)
einbrachte. — China wurde, wie oben erwähnt, durch diese Niederlage veranlaßt, seine Feind-
schaft gegen die Eisenbahn aufzugeben.

1895—1904 baute Japan die Längsbahn durch Korea in Richtung auf Mukden und schon
gegen Rußland. Denn

1896 hatte Rußland den obenerwähnten Vertrag mit China geschlossen, der ihm den
Bau der Chinesischen Ostbahn und der Südmandschurischen Bahn nach seinem neuen Kriegshafen Port Arthur ermöglichte.

1904 löste Japan die gegen Rußland bestehende Spannung durch den Krieg, der ihm im
Frieden von Portsmouth — unter den Auspizien Roosevelts! — die wirtschaftliche und verkehrspolitische Herrschaft über die südliche Mandschurei einbrachte. Rußland behielt also
zwar die Chinesische Ostbahn, mußte diese aber für so bedroht ansehen, daß es nun gezwungen
war, die Amurbahn — nördlich des Amur, rund 2000 km lang! — nach Chabarowsk zu bauen.

1912 wurde die Mandschudynastie in China gestürzt.

1917 wurde die Mandschurei von China frei.

1931 führte Japan eine militärische Intervention in der Mandschurei durch, schuf das
„selbständige" Kaiserreich Mandschukuo und höhlte durch weitere Eisenbahnbauten die
Bedeutung der Chinesischen Ostbahn so aus, daß Rußland sich 1935 zu deren Verkauf
an Japan entschloß.

Nachdem der Kampf um die Mandschurei zugunsten Japans entschieden ist, wird zur Zeit
von Rußland Ostsibirien ausgebaut, wobei neben der Sicherung der Rohstoffbasis und der Industrialisierung der Ausbau der Verkehrswege (Eisenbahnen, Straßen und Häfen) von großer
Bedeutung ist. Hierbei scheint Rußland die Amurbahn, wenn sie auch absichtlich in einigem
Abstand von dem Nordufer des Stromes trassiert worden ist, für so bedroht anzusehen,
daß es eine zweite Bahn mit weiter nördlicher Linienführung baut, die schon den Baikalsee
nördlich umfährt. Dieser Bahnbau bereitet ungewöhnlich große Schwierigkeiten, denn er
muß in gebirgigem Gelände vielfach auf ständig gefrorenem (!) Boden ausgeführt werden.
Da Ostsibirien mit den Kerngebieten Rußlands nur durch eine — zwar zweigleisige, aber sehr
lange — Bahn verbunden ist, wird gleichzeitig eine „strategische Industriebasis" (für
Lebensmittel, Kleidung, Kohle, Öl, Maschinen, Eisenbahnmaterial) geschaffen. — Man darf
nun vermuten, daß bald auch für die Mongolei trotz der geringen Wirtschaftskraft ihrer
Wüsten und Steppen das Zeitalter des Verkehrs anbricht.

Der japanische Ausdehnungsdrang wird vielfach von anderer Seite mit ungünstigen
Augen angesehen. Man ist peinlich berührt von der Ausdehnung der japanischen Schiffahrt,
der zunehmenden Einfuhr japanischer Industrieerzeugnisse und vor allem von der japanischen
Einwanderung, die sich in der Mandschurei, auf den Philippinen, in Hinterindien, auf den
Inseln der Südsee, auf den Hawai-Inseln, in Nord-, Mittel- und Südamerika bemerkbar
macht; und man sieht mit Sorgen auf die Verstärkung der japanischen Wehrmacht und des
politischen Einflusses.

Um gerecht zu sein, muß man das alles aber nicht nur vom Standpunkt des sich bedroht
fühlenden Fremden, sondern man muß es auch vom Standpunkt des sich bedrückt fühlenden Japaners ansehen.

Das Volk der aufgehenden Sonne ist seit der Erschließung durch die Weißen stark angewachsen. Nach der letzten Volkszählung ergaben sich folgende abgerundete Zahlen:

Staatsgebiet	Bevölkerung in Tausend			
	1920	1925	1930	1935
Alt-Japan	56000	60000	64000	69000
Korea	17000	20000	21000	23000
Formosa	4000	4000	5000	5000
Kwantung	1000	1000	1300	1700
Sachalin	100	200	300	330
Südseemandat	52	56	69	100
Zusammen	77000	83000	90000	99000

Über die „Außen-Japaner" werden noch folgende Zahlen angegeben: Es lebten Japaner 1934 in:

Mandschukuo	270000
Brasilien	174000
Hawai	151000
Vereinigte Staaten (USA.)	147000
China	56000

Im Südseemandat ist die Zahl der (stark zunehmenden) Japaner wahrscheinlich schon größer als die der (abnehmenden) Eingeborenen.

Von den rund 100 Millionen japanischen Staatsangehörigen sind allerdings beinahe 30 Millionen fremdrassig (und fremdsprachig), aber sie leben als einheitliche Reichsbevölkerung in einem geographisch einheitlichen Raum, was bekanntlich bei anderen großen Kolonialvölkern nicht der Fall ist. Die Japaner fühlen sich als das fünftgrößte Volk der Erde (nach China, Indien, Rußland, USA.), und dabei ist der Lebensraum so beschränkt: Alt-Japan, also das Kernland, ist nur etwa 385000 qkm groß (Deutschland 471000); aber das ganze Gebiet ist so gebirgig und die Gebirge sind so zerrissen und steil, daß nirgendwo größere Ebenen vorhanden sind, in denen man große Reisfelder anlegen könnte; und nur in mühsamster Terrassenkultur lassen sich den steilen Hängen die kleinen Felder abtrotzen. Daher bedarf Japan einer starken Reiseinfuhr; daher hat es auch so energisch zur Industrialisierung und zum Exportindustrialismus übergehen müssen. In enger Verbindung mit dieser Wirtschaftspolitik steht die Verstädterung. Von 1930—1935 hat die Landbevölkerung von 76 auf 67,3% abgenommen, die Stadtbevölkerung dagegen von 24 auf 32,7% zugenommen; einige agrarische Provinzen haben sogar schon absolut abgenommen. Japan hat schon 34 sog. „Großstädte" (von mehr als 100000 Einwohnern), und in diesen wohnen schon 25% der Gesamtbevölkerung; es hat schon vier Millionenstädte (Tokyo 6,4 Millionen, Osaka, Nagoya und Kyoto); die Städtebezirke Tokyo und Osaka enthalten rund 7 Millionen und 5 Millionen Menschen. Was Japan — so wie andere Länder — braucht, ist Lebensraum; aber es müssen Räume sein, die nach Klima, Fruchtbarkeit und schon vorhandener Bevölkerung den Bedürfnissen der Japaner entsprechen; der kalte Norden des eigenen Landes kommt dafür nicht in Betracht; desgleichen nicht die im Winter so entsetzlich kalte Mandschurei (wenigstens nicht der nördliche Teil), wobei auch zu beachten ist, daß in der Mandschurei schon 30 Millionen Chinesen wohnen, gegen deren niedrigen Lebensstandard selbst der anspruchlose Japaner nicht aufkommen kann; ob die Inselwelt, die an und für sich noch eine starke Bevölkerungszunahme aushalten könnte, in Betracht kommt, ist schwer zu beurteilen; — wahrscheinlich ist sie zu tropisch. — Wohin also?

Jetzt ist Japan als Glied des „Dreierpaktes" als 'die führende Macht Ostasiens anerkannt.

Über die politischen Kraftfelder, die auch für den See- und Luftverkehr und die Kabel bedeutungsvoll sind, geben Abb. 17 und 18 Auskunft. Weiteres siehe im zweiten Band.

II. Die geschichtliche Entwicklung des Verkehrs im Dampfzeitalter.

Vorbemerkung. Wenn wir von einem Dampfzeitalter des Verkehrs sprechen, so müssen wir beachten, daß es natürlich nicht der Dampf allein gewesen ist, der die große Umwälzung gebracht hat. Im engeren Rahmen des Verkehrs kommen das Eisen oder vielmehr der Stahl und die Elektrizität, und zwar in Form des elektrischen Schwachstroms hinzu, ohne die die neuzeitliche Entwicklung undenkbar ist: Der Stahl hat den Bau des eisernen Weges, der Wagen, Lokomotiven und der neuzeitlichen Schiffe ermöglicht, die Elektrizität hat den Nachrichtenverkehr auf eine neue Grundlage gestellt und den Betrieb der Eisenbahn mittels der telegraphischen Verständigung einfacher, geschwinder und sicherer gemacht.

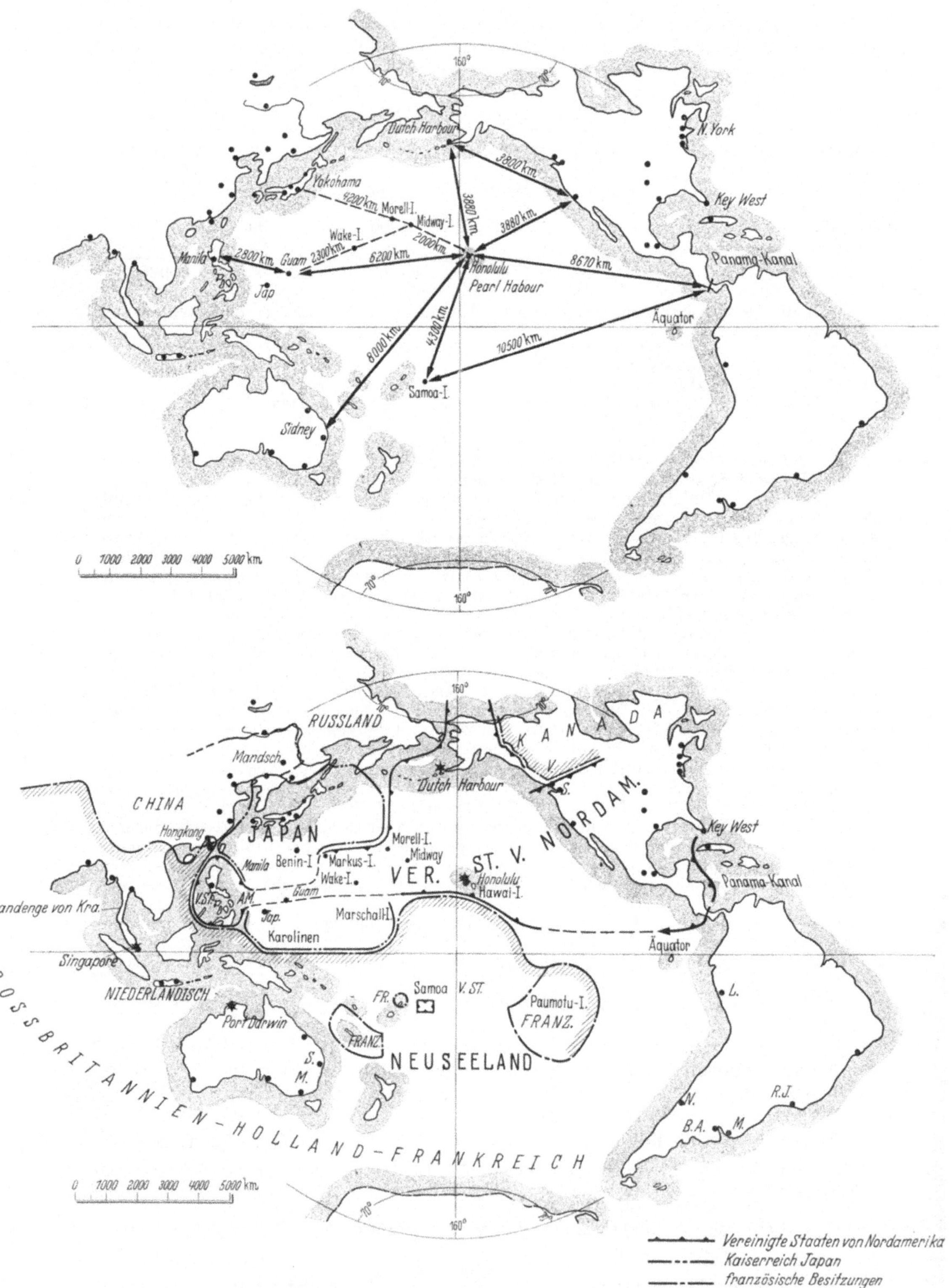

Abb. 17 u. 18. Politische Kraftfelder im Gebiet des Großen Ozeans.

Ferner darf man auch nicht die vielen großen Fortschritte vergessen, die im Straßen- und Brückenbau, im Fluß- und Kanal-, im Hafen- und Schiffsbau in den letzten Zeiten vor Dampf und Stahl erzielt worden waren.

Und allgemein ist es natürlich nicht nur die Verkehrstechnik, sondern die Gesamttechnik gewesen, durch deren hohe Weiterentwicklung die neue Zeit bestimmt worden ist. Die großen Fortschritte sind auch nicht etwa „Erfindungen" zu danken, die ohne wirtschaftlichen Zusammenhang, quasi im „luftleeren Raum" von irgendwelchen Grüblern, Tüftlern oder Stubengelehrten gemacht worden sind, noch weniger der plötzlichen Erleuchtung eines Jünglings, der das Wesen der Dampfkraft am Teekessel seiner Tante erkannte und im Anschluß hieran die Dampfmaschine erbaute; — so einfach ist die Technik nun doch nicht! Es war vielmehr ein schweres, jahrhundertelanges Ringen der großen Geister gegen die Unzulänglichkeit der Mittel, die der Menschheit bis dahin zu Gebote gestanden hatten; die führenden Männer der Politik und Wirtschaft, der Industrie und des Verkehrs hatten klar erkannt, daß sie ihre hohen Ziele nicht erreichen könnten, wenn sie nicht über leistungsfähigere „Werkzeuge" verfügten.

So fällt die Geburtsstunde der „modernen Technik" mit der Geburtsstunde der Renaissance zusammen; man mag sie also in das Jahr 1420 legen. Um diese Zeit beginnt die Loslösung des Menschen aus der Gebundenheit des Mittelalters, die Betonung der Persönlichkeit (ausartend bis zum verbrecherischen Renaissance-Herrenmenschen), die Wiederanknüpfung an die Leistungen der Antike (und zwar nicht etwa nur in der Kunst, sondern auch in der Wissenschaft), die Erlösung der Wissenschaft aus dem Nachbeten älterer Lehren und Meinungen und ihre Einstellung auf eigenes Beobachten und eigenes Denken. Es kamen die großen Fortschritte in der Mathematik, Astronomie, Vermessungskunde, Mechanik (Statik und Dynamik), dann die der Physik und Chemie und hiermit der mechanischen und chemischen Technologie, dann die Verbesserung der vielverzweigten Gebiete der Textilgewerbe, dann die Ausnutzung der Naturkräfte (Wind, Wasser) als Antriebskräfte für Mühlen aller Art und für die „Künste" des Bergbaus und des Hüttenbetriebs, durch die nicht nur die Kraftmenge erheblich gesteigert, sondern gleichzeitig auch das Pferd und der Mensch als „Kraftquelle" ausgeschaltet, aus härtester Fron erlöst und zu edlerer Arbeit frei gemacht wurden; — das war in Wirklichkeit die Überwindung der Sklaverei! Es kamen die Fortschritte im Häuser-, Städte- und Festungsbau; in der Wasserwirtschaft, durch die mittels Ent- und Bewässerungen weite Gebiete urbar gemacht wurden, in der Metalltechnik, durch die alle Geräte und Werkzeuge besser, stärker, sicherer wurden. Es kamen schließlich die Änderungen in der Waffentechnik, die Einführung und ständige Verbesserung der Feuerwaffen, hiermit der Aufstieg der Artillerie und der Infanterie und der Abstieg der Kavallerie mit allen ihren Folgen für das Verkehrswesen (Schiffsartillerie, Straßenbau, Festungen), für das Finanzwesen der Staaten (der steigende Geldbedarf), für die Industriepolitik (die man um so mehr pflegen mußte, je mehr man die technischen Fortschritte für Armee und Marine ausnutzen wollte), für die soziale Struktur (Niedergang der Ritter) usw.

Zeittafel der wichtigsten Fortschritte in Naturwissenschaften und Technik (von etwa 1200 ab).

1181	Der Kompaß in Europa bekannt, — in China schon 121 n. Chr.
1200	Sprengpulver im Bergbau.
1202	Die arabischen Ziffern in Europa bekannt.
1253	Eine Art primitiver Schleuse (in Holland) angewendet.
1300	Schießpulver in Europa angewendet.
1390—1398	Erbauung des Stecknitzkanals (Lübeck—Elbe).
1420	Manuskript zum ersten deutschen Buch über Technik, — gedruckt als „Feuerwerkbuch" 1529.
1440	Buchdruck mit beweglichen Lettern erfunden, — Gutenberg.
1460	Dezimalrechnung.
1460—1500	Wasserturbine, Kompaß mit aufgehängter Nadel, richtige Schleuse für Kanäle. — Leonardo da Vinci.
1550	Wissenschaft der Metalle, — Agricola.
1586—1597	Hydrostatische Waage, Thermometer, Fall- und Pendelgesetze, — Galilei.
1600	Fernrohr.
1600—1611	Wissenschaftliche Astronomie, — Kepler.
1614	Rechnen mit Logarithmen.
1629	Dampfmaschine, — Versuche.
1650	Luftpumpe
1661	Manometer } v. Guericke.
1663	Reibungselektrizität
1661	Theorie der chemischen Elemente.
1666	Höhere Mathematik, — Leibniz, Newton.
um 1700	Steinkohle, — gezogene Geschütze.
1722	Stahl aus Gußeisen.

1735	Koks aus Steinkohle.
1740	Hochofen mit Steinkohle (Koks), also nicht mehr mit Holzkohle.
1740	Gußstahl.
1747	Zucker aus Rüben.
1750	Spiritus aus Kartoffeln.
1764	Dampfmaschine, — praktisch brauchbare Konstruktion, — Watt.
1769	Spinnmaschine.
1769	Dampfwagen, — Cugnot.
1779	Erste eiserne Brücke.
1780	Galvanische Elektrizität.
1781	Anfänge des Dampferverkehrs auf Flüssen.
1782	Luftballon.
1783	Begründung der neuzeitlichen Chemie.
1785	Mechanischer Webstuhl.
1796	Dampfbagger.
1802	Elektromagnetismus.
1807	Raddampfer, — Ritter, Fulton (auf dem Hudson).
1814	Erste Lokomotive, Stephenson.
1818	Draisine (Fahrrad), — Drais.
1819	Erste Dampferfahrt über den Ozean.
1823	Elektromotor.
1825	Erste Eisenbahn (mit Pferden).
1829	Wettfahrten der Lokomotiven bei Rainhill, — Stephenson.
1829	Schraubendampfer.
1833	Elektrischer Telegraph, — Gauß, Weber.
1839	Dampfhammer.
1840	Glühlampe (Goebel 1853, Edison 1878).
1845	Kabel.
1848	Bogenlampe.
1854	Akkumulator.
1854	Fahrrad.
1854	Semmeringbahn.
1856	Geschütze aus Gußstahl, — Krupp.
1859	Erdöl (in Pennsylvanien).
1860	Fernsprecher, — Reis.
1862	Erste Zahnstangenbahn, — Riggenbach, Rigi.
1862—1865	Sezessionskrieg, — der erste „technische" Krieg: Torpedos, Minen, schwerste
1864	Siemens-Martin-Stahl. [Geschütze, Panzerschiffe.
1867	Brennerbahn.
1867	Dynamomaschine, — Siemens.
1869	Der Suezkanal.
1871	Erster großer Alpentunnel: Mont Cennis.
1879	Erste elektrische Eisenbahn, — Siemens.
1882	Gotthardbahn.
1884	Dampfturbine.
1885	Kraftwagen, — Daimler, Benz.
1886	Motorboot.
1887	Drehstrommotor.
1891	Erster Gleitflug, — Lilienthal.
1893	Dieselmotor, — Diesel.
1896	Drahtlose Telegraphie, — Marconi.
1900	Erste Fahrt eines „Zeppelin".
1900	Schnellfeuergeschütze, wesentlich verbessert.
1906	Fernsprechen ohne Draht.

Indem wir glauben, daß es genügt, wenn wir unsere Leser an diese — ihnen im übrigen ja bekannten — Tatsachen erinnern, um sie vor einer falschen Grundeinstellung zu bewahren, möchten wir aber noch auf einen Punkt hinweisen, der fast nie richtig gewürdigt wird, obwohl er für Technik, Verkehr, Wirtschaft und Kriegswesen der vielleicht überhaupt wichtigste ist:

Bis zur großen um 1800 liegenden Zeitenwende wurde die gesamte „Technik", einschließlich der Verkehrs- und Waffentechnik, nicht wissenschaftlich, sondern nur handwerksmäßig betrieben. Die wissenschaftliche Durchdringung der technischen Probleme, die Formulierung bestimmter Aufgaben und ihre Lösung durch wissenschaftliche Forschung fehlte noch fast ganz; man möchte vielleicht vermuten, daß im ganzen Bauwesen von „Wissenschaft" nur die Rede sein kann bei den kühnen Gewölbekonstruktionen der Dome — übrigens ein Wissen, das in den Baugilden sorgsam geheimgehalten wurde. Die Wissenschaft konnte in die Technik erst eingeführt werden, nachdem die Methoden naturwissenschaftlicher Forschung in der Physik und Chemie ausgebildet worden waren, nachdem die Niedere Mathematik abgeklärt vorlag und der kühne Schritt in die Höhere Mathematik (in die Infinitesimalrechnung) und ihre Anwendungen getan war; denn erst mit diesem Hilfsmittel konnte dem Spiel der Kräfte in den Baukonstruktionen mittels der Statik und dem in den Maschinen mittels der Dynamik nachgespürt werden. Erst von dieser Zeit ab eröffnete sich die Möglichkeit, die technischen Werke (die unbeweglichen und die sich bewegenden) zu berechnen, also die Baustoffe richtig auszunutzen, die einzelnen Bauglieder den angreifenden Kräften entsprechend richtig zu formen und sinnvoll zusammenzufügen. Hierdurch wurden die Konstruktionen aber nicht etwa nur sicherer und leistungsfähiger, sondern vor allem auch wirtschaftlicher, weil die Material- und Kraftverschwendung um so mehr abnahm, je mehr die wissenschaftliche Erkenntnis zunahm; — damals begann sich die grundsätzlich so bedeutungsvolle Forderung durchzusetzen, daß in der Technik der Zweck mit dem geringsten Aufwand erreicht werden muß, also die Erkenntnis, daß Technik und Wirtschaft nicht zwei verschiedene Dinge, sondern eine Einheit sind.

Die Überführung der Technik vom Handwerk zur Wissenschaft erforderte die Schaffung entsprechender Unterrichts- und Forschungsanstalten, und da man nun in den meisten Ländern die Angliederung an die (damals vielleicht wirklich recht wirklichkeitsfremden) Universitäten nicht für richtig hielt, dagegen eine innige Verbindung mit dem „Waffenhandwerk", das ebenfalls zur (Militär-) Wissenschaft erhoben werden mußte, für notwendig und besonders erfolgversprechend ansah, so wurden Hochschulen gegründet, die der zivilen und militärischen Technik dienten. Als erste derartige Anstalt ist die 1747 gegründete Ecole polytechnique zu nennen, bzw. die schon 1671 gegründete Bauakademie, die bezeichnenderweise von dem großen Merkantilisten Colbert geschaffen wurde. In Deutschland entwickelten sich zunächst „Bauakademien" für den Hochbau und das Bauingenieurwesen und höhere Maschinenschulen oder Gewerbeakademien für den Maschinen-, Schiffs- und Bergbau, das Hüttenwesen und die Technologie. Von etwa 1800 ab wurden aus beiden Gruppen die heutigen Technischen Hochschulen aufgebaut, die das gesamte Gebiet der Technischen Wissenschaften und der Baukunst in Lehre und Forschung zu pflegen haben.

Hiermit war auch die Grundlage geschaffen, auf der die wissenschaftliche Verkehrstechnik aufgebaut werden konnte, die damals geschaffen werden mußte, um die unzulängliche Leistungsfähigkeit der bisherigen Verkehrsmittel zu überwinden. Da wir nun auf die „Leistungsfähigkeit der Verkehrsmittel" im nächsten Abschnitt noch näher eingehen müssen, so sei hier nur kurz angedeutet:

Vom „Verkehr", d. h. von der Verkehrsbedienung, also von den einzelnen Verkehrsmitteln, bzw. von dem „Gesamtverkehrsapparat" eines Landes müssen „wir" — nämlich jeder einzelne oder der Handel oder die Landwirtschaft oder die Industrie, also die „Wirtschaft", und vor allem die Volksgemeinschaft, die Staatsgewalt und die Landesverteidigung verlangen,

daß die zur Beförderung sich anbietenden Mengen (von Fahrgästen und Gütern) glatt bewältigt werden, daß also eine ausreichende quantitative Leistungsfähigkeit zur Verfügung gestellt wird, und

daß alle Transporte mit einer gewissen — nicht übertriebenen, sondern „vernünftigen" — Schnelligkeit, Regelmäßigkeit und Pünktlichkeit durchgeführt werden, daß die Verbindungen häufig genug sind, daß ausreichende Sicherheit vorhanden ist, daß genügender Schutz und ein gewisser „Komfort" vorhanden ist und daß die ganzen Transporte von den Widrigkeiten der Natur (Hitze, Kälte, Trockenheit, Hochwasser, Schnee, Eis, Sturm) möglichst unabhängig sind, — kurzum, daß eine ausreichende qualitative Leistungsfähigkeit zur Verfügung gestellt wird.

Diesen Forderungen war nun die Verkehrstechnik von dem Zeitpunkt ab nicht mehr gewachsen, als in Auswirkung der großen Entdeckungen und der gesamten merkantilistischen Politik die Räume so viel weiter und die Güter-mengen so viel größer geworden waren und außerdem die Ansprüche der Armeen an die Straßen und Brücken (wegen der Artillerie und des Trosses) so gestiegen waren. Leidlich zufriedenstellend arbeitete nur der Seeverkehr, zumal hier von den Zeiten Heinrichs des Seefahrers so zäh darum gerungen worden war, die Größe und Festigkeit der Schiffe zu vermehren, die Segeltechnik und hiermit die Geschwindigkeit und Sicherheit zu verbessern und den Gefechtswert zu er-höhen. Schlimm stand es aber im Binnenverkehr, und zwar hier für alle Ver-kehrsarten (Fahrgäste, Nachrichten und Güter); die hohe Verkehrstechnik der alten Römer war mit ihnen zugrunde gegangen, die Landstraßen waren jämmer-lich, an Binnenwasserstraßen standen nur die Flüsse in ihrem natürlichen Zu-stand zur Verfügung. Infolgedessen hatte bereits seit etwa 1650 in den am weitesten fortgeschrittenen Staaten ein zielbewußter Ausbau von Land- und Binnenwasserstraßen eingesetzt; aber trotz aller Verbesserungen blieb der Binnenverkehr zu unzuverlässig, zu langsam und vor allem viel zu teuer.

Wie sich die Verkehrsentwicklung in Westeuropa im einzelnen abgespielt hat, erläutern wir am besten an Deutschland; die Entwicklung ist in England, Frankreich, Holland, teilweise auch in USA. schneller vor sich gegangen, im übrigen Europa und in der weiten Welt langsamer. Wir können die Ver-kehrsentwicklung Deutschlands für diese Zeit in vier Abschnitte gliedern:

1. Die Zeit von 1648 bis 1833 ist eine „Vorbereitungszeit". Nach den furchtbaren Verheerungen des Dreißigjährigen Krieges beginnt sich Deutschland allmählich zu erholen, desgleichen Österreich nach den Türkenkriegen. Kraft-volle Herrscher, so der Große Kurfürst, erkennen die Bedeutung guter Verkehrs-mittel; sie bauen Chausseen und Binnenwasserstraßen, beide in Verbindung mit der Besiedlung der menschenleer gewordenen Räume und der Urbarmachung von Sümpfen, Mooren und Heiden; sie verbessern auch das Postwesen und be-mühen sich um die Verbesserung des Nachrichtendienstes durch optische Über-tragung. Diese Zeit ist, namentlich auf dem Gebiet des Straßenbaus, mit dem Aufkommen der Eisenbahn nicht etwa abgeschlossen, sie dauert vielmehr (in Preußen) bis etwa 1850. Als den letzten großen „Straßenbauer" muß man aber Napoleon I. bezeichnen, diesen so scharf- und weitblickenden Ingenieur, der klar erkannt hatte, wie wichtig der Verkehr für die Vorbereitung und Durch-führung des Krieges, für das Festhalten von Eroberungen, für die straffe Ver-waltung des Staates, für die einheitliche Zusammenfassung der wirtschaftlichen Kräfte ist. — In Deutschland war aber die Entwicklung des Verkehrs außer durch die Verarmung noch durch die Kleinstaaterei erschwert; abgesehen davon, daß jeder kleine Potentat schaltete und waltete in seinem Ländchen, wie er es für sich für vorteilhaft hielt, oft aber seinen größten Vorteil in der Schädigung des lieben Nachbarn sah, war Deutschland kein einheitliches Wirtschaftsgebiet, sondern durch Zollgrenzen in übelster Form zerstückelt. Als also die Eisenbahn von 1814 ab ihre Leistungsfähigkeit in England er-wiesen hatte und sich kluge Männer in Deutschland für sie einsetzten, war mit Schwierigkeiten zu rechnen, von denen wir uns heute im einzelnen keinen Be-griff mehr machen können.

2. Die Zeit von 1833 bis 1871 ist so recht das Zeitalter des Eisenbahn-baus. Drei große Ereignisse stehen an der Schwelle dieser Zeit:

der Beginn des Eisenbahnbaus in Deutschland,

die Gründung des Deutschen Zollvereins und

die Erfindung des elektrischen Telegraphen (durch die deutschen Gelehrten Gauß und Weber).

Wenn durch den Deutschen Zollverein und besondere Abreden der einzelnen Regierungen auch viele Schäden der Kleinstaaterei gemildert wurden, so konnte die Eisenbahn doch nicht im Sinn jener großen Männer entwickelt werden, die schon damals die Eisenbahn als das in jeder Beziehung wichtigste Verkehrsmittel des Binnenlandes erkannten und daher für das einheitliche deutsche Vaterland ein einheitliches deutsches Eisenbahnnetz forderten. Die unorganische Entwicklung wurde noch dadurch verschlimmert, daß lange Zeit Staats- und Privatbetrieb bunt durcheinander gingen. Da wir auf diese traurigen Kapitel noch zurückkommen müssen, sei hier nur kurz angedeutet, daß die Entwicklung besonders stark darunter gelitten hat, daß die natürliche Einheit der großen norddeutschen Tiefebene erst 1866 auch politisch (zwar nicht vollständig, aber verkehrstechnisch ausreichend) geeinigt worden ist.

Trotz aller Schwierigkeiten war 1870 ein Eisenbahnnetz so leistungsfähig und so einheitlich geschaffen, daß den berechtigten Forderungen der deutschen Wirtschaft und der Landesverteidigung gut entsprochen werden konnte. Zur gleichen Zeit waren die Eisenbahnnetze in Holland, Belgien, Frankreich und der Nordschweiz ebenfalls gut ausgebaut und mit dem deutschen Netz ausreichend verbunden. Dagegen waren die Netze in Österreich und weiter nach dem Südosten zu noch recht weitmaschig, und noch weiter war Rußland zurück, das außerdem, um sich gegen das übrige Europa abzuschließen, eine andere Spur (Breitspur) angenommen hatte. Andererseits waren die Alpen schon überschient, da 1867 die Brennerbahn fertiggestellt war. Und in Amerika hatte die erste Pazifikbahn 1869 den Großen Ozean erreicht.

In diesem Zeitalter des Eisenbahnbaus in Westeuropa und Nordamerika trat der Bau von Landstraßen immer mehr zurück, desgleichen der Bau und die Verbesserung der Binnenwasserstraßen. Der Landstraßen-Fernverkehr erlag vollkommen der Lokomotive, weil diese billiger, schneller und zuverlässiger arbeitet als das Pferdegespann, und auch von den Wasserstraßen kamen (besonders in England und Nordamerika) viele zum Erliegen, da auf ihnen nur kleine Schiffe verkehren konnten und die Fahrt durch zu viele Schleusen, schlechte Fahrstrecken, primitiv ausgestattete Häfen erschwert, verzögert und verteuert wurde. — Einen großen Aufschwung nahm dagegen der Telegraph und — gestützt auf die guten Leistungen der Eisenbahn — allgemein der Postverkehr. Ferner hat sich in diesem Zeitalter der Seeverkehr glänzend entwickelt; anfänglich hatte er sich noch stark gegen die Dampfmaschine gewehrt (s. u.), aber von 1850 ab hatte sie sich in der Handelsschiffahrt und von 1865, nämlich vom Sezessionskrieg ab, auch in der Kriegsmarine durchgesetzt.

Am Endpunkt dieser Zeit stehen eine Reihe wichtiger Fortschritte in der Verkehrstechnik: Nachdem schon 1854 das unerhört kühne Meisterwerk der Semmeringbahn vollendet worden war, wurden die Alpen 1867 mit der Brennerbahn offen überschient, im Mt. Cenis 1871 untertunnelt, und 1862 wurde der Rigi mit der ersten Zahnstangenbahn bezwungen. Im Jahre 1867 baute Siemens die erste Dynamomaschine und legte damit den Grundstein für die elektrischen Eisenbahnen aller Art.

Und im Jahre 1869 konnte das gewaltige Werk des Suezkanals dem Verkehr übergeben werden, durch den der Weltverkehr ein anderes Gesicht erhielt, durch den das Mittelländische Meer und seine Randgebiete wieder in das Licht des Weltgeschehens gerückt wurden.

3. Die Zeit von 1871 bis 1914 ist die Zeit der Ausgestaltung des binnenländischen Verkehrsnetzes und des Aufbaus der internationalen Linien.

Nach seinen Einigungskriegen und der Überwindung der Kleinstaaterei auf wirtschafts- und verkehrspolitischem Gebiet gelang es der deutschen Tüchtigkeit, den Vorsprung der anderen Länder auf den meisten Gebieten der Technik und Wirtschaft und im ganzen Bereich des Verkehrswesens einzuholen. Hiermit wuchs Deutschland im Rahmen Westeuropa—Nordamerika in die Weltmarktwirtschaft und den Weltverkehr, in den Exportindustrialismus und in den Exportkapitalismus hinein. Es ist nicht unsere Aufgabe, diesen glänzenden Aufstieg, der aber auch manche böse Schattenseite zeigte, zu schildern; wir haben nur festzustellen, daß dieser Aufstieg zu einem beachtlichen Teil den deutschen Verkehrsmitteln zu danken ist und daß nun die so erstarkte Wirtschaft (in Verbindung mit politischen, kulturellen und militärischen Notwendigkeiten) dem weiteren Ausbau des Verkehrswesens neue große Aufgaben stellte.

Die erste große Tat war die Vereinheitlichung des bisher stark zersplitterten Eisenbahnnetzes. Es war Bismarck, der erkannte, welches Machtinstrument die Eisenbahn in der Hand einer zielbewußten Regierung sein kann, wie der Staat durch planmäßige Pflege der Eisenbahnpolitik die Wirtschaft fördern kann, wie wertvoll sie außerdem für die Staatsfinanzen sein kann. Infolgedessen bemühte er sich, alle Eisenbahnen in den Besitz und Betrieb des Deutschen Reiches zu überführen; er mußte sich aber infolge des Widerspruchs süddeutscher Bundesstaaten damit begnügen, die Preußischen Staatsbahnen zu schaffen. In der Folgezeit haben diese, ebenso wie die Staatsbahnen der anderen Bundesstaaten, Großes für den weiteren kulturellen und wirtschaftlichen Aufstieg Deutschlands geleistet, indem sie eine Bau-, Betriebs- und Tarifpolitik trieben, die auf die Befruchtung aller Gebietsteile und aller Berufsgruppen abgestellt war. Ferner wurde das Netz, dessen Hauptlinien, wie erwähnt, im wesentlichen schon fertig waren, nun durch den Bau von Nebenbahnen und dann von Kleinbahnen ergänzt, so daß auch die abgelegenen Gebiete und die armen Heide-, Moor- und Gebirgsgegenden der Segnungen der Schiene teilhaftig wurden. Dazu kam ein großzügiger Ausbau für die Verteidigung des infolge seiner Lage und seiner offenen Grenzen so bedrohten Landes.

Weiter ist bezüglich des Schienenverkehrs (für alle ähnlich weit fortgeschrittenen Länder) die Entwicklung besonderer Bahnarten zu erwähnen, so z. B. Gebirgs- und Bergbahnen (namentlich unter Führung Österreichs und der Schweiz), Straßenbahnen, Städtischen Schnellbahnen (zunächst unter Führung Amerikas und Englands).

In manchen Ländern entwickelt sich in dieser Zeit auch eine „Renaissance" der Binnenwasserstraßen. Es werden nun aber nicht mehr „Sträßchen" für kleine Schiffe, sondern „Großschiffahrtwege" geschaffen; hierin ist Deutschland führend gewesen; zu nennen ist besonders der Mittellandkanal (s. u.).

Im internationalen Verkehr wurde in diesem Zeitabschnitt ganz Europa und desgleichen USA. und Kanada von einheitlichen Eisenbahnnetzen überzogen, und es wurde überall durch entsprechende Staatsverträge die einheitliche Bedienung des Durchgangsverkehrs sichergestellt. Ferner begann hier jene — in der Folgezeit so wichtige — Handhabung der Eisenbahnpolitik im Sinne der planmäßigen Förderung des Ausfuhrhandels, der eigenen Seehäfen und der nationalen Schiffahrt. Denn inzwischen hatte die Seeschiffahrt einen gewaltigen Aufschwung genommen, da die weiten Gebiete in Übersee, namentlich in USA., dann auch in Kanada, ferner in den jungen freien Staaten Südamerikas und in Ostindien eine außerordentliche Vermehrung der Güter (namentlich in Getreide, Fleisch, Häuten, Wolle, Baumwolle, Jute, aber auch in Kaffee, Tee, Kakao, Zucker) hervorgerufen hatten und da außerdem diese gleichen Gebiete einen großen Bedarf an Industrieerzeugnissen und Verkehrseinrichtungen aller Art hatten. Der gesamten Seeschiffahrt kam hierbei zugute, daß England vom Schutzzollsystem zum Freihandel überging, alle jenen an „Navigationsakte" erinnernden Beschränkungen aufhob und sein gewaltiges Kolonialreich dem Handel und der Industrie aller Nationen öffnete. Den großen Aufgaben wurde die Seeschiffahrt gerecht, indem sie vom Segel- zum Dampfbetrieb und vom Holz- zum Stahlschiff überging; gleichzeitig wurden Größe, Geschwindigkeit, Sicherheit und Ausstattung der Schiffe verbessert; desgleichen die Häfen mit allen ihren Einrichtungen und die gesamte kaufmännische Organisation in der Heimat und in Übersee; — es ist die Zeit, in der die großen Schiffahrtgesellschaften zu vortrefflich geleiteten Großunternehmungen von Weltgeltung aufsteigen.

In der weiten Welt draußen vollzieht sich ebenfalls ein gewaltiger Umschwung: Bisher hatte der europäische Kaufmann und Kolonisator, von einigen Ausnahmen abgesehen, nur an der Küste gesessen und war von ihr aus nur wenig tief in das Landesinnere vorgestoßen und er konnte aus ihm bei den primitiven, also sehr kostspieligen Verkehrsmitteln (Kanus, Fuhrwerken, Tragtieren, Trägern) nur hochwertige Güter herausbringen. Nun aber begann die Lokomotive und der besonders flach gehende Flußdampfer in das Innere der Kontinente einzudringen, und vor dem Weltkrieg waren mindestens alle großen Talbildungen und Tiefebenen, soweit sie wirtschaftlich wertvoll sind, durch Dampfverkehrsmittel erschlossen. Außerdem war China gewaltsam geöffnet, Japan in den Weltverkehr einbezogen, Sibirien durch Eisenbahnen und Dampfer erschlossen und der Große Ozean durchaus in den europäisch-amerikanischen Verkehr verflochten. Auch der bisher so vernachlässigte Kontinent Afrika war durch die Kolonialtätigkeit der Engländer, Franzosen, Deutschen und Portugiesen dem europäischen Handel geöffnet worden. In unserem Zusammenhang ist für diesen Zeitabschnitt besonders der starke Ausbau der Verkehrsanlagen in Übersee zu erwähnen, und zwar mußten vornehmlich Häfen, Telegraphenlinien und Eisenbahnen gebaut und dann dauernd mit allen Betriebsmitteln (Kranen, Maschinen, Lokomotiven, Wagen usw.) beliefert werden; hierauf bauten sich in England, Belgien, Frankreich, Deutschland und USA. große Industrien auf, die typisch Verkehrsanlagen aller Art für das Ausland erzeugten; desgleichen entstanden die großen Bauunternehmungen, die im Ausland Häfen, Tunnel, Wasserleitungen, Eisenbahnen usw. ausführen. Da bei allen diesen Verkehrsbauten die Finanzierung fast ausschließlich durch das europäische oder amerikanische — also durch das sog. „internationale" — Kapital erfolgte, geriet der Verkehr vieler Staaten in Abhängigkeit von diesem, und da die „Kapitalisten" nicht selten unfair handelten und ihre Macht mißbrauchten, dann aber womöglich von ihren Regierungen gestützt wurden, so ist in vielen Staaten eine Abneigung gegen diese Geldgeber entstanden; und da manche Staaten nun ihre Eisenbahnen usw. selber finanzieren, aber die Mittel nur langsam aufbringen können, so entstehen natürlich gewisse Verzögerungen.

4. Der Schlußabschnitt von 1914 bis in die Gegenwart ist, nicht nur für Deutschland, sondern für die ganze Welt, durch drei Faktoren gekennzeichnet:

a) durch die furchtbaren Verwüstungen, die der Weltkrieg, die sog. „Friedensverträge" und die Fortsetzung des Krieges nach dem Krieg in der Wirtschaft und Kultur, in Handel und Verkehr angerichtet haben;

b) durch das Aufkommen neuer Verkehrsmittel und durch die Verbesserungen der älteren Verkehrsmittel, also durch wesentliche Steigerungen der quantitativen und qualitativen Leistungsfähigkeit, denen aber damals im Zeichen des Absinkens der „prosperity" eine Schrumpfung des Verkehrsvolumens gegenüber stand;

c) durch die politischen Taten von 1933 ab. Hierauf ist aber an dieser Stelle nicht einzugehen; denn die Verbesserungen der Verkehrstechnik müssen in dem folgenden Hauptabschnitt erörtert werden, und die Einwirkungen der großen politischen Ereignisse sind nicht rückschauend, sondern vorwärtsschauend zu betrachten, sie gehören also in den Zweiten Band dieses Buches, in dem die großen Aufgaben der Gegenwart und Zukunft klarzustellen sind.

Zweiter Hauptabschnitt.

Die Verkehrsmittel.

Einführung. — Die „Leistungsfähigkeit".

Nach der vorstehenden geschichtlichen Betrachtung wollen wir nun die verschiedenen „Verkehrsmittel" kennzeichnen, also die technischen Mittel erörtern, deren sich der Mensch bedient, um die Transporte durchzuführen. Diese Mittel setzen sich, wie früher gesagt, je aus vier Gliedern — Weg, Fahrzeug, Kraft und Stationsanlagen — zusammen. Zu den „Verkehrsmitteln" und ihrer Handhabung kommen aber noch andere Faktoren hinzu: Leistungen der Mathematik und der Geographie (einschließlich Klima- und Meereskunde), ferner Organisation und Finanzierung, Gesundheitsdienst, rechtlicher und militärischer Schutz und vor allem der richtige Einsatz und die ausreichende Sorge für die Millionen von Menschen, die im Dienste des Verkehrs arbeiten und so zahlreich sind, daß sie die überhaupt größten Armeen der Welt darstellen.

Unsere Leser dürfen die Erörterungen der Verkehrsmittel aber nicht nur vom engeren bau- und betriebstechnischen Standpunkt aus betrachten, sondern sie müssen sie auch vom verkehrstechnischen und vom technisch-wirtschaftlichen Standpunkt erfassen; sie mögen immer dessen eingedenk bleiben, daß es bei allen Transportvorgängen auf den Zweck — und zwar auf einen vernünftigen, für das Gemeinwohl guten Zweck — ankommt, und daß dieser Zweck, wie oben erwähnt, mit einem möglichst geringen Aufwand erzielt werden muß.

Wir glauben, daß wir dem Leser diese richtige Gesamteinstellung am besten dadurch geben, daß wir zunächst den Begriff „Leistungsfähigkeit des Verkehrs" (bzw. der verschiedenen Verkehrsmittel) klar herausstellen. Wir haben uns allerdings schon oben mit der „Leistungsfähigkeit" beschäftigt und dabei nach quantitativer und qualitativer unterschieden; wir haben dabei angegeben: Vor Dampf, Stahl und Elektrizität war die Leistungsfähigkeit in beiden Beziehungen unzureichend; bis zu der Zeitenwende, da der Menschheit die Dampfschiffahrt auf Flüssen (1807) und dem Meer (1818), die mit Dampf betriebene Eisenbahn (1824) und der elektrische Telegraph (1833) gegeben war, also in der ganzen Zeit, in der der Mensch seine Transporte mittels der Baustoffe Holz, Bronze, Hanf, Leder, aber noch nicht Stahl und mittels der Kraft der Muskeln, des Windes und der Strömung, aber noch nicht der Kohle und des Dampfes bewältigen mußte, waren die Forderungen, die die höher entwickelten Völker und Staaten an die Verkehrsbedienung stellen mußten — und zwar mit Recht stellen mußten! —, größer als die Leistungsfähigkeit; daher haben ja auch so viele große Völker und Staatsmänner so schwer um die unzureichende Verkehrstechnik gerungen. Bei den großen Taten, die vor 1800 im Verkehr vollbracht worden sind, ist vielleicht das Größte, daß der Kampf gegen die Entfernungen und die Naturgewalten mit unzureichenden technischen Mitteln geführt werden mußte; — wir können dies besonders klar erkennen, wenn wir die Kriege der Römer und Napoleons betrachten, in denen die großen Krisen vielfach durch Verkehrsschwierigkeiten veranlaßt worden sind.

Prüfen wir nun, was eigentlich unter **Leistungsfähigkeit** zu verstehen ist, so finden wir, daß die oben gewählte grobe Einteilung nach quantitativer und qualitativer Leistungsfähigkeit nicht ausreichend ist, sondern daß wir zur Erzielung zuverlässiger Erkenntnisse sechs verschiedene Arten von „Leistungsfähigkeit" unterscheiden müssen, nämlich:

1. die mengenmäßige (bisher quantitative genannt);

2. die gütemäßige (bisher qualitative genannt);

3. die Leistungsfähigkeit gegenüber den widrigen geographischen Verhältnissen, die den Verkehr dauernd behindern, — „regionale" Leistungsfähigkeit;

4. die Leistungsfähigkeit gegenüber den widrigen Naturgewalten (besonders gegenüber der Witterung und der Dunkelheit), die den Verkehr zeitweilig behindern (oder unterbrechen), — „temporale" Leistungsfähigkeit oder allzeitige Dienstfähigkeit;

5. die wirtschaftliche Leistungsfähigkeit, d. h. die Billigkeit;

6. die militärische Leistungsfähigkeit, d. h. die Leistungsfähigkeit für die Landesverteidigung.

Der Sinn dieser sechs Arten von Leistungsfähigkeiten läßt sich in folgendem Satz zusammenfassen:

Der Verkehr (die Gesamtheit der Verkehrsmittel eines Landes) hat die Aufgabe, die Reisenden, Güter und Nachrichten, die gemäß vernünftigen politischen, sozialen, raumpolitischen, wirtschaftlichen und kulturellen Forderungen befördert werden sollen, zu befördern:

1. in ausreichenden Mengen (und ausreichender Größe der Einzelstücke),
2. mit ausreichender Güte,
3. allerorten, d. h. von jedem Punkt nach jedem Punkt,
4. jederzeit,
5. mit genügender Billigkeit, d. h. zu angemessenen Preisen,
6. nicht nur zu friedlichen, sondern auch zu kriegerischen Zwecken.

Diese Herausarbeitung der sechs Arten von Leistungsfähigkeit kann als stark theoretisch kritisiert werden; da aber ununterbrochen gedankenlos mit dem Begriff „Leistungsfähigkeit“ bei verkehrs-„wissenschaftlichen“ Erörterungen und bei Behandlung wichtigster Verkehrsfragen umgesprungen wird, so wird es sicher nichts schaden, wenn der Begriff nach seinem wirklichen, und zwar recht vielseitigen Inhalt klar gegliedert wird.

Zuzugeben ist, daß die sechs Arten sich teilweise überdecken. Die Leistungsfähigkeit gegenüber den widrigen Naturgewalten (Punkt 4) ist z. B., streng genommen, schon in der gütemäßigen Leistungsfähigkeit 2. enthalten; denn 4. entspricht den Forderungen nach Regelmäßigkeit und Pünktlichkeit, die einen wesentlichen Bestandteil von 2. ausmachen; und die „militärische Leistungsfähigkeit“ ergibt sich ohne weiteres aus 1. bis 5. Solche Überdeckungen kommen aber in der Wissenschaft oft vor; sie schaden der Klarheit nichts, sondern sind für sie zweckmäßig und oft sogar notwendig.

Wie fruchtbar die Gliederung der Leistungsfähigkeit in sechs Arten ist, zeigt die Überlegung, wie unterschiedlich diese Arten bei den verschiedenen Verkehrsmitteln sind, z. B.:

Binnenwasserstraße: 1. und 5. gut, 2., 3. und 4. und daher auch 6. mäßig;

Flugzeug: 1., 5. und auch 4. ungünstig; 2. in gewisser Beziehung (Geschwindigkeit) sehr gut; 3. theoretisch ideal, in Wirklichkeit aber beschränkt, da von der Zahl der Flugplätze abhängig.

Schon diese wenigen Hinweise zeigen, wie gedankenlos es oft ist, wenn ohne genauere Erklärung behauptet wird: „Das Verkehrsmittel A ist leistungsfähiger als das Verkehrsmittel B.“ Sehr häufig läßt sich bei solchen allgemeinen Werturteilen mit demselben Recht auch das Gegenteil behaupten.

Im einzelnen sei zu den sechs Arten bemerkt:

1. Mengenmäßige (quantitative) Leistungsfähigkeit. Hierunter sind drei verschiedene Dinge zu verstehen:

a) Am wichtigsten ist die Fähigkeit, die zum Transport sich anbietenden Mengen (von Reisenden, Nachrichten und Gütern) zu befördern. Hierbei ist je die Fähigkeit

der einzelnen Verkehrsanlage (z. B. einer Nebenbahnlinie), ferner

jedes Verkehrsmittels (z. B. der Binnenschiffahrt oder des Luftverkehrs) und

der gesamten Verkehrseinrichtungen eines Landes zu beachten.

b) Außerdem ist noch zu prüfen, ob und inwieweit das besonders große (schwere, lange) Einzelstück befördert werden kann; in dieser Beziehung ist z. B. die mengenmäßige Leistungsfähigkeit des Flugzeugs und auch des Kraftwagens bescheiden, die der Eisenbahn und besonders des Schiffes dagegen groß.

c) Es kommt aber nicht nur darauf an, daß die großen Mengen bewältigt werden; vielmehr müssen auch die kleinen Mengen befördert werden, und zwar mit vernünftiger Billigkeit! Diese Forderung wird gar zu oft vergessen, da immer noch zu viel Hochachtung vor der „großen Zahl“ besteht. Im Verkehr verdienen aber aus wirtschaftlichen, sozialen und völkischen Gründen die kleinen Mengen, die billig und gut befördert werden müssen, dieselbe Beachtung wie die großen Massen.

2. Gütemäßige (qualitative) Leistungsfähigkeit. Hierunter sind vor allem zu verstehen:

a) Sicherheit, und zwar: 1. Sicherheit gegen „Unfälle“, die aus dem Betrieb des Verkehrsmittels entspringen, wobei aber auch höhere Gewalt und eigenes Verschulden der Reisenden und Frachtgeber zu berücksichtigen sind;

2. „Sicherheit" gegen „Beschädigungen", d. h. gegen Übermüdung, Unwohlsein, Erkrankung der Reisenden und gegen Wertminderung der Güter durch Zerbrechen, Anstoßen, Erfrieren, Verfaulen und durch Diebstahl, einschließlich der Wertminderungen an beförderten Tieren.

b) Regelmäßigkeit und Pünktlichkeit.

c) Häufigkeit der Verbindungen oder vielmehr der den Bedürfnissen angepaßte „gute Fahrplan".

d) Anpassungsfähigkeit, d. h. die Fähigkeit, sich den so verschiedenartigen Forderungen der drei verschiedenen Verkehrsarten und ihrer vielen Unarten richtig anzupassen; bei den Reisenden ist hierbei an die notwendige Bequemlichkeit und den vernünftigen „Komfort" zu denken, bei den Gütern an den Schutz gegen Wertminderungen. Die „Anpassungsfähigkeit" deckt sich also stark mit dem einen Teil der Sicherheit, 2a). Die „Anpassungsfähigkeit" ist die Grundlage für die Vielseitigkeit, also für die Fähigkeit, die verschiedenartigsten „Transportgegenstände" zu befördern; sie ist groß bei Schiff und Eisenbahn, sehr klein bei allen Arten von Leitungen, da diese nur ein Gut (Ferngespräche, Wasser, Öl, Gas) transportieren können.

e) Schnelligkeit oder vielmehr Herabsetzung des fühlbaren Zeitaufwands. Die „höchste Fahrgeschwindigkeit" ist an sich eine Sache des inneren Betriebs, die den Reisenden und Frachtgebern gleichgültig sein kann.

3. Leistungsfähigkeit gegenüber den widrigen geographischen Verhältnissen, — „regionale" Leistungsfähigkeit.

Hierbei ist zunächst eine Abgrenzung gegen 4., also gegen die „Leistungsfähigkeit gegenüber den Naturgewalten", notwendig. Beide Arten haben das gemeinsam, daß sie von den Beziehungen zwischen dem Verkehrsmittel und der Natur ausgehen. Die Natur ist nun dem Verkehr entweder günstig oder ungünstig; und das einzelne Verkehrsmittel muß daher:

die Ungunst der Natur überwinden und
die Gunst der Natur ausnutzen.

Das Ausnutzen der Gunst ist für 5., also für die „wirtschaftliche Leistungsfähigkeit", das Überwinden der Ungunst dagegen für 3. und 4. von maßgebender Bedeutung.

Um zu einer klaren Scheidung zwischen 3. und 4. zu kommen, ist bei 3. von den dauernden (ständigen, unveränderlichen) geographischen Verhältnissen, bei 4. aber von den nur zeitweilig auftretenden (vorübergehenden, wechselnden) Naturerscheinungen auszugehen. Bei dieser Gliederung tritt klar hervor, daß bei 3. der Raum, das Räumliche, also die fast unveränderlichen geographischen Gegebenheiten maßgebend sind, — daher die Bezeichnung „regionale" Leistungsfähigkeit —, daß dagegen bei 4. die Zeit maßgebend ist, daß es sich dabei nämlich um die Überwindung der nur zeitweilig auftretenden Erschwerungen handelt, — daher die Bezeichnung „temporale" Leistungsfähigkeit.

Für die regionale Leistungsfähigkeit ist die Gestaltung der Erdoberfläche maßgebend. Da diese dem Funkverkehr gar keine, dem drahtgebundenen elektrischen Nachrichtenverkehr fast keine Hindernisse bietet, ist die regionale Leistungsfähigkeit dieser Verkehrsmittel vollkommen. Im übrigen ist die Aufteilung der Erdoberfläche in Wasser und Land maßgebend. Da das Weltmeer eine zusammenhängende Einheit bildet und außerdem die beiden den Seeverkehr hemmenden Landengen (von Suez und Panama) durch Kanäle durchstochen sind, so ist die regionale Leistungsfähigkeit des Seeschiffs groß; sie wird nur auf den beiden Polkappen durch deren dauernde Eisbedeckung vermindert. Dagegen ist sie im Binnenwasserstraßenverkehr gering; denn diese ist an die einzelnen Stromsysteme gebunden, die allerdings durch Kanäle untereinander verbunden werden können; ferner weisen die einzelnen Binnenwasserstraßennetze immer große Maschenweiten auf; und große Gebiete der Erde (Mittel- und Hochgebirge, Wüsten, Steppen und andere Trockengebiete, z. B. Südeuropa) haben überhaupt kaum schiffbare Wasserläufe (wenigstens nicht im Sinn der neuzeitlichen Verkehrstechnik). Dagegen ist die regionale Leistungsfähigkeit der Landverkehrsmittel, also der Eisenbahn und Straße — innerhalb jeder geschlossenen Landmasse — groß, weil diese Verkehrsmittel die geographischen Hindernisse (Gebirge, Wüsten, Steppen, Urwälder, Sümpfe) überwinden und weil sie sich sehr fein verästeln können, so daß die Maschenweite der Netze beliebig klein gehalten werden kann.

4. Leistungsfähigkeit gegenüber den Naturgewalten, — „temporale“ Leistungsfähigkeit.

Unter „Naturgewalten“ sind in diesem Fall vor allem die Einflüsse ungünstiger Witterung zu verstehen. Am wichtigsten sind Nebel, Frost, Schnee, Wassermangel, Hochwasser; es sind dies voraussehbare Naturereignisse. Dazu kommen noch die nicht (oder kaum) voraussehbaren Ereignisse, wie Erdbeben, Rutschungen, Vulkanausbrüche. Ferner ist für bestimmte Fälle noch die Dunkelheit zu beachten.

Diese Naturgewalten können den Verkehr:

a) zeitweilig behindern — lähmen, verzögern und sogar ganz unterbrechen;
b) zeitweilig gefährden;
c) zeitweilig oder auch dauernd verteuern.

Hierdurch werden vor allem die Verkehrsmittel in ihrer Leistungsfähigkeit herabgesetzt, die mit der Natur eng verbunden sind, also der Wasser- und Luftverkehr, ferner der mit Tieren durchgeführte Verkehr, da Reit- und Zugtiere von der Witterung stark abhängig sind. Am unempfindlichsten ist neben den Leitungen die Eisenbahn, weil sie von der Natur stark losgelöst ist, also ein besonders „künstliches“ Verkehrsmittel ist; bei ihr muß auch der „Weg“, nämlich der Unterbau und das Gleis, künstlich geschaffen werden.

Die Gefährdung des Verkehrs durch die Naturgewalten erfolgt hauptsächlich durch Ereignisse, die sich nicht genügend voraussehen lassen. Am stärksten wird hier der Luft- und Seeverkehr betroffen, während der Landverkehr (Straßen und Eisenbahnen) eigentlich nur durch Erdbeben, Lawinen, Steinschläge und ungewöhnlich schwere und plötzliche Hochwasser gefährdet wird.

Die Verteuerung des Verkehrs durch den Kampf gegen die Naturgewalten hat mit der Leistungsfähigkeit dem Grundsatz nach nichts zu tun; die Kosten können aber so hoch werden, daß es wirtschaftlich geboten wird, auf die jederzeitige Dienstbereitschaft ganz oder zum Teil bewußt zu verzichten: der Trampdampfer hält bei böser See nicht durch, sondern verliert einige Tage; viele Alpenpässe werden im Winter nicht offen gehalten; in den Tropen wird zugelassen, daß unter Umständen die Hochwasser über die Brücken hinwegfluten; die Berninabahn macht mit Recht den Vorschlag, ihr die Einstellung des Betriebes im Winter bedingt zu gestatten.

Die temporale Leistungsfähigkeit deckt sich stark mit der „Regelmäßigkeit“ und „Pünktlichkeit“, die oben schon als Untergruppen der „qualitativen“ Leistungsfähigkeit genannt sind; auch mit Teilen der „Sicherheit“ finden Überdeckungen statt. Aus allen diesen Eigenschaften ergibt sich die Berechenbarkeit der Transporte, die Wiedenfeld mit Recht als besonders bedeutungsvoll bezeichnet; denn für den Fahrgast, den Versender und Empfänger von Nachrichten, den Besteller und Lieferer von Waren und vor allem auch für alle militärischen Transporte ist die zuverlässige Berechenbarkeit des Eintreffens von größter Bedeutung.

5. „Wirtschaftliche“ Leistungsfähigkeit.

Hierunter ist in diesem Zusammenhang nicht etwa die finanzielle Leistungsfähigkeit, also die Finanzkraft des einzelnen Verkehrsunternehmens, sondern die Billigkeit der Beförderung zu verstehen. Es gibt nämlich Verkehrsmittel, die zwar über die anderen Arten von Leistungsfähigkeit in hohem Maße verfügen, aber leider mit so hohen Selbstkosten belastet sind, daß sie aus diesem Grunde in vielen Fällen ausscheiden müssen. Das kennzeichnendste Beispiel hierfür ist die Stadtschnellbahn (Hoch- oder Tiefbahn), die zweifellos den die Straße mitbenutzenden städtischen Verkehrsmitteln (Straßenbahn und Omnibus), wesentlich überlegen ist, also eine höhere „Leistungsfähigkeit" besitzt, aber leider ein so hohes Anlagekapital erfordert, daß sie aus wirtschaftlichen Gründen in vielen Fällen ein frommer Wunsch bleiben muß. Die Finanzierung von Stadtschnellbahnen wird aber wesentlich erleichtert, wenn man längere Teilstrecken als Damm- oder Einschnittbahnen ausführen kann.

6. Militärische Leistungsfähigkeit.

Die Leistungsfähigkeit eines Verkehrsmittels (oder einer einzelnen Verkehrsanlage oder der gesamten Verkehrseinrichtungen eines Staates oder einer Staatengruppe) für die Landesverteidigung hängt von den fünf anderen Arten der Leistungsfähigkeit ab. Dies ist für 1., 2. und 4. ohne weiteres klar; aber auch 3. und 5. sind wichtig. Die „regionale" Leistungsfähigkeit 3. ist nämlich gerade bezüglich der Landesverteidigung von besonderer Bedeutung, weil sie an die Gestaltung der Verkehrsnetze oft andere Forderungen stellt, als dies Kultur, Politik und Wirtschaft im Frieden tun, und die „wirtschaftliche" Leistungsfähigkeit 5) ist für die Landesverteidigung deshalb von Bedeutung, weil auch im Kriege die wirtschaftlichen Faktoren nicht beiseitegeschoben werden dürfen, sondern weil, zwar nicht bei allen, aber bei vielen wichtigen Beschlüssen und Handlungen die wirtschaftlichen Möglichkeiten und Folgen beachtet werden müssen. Die ständige und sorgfältige — sachliche und ehrliche — Erforschung und Abwägung der wirklichen militärischen Notwendigkeiten ist zur Zeit von besonderer Bedeutung, weil gerade im Verkehrswesen in vielen Staaten so viele Vorschläge und Forderungen von Laien vorgebracht und mit angeblichen „strategischen" Notwendigkeiten begründet werden, — wir kommen hierauf im Zweiten Band zurück.

Die Aufgliederung der „Leistungsfähigkeit" in die vorstehend erläuterten sechs Arten hat sich bisher in der Verkehrswissenschaft noch nicht eingebürgert. Wir behaupten auch nicht, daß sie die einzig mögliche oder einzig richtige Art der Aufgliederung sei. Wir möchten vielmehr betonen, daß man der Berechenbarkeit (in Verbindung mit der Pünktlichkeit und Regelmäßigkeit) oder der Vielseitigkeit einen besonderen Rang zuweisen kann. — PIRATH stellt als die drei Hauptkennzeichen für den Wert der verschiedenen Verkehrsmittel die Sicherheit, Billigkeit und Leistungsfähigkeit heraus, wobei der letztgenannte Begriff aber noch (etwa in unsrem Sinn) unterteilt wird. — Wie dem auch sei ,— die Hauptsache ist, daß nicht gedankenlos oder irreführend mit verschwommenen Begriffen jongliert wird.

A. Der Postverkehr.

Wenn wir nachstehend in diesem den „Verkehrsmitteln" gewidmeten Abschnitt den „Postverkehr" in einem besondern Unterabschnitt erörtern, so ist dies logisch nicht ganz richtig, denn die „Post" ist kein Verkehrsmittel, sondern eine Verkehrsanstalt; sie ist eine Organisation, die sich zur Beförderung von bestimmten Dingen, in erster Linie von Nachrichten, aber auch von Geld und kleinstückigen Sachen (Paketen), der verschiedenartigsten Verkehrsmittel bedient, wobei sich diese teils im eigenen Besitz und Betrieb der Postanstalt befinden (Telegraph, Fernsprecher, Rundfunk, Kraftlinien, Postkutschen), teils fremde Verkehrsanstalten darstellen (Eisenbahn, Schiffslinien). — Eine kurze gesonderte Behandlung der Post ist aber für unsern Zusammenhang praktisch zweckmäßig, weil es sich bei ihr um Unternehmungen handelt, die besonders groß, wichtig und eigenartig und in fast allen Ländern fest umrissene Organisationen sind, die sich durch die ihnen zugewiesenen Aufgaben klar gegen die andern Verkehrsmittel absetzen.

Die eigentliche und ursprüngliche Aufgabe der „Post" ist die Beförderung von Nachrichten, und zwar in Form von schriftlichen Mitteilungen, also von „Briefen". Die zuverlässige und schnelle Beförderung von Nachrichten, und zwar unter Geheimhaltung des Inhalts, ist zunächst eine Notwendigkeit für das Leben des Staates, und zwar in Frieden und Krieg. Infolgedessen haben in der ganzen Welt und zu allen Zeiten alle Staaten, die straff verwaltet wurden, die sich in sich festigen, die ihre Grenzen schützen, die für eine einheitliche Verwaltung, Ordnung und Rechtsprechung sorgen wollten, eine staatliche Postorganisation schaffen müssen, die mindestens den Aufgaben gewachsen sein mußte, daß einerseits die Zentralgewalt und die Provinzialbehörden

(Satrapen, Statthalter, Daimios, Gouverneure, Gaugrafen) an alle unterstellten Behörden ihre Weisungen erteilen konnten und daß andererseits alle nachgeordneten Behörden den vorgesetzten Berichte erstatten und mit den gleichgestellten schriftlich verkehren könnten.

Die ursprünglichsten Posteinrichtungen trugen immer schon das Kennzeichen, daß sie innerhalb der gesamten Staatsaufgaben verhältnismäßig große Organisationen darstellten, daß sie recht kostspielig waren und daß sie straff gehandhabt werden mußten. Lassen wir die Benutzung von See- und Binnenschiffahrtswegen und die Anwendung von Schall- und Lichtsignalen (s. u.) fort, beschränken wir uns also auf den Überlandverkehr, so sind zur sicheren und schnellen Beförderung von Briefen (und Akten) mindestens laufende, reitende oder fahrende Boten notwendig und diese bedürfen mindestens eines zum Laufen, Reiten oder Fahren geeigneten Weges, der mit Wechselstationen und mit allen Einrichtungen für die Verpflegung und Ruhe, den Sicherheits- und Gesundheitsdienst der Menschen und Tiere (Pferde, Ponys, Maultiere, Kamele, Elefanten) ausgestattet sein muß. Hierbei brauchte der Weg bei sonst geeignetem Gelände unter Umständen nicht besonders befestigt zu sein, so daß an Kosten für den Bau und die Unterhaltung des Weges gespart werden konnte; dagegen konnte an Anlage, Unterhaltung, Betrieb und Bewachung der Stationen nicht gespart werden, da sonst der Verkehrszweck nicht dauernd zuverlässig erreicht werden konnte; — man erkennt, daß die „Stationen" unter Umständen wichtiger sind als der „Weg". Mit solchen Posteinrichtungen wurden recht beachtliche Leistungen erreicht, wobei aber auch hier die Zuverlässigkeit (bei widrigen Witterungsverhältnissen) und die durchschnittlich erzielte Geschwindigkeit höher zu bewerten ist als eine gelegentlich erreichte Rekordgeschwindigkeit, von der zufällig eine (schwer nachprüfbare) Nachricht auf uns gekommen ist.

Es seien hier — mit allem Vorbehalt und ohne die Bedeutung zu übertreiben — folgende schnellen „Postkurse" mitgeteilt:

Im alten Ägypten: 320 km in 30 Stunden = rund 11 km/Std.; — um das Jahr 2300 v.Chr. soll hierbei z. B. der Beginn des Steigens des Nils gemeldet worden sein.

Im Römischen Reich: 320 km in 24 Stunden = rund 13 km/Std.; Germanien—Italien, 970 km, in 3 Tagen; 540 km in 36 Stunden = rund 15 km/Std.

In China (zur Zeit des Kubilai Khans und Marco Polos): 400 km (250 Meilen) am Tag; — Laufboten mit Schellengürteln, die alle 5 km abgelöst wurden; — an den Poststraßen waren große Raststationen in 40—50 km Abstand mit je 400 Wechselpferden angelegt; die Reichspost verfügte über mehr als 200000 Pferde.

In England um 1760: 240 km je Tag (Kuriere), 120 km je Tag zur See — guter Durchschnitt. (Rekordleistung 1603 beim Tod der Königin Elisabeth: 650 km in 60 Stunden.)

In Nordamerika 1770: 150 km in 2 Tagen; 1861 sog. „Pony-Expreß" 410 km je Tag.

Der große Aufwand, der für die staatliche Post unvermeidlich war, gab sicher bald Veranlassung, den Umfang der Postgeschäfte zu erweitern, um die Gesamteinrichtung besser auszunutzen. Vom Staat aus kamen bald hinzu:

der Geldtransport, d. h. die Beförderung von „Postanweisungen" und von Edelmetall (Gold, Silber), und zwar in Barren und Münzen,

der Transport von Kostbarkeiten (Luxuswaren) und leicht verderblichen Leckereien für die Hofhaltung,

die Reisen von Beamten, Richtern, Offizieren, Gesandten, Gelehrten usw.

Der ursprüngliche staatliche Nachrichtenverkehr wurde also auf den Geld-, Paket- und Personenverkehr ausgedehnt, also auf Verkehrsarten, die auch heute noch in vielen Ländern zum „Post"verkehr gehören.

Außerdem wird aber sicher in vielen Staaten, die sich die Pflege des wirtschaftlichen Lebens angelegen sein ließen, die staatliche Post auch für den Privatverkehr freigegeben worden sein.

Ohne uns in geschichtliche Erinnerungen verlieren zu wollen, möchten wir noch angeben:

Wie auf allen Gebieten des Verkehrs, haben die Römer auch im Postverkehr Großes geleistet, — namentlich auch auf dem Gebiet des militärischen Verkehrs. Caesar hat, da er so oft fern der Heimatstadt Krieg führen mußte, aber über alle Vorgänge zuverlässig und schnell unterrichtet sein mußte, Postkurse mit reitenden Boten geschaffen; Augustus hat sie zum „cursus publicus" gemacht mit Raststationen (mansiones) in den Abständen einer Tagesreise und mit je etwa drei zwischengeschalteten Wechselstationen (mutationes). In der Kaiserzeit wurden diese zunächst nur dem Staat dienenden Einrichtungen auch für den privaten Verkehr geöffnet, und zwar für Briefe und Pakete und auch für Reisende; denn als das Weltreich befriedet war, entwickelte sich ein starker Personenverkehr, und zwar nicht nur zu Geschäftszwecken, sondern auch zur Belehrung, Erholung und zum Vergnügen.

Die mohammedanische Welt schuf sich schon von 685 an gute Posteinrichtungen mit Wechselstationen durch ihre ganzen Reiche hindurch, die übrigens auch mit der Post des Byzantinischen Reichs gut zusammenarbeiteten.

In Westeuropa wurde die Post von Karl dem Großen ab sorgfältig gepflegt, später nicht nur von den Fürsten, sondern auch von den obersten Reichsbehörden, Städten, Kaufmannsgilden, Zünften und geistlichen Orden. In Frankreich schuf Ludwig XI., der Begründer des Nationalstaates, eine gute Post, die auch fremden Staaten zur Verfügung stand. Die Habsburger errichteten eine Post für ihre österreichischen Lande, die (zeitweilig) einem Grafenhaus verliehen war, eine zweite von den Niederlanden aus durch Süddeutschland nach Österreich und nach Frankreich—Spanien; diese wurde 1520 an das Haus der Thurn und Taxis verliehen und 1597 zum Kaiserlichen Regal erklärt; sie hat sich aber gegen die starken Reichsfürsten und die Kaufmannsgilden usw. nie vollkommen durchsetzen können; immerhin überdauerte sie noch die Napoleonsche Zeit und erlosch endgültig erst 1867! Von den einzelnen Bundesstaaten schuf Brandenburg 1649 eine staatliche Post mit z. B. einem Kurs von Cleve nach Memel; sie wurde von Friedrich Wilhelm I. und Friedrich dem Großen gefördert und nach den Freiheitskriegen neu aufgebaut; hieraus hat sich die Post des Norddeutschen Bundes (1867) und von 1871 ab die heutige Reichspost entwickelt; — und zwar unter dem tatkräftigen Generalpostmeister Stephan, dem auch mit an erster Stelle die Gründung des Weltpostvereins (1875) und die energische Aufnahme des Fernsprechverkehrs (von 1881 ab) zu danken ist.

Bis zum Aufkommen der Eisenbahn hatten fast alle Posten ihren eigenen Betrieb von gehenden, reitenden und fahrenden Boten, von Postkutschen (Omnibussen) und anderen Wagen; dieser gewaltige Fuhrpark mußte natürlich um so mehr abgebaut werden, je mehr die Eisenbahn benutzt werden konnte. Der Eisenbahn wurden in vielen Ländern durch allgemeine Gesetze oder in den einzelnen Genehmigungsurkunden Auflagen gemacht, durch die die Bedürfnisse des Postverkehrs sichergestellt werden sollten; das Recht zu diesen Auflagen leiteten die Staaten aus ihrer allgemeinen Staatshoheit und dem Postregal ab; die Auflagen sind zweifellos dem Grundsatz nach politisch und volkswirtschaftlich berechtigt oder vielmehr notwendig, denn Eisenbahn und Post müssen natürlich eng zusammenarbeiten; aber manche Auflagen gehen (oder gingen früher) zu weit, wie z. B. die früher in Deutschland geltende Bestimmung der unentgeltlichen Beförderung der Postsachen durch die Eisenbahn.

Der Umfang des Postverkehrs hat sich im „Dampfzeitalter" außerordentlich vermehrt. Dies ist auf die allgemeine Erstarkung des wirtschaftlichen und kulturellen Lebens, die Verringerung der Betriebskosten (durch die Benutzung der neuzeitlichen Verkehrsmittel) und die ständige Herabsetzung der Gebühren zurückzuführen; — hierbei ist man aber gelegentlich zu „schneidig" vorgegangen, z. B. bei der Einführung des berühmten „Penny-Portos" in England, das die Postfinanzen für viele Jahre böse zurückwarf. Ferner stieg der Verkehr durch

den Ausbau des Paket- und Scheckdienstes und die Angliederung des Tele-
graphen- und Fernsprechverkehrs und des Funkwesens. Außerdem wurde der
Post, da sie überall Ämter mit Geld- und Markenverkehr hat, noch manche anderen Aufgaben übertragen (Versicherungen, Auszahlungen von Renten usw.). —
Die Deutsche Reichspost ist ein Unternehmen mit mehr als 350000 Mann Belegschaft! Sie ist der größte Kraftfahrzeughalter Europas; der Bestand liegt
wesentlich über 20000 Kraftwagen.

Die neuzeitliche „Post" hat in den verschiedenen Staaten einen verschieden
großen Aufgabenkreis, also einen verschiedenen Umfang der von ihr zu
erledigenden Geschäfte. Soweit der Post aber bestimmte Aufgaben (z. B. der
Briefverkehr oder der Fernsprechverkehr oder das Funkwesen von Staats wegen
übertragen ist, ist die Post (ausschließlich) Staatseinrichtung (vgl. z. B. in
Deutschland die Reichspost), und zwar eine mit staatlichen Hoheitsrechten ausgestattete Organisation, die in das gesamte Staatsgefüge eingebaut ist und dem
Verkehrsminister oder einem besonderen Postminister untersteht; — eine Dis-
kussion darüber, ob für die Post neben dem Staats- auch der Privatbetrieb
zweckmäßig oder zulässig sei, ist also überflüssig, weil auch in den Staaten, die
sonst im Verkehrswesen den Privatbetrieb besonders hochhalten, diese Frage
im Sinne des Staatsbetriebes entschieden ist. Ferner ist die (staatliche) Post
im Rahmen der ihr zugewiesenen Aufgaben (in allen Staaten) gegen Wettbewerb
und Eingriffe von anderer Seite geschützt, indem ihr „Postregale" (oder Monopole) übertragen sind.

Gerade bei der Post ist der Staatsbetrieb vom politischen und volkswirtschaftlichen
Standpunkt besonders zweckmäßig, weil dann Gewähr dafür besteht, daß auch die wirtschaftlich schwachen Landesteile und die kleinen und abgelegenen Siedlungen (Kleinstädte, Dörfer,
Weiler) einheitlich mit guten Posteinrichtungen, und zwar mit allen Arten, bedacht und
ordentlich bedient werden, obwohl hierbei die Selbstkosten oft nicht gedeckt werden können;
es müssen also die wohlhabenden, dichtbesiedelten (industriellen) Bezirke und die Großstädte die „Kleinen" und „Armen" mit durchschleppen; zu denken ist ferner an den
umfangreichen Brief-, telegraphischen und Fernsprechverkehr der Behörden, ferner an
die hohe Bedeutung der Post für die Landesverteidigung, wobei nicht nur der private
Verkehr zwischen Soldat und Heimat, sondern vor allem der dienstliche Verkehr zwischen
Front, Etappe und Heimat zu beachten ist; die Post ist ja auch das große Reservebecken, aus deren Personal und Material die „Nachrichtentruppen" aufgestellt, ergänzt
und dauernd versorgt werden, — und die Bedeutung der Nachrichtentruppen kann kaum
überschätzt werden.

Verschieden aber ist, wie erwähnt, in den verschiedenen Staaten der Umfang der Aufgaben:

Am engsten dürfte der Aufgabenkreis der Post in den Vereinigten Staaten
von Nordamerika sein. Hier haben sich nämlich große Gesellschaften für den
Telegraphen- und den Überland-Fernsprechverkehr entwickelt, desgleichen für
den Fernsprechverkehr innerhalb der einzelnen Städte, so daß sich also der
elektrische Nachrichtenverkehr (noch größtenteils) in Privathand befindet
(und hierbei unter Umständen so zersplittert ist, daß sich innerhalb desselben
Bezirks mehrere Gesellschaften gegenseitig Wettbewerb machen!). Desgleichen
befindet sich das Funkwesen in Privathand. Ferner war der Verkehr in Paketen
und Zeitungen, Postanweisungen und Geld, Reisegepäck und manchen anderen
Arten von „Stückgut" frühzeitig, nämlich schon von 1839 ab, von besonderen
Gesellschaften wahrgenommen worden, von denen seit 1854 die „Adams Express
Company" die größte war. Die staatliche Post hat ihren Aufgabenkreis früher
dadurch selber stark eingeschränkt, daß sie bis 1913 das Höchstgewicht für
Postpakete auf nur 1,8 kg beschränkte; erst neuerdings ist die Grenze auf 10 kg
erhöht worden. Trotz Einschränkung ihres Aufgabenkreises ist die USA.-Mail
eine Riesenverwaltung, und ihre höheren Beamtenstellen, nämlich die der „Post-
master" in den großen Städten, sind sehr geachtet, da sie oft die einzigen Vertreter der Bundesregierung darstellen.

Seit 1929 gibt es in Nordamerika zwei große „Expreßgesellschaften", deren Aufgaben-kreis getrennt ist: Die American Express Company besorgt etwa die Geschäfte, die bei uns die Reisebüros betreiben, während die Railway Express Agency den „Expreßgut-verkehr" pflegt, d. h. praktisch gesprochen einen großen Teil der Verkehre, die wir Paket-, Expreß-, Eil- und Stückgut nennen, bis zu ganzen Wagenladungen (z. B. mit Obst oder Tieren).

Diese Gesellschaft ist eine gemeinsame Tochtergesellschaft von 70 Eisenbahngesellschaften, sie arbeitet aber mit 450 Verkehrsunternehmungen zusammen, und ihr Betrieb erstreckt sich auf rund 340 000 km Eisenbahnlinien, 32 800 km Seeschiffslinien, rund 20 000 km Kraftwagen- und 62 000 km Flugstrecken. Das Verkehrsgebiet umfaßt außer den Vereinigten Staaten auch Kanada, Kuba und Mexiko und den Großen Ozean.

Im Gegensatz zu dem eingeschränkten Aufgabenkreis der USA.-Mail ist der der Deutschen Reichspost besonders groß. Sie hat das Regal für die Be-förderung von schriftlichen Nachrichten (Briefen und Postkarten jeder Art); sie hat den Verkehr in Drucksachen, Warenproben und Mischsendungen stark aus-gebaut, desgleichen in Zeitungen und Zeitschriften (auch in ausländischen); über die Pflege der eingeschriebenen und Wertbriefe und der Postanweisungen ist sie zu dem besonders bequemen und billigen Postscheckverkehr gekommen. Be-sonders umfangreich ist ferner der Verkehr der Postpakete, bei dem aber eine „vernünftige" (verkehrstechnisch richtige) Abgrenzung gegen den Expreßgut-verkehr der Eisenbahn notwendig ist. Vor allem aber ist der Deutschen Reichs-post der Telegraphen- und Fernsprechverkehr und das Funkwesen mit übertragen.

Der (elektrische) Telegraph hat die Aufgabe, Nachrichten möglichst schnell zu übermitteln, und zwar nicht etwa nur einige wenige vorher verein-barte Mitteilungen oder Warnungen, sondern beliebige Wort- und Zahlentexte (auch in fremder oder in Geheimsprache), und zwar mit schriftlicher Fixie-rung des Textes, denn Telegramme können wichtige Urkunden sein! — und unter Wahrung des Geheimnisses (wie bei Briefen); — die Ansprüche sind also recht weitgehend!

Vor der Erfindung des elektrischen Telegraphen wurden sehr eilige Nach-richten durch Schallsignale (Negertrommeln in Afrika) oder durch Licht-, Feuer- oder Rauchsignale übermittelt. Diese Einrichtungen waren aber von der Tageszeit und den Witterungseinflüssen stark abhängig. Die Bedeutung der Lichtsignale nahm mit der Erfindung des Fernrohrs (um 1600) zu. Von 1791 wurde der Flügeltelegraph gut durchgebildet; Napoleon schuf sich z. B. die Linien Paris—Brüssel und Paris—Straßburg (423 km mit 49 Zwischenstationen); der preußische Generalstab legte 1832 die Linie Berlin—Trier (750 km mit 61 Zwischenstationen) an, die bis 1849 in Betrieb blieb. Von 1821 ab wurde durch den Heliographen das Sonnenlicht zum „Telegraphieren" unmittelbar benutzt[1].

Das Mittel, das allen eben erwähnten Forderungen endlich voll entsprach, war der mit Schwachstrom arbeitende elektrische Telegraph, der von 1809 ab durch gewisse Fortschritte vorbereitet und 1833 durch Gauß und Weber erfunden wurde. Nachdem 1838 die Erde als Rückleitung eingeschaltet war, wurde 1844 die erste Telegraphenlinie zwischen Washington und New York er-öffnet, 1847 die erste deutsche. In schneller Folge wurden wichtige Fortschritte erzielt, durch die der Verkehr insbesondere verbilligt wurde, indem durch bessere Ausnutzung der Leitungen und schnelleres Arbeiten der Beamten und Apparate die Leistungsfähigkeit der gesamten Einrichtungen gesteigert wurde; Hand in Hand ging hiermit die Verbesserung der Zuverlässigkeit (Ausmerzung von „Schreibfehlern") und der Geheimhaltung. Schon 1865 wurde der Welttele-

---

[1] Alle diese „primitiven" Nachrichtenmittel und noch primitivere erlebten im Weltkrieg ihre Wiederauferstehung, sobald in den schweren Kämpfen die „Strippen" zerschossen waren; und letzten Endes kam man dann auf die überhaupt primitivste Form zurück, nämlich den Meldegänger und den Meldehund!

graphenverein geschaffen, der 1934 zusammen mit dem Weltfunkverein in den Weltnachrichtenverein aufging. Die Überwindung des Ozeans gelang 1866 durch die Verlegung des ersten Unterseekabels; vorher war 1850 der Rhein, 1851 der Kanal zwischen Dover und Calais gequert worden.

Der Fernsprecher wurde 1861 von Reis erfunden, wurde aber zunächst nicht beachtet; er erhielt von Bell 1876 die praktisch brauchbare Form und eroberte sich dann in einem wirklich fabelhaften Siegeszug alle Länder, Städte, Dörfer, bis hinauf zu den Hütten im ewigen Schnee und hinunter in die tiefsten Schächte und bis zu den vordersten Linien in der Schlacht. In Deutschland erkannte insbesondere Stephan seine hohe Bedeutung für das politische, wirtschaftliche, militärische, kulturelle und verwandtschaftliche Leben; schon 1881 wurde das erste Ortsnetz geschaffen. Wie beim Telegraph wurden in rastloser Arbeit (der Gelehrten, der Verkehrsanstalten und besonders der Elektro-Industrie) große Fortschritte erzielt, durch die die Kosten gesenkt, die Zuverlässigkeit erhöht und die Bequemlichkeit (Handlichkeit) verbessert wurde. 1892 wurde der Wählbetrieb eingeführt und 1908 das erste Selbstanschlußamt in Deutschland eingerichtet; seitdem ist der Handbetrieb (mit dem „Fräulein vom Amt") stark gesunken. Von großer Bedeutung war die planmäßige Ausgestaltung des Systems der Nebenstellen und die Einführung des Lautsprechers.

Obwohl beim Fernsprecher (wie im gesamten elektrischen Nachrichtenverkehr) die Entfernung vom Standpunkt des Zeitaufwandes fast keine Rolle spielt, ist doch die nach der Entfernung abgestufte, also die regionale Gliederung des Netzes praktisch von größter Bedeutung. Man kann hierbei nach räumlicher Abstufung unterscheiden: internationale, Länder-, Bezirks- und Ortsnetze, und zwar für den öffentlichen Verkehr; dazu kommen die vornehmlich dem inneren Verkehr dienenden Netze innerhalb von „Einzelanlagen", nämlich von Gebäuden, Fabriken, Bergwerken, Häfen, Schiffen, Bahnhöfen und Bahnnetzen.

Kaum zu überschätzen ist die militärische Bedeutung des Fernsprechers; — die Marneschlacht wäre wohl nicht verloren worden, wenn man den richtigen Gebrauch vom Fernsprecher und den Nachrichtentruppen gemacht hätte; — später wurde jeder Vorgesetzte mit Recht „nervös", wenn er „seine Leute nicht ständig an der Strippe hatte", und die Störungssucher gehörten mit zu den größten stillen Helden des Völkerringens. Und auch im Krieg 1939/41 hat es sich immer wieder gezeigt, daß man nie zuviel Nachrichtentruppen haben kann.

In Deutschland hat die Reichspost auch den Rundfunk übernommen; — seine Bedeutung für Wirtschaft, Kultur und Politik ist so groß und so sinnfällig, daß darüber nichts gesagt zu werden braucht; desgleichen nicht über die Bedeutung des drahtlosen Nachrichtenverkehrs für die Seeschiffahrt, die Verbindungen mit den Kolonien und die Landesverteidigung.

B. Der Seeverkehr.

Vorbemerkung.

Wir behandeln nachstehend im Sinn der Verkehrstechnik jede Art von Schiffahrt, die vom nautischen Standpunkt als Seeverkehr im Gegensatz zum Binnen-Wasserverkehr, also auf Flüssen, Kanälen und (kleineren) Binnenseen, zu bezeichnen ist. Die charakteristischen Unterschiede liegen hierbei in der Größe der Wasserflächen und der Wassertiefen, den besonderen Gefahrenmomenten der Seeschiffahrt, der Größe, Bauart und Ausstattung der Schiffe und den Anforderungen an die Schiffsbesatzungen. In diesem Sinn gehören große Teile der Schiffahrt auf den großen Seen in Nordamerika, in den Strommündungen, an den Küsten entlang und über Meerengen hinüber zur Seeschiffahrt.

Betrachtet man die Schiffahrt aber vom Standpunkt der Verkehrsgeographie und ihrer Eingliederung in den Gesamtverkehr eines bestimmten Erdraums, so sind manche Teile des „technischen Seeverkehrs" zum Binnenverkehr zu rechnen, weil sie nicht den Überseeverkehr, sondern nur beschränkte Gebiete bedienen und sich hierbei mit den Binnenverkehrsmitteln, namentlich mit den Eisenbahnen in die Gesamtaufgaben teilen. Besonders charakteristisch ist dies bei den kurzen Seestrecken, die in die durchgehenden Eisenbahnlinien eingeschaltet werden müssen, weil die Landmassen durch schmale Meeresstraßen unterbrochen sind (Kanal, Belt, Sund, Bosporus). Solche Stellen werden ja auch vielfach durch Eisenbahnfähren (Kanal, Ostsee, Bosporus), oder auch schon durch Brücken (Kleiner Belt, Palkstraße Indien—Ceylon) überwunden, oder sie gehen der Zeit entgegen, in der sie durch Brücken oder Tunnel überwunden sein werden. — Im Weltkrieg unterstanden die englischen KanalQuertransporte in richtiger Würdigung des engen Zusammenhangs dem Feldeisenbahnchef. Darüber hinaus gehören aber auch große Gebiete der Schiffahrt an den Küsten entlang (Stettin—Danzig, Nizza—Genua, Neapel—Palermo, Triest—Ragusa), oder der quer über schmale Meeresteile (Rotterdam—London, Saßnitz—Trelleborg, Algerien—Frankreich [Truppentransporte!], Japan—Korea) oder der innerhalb von Binnenmeeren (Ostsee, Adria, Schwarzes, Japanisches, Gelbes Meer) zum Binnenverkehr; das ist besonders sinnfällig, wenn das Binnenmeer eine starke politische oder wirtschaftliche Einheit bildet; — die Ostsee ist als ein großer Fluß gekennzeichnet worden.

Die Grenzen zwischen echtem Übersee- und Binnenverkehr sind natürlich fließend, vgl. Hamburg—Helgoland—Sylt, Neapel—Palermo).

I. Das Seeschiff.

Das wichtigste Glied der Seeschiffahrt ist das Schiff. Von den vier Grundlagen eines jeden Verkehrsmittels (Weg, Fahrzeug, Kraft und Stationsanlagen) vereinigt in der Seeschiffahrt das Schiff die Grundlagen „Fahrzeug" und „Kraft" in sich. Das Fahrzeug ist vollständig Menschenwerk, während die drei anderen Grundlagen größtenteils Naturgaben sind; und die eine, den „Weg", muß der Mensch im allgemeinen so nehmen, wie er mit allen seinen günstigen und ungünstigen Eigenschaften nun einmal ist, während er an den „Stationsanlagen", nämlich den Häfen usw., vieles verbessern kann.

Die Entwicklung des Schiffs als Fahrzeug wird von den Hauptbaustoffen Holz und Stahl beherrscht, während für die bewegende Kraft als Hauptquellen Muskelkraft, Wind und Dampf zu nennen sind. Für das Schiff als Fahrzeug liegt der entscheidende Wendepunkt erst um 1860 (!), denn erst dann war die Stahlerzeugung so verbilligt und verbessert, daß man daran gehen konnte, die Seeschiffe grundsätzlich aus Stahl zu bauen, und für das Schiff als Kraftträger liegt der Wendepunkt auch nicht viel früher, weil die ersten Dampfmaschinen einen so schlechten Wirkungsgrad hatten und so viel Kohlen fraßen, daß die hochentwickelte Segeltechnik ihnen noch lange ebenbürtig blieb (s. u.); insgesamt ist die Wende stark durch den Sezessionskrieg (1863—65) beeinflußt worden (s. u.).[1]

Solange das Holz der **Hauptbaustoff** für das Seeschiff war, war dieser Baustoff insbesondere für die erreichbare Höchstgröße der Schiffe stark maßgebend, und zwar um so mehr, je höher die Seetüchtigkeit sein mußte, die von dem Schiff verlangt werden mußte. Mit geringer Seetüchtigkeit haben sich die meisten Mittelmeervölker und z. B. auch die Araber im Indischen Ozean abgefunden; die einen suchten nötigenfalls als „Schönwetter-Piloten" vor dem Sturm an der Küste Schutz und stellten die Schiffahrt im Winter (November—März) ein, und die Araber verließen sich auf den regelmäßigen Wechsel der Monsunwinde, von denen sie sich treiben ließen, gegen die sie aber nicht aufkreuzen konnten. Dagegen haben die kühnen Seefahrer des Nordens und die Weltentdecker (also die Genuesen, Portugiesen usw.) auf Seetüchtigkeit ihrer Schiffe so großen Wert legen müssen, daß sie sich unter Umständen mit geringerer Größe abfinden mußten. Gleiches galt für Kriegsschiffe, denn diese mußten nicht nur gut seetüchtig, sondern auch in sich so fest gebaut sein, daß sie den Gegner rammen konnten.

Die Gründe, aus denen heraus das Holz der Größe der Schiffe Grenzen setzte, war der Zwang, daß der Kiel aus einem Stamm bestehen sollte und daß überhaupt die ganze Längsfestigkeit des Schiffskörpers unter der Schwäche litt, die nun einmal den Holzverbänden eigen ist und zumal früher eigen war, als man nur über Verzapfungen, Bronze und Seile als Verbindungskonstruktionen verfügte. Geht man nun davon aus, daß die in Betracht kommenden Bäume (z. B. die Zedern vom Libanon) doch wohl nicht höher gewesen sind als

---

[1] Vgl. hierzu CRAEMER: 5000 Jahre Segelschiffe. München: Lehmann 1938. — EVERS: Kriegsschiffbau. Berlin: Julius Springer 1931.

40—50 m[1] und daß das Wipfelende als zu schwach abgeschnitten werden mußte, so wird man wohl nicht stark fehlgreifen, wenn man die Länge des einheitlichen Kiels zu 30—40 m annimmt[2]. Diese Schiffe sind also ihrer Länge nach mit den Schiffen (Kähnen) unserer älteren Binnenwasserstraßen zu vergleichen, deren Abmessungen nach Länge zwischen 38,5 und 40,2 m, nach Breite zwischen 4,6 und 5 m und nach Tiefgang zwischen 1,2 und 1,8 m liegen und deren Nutzlast nur 140—300 t beträgt.

Die Tragfähigkeit der Schiffe, auf denen Caesar seine Legionen nach England übersetzte, mag durchschnittllch bei 100 t gelegen haben; sie faßten je etwa durchschnittlich 45 Pferde oder 125 Mann; welche Schwierigkeiten Caesar bei der Beschaffung, Ausrüstung und Bemannung seiner Schiffe zu überwinden hat, hat er im „De bello Gallico" eingehend erläutert[3]. Die Griechen, Römer, Ägypter, Byzantiner haben aber, wenn ihr Seeverkehr in Blüte stand, auch über größere Schiffe verfügt; Nutzlasten von 700—800 t scheinen verbürgt zu sein, desgleichen 600 Fahrgäste; aber die Kriegsschiffe waren kleiner, weil sie seetüchtiger sein mußten und — z. B. zur Bekämpfung der Seeräuber — auch in seichten Gewässern mußten fahren können. In Venedig scheint eine Größe von 350 t stark vertreten gewesen zu sein.

Für die chinesische Schiffahrt zwischen China und Ceylon sind drei verschiedene Klassen von Dschunken bezeugt, von denen die größten 200—300 Mann Besatzung hatten und 700 Fahrgäste aufnehmen konnten; sie waren durch Schotten in 30 Abteilungen geteilt, hatten 4—12 (?) Masten mit je einem großen Segel, hatten aber auch gegen Windstillen Ruder und waren mit Kompaß ausgestattet.

Wie dem auch sei, — auf jeden Fall waren die Schiffe noch sehr klein, als kühne Seefahrer auf ihre großen Entdeckungen ausfuhren; das Kap der Guten Hoffnung ist mit einem 50 t-Schiffchen erreicht worden, Vorderindien mit Schiffen von 100 bis höchstens 250 t, Amerika mit der Karavelle „Santa Maria" von 175 t als größtem Schiff, — Länge 22,6 m, Breite 7,8 m, Tiefgang 4,1 m.

Auch die Schiffe der nordischen Welt, selbst die Hanse-Koggen, waren ursprünglich nicht größer. Aus ihnen entwickelten sich aber die Ostindienfahrer zu größeren Abmessungen, weil man von ihnen mehr Fassungsraum, größere Geschwindigkeit (also mehr Segelfläche) und höhere Gefechtskraft fordern mußte, denn diese Schiffe mußten sich gegen Feinde, Kaperschiffe und Seeräuber verteidigen können und mußten auch für den Angriff geeignet sein. Viele von ihnen waren überhaupt so gebaut, daß sie bei Kriegsausbruch schnell in Kriegsschiffe umgewandelt werden konnten, indem man Geschütze aus den Zeughäusern entnahm und Artilleristen anheuerte; — die erste Armierung von Schiffen mit Geschützen dürfte 1338 von England und 1385 von der Hanse vorgenommen worden sein.

Der Bau solcher Schiffe, die im Notfall stark armiert werden konnten, setzte einen hohen Stand der Schiffbaukunst voraus; insbesondere mußten die Hölzer gut und außerdem wohl gepflegt und die Holzverbände besonders sorgfältig ausgeführt sein. Berichtet werden z. B. um 1566 von einem Lübecker Admiralschiff folgende Zahlen: Länge des Kiels 36 m, Länge über alles 64 m, Wasserverdrängung 1500 t, 500 Soldaten, 400 Matrosen, 150 Kanonen (?). Es sind auch damals schon vermutlich starke Übertreibungen vorgekommen, indem die Größe über die Güte des Materials und die Höhe der Aufbauten über die Forderungen der Seetüchtigkeit hinaus gesteigert wurden. Manche Schiffe hatten mehr den Charakter schwimmender Burgen als seetüchtiger Fahrzeuge.

Die sozialen Zustände auf den Schiffen waren meistens sehr schlecht, da für die „Mannschaft" (außer den Rittern) bezüglich Unterkunft, Verpflegung und Gesundheitsdienst sehr schlecht gesorgt war. Noch unter Nelson kam es aus diesen Gründen in der englischen Marine zu schweren Meutereien.

Eine weitere Vergrößerung brachte von 1600 ab der Bau besonderer Kriegsschiffe, von denen man die Unterbringung vieler, und zwar schwerer Geschütze verlangen mußte. Um 1660 wurden bereits „Linienschiffe" von 1800 t Wasser-

---

[1] Unsere Tannen werden, 150jährig, höchstens 45—55 m hoch; die noch höheren ausländischen Riesenbäume kommen nicht in Betracht.

[2] Wir drücken uns hier vorsichtig aus, weil die Quellen unzuverlässig sind und weil in manchen sicher stark übertrieben wird.

[3] Vgl. auch KROMEYER u. VEITH: Heerwesen und Kriegführung. Verlag Beck.

verdrängung in Dienst gestellt; es waren sog. „Dreidecker" mit etwa 100 Geschützen, die aber nach dem Stande der damaligen Schiffbau- und Artillerietechnik Übertreibungen gewesen sein dürften, da in die unteren Geschützpforten im Gefecht zu leicht Wasser eindrang. Als Regeltyp darf man wohl den „Zweidecker" mit 1000—1500 t Wasserverdrängung und 70—80 Geschützen bezeichnen. Hiermit war aber eine so erhebliche Größe erreicht, daß bis zum Ende der Segelschiffzeit keine grundsätzlichen Weiterbildungen mehr erzielt werden konnten.

Das Flaggschiff Nelsons, die „Victory", war 68 m lang und 16 m breit; sie hatte 6,8 m Tiefgang und 3500—4000 t Wasserverdrängung; sie hatte 1805: 40 Geschütze zu 12, 30 zu 15, 30 zu 16 und 2 zu 21 cm Kaliber; aber das Flaggschiff de Ruyters hatte 1666 auch schon 70 Geschütze von größtenteils 13,5—17 cm. Die Kriegsflotte, die dem Großen Kurfürsten 1680 zur Verfügung stand, bestand aus 28 Schiffen mit zusammen 502 Geschützen; die Schiffe, mit denen er die Kolonisation an der Guineaküste begann, hatten je 16—32 Geschütze. Zu Anfang des 19. Jahrhunderts hat das hölzerne Segelkriegsschiff seine höchste technische Stufe mit Linienschiffen bis etwa 5000 t, mit je einer Breitseite von 50 Geschützen und 1000 Mann Besatzung erreicht. Die hölzernen Handelsschiffe blieben aber viel kleiner; die Hamburg-Amerika-Linie begann z. B. 1848 ihren Dienst mit 3 Schiffen von zusammen 1600 t.

Von etwa 1830 ab waren aber in der Eisentechnik solche Fortschritte erzielt worden, daß nun auch der Schiffbau mehr und mehr dazu übergehen konnte, Eisen zu verwenden, und zwar zunächst zur Verstärkung der Holzverbände und zur Herstellung der besonders stark beanspruchten Teile, später aber auch zum Bau des Schiffskörpers aus Eisen; das erste eiserne Schiff soll allerdings schon 1787 gebaut worden sein, und 1822 hat ein eisernes Schiff schon den Kanal überquert; der Bau eiserner Schiffe kann aber trotzdem erst von 1855 datiert werden. Für die Entwicklung, die naturgemäß mit der Einführung des Dampfbetriebs (s. u.) Hand in Hand ging, war dann der Bau des 1860 in Dienst gestellten englischen Riesenschiffs „Great Eastern" entscheidend, das bereits das System der Längsspanten und des Doppelbodens zeigte.

Die „Great Eastern" war mit Schaufelrädern und einer Schraube ausgerüstet; sie hatte bei 207,4 m Länge und 25,3 m Breite eine Wasserverdrängung von 27400 t, 18910 BRT. und eine Höchstgeschwindigkeit von 14,5 sm. Sie war hiermit und in ihren bau- und maschinentechnischen Konstruktionen ein Meisterwerk; aber sie bedeutete vom privatwirtschaftlichen Standpunkt aus einen Fehlschlag, weil damals die Mengen von Fahrgästen und Fracht noch nicht groß genug waren, um ein derartig großes Schiff „ernähren" zu können. Sie wurde daher, nachdem sie in verschiedene Fahrten eingestellt und z. B. auch zur Kabellegung verwendet worden war, nach 31 Jahren zum Verschrotten verkauft. — Ein warnendes Beispiel für alle, die auch heute wieder der ständigen Steigerung der Schiffsgrößen das Wort reden.

Zur Verdrängung des Holzes trugen ferner die Forderungen des Kriegsschiffbaus bei, und zwar gingen die Anstöße hauptsächlich von der artilleristischen Seite aus. Abgesehen von der allgemeinen Verbesserung der Geschütze war hier die Erfindung der Granate ausschlaggebend. Während nämlich die bis zu 70 cm dicken hölzernen Wände den bisherigen Vollgeschossen gewachsen waren, erhöhte das 1819 erfundene Explosivgeschoß durch seine Spreng- und Brandwirkung die artilleristische Wirkung derart, daß das bisherige Gleichgewicht zwischen Schlag- und Standkraft aufgehoben wurde. Dies zeigte sich allerdings erst 1849 in dem Seegefecht von Eckernförde und 1853 in der Seeschlacht bei Sinope; es wurde aber schon 1841 in Amerika und 1845 in Frankreich mit der Konstruktion eiserner Panzerschiffe begonnen; aber erst der Krimkrieg führte 1855 zum Bau und zum ersten kriegsmäßigen Einsatz gepanzerter Schiffe. Frankreich baute dann (1859) die „Gloire" als erstes gepanzertes Schiff (aber noch aus Holz) mit 5600 t, England 1860 die „Warrior" mit 9000 t aus Eisen.

Die **Kraft**, mit der das Schiff bewegt wurde, war zunächst die Muskelkraft der Ruderer, dann der Wind, schließlich der Dampf.

Das Ruderschiff hat die Seefahrt bis über das Zeitalter der Kreuzzüge und in das der großen Entdeckungen hinein beherrscht; die Seeschlacht bei Lepanto (1571) war noch eine Schlacht zwischen Galeeren, und die spanische Armada (1588) bestand teilweise noch aus Ruderschiffen; sie wurde das Opfer der überlegenen Segeltechnik und Artillerie der Nordländer. Die Ruderschiffe hatten aber vielfach Hilfssegel, mit denen man jedoch nur vor dem Winde segeln konnte, — vgl. die Fahrten mit dem Monsun.

Die planmäßige Verbesserung der Segeltechnik dürfte in erster Linie den Genuesen zu danken sein, die sicher schon um 1300 erhebliche Erfolge erzielt hatten. Dann wurden, wie oben erwähnt, die Genuesen als Admirale usw. erstmalig schon 1317 (!) und später besonders von Heinrich dem Seefahrer und den Spaniern in Dienst genommen, so daß die großen Entdeckungen mittels Schiffen durchgeführt werden konnten, die ausreichend gut kreuzen konnten. Aber schon spätestens um 1560 lag die Überlegenheit im Segeln bei den Germanen (Holländern, Engländern, Hanseaten). Weitere Verbesserungen (höhere Geschwindigkeit und bessere Wendigkeit) wurden durch die Forderungen des Seekriegs (Ausnutzung des Windes in der Schlacht, höhere Geschwindigkeit der Kreuzer, Kaperschiffe und Depeschenboote), durch die Zunahme der Warenmengen (größere Schiffe) und die Bedeutung der großen Entfernungen (Ostindienfahrt) erforderlich. Einen besonderen Fortschritt bedeutete der Bau der schnellsegelnden „Klipper" der nordamerikanischen Neu-England-Staaten, die sich besonders im Opiumschmuggel und im Tee-, Seide- und Sklaventransport betätigten und in letzterem eine besonders hohe Geschwindigkeit entwickeln mußten, seitdem England sein christliches Herz für die armen Schwarzen entdeckt hatte; — die amerikanische, auf Sklavenarbeit beruhende Produktion machte nämlich den englischen Kolonien Konkurrenz, und daher stellte sich England allmählich gegen die Sklaverei ein und ließ seine Kriegsschiffe auf die Sklavenschiffe Jagd machen.

Daß Sklaven immer eine wichtige und oft die wichtigste und lohnendste Handelsware gewesen sind, haben wir schon mehrfach erwähnt; — daher auch das Streben nach Beherrschung der Sklavenmärkte und nach faktischen oder rechtlichen Monopolen für den Sklaventransport; daher auch die Verbrämung der Sklavenjagd mit Ritterromantik. Karl V. erteilte 1517 den Holländern das Privileg auf den Sklavenhandel Afrika—Amerika; später entstand hierin ein scharfer Wettbewerb zwischen den verschiedenen Nationen; schließlich siegten die Engländer, die sich im Utrechter Frieden 1713 das Monopol (in der „Asiento-Klausel") sicherten. Bis 1786 haben die Engländer mehr als 2,2 Millionen Sklaven nach Amerika gebracht und an diesem Geschäft so viel verdient, daß der Aufschwung der englischen Schiffahrt und Industrie 1650 ohne diesen Handel nicht möglich gewesen wäre. Dann haben aber die frei gewordenen Amerikaner mit ihren Klippern das Geschäft übernommen und die berühmte „Dreieckfahrt" weiter ausgebaut: Afrika—Westindien (Fracht: Sklaven), Westindien—Neuenglandstaaten (Fracht: Plantagenerzeugnisse), Neuengland—Afrika (Fracht: Schnaps und Tand).

Gegen die Sklaverei wandten sich zuerst die Quäker in Amerika (1727), die Engländer aber erst von 1776 ab; aber verboten wurde der Sklavenhandel in England erst 1807, nachdem er ein schlechtes Geschäft geworden war. In Nordamerika wurde die Sklaverei erst 1865 abgeschafft, in Brasilien erst 1888!

Auch die Piraten (privilegierte und gewöhnliche) mußten natürlich auf gute Segeltechnik (Schnelligkeit und Wendigkeit) größten Wert legen.

Ferner hat die Entdeckung des Goldes in Kalifornien die Entwicklung der Segeltechnik gefördert, denn der weite Weg von der Atlantischen Küste um Kap Hoorn nach San Francisco mußte schneller und sicherer zurückgelegt werden. Auch nach Verfliegen des Goldrausches blieb dieser Verkehrsweg wichtig; er verlor erst an Bedeutung, als 1869 die erste Pazifikbahn eröffnet wurde.

Es ist nicht ausgeschlossen, daß die amerikanische Schiffahrt die englische um etwa 1870 überflügelt haben würde, wenn nicht zwei Ereignisse den Engländern zugute gekommen wären, nämlich der Sezessionskrieg, der unter der amerikanischen Flotte so furchtbar aufräumte und die Union wirtschaftlich so schwer zurückwarf, und die in England erzielte Verbilligung der Stahlerzeugung, die den Engländern den Übergang zum eisernen Schiff erleichterte.

Insgesamt hatte das Segelschiff um 1860—70 einen so hohen Stand der Vervollkommnung erreicht, daß es dem damaligen Dampfschiff — also 50 bis 60 Jahre nach Einführung der Dampfkraft in die Schiffahrt! — an Geschwindigkeit (8 sm = 15 km) und Pünktlichkeit nicht (oder kaum) nachstand. Namentlich konnten sich die Kriegsmarinen und Postverwaltungen mit den „modernen Errungenschaften" nur schwer befreunden. — Um 1850 gelang es, die Fahrt von Batavia nach Holland auf 90 Tage abzukürzen; als höchste Tagesleistung eines Klippers werden 436 sm angegeben; das wären 18 sm = 33 km „Reisegeschwindigkeit" in der Stunde.

Das Segelschiff machte sich ferner im weiteren Verlauf seiner Entwicklung die allgemeinen Fortschritte der Technik zunutze; es führte Maschinen zur Bedienung der Segel ein und konnte hierdurch seine Mannschaftszahl herabsetzen; es baute sich einen Hilfsmotor ein, mit dem es die Windstillen überwand und das Fahren in schmalen Fahrrinnen (Hafenzufahrten) erleichterte; es ging zum Eisenbau und zu größeren Abmessungen über; und es richtete sich allgemein

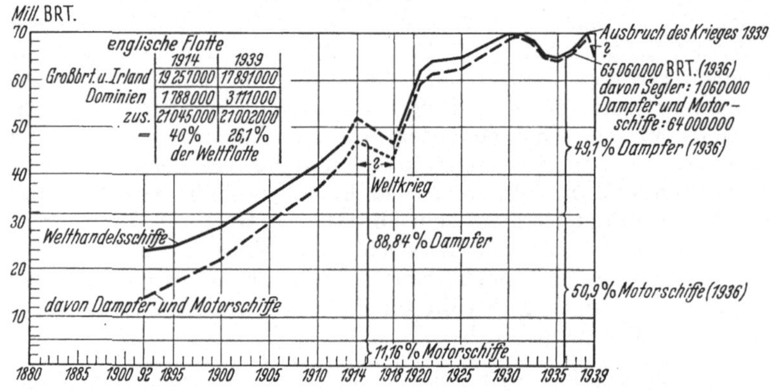

Abb. 19. Die Verteilung der Welthandelsflotte auf Segler, Dampfer und Motorschiffe.

mit bestem Gerät, gutem Ladegeschirr usw. aus; — kurzum, es erreichte um 1900 mit Schiffen wie der „Preußen" (1902—11) mit 11150 t Wasserverdrängung einen außerordentlichen Hochstand.

Aber auf die Dauer konnte es sich doch nicht behaupten; die Fortschritte in der Dampf- und der Motorentechnik waren zu sieghaft; dazu kamen böse Einzelrückschläge: die beiden größten Segler zerschellten im Kanal; der Suezkanal ließ den Weg um das Kap veröden, der Suezweg ist aber für das Segelschiff praktisch bedeutungslos, denn die Kanalgebühren sind zu hoch und die Segelschiffahrt im Roten Meer ist wegen der Klippen schwierig; dann verlor die Salpeterfahrt (um Kap Hoorn) und auch die Reisfahrt nach Rangun viel von ihrer Bedeutung. Die Segelschiffahrt hatte um 1880 ihren Höhepunkt erreicht, 1890 stellte sie mit 9133000 BRT. noch 41,3% der Gesamttonnage (22119000, davon 12986000 BRT. Dampfer) dar; dann ging es gemäß Abb. 19 absolut und relativ schnell bergab; 1937 stellten die Segelschiffe nur noch 1,5% der Gesamttonnage der (über 100 BRT. großen) Seeschiffe dar.

Diese Entwicklung mag ja technisch-wirtschaftlich richtig und unaufhaltsam gewesen sein; aber jeder, der das Meer und seine Schiffe liebt, muß sie bedauern; und der Rückgang der Segelfahrt hat auch allgemein den großen Nachteil, daß darunter die Ausbildung des Seemanns leidet, denn das Segelschiff ist nun einmal die beste Schule für den Seemann, und dieser Nachteil hat sich schon in so kurzer Zeit so fühlbar gemacht, daß die Kriegsmarinen und die großen Schiffahrtsgesellschaften zur Einstellung besonderer Segel-Schulschiffe übergegangen sind. — Neuerdings ist die Segelschiffahrt zwischen Hamburg und Chile wieder aufgenommen worden.

Um die Einführung des Dampfes als Antriebskraft für Schiffe bemühte sich erstmalig Papin 1707 mit einem Versuch auf der Fulda, aber ohne praktischen Erfolg; 1807 gelang Fulton die Anwendung auf dem Hudson. Der erste bedeutende Versuch in der Seeschiffahrt war die Fahrt der „Savannah", die 1818 mit einer Dampfhilfsmaschine in 26 Tagen von Amerika (Savannah) nach Liverpool fuhr. Die ersten Dampfer aber, die den Ozean nur mit Dampfkraft bezwangen, waren die beiden hölzernen Raddampfer „Great Western" und „Sirius", die 1838 eine Wettfahrt (!!) über das „große Wasser" veranstalteten.

Die „Great Western" war von dem genialen Ingenieur Brunel der Great Western-Eisenbahn-Ges. als Transozeandampfer entworfen worden, um die Eisenbahnlinie London—Bristol in regelmäßiger Fahrt nach New York zu verlängern; sie war 64 bzw. 72 m lang, 10,75 m breit und hatte 1320 t, 750 PS und eine Durchschnittsgeschwindigkeit von 8,2 sm (rund 15 km); der Kohlenverbrauch war relativ etwa 4mal so hoch wie heute; — unsere heutigen Riesendampfer sind 60mal größer, ihr Dampfdruck ist auf das 100fache, die Maschinenleistung noch mehr gesteigert; — aber die Zahl der Fahrgäste ist nur auf das 10fache und die Geschwindigkeit gar nur auf das 4fache gestiegen!!
„Sirius" war ein Küstendampfer, der von einer Schiffahrtgesellschaft aus Konkurrenzgründen auf die Fahrt nach New York geschickt wurde, obwohl er hierzu nicht geeignet war, er hatte nur 702 t, erreichte nur mit knapper Not New York und machte dann nur noch eine Überfahrt, während die „Great Western" bis 1846 regelmäßig fuhr und als ein Meisterwerk der Technik zu bezeichnen ist.

Im übrigen wurden als erste Dampferlinien eingerichtet: 1824 die erste englische Linie (London—Hamburg) und 1839 die erste deutsche (Hamburg—Hull); 1856 und 1858 stellten die Hamburg-Amerika-Linie und der Norddeutsche Lloyd ihre ersten Dampfer in den Dienst Deutschland—Amerika ein; es waren Schiffe von etwa 2000 BRT. und 700 PS. Der 1852—57 durchgeführte Bau der „Great Eastern" mit ihren 18900 BRT. (und ihr wirtschaftlicher Mißerfolg!) ist schon erwähnt.

Die Dampfschiffahrt hat sich also auf dem Meer zuerst recht langsam entwickelt. Das ist aber technisch innerlich begründet: Während nämlich die Segelschiffahrt einen hohen Stand erreicht hatte und den damaligen Anforderungen nach Sicherheit, Geschwindigkeit und Pünktlichkeit gut entsprach, auch vom wirtschaftlichen und militärischen Standpunkt nicht zu beanstanden war, war die Dampfertechnik anfänglich doch recht primitiv: Es waren ja noch hölzerne Schiffe, und diese mußten verhältnismäßig klein gehalten werden, während klar blickende Ingenieure, wie z. B. Brunel, richtig erkannt hatten, daß Dampfer (wegen der großen von den Maschinen und Kohlen eingenommenen Räume) nur dann wirtschaftlich sein konnten, wenn man große Schiffe baute; — man beachte hierzu, daß der Widerstand des Schiffes nur etwa mit dem Quadrat, die Tragfähigkeit aber mit dem Kubus der Länge zunimmt! Ferner waren die Feuerungen, Kessel und Maschinen primitiv, nahmen daher viel Raum in Anspruch, und die Kohlenbunker erforderten noch mehr Raum, der übrigbleibende Nettoraum war also zu klein. Vor allem aber stellte der Schaufelradantrieb für Seeschiffe ein zu empfindliches Glied dar und für Kriegsschiffe war er nahezu unmöglich; es mußte daher erst die (schon 1812 erfundene) Schiffsschraube praktisch erprobt und eingeführt werden, was aber erst von 1830 ab versucht wurde und erst von etwa 1865 ab sich allgemeiner durchsetzte.

Die langsame Entwicklung des Dampfschiffs ist für Deutschland und manches andere Land ein Segen gewesen; denn bis etwa 1880 wurden die Seeschiffe fast ausschließlich in Nordamerika und England gebaut; auch die älteren Dampfer der großen deutschen Gesellschaften und sogar die deutschen Kriegsschiffe wurden in England gebaut. In der Folgezeit gelang es den Deutschen, Norwegern, Franzosen, Italienern, Japanern usw. verhältnismäßig schnell, den Vorsprung der Engländer einzuholen und sie auf vielen Einzelgebieten in Güte und Wirtschaftlichkeit zu übertreffen.

Der weitere glänzende Aufstieg des Dampfers nach Größe, Geschwindigkeit, Sicherheit, Ausstattung und Spezialisierung ist neben der emsigen, gewissenhaften, theoretischen und praktischen Arbeit der Physiker, Chemiker, Hüttenleute, Schiffsbauer, Schiffsmaschinenbauer und dem Wagemut der Reeder vor allem, folgenden Einzelfortschritten zu danken: Es wurden die Feuerungen, die Kessel und die Dampfmaschinen ständig verbessert; hierdurch wurden das Gewicht, das Raumbedürfnis und der Kohlenverbrauch gesenkt, letzterer z. B. von 1,2 kg für die PS auf 0,6 kg. Die Kolbendampfmaschine wurde bis zur Vierfach-Expansionsmaschine entwickelt, die aber bei einer Leistung von etwa 5000 PS ihre obere wirtschaftliche Grenze erreicht. Für größere Leistungen hat sich die Dampfturbine (etwa von 1900 ab) als überlegen erwiesen. Sie hat im Verbrennungsmotor (für Leistungen bis zu etwa 18000 PS) einen starken Wettbewerber erhalten; dieser wird meist als Zweitakt-Dieselmotor ausgeführt, hat die Vorzüge sofortiger Dienstbereitschaft, sauberen Betriebs und des Wegfalls der Dampfkessel und der besonderen Feuerungen; man kann aber — namentlich vom wirtschaftlichen und wehrpolitischen Standpunkt — nicht von einer unbedingten Überlegenheit des Öls über Kohle und Dampf reden; derartige Ansichten mögen „modern" erscheinen, sie sind aber laienhaft; dies gilt auch von der Ölfeuerung der Dampfkessel, die gewiß bestimmte, nicht zu leugnende Vorzüge aufweist[1]. Ferner wurden der Schiffskörper (im Streben nach geringstem Widerstand) und die Antriebanlage (Zahl und Konstruktion der Schrauben) wesentlich verbessert; schließlich ist die Verbesserung aller Hilfs- und Sicherheitseinrichtungen und der Ausstattung zu nennen. — Bei den meisten Verbesserungen ist eine ständige gegenseitige Befruchtung zwischen Handels- und Kriegsmarine zu beobachten.

Äußerlich traten die Verbesserungen vor allem in der Steigerung der Schiffsgröße und der Geschwindigkeit in die Erscheinung; man soll aber auch hier das äußerlich Große nicht überschätzen. Wir gehen daher nur kurz auf diese Fragen ein: Die Durchschnittsgröße aller Dampfer der Welttonnage lag 1837 für die Schiffe von mehr als 100 BRT. bei 2100 BRT.; sie war also sehr klein! Die Trampdampfer für weite Fahrt mögen heute durchschnittlich 6000 bis 8000 BRT., die üblichen „Postdampfer" 8000—12000 BRT. groß sein; vor dem Weltkrieg waren Dampfer von 18000 BRT. schon recht groß; für den allgemeinen Verkehr kamen größere Dampfer kaum in Betracht, da sie den Suezkanal, der damals nur 8 m Tiefe hatte, kaum hätten durchfahren können. Nur für den Verkehr zwischen Europa und New York wurden von 1897 ab noch größere Dampfer eingestellt; im Wettlauf um Größe und Schnelligkeit wurde die Größe bei der „Lusitania" (1907) auf 31000, der „Titanic" (1911) auf 45000, dem „Imperator" (1913) auf 52100, der „Vaterland" auf 56000, der „Bismarck" (1914) auf 56550 BRT. gesteigert. — Nach dem Weltkrieg war man zunächst etwas ruhiger; aber von 1922 ab ist wieder eine Steigerung festzustellen, die von 34500 über rund 52000 („Bremen", Abb. 20, und „Europa") zur „Normandie" mit rund 83000 und „Queen Mary" mit 81000 BRT. geführt hat; — es wird aber schon das 120000 t-Schiff „propagiert". Die Nettoraumgehalte der „Normandie" und „Queen Mary" werden zu rund 36500 und 34000 BRT. angegeben, also zu nur rund 43% der BRT.

Für die Geschwindigkeit begnügte man sich mit etwa 12—13 sm (Knoten). Die ersten „Schnelldampfer" wurden 1880 vom Norddeutschen Lloyd eingeführt; sie liefen 16—18 sm; dann wurde die Geschwindigkeit im Wettkampf um das „Blaue Band" gesteigert: 1891: 20,75 sm, 1900: 23,5 sm, 1907: 25,5 sm,

---

[1] Vgl. Admiral Ingenieur BERNDT in den Abhandlungen der Deutschen Gesellschaft für Wehrpolitik, Dezember 1938.

1929: 28,51 sm, 1932: 28,92 sm, 1935: 30,31 sm; und gegenwärtig ringt man mit ungeheuren Kosten um einige Bruchteile dieser Zahlen, wobei aber keine Gesellschaft mehr in der Lage ist, die Kriegskosten dieses Wettkampfs aus eigener Kraft aufzubringen, sondern sie sich von den Staatsregierungen vergüten läßt. Mit Verkehr und Wirtschaft hat dies nichts zu tun!

Die Steigerung der Geschwindigkeit ist deswegen so teuer, weil die notwendige Antriebleistung (also die Zahl der notwendigen PS) ungefähr mit der dritten Potenz der Geschwindigkeit steigt. Für die etwa gleich großen Schiffe (etwa 52000 BRT.) „Imperator" (erbaut 1913) und „Bremen" (erbaut 1929) sind für 22,5 sm bzw. 28,5 sm 62000 bzw. 125000 PS erforderlich.

Die Schiffahrt-Fachpresse der verschiedenen Länder nimmt immer mehr gegen die Übertreibungen der Schiffsgrößen Stellung. Eine holländische Stimme schreibt dem Sinne nach:

„Für die Steigerung der Schiffsgrößen ist nicht mehr nur das Streben nach wirklicher Verkehrsverbesserung maßgebend, sondern der Wunsch, das ‚Blaue Band' des schnellsten Schiffes zwischen dem Kanal und New York zu besitzen. Auf dieses hat England verzichten müssen, als die deutschen Schiffe ‚Bremen' und ‚Europa' und der italienische ‚Rex' Reisegeschwindigkeiten von 27,92—28,92 sm erreichten; da erst fanden sich die White Star- und Cunard-Linie zusammen, um die ‚Queen Mary' für 30 sm zu bauen.

Abb. 20. Schnelldampfer Bremen im Panamakanal. (Photo: „Norddeutscher Lloyd".)

Welche ‚Zuschußbetriebe' gewisse Mammutschiffe im Gegensatz zur „Bremen" und „Europa" sind, ergibt sich aus folgenden Zahlen:

Der frühere deutsche, dann amerikanische ‚Leviathan' erforderte für jede Reise einen Zuschuß von 370000 RM.; die beiden italienischen Riesendampfer ‚Rex' und ‚Conte di Savoia' erforderten für das letzte Betriebsjahr einen Zuschuß von 50 Millionen RM.; die Baukosten der ‚Queen Mary' und der ‚Normandie' betragen rund 76 Millionen und rund 126 Millionen RM.; die beiden Dampfer würden also einer jährlichen Abschreibung von etwa 10 Millionen und 17 Millionen RM. bedürfen.

Dabei hat die französische Gesellschaft 1938 überhaupt nur 18500 Reisende in beiden Richtungen über den Ozean befördert; für die beiden englischen Gesellschaften beträgt diese Zahl 30600.

Wird aber überhaupt eine große Zahl von Reisenden auf die überluxuriösen Mammutschiffe abwandern? Wer will denn überhaupt diesen Überluxus mit all seinem Tamtam? Und wer will dafür noch besondere Überpreise bezahlen? Fühlt man sich auf den ‚kleinen' Schiffen nicht viel wohler? — Und dabei müßte jede Gesellschaft eigentlich **zwei** solcher Schiffe haben und in Betrieb halten, um während der Hauptreisezeiten einen genügend dichten Fahrplan aufrechterhalten zu können!"

Auf Grund der Tatsache, daß ich auf mehr als zwei Dutzend großen Dampfern (deutschen, amerikanischen, holländischen, englischen und italienischen) gefahren bin, darf ich mir ein Urteil erlauben und möchte damit nicht zurückhalten: Meiner Überzeugung nach bieten Schiffe wie etwa die „Deutschland" oder die „Milwaukee", also Schiffe zwischen etwa 17000 und 25000 BRT., jeglichen Komfort, den ein verwöhnter Fahrgast vernünftigerweise erwartet. Dagegen hat der noch größere oder vielmehr raffiniertere Komfort der noch größeren Schiffe kaum einen vernünftigen Zweck; viele urteilsfähige Herren und Damen haben mir vielmehr bestätigt, daß sie in den übergroßen schwimmenden Hotelpalästen zu wenig vom Meer selber haben. Ich will Schiffe bis zu 35000 BRT. für die Transatlantikfahrt nicht beanstanden, sofern ihre Geschwindigkeit in vernünftigen Grenzen bleibt und staatliche Subventionen nicht gefordert werden; im übrigen sollte man sich aber über etwa 25000 BRT. als eine für „Luxusdampfer" zweckmäßige Höchstgröße einigen.

Ich lehne auch die Übertreibungen der Geschwindigkeit ab. Die überwältigende Mehrheit der wirklich hart arbeitenden Männer in führenden Stellungen benutzt gerade die Seefahrt zur Erholung und legt keinen Wert darauf, ein paar Stunden früher in New York — unter Umständen in der Nacht! — anzukommen; auch hier ist der gute Fahrplan (richtige Abfahrt- und Ankunftzeiten) und die Häufigkeit, Regelmäßigkeit und Pünktlichkeit wichtiger als die angebliche Zeiterspanis. Ferner ist die Fahrt auf den übertrieben schnellen Schiffen bekanntlich oft recht unruhig.

Auch die so häufige Behauptung, daß die Mammutschiffe vom strategischen Standpunkt besonders wertvoll wären, ist bisher noch nicht bewiesen.

Da so viele sonst leidlich unterrichtete und urteilsfähige Kreise von der Bedeutung der übergroßen und überschnellen Schiffe (infolge deren Verhimmelung) falsche Vorstellungen haben und derartige Schiffe für die typischen Schiffe der Linienfahrt halten, so sei darauf hingewiesen, daß die Durchschnittsgröße der Schiffe der maßgebenden Linienreedereien verhältnismäßig klein ist. Sie beginnt mit etwa 5500, liegt im allgemeinen zwischen 6700 und 8000 und erreicht nur in einem Fall 18000 BRT. Ferner geht aus den Geschäftsberichten zahlreicher Gesellschaften (klar oder zwischen den Zeilen) hervor, daß die kleinen und mittleren Schiffe das wirtschaftliche Rückgrat bilden, daß aber die Riesenschiffe oft Zuschußbetriebe sind. Sodann können diese für viele Fahrten überhaupt nicht eingestellt werden, weil die Abmessungen der Seekanäle und der Häfen dies nicht zulassen; sie verkehren ja (bisher) auch nur in der Fahrt Europa—New York.

Es ist für die Leichtfertigkeit jener Kreise, die sich immer aufs neue an der „großen Zahl" berauschen müssen, bezeichnend, daß sie auf dieses wichtige Problem der Häfen und Seekanäle nicht eingehen. Wenn z. B. jetzt sogar das 120000-BRT.-Schiff gefordert wird, so darf man die Frage aufwerfen: Welche Häfen der Welt haben eigentlich die dafür notwendigen Abmessungen, und zwar nicht nur an Tiefe und Breite der Hafenbecken, sondern auch an Kajen, Schuppen und Speichern? Und welche haben eine entsprechende Ausstattung mit Lade- und Löscheinrichtungen und vor allem an kaufmännischer Organisation??

Auf den Einfluß des Kriegsschiffbaus auf die Größe und Geschwindigkeit der Handelsschiffe können wir nicht eingehen. Wir bemerken aber, daß die durch den Panamakanal begrenzte Größe äußerstenfalls bei einer Wasserverdrängung von 45000 t zu liegen scheint (?)[1].

Die Fortschritte im Schiffbau haben sich auch in der Richtung bewegt, daß die Schiffe nach ihren Zweckbestimmungen immer mehr nach verschiedenen Arten aufgegliedert (spezialisiert) worden sind. Als die beiden wichtigsten Grundtypen können der Tramp- und der Liniendampfer bezeichnet werden:

Der Trampdampfer fährt nicht in regelmäßiger Fahrt (fahrplanmäßig) zwischen bestimmten Häfen, sondern er sucht sich seine Fracht, indem er in sog. „wilder Fahrt" dorthin fährt, wo er transportwillige Güter zu finden hofft. Da nun die Mengen der sich zum Transport anbietenden Güter stark von den Erntezeiten abhängig sind und diese in den verschiedenen Zonen — glücklicherweise — verschieden liegen, so wird der Trampdampfer oft „hinter der Ernte" herfahren und dann ein bestimmtes Massengut (Weizen, Baumwolle) laden. Er braucht keine hohe Geschwindigkeit; 8—12 sm reichen aus; demgemäß können die Maschinen schwach sein; schlimmstenfalls dreht er bei böser See bei und verliert einige Tage Zeit. Hauptsache ist, daß er in jeder Beziehung billig ist; er wird daher auch nicht „schnittig", sondern voll gebaut und erhält nur die notwendigste Ausstattung für Massen- und Stückgüter, nötigenfalls werden für ungewöhnliche Güter provisorische Einbauten hergerichtet. Der Trampdampfer geht kaum über 8000 BRT. hinaus, durchschnittlich ist er kleiner; er eignet sich also gut für kleine Reeder; es gibt aber auch große Reedereien, besonders englische, deren Flotten hauptsächlich aus Trampschiffen bestehen; allgemein ist die Trampschiffahrt in England besonders stark entwickelt. Im Gesamtdurchschnitt des Weltgüterverkehrs ist die Trampschiffahrt wichtiger als die Linienfahrt.

Der Liniendampfer fährt fahrplanmäßig (regelmäßig) auf bestimmten Linien. Für ihn spielt der Fahrgast- und Postverkehr eine große, der Massengutverkehr auf manchen Linien eine verhältnismäßig kleine Rolle; aber das wirtschaftliche Rückgrat bildet für die meisten Schiffe und die Gesellschaften doch der Güter-

---

[1] Vor Übertreibungen warnt auch der Referent im Reichsverkehrsministerium, Ministerialrat Schmidt; vgl. „Großdeutscher Verkehr" 1941, S. 115.

verkehr; es darf also auch hier der „Personenverkehr" nicht überschätzt werden. Der Liniendampfer erfordert eine gute Ausstattung, höhere Geschwindigkeit und gute Pünktlichkeit und daher stärkere Maschinen; er ist durchschnittlich größer und insbesondere teurer als der Trampdampfer; er eignet sich daher (außer in Spezialdiensten wie Küsten- und Bäderverkehr) wenig für den kleinen Reeder, sondern ist hauptsächlich die Domäne der großen Gesellschaften. Die Linienfahrt ist besonders stark in Deutschland, Italien und Japan entwickelt. Sie eignet sich besonders gut zur Durchführung verkehrs- (und handels-) politischer Pläne der Staatsregierungen, die in solchen Fällen mit den Linienreedereien eng zusammenarbeiten und sie nötigenfalls wirtschaftlich und politisch unterstützen (s. u.). Auch die Zusammenarbeit zwischen der Linienfahrt und der Kriegsmarine ist einfach und erfolgreich, desgleichen mit den Eisenbahnen; einige große Linienreedereien sind ursprünglich von Eisenbahngesellschaften gegründet worden und mit ihnen in enger wirtschaftlicher und verkehrspolitischer Verflechtung geblieben; namentlich gilt dies für die Fahrt zwischen Nordamerika und Ostasien.

Neben der allgemeinen Aufteilung in Tramp- und Linienschiffe kann man noch eine große Zahl von Spezialschiffen unterscheiden; als wichtigste nennen wir: Schiffe für ein bestimmtes Massengut, z. B. für Kohlen und Erze; sie werden nach den besonderen Eigenarten dieses Gutes (Stückgröße, Rutschfähigkeit, Raumgewicht) gestaltet und erhalten besondere Ausstattungen, die den Ansprüchen des Gutes an Laden und Löschen entsprechen. Manche Schiffe dienen auch je für die Hin- und Herfahrt von zwei verschiedenen Gütern, z. B. Kohlen und Eisenerzen; bei ihnen muß der Einfluß der verschiedenen Raumgewichte usw. auf die Konstruktion des Schiffes besonders sorgfältig beachtet werden. In der Gesamtdurchbildung dieser Schiffe und ihrer Lade- und Löscheinrichtungen haben namentlich auch die Amerikaner für den typischen Massenverkehr auf den großen Seen Gutes geleistet.

An Spezialschiffen seien außerdem noch genannt: Die Tankdampfer zur Beförderung von Öl, die Kühldampfer für leicht verderbliche Lebens- und Genußmittel (Fleisch, Bananen), die Fisch- und die Walfangdampfer, deren Hauptaufgabe aber nicht im Transport, sondern im Fangen der Seefische usw. liegt, die Eisbrecher und die Eisenbahnfähren.

II. Die Seewege.

Dem Seeschiff wird sein Weg von der Natur, also im wesentlichen unentgeltlich zur Verfügung gestellt; aus diesem Grund ist der Seeverkehr so billig, daß er mindestens für Massengüter das überhaupt wichtigste Verkehrsmittel darstellt. Der Mensch hat aber die Aufgabe, diese Naturwege so auszunutzen, daß dabei das Höchstmaß von Sicherheit und Billigkeit, unter Umständen auch von Pünktlichkeit und Schnelligkeit erzielt wird. Außerdem hat der Mensch die „freien Strecken" (d. h. die hohe See) mit den „Stationen" (nämlich den Seehäfen) in Verbindung zu bringen, wobei zu beachten ist, daß die Hafenzufahrten nur selten von der Natur in ausreichender Güte zur Verfügung gestellt werden, daß sie vielmehr oft besonders gefährdet sind. Schließlich hat die Natur dem Menschen an bestimmten Stellen zwar den durchgehenden Seeweg verweigert, ihm aber die Chance gegeben, sich einen solchen durch den Bau von Seekanälen zu schaffen.

Die Tätigkeit des Menschen am Seeweg beginnt mit dessen Erforschung; der Mensch muß sich nämlich eine genaue Kenntnis von all dem verschaffen, was das Meer einschließlich der Küsten und Hafenzufahrten an günstigen und ungünstigen Verhältnissen, und zwar dauernd oder nur zeitweilig, für die Schiffahrt bietet; und alle Ergebnisse der Forschung, die fast den ganzen Bereich der allgemeinen Meereskunde (Ozeanographie) umfassen muß, müssen dann in Karten, Beschreibungen und Anweisungen („zum Handgebrauch") so sorgfältig verarbeitet niedergelegt werden, daß Reeder, Schiffer, Hafenbehörden usw. hiernach ihre Maßnahmen schnell und sicher treffen können. Besonders wichtig ist die Erforschung der ungünstigen Momente, durch die die Schiffahrt gefährdet oder auch nur verlangsamt, verteuert oder zu Umwegen gezwungen wird; hierzu gehören Treibeis, Nebel, Eisberge, Stürme (d. h. Sturmgebiete und Sturmzeiten), Windstillen, ständige oder lang wehende Gegenwinde, ferner Untiefen, Klippen, Sande, Stromversetzungen.

Im allgemeinen verfügen wir heute über ein so zuverlässiges Wissen von allen wichtigen Meeresteilen und Küsten, daß wir einmal ausnahmsweise berechtigt sind, von einem „absoluten" Wissen zu sprechen. Aber wir sollten dabei doch nicht vergessen, daß manche Vermessungen und Seekarten recht alt und nicht genügend nachgeprüft sind, daß die vulkanische und Korallentätigkeit kritische Änderungen hervorrufen kann, daß die Sande wandern, daß Strommündungen, Lagunen und Haffe Änderungen unterworfen sind und daß sich die Eisberge immer noch der zuverlässigen Überwachung entziehen.

Die Erforschung aller günstigen und ungünstigen Verhältnisse gipfelt schließlich in der Festlegung bestimmter Fahrwege und Fahrzeiten, wie sie schon von den Römern für die Indienfahrt angeordnet worden sind.

Auf die Erforschung usw. folgt der besondere Sicherungs- und Warndienst. Er besteht in der Veröffentlichung aller Nachrichten über Wetter, Treibeis, Eisberge usw., ferner aller irgendwie wichtigen Einzelerscheinungen, die für die Schiffahrt günstig oder ungünstig sein können. Diese Nachrichtenübermittlung war früher besonders an die auf Fahrt begriffenen Schiffe schwierig und unzuverlässig; heute arbeitet sie mittels Funkdienst ausgezeichnet. Zur Sicherung der Seewege gehört ferner der gesamte Küstendienst mittels Leuchttürmen, Landmarken, Bojen, Feuerschiffen und in Verbindung hiermit das Lotsenwesen. Dazu gehört ferner (in gewissem Sinn) die Ausstattung der Häfen mit Ausbesserungseinrichtungen für beschädigte Schiffe, und schließlich — auch in unseren Tagen noch nicht zu vergessen! — die Ausrottung der Seeräuber. Schließlich müssen an allen Seewegen entlang in nicht zu großen Abständen die Häfen oder besondere Stützpunkte mit all dem ausgestattet sein, was zur Versorgung der Schiffe notwendig ist (Lebensmittel, Kohle, Öl, Wasser); auch der Gesundheitsdienst darf nicht übersehen werden.

Die unmittelbare Einwirkung des Menschen auf den Seeweg ist gering, denn das Meer ist — im Gegensatz zu den Binnengewässern — eine so gewaltige Größe, daß auch mit den größten Mitteln der Technik nur wenig zur Verbesserung getan werden kann. Sehen wir von den Hafenzufahrten vorläufig ab, so genügt es, an dieser Stelle einen Blick auf die Seekanäle zu werfen.

Unter „Seekanälen" sind Fahrwege zu verstehen, die für Seeschiffe fahrbar sind und mehr oder weniger künstlich sind. Hierzu könnte man also schon Schiffahrtsrinnen rechnen, die durch Haffe oder Lagunen hindurch gebaggert und ständig genügend tief gehalten werden, um Seeschiffen die Fahrt zu binnenwärts gelegenen Häfen zu ermöglichen, z. B. nach Stettin oder Venedig. Noch mehr wäre man berechtigt, von „Seekanälen" zu sprechen, wenn vom Meer aus nach einem Binnenplatz eine künstliche Rinne geschaffen wird, in der Seeschiffe — wenn auch nur kleinere und mittlere — verkehren können; solche „Kanäle" führen z. B. nach Königsberg, Gent, Brüssel, Amsterdam und Manchester hinauf. Wir wollen aber alle derartigen Kanäle hier nicht berücksichtigen, weil sie in Wirklichkeit nur Hafenzufahrten sind. Vom Standpunkt des allgemeinen Verkehrs gehören also nur Landdurchstiche dazu, durch die Vorgebirge abgeschnitten oder zwei Meere miteinander verbunden werden. Zu der ersten Gruppe würde also schon der Kanal zu rechnen sein, durch den Xerxes das Vorgebirge Athos abschneiden ließ; in unseren Tagen gehören der Kanal von Korinth und der von Cape Cod (bei Boston) dazu, die aber nur örtliche Bedeutung haben.

Über die Landenge von Korinth gab es schon im Altertum eine Schiffschleppe, auf der die damaligen kleinen Schiffe hinüberbefördert wurden. Der heutige Kanal wurde 1881—1893 gebaut. Er ist 6,34 km lang, hat eine Sohlenbreite von 21 m und eine Wassertiefe von 8 m; er ist bis zu 80 m (!) Tiefe in die Felsen eingeschnitten. Die von ihm bewirkte Wegverkürzung (gegenüber der oft stürmischen Fahrt um Morea herum) beträgt rund 185 km. Sein jährlicher Verkehr liegt etwa bei 2,8 Millionen NRT.

Die drei wichtigsten Seekanäle sind der Nord-Ostsee-, der Suez- und der Panamakanal.

Der **Nord-Ostsee-Kanal** (98 km lang, erbaut 1887—95) verbindet die Ostsee mit der Elbemündung und erspart hiermit den Schiffen die lange und schwierige Fahrt um Jütland herum; wenn er ursprünglich vielleicht vornehmlich aus strategischen Gründen angelegt worden ist, so hat er doch eine große Bedeutung für den Handel aller Ostseeländer und für Hamburg, dessen Stellung im Ostseeraum wesentlich gestärkt worden ist. Seine ursprünglichen Abmessungen entsprachen (1895) denen der damaligen größten Kriegsschiffe: Sohlenbreite 22 m, Wasserspiegelbreite 65 m, Tiefe 9 m, Wasserquerschnitt 380 qm. Schon 1909 mußte der Kanal wesentlich erweitert werden; er erhielt hierbei folgende Abmessungen: Sohlenbreite 44 m, Spiegelbreite 101,75 m, Tiefe 11 m, Wasserquerschnitt 825 qm. Während die erste Anlage rund 156 Millionen M. gekostet hatte, erforderte die Erweiterung einen Aufwand von 223 Millionen M. Eine nochmalige Erweiterung wurde 1939 begonnen.

Da die Wasserspiegel der beiden Meere Schwankungen unterworfen sind, mußte der Kanal an beiden Enden Schleusen erhalten. Die Abmessungen derselben waren bei der ersten Anlage: Länge 150 m, Breite 25 m, Drempeltiefe 9,97 m; bei der Erweiterung wurden sie auf 330, 45 und 12 (11,30) m gesteigert. Im übrigen hat der Kanal aber nur eine Haltung; er steht in dieser Beziehung dem Suezkanal nahe, während der Panamakanal mehrere Haltungen hat. Außer den großartigen Schleusen sind der Durchstich der 25 m hohen Wasserscheide (des Geestrückens) und die Hochbrücken, unter denen vollgetakelte Schiffe durchfahren können, besonders bemerkenswert. Der Entwurf und die Bauleitung lag in den Händen des Oberbaurats Baensch. — Vorläufer des Kanals sind in gewissem Sinn der 1391—98 erbaute Stecknitzkanal, der 1777—84 gebaute Eiderkanal und der Elbe-Trave-Kanal.

Der **Suezkanal** hat eine sehr lange Geschichte. Wasserverbindungen zwischen dem Nordende des Roten Meeres und dem Nil und über diesen zum Mittelmeer hat es im Altertum mehrere Male gegeben (s. o.). Sie benutzten wahrscheinlich einen Nilarm, der etwa vom heutigen Zagazig im Zuge des Landes Gosen nach den Bitterseen floß und heute noch in der Oasenkette zu erkennen ist, der die Eisenbahn Kairo—Port Said folgt. Arbeiten an solchen Kanälen werden aus den Zeiten von Sethos, Ramses II. und Necho, also für 1300 und 600 v. Chr. berichtet. Um 500 v. Chr. war der Kanal (unter Darius Hystaspis) in Betrieb; um 250 v. Chr. ist er von Ptolemäus II. verbessert worden; zu Zeiten Kleopatras scheint er aber verfallen gewesen zu sein. Unter der Herrschaft der Mohammodaner wurde um 650 ein Kanal geschaffen, aber 767 wieder zugeschüttet (aus Furcht davor, daß Salzwasser in das Nildelta eindringen könne?). Nach der Entdeckung des Seewegs nach Indien bemühten sich die Venetianer und Türken um den Bau, aber ohne Erfolg, — s. o. Um 1670 nahm Leibniz den Gedanken auf und versuchte den König Ludwig XIV. dafür zu gewinnen (um ihn von seinen Raubgelüsten gegenüber Deutschland abzulenken?). Dann beschäftigte sich Napoleon I. ernstlich mit dem Plan; aber ein von ihm 1798 angeordnetes Nivellement erbrachte das — falsche! — Ergebnis, daß der Spiegel des Roten Meeres rund 10 m über dem des Mittelmeers liege, — ein Irrtum, der den Glauben an die Ausführbarkeit stark erschütterte. Um 1835 nahmen die Simonisten unser Führung von Enfantin den Plan wieder auf; sie gründeten je eine französische, englische und deutsche Gesellschaft, die sich in die Untersuchungen teilten. Die beste und wichtigste Arbeit leistete die deutsche

Gruppe, und zwar in ihr der große Ingenieur Negrelli, der den Bauentwurf für einen schleusenlosen Kanal aufstellte.

Diese Vorarbeiten verschaffte sich der Franzose Ferdinand v. Lesseps, kein Ingenieur, sondern Diplomat, zweifellos eine Unternehmernatur von großem Format, aber auch ein Mann, der im Anfang seiner Laufbahn vor zweifelhaften und unlauteren Machenschaften, an ihrem Ende vor Betrügereien nicht zurückschreckte. Er war ein Freund des Vizekönigs von Ägypten und ein Vetter einer Gräfin Montijo, deren Tochter zur Kaiserin der Franzosen aufstieg! Und von diesen und anderen Chancen verstand es Lesseps, Gebrauch zu machen; und so haben Rennpferde und schöne Frauen, Intrigen und Diplomatenkniffe, der rollende Frank und der perlende Sekt, Diebstahl und Betrug auch ihren Anteil an dem großen Werk! Lesseps war, wie gesagt, nicht Ingenieur; er verstand es aber, tüchtige Ingenieure in seine Dienste einzuspannen; er war aber sehr unzufrieden mit ihnen, wenn ihre Kostenanschläge richtig, d. h. seiner Ansicht nach zu hoch waren; er hat infolgedessen der Börse usw. gegenüber mit zu niedrigen Anschlägen operiert; — das hat sich bitter gerächt, namentlich beim Panamakanal.

Lesseps stieß auf große Schwierigkeiten bei England und dem (von diesem stark abhängigen) Sultan, dem Lehnsherrn des Vizekönigs. Daß England gegen den Kanal eingestellt war, muß Befremden erregen; und es hatten schon damals einflußreiche Kreise klar erkannt, daß der Kanal gerade für das britische Weltreich am bedeutungsvollsten ist, denn er bildet ja die kürzeste Verbindung zwischen England und dem Indischen Ozean. Die Gründe für den Widerstand sind aber gewesen: Da der Kanal von Frankreich vorbereitet wurde, so fürchtete England (Lord Palmerston) die Verstärkung des Einflusses, die dieser alte Widersacher auf Ägypten und auf den Verkehr mit dem Osten gewinnen werde; dagegen mußte der von England beherrschte Weg um das Kap an Wert erheblich verlieren; desgleichen mußte der Wert der großen englischen Segelschiff-Flotte sinken, da der neue Weg für Segelschiffe kaum brauchbar ist; endlich konnte der britischen Wirtschafts- und Machtpolitik die Stärkung der Mittelmeerländer nicht erwünscht sein.

Aber Lesseps verstand es, dem französischen Volk den Kanalbau als eine nationale Tat hinzustellen, und schließlich konnte England seinen Widerstand nicht aufrechterhalten. Lesseps erhielt 1854 (auf nicht ganz geklärte, aber jedenfalls nicht einwandfreie Weise) vom Vizekönig eine vorläufige und 1856 die endgültige Konzession, gründete die Baugesellschaft und brachte in Frankreich mehr als die Hälfte des 200 Millionen Fr. betragenden Baukapitals auf; den Rest nötigte er dem Vizekönig auf, der aber seine Aktien nicht mit Geld, sondern mit (Fron-) Diensten seiner Untertanen bezahlte. Der Bau war technisch nicht besonders schwierig, da die geologischen Verhältnisse günstig sind und Erhebungen kaum vorkommen; er ging aber infolge von Arbeiter- und Trinkwasserschwierigkeiten und politischen Intrigen zuerst langsam vor sich; aber am 17. 9. 1869 konnte die schöne Verwandte des Bauherrn, Kaiserin Eugenie — auf dem Gipfel ihres Ruhmes stehend, ein Jahr vor ihrem tiefen Fall — das gewaltige Werk eröffnen, das der Weltgeschichte eine neue Richtung geben sollte.

Negrelli und seine Erben wurden um alles geprellt. Die Witwe reichte 1902 vor dem französischen Gericht eine Klage ein; ihr Advokat war Raymond Poincaré. Die Klage wurde 1905 wegen eines Formfehlers zurückgewiesen! Herr Poincaré aber wurde von zwei Großaktionären der Kanalgesellschaft zum Ministerpräsidenten lanciert.

Der Kanal erforderte bei 160 km Länge, 22 m Sohlenbreite und 8 m Wassertiefe ein Baukapital von rund 360 Millionen M., — notabene ohne die Kosten der Eröffnungsfeiern, für die der Vizekönig derart Geld verschwendete, daß er sich und sein Land in eine schwere Finanzkrise stürzte und (nach weiteren sinnlosen Verschwendungen) 1875 gezwungen wurde, seine ganzen Kanalaktien (177 602

Stück) zu verkaufen. Der Käufer war — England! Sein allmächtiger Minister Disraeli lieh von seinem Freund Rothschild 80 Millionen M., und hiermit bekam England das größte Aktienpaket in die Hand, aber die Gesellschaft blieb französisch mit dem Sitz in Paris und französischer Amtssprache.

Und dann führte das Finanzelend des Vizekönigs zu Unruhen in Kairo und Alexandria, so daß England gezwungen war, „zur Wiederherstellung von Ruhe und Ordnung" Alexandria zu bombardieren und „zum Schutz des Suezkanals" Ägypten „vorübergehend" zu besetzen.

Vorher hatte sich England schon 1704 Gibraltar und 1814 Malta genommen; desgleichen 1839 Aden, als man begann, den Bau des Suezkanals zu fürchten; sodann 1856 Perim, als diese Furcht stärker wurde; dann hatte man sich von den Türken für die guten Dienste im Krimkrieg 1878 Cypern schenken lassen. Heute (1939) ist man ja allerdings in Ägypten etwas behindert, aber dafür hält man den Sudan um so zäher fest, und damit sitzt man am Oberlauf des Nils, von dem Ägypten vollkommen abhängig ist. Außerdem hat man sein gewaltiges Militärlager am Suezkanal, dazu Cypern, dazu das „Mandat" über Palästina und dann das ganze Eisenbahnnetz Sudan—Ägypten—Palästina—Transjordanien und die Ölleitung von Mosul nach Haifa.

Der Verkehr des Suezkanals hat sich so gut entwickelt, daß die Gesellschaft (nach einer 1871 entstehenden Krise) nicht nur hohe Dividenden (bis zu 40 %!?) ausschütten, sondern den Kanal auch wesentlich verbessern konnte. Schon vor dem Weltkrieg waren etwa 200 Millionen M. aufgewendet, so daß der Anlagewert mit rund 550 Millionen M. zu bemessen sein mochte. Die Wassertiefe beträgt jetzt 13 m (bei etwa 60 m Sohlenbreite); die zulässige Tauchtiefe der Schiffe 10,06 m; es können also — außer den größten Ozeanriesen — alle Schiffe den Kanal durchfahren, zur Zeit auch noch die größten Kriegsschiffe.

Die Entwicklung des Verkehrs des Suezkanals war insgesamt günstig; sie spiegelt aber natürlich auch die Krisen der Weltwirtschaft wieder; der Weltkrieg hat den Verkehr (1917/18) auf die Hälfte des Verkehrs von 1912/13 zurückgeworfen; dann trat ein starker Aufstieg ein, der 1929 seinen Höhepunkt erreichte.

Die Größe der den Kanal durchfahrenden Schiffe ist von 1870 bis zur Gegenwart von durchschnittlich nur 900 auf 5500 NRT. gestiegen; sie liegt also durchschnittlich sehr hoch.

Die Anteile der Flaggen betrug in NRT. und Proz.:

Flagge	1910	1913	1920	1930	1937	1938
Britisch	63	60,2		55,6	47,28	50,16
Deutsch	15	16,7		10,7	9,07	9,11
Niederländisch.		6,4		10,5	7,67	8,62
Französisch		4,6		6,3	5	5,1
Italienisch		1,5		4,7	16,07	13,39
Norwegisch		0,5		3,0		4,17
Japanisch		1,7		3,0		
Nordamerikanisch				2,1		
Österreich-ungarisch . . .		4,2				
Sonstige		4,2		4,1		

Die deutsche Flagge hat sich nach dem Weltkrieg wieder heraufgearbeitet: 1922 auf den 6., 1924 auf den 3. und 1930 auf den 2. Platz. Japan und Nordamerika hatten unmittelbar nach dem Krieg einen sehr hohen Anteil, sind aber seitdem wieder zurückgefallen. Italien ist durch den Erwerb Abessiniens auf den zweiten Platz gerückt. Wir werden auf die Verkehrsentwicklung im Zweiten Band zurückkommen.

Im Suezkanal überwiegt die Richtung von Süd nach Nord, also der Verkehr nach Europa erheblich den Verkehr von Europa, und zwar nach Registertonnen und noch mehr nach Gütermengen. Es ist dies in der Art der Güter begründet, da Europa

Fertigwaren ausführt und dafür Rohstoffe und Nahrungs- und Genußmittel einführt. Die entsprechenden Zahlen sind:

	Nord-Süd von Europa	Süd-Nord nach Europa
1913	11 320 000 t	14 456 000 t
1929	12 896 000 t	21 620 000 t
1930	9 434 000 t	19 077 000 t

Die wichtigsten Güter Nord—Süd sind: Metallwaren und Maschinen, Düngemittel, Zement, Kohlen, Salz, Eisenbahnmaterial, Petroleum, Papier, Textilwaren; die wichtigsten Güter Süd—Nord sind: Mineralöl, Ölfrüchte und Öl, Getreide, Textilrohstoffe, Minerale und Metalle, Kautschuk, Rohrzucker, Tee, Ölkuchen, Melasse, Früchte. Zu beachten ist seit 1913 die Zunahme des Erdöls aus Iran, der Sojabohnen aus der Mandschurei und der Erdnüsse aus Indien; von Getreidesorten sind Reis und Weizen am wichtigsten.

Die Bedeutung des Suezkanals kann kaum überschätzt werden; sie liegt durchaus auf internationalem Gebiet. Dagegen ist der Lokalverkehr ganz gering, desgleichen der Bezirksverkehr, im Raum des östlichen Mittel- und des Roten Meeres. Die benachbarten Küsten Nordafrikas und Palästinas, die Sudanländer und Arabien sind in verkehrlicher Beziehung von dem Kanal fast unberührt geblieben; sie beginnen erst in unsern Tagen an Bedeutung zu gewinnen, und zwar durch verkehrspolitische Kräfte. Die Kanalhäfen selber haben (außer Port Said) keine große Bedeutung; man darf aber mit einer allgemeinen Zunahme der Verkehrsbedeutung des Roten Meeres rechnen, sobald erst von seinen Häfen aus die Lokomotive nach Arabien vorstoßen wird und Abessinien besser erschlossen ist.

Die internationale Bedeutung des Suezkanals kommt darin zum Ausdruck, daß sein Einflußgebiet von Europa aus ganz Süd- und Ostasien, Australien, die Südsee und Ostafrika bis hinunter zur Mündung des Sambesi umfaßt; aber auch von New York nach Ostasien ist der Seeweg über den Suezkanal bis in das Gebiet Hongkong—Schanghai dem Weg über den Panamakanal zwar nicht nach den Streckenlängen, aber unter Umständen nach den Kosten — ,,virtuell" — vorzuziehen.

Die Stellung des Suezkanals ist innerhalb seines Einflußgebiets dadurch besonders stark, daß er eine Monopolstellung behauptet. Wettbewerb kann ihm nur gemacht werden: am südlichen Teil der ostafrikanischen Küste, durch die Segelfahrt um das Kap nach Südostasien, durch die Sibirische und Bagdadbahn und den Luftverkehr für den ganz kleinen Teil des besonders eiligen Verkehrs. Aber das schlägt nicht zu Buch; andrerseits ist bezüglich Ostafrikas zu bemerken, daß der Kanal die Rundfahrt um Afrika ermöglicht; Rundfahrten sind aber unter gewissen Voraussetzungen allgemein recht günstig. Die Gebiete, in denen dem Suezkanal überhaupt Wettbewerb gemacht werden könnte, liegen europafern an der Peripherie des Einflußgebietes; dagegen liegen die Gebiete, in denen Wettbewerb unmöglich ist, europanah im Zentrum des Einflußgebietes. Man kann ohne Übertreibung sagen, daß drei Viertel der Menschheit durch den Suezkanal so miteinander verbunden sind, daß kein anderer Weg diesen entthronen kann.

Während des Abessinienkonfliktes hat sich allerdings in England eine Richtung entwickelt, die die Verlagerung des Handels- und besonders des strategischen Weges von Suez über das Kap als notwendig oder wenigstens als erwünscht bezeichnet und demgemäß gefordert hat, daß mindestens im Kapland eine maritime Basis geschaffen werde, und daß das ganze System der Stützpunkte und Kohlenstationen und des Luftverkehrs besser ausgebaut werde. Diese Forderungen wurden namentlich mit der Sorge begründet, daß der Suezweg bei Sizilien leicht gesperrt werden könne (namentlich durch schnelle Zerstörer, U-Boote und Flugzeuge), daß Malta nicht gehalten, daß Ägypten und der Suezkanal durch Landtruppen überrannt und daß die Schiffahrt im Roten Meer leicht unterbrochen werden könne. Diese Bedenken wurden aber beschwichtigt, und es wurde vielmehr die große britische Basis Cypern—Haifa—Suezkanal ausgebaut, die (abgesehen von den Eisenbahnen im Raum Palästina—Nordarabien —Irak) 1939 fertig war.

Was die Verlagerung des Weges bedeuten würde, ergibt sich aus folgenden Zahlen.
Die Wegelängen betragen in Seemeilen:

Von London nach	über Suez	über Kap	also mehr
Bombay	6307	11188	4881
Kalkutta	8019	12004	3985
Singapore	8292	12143	3851
Hongkong	9678	13457	3773
Yokohama	11242	14834	3592
Wladiwostok	11335	14998	3663

Aber diese Mehrlängen sind nicht allein maßgebend; vielmehr ist noch zu beachten,
daß auch die englische Schiffahrt durch die dem Suezkanal so nahe liegenden Mittelmeer-
häfen stark befruchtet wird und daß die Abstände der Kohlenstationen auf der Suezroute
besonders klein sind; — dem Nachteil der größeren Abstände auf der Kaproute könnte man
allerdings wohl durch entsprechende Ausbauten abhelfen.

Vor dem Bau des Suezkanals hatten manche Kreise angenommen, daß er den Haupt-
verkehr von den Großhäfen des „Zentralbeckens des Weltverkehrs", also aus dem Raum
Liverpool—Hamburg nach den Häfen des Mittelmeers verlagern werde, namentlich
in die Räume Marseille, Genua und Triest. Diese Sorge ist unbegründet gewesen, denn
das so billige Seeschiff kann ruhig einen langen Weg weiterfahren, wenn dafür die teuren Landwege nach dem Hinterland kurz bleiben. Daß das Mittelmeer gewaltig gestärkt worden ist
und daß seine Häfen von den Wegkürzungen noch mehr Vorteil haben als die Häfen Nord-
europas, ist klar; aber das „Zentralbecken" hat dadurch nichts von seiner überragenden
Bedeutung verloren.

Die Stellung des Suezkanals im internationalen Recht ist nicht ganz klar.
Die Erben Negrellis haben z. B. in dem erwähnten Prozeß ein Urteil erzielt, daß
die Suezkanalgesellschaft „zwar praktisch, aber nicht rechtlich" existiere, und
zwar deshalb nicht, weil die Konzession auf gefälschten Dokumenten beruhe! —
Die heute noch gültige wichtigste Bestimmung ist die, daß der Kanal in Kriegs-
und Friedenszeiten jedem Handels- oder Kriegsschiff ohne Unterschied der Flagge
offenstehen soll, und daß der Kanal niemals der Ausübung des Blockaderechtes
unterworfen werden soll. Vermutlich dürfte auch hier das Recht mit den größeren
Kanonen sein. Gegen diese Ansicht spricht nicht die Tatsache, daß der Kanal
im Abessinienkonflikt nicht gesperrt worden ist, denn es war nicht klar, wer
sich damals zutraute, die größeren Kanonen zu haben.

Mit der gesamten Geschäftsführung sind außer den Direktoren, Aufsichtsräten
und Aktionären alle Beteiligten unzufrieden. Die Aktien sind fast aus-
nahmslos in englischem und französischem Besitz, und zwar: 44% bei der
englischen Regierung, 20% bei den Verwaltungsratmitgliedern, 15% bei einer
französischen Bank, 21% bei französischen Familien und Gesellschaften. In dem
Verwaltungsrat sitzen 19 Franzosen, 10 Engländer, 2 Ägypter und 1 Holländer.
Der Kanal fällt 1968 an Ägypten, sofern dies die Abfindung bezahlen kann. Der
Kanal wird als rein monopolistisches Unternehmen betrieben. Die Dividende ist
so hoch, daß das ganze Aktienkapital schon siebenmal zurückgezahlt worden
ist!! Diese gewaltigen Überschüsse werden dadurch erzielt, daß die Weltschiffahrt
in der Form der unerträglich hohen Kanalgebühren den Aktionären Tribute
zahlen muß — und zwar in Devisen! — Wie lange werden sich die andern Nationen
diesen Mißbrauch eines Monopols gefallen lassen? Es handelt sich um einen
wahrhaft internationalen Verkehrsweg, und zwar den wichtigsten der Welt,
dessen Anlagekapital vollkommen getilgt ist!!

Der **Panamakanal** hat ebenfalls eine lange, und zwar noch „romantischere"
Geschichte als der Suezkanal; vermutlich gibt es kein Verbrechen, das seinet-
wegen nicht begangen worden ist. Der Gedanke, die beiden Ozeane durch einen
für Seeschiffe fahrbaren Kanal zu verbinden, tauchte frühzeitig auf, und fast
vier Jahrhunderte lang haben sich nacheinander Spanier, Engländer, Franzosen
und Amerikaner mit dem Gedanken befaßt. Die Schwierigkeiten schienen aber
vom technischen und gesundheitlichen Standpunkt unüberwindlich zu sein,

denn die Landenge ist zwar an der schmalsten Stelle nur etwa 40 km breit, sie ist aber gebirgig, erdbebengefährdet, weithin versumpft, von Hochwassern (des Chagres) heimgesucht und äußerst ungesund.

Der Verkehr wurde seit 1855 durch die Panama-Eisenbahn bewältigt, einer von Nordamerika finanzierten, 76 km langen Bahn, deren Geschichte etwas in Dunkel gehüllt ist. Es ist nämlich merkwürdig, daß viele Klagen über ungenügende Leistungen laut geworden sind, während doch für eine so wichtige Linie jede notwendige Verbesserung ohne weiteres hätte finanziert werden können. Man könnte sich aber vorstellen, daß Eisenbahnmagnaten, denen der Verkehr über die — so wunderschön langen! — nordamerikanischen Pazifikbahnen am Herzen lag, eine zu hohe Leistung der Panamabahn nicht gern gesehen haben; ein tüchtiger Eisenbahndirektor muß doch schließlich den Verkehr nicht nur entwickeln, sondern auch niederhalten können, wobei allerdings der Wahlspruch der früheren Südbahn gilt: „Man kann den Verkehr noch so schlecht behandeln, — ganz unterdrücken läßt er sich doch nicht."

Ernstliche Vorarbeiten für den Kanal begannen 1848 nach der Entdeckung des Goldes in Kalifornien, und 1850 schlossen England und USA. den sog. Clayton-Bulwer-Vertrag über die Neutralität des künftigen Kanals. In Frankreich bildete sich 1872 unter Lesseps eine Gesellschaft, die zunächst die — sehr schwierige — Frage klärte, ob ein Panama- oder ein Nikaraguakanal zweckmäßiger sei. Nachdem man sich für ersteren entschieden hatte, erlangte man 1878 von der Republik Kolumbien die Konzession und entschied sich trotz des hohen Bergrückens von rund 102 m (!) Höhe für einen „Meeresspiegelkanal"; die Baukosten waren auf nur rund 680 Millionen M. „veranschlagt", d. h. von Lesseps heruntergedrückt; 1881 wurde mit dem Bau begonnen; 1888 waren etwa ein Drittel der Arbeiten fertig, aber schon rund 1150 Millionen M. ausgegeben; 1889 brach die Gesellschaft in dem berüchtigten „Panamaskandal" zusammen; 500 Parlamentarier waren bestochen worden. Lesseps und andere wurden wegen Betrugs verurteilt; 1897 wurden allerdings alle Angeklagten im Wiederaufnahmeverfahren formal freigesprochen. Es gelang, 1894 eine neue französische Gesellschaft zu bilden, sie geriet aber schon 1899 in Schwierigkeiten. Nun gab aber der Spanisch-Amerikanische Krieg den Vereinigten Staaten Anlaß, das Problem aufzugreifen. Sie verständigten sich im Hay-Pauncetorte-Vertrag mit England, erwarben 1902 für rund 168 Millionen M. den ganzen Besitz der französischen Gesellschaft und schlossen 1903 einen Vertrag mit Kolumbien. Als aber der Kongreß von Kolumbien diesen Vertrag ablehnte, brach in Panama eine Revolution aus; die Provinz erklärte sich unabhängig, und Kolumbien konnte nicht mit Waffengewalt vorgehen, denn es waren gerade Kriegsschiffe der USA. anwesend.

In dem Vertrag mit der neuen „unabhängigen" Republik Panama ließ sich Nordamerika einen 16 km breiten Streifen abtreten, der sich noch auf je 5,5 km Länge in die beiderseitigen Meere hinein erstreckt; als Entschädigung erhielt die junge Republik einmalig 42 Millionen M. und eine Jahrespacht von 1 Million M., dazu die Garantie der Unabhängigkeit; — diese besteht in der vollkommenen wirtschaftlichen und politischen Abhängigkeit und seit 1926 auch in der militärischen Bevormundung.

Der Bau war außerordentlich schwierig. Man entschied sich 1906 gegen den Meeresspiegel-, also für den Schleusenkanal, und zwar mit einer höchsten Haltung von +26 m über dem Meer. Infolgedessen mußten große Schleusenanlagen geschaffen werden. Weitere gewaltige Arbeiten erforderte der Bau des Dammes, durch den der sog. Gatunsee aufgestaut wird, und vor allem der berüchtigte Culebra-Einschnitt. Die Abmessungen entsprechen der großen Bedeutung, — Sohlenbreite 92 m, Wassertiefe 13,7 m; die Schleusen sind aber kleiner als die des Nordostseekanals; sie begrenzen durch ihre Breite von 33,53 m die

Schiffsgröße auf 35000 oder 40000 t (?) Wasserverdrängung und spielen hiermit die bekannte große Rolle bei der Festsetzung des Höchstmaßes der Schlachtschiffe. Die größten Schlachtschiffe der USA. sind 32,9 m breit, desgleichen die Flugzeugträger. Das Marineministerium fordert daher eine Verbreiterung auf 40 m.

Gegenüber dem Suezkanal waren folgende besonderen Schwierigkeiten zu überwinden:

„In Suez handelt es sich um eine verhältnismäßig gesunde Gegend, in Panama um ein verrufenes Gebiet schlimmster Tropenkrankheiten. Die Franzosen waren diesem Hauptfeind gegenüber hilflos. Die Sterblichkeit ist bei ihnen bis zur fürchterlichen Höhe von 17,7% im Monat angewachsen. Sie haben in fünf Jahren 22189 Menschen verloren, ein Drittel an Gelbfieber, zwei Drittel an Malaria. Erst seitdem sind die Ursachen dieser beiden Krankheiten erkannt worden. Erst seitdem ist auch ein Kampf gegen sie möglich geworden. Die Amerikaner haben ihn aufgenommen und mit größter Energie durchgeführt; mit einem Aufwand von mehr als 80 Millionen M. haben sie das Gelbfieber erstickt, die Malaria eingeschränkt und ungefährlich gemacht[1].

Beim Suezkanal waren, da er im Trockengebiet liegt, keine tropischen Regengüsse zu bezwingen, während diese in Panama ungewöhnlich stark sind. Erst die neue Entwicklung des Talsperrenbaues hat den Bau des Gatundammes ermöglicht.

Die Landenge von Suez ist sehr flach; sie erhebt sich nur bis zu 16 m Höhe über dem Meeresspiegel. In Panama ist dagegen eine Gebirgskette zu überwinden, deren tiefster Punkt (im Culebraeinschnitt) 102 m über dem Meer liegt. Es waren daher auch bei dem Schleusenkanal so große Massen von Erde und Felsen zu lösen und zu bewegen wie nie zuvor. — Der Panamakanal ist der größte Dynamitverbraucher der Welt gewesen! Sein Bau hat preissteigernd nicht nur für Dynamit und Glyzerin gewirkt, sondern soll für den ganzen Ölmarkt sich fühlbar gemacht haben.

Die große Bodenerhebung bedingt auch den vierten Unterschied: Der Suezkanal konnte bequem als Meeresspiegelkanal ausgeführt werden, beim Panamakanal hat man sich, um an Kosten, Erdarbeiten, Schwierigkeiten und Zeit zu sparen, für den Schleusenkanal entschieden. Die Schleusen aber sind so ungeheure Bauten — sie haben 3,8 Millionen cbm Beton verschluckt! —, daß man wohl sagen kann, daß erst der neuzeitliche Beton-, Eisenbeton- und Eisenbau ihre Anlage ermöglicht hat.

An diesen größeren Schwierigkeiten sind die beim Suezkanal so erfolgreichen Franzosen gescheitert. Die Amerikaner sind der geschilderten Schwierigkeiten auch nur Herr geworden durch einen Bruch mit ihren heiligsten Traditionen. Der Suezkanal ist ein privates Erwerbsunternehmen. Beim Panamakanal war das Privatkapital durch den furchtbaren Zusammenbruch der französischen Gesellschaft abgeschreckt, und so trat das Merkwürdige ein, daß das Volk, das auf nichts so stolz ist wie auf seine Freiheit, und diese Freiheit so oft mit Nichteinmischung des Staates in das Wirtschaftsleben definiert hat, sich zu solchem kühnen Eingriff entschloß und zum staatlichen Erbauer des Kanals wurde. Viele Schritte haben die Vereinigten Staaten in den letzten Jahren auf der Bahn des Staatssozialismus unternommen. Keiner ist vielleicht grundsätzlich von solcher Bedeutung wie dieser."

Daß die Franzosen am Panamakanal gescheitert sind, erklärt Prof. SCHUMACHER wie folgt:

„ Der Grund liegt nicht etwa in der ‚drüben‘ so gern behaupteten Überlegenheit Amerikas über das ‚alte Europa‘, sondern im folgenden: Beim Suezkanal war es das zwingende logische Ergebnis der geographischen Verhältnisse und geschichtlichen Entwicklung, daß die Franzosen seinen Bau unternahmen. Je mehr der Atlantische Ozean seine Verkehrsbedeutung entwickelte, um so mehr konnten Frankreichs altberühmte Südhäfen eine eigentliche weltwirtschaftliche Stellung nur gewinnen, wenn das Mittelmeer zu einer Durchgangsstraße des Welthandels wurde; und je mehr Frankreich zum Hauptland der Luxusindustrie wurde, um so mehr war es angewiesen auf einen möglichst unmittelbaren und billigen Bezug der kostbaren Rohstoffe aus dem Süden und Osten von Asien. Das geschah über Napoleon, die Saint-Simonisten und die Familie Lesseps.

Ganz anders beim Panamakanal! An ihm hatte Frankreich kein Vorzugsinteresse irgendwelcher Art. Hier fehlte ihm gewissermaßen die sachliche Aktivlegitimation. Hier stützte es sich ausschließlich auf den Präzedenzfall von Suez, dessen Erfolge ungewöhnliche Kurssteigerungen gerade aller Welt zu verkünden begannen. Im Gegensatz zum ersten Kanalbau wuchs dieser zweite bei den Franzosen nicht aus einer in harter Arbeit langsam erworbenen Überzeugung; er ist vielmehr eine Sache der Eitelkeit und Spekulation gewesen . . ."

---

[1] Die Landenge von Panama war früher so ungesund, daß sogar die Eisenbahnschwellen (!) nur zwei Jahre lebensfähig blieben.

Die Gesamtkosten des Panamakanals liegen nicht viel unter 2 Milliarden M. (gegenüber 550 Millionen M. beim Suezkanal einschließlich Erweiterung). Diesen ungeheuren Kosten gegenüber wurden früher oft Bedenken wegen der dauernden Benutzbarkeit geäußert: Wird sich der Riesenstausee dauernd füllen lassen? Werden nicht zu große Wassermassen versickern oder während der Trockenzeit verdunsten? Wird die Wassertiefe also dauernd ausreichen? Wird der Staudamm des Gatunsees dauernd dem ungeheuren Wasserdruck standhalten? Werden die Rutschungen im Culebraeinschnitt zur Ruhe kommen? Wird der Kanal durch Erdbeben gefährdet werden? Sind insbesondere die Schleusen mit ihren empfindlichen Verschlußeinrichtungen erdbebensicher? — Nachdem der Kanal nun rund ein Vierteljahrhundert anstandslos gearbeitet hat, wird man hoffen dürfen, daß die Bedenken zerstreut sind.

Die Bedeutung des Panamakanals gliedert sich in die „lokale“, nämlich die für Amerika, und die internationale, nämlich die für den Weltverkehr. In diesen Beziehungen liegen die Verhältnisse umgekehrt wie beim Suezkanal; es ist nämlich die „lokale“ Bedeutung groß, die internationale dagegen verhältnismäßig gering.

Die lokale Bedeutung deckt sich fast ganz mit der Bedeutung für seine Erbauer, also für USA., dazu kommt noch in etwa die für Westindien und — in höherem Maße — die für die Westküste von Südamerika hinzu.

Am höchsten ist die militärische Bedeutung einzuschätzen: Der Kanal gibt der Union die Möglichkeit, mit einer einheitlichen Kriegsflotte auszukommen, die allerdings auf die Notwendigkeiten des so weiträumigen Großen Ozeans abgestellt sein muß und hier ihr Hauptaktionsfeld sieht, aber auch auf dem Atlantik eingesetzt werden kann. In der Nähe des Kanals stationiert und durch große Kriegshäfen, namentlich Key West, geschützt, kann sie schnell auf seinen beiden Seiten zusammengezogen werden. Hiermit ist die Union dauernd bestimmt in der Lage, den „Eine-Macht-Standard“ gegenüber allen Seemächten zu halten. Der Kanal stärkt außerdem ihre Weltmachtstellung, weil sie nun zu allen Auseinandersetzungen zwischen europäischen und ostasiatischen Mächten maßgebend Stellung nehmen kann. Er dämpft ferner die in den Ozean hinein und nach Amerika gerichteten Expansionsbestrebungen Japans, zumal die Amerikaner eine starke Nord-Süd-Sperrlinie durch den ganzen Ozean von Alaska über Honolulu bis in die Südsee gelegt haben. Der Kanal stärkt den verkehrs- und handelspolitischen Einfluß Nordamerikas auf die vielen schwachen Staaten Mittelamerikas und des nördlichen Südamerika.

Für die Vereinigten Staaten als einheitlichen Wirtschaftskörper hatte man angenommen, daß er die Westküste (Kalifornien) näher an die Ostküste (New York) heranrücken werde, daß dadurch die Besiedlung des Westens schneller vor sich gehen werde, und daß allgemein die meeresnahen östlichen und südlichen und die westlichen Küstengebiete gegenüber den meeresfernen Innengebieten (Mississippi- und Ohiobecken) gestärkt würden; es sind auch schon Kompensationsforderungen der Innengebiete, z. B. auf die Regulierung des Mississippi erhoben worden. Insgesamt dürfte der Kanal aber bisher keine großen Verschiebungen in den inneren Kraftfeldern der Union hervorgerufen haben. Dabei ist aber zu beachten, daß die Gesamtentwicklung nicht gleichmäßig, sondern sprunghaft (Prosperity-Krisen) war, so daß vergleichende Beobachtungen schwierig sind. Als richtig dürfte sich die Voraussage erwiesen haben, daß New York der wichtigste Hafen des Panamaverkehrs, daß aber sein Auftrieb für die Golfhäfen nicht besonders stark sein werde.

Gegenüber der hohen „lokalen“ Bedeutung ist die internationale Bedeutung des Panamakanals verhältnismäßig gering. Dies ist zunächst darin begründet, daß die durch ihn erzielten Abkürzungen nicht groß sind. Zur Klärung hat man hierbei von den beiden Zentren New York und Nordsee auszugehen und die vier Wege (um das Kap, um Kap Hoorn, durch den Suez- und durch den Panamakanal) zu betrachten. Für New York ergeben sich hierbei wesentliche Verkürzungen nur nach San Francisco—Alaska, Valparaiso und Sidney, aber nur geringe nach Yokohama und Schanghai, keine nach Hongkong; und für die Nordsee ergeben sich Verkürzungen nur nach Valparaiso und San Francisco. Insgesamt wird New York gegenüber Europa an das nördliche China, Japan, Australien und die Westküste Südamerikas vergleichsweise herangerückt. Aber es sind auch hier, wie schon öfter angedeutet, nicht die einfachen Entfernungen oder die absoluten Weglängen maßgebend; vielmehr ist zu beachten: An den Panamakanal schließt die „Wasserwüste" des Großen Ozean an, in der keine starken, lebenspendenden Kräfte vorhanden sind, die den Schiffen Güter zuwenden könnten; dagegen sind die Suezwege von einer Fülle kraftvoller Häfen gesäumt, die ihren Schiffen große Ladungsmengen sichern. Ferner können die Schiffe auf den Suezrouten in kurzen Abständen Kohlen nehmen, sie kommen also mit kleinen Vorräten und entsprechend kleinen Bunkerräumen aus; außerdem sind die Kohlen auf der Panamaroute teurer. Das eigentliche „Monopolgebiet" des Panamakanals beschränkt sich hierdurch auf die Westküste der beiden Amerika, also auf Gebiete, die europafern und außerdem wegen der oben skizzierten geographischen Verhältnisse wirtschaftlich verhältnismäßig schwach sind. Hervorzuheben ist aber, daß der Panamakanal die Rundfahrt um Südamerika ermöglicht, — wie der Suezkanal die um Afrika.

Wir müssen auf den Panamakanal und den etwaigen Nikaraguakanal im Zweiten Band zurückkommen.

III. Die Seehäfen[1].

Die vom verkehrsgeographischen und -politischen Standpunkt maßgebende Einteilung der Seehäfen in Haupt-, Vor-, Anlauf- und in Häfen für bestimmte Massengüter ist bereits erörtert. Außerdem besteht die Haupteinteilung in Handels- und Kriegshäfen; mit letzteren haben wir uns an dieser Stelle nicht zu beschäftigen. Die Bedeutung von Häfen für Sonderzwecke ergibt sich aus ihren Bezeichnungen: Zuflucht-, Winter-, Quarantäne-, Fischerei-, Holz-, Kohlenhäfen usw.

Die Seehäfen sind gegen die Binnenhäfen abzugrenzen. Der typische Binnenhafen liegt an Flüssen (Duisburg), Kanälen (Dortmund) oder Binnenseen (Lindau) und dient (unmittelbar) nur dem Binnenverkehr. Manche Binnenhäfen sind aber auch für (kleinere) Seeschiffe zugänglich und dienen dann unter Umständen auch dem unmittelbaren Überseeverkehr (vgl. die Rhein-Seeschiffahrt). Viele Seehäfen haben einen großen Umschlagverkehr mit Binnenschiffen (Rotterdam, Hamburg).

Der „echte" Seehafen ist durch folgende Erscheinungen charakterisiert: Vom Meer aus betrachtet, ist die Bedeutung des Hafens um so größer, je größer allgemein die Bedeutung des Meeres ist, vgl. die Nordsee (Hamburg) gegenüber der Ostsee (Stettin), das Tyrrhenische Meer (Genua) gegenüber der Adria (Triest). Ferner ist der Hafen um so wertvoller, je günstiger das Meer verkehrstechnisch ist. Ist das Meer durch schwere häufige Stürme, Nebel und besonders durch Eis gefährdet, so sinkt der Wert des Hafens schnell; ein eisfreier Hafen ist, selbst wenn er sonst manche Mängel aufweist, besser als ein vortrefflicher, aber oft und lange durch Eis blockierter Hafen; vgl. die Unterschiede zwischen den Häfen der nördlichen und südlichen Ostsee, ferner zwischen Wladiwostok und den koreanischen Häfen, oder zwischen Montreal und New York. Der äußerste eisfreie Hafen kann eine große strategische Bedeutung haben, wie z. B. künftig vielleicht einmal Murmansk. An derselben Küstenstrecke kann unter Umständen ein Hafen mit Salzwasser eisfrei sein, während sein in einer tiefen Flußmündung, also im Süßwasser, liegender Nachbarhafen zufriert, vgl. die Küste des Gelben Meers.

---

[1] Handbuch der Ingenieurwissensch. Bd. III. 1912. — ENGELS: Handbuch des Wasserbaus Bd. II. 1923. — FRANZIUS: Verkehrswasserbau. 1927.

Im einzelnen fordert der Seehafen vom Meer vor allem die jederzeitige möglichst gefahrlose Ein- und Ausfahrt; ist diese zeitweilig nicht gegeben, so muß wenigstens ein sicherer Ankerplatz vorhanden sein, auf dem die Schiffe die günstige Zeit abwarten können. Im Hafeninnern muß bei jedem Wetter ruhiges Wasser, also vollkommene Sicherheit vorhanden sein; ferner gehört hierzu Sicherheit gegen Strömungen, gegen starke treibende Eismassen und gegen die Berührung des Grundes. — Nur selten liegt ein Hafen so unmittelbar am offenen und tiefen Meer, daß die Schiffe in der Hafennähe beliebigen Kurs steuern können; sie müssen vielmehr fast immer einem bestimmten Kurs in dem sog. Fahrwasser folgen. Je kürzer, breiter und tiefer dieses ist, desto besser liegt der Hafen zum Meer; ist das Fahrwasser dagegen lang, schmal und gewunden, ist es mit Sandbänken, Riffen, Barren durchsetzt, so kann die Fahrt gefährlich sein, wie z. B. die Auffahrt nach Kalkutta. Am schlimmsten sind flache Küsten junger geologischer Formationen, über die die Stürme hinwegbrausen können, vgl. die Küste der Südstaaten von USA. Andrerseits bietet die Lage tief zurück an einer gefahrvollen Küste eine hohe Sicherheit gegen feindliche Kriegsschiffe, und sie kann den Wert des Hafens als Hilfsanlage für die eigene Kriegsflotte erhöhen, zumal sich die das Fahrwasser kennzeichnenden Seezeichen leicht entfernen oder verlegen lassen, — vgl. die deutsche Nordseeküste.

Vom Land aus betrachtet, ist der Seehafen allgemein um so wertvoller, je höher die wirtschaftliche Bedeutung und je günstiger die Verkehrsverhältnisse sind. Die überhaupt wichtigsten Seehäfen liegen an den Küsten der typischen Industriegebiete (London, Liverpool, New York) und an den großen fruchtbaren Tiefebenen. Diese gewähren auch die günstigsten Verkehrsverhältnisse, weil sie meistens durch gut schiffbare Ströme erschlossen sind (Gegenbeispiele Mississippi, Indus, Ganges, Hoangho) und weil in ihnen der Bau und Betrieb der Eisenbahn leicht und billig ist. Starke Verkehrshindernisse, die in der Nähe des Hafens auf große Strecken durchgehen, können den Wert des Hafens stark herabsetzen; namentlich wirken Gebirgszüge ungünstig, vgl. Genua und den Apennin, die östliche Küste der Adria mit Triest und Fiume, die syrische Küste mit dem Doppelkamm des Libanon und alle Häfen der amerikanischen Westküste. Heute sind diese Schrecken aber überwunden, indem die Hindernisse durch tiefliegende Tunnel (Genua) oder durch sog. künstliche Längenentwicklungen (Triest und Sussak) oder durch Bahnen mit Zahnstange (Beirut—Damaskus) bezwungen werden. Dagegen wirken Breschen, die die Natur in das Gebirge hineingeschlagen hat, besonders günstig, — vgl. vor allem die so starken Wirkungen des „Rhein-Fjords" Bonn—Basel auf die Rheinmündungshäfen, der Rhonesenke auf Marseille und des so tief eingeschnittenen Etschtals auf Venedig. — Letzten Endes kommt auch der größte Hafen mit einer leistungsfähigen Eisenbahn aus, die sich erst jenseits der Hindernisse zu verzweigen braucht, — vgl. die Erschließung der Lombardei von Genua aus.

Insgesamt sind die Forderungen, die von Meer und Land aus an einen Seehafen zu stellen sind, so groß und verschiedenartig, daß es nur wenige Punkte der Erde gibt, denen man allseitig das Prädikat „Gut" ausstellen kann; zu nennen wären etwa London, New York, Chicago und die La Plata-Häfen. Wenn aber sonst so oft die Einzelnote „Mangelhaft" erteilt werden muß, so ist dies heute nicht mehr besonders kritisch, denn die Seebaukunst ist so hoch entwickelt, daß sie in Verbindung mit all den so wirksamen und zuverlässigen Einrichtungen und Maßnahmen des Sicherheitsdienstes die Ein- und Ausfahrten ziemlich gefahrlos machen kann, und die Technik der Binnenverkehrsmittel steht so hoch, daß man auf den Gebrauch so manchen schlechten Hafens verzichten kann, weil man von dem einen guten Hafen aus ein beliebig großes Hinterland erschließen kann.

Eine weitere Forderung, die der Seehafen stellen muß, ist seine gute Ausstattung mit all den Einrichtungen, die für den Verkehr (Laden, Löschen,

Lagern, Sammeln, Verteilen, Versteigern usw.), für den Betrieb (Versorgung
der Schiffe mit allem Notwendigen), für die Unterhaltung (Untersuchung,
Reinigung, Entseuchung, Instandhaltung, Ausbesserungen) erforderlich sind. Am
wichtigsten sind hierbei die Verkehrseinrichtungen (Schiffsliegeplätze, Kajen,
Schuppen, Umschlageinrichtungen zwischen Seeschiff, Schuppen, Eisenbahn und
Binnenschiff, Speicher, Silos, Bunker, Lagerplätze). Hierbei kommt es in erster
Linie darauf an, daß der Aufenthalt der Schiffe kurz ist, denn die Schiffe
„fressen sonst zuviel Zinsen". Erst an zweiter Stelle steht, daß alle Einrichtungen
in sich möglichst wirtschaftlich arbeiten müssen. Eine wirklich gute Ausstattung
(namentlich mit Kranen und andern Umschlageinrichtungen) kann aber nur in
stark belebten Häfen finanziert werden; daher müssen alle Seeschiffe, die regelmäßig oder gelegentlich kleine, nur ungenügend ausgestattete Häfen anlaufen, mit
eigenen Ladeeinrichtungen (mit „eigenem Geschirr") ausgerüstet sein. Eine
besonders gute derartige Ausstattung zeigen z. B. die Massengutschiffe auf den
großen Seen in Nordamerika.

Es liegt im Wesen und Leben der Häfen begründet, daß sie ständig verbessert und vergrößert werden müssen. Dieser Entwicklungsprozeß ist planmäßig auf lange Sicht vorzubereiten und durchzuführen. Den Vorrang hat hierbei
im allgemeinen der Verkehr im engeren Sinne des Wortes; erst nach ihm kommen
die Industrie und Sonderzwecke. Dies führt dazu, den eigentlichen Handelshafen immer mehr für die engeren Zwecke des Handels und Verkehrs auszubauen,
die Industrie aber in neue Anlagen zu verlegen. Bei diesem Vorgehen behält
der Handelshafen seine Lage zur Gesamtstadt, zum Hauptbahnhof und den Güterbahnhöfen, also zu den Anlagen, mit denen er eng verwachsen ist, so daß keine
kritischen Verschiebungen in der Bevölkerung, dem Wert und der Bedeutung der
einzelnen Stadtteile usw. eintreten. Dagegen sind solche Verschiebungen nicht
kritisch, sondern unter Umständen sogar erwünscht, wenn sie durch Anlage neuer
Industriehäfen erfolgen. Diese müssen auch deswegen meist auf „Neuland"
vorgesehen werden, weil ihr Flächenbedürfnis groß ist. Bei der Industrie kann man
nach typischer Schiffbauindustrie (Neubau, Umbau, Ausbesserung, — Werften,
Docks, Hilfsbetriebe) und anderer Industrie unterscheiden; bei letzteren handelt
es sich hauptsächlich um die Verarbeitung der überseeischen Rohstoffe. Bei Erweiterungen sind ferner auszusondern: die Anlagen für Fischerei, für Spezialgüter
(etwa Holz, Kohlen, Früchte, Vieh) und für Öl, ferner bei großem Personenverkehr
die Anlagen für diesen. — Bei vielen Erweiterungen spielt die Vertiefung eine
besonders wichtige Rolle, denn sie ist besonders schwierig und kostspielig, aber
letzten Endes dafür entscheidend, welche Schiffe den Hafen noch anlaufen können.
Während man bis etwa 1875 mit Tiefen von 5,6—6 m auskam, stieg die Tiefe
schnell auf 7,8 und 10 m, und zur Zeit ist für die größten Häfen eine Tiefe von
13 m erforderlich. Die Schwierigkeiten, die zur Erzielung und dauernden Erhaltung dieser Tiefen zu überwinden sind, liegen bei vielen Häfen nicht so sehr in
den Hafenbecken, als vielmehr in den Zufahrten; sie müssen nämlich einerseits
eine möglichst große Tiefe bei Flut gewährleisten, andrerseits gegen Versandungen
möglichst geschützt werden; denn ständiges Baggern ist sehr teuer; — diese Aufgabe zu meistern ist wohl der schwierigste Teil der Seebaukunst.

Damit die älteren Hafenteile nicht wertlos werden, ist die Gesamterweiterung
(in jahrzehntelangen Zeiträumen) derart durchzuführen, daß innerhalb des Han-
delshafens die neuen Anlagen (mit den breitesten und tiefsten Becken und den
besten Ausstattungen der Kajen) immer für die neuesten (größten und schnellsten,
also kostspiligsten) Schiffe bestimmt werden, während die älteren Anlagen mehr
und mehr den kleineren Schiffen (und der Flußschiffahrt) überlassen werden.
Ein großer Hafen wird demgemäß bezüglich der Größe und Güte seiner Einrichtungen fast immer eine ganze Stufenleiter aufweisen; es kommt hierin der
Grundsatz zum Ausdruck, daß man vorhandene Werte nicht zerstören,

sondern allmählich aufbrauchen soll! Denn es gibt viele Dienste, die zwar relativ immer unwichtiger, aber darum doch nicht bedeutungslos werden, und die mit relativ immer ungünstiger werdenden Einrichtungen doch noch wirtschaftlich erledigt werden können.

Die außerordentlichen Schwierigkeiten und die hohen Kosten, die der Vertiefung der Seehäfen und ihrer Zufahrten entgegenstehen, sind, wie oben angedeutet, ein deutlicher Hinweis darauf, mit der Vergrößerung der Schiffe maßzuhalten!

Eine wichtige Unterscheidung der Seehäfen ist die in offene oder geschlossene Häfen.

Der „offene" Hafen steht mit dem Meer in freier Verbindung. Er ist dort gegeben, wo der Flutwechsel gering ist (Mittelmeer) oder wo der ganze Hafen so tief ist, daß die Schiffe auch bei Ebbe ein- und ausfahren können, — „Tidehafen". Wenn aber die Schiffe nur zur Zeit der Flut ein- und ausfahren können, so spricht man von „Fluthäfen" (Bremen, Hamburg).

Der „geschlossene" oder Dockhafen entsteht dadurch, daß die Einfahrt durch eine Schleuse (Dockschleuse) geschlossen werden kann. Die Hafenbecken werden hierdurch dem Einfluß des Gezeitenwechsels entzogen (London, große Teile des Hafens Antwerpen).

Nach der Art der Verbindungen mit dem Hinterland unterscheidet man die Seehäfen danach, ob bei ihnen die Binnenschiffahrt oder die Eisenbahn die Hauptrolle spielt. Zu der ersten Gruppe gehören namentlich die Rheinmündungshäfen, von denen z. B. Rotterdam 90 % seines Umschlags mit Binnenschiff erhält und versendet (Hamburg 60 %), ferner die La Plata-Häfen und Schanghai. Der Umschlag vollzieht sich hierbei größtenteils nicht an der Kaje; vielmehr legen sich die See- und Binnenschiffe auf der freien Wasserfläche nebeneinander, — oft mit Zwischenschaltung von schwimmenden Umschlageinrichtungen (für Kohle, Getreide usw.) und von Schwimmkranen. Diese Häfen sind billig in Bau und Unterhaltung; sie erfordern aber breite Wasserflächen. Die zweite Gruppe bilden die sog. „Eisenbahnhäfen". Bei ihnen ist die Eisenbahn wichtiger (Bremen 80 % Eisenbahnumschlag). Der Zahl nach überwiegen sie, weil es nur wenige wirklich leistungsfähige Binnenwasserstraßennetze gibt. Sie erfordern eine gute Ausstattung mit Kajen und dieser mit Eisenbahnanlagen. Hierbei muß der Umschlag unter Umständen in beiden Richtungen zwischen Schiff—Eisenbahn—Schuppen—Kraftwagen und womöglich noch Speicher möglich sein. Bei den meisten Häfen, die vor 1920 angelegt worden sind, ist die Bedeutung wirklich guter Eisenbahnanlagen noch nicht genügend gewürdigt worden; infolgedessen ist die Ausstattung der Kajen mit Gleisen zu dürftig; meist sind nur je zwei Gleise beiderseits der Schuppen und viel zu wenig Rangiergleise vorhanden. Infolgedessen arbeiten solche Häfen langsam und teuer, was dann zu abfälligen Kritiken führt, die sich aber oft nicht gegen die kranke Einzelanlage, sondern gegen das System des „Eisenbahnhafens" richtet. Hiergegen ist zu erwidern, daß jetzt das Problem des „Hafenbahnhofs" oder der „Eisenbahnausrüstung der Häfen" so geklärt ist, daß die früheren Fehler nicht mehr vorkommen dürfen. — Eine vortreffliche Ausstattung mit Eisenbahnanlagen haben die neuen großen Häfen in Antwerpen erhalten.

IV. Die Reederei.

Die Seeschiffahrt hat im allgemeinen mit dem Kleinbetrieb begonnen und ist dann mehr und mehr zum Großbetrieb übergegangen, und zwar um so stärker, je größer der Verkehr, und je größer, besser und teurer die Schiffe wurden. Die Seeschiffahrt ist eben in manchen Zweigen — ähnlich, wenn auch nicht so ausgesprochen wie die Eisenbahn — ein Betrieb, der der Zersplitterung abhold ist; — man darf diese Tendenz aber nicht überschätzen.

Man kann es als „naturgemäß" bezeichnen, daß das kleine Schiff, das wenig Kapital und wenig Mannschaft erfordert und mit einem geringen Maß von nautischen Kenntnissen geführt werden kann, den Typ des Geschäftsmanns geschaffen hat, der gleichzeitig Kaufmann, Reeder und Kapitän ist, wie es durch die ganze Ruder- und Segelschiffzeit hindurch in großem Umfang der Fall war. Offenbar ist eine vollkommene Selbständigkeit aber auch damals nicht möglich gewesen; mindestens müssen die Hafenanlagen gemeinsam benutzt, also wohl auch gemeinsam geschaffen und unterhalten worden sein. Außerdem erfordern die Gefahren des Meeres gegenseitige Hilfe; Zusammenschlüsse sind ferner notwendig, um ausländischen Wettbewerb abzuwehren, Faktoreien und Kolonien zu gründen, Seeräuber abzuwehren (oder selber dem so einträglichen Geschäft des Seeraubs nachzugehen). Oft mußte auch staatliche Hilfe in Anspruch genommen worden sein, oder die Staaten (Städte) rüsteten selber Flotten aus oder sie vermieteten verfügbaren Raum der staatlichen Flotte; — eine Gesamtentwicklung, die schließlich zu den großen „Handelskompanien" geführt hat.

Auf jeden Fall muß aber im Seeverkehr die Gliederung nach verschiedenen Berufen eintreten, sobald die Geschäfte umfangreicher, schwieriger und verschiedenartiger werden; es zieht sich dann zuerst der Kaufmann aus der Schiffahrt zurück; er bleibt in seinem Kontor zu Hause, arbeitet in den fremden Häfen mit Vertretern und hat unter Umständen auf den Schiffen, denen er seine Waren anvertraut, eigene Vertreter (gleicher und fremder Nationalität), die über Waren-, Markt- und Sprachkenntnisse verfügen, vgl. z. B. für die Gegenwart den „Komprador" im Handel mit China. Die Schiffahrt wird dagegen von dem Reeder übernommen, der die Aufgabe hat, seinen Schiffspark nach Art und Größe der Schiffe richtig zusammenzusetzen und weiterzuentwickeln und ihn wirtschaftlich erfolgreich auszunutzen, indem er ihn den Fahrgästen und Frachtgebern zur Verfügung stellt. Der Reeder stellt hierbei auch die Schiffsbesatzung, die sich wieder in verschiedene Berufe, namentlich in die seemännische und maschinentechnische Belegschaft, gliedert, zu denen noch die Kräfte für den Gesundheitsdienst, die Verpflegung (Köche, Stewards), den Wirtschaftsdienst (Zahlmeister), den Nachrichtendienst (Funker usw.) hinzukommen.

Je größer und teurer nun die Schiffe werden und je weiter sich die Wege ausdehnen, desto weniger kann sich der kleine Reeder halten, desto mehr muß sich vielmehr der Mittel- und Großbetrieb durchsetzen, der über die notwendige Kapitalkraft gebietet, der neben den großen Schiffen auch über mittlere und kleine als Zubringer und Verteiler verfügt, der seine weitreichenden Beziehungen einsetzen kann, um ständig die großen Massen von Fahrgästen, Post und Gütern heranzuschaffen, ohne die die teuren Schiffe nicht leben können, der zahlreiche eigene Agenturen unterhalten, der mit den andern großen Transportanstalten, namentlich den Eisenbahnen und Fluglinien, gut zusammenarbeiten kann.

Wir haben nun hier keine soziologischen Untersuchungen über die Vorzüge und Nachteile des Klein- und des Großbetriebs anzustellen, sondern haben nur festzustellen, daß in der Seeschiffahrt typischer Kleinbetrieb nur für bestimmte Zweige (Küstenfahrt, Bäderdienst, Fischerei) möglich bzw. zweckmäßig und daß für die wichtigeren Dienste der Mittel- und Großbetrieb zweckmäßig bzw. notwendig ist, daß aber eine Ausartung in ein Monopol nicht zu befürchten ist.

Als Vorzüge der Großreederei sind zu nennen: Die Schiffahrt wird dadurch stetiger, pünktlicher und regelmäßiger; die Anschlüsse werden besser; die Abfertigung leichter. Gestützt auf die Linienschiffahrt der großen Gesellschaften und deren Zusammenarbeiten mit den kleineren Gesellschaften und den Eisenbahnen sind heute die Überseefahrpläne vollkommen ineinandergreifend ausgearbeitet und die Pünktlichkeit ist eine nahezu absolute, so daß die Anschlüsse eingehalten werden. Ferner darf man eine Zunahme der Sicherheit annehmen, weil die Großreederei für die verantwortungsvollsten Posten die besten Männer schärfer und unabhängiger aussuchen kann und weil sie hohe Kosten für die Ausbildung des Nachwuchses, für Sicherheitseinrichtungen und für die wissenschaftliche Forschung aufwenden kann. Sodann kann die Großreederei den Betrieb auf zunächst unrentabeln Linien eher aufnehmen, also der Landesflagge neue Gebiete erschließen, den Wettbewerb fremder Flaggen unter Umständen erfolgreicher abwehren, die eigenen Kolonien besser bedienen, zeitweilige Unterbilanzen besser aushalten als der Kleinbetrieb. Der Großbetrieb kann ferner die Weiterentwicklung der Schiffs- und Hafenbaukunst wirksam fördern und sich an der Finanzierung neuer Anlagen beteiligen; er kann auch große eigene Hafeneinrichtungen schaffen, und er kann die Schiffbau- und Reparaturanstalten durch Erteilung von stetigen Aufträgen fördern. Für die Landesverteidigung haben die Groß- und Mittelbetriebe den Vorzug, daß der ganze Einsatz von Mannschaft, Schiffen und Einrichtungen mit der Kriegsmarine klarer und einfacher disponiert werden kann und daß alles im Ernstfall besser „klappen" wird.

Daß die Großreederei besonders für die Linienschiffahrt geeignet bzw. notwendig ist, daß sich dagegen in der Trampschiffahrt der Kleinbetrieb eher behaupten kann, dürfte nach den früheren Ausführungen einleuchtend sein; es gibt aber auch Großreedereien, die vornehmlich die Trampfahrt pflegen.

Wenn wir vorstehend die Vorzüge des Großbetriebs hervorgehoben haben, und wenn Deutschland und gewisse andere Länder auf die Leistungen ihrer Großreedereien so stolz sein können, so ist doch vor seiner einseitigen Überschätzung zu warnen und auch der Meinung entgegenzutreten, daß auch in der Seeschiffahrt eine starke „Monopoltendenz" stecke. Daß dem nicht so ist, hat WIEDENFELD überzeugend nachgewiesen[1]. Er führt dem Sinne nach auszugsweise aus:

„Die Seeschiffahrt ist zwar keineswegs ganz frei von natürlichen Monopolelementen gestellt... Der Wettbewerb kann aber nicht ausgeschaltet werden...; namentlich ist die Trampschiffahrt in der Lage, jede ihr günstig scheinende Gelegenheit auszunutzen und mit ihren Schiffen sich rasch in die Reihe der Linienunternehmungen einzuschalten. Und sie tut dies nach allen Erfahrungen in demselben Augenblick, in dem etwa die bestehenden Linienreedereien ihre Kartelle zu monopolistischer Überspannung der Preismacht ausnutzen wollten. Von der anderen Seite her gesehen, heißt dies, daß alle Seeschiffahrtsverbände jederzeit an der gefährlichsten Klippe aller Kartelle, an der Außenseitergefahr, scheitern können und deshalb von vornherein in ihrer Betriebs- und Frachtenpolitik sich Vorsicht auferlegen müssen...

Hieraus ergibt sich eine außerordentlich wichtige Wirkung: Kann es nämlich in keinem Verkehrsbereich der Ozeane zu wirklicher Ruhe der Betriebsgestaltung und der Frachtenentwicklung kommen, dann müssen auch die einzelnen Schiffahrtsunternehmungen in ihrem ganzen Aufbau, d. h. in der geographischen Ausgestaltung ihres Betriebs und im Umfang ihres Schiffsbesitzes, entscheidende Rücksicht auf die Erhaltung stärkster Beweglichkeit und leichter Übersehbarkeit nehmen. So war es vor dem Weltkriege in Hamburg eine sehr lebhaft und sogar heftig erörterte Streitfrage, ob der Gedanke des Risikoausgleichs, der die Ausweitung der Hamburg-Amerika-Linie zum Weltunternehmen bestimmt hatte, nicht längst schon das Ausmaß überschritten hätte, bei dem sich noch in der zentralen Leitung der Gesamtunternehmung der erforderliche Grad von Beweglichkeit für alle geographisch gesonderten Verkehrszweige erhalten ließe. Die neben der Hapag bestehenden Sonderunternehmungen (Hamburg-Südamerika, Hamburg-Australien usw.) wurden in Hamburg selbst vielfach als gesunder empfunden und bezeichnet; und die hinter ihnen stehenden, echt hamburgischen Schiffahrts- und Finanzkreise dachten nicht daran, die Selbständigkeit dieser Linienunternehmungen zugunsten einer großen Zusammenfassung etwa aufzugeben. Auch die Ablehnung des Morganschen Nordatlantiktrustes ist seinerzeit (1901) nicht allein aus Gründen des nationalen Ansehens, sondern auch aus nüchtern-wirtschaftlichen Erwägungen heraus erfolgt. Es war ein Verhängnis, daß nach dem Weltkriege die Finanzkraft der alten hamburgischen Kreise zu sehr geschwächt war, als daß sie den von Berlin, und zwar aus Bankenkreisen hereingetragenen Plan eines allumfassenden hamburgischen und sogar eines hamburgbremischen Schiffahrtskonzerns hätten zum Scheitern bringen können. Die Auflösung dieser Überspanntheit ist jedoch durch die starke Abneigung, die man ihr in Hamburg und ebenso in Bremen immer entgegengehalten hatte, nicht unwesentlich erleichtert worden. Der uralte Satz, daß die Größe eines Unternehmens niemals die Übersichtskraft eines einzelnen Menschen übersteigen dürfe — one man's theory —, hat hier eine unzweideutige Bestätigung gefunden.

<hr>

[1] WIEDENFELD, KURT: Die Monopoltendenz des Kapitals im Spiegel der Verkehrsmittel. Jena: Fischer 1937.

Da sich in England nach dem Weltkrieg genau die gleiche Erscheinung gezeigt hat, darf man für die Seeschiffahrt den Satz aufstellen: Trotz aller Betonung des stehenden Kapitals, ist doch dem Drange nach Unternehmungsausweitung und erst recht dem Drange nach Marktbeherrschung eine Grenze gesetzt, die es zur Erreichung des Zieles nicht kommen läßt. Auch die staatliche Politik, obwohl sie sogar in England in viel stärkerem Maße als früher für die Stärkung der nationalen Flagge staatliche Subventionen einsetzt, vermag an dieser Grundtatsache nichts zu ändern. Die Meereswege sind frei geblieben, und die Subventionen können nur im Rahmen des einzelnen Staates wirksam werden. Sie verschärfen daher den internationalen Wettbewerb, beschränken ihn also nicht einmal. Die Seeschiffahrtsunternehmungen haben sich damit abzufinden, daß der Widerstreit zwischen dem Ruhebedürfnis, das vom stehenden Kapital ausgeht, und der Beweglichkeit des Marktes hier sich nicht beheben läßt. Beweglichkeit der Unternehmungsleitung ist die einzige scharfe Waffe, die immer wieder angewendet werden kann und deshalb angewendet werden muß[1]."

In der (absoluten und relativen) Größe der Seeflotte der einzelnen Länder (und der Ozeane und Lebensräume) sind große Unterschiede festzustellen. Als „natürlich" könnte man es bezeichnen, wenn für jedes Land sein Anteil an der Welthandelsflotte seinem Anteil am Weltseeverkehr entsprechen würde. Nun gelten aber für 1939 etwa folgende (mit großer Vorsicht aufzunehmende!) Zahlen:

	Anteil am Weltseeverkehr in Proz.	Anteil an der Weltflotte in Proz.
Häfen des Atlantischen Ozeans . .	77	91
„ „ Großen Ozeans	15	8
„ „ Indischen Ozeans . . .	8	1
Häfen Europas	55	85
„ Amerikas	21	8,5
„ Asiens	16	4,5
„ Afrikas	7	—
„ Australiens	1	2

Der Anteil der wichtigsten Länder an der Welthandelsflotte betrug in Proz.:

	1910	1914	1930
England und Kolonien . .	45,2	42,6	29,3
Deutschland	11,1	11,1	6
USA., einschließl. Seen . .	5,5	10,8	20
Norwegen	4,8	5,1	5,2
Frankreich	4,5	4,7	5
Italien		3,4	4,6
Niederlande	28,9	3 / 25,6	4,8 / 34,5
Japan		3,5	6,2
Übrige Länder		15,7	18,9

Abgesehen davon, daß die Zahlen auf verschiedenen statistischen Grundlagen beruhen und daß diese zum Teil unzuverlässig sind, sind sie auch deswegen mit Vorsicht aufzunehmen, weil der Anteil am Weltseeverkehr in Gütertonnen berechnet ist, während die Tonnenkilometer zugrunde gelegt werden müßten; ferner ist bei dem Anteil an der Weltflotte die sehr unterschiedliche Güte der Schiffe nicht berücksichtigt. Aber die Zahlen zeigen doch, daß der Atlantische Ozean, Europa und einzelne Länder eine größere Flotte haben, als für ihren Eigenverkehr notwendig sein würde. — Über den Anteil der englischen Flotte werden noch folgende Zahlen angegeben:

	1914	1939
Großbritannien und Irland . .	19 257 000	17 891 000
Dominien	1 788 000	3 111 000
Zusammen	21 045 000	21 000 000
Weltflotte	49 000 000	68 500 000
	40 %	26,1 %

Der Anteil Englands ist also gesunken, besonders der des Mutterlandes.

[1] Vgl. Unterstaatssekretär Admiral v. Ditten in „Großdeutscher Verkehr" 1941, S. 108.

C. Die Binnenwasserstraßen[1].

I. Die Entwicklung des Binnenschiffsverkehrs.

Abgesehen von der Küsten- und Inselfahrt über See und dem einfachsten Verkehr über Land zu Fuß oder auf Trag- und Reittieren, ist die Binnenschiffahrt vielfach die älteste Art der Verkehrsbedienung. Dies ist darin begründet, daß die Flüsse und Binnenseen in vielen Gegenden der Welt natürliche Verkehrswege darstellen, die der Mensch auch bei noch sehr niedrigem Stand der Technik ausnutzen kann, um seine Verkehrsbedürfnisse — und zwar für alle drei Verkehrsarten (Menschen, Nachrichten und Sachen) — zu befriedigen. Wo die Flüsse einen einigermaßen sicheren und regelmäßigen Verkehr — wenn auch nur mit kleinen Nachen — gestatten, sind sie für primitive Wirtschaftsstufen die wichtigsten Verkehrsmittel, und wo sie größere Lasten tragen können, stellen sie auch für höher entwickelte Völker und Staaten bis in das Eisenbahnzeitalter hinein die Hauptträger des Binnenverkehrs dar. Mittels kleiner Kähne haben die „Rudermänner" weite Gebiete Rußland erschlossen, indem sie von der Ostsee her die Flüsse hinauffuhren und dann ihre Boote über die — sehr flachen — Wasserscheiden hinübertrugen, um die nach Süden strömenden Flüsse hinabzufahren; in ähnlicher Weise haben die Indianer Nordamerikas weite Wege zurückgelegt, und die Forscher und Kolonisatoren haben sich vielfach dieser indianischen Verkehrstechnik bedient. Namentlich sind sie von der atlantischen Küste her den Flüssen gefolgt, wobei sie deren Wasserfälle überwinden mußten; ihr Hauptziel war dabei die Erreichung der großen Seen und der Quellflüsse des Ohio, und dann sind sie diesem Fluß gefolgt, der auch heute noch einer der wichtigsten Flüsse Nordamerikas ist. Auch das Vordringen der Kolonisation in Hinterindien, Afrika und Südamerika ist durch bestimmte schiffbare Flüsse erleichtert und in die heute noch gültigen Bahnen gelenkt worden. Großes haben auch die Chinesen für die Binnenschiffahrt geleistet; am bekanntesten ist der Kaiserkanal, der 486 v. Chr. begonnen und 1320 n. Chr. vollendet worden ist; er ist etwa 1300 km lang und hatte vornehmlich den Zweck, den Reis aus den südlichen fruchtbaren Gebieten nach dem Norden (Peking) zu bringen; heute ist seine Bedeutung gering, er wird nur noch von Dschunken und streckenweise von kleinen Dampfern befahren. Auch die Malaien haben in der Binnenschiffahrt viel geleistet, natürlich auch nur mit kleinen, aber für die Bedürfnisse ausreichenden Booten, desgleichen die Bewohner von Ceylon und von Teilen Vorderindiens.

Andrerseits gibt es weite Gebiete, in denen die Binnenschiffahrt infolge der natürlichen Verhältnisse nie eine Rolle gespielt hat; es sind dies nicht nur die Wüsten und Hochgebirge, sondern auch die Steppen und manche Mittelgebirge und außerdem die großen Flächen, deren Wirtschaft und Verkehr allgemein durch die Kälte gelähmt wird; zu nennen sind besonders Teile von Rußland, Sibirien und Kanada. Hervorzuheben ist in unserm Zusammenhang, daß auch der Mittelmeerraum der Binnenschiffahrt keine günstigen Chancen bietet, denn einerseits ist er durch die Seeschiffahrt so gut aufgeschlossen, daß für die Entwicklung weiter Binnentransporte (ähnlich wie in England und Japan) keine Notwendigkeit besteht, andrerseits leiden seine Flüsse durch die starken Gefälle und die schroffen Formen der Gebirge, durch ihre ungleichmäßige Wasserführung und teilweise auch durch lange Eisbedeckung (vgl. die untere Donau und die südrussischen Flüsse).

Trotz der hohen Leistungen, die das Altertum und das Mittelalter im Wasserbau (und besonders in der Wasserwirtschaft, vgl. die großartigen Bewässerungen) aufzuweisen hat, war es damals noch kaum möglich, einen für die Schiff-

---

[1] Vgl. Franzius: Verkehrswasserbau. Dort ist auch wegen weiterer Quellen nachzuschlagen.

fahrt weniger günstigen Fluß grundsätzlich zu verbessern oder gar Kanäle über die Wasserscheiden hinweg zu bauen; denn dazu war die Flußbaukunst noch zu wenig entwickelt. Der entscheidende Wendepunkt liegt erst um 1480 bis 1500; denn erst um diese Zeit wurde die Kammerschleuse erfunden, ohne die die Kanalisierung von Flüssen und der Bau von Wasserscheidenkanälen als praktisch unmöglich bezeichnet werden darf.

Wesen und Wirkung der Kammerschleuse bestehen kurz in folgendem: Neben andern Maßnahmen (Begradigungen, Durchstichen, Baggerungen, Sprengungen, Buhnen, Leitwerken usw.) ist das wichtigste und wirksamste Mittel zur Verbesserung eines Flusses die Herstellung eines Wehrs, durch das das Wasser aufgestaut wird, so daß den Schiffen eine größere Wassertiefe zur Verfügung steht; die Schiffe können dann also einen größeren Tiefgang und hiermit eine größere Tragfähigkeit erhalten. Das Wehr läßt aber eine „Staustufe" entstehen, und das aufgestaute Wasser muß daher über das Wehr in einem Wasserfall oder einer starken Strömung abstürzen. Da das Schiff eine derartige Fahrt nicht mitmachen kann, muß es gefahrlos zwischen dem oberen und dem unteren Wasserspiegel gehoben und gesenkt werden. Zu diesem Zweck wird in oder neben dem Wehr eine Wasserkammer eingebaut, die groß genug ist, um mindestens ein Schiff (nebst Schlepper) aufzunehmen; die Kammer kann durch die Schleusentore gegen beide Haltungen sowohl abgesperrt als auch mit beiden verbunden werden, so daß also ihr Wasserspiegel und mit ihm das Schiff gehoben und gesenkt werden kann. — Um den Ruhm, die Kammerschleuse erfunden zu haben, streiten Holländer und Italiener; Leonardo da Vinci soll 1497 die Schleuse konstruiert haben. Vorläufer der Kammerschleuse war die 1398 beim Stecknitzkanal angewandte „Kistenschleuse" (s. o.) und eine um 1420 in Holland konstruierte „Muschelschleuse".
Abgesehen von der Kammerschleuse können Schiffe noch mittels Schiffseisenbahnen oder Hebewerken gehoben und gesenkt werden.
Das an den Staustufen entstehende Gefälle wird oft zur Kraftgewinnung ausgenutzt; die Kraftgewinnung und etwaige Verbesserungen in der Wasserwirtschaft sind geeignete Mittel, um die Finanzierung des Gesamtwerks zu erleichtern.
Neben der Regelung und Kanalisierung können die Schiffahrtverhältnisse eines Flusses noch durch Senkung des Hochwassers und Hebung des Niederwassers verbessert werden, indem große Staubecken (Talsperren) geschaffen werden, mittels deren der Wasserabfluß gleichmäßiger gestaltet werden kann. Sie dienen gleichzeitig auch der Kraftgewinnung, dem Hochwasserschutz und der Bewässerung; hinzuweisen ist auf die Talsperren im Gebiet der Weser, Saale und Oder. Andere Talsperren dienen nicht dem Verkehr, sondern der „Wasserwirtschaft", namentlich der Bewässerung, dem Hochwasserschutz, der Kraftgewinnung und der Versorgung der Städte und Industrie mit Trink- und Gebrauchswasser (vgl. die Ausnutzung der Ruhr und ihrer Quellflüsse).

Trotz der Erfindung der Kammerschleuse ist aber die Entwicklung der Binnenwasserstraßen zunächst nur langsam vor sich gegangen, und zwar deshalb, weil die übrige Technik noch zu wenig entwickelt war, und weil die Verkehrsbedürfnisse noch zu gering waren. Das wurde erst im Zeitalter der Merkantilisten anders, die den Verkehr (und die Technik) bewußt pflegten und gerade in der Pflege der Binnenschiffahrt ein besonders geeignetes Mittel sahen, um die sich bildenden Nationalstaaten auch zu wirtschaftlichen Einheiten zusammenzufassen. Großes ist insbesondere von den Franzosen, den Holländern und Preußen geleistet worden. In Frankreich wurde ein fast das ganze Land umfassendes Netz geschaffen. In Brandenburg-Preußen wurde (von 1668 ab) das Netz der märkischen Wasserstraßen aus dem Zentrum Berlin heraus in die Gebiete der Elbe und Oder (und Weichsel) vorgetrieben. In England setzte die Entwicklung erst etwas später ein, und zwar wurden hier die Kanäle nicht vom Staat, sondern von Privatleuten oder Aktiengesellschaften gebaut; — zeitweilig herrschte hier ein regelrechtes „Kanalbaufieber". In Nordamerika war die Baulust besonders rege, weil man bei dem Mangel an (leidlich brauchbaren) Landstraßen in der Ausnutzung der Flüsse das geeignetste Mittel sah, um schnell in das Landesinnere vorzustoßen.

Der bedeutungsvollste Kanal Nordamerikas ist der „Eriekanal", der den Hudson mit den großen Seen verbindet und hiermit dem Hafen New York die Wege nach dem Westen geöffnet hat. Er wurde 1817—1825 mit kleinen Abmessungen und mit 72 Schleusen für rund 30 Millionen M. gebaut und in der Folgezeit ständig verbessert und vergrößert und durch weitere Kanäle ergänzt. Um 1910 soll der Gesamtkapitalaufwand des Kanalnetzes des Staates New York etwa 420 Millionen M. (!) betragen haben. Der Eriekanal ist nach 1910 durch einen

fast ganz neuen „modernen Großschiffahrtweg" für 1000 t-Schiffe ersetzt worden. — Die
wirtschaftliche Berechtigung dieser Anlage gegenüber der Eisenbahn ist heftig umstritten
worden.

Außer dieser Bedeutung der Binnenschiffahrt für die Erschließung neuer
Länder darf ihre Bedeutung für die Erschließung von Industriegebieten in
den alten Kulturländern nicht übersehen werden. Da dies fast nie gebührend
gewürdigt wird, so möchten wir hier ausdrücklich darauf hinweisen, daß die
Anfänge der oberschlesischen und der niederrheinisch-westfälischen Industrie,
ebenso wie das erste Aufblühen gewisser Industriegebiete in Frankreich, Belgien
und Nordamerika eng mit der Ausnutzung und dem Ausbau der Wasserstraßen
verbunden sind. Erwähnt sei besonders die von 1772—1780 durchgeführte
Kanalisierung der Ruhr. Die Ruhrschiffahrt beförderte in den Jahren 1830,
1840 und 1847 rund 30, 57 und 61 % der Kohlenförderung; dann ging der Verkehr
aber immer mehr auf die Eisenbahn über, und mit der Abwanderung des Kohlen-
bergbaus von der Ruhr nach Norden erlag die Ruhrschiffahrt vollkommen.

Aber die älteren (vor etwa 1850 gebauten) Kanäle hatten nur kleine Abmessungen, und sie können daher nur kleine Schiffe tragen, so z. B. die alten
preußischen Wasserstraßen nur die sog. „Finowkanalkähne" mit 280 t Tragkraft,
die aber andern Kanälen gegenüber schon als recht groß bezeichnet werden
müssen. Die Ausstattung der Kanäle, Flüsse und Häfen war primitiv; die Zahl
der Schleusen und der durch sie bedingte Zeitverlust war groß; die Zugkraft wurde
durch Treidelei von Menschen oder Pferden gestellt, die Geschwindigkeit war
also gering. Trotzdem haben diese Binnenwasserstraßen Großes geleistet und die
bauenden Staaten und Privatunternehmungen durchschnittlich nicht enttäuscht.

In der Flußschiffahrt datiert der Aufschwung von 1807 (mit Versuchen von
1781 ab), da damals die Dampfkraft in die Flußschiffahrt eingeführt wurde.
Sie hat sich zuerst in Nordamerika durchgesetzt, und zwar in schneller Folge
auf dem Hudson, dann auf dem Ohio, dem Mississippi und dessen westlichen
Nebenflüssen. Hierbei wurde, da die Flüsse größtenteils recht ungünstig und
durch viele Untiefen gefährdet sind, die Form des besonders flach gehenden
Heckraddampfers ausgebildet.

Von Amerika aus wurde die Dampfschiffahrt nach England verpflanzt, und
von 1816 ab erschienen die ersten Dampfer auf den Unterläufen der Flüsse des
Kontinents, — auf dem Rhein z. B. 1816 bis Köln, 1817 bis Koblenz, 1825 bis
Kehl.

Dann aber kam der Rückschlag durch das Aufkommen der Eisenbahn,
denn diese stellte dem Verkehr kraft Schiene und Dampf ein Mittel zur Verfügung, dem die damalige Binnenschiffahrt nach Massenhaftigkeit, Zuverlässigkeit, Schnelligkeit und Billigkeit nicht gewachsen war. In dem Wettstreit siegte
in den Ländern, in denen allgemein in der Wirtschaft freie Anschauungen und
im Verkehr der Privatbetrieb herrschten, die Lokomotive so gründlich, daß
namentlich in England und Nordamerika die Binnenschiffahrt fast ganz zum
Erliegen kam; in Amerika nicht auf dem Hudson, Ohio und einigen andern von
Natur gut schiffbaren Flüssen, ferner nicht auf dem Eriekanal und natürlich
nicht auf den Großen Seen. Dagegen konnte sich die Binnenschiffahrt in den
Ländern, in denen der Staat die Wirtschaft und den Verkehr fester in der Hand
hatte, besser behaupten, so in Deutschland, Holland, Belgien und Frankreich;
und in Übersee blühte auf den gut schiffbaren Strömen die Dampfschiffahrt
stark auf, so z. B. auf dem Nil, Tigris, Irawadi, Menam, Jangtse und La Plata.

II. Der neuzeitliche Großschiffahrtsweg.

Insgesamt war aber doch die Überlegenheit der Eisenbahn so sinnfällig, daß
es beinahe Allgemeingut der wissenschaftlichen Überzeugung wurde, daß der
Bau von Kanälen und sogar der Ausbau und die Verbesserung der natürlichen

Flüsse im „Zeitalter des Dampfes" überlebt sei. Zudem stellte der Bau der Eisenbahnen so hohe Ansprüche an den Kapitalmarkt, daß für Wasserbauten weder die Staaten noch die Privatunternehmer Geld erhalten konnten. Aber die Überspannung und die Verallgemeinerung führte auch hier zu einem Umschwung. Für den denkenden Beobachter konnte das Dogma von der absoluten Überlegenheit der Eisenbahn und der absoluten Überlebtheit der Wasserstraße nicht richtig sein, wenn er sah, daß sich z. B. auf dem Rhein der Verkehr immer reger entfaltete, und wenn er feststellen konnte, daß der Wasserverkehr nicht trotz, sondern gerade wegen der Eisenbahn aufblühte, und daß in vielen Relationen die beiden Verkehrsmittel planmäßig zusammenarbeiteten, und zwar ebensosehr zum eigenen Vorteil, wie zum Segen der Allgemeinheit. Hierzu kamen innenpolitische Momente: In Amerika artete die Unzufriedenheit mit der Eisenbahn und der Geldgier der allgewaltigen Eisenbahnkönige in bitteren Haß aus, und man glaubte in dem Ausbau der Binnenwasserstraßen ein geeignetes Mittel zu haben, um die Übermacht der Eisenbahn zu brechen, — eine Ansicht, die sich übrigens in weitem Sinn als falsch herausgestellt hat; in Frankreich glaubte man durch eine großzügige Verkehrspolitik die Wunden heilen zu können, die der Krieg von 1870/71 geschlagen hatte; und in Deutschland (Preußen) fühlten sich die liberalen westlichen Kreise der Industrie durch die staatliche Eisenbahntarifpolitik gegenüber dem konservativen agrarischen Osten benachteiligt, so daß sie — unter Hinweis auf die blühende Rheinschiffahrt — den Ausbau der Binnenwasserstraßen forderten.

Als diese Anschauungen sich durchzusetzen begannen, war nun inzwischen die Technik im allgemeinen und die Verkehrstechnik im besonderen durch die Eisenbahn und durch den Aufschwung der Seeschiffahrt zu ihrer hohen Blüte emporgeführt worden, und diese Fortschritte in den Bau- und den Maschineningenieurwissenschaften usw. konnte sich naturgemäß auch die Flußbaukunst nutzbar machen, um nun Binnenwasserwege, Wehre, Schleusen, Häfen usw. zu bauen, die in jeder Beziehung hoch über den alten Anlagen standen, weit zuverlässiger, billiger und schneller arbeiteten und vielen Ansprüchen des „modernen" Verkehrs gewachsen waren. Es konnte sich jetzt nicht mehr um „Kanälchen", sondern nur noch um „Großschiffahrtwege" handeln, die mit dem ganzen Rüstzeug der neuzeitlichen Technik gebaut, ausgestattet und betrieben wurden. Außerdem hatte man erkannt, daß der Binnenschiffahrt mit dem Bau verzettelter Anlagen (Herstellung einzelner, verhältnismäßig kurzer Kanäle, Verbesserung einzelner Teilstrecken von Flüssen) nicht mehr gedient war, sondern daß das Gesamtland mit allen seinen Wasserwegen als eine Einheit aufgefaßt werden muß, daß also nach einem klaren, einheitlichen Gesamtplan Wasserstraßennetze geschaffen werden mußten. In diesem Sinne wurde in bestimmten Ländern (so z. B. in Frankreich nach 1870, in Holland, auch in Österreich-Ungarn und in gewissem Sinn auch in den Vereinigten Staaten) eine einheitliche Binnenwasserstraßenpolitik teils von der Regierung eingeleitet, teils von der Wissenschaft und den wirtschaftlichen Kreisen gefordert. Die Erfolge waren allerdings recht verschieden; in Amerika z. B. sehr bescheiden, besser dagegen in Frankreich, und besonders gut in Holland.

In Deutschland traten die oben angedeuteten innerpolitischen Gegensätze so lange wenig in die Erscheinung, wie es sich nur um die Verbesserung der natürlichen Flüsse handelte; vielmehr wurden hier die von den Regierungen geforderten Beträge von den Landtagen der einzelnen Bundesstaaten meist glatt bewilligt und hiermit die großen Flüsse ausgebaut. Daß hierbei viele Wünsche der Schiffahrt nicht voll befriedigt wurden, ist selbstverständlich, denn schließlich kann man auch mit noch soviel Geld und Kunst die Berge nicht versetzen und das Klima nicht ändern. Ferner krankte die ganze Wasserstraßenpolitik Deutschlands daran, daß sie nicht Sache des Reichs, sondern der einzelnen

Bundesstaaten war, und daß deren (tatsächliche oder vermeintliche) Interessen oft stark auseinanderliefen; — namentlich hat die Weser (ebenso wie bei ihrem Eisenbahnnetz) unter der Kleinstaaterei gelitten.

Zu heißen, ja leidenschaftlichen politischen Kämpfen kam es aber, als Preußen den sog. Mittellandkanal schaffen wollte, der Rheinland-Westfalen über die Weser mit Hannover und die Elbe mit Magdeburg mit den märkischen Wasserstraßen, also mit Berlin und darüber hinaus mit der Oder und Weichsel, verbinden sollte. Diese Kämpfe sind wahrlich kein Ruhmesblatt in der deutschen Verkehrsgeschichte, und sie sollten jedem zur Mahnung dienen, daß auch in der Verkehrspolitik Sachlichkeit und Wahrheit hochgehalten werden möchten.

Die Geschichte jener Kämpfe ist noch nicht geschrieben, und man kann auch kaum mehr hoffen, daß sie noch einmal geschrieben wird, da die wirklich unterrichteten Männer vom Tod abberufen wurden. Soviel sei aber zur Mahnung und Warnung mitgeteilt: Als sich der Widerstand starker politischer Kräfte, namentlich der östlichen agrarischen und schlesischen industriellen Kreise zu regen begann, beging die Regierung die Unklugheit, die Wirtschaftlichkeit des Kanals mit „gefärbtem" Material nachweisen zu wollen und die Notwendigkeit damit begründen zu wollen, daß die Eisenbahn dem steigenden Verkehrsbedürfnis nicht mehr gewachsen wäre; und selbstverständlich wurde hierbei auch mit „strategischen" Notwendigkeiten operiert. Ferner sah es die Regierung recht gern, daß alle möglichen „Verkehrsschriftsteller" für den Plan eintraten; dagegen machte sie die Vertreter der — zu Unrecht angegriffenen — Eisenbahn mundtot, indem sie sie darauf hinwies, daß sie zum Schweigen verpflichtet wären, weil sie als Beamte in einem besonderen Treueverhältnis zum König ständen; dieser aber hatte sich auf Grund einseitiger Information recht temperamentvoll für den Plan eingesetzt. Es kam damals sogar zur Maßregelung von Beamten (Landräten), die als Abgeordnete nach Ehre und Gewissen gegen die Regierung stimmten; — sie sind später allerdings „die Treppe hinaufgefallen".

Nach schweren Kämpfen wurde schließlich unter Bewilligung von allerlei „Kompensationen" an andere Landesteile die westliche Teilstrecke bis Hannover bewilligt und vor dem Weltkrieg noch gerade fertiggestellt. Nach dem Krieg wurde schrittweise bis Hildesheim, Peine (Eisenindustrie!), Braunschweig, Fallersleben (Volkswagenwerk), Magdeburg weitergebaut und unter Mitbenutzung der Elbe der Anschluß an die märkischen Wasserstraßen (1937) erreicht.

Der Mittellandkanal — namentlich durch seine Brücken, Schleusen und die Überführungen über die Weser und Elbe ein Meisterwerk der Ingenieurbaukunst — stellt einen durchgehenden Wasserweg vom Rhein bis zur Oder (und Weichsel) dar; man darf aber auch hier, wie so oft, die Bedeutung für den durchgehenden Verkehr nicht überschätzen; die wichtigsten Verkehrsrelationen werden sich vielmehr auf bestimmten Teilstrecken abspielen, namentlich zwischen dem Ruhrgebiet einerseits und den Industriegebieten Hannover, Braunschweig-Salzgitter, Magdeburg und Berlin andrerseits. Demgemäß schadet es auch nichts, wenn die Wasserstraßen östlich von Berlin (vorläufig?) kleinere Abmessungen behalten, als sie auf den westlichen Strecken vorhanden bzw. vorgesehen sind, wenn also die großen Schiffe des westlichen Gebiets nicht in das östliche vordringen können.

Weitere innerpolitische Kämpfe entbrannten um die Schiffahrtabgaben. Auch hierauf sei kurz eingegangen, weil sie vom verkehrspolitischen Standpunkt allgemein lehrreich sind:

Als die Binnenschiffahrt etwa von 1650 ab aufzublühen begann, erkannten viele an den Ufern sitzende Potentaten (nicht nur in dem von Kleinstaaterei zerrissenen Deutschland), daß sich mit allerhand Abgaben viel Geld verdienen ließ, und sie verstanden es unter Umständen so gut, die Schiffahrt zu schröpfen, daß die Kaufleute schließlich den kostspieligen Fuhrwerktransport über die Gebirge doch noch als billiger erkannten. Die Bevölkerung war daher über die Schiffahrtabgaben allgemeinen so erbost, daß man es als befreiende Tat empfand, als die Französische Revolution die Abgabenfreiheit der Schiffahrt auf den natürlichen Flüssen verkündete. Infolgedessen wurde dieser Grundsatz in viele Verfassungen und Staatsverträge aufgenommen und auch vom Wiener Kongreß ausgesprochen. Die Abgabenfreiheit hat dann auch eine Zeitlang segensreich gewirkt; dann kam aber ein Umschwung: Wenn nämlich die notwendige Verbesserung eines Flusses nicht von den engeren Anliegern, sondern von dem Gesamtstaat durchgeführt, also aus den Steuern des Gesamtvolks bestritten wird, so bedeutet das ein „Geschenk" der Allgemeinheit an bestimmte Gegenden und an bestimmte Wirtschaftskreise, sofern nicht die für die Verbesserung aufgewendeten Jahreskosten (Verzinsung und Tilgung des Anlagekapitals, Unterhaltung, Erneuerung, Betrieb, Verwaltung) durch entsprechende Schiffahrtabgaben wieder eingebracht werden. Und auch hier gilt zwar der Spruch: „Kleine Geschenke erhalten die Freundschaft", aber auch das eherne Gesetz, daß ein Verkehrsmittel nicht dauernd große Geschenke von der Allgemeinheit fordern darf, damit es sich selber behaupten kann oder damit seine unmittelbaren Nutznießer einen Sondervorteil erhalten. Je mehr man über dieses Problem nachzudenken begann, desto geringer wurde die Bewilligungsfreudigkeit der Abgeordneten, desto mehr wurden also Verbesserungen, die an sich zweckmäßig waren, in Frage gestellt.

Als nun unter Führung Preußens ein großes Programm für den Ausbau der deutschen Wasserstraßen aufgestellt wurde, mußte man bald erkennen, daß die hierfür erforderlichen bedeutenden Kapitalien nicht bewilligt werden würden, wenn nicht in Aussicht gestellt werden konnte, daß auf der Grundlage von Schiffahrtabgaben eine gewisse Verzinsung erzielt werden könne. Nach manchen Kämpfen wurde dann schließlich die Verfassung geändert; es wurde also die grundsätzliche Abgabenfreiheit für die natürlichen Flüsse aufgehoben und statt dessen bestimmt, daß Abgaben für solche Werke und Einrichtungen erhoben werden dürfen, die der Schiffahrt zugute kommen. Es ist also Sicherheit dafür gegeben, daß die Binnenschiffahrt nicht zur Finanzierung anderer, dem Verkehr wesensfremder, Aufgaben (z. B. für den Hochwasserschutz) herangezogen werden kann. Um diese Verfassungsänderung aber wirksam zu machen, wären noch Verhandlungen mit fremden Staaten notwendig geworden, da der Durchführung internationale Bindungen entgegenstanden; wir brauchen aber auf all diese Streitfragen nicht einzugehen, weil durch den Weltkrieg die ganze Lage grundlegend geändert worden ist.

In den sog. Friedensschlüssen wurden die Bindungen für die Ströme der „besiegten" Staaten besonders verschärft; aber diese Fesseln sind von Deutschland 1936 zerbrochen worden, so daß es über seine Ströme frei verfügen kann.

Um die Bedeutung des weiteren Ausbaus der deutschen Binnenwasserstraßen richtig zu würdigen, sei vorab bemerkt:

Norddeutschland ist zwar im wesentlichen in fünf Stromgebiete (Rhein, Weser, Elbe, Oder, Weichsel) aufgeteilt, diese sind aber durch den Mittellandkanal und die Verbindungen zur Oder und Weichsel zu einem Netz zusammengefaßt, allerdings nicht zu einem einheitlichen Netz, denn dazu sind die Schiffsgrößen zu unterschiedlich. Es braucht aber aus den angegebenen Gründen eine „vollkommene" Einheitlichkeit (wie etwa bei der Eisenbahn oder der Reichsautobahn) nicht erzielt zu werden; vielmehr reicht es aus, wenn etwa folgende Schiffsgrößen zugrunde gelegt werden: dem Rheingebiet 2000 t, dem Mittellandkanalgebiet 1200 t und dem Odergebiet 800 t (Nutzlast). Diese Zahlen sind aber nicht als absolute, sondern vergleichsweise zu bewerten.

Die Bedeutung dieses zwar nicht einheitlichen, aber zusammenhängenden Netzes ergibt sich daraus, daß in seinem Bereich die wichtigsten Industriegebiete Deutschlands liegen: Rhein-Ruhr, Hannover-Salzgitter, Magdeburg-Leipzig, Berlin, (Niederschlesien,) Oberschlesien; 17 Großstädte mit zusammen mehr als 10 Millionen Menschen liegen zwischen Duisburg und Gleiwitz unmittelbar an dem durchgehenden Wasserweg, und wenn man die miteinander verbundenen Ströme hinzunimmt, so sind es sogar 32 Großstädte mit zusammen mehr als 15 Millionen Menschen; insgesamt kann man die „Volksmasse, deren Lebensraum vom deutschen Wasserstraßennetz (einschließlich der Donau) bespült wird, auf ein Drittel der Gesamtzahl schätzen" (vgl. WIEDENFELD: Die Eisenbahn im Wirtschaftsleben, S. 10).

Während wir (im Gegensatz zum Seeverkehr) auf eine eingehende Erörterung des Schiffs, des Schiffahrtweges und der Reederei für die Binnenschiffahrt verzichten möchten, halten wir einige Angaben über die Binnenhäfen für notwendig, weil diese nicht nur vom engeren verkehrstechnischen, sondern auch vom weiteren Standpunkt der Landesplanung und des Städtebaus zu würdigen sind:

Die Binnenhäfen stellen mit die überhaupt bedeutungsvollsten, größten und kostspieligsten Verkehrsanlagen des Binnenlandes dar. Zusammen mit den großen Personen- und Rangierbahnhöfen weisen sie der Gesamtstruktur der großen Verkehrsströme ihre Richtlinien und beeinflussen hiermit das Siedlungswesen und die Industrieverteilung in entscheidender Weise. Für die einzelne Stadt (aber auch für Städtegruppen und manche Industriegebiete) ist der Hafen oft die größte (größtflächige) Einzelanlage (vgl. Duisburg, Frankfurt, Mannheim), so daß er auch die städtebauliche Gestaltung maßgebend beherrscht. Von welcher Art und Größe diese Einflüsse sind, wird man sich am ehesten klar machen können, wenn man prüft, welche verschiedenen Arten von Binnenhäfen zu unterscheiden sind:

1. Binnenhäfen im unmittelbaren Anschluß an Seehäfen sind keine selbständigen Anlagen, sondern Zubehörteile zum Seeverkehr; sie dienen hauptsächlich dem Umschlag zwischen dem See- und Binnenschiff; sie brauchen nicht weiter erörtert zu werden.

2. Kleine (öffentliche oder private) Anlegestellen im durchlaufenden Fluß oder Kanal sind, wenn die topographischen und Baugrundverhältnisse günstig sind, ohne Schwierigkeiten und ohne hohe Kosten zu schaffen. Sie haben ihrer Kleinheit entsprechend nur örtliche Bedeutung, sind aber unter Umständen ein besonders wirksames Mittel zur Dezentralisation der Gewerbe, weil sie wegen der niedrigen Kosten in großer Zahl finanziert werden können. Sie können den verschiedenen Hafentypen (zu nachstehend 3—6) entsprechen; für Kleinstädte können sie z. B. „Stadthäfen", für Zementwerke, Ziegeleien, Kaliwerke u. dgl. „Industriehäfen" sein. Sie bedürfen trotz ihrer Kleinheit fast immer des Eisenbahnanschlusses, — was leider recht oft übersehen worden ist!

3. Die „Stadthäfen" (der Groß- und Mittelstädte) dienen in erster Linie dem Verkehr von „Kaufmannswaren", also von Gütern, die ihrer Menge nach zwar geringe, ihrem Wert und ihrer Vielartigkeit nach aber hohe Anforderungen an den Hafen stellen. Der Umschlag erfolgt mittels Eisenbahn und Straßenfuhrwerk; bei älteren Anlagen ist der Eisenbahnanschluß vielfach ungünstig, was nicht nur für den Umschlag-, sondern auch für den Straßenverkehr mißlich ist. Manche älteren Stadthäfen haben keine besonderen Hafenbecken, sondern nur Kajen am offenen Strom; hierdurch kann der übrige Straßenverkehr stark behindert werden. Wegen dieser Störungen wird oft der Vorschlag gemacht, die alten Stadthäfen aufzuheben und durch neue Häfen im Außengebiet zu ersetzen. Solche Vorschläge sind aber besonders sorgfältig nachzuprüfen, denn die Umgebung eines Hafens ist mit diesem wirtschaftlich so verwachsen und es sind in den Ufermauern, Schuppen, Speichern usw. so hohe Werte festgelegt, daß die Aufhebung schwere Nachteile mit sich bringen kann. Für den Umschlag typischer Kaufmannswaren ist außerdem die Nähe des Hauptpersonen-, Eil- und Stückgutbahnhofs erwünscht. Dagegen kann man alte Stadthäfen und ihren Eisenbahnanschluß dadurch wirksam entlasten, daß man industrielle Großbetriebe aus ihnen verlegt.

4. Die besonderen Umschlaghäfen mußte man schaffen, wenn der Umschlag von Massengütern in älteren Häfen nicht mehr bewältigt werden konnte.

Bezüglich ihrer Lage ist man nicht mehr an die alten Stadtkerne gebunden und sogar nicht einmal auf die unmittelbare Nähe von Städten angewiesen; man kann diese Häfen vielmehr oft auf „Neuland" anlegen, was auch dem besonders großen Flächenbedürfnis (für Hafenbecken, Schiffsliegeplätze, Lagerplätze und Eisenbahnrangieranlagen) entspricht. Die großen Binnenumschlaghäfen (z. B. Duisburg-Ruhrort, Wanne und viele Häfen an den Großen Seen in Amerika) gehören zu den überhaupt größten Häfen der Welt. Sie bedürfen einer besonders guten Ausstattung (mit Kippern, Sturzgerüsten, Kranen, Hebewerken, Förderbändern usw.); beim Umschlag von Kohle aufs Schiff können außerdem besondere Mischanlagen notwendig werden, um die Schiffsladungen aus besondern Kohlensorten bilden zu können; eine hervorragend durchkonstruierte derartige Anlage findet sich in Duisburg; vorbildlich ist auch der Hafen Wanne.

5. Öffentliche Industriehäfen werden im allgemeinen von den Städten (oder Gemeindeverbänden, unter Umständen in Verbindung mit Privatunternehmen) angelegt, um im Rahmen einer gesunden städtebaulichen Gesamtentwicklung die Gewerbe zu dezentralisieren, indem ihnen in den Außengebieten besonders günstige Produktionsgrundlagen auf Grund guten Wasser- und Eisenbahnanschlusses zur Verfügung gestellt werden. Sie können unter Umständen mit den Umschlaghäfen vereinigt werden.

6. Die großen Privathäfen dienen entweder dem Umschlag von Massengütern (Kohle, Erz) oder den großen Industriewerken (Hütten, Mühlen); sie haben in Deutschland namentlich am Rhein-Herne-Kanal (für den Umschlag von Kohle aufs Schiff) und am Niederrhein (für die großen Hütten) eine besonders hohe Bedeutung erlangt; sie bedürfen unter Umständen besonderer Privatbahnen zwischen Hafen, Hütte und Zeche.

D. Die Eisenbahnen.

Einleitung.

Wie oben ausgeführt worden ist, entsprach die Leistungsfähigkeit der Verkehrsmittels nach der Bildung der Nationalstaaten und dem tieferen Eindringen der Europäer in die Kolonialgebiete, also mindestens von etwa 1750 ab, nicht mehr den Anforderungen, die von der Politik und der Wirtschaft gestellt werden mußten. Zufriedenstellend arbeitete nur der Seeverkehr; dagegen lag der Binnenverkehr (und der Nachrichtendienst) im argen, da er auf die schwachen Wasser- und Landstraßen als Wege und auf die Muskelkraft von Menschen und Tieren als Zugkraft angewiesen war. Daher bemühten sich erleuchtete Geister um die Verbesserung, wobei sie bezüglich des Landverkehrs erkannten, daß von den vier Grundlagen (Weg, Kraft, Fahrzeug und Stationsanlagen) die beiden ersten in diesem Fall die maßgebenden waren. Denn der „Weg", d. h. die damalige Landstraße, hatte günstigstenfalls eine steinerne Fahrbahn (wassergebundene Makadamdecke), die aber für häufige schwere Lasten (Frachtwagen und Geschütze) zu schwach war und daher hohe Unterhaltungskosten verursachte, großen Widerstand erzeugte, also große und kostspielige Zugkräfte (vier und sechs Pferde) erforderte und bei Schnee und Glatteis versagte. Und die die Zugkraft stellenden Tiere (und Menschen) waren nach Kraftmenge (PS), Geschwindigkeit und Ausdauer beschränkt, dazu kostspielig und außerdem von Witterung, Verpflegung und Unterkunft stark abhängig.

Nun gab es schon damals für Spezialzwecke besser konstruierte Wege, nämlich die hölzernen Bahnen, die seit etwa 1500 in den Bergwerken (z. B. des Harzes) üblich waren und um etwa 1580 mit deutschen Bergleuten nach England gekommen waren. Bei ihnen wurden die hölzernen Längsschienen, um den Verschleiß zu vermindern, etwa von 1630 an mit Eisen belegt, und nach und nach wurden die eisernen Beläge nicht nur zur Schonung der tragenden Holzschienen benutzt, sondern so verstärkt, daß sie (von 1738 ab in Form gußeiserner Schienen) selber als tragende Glieder dienen konnten. Diese Schienen waren noch so breit, daß sie von den gewöhnlichen Fuhrwerken — d. h. von Wagen mit glatten Radreifen — befahren werden konnten, sofern die Fuhrwerke durch Längswulste an der Oberfläche der Schienen gegen Abrutschen gesichert waren.

Je mehr man aber den in der eisernen Fahrbahn liegenden Fortschritt erkannte, und je mehr man sich bemühte, die Schienen zu verbessern und zu verstärken, desto mehr überzeugte man sich davon, daß man von dem gewöhnlichen Fuhrwerk loskommen müsse, daß man also Spezialfahrzeuge konstruieren müsse, durch die sich die großen Vorzüge des eisernen Weges — große Tragkraft, Härte (also geringer Verschleiß), Glätte (also geringer Widerstand) — wirklich ausnutzen ließen. Man konstruierte daher Fahrzeuge mit Spurkränzen an den Rädern, löste also endgültig die Verbindung mit der „gewöhnlichen Straße".

Hiermit war der entscheidende Schritt zur **Eisenbahn** vollzogen, d. h. zu dem aus zwei eisernen Schienen bestehenden Gleis, auf dem nur Fahrzeuge mit Spurkränzen (Radreifen) verkehren können. — Die ersten Pferde-Eisenbahnen sind um 1795 in England entstanden; 1820 soll es hier zusammen 200 km gegeben haben.

Das Gleis wurde dann ständig weiterentwickelt; insbesondere wurde von 1820 ab die gegossene durch die gewalzte Schiene ersetzt und hiermit der Übergang vom Gußeisen zum Stahl eingeleitet. In der Folgezeit wurde der „Eisenbahnoberbau" durch die gemeinsame Arbeit der Bau-, Maschinen- und Hütteningenieure unter Mithilfe von Forstleuten, Chemikern und Mineralogen zu seinem heutigen Hochstand entwickelt; und es sind so viele Milliarden Mark in Eisenbahngleisen angelegt worden, daß diese unscheinbaren grauen Gleise vielleicht den überhaupt größten Kapitalaufwand auf Erden verursacht haben!

Das bautechnische Problem der Schaffung des Gleises hatte nun ursprünglich mit dem maschinentechnischen Problem der Einführung einer neuen Kraft nichts zu tun; vielmehr kann die „Eisenbahn" selbstverständlich auch mit tierischer Zugkraft betrieben werden, und manche früh gebaute Eisenbahn (z. B. die 1824 begonnene, 1827 teilweise, 1832 ganz eröffnete Bahn von Budweis an die Donau, die als älteste deutsche Eisenbahn bezeichnet werden kann) ist zunächst mit Pferden betrieben worden; und die städtische „Pferdebahn" ist überhaupt erst von 1850 ab entwickelt worden, und sie behauptet sich noch immer; desgleichen ist die tierische Zugkraft für Bahnen in Bergwerken, Steinbrüchen, Ziegeleien, Plantagen, auf Baustellen und auf dem Schlachtfeld in vielen Fällen zweckmäßig bzw. unersetzbar. Aber man bemühte sich gleichzeitig mit der Entwicklung des Gleises (nämlich von 1759 ab) eifrig darum, die Dampfkraft in den Landverkehr einzuführen. Hierbei hatte man aber (leider) bei der gewöhnlichen Straße nur geringen Erfolg, und auch in der Folgezeit ist das Anwendungsgebiet der (Straßen-) Lokomobile sehr beschränkt geblieben. Um so größer war der Erfolg bei der Eisenbahn: Die erste Lokomotive wurde 1804 eingestellt; dann kam 1813 eine so verbesserte Konstruktion auf, daß diese Lokomotive bis 1865 Dienst tun konnte; 1829 errang Stephenson mit seiner „Rakete" (Rocket) seinen berühmten Erfolg; 1835 lieferte er die erste Lokomotive für Deutschland (Nürnberg—Fürth). — Als erste deutsche Dampf-Eisenbahnen wurden 1835 die Strecke Nürnberg—Fürth und 1837 die erste Teilstrecke der Bahn Leipzig—Dresden eröffnet (vollendet 1839).

Die Entwicklung der Eisenbahnen in Deutschland.

Vorbemerkung.

Wir wollen darauf verzichten, die Entwicklung der Eisenbahnen in der ganzen Welt oder auch nur in den wichtigsten Erdräumen zu erörtern, sondern uns auf die Entwicklung in Deutschland (oder vielmehr im deutschen Lebensraum, einschließlich der Kolonien) beschränken. Es wird dem Leser nicht schwer fallen, aus diesen Angaben auf die andern Länder zu schließen, wenn er nur beachtet:

1. Deutschland stand bis mindestens 1870 an wirtschaftlicher Kraft und technischer Entwicklung gegenüber England und Nordamerika und auch gegenüber Holland, Belgien, Frankreich und der Schweiz zurück; es besaß außerdem keine Kolonien und verfügte über nur geringe Seegeltung.

2. Dagegen war Deutschland den meisten andern Ländern, insbesondere Süd- und Osteuropa und allen überseeischen Gebieten (außer USA.) voraus.

3. Die Eisenbahnerschließung aller Länder der Erde hat unter dem Einfluß der europäischen (und nordamerikanischen) Eisenbahntechnik gestanden und steht noch heute unter ihr; und fast alle Eisenbahnen der Welt sind von der Technik und dem Kapital Westeuropas und Amerikas geschaffen worden.

Die Entwicklung der Eisenbahn in Deutschland kann für die rund 80jährige Zeit bis zum Weltkrieg in drei Abschnitte gegliedert werden:

die Vorbereitungszeit, bis 1833,

das Zeitalter des Eisenbahnbaus, 1833—1871,

das Zeitalter des „qualitativen" Ausbaus, 1871—1914.

a) Die Vorbereitungszeit, bis 1833.

Unter Hinweis auf unsere früheren Ausführungen genügen folgende Angaben:

Auch in Deutschland waren um 1800 die kulturellen, wirtschaftlichen, wissenschaftlichen und technischen Grundlagen vorhanden, aus denen heraus sich die Überleitung in das Dampfzeitalter ohne wesentliches Zurückbleiben hinter England usw. hätte vollziehen können. Allerdings waren die Wunden des Dreißigjährigen und der Türkenkriege noch nicht ganz vernarbt; auch hatte Deutschland keinen Anteil an überseeischen Besitzungen und fast keinen am Seeverkehr; außerdem litt es schwer unter der Kleinstaaterei und der Niederhaltung der aufstrebenden Kräfte des Bürgertums durch die herrschenden Schichten. Dann aber kamen die furchtbaren Kriege, in denen es so viel Kraft und Blut verlor, daß es 1815 zu müde und zu erschöpft war, als daß es ein ähnliches Maß von Energie hätte aufbringen können wie die Länder, die in jenen Kriegen wenig gelitten, dafür aber viel verdient hatten. Lähmend wirkten besonders bestimmte Einzelerscheinungen:

Die Kleinstaaterei machte jede einheitliche Wirtschafts- und Verkehrspolitik unmöglich; vielmehr tobte auf vielen Gebieten ein Kampf aller gegen alle; Argwohn, Eifersucht, Neid und kleinlichster Partikularismus sahen nur zu oft im Nachteil des Nachbarn den eigenen Vorteil; ein zielbewußtes Auftreten gegen das Ausland war nicht möglich. Besonders kritisch waren für die künftige Eisenbahnentwicklung die Zustände in den beiden Hauptstaaten Österreich und Preußen:

In Österreich wurde unter dem auch in dieser Beziehung so unheilvollen Einfluß Metternichs eine Gesamtpolitik betrieben, die auf die Stärkung des Hauses Habsburg (und der von diesem begünstigten Kreise) abgestellt war; und diese Politik wandte sich bewußt von dem übrigen Deutschland mit seinem höher gebildeten, wirtschaftlich regeren, politisch fortschrittlichen Bürgertum ab; sie bekämpfte das deutsche Volkstum (desgleichen die Magyaren) und begünstigte die slawischen Gebietsteile. Dies fand frühzeitig seinen Ausdruck in der Eisenbahnbaupolitik: Ein seines Deutschtums bewußtes Österreich hätte die verkehrsgeographische Einheit des oberen Donauraums (vom Schwarzwald bis zum Leithagebirge) erkennen und den Anschluß an das übrige Deutschland (bei Oderberg, Bodenbach, Eger, Passau, Salzburg) erstreben müssen; es hätte auch erkennen müssen, welche Bedeutung eine Eisenbahn über den Brenner, diesen insgesamt günstigsten Alpenpaß, für Gesamtdeutschland hatte. Aber in Wien verfolgte man statt dessen den Gedanken einer durchgehenden Linie, die die habsburgischen Lande verband, nämlich eine Linie von Brody (an der galizisch-russischen Grenze) über Krakau—Wien—Semmering—Triest nach dem Ligurischen Meer, wobei zu beachten ist, daß in Oberitalien damals das Haus Habsburg noch mächtig war.

Für Preußen lagen die Verhältnisse deswegen ungünstig, weil es seiner Gestalt nach keine gesamtdeutsche Eisenbahnpolitik treiben konnte und sogar (bis 1866) verhindert war, eine einheitliche norddeutsche Eisenbahnpolitik zu verfolgen, denn es war durch das Königreich Hannover in einen westlichen und östlichen Teil zerschlagen und hatte auf dem Wiener Kongreß nicht einmal den erstrebten „Korridor" (nördlich an Kassel vorbei) erhalten. Diese Ungunst wurde noch dadurch verstärkt, daß zwischen Preußen und Hannover starke Gegensätze bestanden, und daß die Regierung (oder wenigstens der König) Hannovers anfänglich der Eisenbahn ablehnend gegenüberstand. Dagegen war der Gegensatz zwischen Preußen und Süddeutschland in Fragen der Eisenbahnverbindungen wohl nicht so groß, wie dies gemeinhin angenommen wird. Wenn hierbei so oft auf die „Mainlinie" hingewiesen wird, die angeblich so stark trennend gewirkt haben soll, so ist darauf hinzuweisen, daß der Main als Fluß viel zu schwach ist, als daß er trennend wirken könnte, und daß er mindestens in dem so bedeutungsvollen Raum Frankfurt nie trennend gewirkt hat, weil hier die verbindenden Kräfte der großen durchgehenden Nord-Süd-Talbildungen (von Köln und Hannover nach Basel usw.) besonders stark sind.

Während die Mainlinie als Binnengrenze nicht anzuerkennen ist, ist darauf hinzuweisen, daß die einzige starke Binnengrenze in Deutschland der Gebirgswall ist, der bei Osnabrück beginnend, sich als Teutoburger Wald—Egge—Meißner—Thüringer—Franken—Böhmerwald nach der Donau zieht und hierdurch den Westen und Süden Deutschlands von dem Norden und Osten scheidet. Dieser Wall — im Nordwesten an Sümpfe, im Südosten an die Alpen, also beiderseits an starke Verkehrshindernisse angelehnt —, war Jahrhunderte hindurch durch seine Höhen und seine dichten Wälder eine schwer zu durchbrechende Schranke. Die Stärke des Hindernisses ist aber verschieden; sie ist am schwächsten im Nordwesten, also in Niedersachsen-Westfalen, nimmt von Eisenach ab stark und von Eger ab noch stärker zu.

Dieser Gebirgszug ist die einzige natürliche Binnengrenze Deutschlands, die sogar der Eisenbahn Schwierigkeiten bereitet hat und die Betriebskosten auch heute noch in die Höhe treibt und die Geschwindigkeiten herabsetzt; — der Leser denke hierzu an Punkte wie Altenbeken, Warburg, Oberhof, Probstzella und Hof und an die „Eisenbahnkere" des Böhmerwald; — hier stehen der Eisenbahntechnik noch große Aufgaben bevor; so manche Linie muß noch verbessert werden, wobei der Bau langer, tief liegender Tunnel (sog. „Basistunnel") eine große Rolle spielen wird.

Ohne näher auf die unerquicklichen Verhältnisse der Kleinstaaterei einzugehen, möchten wir hier nur hervorheben, daß diese in Deutschland etappenweise überwunden worden ist: Auf wirtschaftspolitischem Gebiet (aber nicht für Gesamtdeutschland!) 1833 durch die Gründung des Deutschen Zollvereins, auf politischem Gebiet durch die Ereignisse von 1866, 1871, 1918 und 1938; — es hat also ein Jahrhundert gedauert, bis die deutsche Einheit, die die wichtigste Voraussetzung für eine kraftvolle einheitliche deutsche Verkehrspolitik ist, erkämpft war, — eine der wichtigsten Waffen in diesem Kampf aber war gerade die Eisenbahn, denn sie hat in erster Linie die künstlichen Binnengrenzen niedergerissen[1].

Als nun die Eisenbahn (von etwa 1820 ab) ihren Wert zu beweisen begann, mußten die für den Verkehr verantwortlichen Stellen (Regierungen, Stadtverwaltungen, Generalstäbe, Wirtschaftskreise, Ingenieure, Volkswirte) Stellung zu ihr nehmen. Hierbei zeigten sich zwei (extreme) Richtungen:

Die eine Richtung lehnte die Eisenbahn ab, und zwar aus verschiedenen Gründen: Das geringe technische Verständnis ließ ihre Vorzüge nicht erkennen; der Kleinmut hielt es für unmöglich, daß jemals derartig „ungeheure" Kapitalien

---

[1] Deutschland ist aber nicht das einzige Land, dessen Eisenbahnentwicklung unter der Kleinstaaterei gelitten hat. Diese Erscheinung ist vielmehr in vielen Staaten zu beobachten, in denen die Bedeutung der Eisenbahn für den durchgehenden Verkehr nicht frühzeitig erkannt wurde, oder in denen der „Kantönligeist" der einzelnen Landesteile stark ausgeprägt, die Macht der Zentralregierung aber schwach war. Dies gilt z. B. von der Schweiz, worunter die heutige einheitliche Bundesbahn noch leidet; sodann von Italien, das politisch zerrissen war; ferner von USA., wo jeder einzelne Bundesstaat seine eigene Eisenbahnpolitik trieb und eifersüchtig darüber wachte, daß die Bundesregierung nicht hineinredete; desgleichen von Australien, wo ebenfalls jeder Bundesstaat seine eigenen Ziele verfolgt und wo daher nicht einmal eine einheitliche Spurweite besteht.

aufgebracht werden könnten (wenigstens nicht in dem armen Deutschland); mancher Fürst und Minister sah in ihr eine „demokratische" Einrichtung; die Post sah die Konkurrenz; die Fuhrleute und die „Fuhrmannsorte" fürchteten für ihre Existenz; auch mancher General vermochte die militärische Bedeutung nicht einzusehen.

Die andere Richtung erkannte dagegen in der Eisenbahn das so lang ersehnte, so dringend notwendige Verkehrsmittel, das billig, schnell und zuverlässig arbeitet, das man unbedingt fördern müsse, ebenso wie man allgemein die „Mechanisierung", die Einführung der (Dampf-) Maschine in die Industrie und den Bergbau fördern müsse. — Diese Richtung erkannte damals auch, daß die technischen Wissenschaften in Deutschland besser als bisher gepflegt werden müßten, und es ist kein Zufall, daß die meisten Technischen Hochschulen Deutschlands gleichzeitig mit der Eisenbahn ihr hundertjähriges Jubiläum gefeiert haben.

b) Das Zeitalter des Eisenbahnbaus, 1833—1871.

In Deutschland herrschten, wie in allen Ländern, in denen frühzeitig Eisenbahnen geplant wurden, in den Kreisen der Eisenbahnfreunde zwei verschiedene Grundanschauungen: die einen sahen in ihr ein Verkehrsmittel von nur lokaler, die andern von territorialer Bedeutung. Obwohl sich die zweite Richtung in der Wissenschaft, in aufklärenden Schriften, bei manchen Regierungen und Generalstäben verhältnismäßig schnell durchsetzte, so herrschte in der Praxis der tatsächlichen Bauausführung zuerst doch der „lokale" Charakter vor; es wurden nämlich vielfach nur Bahnen von Stadt zu Stadt gebaut, zumal ja auch große Kapitalien schwer zu beschaffen waren und man sich daher vielfach auf kurze rentable Linien beschränken mußte. Hierauf ist es z. B. auch zurückzuführen, daß die Zahl der Kopfbahnhöfe (nämlich der „Anfangs- und Endstationen") in den alten Eisenbahnländern so groß ist; auch in Deutschland leiden wir hierunter noch heute (vgl. Altona, Kassel, Braunschweig, Leipzig, Wiesbaden, Stuttgart, auch Heidelberg und Mannheim).

Einheitliche Netze wurden in Deutschland nicht etwa nur von dem berühmten Vorkämpfer Fr. List, sondern auch von dem hannoverschen Bergrat Grote und dem rheinischen Industriellen Harkort gefordert und ausgearbeitet. In Österreich stellte Riepl (Professor an der Technischen Hochschule in Wien) einen Plan für „Zisleithanien" auf; „seine Pläne waren universal, sie zeugen von einer vorausschauenden Erkenntnis der Bedeutung der Eisenbahnen in politischer, wirtschaftlicher und technischer Hinsicht"; Riepl war auch einer der ersten Ingenieure, der erkannte, daß für die Eisenbahnen der Güterverkehr wichtiger sein werde als der Personenverkehr; auch List hat dies frühzeitig erkannt[1]. Von Österreichern ist außerdem vor allem Gerstner, der Erbauer der ersten deutschen Eisenbahn (Budweis—Linz) zu nennen, — ferner von Süddeutschen der „Bergmeister" v. Baader, der schon 1812 für die Eisenbahn eintrat, aber sich gegen Fürst und Regierung nicht durchsetzen konnte.

Von andern Ländern, für die einheitliche Netze entworfen worden sind, seien die Schweiz, Frankreich und USA. genannt; — bei Frankreich mit überstarker Betonung des „Wasserkopfes" Paris, von dem alle wichtigen Linien ausstrahlen; für USA. mit guter Dezentralisation, gleichmäßiger Behandlung der Seehäfen und ohne die Vernachlässigung der Südstaaten, die sich später so unheilvoll ausgewirkt hat.

Aber die einheitlichen Pläne blieben „Papier", weil so manche Fürsten, Minister, Diplomaten, Politiker, Bankiers usw. natürlich viel mehr verstanden als die Fachleute. Es war ein großes Glück, daß wenigstens die Eisenbahntechnik in den beiden Hauptgrundlagen, nämlich dem Gleis und der Lokomotive, eine gewisse Einheitlichkeit zeigte; insbesondere nahmen die meisten Eisenbahngesellschaften die gleiche Spurweite, nämlich die sog. heutige „Normalspur"

---

[1] Näheres siehe bei WIEDENFELD: a. a. O. S. 115.

(1435 mm zwischen den Innenkanten der Schienenköpfe) an, so daß der durchgehende Zugverkehr ermöglicht wurde.

Die Zersplitterung wurde noch dadurch vergrößert, daß die meisten deutschen Bundesstaaten (einschließlich Österreichs), dem Vorbild Englands und Amerikas folgend, den Bau der Eisenbahnen anfänglich dem Privatkapital überließen. Der erste Staat, der sich zum Staatsbahngrundsatz bekannte, war Braunschweig, und die erste deutsche Staatseisenbahn war die 1838 eröffnete Linie Braunschweig—Wolfenbüttel (—Harzburg). Die übrigen deutschen Bundesstaaten bekannten sich erst später zum Staatsbahngedanken.

Wenn nun aber recht oft Gedanken geäußert werden, als ob infolge der Zersplitterung das deutsche Eisenbahnnetz „ganz sinnlos" angelegt wäre, so ist das übertrieben; es waren vielmehr erhebliche Kräfte vorhanden, die dahin wirkten, daß doch ein im allgemeinen harmonisches Netz entstand, das den innerdeutschen Bedürfnissen und den Forderungen des internationalen Verkehrs recht gut gerecht wird.

Einzelmängel haben sich natürlich eingeschlichen; zu nennen sind z. B. die schon erwähnten Kopfbahnhöfe, die überstarken Konzentrationen in Berlin und München, Fehler in den Verbindungen Hamburg—Hannover—Frankfurt, Zusammenballungen von West-Ost-Linien im Ruhrbezirk bei gleichzeitigem Fehlen von Nord-Süd-Linien, Sparen an langen, tiefliegenden Tunneln bei Bebra, Probstzella und im Schwarzwald. Solche Einzelmängel und die Gründe für ihre Entstehung müssen natürlich von den Fachleuten erforscht werden, damit die heutige Generation daraus lernt und damit klare Programme für die Verbesserung aufgestellt werden können. Aber diese Untersuchungen sollten nicht von Laien dazu mißbraucht werden, um Behauptungen aufzustellen, daß das Eisenbahnnetz in Deutschland (und in vielen andern Ländern) hoffnungslos verpfuscht wäre.

Zunächst gibt in jedem Land die große Meisterin Natur genügend Hinweise, wie die großen Verkehrsstraßen zu führen und zum Netz zu verknüpfen sind: Die Seehäfen, die großen Talbildungen, die Durchbruchstäler, die Gebirgsränder, die Gebirgspässe sind so starke Zwangspunkte und Richtlinien, daß sich der trassierende Ingenieur nach ihnen richten muß; und im kleineren Rahmen wirken die guten Brückenstellen, die trockenen Höhenränder, die „Moorpässe" und vor allem die Täler einen großen Einfluß auf die Linienführung und die Knotenpunktbildung aus; ferner hat die Natur dem Menschen klar vorgezeichnet, wo fruchtbare Böden und Bodenschätze den Bau besonders leistungsfähiger Bahnen erfordern und wo man sich andrerseits mit schwächeren Linien und größerer Maschenweite bescheiden muß.

Sodann verfügt ja jedes ältere Kulturland schon über ein Verkehrsnetz von Land- (und Binnenwasser-) Straßen, und zwar über ein Netz, das in langsamer Entwicklung von Menschen geschaffen worden ist, die infolge ihrer primitiven Technik sich völlig der Natur anpassen mußten; und dieses Netz hat neben andern Naturkräften die Lage der Städte stark beeinflußt; die Eisenbahn ist also nicht im „luftleeren Raum" geschaffen worden, sondern hatte allenthalben auf Punkte Rücksicht zu nehmen, die — von Ausnahmen abgesehen — aus den natürlichen Gegebenheiten heraus erwachsen waren.

Ferner sahen die Eisenbahnfachleute und die führenden Persönlichkeiten der Privatbahngesellschaften im allgemeinen doch weiter als die Kirchturmpolitiker; am Niederrhein z. B. sah man schon früh die künftigen Linien von Antwerpen und Paris über Köln nach Hamburg, Berlin und Kassel—Leipzig und baute die ersten Teilstrecken entsprechend, wenn man über den Gesamtgedanken auch nicht redete; die „Bergisch-Märkische Bahn" schuf sich z. B. bewußt ein Fernnetz, das nach Abb. 21 von Aachen bis zur Wartburg reichte. — Auch in manchem andern Land hat in diesem Sinn schließlich doch der weitblickende Ingenieur über den engstirnigen Politiker gesiegt.

Hierzu kam noch, daß sich schon 1846/47 eine Reihe von Privatgesellschaften zum „Verein Deutscher Eisenbahngesellschaften" zusammenschlossen, um im Wege freiwilliger Vereinbarungen alle Maßnahmen zu treffen, die in Bau, Fahrzeugen, Betrieb, Verkehr, Abrechnung notwendig sind, um den einheitlichen durchgehenden Verkehr zu ermöglichen, zu vereinfachen und zu verbilligen. Dieser Verein umfaßte vor dem Weltkrieg nicht nur alle deutschen, sondern auch zahlreiche ausländischen Eisenbahnverwaltungen; er hat das hohe Verdienst, einen großen Teil jener „Normen" geschaffen zu haben (und ständig weiterzuentwickeln), auf denen sich heute alle jene Staatsverträge aufbauen, durch die der internationale Eisenbahnverkehr geordnet wird; er führt jetzt den Namen „Verein Mitteleuropäischer Eisenbahn-Verwaltungen".

Im „Zeitalter des Eisenbahnbaus" (1833—1871) hat sich auch die Eisenbahntechnik, und mit ihr allgemein die Bau-, Maschinen- und Hüttentechnik, machtvoll entwickelt. Anfänglich wagte man sich naturgemäß nur an Bauten in verhältnismäßig einfachem Gelände heran; denn die Bautechnik hatte noch zu wenig Erfahrungen in großen Erd-, Tunnel- und Brückenbauten, und

Abb. 21. Das Netz der Bergisch-Märkischen Eisenbahn.

die Maschinentechnik (der Lokomotivbau) schreckte noch vor der Bezwingung starker Steigungen zurück. Immerhin wurden schon in den ältesten Bahnen (so z. B. bei Leipzig—Dresden und Köln—Aachen) Tunnel erbohrt, und es wurden die großen Ströme (Rhein, Weichsel) schon frühzeitig mit eisernen Brücken überspannt. In der Folgezeit ist, wie man mit einer gewissen Einseitigkeit sagen darf, vor allem der Bau der Gebirgsbahnen die hohe Schule der Eisenbahnbaukunst gewesen; hier haben (neben den Engländern und Franzosen und später den Italienern und Norwegern) vor allem die Süddeutschen, Österreicher und Schweizer Großes geleistet.

Den Ausgangspunkt bildet der Bau der 1854 eröffneten Semmeringbahn durch v. Ghega (1802—1860) und die Konstruktion der für diese notwendigen Lokomotive durch Frhrn. v. Engerth. Dann kam der Bau der Brennerbahn (1859) durch v. Etzel und der Schwarzwaldbahn Offenburg—Triberg, bei der Gerwig zum erstenmal planmäßig die „künstlichen Längenentwicklungen" (Schleifen und Kehrtunnel) anwandte, die dann dem Bau der Gotthardbahn als Vorbild dienten. Dann kamen — aber schon in die neuere Zeit hineinreichend — die großen Alpentunnel (Mont Cenis, eröffnet 1871, Arlberg 1882, Gotthard 1884, Simplon 1906, Lötschberg 1913. Einen großen Fortschritt bedeutete ferner (1870) die praktische Einführung der (schon 1812 erfundenen) Zahnstange, und zwar durch Riggenbach mit seinem Meisterwerk der Rigibahn (eröffnet 1871) und der Bau der Harzbahn Blankenburg—Tanne durch Abt und Schneider, bei der flachere Reibungsstrecken mit stärker steigenden Zahnstrecken abwechseln.

Derartige Bahnen werden „Bahnen mit gemischtem Betrieb" genannt. Bekannt sind die Höllentalbahn (Freiburg—Titisee) im Schwarzwald und die Bahnen über den Brünig im Berner Oberland und von Visp nach Zermatt in der Schweiz. Die Fortschritte in der Lokomotivkonstruktion und der Bremstechnik haben Veranlassung gegeben, auf einzelnen derartigen Bahnen die Zahnstange auszubauen, also auch die Steilstrecken mit gewöhnlichen Lokomotiven zu befahren; hierbei ist man bei der Harzbahn Blankenburg—Tanne dem Dampfbetrieb treu geblieben; dagegen ist man bei der Höllentalbahn zum elektrischen Betrieb übergegangen; — beide Bahnen sind vorbildliche Meisterwerke der Bau- und Maschinentechnik. Es ist aber zurückzuweisen, wenn neuerungsfreudige Laien schon das Ende des ganzen Systems voraussagen. Es hat sich vielmehr überall glänzend bewährt, besonders auch in fremden gebirgigen Ländern, so in Bosnien, Syrien (Beirut—Damaskus), Sumatra, Japan, Brasilien. — Es ist das richtige System für die gebirgigen Teile der Ostmark und des ganzen europäischen Südostraums.

Als wichtigste und lehrreichste Gebirgsbahnen darf man bezeichnen: die Semmering-, Brenner-, Schwarzwald-, Gotthard-, Lötschberg-, Tauern- und Albulabahn, ferner die neue Linie Bologna—Florenz, die erste Pazifikbahn und die Transandenbahn (in Chile). Besonders schwierig waren und sind die Gebirgsbahnen in Jugoslawien und Bulgarien, in der Türkei und Iran.

c) Das Zeitalter des „qualitativen" Ausbaus, 1871—1914.

In den Krieg von 1870 war Deutschland mit einem Eisenbahnnetz eingetreten, das in seinen Hauptlinien den meisten Forderungen der Wirtschaft gut entsprochen hatte und nun auch im Krieg seine militärische Leistungsfähigkeit bewies. Der glückliche Ausgang des Krieges und die Aufrichtung des Deutschen Kaiserreichs stellte der Eisenbahn neue große Aufgaben: Der deutschen Wirtschaft stand ein gewaltiger Aufschwung bevor, durch den auch der Verkehr stark befruchtet werden mußte; die erzielte wirtschaftliche Einheit mußte auch in einer einheitlichen Verkehrspolitik, insonderheit in einer einheitlichen Eisenbahn-Bau- und -Tarifpolitik zum Ausdruck kommen; die Landesverteidigung erforderte ebenfalls einen einheitlichen Ausbau und die Vereinheitlichung des Betriebsdienstes, (zumal man sich schon bald auf einen Zweifrontenkrieg einstellen mußte).

Bismarck erkannte nicht nur diese großen Probleme, sondern er sah auch in der Eisenbahn das wichtigste Mittel, um die noch vorhandenen Reste von Partikularismus zu überwinden, und er erkannte die große Wirtschaftskraft der Eisenbahn, die ihrem Eigentümer nicht nur Einnahmen bringen kann, sondern ihm auch einen starken Einfluß auf die Gesamtwirtschaftspolitik sichert. Bismarck erstrebte daher den Aufkauf der Privatbahnen (und der schon vorhandenen Staatsbahnen der einzelnen Bundesstaaten) durch das Reich und die Schaffung einer einheitlichen Deutschen Reichsbahn, die das Rückgrat für die Reichsfinanzen, vor allem aber das wirksamste Mittel zur Erzielung einer einheitlichen Wirtschafts- und Verkehrspolitik werden sollte. Leider scheiterte dieser Plan des großen Kanzlers an dem Widerstand Süddeutschlands, und so mußte er sich darauf beschränken, durch Ankauf der entsprechenden Privatbahnen, die Preußischen Staatsbahnen zu schaffen. Neben diesen entstanden in Oldenburg, Mecklenburg, Sachsen, Bayern, Württemberg und Baden besondere Staatsbahnnetze. Die hiermit leider bestehenbleibende Zersplitterung wurde aber durch die Verfassung des Deutschen Reichs gemildert, da in ihr die Einheitlichkeit in Bau und Betrieb für den durchgehenden Verkehr und die Landesverteidigung sichergestellt war; und in der Folgezeit wurde die Einheit durch freiwillige Vereinbarungen weiter verstärkt.

Von 1871 bis 1914 nahm nun die Eisenbahn voll an dem gewaltigen Aufstieg teil, den nicht nur Deutschland, sondern Europa und der Weltverkehr durchmachten. Die Bevölkerung Deutschlands stieg von 41 Millionen auf 68 Millionen; die deutsche Industrie entfaltete sich so, daß sie die der andern Industriestaaten mengenmäßig vielfach einholte, gütemäßig auf vielen Gebieten übertraf; der

Süden und Osten Europas erstarkte und hob die Bedeutung der verkehrsgeographischen Zentrallage Deutschlands; gleiches geschah durch die Eröffnung des Suezkanals. Große Gebiete der Erde wurden dem europäischen Handel erschlossen, — sie lieferten Europa Rohstoffe und wurden Abnehmer seiner Industrieerzeugnisse; die deutsche Handelsflotte zeigte ihre Flagge auf allen Meeren.

Es liegt nun nahe, anzunehmen, daß die Eisenbahn den gesteigerten Aufgaben durch den Bau vieler weiterer Linien hätte gerecht werden müssen. Dem ist aber nicht so; vielmehr war das Hauptbahnnetz schon so gut ausgebaut, daß nur noch wenige neue Hauptbahnen angelegt werden mußten; der sog. „Ausbau" mußte vielmehr in anderen Formen durchgeführt werden. Da nun in so vielen Kreisen die irrige Ansicht vertreten ist, daß die Verstärkung des Verkehrs vor allem in der Vermehrung der Verkehrslinien bestände, so sei nachstehend kurz zusammengestellt, welche wichtigsten Aufgaben die deutschen Eisenbahnen in der Zeit des Aufschwungs von 1871 bis 1914 zu lösen hatten; — ähnliche Erwägungen gelten aber auch von den andern Verkehrsmitteln.

1. Die Leistungsfähigkeit war vom quantitativen Standpunkt zu heben: durch den zweigleisigen Ausbau der bisher nur eingleisigen Hauptlinien und durch den viergleisigen Ausbau der stärkst belasteten Strecken; ferner durch den Bau von Güterumgehungs- und anderen Entlastungsbahnen (namentlich um die Großstädte herum); sodann durch die Vergrößerung und Verbesserung der Bahnhöfe; durch die Vergrößerung der Lokomotiven und Wagen; die Verstärkung des Oberbaus und der Brücken; durch die stärkere Belegung der vorhandenen Strecken (z. B. durch die Einführung des Nachtdienstes).

2. Die Leistungsfähigkeit war vom qualitativen Standpunkt zu heben: durch die bessere Anpassung aller Leistungen an die Verkehrswünsche, bessere Ausstattung der Wagen, dichteren Fahrplan, höhere Geschwindigkeit, größere Sicherheit, stärkere Lokomotiven.

3. Die Betriebskosten mußten (durch Anwendung immer besserer technischer Methoden) gesenkt werden, aber nicht etwa mit dem Ziel, höhere Betriebsüberschüsse zu erzielen, sondern mit dem Ziel, die Tarife zu senken, um dadurch der Wirtschaft zu helfen.

4. Die Landesverteidigung mußte im Hinblick auf den immer mehr drohenden Zweifrontenkrieg eisenbahntechnisch zuverlässig gesichert werden, was u. a. einen starken Ausbau in den Grenzprovinzen des Ostens und Westens erforderte.

5. Um das platte Land zu erschließen und um ihm, den Kleinstädten und der Landwirtschaft die Segnungen des Schienenverkehrs zuzuwenden, mußten viele Neben- und Kleinbahnen geschaffen werden, bei denen eine Rentabilität nicht erhofft werden kann. Diese Bahnen müssen also besonders wirtschaftlich gebaut und betrieben werden; für sie ist die Schmalspur nicht abzulehnen, was leider von manchen Kritikern recht oft geschieht, die dieses schwierige Problem doch wohl nicht genügend beherrschen.

6. Zur Bewältigung des Verkehrs in den Städten (namentlich in den Großstädten und in den Industriebezirken) mußten neue Bahnarten entwickelt bzw. weiterentwickelt werden, vor allem die Straßenbahnen, die Stadtschnell- (Hoch- und Tiefbahnen) und die Städtebahnen. Sie eröffneten namentlich auch dem elektrischen Betrieb große neue Aufgaben.

7. Mit dem Erwerb von Kolonien trat an den deutschen Eisenbahner die schöne Aufgabe heran, diese verkehrstechnisch zu erschließen; und hierfür war damals (und ist auch heute noch und wird auch bleiben) für die Hauptlinien der Schienenweg das gegebene Verkehrsmittel; — wir kommen hierauf im Zweiten Band zurück.

So wenig vollzählig vorstehende Aufzählung sein mag, so zeigt sie doch, daß in diesem Zeitabschnitt des „qualitativen" Ausbaus die Eisenbahntechnik auf neue Grundlagen gestellt werden mußte: Nicht mehr der Bau neuer Linien war das Wichtigste (und noch weniger das Schwierigste!), sondern die bessere und billigere Betriebsführung und Verkehrsbedienung. Weiter zu entwickeln waren vor allem die Bahnhöfe, die Signal- und Sicherungsanlagen, das Fahrplanwesen, die Lokomotiven, Wagen und Werkstätten, dazu alle Fragen der Betriebswirtschaft (Selbstkostenermittlung). Auch die Fragen der Finanzierung waren anders zu beurteilen; denn bei vollständigen Neubauten ist die Rentabilität gemäß den (erhofften) Einnahmen zu berechnen; bei Verbesserungen vorhandener Anlagen liegt die Rentabilität aber in der zu erzielenden Senkung der Betriebskosten und in der Vermehrung der bisherigen Einnahmen durch Vergrößerung der Verkehrsmengen.

Von besonderer Bedeutung war noch, daß die Staatsführung nun klar erkannte, ein wie wichtiges Hilfsmittel die Eisenbahnpolitik zur Durchführung der von ihr betriebenen Wirtschaftspolitik ist. Demgemäß wurde die Bau-, Betriebs- und Tarifpolitik der Eisenbahn bewußt in den Dienst der allgemeinen Staatspolitik eingestellt. Da wir auf diese Fragen noch zurückkommen müssen, so deuten wir hier nur an: In jener Zeit wurde das „gemeinnützige Tarifsystem", das den höchsten Nutzen der Allgemeinheit zum Ziel hat, zu hoher Vervollkommnung ausgebaut und von allen deutschen Eisenbahnen angenommen; der Außenhandel, insbesondere die deutsche Seeschiffahrt, wurden durch bauliche, betriebliche (fahrplantechnische) und besonders durch tarifarische Maßnahmen planmäßig gefördert; das harmonische Zusammenarbeiten der verschiedenen Verkehrsmittel wurde (namentlich im Hinblick auf die „Renaissance" der Binnenwasserstraße) eingeleitet; desgleichen die Auflockerung der Großstädte und Industriebezirke durch sinnvolle Pflege des Stadt- und Vorortverkehrs.

Die wirtschaftlichen Erfolge der deutschen Eisenbahnen waren groß. Alle größeren Netze konnten (bei ständiger Verbesserung der Leistungen, dauernden Tarifsenkungen und dem „Durchschleppen" der vielen unrentabeln Nebenlinien) aus ihren Einnahmen die Ausgaben decken und hierbei noch eine Verzinsung des Anlagekapitals erzielen. Diese betrug z. B. 1910 insgesamt 5,74% (Preußen 6,56, Bayern 4,95, Sachsen 4,86, Baden 3,76, Württemberg 3,67); es standen also rund 1,7% zur Tilgung des Anlagekapitals zur Verfügung; für 1905 waren die betreffenden Zahlen sogar 6,29 und 2,29%. Die Bahnen hatten hierbei aber große Verbesserungen und Erweiterungen nicht aus neuem Kapital, sondern aus laufenden Mitteln finanziert; sie hatten außerdem große Lasten für die Grenzgebiete, die militärische Leistungsfähigkeit, die Stärkung der wirtschaftlich Schwachen, die Post usw. getragen; und sie hatten insgesamt „zu gut" unterhalten und erneuert, also starke innere Reserven angesammelt.

Gegen diese Wirtschaftsführung sind von manchen „Interessenten" Vorwürfe erhoben worden. Man hat dies als „Thesaurierung" angeprangert, und auch nach dem Weltkrieg war dies ein beliebtes Thema für viele „Wirtschaftler" und „Politiker". In Wirklichkeit hat der Weltkrieg bewiesen, daß der Grundsatz der „zu guten Unterhaltung und Erneuerung" richtig war, denn ohne diese inneren Reserven hätte die Eisenbahn die ungeheuren Leistungen nicht vollbringen können. Allerdings war sie am Kriegsende, nachdem vier Jahre lang „Raubbau" getrieben worden war und die Unterhaltung fast ganz geruht hatte, am Ende ihrer Kräfte. — Man lerne hieraus, daß die Eisenbahnen (wie die andern kriegswichtigen Verkehrsmittel) in ihrem gesamten technischen Stand über dem augenblicklichen Bedürfnis stehen müssen, damit sie die schweren Notzeiten von Volk und Staat überstehen können! Wo das nicht beachtet worden ist, sind die schlimmen (unter Umständen die „katastrophalen") Folgen nicht ausgeblieben, — vgl. die Südstaaten im Sezessionskrieg, Rußland im Krieg gegen Japan und im Weltkrieg, auch Österreich im Weltkrieg. Auch die französischen Eisenbahnen waren (außer im Osten des Landes) in ihrer quantitativen Leistungsfähigkeit und ihrem Unterhaltungszustand den Forderungen des „Materialkriegs" nicht gewachsen. Infolgedessen mußten die Amerikaner ungeheure Mengen von Arbeitskräften, Lokomotiven und Wagen und Material jeglicher Art in ihre Etappenlinien, Häfen und Bahnhöfe hineinstecken. — Videant consules!

E. Der Straßenverkehr.

I. Die Entwicklung des Straßenverkehrs.

Der „Straßenverkehr" ist die älteste Form des Landverkehrs. Unter den primitivsten Verhältnissen gibt es nicht einmal Fußpfade, so daß sich der Mensch jedesmal einen neuen Weg suchen muß; er hat sich hierbei als außergewöhnlich anpassungsfähig und vielseitig erwiesen; er übertrifft in dieser Beziehung seine Haustiere, da nicht einmal der Hund oder das Maultier sich auf jedem Boden bewegen können. Diese Überlegenheit zeigt sich heute aber nur noch auf Gletschern, in steilen Felsen und in der Schlacht. Der Mensch ist aber, sobald er seßhaft geworden ist, bald dazu übergegangen, die als günstig erkannten Wege für sich und seine Freunde zu markieren, d. h. vor gefährlichen oder schlechten Stellen zu warnen, günstige Richtungen und wichtige Punkte (z. B. Wasserstellen und Furten) dagegen durch bestimmte Zeichen hervorzuheben, vgl. heute noch die Steinmännchen usw. auf Gletschern oder die Markierung der zum Schützengraben führenden Wege. Der Markierung folgte das Bahnen, durch das man den Weg für sich selbst und für seine Reit- und Lasttiere bequemer machen wollte. Darauf wird wohl in vielen Fällen noch nicht der Bau des eigentlichen Weges, sondern vielmehr zunächst der Bau oder die Herrichtung der für einen zuverlässigen Verkehr notwendigen Sonderanlagen, namentlich von Brücken, und Versorgungs- und Schutzanlagen, namentlich von Brunnen, Schutzhütten, Rasthäusern und Polizeistationen gefolgt sein, was noch heute in der Wüste und Steppe und in manchen anderen Gegenden zu beobachten ist, in denen das Reiten oder sogar das Autofahren ohne gebauten Weg möglich ist; — wir beobachten also auch hier wieder die Bedeutung der „Stationen"!

Der eigentliche Straßenbau wurde veranlaßt durch die Erfindung des Rades — eine der wichtigsten Erfindungen der Welt! — und durch seine Nutzbarmachung für den Wagen.

Von den alten Kulturvölkern haben Großes im Straßenbau (und gleichzeitig für den Postverkehr) namentlich die Chinesen, die Mexikaner und Peruaner, die Perser und die Römer geleistet. Wir brauchen hierauf aber nicht weiter einzugehen, weil das Notwendige an anderen Stellen gesagt ist; im übrigen ist auf das große Werk von Birk zu verweisen[1].

Mit dem Verfall des Römerreichs verfiel auch das glänzende Straßennetz der Römer, und die Landstraßen (und vielfach auch die Stadtstraßen) sind vielfach erbarmungswürdig gewesen. Die erste „Renaissance" des Straßenverkehrs wurde, wie an anderer Stelle ausgeführt ist, durch den allgemeinen Aufschwung des Verkehrs und durch das Aufkommen der Artillerie und Infanterie von 1500 ab eingeleitet, und dann haben namentlich die Merkantilisten, wie auf allen anderen Gebieten des Verkehrs, auch den Straßenbau planmäßig und mit höchstem Erfolg gefördert. Diese Zeit des (Land-) Straßenbaus reicht noch bis tief in das Eisenbahnzeitalter hinein; sie beginnt erst von 1850 ab abzuklingen; die ersten großen „Eisenbahnbauer" sind noch durch die Schule des Chausseebaus gegangen. In jener Zeit wurde (in West- und Mitteleuropa) das Landstraßennetz in den Hauptzügen und nach den technischen Grundlagen (Steigungen, Krümmungen, Breiten, Befestigung) geschaffen, wie es im wesentlichen noch heute besteht; — nur die Decken sind widerstandsfähiger und staubfreier geworden.

Der Chausseebau wurde in Europa dadurch entscheidend beeinflußt und gefördert, daß der Schotte Mac Adam 1812 den Straßenbau Chinas kennenlernte und die Bauart der „Macadamisierung" nach Europa brachte. — Vorher hatte Preußen 1757 die erste Chaussee erbaut; vielfach hatte aber erst der Einfluß Napoleons den Bau besserer Straßen in Deutschland veranlaßt. — Die Hauptzeit des Chausseebaues in Preußen liegt aber erst zwischen 1844 und 1861.

---

[1] Birk, Alfred: Die Straße. Karlsbad: Kraft 1934.

Zu den größten Leistungen des Straßenbaus dieses Zeitabschnitts gehört der Bau der großen Gebirgsstraßen, in Europa der Alpenpaßstraßen. Neuzeitliche Fahrstraßen wurden geführt über den Brenner[1] 1772, den Col di Tenda 1782, den Arlberg[1] 1786; sodann unter Napoleon I.[2] über den Mont Genevre[1] 1802, den Mont Cenis[1] 1810, den Simplon[1] 1805; ferner über den Splügen[1] 1823, den St. Gotthard (erst) 1820—1830, den Julier[1] 1826, das Stilfser Joch 1825, die Furka 1866. Die Scheitelpunkte der wichtigsten Alpenstraßen liegen:

auf dem	Brenner	auf	+1370 m,	Eisenbahn	+1356 m,
„ „	Gotthard	.,	+2114 m,	,,	+1454 m,
„ „	Mont Cenis	,,	+2089 m,	,,	+1294 m,
„ „	Simplon	,,	+2010 m,	,,	+ 705 m,
„ „	Stilfser Joch	,,	+2757 m,		
„ der	Furka	„	+2436 m,	,,	+2170 m.

Leider war es aber, wie schon angedeutet, der Straße nicht vergönnt, zur richtigen Zeit, nämlich um 1800 herum, sich die Dampfmaschine nutzbar zu machen. Es hat allerdings nicht an Versuchen gefehlt, eine brauchbare Straßenlokomobile zu konstruieren. Wenn dies geglückt wäre, wenn sich also der 1770 von Cugnot konstruierte „Dampfwagen" hätte durchsetzen können, wäre unsere Verkehrsentwicklung wohl ruhiger verlaufen und damit wohl auch die gesamte soziale Entwicklung. Es wurde aber dadurch ein sehr stürmisches — zu stürmisches?! — Tempo vorgelegt, daß die Eisenbahn die beiden Grundlagen, Kraft und Weg, gleichzeitig grundsätzlich änderte und die Kombination Dampfmaschine auf eisernem Gleis schuf.

Die zweite „Renaissance" des Straßenverkehrs wurde nach der üblichen Lehrmeinung durch den Kraftwagen begründet. Diese Ansicht wird aber der heutigen Allgemeinbedeutung der Straße, insbesondere der der Stadtstraße, nicht voll gerecht, und wir datieren eine „zweite Renaissance" von etwa 1870 ab. Sie ist durch folgende Erscheinungen begründet:

1. Der durch die Eisenbahn und allgemein durch Dampf und Stahl veranlaßte Aufschwung der Industrie und die dadurch verursachte Zunahme der Bevölkerung in den Städten (und den Industriegebieten) bewirkten eine gewaltige Steigerung des Straßenverkehrs in den Städten und deren Umgebung. Hierbei erzwang der gesteigerte Güterverkehr, also der Fuhrwerkverkehr, die ständige Verstärkung des Pflasters und außerdem seine Verbesserung bezüglich der Lärm- und Staubbekämpfung; und der gesteigerte Personenverkehr zwang zur Einführung des öffentlichen Verkehrs, und zwar zunächst zur Einrichtung von (Pferde-) Omnisbusbetrieben, die namentlich in England Großes geleistet haben, und dann zur Einführung der Straßenbahn.

Die Straßenbahn muß in diesem Zusammenhang als ein Teil des Straßenverkehrs gewürdigt werden, obwohl sie ihrer technischen Natur nach zweifellos eine „Eisenbahn" ist — und daher in vielen Ländern auch rechtlich noch als solche behandelt (und nicht selten „gemißhandelt") wird.

Die ältesten Straßenbahnen waren Pferdebahnen; die erste Linie wurde 1850 in New York eröffnet. Die Pferdebahnen — heute vielfach bespöttelt — haben Großes geleistet; sie haben den Stadtverkehr von Riesenstädten unter den damaligen Verhältnissen zufriedenstellend bedient, wenn auch die Geschwindigkeit bei etwa 10 km/st. begrenzt war. Von 1879 ab begann unter Führung von Werner Siemens das Ringen um die Einführung des elektrischen Betriebs, und von etwa 1885 ab hat sich — nach Überwindung der technischen „Kinderkrankheiten" — die elektrische Straßenbahn die Welt erobert. Sie ist heute für die Mittel-, Groß- und Riesenstädte das wichtigste städtische Verkehrsmittel. Die Zahl der von ihr beförderten Fahrgäste betrug in Deutschland 1939: 4 760 000 000, 1940: 5 200 000 000, in England (1937/38): 3 057 000 000, in USA. (1939): 6 419 000 000[3].

---

[1] Diese Alpenpässe waren schon zu Römerzeiten fahrbar.

[2] Man kann Napoleon I. als den letzten „großen Straßenbauer" dieser Zeit bezeichnen.

[3] In den statistischen Zahlen ergeben sich vielfach Unterschiede, da die Grundlagen nicht einheitlich sind; die Schwierigkeiten für die einheitliche Erfassung sind namentlich wegen der Bewertung der Zeitkarten (Monatskarten) und wegen der Umsteigefahrscheine groß.

Die Bedeutung der Straßenbahn[1] ergibt sich aus folgenden Zahlen:

Auf allen Landverkehrsmitteln Deutschlands wurden 1939 befördert rund 7 900 000 000 Fahrgäste, von denen 25% auf den Fernverkehr und 75% auf den Nahverkehr entfielen.

Diese Verteilung entspricht aber insofern nicht der Bedeutung der beiden Verkehrsgruppen, als sie die Länge der Fahrten nicht berücksichtigt. Zutreffender ist die Verteilung nach den geleisteten Personenkilometern (P.-km). Es ergeben sich hiernach für den Fernverkehr 31% und für den Nahverkehr 69% der insgesamt 85 100 000 000 geleisteten P.-km.

Der Nahverkehr verteilt sich in folgender Weise auf die ihn bedienenden verschiedenen Verkehrsmittel:

	Beförderte Fahrgäste	Geleistete P.-km
Straßenbahnen	4 375 000 000 = 74,4%	14 489 000 000 = 54,2%
Reichsbahn[2]	642 000 000 = 10,9	8 140 000 000 = 30,4
Stadtschnellbahnen	387 000 000 = 6,6	2 188 000 000 = 8,2
„Schiene" zusammen	5 404 000 000 = 91,9	92,8
Kraftwagen	440 000 000 = 8,1%	1 918 000 000 = 7,2%

Die Bedeutung der Straßenbahn für die Kriegführung (Landesverteidigung) ist außerordentlich groß. Der Verkehr geht nämlich bei Kriegsausbruch in den Städten und Industriebezirken infolge der Umstellung der Wirtschaft auf den Krieg, die Erweiterungen der Rüstungsindustrien, die stärkere Belegung der (meist in den Außengebieten gelegenen) Kasernen und die Zunahme der Frauenarbeit sprunghaft in die Höhe. Dieser steigende Verkehr muß aber bei gleichzeitiger erheblicher Steigerung der Betriebsschwierigkeiten bewältigt werden; es müssen nämlich die männlichen Arbeitskräfte durch Frauen (Schaffnerinnen) ersetzt werden; es beginnt bald ein Mangel an wichtigen Bau- und Betriebsstoffen, und die Verdunkelung nebst den Flieger-Alarmen verursacht besondere Schwierigkeiten und Gefahren.

Ferner bildete die Straßenbahn mit ihrem Material und ihrer Belegschaft ein wichtiges Reservebecken für das militärische Eisenbahnwesen, insbesondere für Bau und Betrieb der sog. „Frontbahnen".

Wir müssen auf die Bedeutung der Straßenbahn für die Landesverteidigung im Zweiten Band noch zurückkommen.

2. Die Bedürfnisse der schnell wachsenden städtischen Bevölkerung zwangen dazu, in dem Raum unter der Straße eine große Menge der verschiedenartigsten Leitungen unterzubringen; die Straße dient also nicht mehr nur dem Oberflächenverkehr, sondern auch diesen anderen wichtigen Zwecken.

Aus 1. und 2. ergibt sich, daß die (Stadt-) Straßen nach Breiten, Einteilung und Befestigungsarten etwas wirklich Neues wurden, und daß außerdem die Straßenkosten — und zwar die einmaligen Kosten für Neubauten und Verbesserungen und die laufenden Kosten (für Instandhaltung, Erneuerung und Reinigung) — außerordentlich stark anstiegen.

3. Dazu kam von etwa 1890 ab die schnelle Zunahme des Fahrradverkehrs.

Das Fahrrad wurde 1813 durch den badischen Forstmeister Frhrn. v. Drais erfunden, dessen Name noch in der „Draisine" der Eisenbahn nachlebt. Allerdings handelte es sich bei der ersten Erfindung nur um ein Tretrad, eine „Laufmaschine", auf der der Benutzer rittlings saß und sich mit den Füßen vom Erdboden abstieß. Die Erfindung konnte sich aber nicht recht durchsetzen, und Drais starb 1851 in Armut. Das Tretrad wurde dann aber durch

---

[1] Über die Bedeutung der Straßenbahn hat der zuständige Referent des Verkehrsministeriums sich in „Großdeutscher Verkehr" 1941 S. 84 eingehend geäußert.

[2] Nur Vorortverkehr Berlin und Hamburg; der sehr bedeutende übrige Vorortverkehr der Reichsbahn ist nicht erfaßt; die für die Reichsbahn angegebenen Zahlen sind also zu niedrig!

P. M. Fischer wesentlich verbessert, indem er die Tretkurbel einführte und hiermit das sog. Hochrad schuf. Dieses wurde von 1862 an allmählich durch das Niederrad ersetzt; aber erst die Erfindung des luftgefüllten Gummischlauchs durch Dunlop (1890) machte aus dem bisherigen Sportgerät das leistungsfähige billige Verkehrsmittel, das heute eine so große Rolle spielt.

Der Fahrradverkehr ist heute für die gesamte Bevölkerung mit niedrigem bis mittlerem Einkommen so bedeutungsvoll, daß er volle Unterstützung durch die Gesetzgebung und Rechtsprechung, Regierungen und Kommunalverwaltungen, Straßenbauer und Verkehrspolizei verlangen darf. Abgesehen vom Fahrradverkehr des platten Landes und der Klein- und Mittelstädte kommt man zur sichersten Beurteilung seiner wirtschaftlichen und gesundheitlichen Bedeutung, wenn man nach zwei Hauptgruppen unterscheidet:

Der Erholungsverkehr strebt aus der Stadt, also von den Arbeitsstätten und besonders aus den Wohngebieten hinaus in die freie Natur. Er ist vom sozialen, gesundheitlichen und kulturellen Standpunkt, namentlich für die arme Bevölkerung, so wichtig, daß er mit allen Mitteln gefördert werden muß. Am wichtigsten ist hierbei die Anlage von besonderen Radwegen, die so geführt werden müssen, daß sie von dem andern Verkehr nicht belästigt und gefährdet werden, und daß sie durch schöne Gegenden führen und ruhige Erholungspunkte erreichen. Solche Radwege müssen nicht nur aus der einzelnen Großstadt herausführen, sondern auch aus dem Innern der Industriegebiete, und sie dürfen nicht nur bis an die Erholungsgebiete heranführen, sondern müssen diese erschließen. Bei der Linienführung ist zu beachten, daß der Radfahrer, namentlich der abends müde zurückkehrende, gegen Steigungen empfindlich ist.

Der Berufsverkehr besteht aus den regelmäßigen werktäglichen Hin- und Herfahrten zwischen Wohnung und Arbeitstätte (einschließlich der Schulen usw.). Er ist vom wirtschaftlichen Standpunkt noch wichtiger als der Erholungsverkehr; aber leider ist seine gute Pflege viel schwieriger. Er spielt sich nämlich nicht in den Außengebieten, sondern größtenteils in der Innenstadt ab; diese ist aber schon mit anderem Verkehr überlastet und außerdem in der Gesamtanlage ihrer Straßen so festgelegt, daß wesentliche Verbesserungen nur mit hohem Kostenaufwand durchführbar sind. Trotzdem muß auch für die Innenstadt die Anlage von Radwegen (oder wenigstens von Fahrradstreifen) gefordert werden; denn es handelt sich gerade um die breite Masse der hart arbeitenden Schichten.

Die größte Behinderung des Radverkehrs in der Innenstadt (oder vielmehr auf allen Stadtstraßen) geht von dem Parken anderer Fahrzeuge, namentlich der privaten Personenkraftwagen aus; denn der Radfahrer soll im Interesse des übrigen Verkehrs, namentlich der Kraftwagen, möglichst scharf rechts fahren; gerade das wird ihm aber durch das Parken erschwert bzw. unmöglich gemacht.

Die Zustände in der Innenstadt sind aber vielfach derart, daß eine allgemeine Entlastung der Innenstadt vom Fahrradverkehr, namentlich vom Stoßverkehr zu Beginn und Ende der Arbeitszeit, dringend erwünscht ist. Hierzu gibt es aber nur zwei Mittel: die Einkommensverhältnisse der großen Masse müssen so verbessert werden, daß auch die „Armen" sich die regelmäßige Benutzung der öffentlichen Verkehrsmittel leisten können; und die Verkehrspolitik muß alles tun, um die Tarife der öffentlichen Verkehrsmittel so niedrig wie nur möglich zu halten.

Es hat sich nämlich in dem vielen Auf und Ab der Konjunktur aller maßgebenden Länder immer wieder gezeigt, daß der Umfang des Fahrrad-Berufsverkehrs alsbald zu steigen beginnt, wenn das Einkommen sinkt, da dann weite Kreise nicht mehr willens oder fähig sind, das Geld für die regelmäßige Benutzung der öffentlichen Verkehrsmittel (Straßenbahn und Omnibus) aufzubringen. Das beste Mittel gegen die Abwanderung von der Straßenbahn usw. zum Fahrrad und für die Rückgewinnung der Radfahrer für die Straßenbahn, ist aber — neben möglichst guter Verkehrsbedienung — ein möglichst niedriger Tarif für den Berufsverkehr. — Wenn man hierüber ein wenig nachdenkt, erkennt man auch, wie töricht es sein würde, die Straßenbahn aus der Innenstadt zu entfernen; man würde nämlich nur erzielen, daß die Straßen noch mehr belastet werden, weil man die ärmere Bevölkerung einfach zwingt, zum Fahrrad überzugehen, wenn man ihr die Straßenbahn nimmt.

Der Anteil des Radverkehrs an der in diesem Sinn wichtigsten Sparte des Gesamtpersonenverkehrs, nämlich an dem Berufsverkehr, ist je nach der Größe der Städte, der Art des Gesamtsiedlungswesens und der Höhengliederung des Geländes stark verschieden; außerdem bestehen große Unterschiede zwischen den verschiedenen Ländern. Am niedrigsten ist der Anteil in den Riesenstädten Nordamerikas; doch scheint sich hier ein Umschwung vorzubereiten, da sich die Arbeiter und die Jugend wieder dem Fahrrad zuzuwenden beginnen. Am größten ist der Anteil in Dänemark, Holland, Norddeutschland, und zwar hier in den Groß-, Mittel- und Kleinstädten und den Industriebezirken. Es sind z. B. folgende Verhältniszahlen in Prozent ermittelt worden:

Im Bezirk Halle-Merseburg verteilte sich (1937) der Berufsverkehr auf Fußmarsch 6,3%, Straßenbahn 3,1%, Omnibus 3,3%, Eisenbahn 29,2%, sonstige Verkehrsmittel 3,3%; dagegen benutzten das Fahrrad 54,2%!

Im Bezirk Magdeburg-Anhalt wurden folgende Prozentsätze ermittelt: Fußmarsch 2,9%, Kraftrad 2,2%, Omnibus 1,9%, Straßenbahn 0,7%; dagegen Eisenbahn 32,9% und Fahrrad 58,5%.

Leider standen aber nur 25% der Berufstätigen, die das Fahrrad regelmäßig benutzten, besondere Radfahrwege zur Verfügung; dagegen waren 75% auf die Benutzung der gewöhnlichen Landstraßen angewiesen und daher einem hohen Gefahrengrad ausgesetzt. — Man erkennt, wieviel noch auf dem Gebiete des besonderen Radweges nachzuholen ist. Der Bestand an Fahrrädern wurde in Deutschland 1939 auf 21 000 000 geschätzt; der Fahrradverkehr mag zwischen 75 und 100 000 000 000 Personenkilometern (P.-km) im Jahr betragen! Er ist insgesamt größer als der der Reichsbahn! Wir haben aber nur 8000 km Radwege (bei 400 000 km Fahrstraßen).

II. Der Kraftwagen.

In die durch 1. bis 3. schnell zunehmende Bedeutung der Straße fiel 1885 die Erfindung des Kraftwagens, der hiermit die „Dritte Renaissance" einleitete.

Als Vorläufer des Kraftwagens ist der 1770 erfundene Dampfwagen zu bezeichnen, der sich aber nicht durchsetzen konnte, weil er, von der Kohle und dem Dampf ausgehend, mit den damaligen Mitteln der Technik die „Kinderkrankheiten" nicht überwinden konnte. Wenn wir im folgenden von dem für den Kraftwagen so charakteristischen Verbrennungsmotor ausgehen, so ist der „Kraftwagen" von den beiden Deutschen Daimler (1885) und Benz (1886), und zwar unabhängig voneinander erfunden worden; seine heutige in jeder Beziehung glänzend durchkonstruierte Form erhielt er durch eine Reihe weiterer Erfindungen — Luftreifen von Dunlop 1890, neue Art der Lenkung durch Benz 1898, Vergaser von Maybach, Zündkerze von Bosch, Schwerölmotor von Diesel. Die angestrengte Arbeit der Ingenieure machte schnell aus dem anfänglichen Sportgerät ein wirkliches Verkehrsmittel, indem die Antriebskraft und damit die Tragfähigkeit gesteigert, die Zuverlässigkeit und die Geschwindigkeit erhöht, die Kosten (Anschaffungs- und Jahreskosten) aber gesenkt wurden.

Um den Kraftwagen richtig würdigen zu können und seine so verschiedenartige Bedeutung für den Verkehr richtig zu erkennen, muß man von den verschiedenen Arten von Kraftwagen ausgehen; hierbei sind folgende verschiedene Einteilungen zu berücksichtigen:

a) Nach dem Zweck sind zu unterscheiden:

1. Kraftwagen für den Personenverkehr, und zwar:

α) Kraftrad, mit und ohne Beiwagen,

β) Personenkraftwagen, — kleine, mittlere und große,

γ) Omnibusse, — evtl. zu unterscheiden: mehr für den Stadt- oder mehr für den Überland- (und Ausflug-) Verkehr.

2. Kraftwagen für den Güterverkehr, und zwar:

α) leichte Lieferwagen, hauptsächlich für kleinere Entfernungen (Stadt und Umgebung),

β) schwere Lastwagen für beliebige Frachten auf mittlere und große Entfernungen, für Massengüter auf kleine Entfernungen, — unter Umständen mit Anhängern, so daß „Lastzüge" entstehen; — auch Auflösung des Lastzuges in eine „Zugmaschine" und Anhänger.

3. Spezialfahrzeuge, — für Feuerwehr und Polizei, Straßenbau und -reinigung, schwere Einzelstücke, auch für bestimmte landwirtschaftliche und gewerbliche Zwecke.

4. Militärische Fahrzeuge, z. B. Mannschafttransportwagen, Geschütze, Panzerwagen, Krafträder.

b) Nach der Verkehrshandhabung, den Eigentums- und Betriebsverhältnissen kann man unterscheiden:

1. Kraftwagen für den öffentlichen Verkehr, und zwar:

α) Omnibusverkehr, getrennt nach Nah- und Fernverkehr; der Nahverkehr umfaßt hierbei vor allem den Stadt- und Vorortverkehr; der Fernverkehr besteht in Ländern mit gut entwickeltem Eisenbahnnetz aus dem Zubringerverkehr zu den Eisenbahnstationen; in Ländern mit noch schlecht entwickeltem Eisenbahnnetz (Syrien, Iran, Afrika) ist er Ersatz und Vorläufer der Eisenbahn. Betriebsführer sind (in Deutschland): Reichspost, Reichsbahn, Gemeinden, Provinzen, gemischtwirtschaftliche Unternehmungen, Kleinbahnen und Einzelunternehmer.

β) Post-, Paket- und Güterverkehr, in gut entwickelten Ländern hauptsächlich im Zubringerverkehr eingesetzt, in wenig entwickelten Ländern die Eisenbahn ersetzend.

2. Kraftwagen für den Eigenverkehr des Wagenhalters bzw. des Eigentümers; getrennt nach:

α) Personenverkehr (private Personenkraftwagen),

β) Lieferverkehr (Lieferwagen der Kaufleute und Gewerbetreibenden, meist leichte Wagen),

γ) Werkverkehr (Transporte von größeren Massen im Eigenbetrieb der Werke, meist schwere Wagen).

3. Kraftwagen im gewerblichen Verkehr, getrennt nach:

α) Personenverkehr, Droschken, auch Omnibusse,

β) Güterverkehr, — gewerblicher Güterkraftverkehr von Spediteuren und zahlreichen kleinen selbständigen Unternehmern.

Die Grenzen sind aber stark fließend. — Der „öffentliche" und der „gewerbliche" Kraftwagenverkehr steht verkehrswirtschaftlich dem Eisenbahn- und dem öffentlichen Schiffsverkehr nahe und ist daher deren Sonderbindungen (Betriebs-, Beförderungs-, Tarifpflicht usw.) anzugleichen.

c) Vom technischen Standpunkt ergibt sich die Einteilung in:

1. leichte (schnellere) und

2. schwerere (langsamere) Wagen.

Zu 1. gehören in diesem Sinn die Personenwagen und die leichten Lieferwagen bis zu 2 oder 3 t Nutzlast, außerdem gewisse Gruppen der Militärfahrzeuge; zu 2. die Omnibusse, die schweren Lastwagen und viele Spezial- und militärische Wagen. Die Grenzen sind auch hier fließend. Die Unterschiede sind namentlich für die Krümmungen, Steigungen, Breiten und die Befestigung der Straßen und für den Betrieb auf den Straßen (Straßenpolizei) maßgebend: Die leichten Wagen sind schmal, kurz und wendig, erstreben aber hohe Geschwindigkeiten; die schweren Wagen sind breit und lang, begnügen sich aber mit geringerer Geschwindigkeit. Welche Wagenart die Straße relativ mehr belastet, kann nur von Fall zu Fall entschieden werden; viele Kraftfahrer entscheiden diese schwierige Frage allgemein dahin: Immer der andere!

Der Aufstieg des Kraftwagens hat den Bau und Betrieb der Straße grundlegend verändert. Zur Klarstellung der Fragen, um welche Änderungen es sich hierbei handelt, und welche Lösungen versucht und welche Erfolge sie gezeitigt haben, wird zweckmäßigerweise nach Stadt- und nach Landstraßen unterschieden; doch sind auch hier die Grenzen fließend, was z. B. recht klar in den Durchgangsstraßen in Industriebezirken zum Ausdruck kommt; soll man z. B. die Straße Essen—Bochum—Dortmund als Stadt- oder Landstraße bezeichnen?

Die Stadtstraßen — und die städtischen Plätze — dienen so verschiedenartigen Zwecken und tragen ein so verschiedenartiges städtebauliches Gepräge, daß man mindestens folgende Arten unterscheiden muß:

1. Prachtstraßen, ausgezeichnet entweder durch landschaftliche Schönheit (die Uferstraßen in Luzern und Zürich, die Maria-Theresia-Straße in Innsbruck) oder durch Monumentalität, oder durch beides, — oft mit stolzen geschichtlichen Erinnerungen verknüpft; — starker Fahrverkehr unerwünscht; Lastwagenverkehr unter Umständen dauernd oder stundenweise verboten.

2. Geschäftsstraßen, — reinster Typ die Kaufstraße im Stil der Hohen Straße in Köln; Fahrverkehr unerwünscht, unter Umständen nur stundenweise erlaubt; große Breite sinnwidrig; ausartend in Passagen und Galerien.

3. Wohnstraßen, — die häufigste Straßenart; Zweck: den Verkehr von und zu den Wohnhäusern zu ermöglichen und den Wohnungen ausreichend Sonne und Luft zukommen zu lassen. Fahrverkehr um so niedriger, Fußgänger-, Rad- und Kinderwagenverkehr um so größer, Ruhe und Schönheit (Grünanlagen!) um so wichtiger, je niedriger die Einkommen der Bewohner!

4. Verkehrsstraßen. Diese in unserm Zusammenhang wichtigsten Straßen dienen dem „lokalen" Verkehr der Innenstadt, dem aus der Stadt (namentlich dem aus der „City") ausstrahlenden Verkehr und dem Durchgangsverkehr durch die Stadt. Ein Teil dieser Straßen gehört gleichzeitig zur Gruppe 2. (Geschäftsstraßen); dagegen muß es durch den Generalbebauungsplan verhindert werden, daß Wohnstraßen zu Hauptverkehrsstraßen werden.

Die Verkehrsstraßen haben neben allen anderen Verkehrsarten vor allem auch den Hauptteil des öffentlichen Verkehrs zu bewältigen. Sie werden also meist mit Straßenbahn ausgestattet sein. Für diese ist ein besonderer Streifen dringend erwünscht; er muß in allen Bebauungsplänen, wo immer dies noch möglich ist, vorgesehen werden. Im übrigen ist eine Gliederung der Fahrdämme in solche für den Schnell- (Durchgangs-) und für den Langsam- (Lokal-) Verkehr vorzunehmen. Besondere Radwege sind ebenfalls notwendig; es sei denn, daß man solche für die gleiche Gesamtrichtung in ruhigere Parallelstraßen oder Grünanlagen legen kann. Die wichtigsten Punkte der Verkehrsstraßen sind ihre Knotenpunkte, also die „Verkehrsplätze"; sie sind mit ihren Kreuzungen und Abzweigungen, mit ihren stark belasteten Haltestellen der öffentlichen Verkehrsmittel und mit deren Umsteigeverkehr die verkehrstechnisch überhaupt wichtigsten Punkte der Städte und die „Gradmesser" für die Gesamtleistungsfähigkeit des städtischen Straßennetzes, — ein besonders wichtiges, aber als solches noch zu wenig erkanntes Problem des Stadtverkehrs, auf das wir aber nicht näher eingehen können.

Viele Hauptverkehrsstraßen leiden an zwei Hauptübeln: es münden zu viele Nebenstraßen in sie ein; und sie werden auf ganze Länge von Häusern (mit Haustüren, Vorfahrten, Torein- und -ausfahrten) begleitet. Diese beiden Übel kann man bei alten Hauptverkehrsstraßen wohl nie ganz aus der Welt schaffen, sondern nur durch Einzelmaßnahmen mildern; sie müssen aber bei neuen Verkehrsstraßen grundsätzlich vermieden werden. Demgemäß muß der Gesamtbebauungsplan derart aufgestellt werden, daß die Hauptstraßen nur in großen Abständen von Querstraßen gekreuzt werden; und zwar wird man hierbei die Abstände so groß machen, daß sie günstigen Abständen der Haltestellen der öffentlichen Verkehrsmittel entsprechen. Ferner muß der unmittelbare Anbau (von Wohnhäusern und Fabriken usw.) an die Hauptverkehrsstraßen verboten werden. Selbstverständlich müssen neue Verkehrsstraßen auch bezüglich der Steigungen und Krümmungen und der Übersichtlichkeit allen Forderungen des neuzeitlichen Verkehrs entsprechen. Dieser verlangt aber nicht etwa überlange schnurgerade Linien; vielmehr sind gelegentliche flache Krümmungen (also geschwungene Linienführungen) für den Verkehr günstig, und sie haben außerdem den Vorteil, daß man damit die Straße besser in das Gelände einschmiegen und an Erdarbeiten sparen kann; — allgemein ausgedrückt: Starker Verkehr fordert nicht die Gerade, sondern Übersicht!

Als besonders wichtige Arten der Hauptverkehrsstraßen sind zu nennen:

1. Die Ausfallstraßen, die den Verkehr aus der Großstadt in ihre Umgebung zu bewältigen haben.

2. Die großen Verbindungsstraßen, die namentlich in Industriebezirken die einzelnen Stadtkerne (besonders deren Geschäftsviertel und Hauptbahnhöfe) untereinander verbinden. Um ihre Ausgestaltung hat sich besonders der Ruhrsiedlungsverband große Verdienste erworben. Diese Straßen sind unter Umständen für den (langsamen) Fuhrwerkverkehr zu sperren; ihre Kreuzungen mit Querstraßen wird man nötigenfalls nicht im Niveau ausführen; die Straßen selbst wird man nicht in die alten (zu dicht und winklig bebauten) Stadtkerne hineinführen, sondern man wird sie in größerem Abstand an der dichteren Bebauung vorbeiführen, damit sie — auf „Neuland" — in zügiger Linienführung und ausreichender Breite ohne allzu hohe Kosten geschaffen werden können; — ein schönes Beispiel hierfür ist der Hindenburgdamm in Dortmund.

3. Die Umgehungsstraßen klingen in ihrem Zweck und in ihrer Linienführung an die letzten Ausführungen an. Sie haben den Zweck, den durchgehenden Verkehr von der Innenstadt fernzuhalten. Der Durchgangsverkehr bedient sich nämlich fast immer zweier (von entgegengesetzten Seiten kommenden) Radialstraßen („Ausfallstraßen"), und diese führen, der ganzen geschichtlichen Entwicklung der Städte (namentlich der früheren Festungen) entsprechend, in die City hinein, und meist laufen sie dort an einem Punkt, dem Marktplatz, zusammen. Der hierdurch hervorgerufenen Zusammenballung „überflüssigen" Verkehrs beugt man vor, indem man allen Verkehr, der nicht unmittelbar im Altstadtkern zu tun hat, um diese herumleitet. Hierdurch sind seit etwa 60 Jahren die „Ringstraßen", die den alten Festungswällen folgen, in vielen Städten zu hoher Bedeutung aufgestiegen und haben dadurch den Charakter von „Geschäftsstraßen" angenommen (vgl. Köln und Wien); leider sind dabei oft hohe Schönheitswerte geopfert worden; glücklicherweise haben aber andere Städte ihre herrlichen Wallanlagen gerettet, z. B. Bremen. Bei vielen großen Städten kann man aber diese Ringstraßen nicht mehr als eigentliche „Umgehungsstraßen" bezeichnen, da sie zu dicht am alten Stadtkern liegen; vielmehr müssen für sie weiter draußen typische Umgehungsstraßen neu geschaffen werden.

Bei den Fahrern besteht oft eine Abneigung gegen die Benutzung der weit draußen an der Stadt vorbeiführenden Umgehungsstraßen, da die Fahrt durch die Stadt interessanter ist. Nötigenfalls muß, namentlich gegenüber den Lastzügen, die Benutzung von Umgehungsstraßen durch die Verkehrspolizei erzwungen werden; die „Autohöfe" gehören demgemäß an die Umgehungsstraßen. — Auch die Geschäftswelt der Innenstadt (Gaststätten, Läden) sehen die Umgehungsstraßen nicht immer freundlich an, da sie ihnen Kunden fortnehmen.

4. Die Verbindungsstraßen mit den (Reichs-) Autobahnen haben den Verkehr zwischen der Innenstadt (oder vielmehr zwischen allen Teilen der Stadt) und den Autobahnen zu vermitteln, die ihrer Natur entsprechend nicht durch die Städte, sondern in gewissen Abständen an ihnen vorbeigeführt werden müssen. Diese Verbindungsstraßen stellen an die Linienführung und Durchbildung vom verkehrstechnischen und ästhetischen Standpunkt besonders hohe

Anforderungen; an ihnen werden im allgemeinen auch die besonderen „Betriebsanlagen" (Autohöfe, Gaststätten, Werkstätten) anzuordnen sein, deren ein starker Kraftwagenverkehr bedarf.

Bei den großen Knotenpunkten des Autobahnnetzes werden die Verbindungsstraßen zweckmäßigerweise durch „Sammeltangenten" abgefangen, die, aneinandergereiht, sich zu Umfahrungsringen schließen können.

Die **Land**straßen zeigen nach Zweck und Bedeutung und demgemäß nach Linienführung und Ausstattung große Unterschiede:

1. Als unterste Stufe kann man die „Feldwege" bezeichnen, die aus den Dörfern und Kleinstädten herausführen und hauptsächlich der landwirtschaftlichen Tätigkeit dienen. Während es früher genügte, wenn sie dem Gespannverkehr (aber hierbei auch schweren Dünger- und Erntewagen) gewachsen waren, so müssen sie jetzt in Ländern mit hochentwickelter Wirtschaft und in Kolonien, in denen die Tierhaltung (z. B. infolge von Seuchen) besonders schwierig und kostspielig ist, auch „autofähig" sein. — Mehr noch gilt dies von den Wegen mit starker Holz-, Stein- oder Rübenabfuhr und von den Wegen, durch die landund forstwirtschaftliche Gewerbebetriebe mit dem Hauptstraßennetz und mit den Bahnhöfen verbunden sind; — allgemein ist auch bei den „Feldwegen" die fortschreitende Motorisierung der Landwirtschaft zu beachten.

2. Über den Feldwegen stehen die „Landstraßen" (Chausseen) verschiedenster Ordnung, angefangen mit den Verbindungswegen zwischen den einzelnen Ortschaften bis hinauf zu den großen Durchgangsstraßen, die das ganze Land durchziehen, mit den Nachbarländern verknüpfen und im allgemeinen auch eine hohe militärische Bedeutung haben. Alle diese Straßen weisen in Linienführung, Breite und Ausstattung (Fahrbahnbefestigung) und infolgedessen in ihrer Leistungsfähigkeit und ihren Betriebskosten ungewöhnlich große Unterschiede auf. Diese sind verständlich, wenn zwei Staaten, wie etwa Deutschland und Rußland vor dem Weltkrieg, zwar unmittelbar aneinandergrenzen, aber große Unterschiede in Größe des Raumes, Stärke der Bevölkerung, Klima, Wirtschaft und Kultur zeigen. Sie sind dagegen weniger verständlich, wenn es sich um denselben Staat und innerhalb desselben sogar um eine verhältnismäßig kleine Landschaft handelt. Das Straßenwesen war aber (und ist auch heute noch vielfach) stark zersplittert, da es in vielen Ländern nicht einheitlich vom Staat betreut wurde, sondern den einzelnen Gebietskörperschaften (Provinzen, Landkreisen, Gemeinden) überlassen war. Ferner sind manche Straßen, die heute einen großen Durchgangsverkehr tragen, aus vielen einzelnen Verbindungswegen zusammengewachsen (wie so manche wichtige Eisenbahnlinie aus einzelnen „Bähnchen"). Große Durchgangsstraßen wurden nämlich planmäßig nur von verhältnismäßig wenigen Staaten (bzw. Provinzen usw.) geschaffen; — am „großzügigsten" wohl von Frankreich, wo auch besonders „rücksichtslos", nämlich möglichst schnurgerade und ununterbrochen bergauf bergab trassiert und die Dörfer grundsätzlich abseits liegengelassen wurden.

Die Zersplitterung hat, abgesehen von andern Mängeln, auch dazu geführt, daß viele Straßen durch Dörfer und Kleinstädte hindurchführen, und gerade diese „Ortsdurchfahrten" sind besonders ungünstig (eng, winklig, unübersichtlich).

Diese Zustände waren erträglich, solange die Landstraßen, — selbst wenn sie planmäßig für durchgehenden Verkehr angelegt worden waren, tatsächlich nur einen schwachen, und zwar lokalen Verkehr trugen; sie wurden aber immer unerträglicher, je mehr der Kraftverkehr sich entwickelte. Der durchgehende Verkehr erforderte aber nicht nur die Vereinheitlichung in bautechnischer Beziehung; sondern es mußte auch in den Fahr-, Betriebs- und Sicherungsvorschriften, ferner in den Fragen des Baus, der Einrichtung und der Abmessungen der Wagen, sodann in denen der Ausbildung und Eignung der Fahrer und schließlich in denen des militärischen Verkehrs die notwendige Einheitlichkeit innerhalb desselben Staates und teilweise auch auf internationalem Gebiet erzielt werden; kurzum: der Straßenverkehr hörte auf, eine „lokale" Angelegenheit zu sein; er wurde vielmehr eine Angelegenheit des Staates und internationaler Verträge.

Für das Straßennetz wirkte sich das besonders dahin aus, daß die wichtigeren, dem durchgehenden Verkehr dienenden Landstraßen unter die „Betreuung" durch den Staat gestellt wurden; in Deutschland z. B. wurden sie zu „Reichsstraßen" erklärt. Wie hierbei die finanziellen Lasten (für Neubau, Verbesserung und Unterhaltung) im einzelnen auf Staat, Provinz, Kreis, Stadt verteilt wird, ist zwar sehr wichtig und schwierig, und wie die Befugnisse im einzelnen geregelt werden, ist zwar auch wichtig und schwierig; beides ist aber im Sinn unserer Erörterungen nicht das Wesentliche; wichtig ist vielmehr die Einheitlichkeit in Bau, Betrieb und Verkehrspflege. Neben vielen andern Aufgaben ist hierbei vor allem der planmäßige Ausbau des Gesamtnetzes und die Verbesserung des einzelnen Straßenzuges von Bedeutung.

In Deutschland wurden 1933 rund 41000 km Landstraßen als Reichsstraßen übernommen, von denen aber nur rund 10000 km hochwertige Fahrbahndecken hatten; bis 1938 wurden rund 8000 km mit schweren oder mittelschweren Decken versehen und rund 10000 km auf 6 m Fahrbahnbreite gebracht; außerdem wurden etwa 120 schienengleiche Bahnübergänge durch Brücken ersetzt, 400 Straßenbrücken verstärkt oder neu gebaut und 300 Umgehungsstraßen geschaffen. Die nicht zu „Reichsstraßen" erhobenen Chausseen wurden in Landstraßen erster und zweiter Ordnung eingeteilt; auch von diesen wurden rund 6000 km wesentlich verbessert.

Die Verbesserungen, die der schwerer und schneller gewordene Verkehr erfordert, sind vor allem folgende:

Ungünstige Linienführungen — Krümmungen mit zu kleinen Halbmessern, scharfe Gegenkrümmungen, starke Steigungen, scharfe Gefällwechsel (Buckel und Mulden) — müssen durch Begradigungen usw. verbessert werden. Allgemein muß die Übersichtlichkeit verbessert werden. Schienengleiche Bahnübergänge müssen durch Brücken ersetzt werden. Die Durchfahrten durch dicht, winklig und unübersichtlich gebaute Stadtkerne und Dörfer müssen durch örtliche Verbesserungen in Ordnung gebracht oder — besser! — durch Umgehungsstraßen (s. o.) ersetzt werden. Ungenügend breite Fahrbahnen müssen verbreitert, ungenügend starke müssen verstärkt werden. Die Verbesserungen kommen oft auf viele Kilometer Länge vollständigen Neubauten gleich. Eine gründliche Durcharbeitung tut vor allem der Anordnung der Stadtstraßen und der Verkehrsplätze not. Die Straßenquerschnitte müssen so gegliedert werden, daß einerseits dem Kraftwagen glatte, gut übersichtliche, klar erkennbare Fahrbahnen geboten werden, und daß andrerseits den Fußgängern (und Kinderwagen!) klare Überwege vorgezeichnet werden und das Überqueren der Fahrdämme durch Zwischenschaltung von Inseln erleichtert wird; auch die Anordnung von besonderen Radwegen und von besonderen Straßenbahnstreifen erhöht die Sicherheit, desgleichen die sorgfältige Durchbildung der Haltestellen der Straßenbahnen und Omnibusse. Am größten sind die Entwurfschwierigkeiten für die Verkehrsplätze; es sind hier aber für die verschiedenen Arten und Formen der Plätze so vorbildliche Lösungen erdacht und erprobt worden, daß grobe Fehler nicht mehr vorkommen dürfen.

Die Steigerung des Kraftverkehrs hat auf manchen Landstraßen so ungünstige Verhältnisse geschaffen, daß der Ruf nach einer Trennung des Kraftverkehrs von allem andern Verkehr (Gespannen, Radfahrern, Fußgängern und Vieh) immer lauter wurde. Es wurde also die gesonderte Autostraße gefordert.

Da mit der Bezeichnung „Autostraße" leider viel Mißbrauch getrieben wird, so ist zunächst eine klare Festlegung der Begriffe notwendig: Unter „Autostraße" verstehen viele Literaten, die über fremde Länder berichten — nicht selten, ohne sie gesehen zu haben! — irgendeinen Weg, auf dem man mit einem Auto fahren kann. Solche „fabelhaften" Autostraßen soll es z. B. in den Balkanländern, in

Palästina, Irak, Iran, in der Mongolei und Mandschurei usw. geben. In Wirklichkeit handelt es sich dabei um kümmerliche Wege mit scharfen Kurven, starken Steigungen, schwachen Brücken, mit schlechten Decken, die aber unter Umständen geteert sind und daher den Laien täuschen, — kurzum um Wege, über die man mit leichten Wagen bei guter Witterung fahren kann, die aber natürlich ungeheure Betriebskosten verursachen und bei stärkerem Verkehr zusammenbrechen. Solche Wege mögen den sehr niedrigen Verkehrsbedürfnissen mancher Landschaften genügen; es ist aber unverantwortlich, wenn Laien daraus verallgemeinernde Schlußfolgerungen ziehen, wobei sie natürlich auch die „strategische" Bedeutung dieser Wege hervorheben; — wie sie aber in Wirklichkeit vom militärischen Standpunkt zu bewerten sind, haben unsere Truppen im Weltkrieg in Mazedonien und Syrien schaudernd erlebt. — Bei Fachleuten bürgert sich allmählich für diese Wege, die zur Not mit Kraftwagen befahren werden können, die Bezeichnung „Autopfad" ein.

Eine wirkliche Autostraße muß natürlich etwas ganz anderes sein: sie muß hohe Achsdrucke aushalten, also schwere Decken haben, muß hohe Geschwindigkeit bei ausreichender Sicherheit gewährleisten, also große Halbmesser und breite Fahrdämme haben, muß einem lang andauernden Massenverkehr gewachsen sein, also (unter der schweren Decke) einen widerstandsfähigen Unterbau haben; sie soll den Witterungseinflüssen, namentlich dem Wechsel von Frost und Auftauen gewachsen sein; sie sollte ferner von andern Straßen möglichst nicht im Niveau gekreuzt werden und sollte auch nur mäßige Steigungen haben. — Für eine derartige Autostraße hat sich der Begriff „Autobahn" eingeführt.

Autobahnen sind zunächst in Oberitalien und Nordamerika gebaut worden. In Italien verbinden sie seit 1924 namentlich das große Verkehrszentrum Mailand mit den oberitalienischen Seen; in Nordamerika führten sie aus einigen Großstädten heraus in deren weitere Umgebung. In beiden Fällen handelte es sich also nicht um Wege für den Fern-, sondern um solche für den Nah- und Bezirks verkehr. Erst später sind in den beiden Ländern große Durchgangsstraßen in Form von Autobahnen geschaffen worden; es sind aber auch hierüber manche übertreibenden Berichte veröffentlicht worden; die meisten „Autostraßen" Nordamerikas sind nicht „Autobahnen", sondern gute, zum Teil sehr gute Chausseen; gleiches ist von manchen neuen Landstraßen Italiens zu sagen. Die erste „Autobahn" im Sinn unserer Reichsautobahn ist in Amerika erst 1940 eröffnet worden; es ist die 258 km lange Straße Harrisburg—Pittsburg, vgl. „Verkehrstechnik" 1941, S. 54.

In Deutschland wurde zuerst eine „Autobahn" nur als kurze Versuchsstrecke von Frankfurt nach Darmstadt (oder Heidelberg) vorgeschlagen, die aber bald entwurfsgemäß auf die Strecke Hamburg—Frankfurt—Basel (Hafraba) ausgedehnt wurde. Dann wurde 1933 bald nach der Machtübernahme das Gesamtnetz der Reichsautobahnen entwickelt, das gegenwärtig mit rastloser Energie durchgeführt wird.

Die „Reichsautobahn" stellt den vollkommensten Typ der Autobahn dar: Es handelt sich nicht um eine einzelne Strecke, sondern um ein das ganze Land umspannendes Netz; sie dient nicht dem Nah-, sondern dem (Bezirks- und) Fernverkehr; ihre Trassierungsgrundlagen (Steigungen, Ausrundungen, Halbmesser, Quergefälle) entsprechen den Forderungen schweren und schnellen Verkehrs; sie hat keine Niveaukreuzungen mit andern Wegen; Unterbau und Oberbau sind schweren Lasten gewachsen; es sind zwei Fahrbahnen, je eine für jede Richtung, vorhanden, die durch einen breiten Mittelstreifen voneinander getrennt sind.

Der Straßenverkehr stellt gegenwärtig der Verkehrspolitik (aller Staaten) besonders schwierige Aufgaben, bei denen es sich namentlich um folgende Probleme handelt:

1. Deckung der Kosten, die der Allgemeinheit durch den Straßenverkehr entstehen.

Die Sorge für den Straßenverkehr (Bau, Instandhaltung, Verwaltung, Polizei usw.) liegt zum großen Teil den öffentlichen Körperschaften (Staaten, Provinzen, Gemeinden usw.) ob. Sie haben sich früher die hierdurch entstehenden Kosten vielfach von den einzelnen Nutznießern (Fuhrwerken, Fußgängern usw.) vergüten lassen, indem sie Wegezölle, Brückengelder und allerlei Gebühren erhoben. Später sind diese Einzelzahlungen vielfach aufgehoben worden; die öffentlichen Körperschaften haben also die Straßen usw. den Nutznießern unentgeltlich zur Verfügung gestellt, d. h. die Ausgaben aus den allgemeinen Steuern bestritten. Das war möglich, solange der Verkehr schwach und die Ausgaben klein waren. Nachdem nun aber die Ausgaben durch den Kraftwagen so gesteigert worden sind, werden immer mehr Stimmen laut — namentlich aus den Reihen der sog. „Wegeunterhaltungspflichtigen" —, die fordern, daß der Kraftwagen die von ihm verursachten Kosten übernehmen müsse.

Diese Forderung deckt sich also mit dem vom allgemein-volkswirtschaftlichen Standpunkt zweifellos richtigen Grundsatz, daß jedes Verkehrsmittel seine vollen Selbstkosten aufbringen müsse, also sich zur „Eigenwirtschaftlichkeit" emporarbeiten müsse; — daß man gegen diesen Grundsatz nicht grundsätzlich und nicht dauernd verstoßen darf, wird an anderer Stelle begründet.

Man muß aber bezüglich des Kraftwagens zwei Punkte beachten:

a) Dem Kraftwagen dürfen nicht etwa die gesamten „Straßenkosten" auferlegt werden, sondern nur die von ihm veranlaßten zusätzlichen Kosten, denn die Straßen dienen ja nicht nur dem Verkehr (und noch weniger nur dem Kraftwagenverkehr), sondern auch noch anderen Zwecken; namentlich gilt dies von den Stadtstraßen, die, wie oben angedeutet, außerdem die Aufgaben haben, den Häusern Luft und Licht zuzuführen und die Leitungen aufzunehmen.

b) Da der Kraftwagen nur laufende Zahlungen entrichten kann (nämlich in der Form von Steuern, Zöllen, Gebühren usw.), da er sich aber nicht (oder nur in Sonderfällen) an den einmaligen Aufbringungen von Kapitalien für Neubauten usw. beteiligen kann, so müssen alle Berechnungen die laufenden Jahreskosten zugrunde legen.

Demgemäß sind zunächst die Kosten für die laufende Instandhaltung und planmäßige Erneuerung der schon vorhandenen Land- und Stadtstraßen zu ermitteln. Dazu kommen die Kosten für die allgemeine Verwaltung und die — sehr hohen! — Kosten für die Verkehrspolizei hinzu. Ferner sind die laufenden Jahresausgaben zu berechnen, die aus dem Neubau und der Verbesserung entstehen; es sind dies die Beträge für die Verzinsung und Tilgung der aufgewendeten Kapitalien und die laufenden Kosten für die Instandhaltung der Neubauten usw. Hierbei ist nicht etwa nur an die Landstraßen, sondern vor allem auch an die Stadtstraßen und die Verkehrsplätze zu denken.

Welche Arten von Abgaben hierbei von den einzelnen Arten von Kraftwagen zu erheben sind und wie sie am gerechtesten nach Ladefähigkeit, Gewicht, Geschwindigkeit usw. abzustufen sind, kann hier nicht untersucht werden; Hauptsache ist, daß das Gesamtaufkommen den Gesamtaufwendungen entsprechen und daß es gerecht auf die einzelnen Unterhaltungspflichtigen verteilt wird; — vor allem dürfen derartige Abgaben nicht für andere Staatszwecke verwendet werden, sondern sie müssen restlos der Straße zugute kommen; und die ganze Abgabenordnung muß darauf abgestellt werden, daß die gesunde Entwicklung nicht behindert wird.

2. Soweit der Kraftverkehr „öffentlicher" Verkehr ist — also namentlich der Omnibus- und der sog. gewerbliche Güterverkehr —, muß er harmonisch in den übrigen öffentlichen Verkehr eingefügt werden, und zwar im Sinn des höchsten

Nutzens für die Allgemeinheit. An erster Stelle steht hier das Einfügen in das System der gemeinwirtschaftlichen Tarifpolitik; ferner muß der Kraftwagen die im Interesse der Allgemeinheit notwendigen besonderen Pflichten, nämlich die Beförderungs- und die Betriebspflicht, in dem Umfang übernehmen, der der Natur des Kraftverkehrs entspricht; — eine vollkommene Angleichung an die Leistungen der Eisenbahn wird in diesen Beziehungen oft nicht möglich sein, da der Kraftwagen den zeitweiligen Hochfluten des Massenverkehrs (z. B. bei der Rüben- und Kartoffelernte) nicht gewachsen ist, und da er von der Witterung (Schnee, Glatteis) abhängiger ist.

3. Ein besonders schwieriges Problem ergibt sich aus dem hohen Gefahrengrad des Kraftwagens und aus der Haftpflicht. Die Zahl der durch den Kraftverkehr verschuldeten Tötungen und Verletzungen und der Wert des angerichteten Sachschadens ist erschreckend hoch; 8000 Tote und 160000 Verletzte sind jährlich in Deutschland dem Kraftwagen zur Last zu legen. Wieviel Schaffensfreude, wieviel Arbeitskraft wird hierdurch vernichtet, wieviel Herzeleid in die Familien gebracht, wieviele Witwen und Waisen der Ernährer geraubt! — ganz zu schweigen von den Ausgaben für Heilung und Pensionen. Der Staat hat die ebenso ernste wie schwierige Pflicht, diese Gefahren zu bekämpfen; neben harten Strafen gegen alle Verkehrssünder, der ständigen Verbesserung der Sicherheitsmaßnahmen, der Sorge für einen allzeit tadellosen Zustand der Straßen und der sorgfältigsten Durchbildung der Straßen und namentlich der Kreuzungen und Verkehrsplätze ist hier die Erziehung aller Verkehrsteilnehmer zu gegenseitiger Rücksicht und Verkehrsdisziplin von ausschlaggebender Bedeutung. Es ist erfreulich, daß in Deutschland und manchen andern Ländern eine Verbesserung erzielt worden ist; die Unfälle nehmen hier zwar absolut noch nicht ab, aber immerhin relativ, also auf die Zahl der Kraftwagen umgerechnet.

Eine unabweisbare Folgerung aus dem hohen Gefahrengrad ist die Notwendigkeit, durch das Gesetz wenigstens für volle Entschädigung zu sorgen und hierbei die Zahlung sicherzustellen. Es muß also der Zwang zur Haftpflichtversicherung eingeführt werden. Es ist bedauerlich und es mußte der gesunden Entwicklung des Kraftverkehrs auf die Dauer schaden, daß von manchen Kreisen die Einführung dieses Zwangs bekämpft wurde, wobei alle möglichen formaljuristischen Spitzfindigkeiten und gefärbte Berichte über angebliche Erfahrungen des Auslands dazu mißbraucht wurden, um die gute Sache zu sabotieren oder wenigstens zu verzögern. — In Deutschland ist diese schwierige Frage jetzt zweckentsprechend geregelt.

F. Der Luftverkehr[1].

Solange es Sagen und Märchen gibt, so lange künden sie uns von dem Traum der Menschen, fliegen zu können. Es zeigt sich hierin, wie drückend es viele empfanden, daß sie bei ihren Reisen an die Land- oder Wasseroberfläche gebunden waren, daß sie hierbei große Hindernisse überwinden und Gefahren, Entbehrungen und Strapazen auf sich nehmen und daß sie trotz aller Aufwendungen doch nur einen geringen Grad von Schnelligkeit, Zuverlässigkeit und Bequemlichkeit erzielen konnten. Wie herrlich mußte ihnen der Weg durch die Luft erscheinen, — durch das Luftmeer, das überall vorhanden ist, an dessen Boden sich alles menschliche Leben abspielt, das jeden Punkt der Erde mit jedem andern Punkt verbindet, und zwar auf kürzestem Weg, das so dünnflüssig ist, daß es kaum einen Widerstand bietet, das von Hindernissen frei ist. Wer früher solche Betrachtungen

---

[1] Vgl. EVERLING: Luftverkehr. Sammlung Göschen 1937; ORLOVIUS u. SCHULTZE: Die Weltgeltung der Deutschen Luftfahrt. Stuttgart: Enke 1938, und vor allem: PIRATH: Forschungsergebnisse des Verkehrswissenschaftlichen Instituts für Luftfahrt (Technische Hochschule Stuttgart). Berlin: Julius Springer; — laufend erscheinende Hefte.

anstellte, hatte die Aussichten des Luftverkehrs richtig erkannt: die Allgegenwart des Luftmeers, die schnurgeraden Wege, die geringen Widerstände, die daher zu erwartende hohe Geschwindigkeit; er hatte vor allem auch das wesentliche Kennzeichen erkannt, daß der Luftverkehr dreidimensional ist, während der Land- und Wasserverkehr (von unwesentlichen Ausnahmen abgesehen) nur zweidimensional, nämlich oberflächengebunden ist.

Wir wissen nicht nur aus Sagen — die aber recht oft einen wahren Kern einschließen —, sondern auch aus der Geschichte, daß sich immer wieder vorwärtsdrängende Männer bemüht haben, Einrichtungen zu erfinden, die dem Menschen das Fliegen mit eigener Muskelkraft ermöglichen sollten; bezeugt ist dies z. B. von dem genialen Naturforscher, Ingenieur und Künstler Leonardo da Vinci. Dies Bemühen des Menschen, den Flug des Vogels nachzuahmen, mußte aber an der Natur, dem Körperbau des Menschen scheitern, da der Bau und die Muskulatur seiner Brust und seiner Arme nicht die Entwicklung von so viel Kraft ermöglichen, wie erforderlich ist, um sich in der Luft schwebend zu erhalten oder gar in die Luft aufzusteigen; — man vergleiche hierzu die gewaltigen Brustmuskeln und die große Länge der Flügel (Arme) der Vögel; man beachte aber auch, daß die Vögel (besonders die guten Flieger) äußerst geschickt in der Ausnutzung der Luftströmungen sind, und daß sie es außerdem bei ihren regelmäßigen weiten „Geschwaderflügen" verstehen, die Wirkung des Luftwiderstands stark herabzusetzen.

Da der Mensch das Hindernis der zu geringen Muskelkraft nicht überwinden konnte, mußte er, um fliegen oder wenigstens schweben zu können,

entweder mittels des Segelflugs aufwärts gerichtete Luftströmungen dazu ausnutzen, um sich von ihnen schräg heben und dann in der Schwebe halten zu lassen,

oder einen Motor erfinden, der — bei sehr geringem Eigengewicht — genügend Kraft entwickelte, um das „Flugzeug" in die Luft zu erheben,

oder ein „Luftschiff" erfinden, das insgesamt leichter als das verdrängte Volumen Luft sein mußte, so daß es — quasi von selbst — in die Höhe steigen mußte, so wie Körper, die leichter als Wasser sind, von selbst wieder auftauchen, wenn man sie untertaucht.

Auf den Segelflug kam man erst (nach verunglückten Versuchen) verhältnismäßig spät; den leichten, aber kräftigen Motor konnte man erst konstruieren, nachdem der Kraftwagenmotor nicht nur erfunden, sondern zu hoher Vollkommenheit entwickelt war; aber das „Luftfahrzeug leichter als die Luft" konnte man theoretisch entwickeln, sobald gewisse Kenntnisse über die Schwere der Gase gewonnen waren, und zwar genügte bereits die Erkenntnis, daß warme Luft leichter ist als die „gewöhnliche" Luft. Hierauf beruhten die Wärmeluftdrachen der Chinesen und ähnliche Konstruktionen mittelalteriger Kriegstechniker; der erste Luftballon, die Montgolfiere, wurde aber erst 1782 gebaut, und der erste mit (Leucht-) Gas gefüllte Ballon stieg 1783 auf. Der Luftballon hat aber (abgesehen von der Erforschung des Luftmeers) nur für den Krieg eine größere Bedeutung gewonnen, und zwar als Freiballon für den Verkehr aus belagerten Festungen heraus (z. B. 1870 aus Paris) und als Fesselballon zur Beobachtung.

Der „Luftballon" (das Luftfahrzeug leichter als die Luft) leidet aber unter dem großen Nachteil, daß er keine eigene Kraft zur Fortbewegung entwickeln kann; er ist also nicht lenkbar; er kann seinen Weg nicht selber wählen, sondern ist von den Luftströmungen abhängig. Hierbei kann aber doch mittels Klimakunde, Beobachtung der Winde, Aufsuchen günstiger Strömungen (durch Steigen und Fallen) eine gewisse Richtung eingehalten und ein Ziel angesteuert werden. Im allgemeinen hat sich aber der Freiballon als Verkehrsmittel nicht durchsetzen können, da ihm die lenkbaren Luftfahrzeuge überlegen sind; abgesehen von Sport und Volksbelustigungen liegt seine Bedeutung nur noch auf militärischem Gebiet, und zwar als **Fesselballon** zur Beobachtung, er ermöglicht nämlich hochgelegene Beobachtungsstellen, wo die Erde solche nicht zur Verfügung stellt; aber der Fesselballon ist kritisch anzusehen, denn er ist leicht angreifbar, kann sich aber selber kaum verteidigen, fällt also gerade im Hochkampf gar zu leicht aus.

Das Ziel für die weitere Entwicklung des „Luftfahrzeugs leichter als die Luft" war also klar vorgezeichnet: es mußte **lenkbar** werden, d. h. es mußte **Motoren zur eigenen Fortbewegung** erhalten. Dies Ziel wurde auf verschiedenen Wegen mit starren, halbstarren und Prallsystemen erstrebt; durchgesetzt hat sich schließlich nur das starre Luftschiff von Zeppelin, aber auch erst nach vielen Rückschlägen und erst dann, nachdem (namentlich nach dem Unglück von Echterdingen 1908) das anfängliche nur „empirische" Arbeiten durch exakteste wissenschaftliche Ingenieuerarbeit von Männern wie **Dürr** und **Schütte** abgelöst worden war. — Das Problem des lenkbaren Luftschiffs ist, nachdem es 1919 den Ozean und 1929 das Erdenrund bezwungen hat, gelöst. Es besitzt ein ausreichendes Maß von Zuverlässigkeit, Sicherheit und Geschwindigkeit, und zwar sowohl für den Frieden wie für den Krieg.

Da das Luftschiff — der „Zeppelin" — gegenwärtig von manchen Flugzeugvertretern, namentlich von ausländischen, stark angegriffen und als „durch das Flugzeug erledigt" erklärt wird, so ist es unsere Pflicht, nachdrücklich darauf hinzuweisen, daß solche absprechenden Urteile mindestens überflüssig sind; über derart schwierige Fragen, zu deren Beurteilung nur Ingenieure mit vollendeten Kenntnissen, großen Erfahrungen und mit hohem Verantwortungsgefühl berufen sind, haben Reklameleute und Laien zu schweigen.

Den absprechenden Urteilen gegenüber ist festzustellen, daß sein Einsatz für den **friedlichen** Verkehr für bestimmte Relationen durchaus aussichtsreich erscheint, und daß über den **militärischen** Wert des „Zeppelin" zur Zeit (1939) noch niemand ein auf maßgebende Erfahrungen gestütztes Urteil abgeben kann, daß aber für bestimmte geographische Räume das Luftschiff immer noch ein wichtiges Hilfsmittel für die Kriegsflotte sein kann.

Im Gegensatz zum Luftschiff ist das **Flugzeug schwerer** als die Luft; es bedarf also nicht nur zu seiner Fortbewegung, sondern auch zum Steigen und Schweben eigener Kraft. Das Flugzeug besteht demgemäß aus einem „Behälter" (für Nutzlast, Ausrüstung, Treibstoff usw.), den Tragflächen und den Motoren.

Die Motoren müssen stark genug sein, um dem Flugzeug eine so hohe Geschwindigkeit zu erteilen, daß es auf der von den Unterseiten der Tragflächen gefaßten Luftschicht quasi „hinaufrutscht", sobald beim Starten und auch später während des Flugs dem Flugzeug mittels des Höhensteuers eine Stellung schräg aufwärts gegeben wird. Die Tragflächen sind also **nicht** etwa „Flügel" wie die Flügel der Vögel, denn diese sind nicht nur Tragfläche, sondern gleichzeitig Motor, und zwar arbeiten sie nicht mittels Drehen, sondern durch Auf- und Abbewegen, wobei sich nicht nur der ganze Flügel, sondern jede einzelne (große) Feder beim Aufwärtsgehen senkrecht, beim Abwärtsgehen waagerecht einstellt. Von dieser so günstigen Gesamtkonstruktion des großen Künstlers Natur ist das Menschenwerk noch weit entfernt; unsere Flugzeuge fliegen nicht wie die Adler, sondern leider nur wie die Käfer; die hierin zum Ausdruck kommende Unvollkommenheit ist auch einer der Hauptgründe dafür, daß das Fliegen leider so kostspielig ist.

Flugzeuge werden heute für die verschiedenartigsten Anforderungen des Friedens und des Kriegs in hoher Vollkommenheit gebaut; die Zuverlässigkeit (Pünktlichkeit) und Sicherheit ist ausreichend, die Geschwindigkeit stark gesteigert. Die Nutzlast ist allerdings immer noch recht bescheiden; man darf das Flugzeug aber bezüglich der „quantitativen" Leistungsfähigkeit nicht mit den andern Verkehrsmitteln vergleichen. Der Luftverkehr erfordert außer den Flugzeugen (und Fliegern) eine umfangreiche „Bodenorganisation", was namentlich auch für den Luftkrieg zu beachten ist, und einer weitgreifenden planmäßigen wissenschaftlichen Forschung.

Der Luftverkehr hat im Vergleich zu den andern Verkehrsmitteln drei große Vorzüge oder vielmehr „Chancen" und vier große Mängel.

a) Die Mängel sind:

1. Der Luftverkehr verfügt nur über eine geringe quantitative Leistungsfähigkeit; er ist einem wirklichen „Massenverkehr" nicht gewachsen und wird ihm auch (nach den heutigen wissenschaftlichen Erkenntnissen) nie gewachsen sein; was darüber begeisterte Laien (einschließlich englischer Luftgenerale) schreiben, ist unmaßgeblich. Es würde auch falsch sein, die Leistungsfähigkeit mit Gewalt, d. h. ohne Ansehung der Kosten, steigern zu wollen, um Massen von Fahrgästen und mittel- oder sogar geringwertigen Gütern befördern zu wollen, um dann, wenn der Rausch verflogen ist, sehen zu müssen, wie alles reumütig zu Schiff und Schiene zurückkehrt.

2. Der zweite Mangel liegt in den hohen Selbstkosten. Die Gründe für diese sind die folgenden:

Das Verhältnis zwischen Nutzlast und totem Gewicht ist zu ungünstig.

Der Kraftbedarf ist sehr groß. Hierbei handelt es sich aber nicht so sehr um die Kraft, die für die Fortbewegung notwendig ist, sondern um den Kraftaufwand, der notwendig ist, um zu steigen und um sich schwebend zu erhalten; außerdem muß ja ein besonders großes totes Gewicht bewegt werden; und schließlich erfordert der hohe Kraftverbrauch das Mitnehmen großer Treibstoffmengen, wodurch die Nutzlast um so mehr herabgesetzt wird, je länger die einzelnen Flugstrecken sind.

Das Luftfahrzeug stellt in Motor, Ausrüstung, Rumpf und Tragflächen höchste Edelware dar, die an sich äußerst kostspielig ist, hohe Anforderungen an Pflege und Unterhaltung stellt und trotzdem kurzlebig ist, so daß Verzinsung, Unterhaltung und Erneuerung hohe Ausgaben erfordern.

Es ist eine große, entsprechend teure Bodenorganisation (Flugplätze, Sicherungsanlagen, Wetter- und Nachrichtendienst) notwendig.

Es ist noch auf lange Zeit ein großer kostspieliger wissenschaftlicher Forschungsdienst erforderlich.

3. Der dritte Mangel ergibt sich aus dem zweiten, also aus den hohen Selbstkosten: Der Luftverkehr ist in seiner betriebs- und verkehrstechnischen Handlungsfreiheit stark eingeschränkt; er muß nämlich mit Betriebsleistungen sparsam sein, kann also keinen dichten Fahrplan unterhalten, und er kann seine Tarife mit seinen eigenen Selbstkosten nicht in Übereinstimmung bringen, sondern er muß sie auf die Tarife der anderen Verkehrsmittel abstimmen; er kann z. B. im Personenverkehr kaum mehr verlangen als den Fahrpreis des Schlafwagens erster Klasse, — obwohl er nach den Selbstkosten vielleicht drei- bis fünfmal so hoch sein müßte!?

4. Der vierte Mangel ergibt sich aus 2. und 3.: Der Luftverkehr bedarf großer Subventionen (von Staaten, Provinzen, Städten), und es wird trotz aller Arbeit noch lange dauern, bis er sich zur „Eigenwirtschaftlichkeit" durchgerungen hat. Wer aber auf „Geschenke" angewiesen ist, ist nicht unabhängig; er kann oft nicht auf lange Sicht arbeiten, und er kann kaum größere Kapitalien aufnehmen (mindestens nicht ohne Garantien durch andere Stellen).

Die Abhängigkeit ist besonders drückend und die Ungewißheit besonders groß in parlamentarisch regierten Ländern, da man hier mit den Launen der Parteien und dem schnellen Wechsel der Regierungen rechnen muß.

Es gibt Staaten, die es für zweckmäßig halten, die Welt aus „strategischen" Gründen über die Höhe der Subventionen zu täuschen; man kann z. B. die Leistungen der Luftverkehrsanstalten für die Post zu hoch bezahlen, oder der Luftverkehrsindustrie staatliche Aufträge für „Versuchsflugzeuge" usw. geben und diese zu hoch bezahlen, oder die Kosten für Forschung und Bodenorganisation auf den Staat übernehmen (und dann eventuell auf Provinzen, Städte usw. abwälzen). Alle derartigen Manöver können den Fachmann nicht täuschen, und sie stiften sicher auf lange Sicht mehr Schaden als Nutzen; — daß bei manchen Maßnahmen aus militärischen Gründen Geheimhaltung geboten ist, ist selbstverständlich.

Der Luftverkehr kann aus seinen Verkehrseinnahmen nur folgende Anteile seiner (unmittelbaren) Betriebsausgaben decken: in Deutschland 49%, in Italien 33%, in Frankreich 28%. Die überschießenden Beträge müssen also in irgendeiner Form durch Subventionen der öffentlichen Hand gedeckt werden. Hiermit sind die Zuschüsse aber noch nicht erschöpft; vielmehr kommen noch weitere hohe Beträge für Bodenorganisation und wissenschaftliche Forschung hinzu.

b) Die „Chancen" des Luftverkehrs sind:

1. Der Luftverkehr kann bzw. muß seiner Natur nach eine hohe Geschwindigkeit entwickeln. Allerdings soll man — sogar beim Luftverkehr! — die Bedeutung der Geschwindigkeit nicht so überschätzen, wie dies durch sensationsgierige Laien leider geschieht. Es kommt auch im Luftverkehr nicht auf die höchste Fahrgeschwindigkeit, die vielleicht nur während einiger Minuten erzielt wird, an, sondern auf die Reisegeschwindigkeit, also auf die Durchschnittsgeschwindigkeit einschließlich Starten und Landen und Zwischenaufenthalten; zu berücksichtigen sind ferner die meist recht weiten Wege zwischen Flugplatz und „City", desgleichen die geringe Zahl der Flugverbindungen, also der lockere Fahrplan. — Eine hohe Reisegeschwindigkeit läßt sich natürlich nur erzielen, wenn lange Strecken durchflogen werden, und zwar mit wenig Zwischenlandungen; dies spricht deutlich gegen die sog. „Hupflinien". — Die Reisegeschwindigkeiten im regelmäßigen Luftverkehr sind vielleicht 2mal so groß wie die der Schnellzüge, 5mal so groß wie die der Personenkraftwagen, 6mal so groß wie die der Seeschiffe. Aber diese Zahlen sind wenig beweiskräftig; denn auch hier kommt es vor allem auf die Güte des Fahrplans und außerdem auf Regelmäßigkeit und Pünktlichkeit an.

2. Der zweite Vorzug ist die hohe regionale Leistungsfähigkeit. Das Luftfahrzeug kann jeden Punkt der Erde (des „Bodens des Luftmeers") mit jedem andern Punkt unmittelbar verbinden, und zwar ohne daß dafür erst Wege mit hohen Kosten geschaffen zu werden brauchen; es kann also immer den kürzesten (bzw. günstigsten) Weg nehmen. Hierin steckt aber viel „Theorie"; denn in Wirklichkeit kann das Flugzeug nur die Landeplätze untereinander verbinden, und diese sind selten und teuer; es ist außerdem von den geographischen Verhältnissen nicht unabhängig, sondern es muß (oder sollte) Kammgebirge, große Wüsten, Urwälder, Nebelgebiete, ausgedehnte eisbedeckte Regionen vermeiden; und es bedarf doch der „Straßen", nämlich der Befeuerung und der Notlandeplätze. Wesentlich aber und oft das Entscheidende ist, daß das Luftfahrzeug zwei Punkte unmittelbar, also ohne Umsteigen und ohne Umladen, miteinander verbinden kann, gleichgültig, ob und wie oft unter ihm Wasser und Land wechseln.

3. Die dritte Chance für den Luftverkehr liegt darin, daß die militärische Luftfahrt so wichtig ist und daß daher alle maßgebenden Staaten allgemein die Luftfahrt fördern müssen. Hierdurch kann natürlich eine gewisse Einseitigkeit in den Verkehr hineinkommen, indem die Flugzeugtypen, die Verteilung der Flugplätze, die Gestaltung der Verkehrsnetze weniger nach den Notwendigkeiten des Friedens (der Wirtschaft und Kultur), als nach denen des Krieges und der Machtpolitik entwickelt werden.

Betrachtet man diese Chancen und wägt man sie gegen die Nachteile ab, so ergeben sich klare Richtlinien für eine gesunde Weiterentwicklung des Luftverkehrs:

Der Luftverkehr stellt eine Art höchster Veredlung des Verkehrs dar; er ist zwar keine Luxus-, aber auch keine Massenerscheinung; er kann die andern Verkehrsmittel also nicht ersetzen; sein Wesen liegt also nicht im Wettbewerb,

sondern in der Ergänzung der andern Verkehrsmittel, namentlich im Zusammenarbeiten mit der Eisenbahn und dem Seeschiff.

Der Luftverkehr darf daher auch nicht als „Luxusverkehr" oder gar als eine
Sportangelegenheit aufgefaßt werden oder etwa im Sinn von Bergbahnen oder
des Seebäderdienstes als „Saisonverkehr" eingerichtet werden; sondern er muß
sich als ein für das Wirtschaftsleben notwendiger Verkehr durchsetzen; er
muß also auch durch die ihm ungünstigen Jahreszeiten (Winter und Regenzeiten)
durchhalten.

Der Luftverkehr muß im Lauf der Zeit zur Eigenwirtschaftlichkeit
gebracht, also von den Notwendigkeiten der Subventionen erlöst werden. Hierzu
ist erforderlich, daß die Selbstkosten gesenkt werden, was nur in langer, zäher
Arbeit aller Konstrukteure usw. geschehen kann, und daß der Anreiz zur Benutzung gesteigert wird, indem die „Qualität" der Beförderung erhöht wird;
hierbei spielen neben der Erhöhung der Sicherheit, Pünktlichkeit und Bequemlichkeit vor allem die Ausnutzung der in der hohen Geschwindigkeit liegenden Chance,
die Häufigkeit der Verbindungen, die Einrichtung des Nachtdienstes und allgemein die Verbesserung des Fahrplans die Hauptrolle; für viele Relationen gibt
es für den Luftverkehr (und zwar ebenso für den Personen- wie für den Nachrichtenverkehr) nur eine „vernünftige" Abfahrzeit, den Spätnachmittag, und
nur eine „vernünftige" Ankunftzeit, den frühen Morgen; zeitlich müßte der Luftverkehr sich also vorzugsweise in der Nacht abspielen; aber gerade dafür reicht
die Bodenorganisation noch nicht aus.

Der Luftverkehr erfordert zwingend, daß sein einer großer Vorzug, die hohe
Geschwindigkeit, voll ausgenutzt wird. Hierzu sind aber lange Strecken erforderlich, und zwar Strecken von etwa 600 km Länge ab, nämlich Strecken, die
länger sind, als daß sie von dem Nachtschnellzug in einer etwa 10 stündigen
Nachtfahrt (von 20 bis 8 Uhr) überwunden werden könnten. Stellt man dieser
Forderung die Luftverkehrswege gegenüber, wie sie in den kleinräumigen Staaten
des europäischen Lebensraums bestehen oder entwickelt werden könnten, so ergibt sich, daß man sie, solange man sie je für sich betrachtet, eigentlich nur als
„Versuchsfelder" bezeichnen kann, und es ergibt sich weiter der zwingende
Schluß, daß der Luftverkehr über die zu engen Grenzen der (europäischen) Staaten
hinaus zu einem wirklichen Weltverkehr (im besten Sinn dieses so oft mißbrauchten Worts) emporgeführt werden muß. Die einzelnen nationalen Netze
sind also (namentlich in dem so kleinräumigen Europa) nur die „Keimzellen",
aus denen heraus der internationale Verkehr entwickelt werden muß.

In diesem Sinn kann man für den Luftverkehr drei Regionen verschiedener
räumlicher Ausdehnung unterscheiden, die entsprechend der Länge der Strecken
je eine verschiedene Bedeutung haben:

1. Die erste Region liegt in den Gebieten (Staaten), in denen die für den
hochwertigen Schnellverkehr (Schnellzugverkehr) maßgebenden Entfernungen
bis etwa 700 km lang sind; vgl. z. B. die Entfernungen London—Glasgow, Paris—
Marseille, Berlin—Basel, Mailand—Neapel, die in der Luftlinie zwischen 600 und
700 km und in den Eisenbahnlinien zwischen 700 und 800 km betragen, vgl.
aber auch die recht kleinen Entfernungen in dem maßgebenden östlichen Gebiet
der an sich so großräumigen Vereinigten Staaten von Nordamerika, selbst
New York—Chikago „nur" 1200 km!

Diese erste Region besitzt aus zwei Gründen einen für die Entwicklung des
Luftverkehrs besonders ungünstigen Charakter: Verkehrstechnisch (und hiermit auch verkehrswirtschaftlich) ist maßgebend, daß hier die Eisenbahn im
Schnellzug, und zwar vor allem im Nachtschnellzug mit Schlaf-, Post-
und Expreßgutwagen eine so hochwertige Verkehrsleistung zur Verfügung
stellt, daß sie vom Flugzeug nicht überboten werden kann. Verkehrsgeographisch ist maßgebend, daß in den beiden auch für den Luftverkehr wichtigsten

Räumen, nämlich in Westeuropa und im östlichen Nordamerika, die bedeutungsvollsten Verkehrszentren nur etwa 500 km (und weniger) voneinander entfernt liegen. Obwohl hier also ein starkes Bedürfnis nach schnellen, hochwertigen Verbindungen vorhanden ist, können diese wichtigen Strecken infolge ihrer zu geringen Länge nicht die Hauptgrundlage für das Luftverkehrsnetz bilden; sie können lediglich Hilfsstellung geben, um den Luftverkehr wirtschaftlich tragen zu helfen; diese Strecken sind außerdem Zubringer und Verteiler für die längeren Flugstrecken (also die der zweiten und dritten Region) und außerdem bei entsprechender Gesamtrichtung Zwischen- oder Teillinien der längeren Strecken.

2. Die zweite Region ist die Grundlage für die Luftverkehrsnetze, die in den einzelnen maßgebenden „Lebensräumen" teils schon vorhanden sind, teils

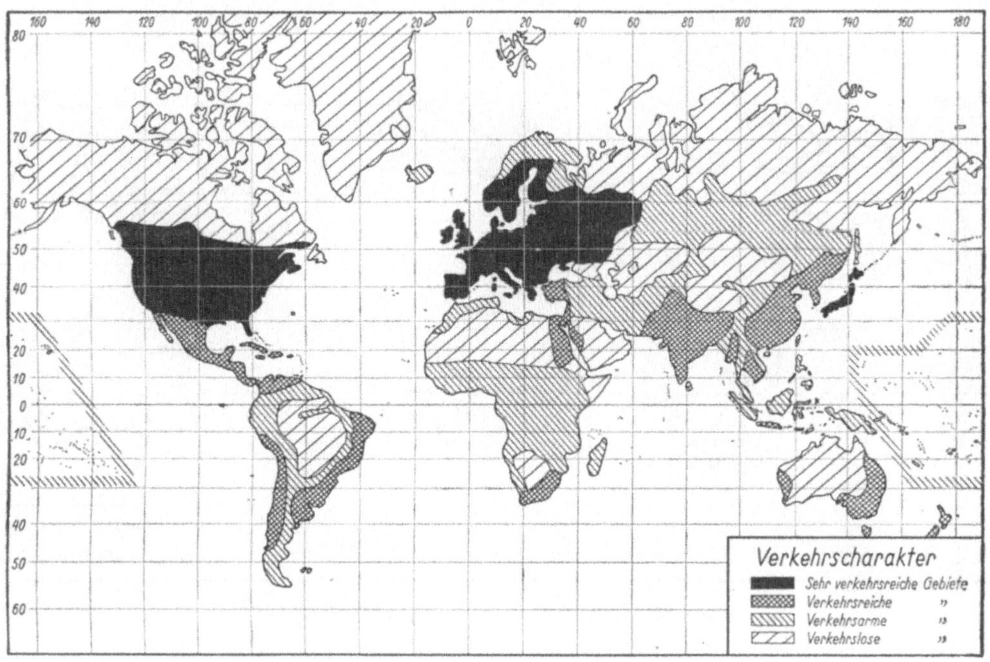

Abb. 22. Die „Aktionszentren" der Erde. (Nach PIRATH.)

noch geschaffen werden müssen. Diese Räume, die man als „politische und wirtschaftliche Aktionszentren der Erde" bezeichnen kann, sind aus Abb. 22 zu entnehmen; es sind also nicht geschlossene Landmassen, sondern bestimmte Gebiete, die in Klima, Bewölkung, Wirtschaft und Kultur einheitlich sind und daher auch im Weltverkehr als Einheiten wirken; sie sind fast alle dadurch gekennzeichnet, daß ein Meer, und zwar entweder ein Mittelmeer oder ein Randmeer, die an ihm liegenden Randländer zu einem einheitlichen Verkehrsgebiet zusammenfaßt; sie tragen ihrer Bedeutung entsprechend gemäß Abb. 23 die dichtesten Eisenbahnnetze.

Die Gebiete der zweiten Region bestehen aus Land und Meer; ihre großen Eisenbahnlinien werden also durch Meeresteile getrennt, so daß der durchgehende Eisenbahnverkehr erschwert und verzögert wird, während das Flugzeug den obenerwähnten Vorzug des unmittelbaren Verkehrs besitzt; vgl. London—Festland, Skandinavien—Deutschland, Frankreich—Algerien, Italien—Libyen, der Südostraum—Türkei, Syrien und Ägypten. Zu dieser dem Luftverkehr günstigen Chance kommt die weitere hinzu, daß die Entfernungen zwischen vielen maßgebenden Zentren weit über 700 km liegen, so daß sie selbst dann nicht vom

Schnellzug in einer Nachtfahrt überwunden werden können, wenn kein zwischengeschaltetes Meer die Fahrt unterbricht[1].

Die dritte Region ist die „Welt". In ihr handelt es sich nämlich um die Luftverbindungen zwischen den vorstehend skizzierten politischen und wirtschaftlichen Machtzentren. Die zu überbrückenden Entfernungen beginnen mit etwa 5000 km (Verbindung quer durch Nordamerika, New York—San Franzisko), und sie gehen über 6000 km (Europa—Nordamerika) und 10000 km (Europa—Süd-

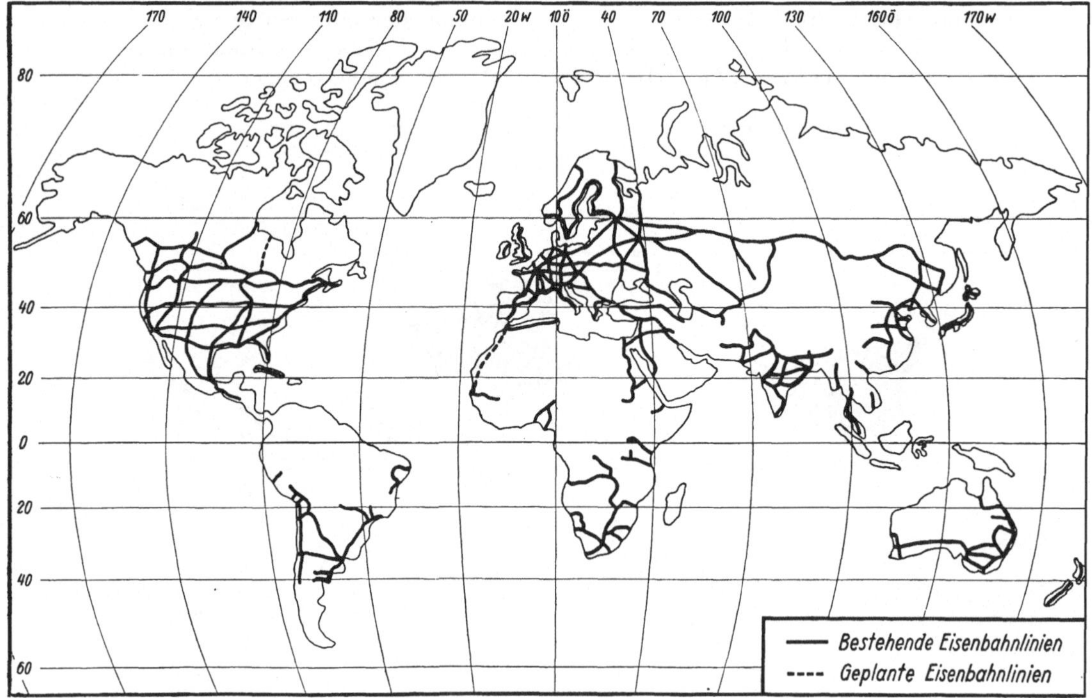

Abb. 23. Das „Welteisenbahnnetz". (Nach Pirath.)

amerika und Südafrika) bis auf 14000 km (Europa—Singapore, San Franzisko—Ostasien, Moskau—Wladiwostok) hinauf; einschließlich der Endstrecken werden aber noch größere Entfernungen überwunden (Holland—Java 14000, London—Sidney rund 22000 km).

Bei einem Teil dieser Verbindungen steht das Flugzeug noch seinem stärksten Wettbewerber, nämlich ·der Eisenbahn, gegenüber (Europa—Sibirien—Ostasien, New York—San Franzisko, auch Buenos Aires—Valparaiso). Bei einem zweiten Teil wird der Luftverkehr künftig mit durchgehenden Eisenbahnen rechnen müssen (Kairo—Kapstadt, Algier—Westküste Afrikas, Istanbul—Bagdad—Ostindien, Nordamerika—Südamerika). Bei dem dritten, und zwar dem wichtigsten Teil hat der Luftverkehr nur mit seinem schwächsten Wettbewerber zu rechnen, nämlich dem — vergleichsweise langsamen — Seeschiff, denn es handelt sich

---

[1] Vom wirtschaftlichen Zentralgebiet Europas, nämlich dem Raum Köln—Dortmund, betragen einige wichtige Entfernungen:

etwa 1000 km: Glasgow, Bordeaux, Barcelona, Budapest, Warschau, Königsberg, Stockholm, Oslo;

etwa 1500 km: Madrid, Algier, Tunis, Palermo, Sofia, Bukarest, Kiew, Dorpat, Drontheim;
etwa 2000 km: Tanger, Istanbul.

Dazu kommen noch die Entfernungen nach Ankara 2500, Kairo 3000 und Bagdad 3500 km, als zu den im Südosten des europäischen Lebensraumes liegenden Hauptstädten.

dabei um die Überquerung der Ozeane, und zwar des Nordatlantik, des Südatlantik, des Pazifik und des Nordrandes des Indischen Ozeans.

Nachdem nun die Ozeane durch Luftschiff und Flugzeug überwunden sind, ist festzustellen, daß das Schwergewicht des wirtschaftlichen Luftverkehrs in dieser dritten Region liegt; und allgemein wird er sich um so eher zur Eigenwirtschaftlichkeit emporarbeiten, je mehr er sich von der ersten Region (und in ihr von den „Hupflinien") frei macht und je zielbewußter er sich der dritten Region zuwendet.

Den vorstehenden Erwägungen entspricht das Weltluftverkehrsnetz, wie es sich gemäß Abb. 24 bisher entwickelt hat, bzw. in Vorbereitung begriffen ist. Dieses Netz besteht auf der

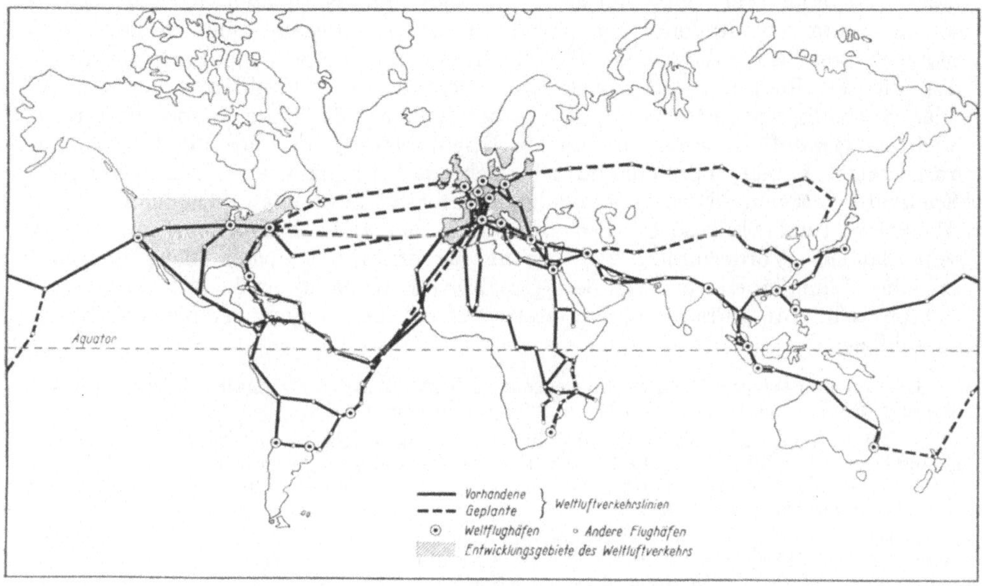

Abb. 24. Das Weltluftverkehrsnetz. (Nach PIRATH.)

Nordhalbkugel aus einem die Erde in der Richtung West—Ost umschließenden Gürtel, der die drei Hauptgebiete Europa—Ostasien—Nordamerika untereinander verbindet, und auf der

Südhalbkugel aus drei der Richtung Nord—Süd folgenden Ausläufernetzen, die sich, den drei Südkontinenten entsprechend, aus den nördlichen Ringverbindungen entwickeln.

Dieses Netz, das die enge Verkehrsverflechtung der vier Dichtegebiete (Europa—Indien—Ostasien—Nordamerika) und die wirtschaftliche Abhängigkeit der Südkontinente von der Wirtschaftskraft und dem Machtwillen der nördlichen Länder verdeutlicht, wird für lange Zeit das Grundnetz des Weltluftverkehrs bleiben.

Dieses Netz ist hauptsächlich von zwei Kraftzentren aus geschaffen worden: von Westeuropa und Nordamerika; dazu kommen aber noch Rußland und Japan hinzu; da sich aber Rußland (vorläufig?) darauf beschränkt hat, den Luftverkehr nur innerhalb seines gewaltigen Reichs — und über den Nordpol hinüber — auszubauen, so kamen für den internationalen Verkehr bisher nur die drei anderen Zentren in Betracht. Von ihnen ist Japan infolge seiner starken wirtschaftlichen Inanspruchnahme zur Zeit allerdings noch „gehandikapt".

Von den drei Aktionszentren aus erfolgte der Ausbau nicht so sehr nach wirtschaftlichen, sondern nach machtpolitischen Zielen: Die Kolonialmächte wollten die Verbindungen mit ihren Kolonien verkürzen und hierdurch ihre „empires" fester zusammenschließen; sie wollten sich gleichzeitig gegen künftige Gegner sichern und sich „Sprungbretter" für ihre politischen Bestrebungen schaffen.

Sehr bezeichnend für diese Gesamtrichtung ist die Erscheinung, daß die Luftverkehrspolitik der bisher drei stärksten Machtzonen der Welt, nämlich Großbritanniens (unterstützt von Holland und Frankreich), Japans und der Vereinigten Staaten von Nordamerika, in dem bisher scheinbar so belanglosen Südwestgebiet des Großen Ozeans einen Spannungsherd geschaffen hat, weil alle drei (von Westen, Norden und Nordosten her) in diesen selben Raum vorstoßen. Zu beachten ist in diesem Sinn ferner, daß plötzlich wertlose unbewohnte Koralleninseln eine hohe Bedeutung gewinnen, daß die Vereinigten Staaten von Nordamerika eine durchlaufende Absperr- oder Verteidigungskette von Alaska bis Samoa mit einer Länge von rund 8000 km geschaffen haben, indem sie Inseln befestigten und mit Flugplätzen ausgestattet haben; bezeichnend ist auch, daß England eine Reserveluftlinie England—Portugal—Nigeria—Angola—Mombasa—Seychellen—Diego Garcia— Australien (und Singapore) geschaffen hat, da es die Hauptlinie über Ägypten—Bagdad—Vorderindien nicht mehr für unbedingt sicher hielt, und daß es eine Linie über den Großen Ozean von Kanada nach Australien einrichten will, um dadurch eine weitere Luftbrücke zu dem gefährdeten Raum zu schlagen.

Die von Deutschland für den Luftverkehr zu leistenden Hauptaufgaben konnten (in Anlehnung an die drei Regionen) 1939 wie folgt umrissen werden:

1. Die wirtschaftlich (kulturell und politisch) wichtigsten Städte Deutschlands sind untereinander zu verbinden. Die Aufgabe ist gelöst; bei der weiteren Ausgestaltung muß beachtet werden, daß nicht wieder „Hupflinien" entstehen; Städte unter 300000 Einwohnern sind nur ausnahmsweise anschlußfähig.

2. Deutschland ist an die maßgebenden Verkehrszentren des europäischen Lebensraums anzuschließen. Hierbei ist die internationale Zusammenarbeit mit den ausländischen Gesellschaften notwendig. Auch diese Aufgabe ist gelöst.

3. Deutschland ist an Südamerika, Nordamerika, Afrika und Ostasien anzuschließen. Diese Aufgabe ist die wichtigste; sie ist bisher nur zum Teil gelöst.

So hoch man die Bedeutung des Luftverkehrs einschätzen muß, so ist es doch verkehrt, wenn Weltverkehrsenthusiasten in ihm den Anbruch einer neuen Zeit (und zwar nicht nur im Verkehrs-, sondern auch im politischen und militärischen Leben) erblicken, eine vollkommene Verlagerung der Verkehrswege kommen sehen und daher glauben, daß auch die verkehrsgeographischen Grundlagen vollkommen umgestaltet werden würden. Gegenüber solchen Träumereien sind ganz nüchtern folgende Tatsachen festzustellen: Der Luftverkehr ist so kostspielig, daß er überhaupt nur für eine dünne Oberschicht des eiligsten, zahlungsfähigsten und zahlungswilligsten Verkehrs in Betracht kommt; er kann also die großen Verkehrsströme weder der Reisenden noch der Güter und nicht einmal der Nachrichten verlagern. Und er ist so kostspielig, daß er für seine Haupthäfen des Rückhalts an einer starken hochzivilisierten Bevölkerung bedarf; seine Hauptstützpunkte werden also immer in den Riesen- und Millionenstädten und in den ausgesprochenen Industriebezirken der führenden Nationen liegen. Nur bei den weiten Transozeanstrecken können außerdem einige besonders wichtige Landvorsprünge und landferne Inseln eine gewisse Rolle spielen, aber nicht so sehr als Verkehrs-, sondern als Betriebsstützpunkte. — Die sog. „Weltlufthäfen" (zur Zeit 27) liegen alle in den alten großen Verkehrszentren, und zwar 11 im europäischen Lebensraum (Kairo und Bagdad eingeschlossen), 1 in (Süd-) Afrika, 7 in Asien (und zwar alle in den Monsunländern), 1 in Australien, 4 in Nordamerika und 3 in Südamerika.

Man könnte vermuten, daß sich das heutige Luftverkehrsnetz deshalb wesentlich verändern müßte, weil das wirtschaftliche Leben größtenteils auf der Nordhalbkugel konzentriert ist und weil infolge der Kugelgestalt der Erde die Wege über den Nordpol kürzer seien. Aus Abb. 25 ergibt sich aber zunächst, daß Luftwege, die von Europa (mit seinen elf Weltlufthäfen) über den Nordpol gelegt würden, nicht nach wertvollem Land, sondern nach der Wasserwüste des Großen Ozeans führen, und daß die kürzesten Verbindungen zwischen

Europa und dem wirtschaftlich wichtigsten Gebiet Nordamerikas nicht über den Nordpol, sondern in der „alten" Richtung West-Ost führen. Bei einigen Verbindungen sind allerdings Verkürzungen zu erzielen:

Flugverbindung	Heutiger Weg km	Kürzester Weg über das Polargebiet km	Verkürzung	
			km	%
Berlin—Tokyo	9970	8840	1130	11
Berlin—San Franzisko	12445	9100	3345	26
New York—Tokyo	15372	10930	4442	29
New York—Kanton	18460	12860	5600	30

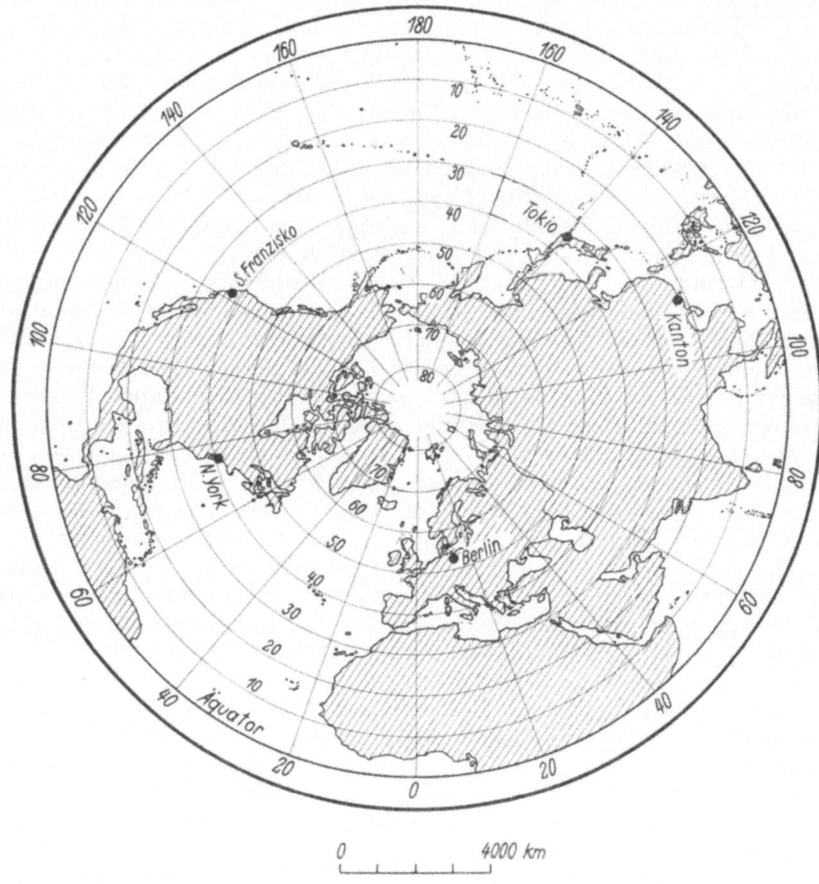

Abb. 25. Das Nordpolgebiet. (Nach PIRATH.)

Es ist hierbei zu beachten, daß das Nordpolargebiet klimatisch (auch für den Luftverkehr) ungünstig ist, daß es fast unbewohnt ist und daß es keine Hilfsmittel (bei Notlandungen usw.) gewährt; — diese Bedenken dürfen aber nicht vom Arbeiten auch auf diesem Gebiet abschrecken!

Anhang.

Der Einsatz der verschiedenen Verkehrsmittel[1].

Zusammenarbeit und Wettbewerb.

Da es sieben verschiedene (Haupt-) Verkehrsmittel (See- und Binnenschiff-fahrt, Schiene und Straße, elektrische Nachrichtenmittel, Leitungen und Flug-zeuge) gibt, entsteht die Frage, welchem Verkehrsmittel jeder gewünschte Trans-port im einzelnen zuzuweisen ist. Diese Frage wird von einer sehr „liberalen" politischen Einstellung dahin beantwortet werden, daß man die Wahl jedem einzelnen (Reisenden oder Verfrachter) überlassen solle, denn er werde schon im eigenen Interesse die richtige Wahl treffen, und wenn er hierbei Fehler begehe, so sei das nur sein eigener Schaden, nicht aber ein Schaden für die Allgemeinheit. Tatsächlich wird auch viel dem einzelnen überlassen (z. B. ob Eisenbahn oder Schiff oder Kraftwagen, ob Straßenbahn oder Droschke, ob Brief oder Telegramm oder Ferngespräch). Eine unbeschränkte Freiheit ist aber auch hier, wie so oft, vom Übel, denn der Verkehr ist so wichtig, daß die Allgemeinheit (der Staat) bei der Auswahl ordnend und regelnd eingreifen muß.

Zunächst summieren sich nämlich etwaige Fehler der einzelnen infolge der ungeheuer großen Menge der Transportvorgänge derart, daß die vielen kleinen privatwirtschaftlichen Nachteile zu einem großen volkswirtschaftlichen Verlust führen müssen. Sodann erfordert der Verkehr den Einsatz derart großer Kapitalien, daß es der Allgemeinheit nicht gleichgültig sein kann, ob diese mehr oder weniger gut arbeiten; denn letzten Endes gehören z. B. auch in Ländern mit reinem Privateisenbahnsystem die Eisenbahnen usw. dem „ganzen Volk", da sich die Aktien und Schuldverschreibungen in den Händen unendlich vieler Einzelbesitzer, ferner von Gemeinden, Kirchen, gemeinnützigen Gesellschaften, Versicherungsgesellschaften usw. befinden. Sodann sind im Verkehr so viele Menschen unmittelbar tätig und so viele außerdem noch in den „Verkehrs-industrien", daß die Allgemeinheit an ihrer und ihrer Familien gesicherter Existenz Anteil nehmen muß. Dazu kommt die allgemeine Bedeutung des Verkehrs für Wirtschaft, Kultur, Volksgesundheit und Landesverteidigung.

Das Problem des zweckmäßigsten Einsatzes der verschiedenen Verkehrsmittel und die hieraus sich ergebenden Probleme der Zusammenarbeit und des Wett-bewerbs gehören nun in das Gebiet der Verkehrspolitik und sind daher erst in dem dieser gewidmeten dritten Hauptabschnitt zu erörtern. Nun krankt aber jegliche „Politik" daran, daß sie stark von Meinungen, Anschauungen, Über-zeugungen usw. abhängt, und daß diese nicht immer sachlich und richtig zu sein brauchen. Dagegen sind die Tatsachen, die sich aus der Natur der ver-schiedenen Verkehrsmittel ergeben, eben Tatsachen und daher sachlich und richtig; und es verlohnt sich daher, eine Betrachtung anzustellen, die sich von Politik möglichst fernhält, die dagegen das Natürliche und Technische betont.

Eine derartige Untersuchung ist besonders für Deutschland wichtig, weil Deutschland eine besonders starke und besonders vielfältige Ausstattung mit Verkehrsmitteln zeigt. Es verfügt nämlich:

über ein besonders dichtes und leistungsfähiges Eisenbahnnetz, und zwar auch von Neben- und Kleinbahnen, und ist hierin allen Nachbarländern (mit Ausnahme Belgiens, Nordfrankreichs und der Schweiz) überlegen;

---

[1] Vgl. hierzu: GIESE, Eisenbahn- oder Wasserstraßen-Förderung, Berlin, Verlag der „Verkehrstechnik", 1927 und MOST, Grundlagen und Entwicklungsrichtungen der deutschen Verkehrswirtschaft, 1939.

über zahlreiche Binnenwasserstraßen und zeigt hierin eine Entwicklung, wie sie nur noch in Holland, im Gebiet der Großen Seen und auf dem Jangtse erreicht worden ist; und

über einen hochentwickelten Kraftwagenverkehr und ein Netz richtiger Autobahnen, wie es sonst noch nirgendwo besteht.

In Deutschland ist also die Gefahr ungesunden Wettbewerbs besonders groß[1].

Zunächst ist festzustellen:

In jedem Staat (bzw. in jedem Landesteil, z. B. einem Industriegebiet) bilden alle Verkehrsmittel ein **einheitliches Gesamtverkehrssystem,** und dieses ist so zu leiten und ständig weiter zu entwickeln, daß der höchste Nutzen für die **Allgemeinheit** erzielt wird.

Im einzelnen ist hierzu notwendig:

Jedes einzelne Verkehrsmittel muß in sich so gut wie möglich arbeiten; die verschiedenen Verkehrsmittel müssen richtig zusammenarbeiten; der gesunde Wettbewerb soll aufrechterhalten werden; **un**gesunder Wettbewerb aber muß vermieden werden. Ferner müssen die für die Förderung des Verkehrs insgesamt verfügbaren Mittel (worunter nicht etwa nur Geld zu verstehen ist) auf die verschiedenen Verkehrsmittel planmäßig derart verteilt werden, daß keines vor den anderen ungebührlich bevorzugt wird.

Die notwendige „ausgleichende Gerechtigkeit" wird nun insgesamt dadurch am vollkommensten erreicht, daß jeder Transport dem hierfür — volkswirtschaftlich — geeignetsten Verkehrsmittel zugeführt wird. Allerdings kann das nicht auf dem Weg einer „Planwirtschaft" (unseligen Andenkens) geschehen, also nicht mittels behördlichen Zwangs, sondern es muß durch die gesamten verkehrspolitischen Maßnahmen der Allgemeinheit (des Staates oder bei kleineren Gebieten der Provinz oder der Stadt) der einzelne dahin beeinflußt werden, daß er das richtige Verkehrsmittel „ganz von selbst" wählt. Hierbei werden der Preis und die Güte der Beförderung die ausschlaggebende Rolle spielen. „Billig und gut" heißt auch im Verkehr die Parole.

Es könnte nun scheinen, daß es für jedes Volk am günstigsten wäre, wenn jedes Verkehrsmittel in vollkommenster Weise ausgestaltet würde. Das ist aber unmöglich, denn es würde damit eine unverantwortliche Verschwendung getrieben werden. Vielmehr muß die Verkehrspolitik darauf gerichtet sein, daß jedes Verkehrsmittel so weit ausgebaut wird, daß es den „vernünftigen" — volkswirtschaftlich, kulturell und militärisch notwendigen — Anforderungen voll gewachsen ist. Jedes „Zuviel" bedeutet Luxus und Verschwendung, und zwar eine starke Verschwendung, weil im Verkehr so große Kapitalien und so gewaltige Menschenmengen arbeiten.

Auch die oft gehörte Behauptung, mit Rücksicht auf die Landesverteidigung müsse jedes Verkehrsmittel in vollkommenster Weise ausgestaltet sein, ist falsch; sie ist günstigstenfalls eine bequeme Redensart, mit der der Entscheidung ausgewichen wird; — sie kann gefährlich sein, denn die verschiedenen Verkehrsmittel haben für die Kriegführung einen sehr verschiedenen Wert. — Wir kommen auf diese Frage noch im Zweiten Band zurück.

---

[1] Der Vielfältigkeit des deutschen Verkehrswesens steht in manchen andern Ländern eine Einseitigkeit und das Überwiegen eines bestimmten Verkehrsmittels gegenüber.

In England und im Mittelmeergebiet tritt aus teilweise ähnlichen geographischen Ursachen die Binnenschiffahrt stark zurück.

Das Gegenbeispiel ist Holland, das das einzige Land in Europa ist, in dem der Güterverkehr der Binnenwasserstraßen größer ist als der der Eisenbahn.

In Kolonialgebieten, die noch nicht genügend erschlossen sind, leistet der Kraftwagen mehr als die Schiene.

In andern Überseegebieten, in denen die Entfernungen und die Geländeschwierigkeiten besonders groß sind, hat das Flugzeug eine vergleichsweise größere Bedeutung, als seiner durchschnittlichen Stellung in der Verkehrswirtschaft entspricht.

Das Gegenbeispiel ist der Westen Chinas, in dem noch heute der Träger eine recht große Rolle spielt.

Maßhalten und Abwägen ist dringend erforderlich, denn auch das reichste Land ist nicht in der Lage, ein „vollkommenes" Eisenbahnnetz und daneben ein „vollkommenes" Binnenwasserstraßennetz und außerdem noch ein „vollkommenes" Kraftstraßennetz zu entwickeln; vielmehr muß die Allgemeinheit in jedem Raum das Verkehrsmittel am eifrigsten fördern, das seiner Natur nach mit dem geringsten Aufwand an Mitteln (Geld und Menschen) am ehesten zur „Vollkommenheit" emporgeführt werden kann; die anderen Verkehrsmittel müssen sich dann mit der zweiten und dritten Rolle begnügen. Das mag für diese Verkehrsmittel schmerzlich sein und wird von den an ihnen besonders interessierten Kreisen bestritten; der volkswirtschaftliche Zwang wird aber durch solche Einreden nicht aufgehoben. Namentlich hat das deutsche Volk die Pflicht, wie auf jedem anderen Gebiet so auch auf dem des Verkehrs, dem Luxus entgegenzutreten und seine Kräfte auf die Aufgaben zu konzentrieren, die wirtschaftlich tragbar sind und den höchsten Erfolg gewährleisten; denn einerseits sind im deutschen Verkehrswesen die unerhörten Schäden des Weltkrieges, der Unfriedensverträge, des Ruhreinbruchs und der allgemeinen Fortsetzung des Krieges nach dem Weltkrieg noch nicht überwunden; andrerseits stellt die so glückliche Rückgliederung der Ostmark und der Sudetenländer ebenso wie der engere Anschluß Südosteuropas und der ganze Aufgabenkreis „Mitteleuropa" außerordentlich hohe Anforderungen an den Ausbau namentlich des Eisenbahn- und des Telegraphen- und Fernsprechnetzes.

Die Forderung nach dem „vollkommenen" Ausbau ist besonders deshalb abzulehnen, weil jeder, der einseitig nur für ein Verkehrsmittel eintritt, für dieses nicht nur den vollkommenen, sondern einen übertrieben großartigen Ausbau fordert, und zwar auch auf die Gefahr hin, daß dadurch der notwendige Ausbau der anderen Verkehrsmittel vernachlässigt wird.

Das **Zusammenarbeiten** der verschiedenen Verkehrsmittel ist reibungslos gegeben oder bei ausnahmsweise auftauchenden Widerständen durch den Staat leicht herbeizuführen, wenn zur Durchführung einheitlicher Transportvorgänge mehrere Verkehrsmittel zeitlich oder räumlich hintereinander arbeiten müssen. Gegeben ist dies namentlich für den gesamten Überseeverkehr eines Landes, da hier alle Verkehrsmittel des Binnenlandes mit dem Seeschiff zusammenarbeiten müssen; am wichtigsten sind hierbei die gute Netzgestaltung, Leistungsfähigkeit und Billigkeit der Verkehrsmittel des Binnenlandes, gute Hafen- und Lagereinrichtungen, und vor allem eine auf die Bedürfnisse des Seeverkehrs und des Außenhandels zugeschnittene Tarifpolitik (namentlich der Eisenbahnen). Wettbewerb zwischen Seeschiff und Binnenverkehrsmittel ist nur möglich im Küstenverkehr, z. B. Lübeck—Königsberg, Neapel—Palermo, Odessa—Gibraltar—Hamburg, New York—Panama—San Franzisko; Schwierigkeiten (und Kämpfe zwischen den Interessenten) können außerdem auftreten, wenn die Verkehrspolitik bestimmte (einheimische) Häfen vor anderen (ausländischen) Häfen bevorzugt.

Man könnte nun wähnen, daß es wohl am besten wäre, wenn es **ein** Verkehrsmittel geben würde, das allen Forderungen entsprechen könnte. Dieses müßte also nicht nur billig und gut arbeiten, sondern noch die folgenden Forderungen erfüllen:

1. Es müßte alle Verkehrsarten befördern können.

2. Es müßte räumlich unbeschränkt sein, d. h. es müßte jeden Punkt mit jedem anderen Punkt verbinden.

3. Es müßte zeitlich unbeschränkt sein, d. h. es müßte die Transporte jederzeit — also auch unter den ungünstigsten Verhältnissen — ausführen können.

Ein derart „vollkommen universales" Verkehrsmittel ist aber bisher noch nicht erfunden worden und wird auch nie erfunden werden.

Das „universalste" Verkehrsmittel ist das Flugzeug, denn:

Es lassen sich in ihm — theoretisch — alle Verkehrsarten befördern.

Es kann ferner — theoretisch — jeden Punkt mit jedem Punkt verbinden, denn es benutzt die Luft als Weg, und das Luftmeer umgibt die ganze Erdoberfläche, und alles Leben der Menschen spielt sich am „Boden des Luftmeeres" ab. Während daher sonst der Gegensatz von Wasser und Land den Verkehr so erschwert und verteuert, ist es dem Flugzeug gleichgültig, ob und wie oft unter ihm Wasser und Land wechseln.

Das Flugzeug kann auch — theoretisch — jederzeit verkehren, da das Luftmeer ständig vorhanden ist.

Aber diese Vorzüge, die der Geograph Kohl übrigens schon um 1830 erkannt hat, sind leider sehr theoretisch, denn in Wirklichkeit ist der Flugverkehr so teuer, daß er überhaupt nur für ganz wenige Transporte in Betracht kommt, ferner kann das Flugzeug nicht an jedem Punkt, sondern nur an den wenigen und ebenfalls sehr kostspieligen Flugplätzen landen und starten. Tatsächlich ist also dieses „universalste Verkehrsmittel" eher das Gegenteil von universal; — man sieht, wohin man auch in der Verkehrswissenschaft mit Geistreicheleien kommt.

Es gibt aber doch zwei Verkehrsmittel, die zwar räumlich nicht universal sind, die vielmehr an ein bestimmtes Element — Land oder Wasser — gebunden sind, die aber innerhalb ihres Elementes stark universal sind, und zwar nach Verkehrsarten, Zeit und Raum.

Diese Verkehrsmittel sind die zwei überhaupt wichtigsten, nämlich das **Seeschiff** und die **Eisenbahn.**

Geht man von der oben erläuterten, verkehrsgeographisch so bedeutungsvollen Zweiteilung der Verkehrsbeziehungen, nämlich von der Einteilung nach Überseeverkehr und Binnenverkehr, aus, so hat das Seeschiff (in seinem Element) — praktisch gesprochen — das Monopol, denn für alle Überseetransporte kommt nur das Seeschiff in Betracht; nur für den elektrischen Nachrichtenverkehr ist das Monopol durchlöchert; und außerdem darf man damit rechnen, daß das Flugzeug künftig dem Seeschiff für den zahlungskräftigen Reisenden- und Postverkehr Wettbewerb machen wird. Da also das Seeschiff universal ist, so muß jedes Volk darauf bedacht sein, seinen Seeverkehr so vollkommen wie nur möglich auszugestalten. Hierzu gehört nicht etwa nur die Förderung des Schiffbaus und die trefflichste Ausstattung und ständige Verbesserung der Seehäfen nebst deren Zufahrten, die man nicht den Seestädten allein aufbürden darf, sondern namentlich auch eine Verkehrspolitik, welche die binnenländischen Verkehrsmittel in Bau, Betrieb, Fahrplan und Tarifen zielbewußt so leitet, daß hierdurch den heimischen Häfen und der vaterländischen Seeschiffahrt möglichst große Vorteile zugewendet werden.

Im Gegensatz zum Seeschiff hat die **Eisenbahn** zwar kein Monopol, denn für den „Binnenverkehr" kommen neben der Eisenbahn noch die Küstenschiffahrt (z. B. auf Nord- und Ostsee, im Mittelmeer und in den Beziehungen Nordsee—Schwarzes Meer), die Binnenschiffahrt und die Landstraßen (mit den Kraftwagen) in Betracht.

Immerhin hat die Eisenbahn aber einen „universalen" Charakter, der im einzelnen in folgendem begründet ist:

1. Die Eisenbahn ist „universal" vom Standpunkt der verschiedenen Verkehrsarten, denn sie befördert alles, — Personen, Güter und Nachrichten. Sie ist nämlich einerseits so billig, daß sie den Verkehr der wohlfeilen Massengüter mit ausreichender Billigkeit bedienen kann, andererseits aber so durch Sicherheit, Schnelligkeit, Pünktlichkeit, Regelmäßigkeit ausgezeichnet, daß ihr der Verkehr der Reisenden, Nachrichten (Post) und der hochwertigen, eiligen und leichtverderblichen Güter zufallen muß. Die Binnenwasserstraße bedient dagegen im

allgemeinen nur den Verkehr der Massengüter; sie ist hierbei, soweit es sich um große natürliche Ströme und weite Entfernungen handelt, ebenso billig, soweit es sich um Kanäle und kleinere Flüsse handelt, teurer als die Eisenbahn. Wo es überhaupt schon Eisenbahnen gibt, benutzen mittel- und hochwertige Güter die Binnenwasserstraße nur unter besonderen Umständen, Personen nur im Erholungsverkehr. Im allgemeinen muß der Wasserverkehr 15% billiger sein als der Eisenbahnverkehr, damit sich die Güter dem Wasserwege zuwenden, denn jedes Gut weiß die übrigen Vorzüge der Eisenbahn zu schätzen. Für viele Verkehrsarten (und für die Landesverteidigung) ist die Eisenbahn also unbedingt notwendig; die Binnenwasserstraße ist dagegen nicht allgemein notwendig. Der Kraftwagen ist der Eisenbahn für mittel- und hochwertige Güter auf kleine bis mittlere Entfernungen ebenbürtig oder sogar überlegen. Der Personenverkehr auf kleine Entfernungen stellt ein besonderes Problem dar, auf das hier nicht näher eingegangen werden kann; die Frage ist in dem Werk „Städtebau" (Verlag Julius Springer) von mir eingehend erörtert.

2. Die Eisenbahn ist „universal" vom Standpunkt der Zeit, also vom Standpunkt der „temporalen" Leistungsfähigkeit oder der jederzeitigen Dienstbereitschaft. Die Eisenbahn ist nämlich von der Witterung (fast völlig) unabhängig, weil sie auch den größten Extremen gegenüber unempfindlich ist; sie überwindet die trockene Glut der Wüste, die feuchte Hitze des Urwalds, Regen, Schnee, Eis und Wassermangel; große Katastrophen, wie Schneeverwehungen, Hochwasser, Bergrutsche, Dammbrüche usw. setzen sie immer nur auf kurze Zeit und dann auch immer nur auf bestimmten Streckenteilen matt, so daß der Verkehr stets schnell wieder in Gang kommt.

Die Binnenwasserstraßen versagen dagegen bei Wassermangel, Hochwasser und bei Frost. Das hat (abgesehen von andern Mängeln) den großen Nachteil im Gefolge, daß während dieser Zeit die Eisenbahn einspringen muß! Die Eisenbahn muß also in ihren gesamten Einrichtungen (Strecken und Bahnhöfen) und in ihrer Ausstattung (Lokomotiven- und Wagenpark, Personal) so leistungsfähig sein, als ob die Wasserstraße nicht vorhanden wäre! Hieraus ist auch zu entnehmen, daß die so oft gehörte Behauptung, die Eisenbahn müsse durch Kanäle entlastet werden, nicht richtig sein kann. Bei der Berechnung der Leistungsfähigkeit, die das Gesamtnetz der Eisenbahnen mit Rücksicht auf das zeitweilige Versagen der Wasserstraßen haben muß, ist zu prüfen, ob die Hauptfrostperiode mit der Periode des größten Verkehrs zusammenfällt; in Deutschland ist dies glücklicherweise nicht der Fall, da in den Zeiten des herbstlichen Höchstverkehrs die Wasserstraßen im allgemeinen fahrbar sind. Die Eisenbahn und die staatliche Verkehrspolitik dürfen sich hierauf aber nicht verlassen. Bei längerem scharfen Frost steigen die Transporte an Brennstoffen gewaltig an, weil der Bedarf steigt und gleichzeitig die schwimmenden, also festgefrorenen Vorräte nicht greifbar sind. In Deutschland setzt außerdem scharfer Frost öfter um die Weihnachtszeit ein; die Eisenbahn muß dann also den Güterverkehr von den zugefrorenen Wasserstraßen gerade zu der Zeit übernehmen, in der sie durch Personen-, Eil- und Expreßgut- und Postpaketverkehr besonders stark belastet ist.

Der Kraftwagen ist gegen ungünstige Witterung zwar nicht so empfindlich wie die Wasserstraße, aber doch empfindlicher als die Eisenbahn; namentlich erschweren, verteuern und gefährden Schneeverwehungen und Glatteis seinen Betrieb; vielfach muß dann ohne Anhänger gefahren werden. Die privaten Personenwagen werden dann wenig benutzt, und die Omnibusse stellen (namentlich im Gebirge) den Betrieb ein. Im Nahverkehr verzichten auch die Radfahrer auf ihr privates Beförderungsmittel; und alles „stürzt sich" auf die Schiene, namentlich auf die Straßenbahn und sogar auf die sonst bespöttelte Kleinbahn.

3. Die Eisenbahn ist „universal" vom Standpunkt des Raumes, also von dem der „regionalen" Leistungsfähigkeit. Sie kann jeden Punkt einer geschlossenen Landmasse mit jedem anderen Punkt unmittelbar verbinden. Die Eisenbahn ist nämlich schmal und schmiegsam, sie kann scharfe Kurven nehmen und gut klettern; dabei kann sie in ihren schwach belasteten Ausläuferstrecken in Form eingleisiger Neben- oder Kleinbahnen so billig gebaut und betrieben werden, daß sie in jedes Tal, zu jedem Dorf geführt werden kann, und mittels ihrer Anschlußgleise kann sie in jede Fabrik, jedes Bergwerk, jeden Steinbruch vordringen. Während die Eisenbahn sich also aufs feinste verästeln kann, bildet sie andrerseits die größten geschlossenen Verkehrsnetze, und zwar Netze, die ebenso dem Massenverkehr über die größten Entfernungen wie dem Kleinverkehr der abgelegenen Landesteile dienen. Auf der Eisenbahn ist kein Umladen erforderlich, außer insoweit sie als Kleinbahn unter Umständen Schmalspur hat; die Eisenbahn führt jeden Transport von der Verlade- bis zur Empfangsstation selbständig durch; sie bedarf keines anderen Transportmittels (außer dem Straßenfuhrwerk zum An- und Abrollen).

Die Wasserstraßen können dagegen ihrer Natur nach weder derart geschlossene und engmaschige Netze bilden, noch sich so fein verästeln wie die Eisenbahn. Es wird sich bei ihnen vielmehr immer um die einzelnen Stromsysteme handeln, wenn diese auch durch Kanäle in Verbindung gebracht werden können, ferner um einige wenige Linien, die nach Zahl und Länge höchstens den wichtigsten Hauptbahnen entsprechen können. Weite Gebiete bleiben den Wasserstraßen verschlossen, namentlich die ärmeren Gebirgsgegenden; die Eisenbahn ist also auch vom Standpunkt der gleichmäßigen Befruchtung des Gesamtlandes, der Dezentralisation der Gewerbe, der Förderung der Kleinen und Schwachen das wertvollere Verkehrsmittel; sie ist damit namentlich vom sozialen und vom Standpunkt der Volksgesundung höherzustellen. Was die Groß- und Mittelstädte und das Groß- und Mittelgewerbe anbelangt, so ist die Eisenbahn unbedingt notwendig, die Wasserstraße aber nur erwünscht, vgl. all die Städte und Gewerbebezirke Deutschlands, die keinen Wasseranschluß haben, vgl. dagegen all die Fabriken, für die der Gleisanschluß Lebensfrage ist. Dem Charakter der Eisenbahn als des „räumlich-universalen" und damit in sich selbständigen Verkehrsmittels, das keiner fremden Hilfe bedarf, steht die Wasserstraße als das Verkehrsmittel gegenüber, das für viele Transporte erst der Zuführung des Gutes mittels Eisenbahn und dann der Weiterleitung wieder mittels Eisenbahn bedarf, das also nicht selbständig ist, wobei noch zu beachten ist, daß das mehrfache Umladen besondere Kosten und unter Umständen auch eine Wertverminderung des Gutes verursacht.

Der Kraftwagen ist ebenfalls durch hohe regionale Leistungsfähigkeit ausgezeichnet; der Eisenbahn ist der Kraftwagen in dieser Beziehung um so mehr überlegen, je enger die Maschen des Wege- und je weiter die Maschen des Eisenbahn- und Kleinbahnnetzes sind. Vielfach wird der Kraftwagen als ein „flächenhaftes" Verkehrsmittel bezeichnet, die Eisenbahn dagegen als ein nur „linienhaftes"; hieraus folge, daß der Kraftverkehr als unmittelbarer „Haus-Haus-Verkehr" gekennzeichnet sei, während die Eisenbahn immer der Anfuhr und Abfuhr der Güter zum und vom Bahnhof bedürfe. Diese Behauptungen sind in folgenden Beziehungen richtigzustellen: Auch bei der Eisenbahn ist der größte Teil des Verkehrs „Haus-Haus-Verkehr", denn der Verkehr geht zu etwa 70% (im Ruhrbezirk sogar zu 92%) von Anschlußgleis zu Anschlußgleis; und auch im Kraftverkehr geht es nicht ohne An- und Abfuhr und ohne Umladen ab, da die Gütertransporte über größere Entfernungen mit großen Wagen bewältigt werden müssen, während das Sammeln und Verteilen innerhalb der Städte mittels kleiner Wagen erfolgen muß, — vgl. die schnell zunehmende Bedeutung der am Rande der Städte anzulegenden „Autohöfe".

Der unmittelbare „Haus-Haus-Verkehr" der Eisenbahn zeigt (in Deutschland) aus folgenden Gründen steigende Tendenz:

Die große Bedeutung des Gleisanschlusses wird von den „Interessenten" (Gewerbetreibenden, Lagerhaltern, Spediteuren) und auch von den Organisationen des Wirtschaftslebens (Handelskammern) immer besser erkannt.

Die Eisenbahnverwaltungen, die früher diesen Aufgaben manchmal wenig Verständnis entgegengebracht haben, widmen sich ihnen jetzt sorgfältig; die Anlage und technische Ausgestaltung wird daher gefördert und die Tarife und Gebühren werden entsprechend gehandhabt.

Die Städtebauer (Stadtverwaltungen, Landesplanungsbehörden) bringen dem Gleisanschluß viel Verständnis entgegen und sehen daher Industrieviertel nur noch in entsprechender Lage und Ausstattung vor.

Auch die Wehrmacht hat volles Verständnis für die Bedeutung der Eisenbahn im allgemeinen und die des Anschlusses im besondern.

Schließlich ist der „gleislose Anschluß" von Culemeyer entwickelt worden, mit dem jeder Eisenbahngüterwagen auf jedem Fabrikhof und unmittelbar neben die Dreschmaschine gefahren werden kann.

4. Die Eisenbahn ist universal vom Standpunkt der Mengen, also von dem der „quantitativen" Leistungsfähigkeit, und zwar ist sie ebenso dem Klein- wie dem Großverkehr gewachsen:

Der Kraftwagen ist in der Bedienung des Kleinverkehrs (also der Stückgüter und der Wagenladungen bis etwa 5 t) der Eisenbahn auf mittlere Entfernungen ebenbürtig, auf kleine Entfernungen überlegen. Er steht aber bezüglich der großen Mengen (und der besonders großen Einzelstücke) der Eisenbahn nach; — wir kommen hierauf noch bei der Erörterung der Bedeutung des Verkehrs für die Kriegsführung im Zweiten Band zurück.

Die Binnenschiffahrt ist bezüglich der kleinen Mengen der Eisenbahn unterlegen, denn sie ist in hochentwickelten Staaten wirtschaftlich nur möglich, wenn sie mit Schiffsgefäßen und demgemäß mit Ladungen von mindestens 600 t arbeitet; vielfach muß es sich aber um einheitliche Ladungen an Massengut von 1000 t handeln, wenn sich der Wasserverkehr lohnen soll. Viele Güter treten aber nur in so geringen Mengen und in so feiner Verteilung (räumlich und zeitlich) auf, daß oft nicht einmal ein ganzer Eisenbahnwagen beladen werden kann, und selbst wenn man von dem hierdurch sich bildenden „Stückgut" absieht, so besteht der Hauptteil des Verkehrs in einzelnen Wagenladungen von 5, 10, 15 und 20 t, und zwar gilt dies nicht nur von den hoch- und mittelwertigen Gütern, sondern oft auch von den „wohlfeilen Massengütern", wie Kohle, Erzen, Steinen, Holz, Düngemitteln usw., denn die Produktionsbedingungen sind vielfach nicht derart, daß geschlossene Schiffsladungen oder ganze Eisenbahnzüge gebildet werden können, und die Konsumenten sind vielfach wirtschaftlich nicht stark genug, um 1000 t auf einmal beziehen zu können.

Es ist nun aber eine besondere Pflicht der Verkehrspolitik, diesen Klein- und Kleinstverkehr zu fördern, denn mit ihm sind auf Gedeih und Verderb die gesamte Landwirtschaft und das Klein- und Mittelgewerbe, das platte Land und die Klein- und Mittelstädte verbunden. Die Eisenbahn ist in der Lage, diesem vom sozialen Standpunkt so wichtigen Gesichtspunkt voll Rechnung zu tragen, denn sie arbeiten mit kleinen Transportgefäßen, nämlich den einzelnen Güterwagen.

Aus der Kleinheit der Güterwagen folgt nun aber nicht etwa, daß die Eisenbahn dem großen Verkehr nicht gewachsen wäre. Das Wesen des Eisenbahnverkehrs besteht vielmehr darin, daß die „Verkehrseinheiten" klein sind (Güterwagen von 10, 15, 20, 40 t), daß diese aber zu Betriebseinheiten zusammengesetzt werden, die groß sind (Güterzüge von 700, 1000, 2000 und mehr Tonnen Nutzlast); und da diese großen Betriebseinheiten außerdem schneller und in dichterer Folge als die Schiffe auf Kanälen fahren und ferner auch bei Nacht und Frost verkehren, so ist die Leistungsfähigkeit der Eisenbahn höher als die eines Kanals.

Praktisch gesprochen ist die quantitative Leistungsfähigkeit der Eisenbahn **unbegrenzt groß;** denn es gibt nirgendwo auf Erden einen so gewaltigen Massenverkehr, daß die Eisenbahn ihn nicht bewältigen könnte. Da hierüber die merkwürdigsten Ansichten bestehen und da vielfach sogar eine „Angst vor dem Verkehr" zu beobachten ist, nämlich die Sorge, daß die Eisenbahn auf die Dauer dem — angeblich so schnell steigenden — Verkehrsbedürfnis nicht gewachsen wäre, so sei nur auf zwei Tatsachen hingewiesen: die Gotthardbahn, also eine der wichtigsten Linien der Welt, hat heute noch eingleisige Teilstrecken, und viele bedeutende Länder der Welt kommen mit eingleisigen Bahnen mit nur Meterspur als Hauptbahnen aus!!

Die Leistungsfähigkeit der Eisenbahn kann durch mehrgleisigen Ausbau, weitere Einstellung von Lokomotiven und Wagen, Vergrößerung der Bahnhöfe, Verbesserung der Sicherungsanlagen, Erhöhung der Zuggewichte beliebig — d. h. praktisch unbegrenzt — gesteigert werden. — Daß gelegentlich einmal die Eisenbahn „versagt", hat mit ihrer Natur nichts zu tun, sondern liegt immer an bestimmten (dem Fachmann genau bekannten) Einzelfehlern, meist an der ungenügenden Einsicht der Regierungen, Parlamente oder Finanzleute. — Ein besonders trauriges Beispiel hierfür ist die Ausblutung der deutschen Eisenbahnen in den politisch so trostlosen Zeiten nach dem Weltkrieg.

Im Zusammenhang hiermit ist auch das Gerede abzulehnen, die Eisenbahn müsse durch den Bau von Kanälen entlastet werden. Wo immer nämlich eine Eisenbahn überlastet ist, gibt es nur ein Mittel zur wirklichen Abhilfe: der weitere Ausbau der Eisenbahn!

Die Leistungsfähigkeit der Kanäle hängt (abgesehen vom Kahnraum, dem Bestand an Schleppern, der Güte der Häfen, der Einrichtung des Nachtdienstes) vor allem von der Leistungsfähigkeit der Schleusen ab; ist hier die „Grenze der Leistungsfähigkeit" erreicht, so kann (bzw. muß) sie durch Verdopplung der Schleusen verdoppelt werden. — Der Mittellandkanal hat in beiden Richtungen zusammengenommen eine Leistung von rund 13 Millionen t, die aber noch stark gesteigert werden könnte; die Leistungsfähigkeit einer zweigleisigen Eisenbahn beträgt im Güterverkehr, sofern der Personenverkehr nicht besonders stark ist, gut 60 Millionen t (200 Züge zu je 1000 t bei 300 Tagen im Jahr); sie kann aber noch weiter gesteigert werden, und nötigenfalls können besondere Güterbahnen geschaffen werden, wie dies in den Hauptindustriegebieten der Fall ist.

Der stark universale Charakter der Eisenbahn hat zur Folge, daß die Eisenbahn (in allen verkehrstechnisch leidlich erschlossenen Ländern) den weitaus größten Teil des Binnenverkehrs leistet. In Deutschland betrug der Güter-Binnenfernverkehr (1935) in Tonnen (rund):

Eisenbahnen	385 000 000 t =	77%
Binnenschiffahrt	100 000 000 t =	20%
Kraftwagen	15 000 000 t =	3%
Zusammen	500 000 000 t =	100%

Da hierin aber gewisse Doppelzählungen enthalten sind, sind die Zahlen auf 463 Millionen t und 75 — 22 — 3% zu berichtigen; nachrichtlich sei angegeben, daß der Güterverkehr über See (und zwar über die deutschen Häfen) 48 Millionen t betrug. Der inzwischen gewaltig gestiegene Verkehr zeigt für 1939 etwa folgende Zahlen: Eisenbahn 500 000 000, Binnenwasserstraßen 133 000 000, Kraftwagen 33 000 000 t.

Die angegebenen Prozentsätze vermitteln aber kein richtiges Bild von der Verteilung des Gesamtverkehrs. Einerseits dürfte man nämlich nicht mit Tonnen rechnen, sondern müßte die Tonnenkilometer (tkm) zugrunde legen, wobei sich für die Binnenschiffahrt rund 25% (für 1937 sogar 26,6%) ergibt; andrerseits sind aber nicht berücksichtigt: der hauptsächlich von der Eisenbahn bediente

Personen-, Gepäck-, Post- und Expreßgutverkehr, der Nah-Güterverkehr des Kraftwagens und der Nah-Personenverkehr der Stadt- und Straßenbahnen und der Omnibusse. Es müßten also, um die Prozentsätze für den Gesamtverkehr zu ermitteln, die Verkehrszahlen der Fahrgäste, Briefsäcke, Expreßguttonnen mit den Gütertonnen auf einen „einheitlichen Nenner" gebracht werden; wir verzichten aber hierauf, denn über derartige Umrechnungen wird man sich nie einigen; man ist aber jedenfalls zu dem Schluß berechtigt, daß der Anteil der Eisenbahn oder vielmehr der Schiene in Deutschland wesentlich über 80% liegt, und daß die Anteile der Binnenschiffahrt und des Kraftwagens zwischen 7 und 9% liegen mögen. — An der Ausfuhr aus Deutschland sind die Binnenwasserstraßen aber mit rund 61% beteiligt.

Es ist einleuchtend, daß es bei der Vielheit der Verkehrsmittel des Binnenlandes zu Wettbewerbkämpfen zwischen den verschiedenen Interessenten kommen muß. Die Kämpfe werden um so schärfer sein, je geringer das Gesamtverkehrsbedürfnis und je größer die Gesamtleistungsfähigkeit ist; sie werden also in den Zeiten von Wirtschaftskrisen und beim Abflauen der Konjunktur besonders scharfe Formen annehmen; sie waren daher in Deutschland in den Zeiten des Niedergangs um 1930 besonders schlimm; sie sind zur Zeit besonders scharf in Nordamerika, das nach dem Zusammenbruch der „Prosperity" sich fortgesetzt in einer Krise befindet. Die Kämpfe werden ferner um so peinlichere Formen annehmen, je mehr die Vertreter bestimmter Verkehrsmittel glauben behaupten zu dürfen, daß ein anderes Verkehrsmittel in seine altgeheiligten Rechte einbreche und hierdurch nicht nur hohe Wertsubstanzen vernichte, sondern auch viele Volksgenossen in ihrer Existenz bedrohe. Noch heftiger als dieser „Abwehrkampf" der sich bedroht fühlenden (älteren) Verkehrsmittel wird aber im allgemeinen der „Angriffskampf" der neu aufkommenden Verkehrsmittel geführt, zumal dann, wenn die Lieferanten bestimmter Verkehrseinrichtungen, also private Erwerbskreise, durch die Steigerung ihres Absatzes verdienen wollen und zu diesem Zweck eine gewaltige Propaganda entfalten und Einfluß auf Presse, Parlamente, Staats- und Stadtverwaltungen, wissenschaftliche Institute usw. zu gewinnen versuchen.

Wenn die Kämpfe seit 1933 in Deutschland infolge des wirtschaftlichen Aufschwungs und der zielbewußten Lenkung des Verkehrs durch eine starke Regierung an Heftigkeit abgenommen haben, so waren doch noch folgende Tatsachen zu beachten:

Vor dem Weltkrieg konnte man in Deutschland (und ähnlichen Ländern) mit einer dauernden Zunahme des Verkehrs rechnen; sie war in Norddeutschland (unter dem befruchtenden Einfluß des Meeres und der Kohlenbecken) so stark, daß sich der Verkehr der Preußischen Staatsbahnen in je 14 Jahren etwa verdoppelte. Nach dem Weltkrieg sind aber folgende Verschiebungen eingetreten:

1. Westeuropa, einst neben Nordamerika die Zentralwerkstatt der Welt, hat diese Stellung teilweise verloren, weil viele bisherigen „Agrarländer" sich eine eigene Industrie geschaffen haben.

2. Die Zerstückelung (Balkanisierung) Europas hatte manche zusammengehörigen Gebiete zerschlagen, den Handel und Verkehr durch die neuen Grenzen erschwert und verteuert und hiermit den internationalen Verkehr gelähmt und zum Teil vernichtet. Besonders kritisch war hierbei das zeitweilige Ausscheiden Rußlands aus der europäischen Wirtschaft, denn hiermit versiegten die Ströme landwirtschaftlicher Erzeugnisse nach Westen und die industrieller Erzeugnisse nach Osten. — Für Deutschland hat aber die Eingliederung der Sudetenländer und namentlich der Ostmark in den deutschen Wirtschaftsraum und in den Rahmen einer einheitlichen deutschen Handels- und Verkehrspolitik einen erheblichen Kraftzuwachs gebracht, der sich in einem starken Ansteigen des Verkehrs mit dem Südosten Europas äußern und das Wirtschafts- und Verkehrsleben dieser

Länder stark befruchten wird und allgemein ist für die Zukunft mit einer starken Zunahme des Verkehrs zu rechnen.

3. In der gesamten Technik wird seit dem Weltkrieg eifrigst an all dem gearbeitet, was mit dem Begriff „Rationalisierung" umschrieben werden kann. Rationalisierung heißt aber n. a. Ersparnis an überflüssigen Transporten, indem die Güter dort erzeugt und veredelt werden, wo dies mit dem geringsten Aufwand von Transporten geschehen kann.

Am wichtigsten sind hierbei alle Bestrebungen, die Brennstoffe besser auszunutzen und sie nicht mehr in der unveredelten Form von Kohlen zu transportieren, sondern in der veredelten Form von Öl, Gas und elektrischem Strom, und zwar nicht mehr mittels Schiff und Eisenbahn, sondern mittels Leitungen. Die Brennstoffe machen aber bisher etwa 40% des gesamten Güterverkehrs der Eisenbahn und Binnenschiffahrt aus; — der Verlust wird übrigens aus bestimmten Gründen, auf die wir hier aber nicht näher eingehen können, weniger die Eisenbahn als das Binnenschiff treffen.

Der in vorstehendem begründeten — inzwischen aber überwundenen — Abnahme der Gütermengen steht nun aber gegenüber, daß die Leistungsfähigkeit des „Gesamtverkehrsapparates" erheblich gesteigert worden ist, und zwar einerseits durch die Verbesserungen der schon vorhandenen (älteren) Verkehrsmittel und durch das Aufkommen der neuen Verkehrsmittel (Leitungen, Flugzeuge, Kraftwagen); und die großen politischen Ereignisse der letzten Jahre stellen auch dem Verkehr große Aufgaben, die im Zweiten Band zu untersuchen sein werden.

Bei der Austragung der Streitigkeiten sollte beachtet werden, daß der Verkehr für das Gesamtvolk doch zu bedeutungsvoll ist, als daß hier mit Schlagworten und Verunglimpfungen gearbeitet oder daß die private Erwerbsfreude mit angeblichen Belangen des allgemeinen Wohls (oder womöglich der Landesverteidigung!) verbrämt werden dürfte.

Von den Schlagworten seien nur die am häufigsten wiederholten kurz angeführt:

1. „Jedes Verkehrsmittel schafft sich seinen eigenen Verkehr."

Diese Behauptung ist nur so lange richtig, als noch Verkehrsbedürfnisse „latent" vorhanden sind; wo aber die Bedürfnisse (nach Quantität und Qualität) voll befriedigt sind, kann man noch so viele Neuanlagen schaffen oder Verbesserungen einführen, ohne dadurch eine Verkehrszunahme zu erzielen.

2. „Jede Verbilligung des Verkehrs setzt sich in eine Vermehrung um."

Es läßt sich aus der Inflationszeit (und der Gewährung freier Fahrt) beweisen, daß selbst bei kostenloser Beförderung eine Vermehrung nicht eintritt. — Mit diesem Schlagwort wird besonders viel im Nahverkehr operiert, wobei noch dazu oft behauptet wird, daß die durch Tarifsenkung bewirkte Verkehrsvermehrung so groß wäre, daß dadurch die Einnahme nicht verringert werde.

3. „Die Eisenbahn ist am Ende ihrer Leistungsfähigkeit."

Ist schon oben richtiggestellt.

4. „Der Zustand der Verkehrsmittel ist der Gradmesser für den Stand der Kultur eines Landes."

Der Zustand des Verkehrs ist nur einer der vielen Gradmesser für die Zivilisation. Andere Gradmesser (Wohnungsstandard, Schulen, Volksgesundheit, soziale Fürsorge) sind beweiskräftiger. — Der übersteigerte Verkehrsluxus hat in Nordamerika zu einem starken Absinken der Wohnkultur (und der Kinderfreudigkeit!) geführt.

5. „Man darf dem technischen Fortschritt nicht in den Arm fallen."

Kein vernünftiger Mensch will dem gesunden Fortschritt in den Arm fallen; was aber wirklich „Fortschritt" ist, darüber haben nicht Laien und noch weniger bezahlte Reklameleute oder die Erzeuger bestimmter Verkehrsmittel zu entscheiden; die Entscheidung darf nur bei wirklichen Fachleuten und letzten Endes bei den für die staatliche Verkehrspolitik verantwortlichen Männern liegen. — Im Zusammenhang mit dem Gerede über den technischen Fortschritt berührt es besonders peinlich, wenn Laien erfahrenen, verantwortungsbewußten Fachleuten den Vorwurf der Rückständigkeit machen.

6. „Ein armes Volk kann es sich nicht leisten, schlechte Verkehrswege zu haben."

Kein Volk kann es sich heute leisten, vorhandene Werte zu zerstören und in Verkehrsmittel, die noch nicht voll erprobt sind, große Mittel hineinzustecken. — Die Wirtschaftlichkeit aller Neuanlagen und Erweiterungen muß selbstverständlich auch im Verkehrswesen — oder vielmehr gerade im Verkehrswesen — sorgfältig erforscht werden.

7. „Amerika in der Welt voran" und all die anderen Schlagworte, mit denen uns Nordamerika als das leuchtende Vorbild angepriesen wird, dem wir kritiklos nacheifern müßten.

Abgesehen davon, daß diese Einstellung für unser kulturell wirklich hochstehendes Vaterland äußerst beschämend ist, und daß es mindestens überflüssig ist, dem deutschen Volk Minderwertigkeitskomplexe anreagieren zu wollen, wird übersehen, daß die für den Verkehr maßgebenden geographischen, wirtschaftlichen und geschichtlichen Verhältnisse in Amerika und Deutschland durchaus verschieden liegen: Drüben der große Raum, bei uns der kleine. Drüben ein äußerlich außerordentlich schnell emporgekommenes Kolonialland; bei uns ein in langer Entwicklung gereiftes altes Kulturland. Drüben Zügellosigkeit im Verkehrswesen (und Städtebau) mit sehr bösen Folgeerscheinungen; bei uns planvolles Arbeiten nach klar erkannten Regeln. Drüben ein Eisenbahnnetz mit einer ungesunden Verdichtung an den wenigen großen Zentren und die Verödung weiter Landgebiete; bei uns die planmäßige Erschließung aller Landesteile, auch der armen und abgelegenen, durch ein gleichmäßiges und recht dichtes Netz von Schienenwegen und Landstraßen. Drüben eine katastrophale Zusammenballung der Menschenmassen in wenigen Millionenstädten und dafür ein erschreckender Mangel an Mittel- und Kleinstädten und Dörfern; bei uns — trotz schwerer Mängel — eine immerhin noch erträgliche Dezentralisation der Bevölkerung. Drüben das vollständige Versagen des Städtebaues (Himmelkratzer, Schachbrettschema!); bei uns eine zwar spät erwachte, nun aber hochstehende Städtebaukunst. — Von Amerika können wir in Verkehr (und Städtebau) von Einzelausnahmen abgesehen, wirklich nichts lernen; Amerika täte aber sehr gut, wenn es von uns lernen wollte; — einsichtige Amerikaner raten dies ihrem Volke dringend.

Damit sich der Wettbewerb auf fairer Grundlage abspielt und nicht in ungesunde Konkurrenz ausartet, müssen die verschiedenen Verkehrsmittel durch die Verkehrspolitik des Staates (beim Nahverkehr auch durch die der Gemeinden usw.) gleichmäßig behandelt werden. Es wird aber leider gegen diesen Grundsatz in den meisten Ländern stark gesündigt, indem die Eisenbahn durch besondere Auflagen belastet, die anderen Verkehrsmittel aber durch Unterstützungen entlastet werden. Im einzelnen sei hierzu an dieser Stelle nur folgendes ausgeführt, und zwar absichtlich in scharf theoretischer Formulierung und unter Hinweis darauf, daß wir auf diese Fragen noch im dritten Hauptabschnitt (Verkehrspolitik) zurückkommen müssen, daß sie hier aber so „unpolitisch" wie möglich erörtert werden sollen.

1. Die wichtigste Grundlage für fairen Wettbewerb, die daher immer in den Vordergrund gestellt werden müßte und für alle Allgemeinerörterungen maßgebend sein sollte, ist die Forderung nach Eigenwirtschaftlichkeit. Sie besagt:

Jedes Verkehrsmittel soll seine vollen Selbstkosten aus seinen Verkehrseinnahmen decken.

Hierbei müssen die Selbstkosten bei den verschiedenen Verkehrsmitteln auf gleicher Grundlage berechnet werden; zu den Selbstkosten gehören selbstverständlich die Verzinsung und Tilgung des gesamten Anlagekapitals, die Kosten für die Unterhaltung, Erneuerung und Weiterentwicklung aller Anlagen, die Entschädigungen für Unfälle und die Kosten für Staatsaufsicht, Schutzmaßnahmen und Verkehrspolizei. In den meisten Ländern haben aber nur die Eisenbahnen (und zwar vornehmlich die Haupt-, Neben- und Straßenbahnen, weniger dagegen die Kleinbahnen) ihre Selbstkosten selber voll zu decken; dagegen werden der Binnenschiffahrt und dem Kraftwagen deren „Wege" (verbesserte Flüsse, Kanäle, Land- und Stadtstraßen) von der Allgemeinheit vorgehalten, und die von ihnen erhobenen Abgaben (Steuern, Zölle, Gebühren) reichen meist nicht dazu aus, um die von der Allgemeinheit (von Staaten, Provinzen, Kreisen, Städten) geleisteten Kosten zu vergüten; — von den Aufwendungen für Verkehrspolizei und Unfälle ganz zu schweigen! Im Schrifttum wird gerade hier der — eigentlich sehr klare — Tatbestand in großem Umfang verschleiert, indem wesentliche Kostenbestandteile „vergessen" werden.

Der theoretische Grundsatz der Eigenwirtschaftlichkeit darf nicht überspannt werden; es darf auch hier selbstverständlich das an sich richtige Prinzip nicht durch Überspannung „zu Tode geritten" werden. Subventionen und Entlastungen sind selbstverständlich nicht nur zulässig, sondern sogar notwendig, vor allem zur Zeit für den Luftverkehr. Aber im Wettbewerb Schiene—Straße—Kanal müßte nach einem gerechteren Ausgleich gestrebt werden, als dies in den meisten Staaten zur Zeit der Fall ist. — Wir werden hierauf im Zweiten Band noch zurückkommen.

2. Dem Grundsatz der Eigenwirtschaftlichkeit muß aber der Grundsatz der Unzulässigkeit von Belastungen, die dem Verkehr wesensfremd sind, gegenübergestellt werden; — mit anderen Worten:

Der Verkehr (das einzelne Verkehrsmittel oder die einzelne Verkehrsanstalt) darf vom Staat oder von anderen öffentlichen Körperschaften nicht mit Lasten belegt werden, die mit dem „Verkehr" nichts zu tun haben.

Hierbei sind vor allem folgende Arten von Mißbräuchen zu nennen, die sich vielfach in das Verkehrswesen eingeschlichen und dort teilweise so festgefressen haben, daß selbst klarblickende Fachleute sie nicht mehr als Mißbrauch, als verfehlt, ungerecht, schädlich, verhängnisvoll erkennen, sondern als etwas Selbstverständliches hinnehmen:

a) Die Belastung einzelner Verkehrsanstalten mit Abgaben für allgemeine Staats- oder Gemeindezwecke, also der Mißbrauch des Verkehrs durch die Steuergesetzgebung usw. Berüchtigt waren früher die Abgaben auf dem Rhein, durch die es schließlich die vielen Potentaten fertiggebracht haben, den Verkehr auf diesem Fluß zeitweise und streckenweise zum Erliegen zu bringen. Es ist aber auch auf die vielen Eisenbahnen auferlegten „Verkehrssteuern" zu verweisen.

b) Die Belastung einzelner Verkehrsanstalten mit Leistungen zugunsten gewisser Staats- oder Gemeindebehörden oder staatlicher Einrichtungen, wie Zoll, Polizei, Rechtspflege, Post, Wehrmacht, Schulen, Krankenpflege. — Vgl. hierüber die ausgezeichnete Schrift von Prof. SAITZEW, Zürich, „Die volkswirtschaftlichen Aufgaben und die wirtschaftspolitische Behandlung der Eisenbahnen".

c) Die Belastung einzelner Verkehrsanstalten mit den Kosten der Unterhaltung und Erneuerung anderer Anlagen; bekannt — man müßte sagen „berüchtigt" — ist die Abwälzung von Straßenunterhaltungskosten auf die Straßenbahn.

d) Die Belastung einzelner Verkehrsanstalten mit ungerechten und manchmal wirtschaftlich geradezu unsinnigen Rückkauf- und Heimfallbedingungen.

e) Die Belastung einzelner Verkehrsanstalten mit sog. „politischen" Lasten, — vgl. die bekannten Erscheinungen bei der Deutschen Reichsbahn nach 1918.

Alle diese Belastungen sind:

a) ungerecht, wenn sie nicht allen Verkehrsmitteln gleichmäßig auferlegt werden; dies ist aber vielfach gar nicht möglich, da z. B. die Binnenwasserstraßen für Post, Landesverteidigung usw. kaum in Betracht kommen; es muß hier also oft zu einer Verschiebung der Grundlagen fairen Wettbewerbs kommen, selbst wenn der Staat dies vermeiden möchte.

b) volksschädlich, denn es ist ein wirtschaftlicher Unsinn, den Verkehr, der einen wesentlichen Teil der Urproduktion darstellt, zu belasten und hierdurch die Gesamtproduktion und die Lebenshaltung zu verteuern und die Wettbewerbsfähigkeit gegenüber dem Ausland zu schwächen. Ebenso ist es falsch, Einrichtungen mit Steuern usw. zu belegen, die für die Volksgesundheit, das Siedlungswesen und die Landesverteidigung so wichtig sind wie — nicht alle, aber — die meisten Verkehrsanstalten.

3. Während für die vorstehenden Belastungen das Maßgebende ist, daß sie dem Verkehr wesensfremd sind, sind andere Belastungen dem Verkehr wesenseigen und daher nicht nur zulässig, sondern sogar in weitem Umfang notwendig, da sonst das Hauptziel — höchster Nutzen für die Allgemeinheit — nicht erreicht werden kann. Diese Belastungen sind einzuteilen in:

a) verkehrsgesetzliche Sonderbindungen, nämlich die Pflicht gleichmäßiger Behandlung, die Beförderungspflicht, die Betriebspflicht, die Haftpflicht und die Tarifpflicht (Tarif-Veröffentlichungs- und Tarif-Treuepflicht) und

b) nationalwirtschaftliche Pflichten, nämlich Schutz der Kleinen, des platten Landes, Unterstützung der Grenz- und Gebirgsgebiete, der Landwirtschaft, der Volksgesundheit, der Dezentralisation usw.

Da wir auf alle diese Fragen noch zurückkommen müssen, ist hier nur zu bemerken, daß diese Pflichten zwar nicht allen Verkehrsmitteln gleichmäßig auferlegt werden können, daß die staatliche Verkehrspolitik aber nach möglichster Gleichmäßigkeit und einigermaßen ausgleichender Gerechtigkeit streben sollte. Der Schiffahrt kann man z. B. die Betriebspflicht bei Frost, Hoch- und Niederwasser nicht auferlegen, denn das widerspricht einfach der Natur; man kann ihr auch nicht (oder nur für bestimmte Fälle) bestimmte Tarife vorschreiben, denn das widerspricht dem Wesen ihrer Organisation; aber der Zustand, daß nur der Schiene alle Pflichten auferlegt sind, daß dagegen andere Verkehrsmittel sich nach Verkehrsarten, Strecken und Zeiten die „Rosinen aus dem Kuchen herauspicken", die nicht lohnenden Transporte aber „abwimmeln" können, ist auf die Dauer volksschädlich.

Die Bedeutung der verschiedenen Verkehrsmittel umreißt WIEDENFELD („Die Raumbeziehungen im Wirtschaften der Welt") fast wörtlich wie folgt:

Für alle Beförderungszwecke stehen einstweilen noch die Eisenbahn und die Seeschiffahrt im Vordergrund;

für den besonderen Dienst des Nachrichtenschnellverkehrs die „Landdrähte und die Kabel", also Telegraph und Fernsprecher.

Ergänzend, nämlich Lücken ausfüllend und neue Wirtschaftsgestaltung vorbereitend, schieben sich die Binnenschiffahrt und der Kraftwagen, der Luftverkehr und der Rundfunk in das Gesamtnetz ein.

Wichtige Sonderaufgaben haben die Leitungen für Gas, Öl und Starkstrom zu erfüllen.

WIEDENFELD fährt dann fort:

„Für die regelmäßige Deckung des Massenbedarfs jedoch und den Kern des weiträumigen Güteraustausches, für die Bestimmung der wirtschaftlichen Grundformen also, sind Eisenbahnen und Seeschiffahrt, weil sie die Regelmäßigkeit und die Massenhaftigkeit der Leistung mit großer räumlicher Verbreitungsfähigkeit verbinden, längst die tragenden Stützen geworden und auch geblieben; wie andererseits die Eigenart neuzeitlicher Preisbildung sich auf den Leistungen des Telegraphen- und Telephondrahtes im wesentlichen aufbaut."

Dritter Hauptabschnitt.

Die Wirkungen der fortschreitenden Verkehrsentwicklung.

Einleitung. — Die vier Stufen der Volkswirtschaft.

Wenn die Verkehrsverhältnisse eines Landes oder eines Raumes lange Zeit hindurch unverändert bleiben (stagnieren), wenn also keine Veränderungen in der Verkehrstechnik, den Verkehrskosten oder der Netzgestaltung eintreten, wird sich nach einiger Zeit in allen vom Verkehr abhängigen kulturellen, politischen und wirtschaftlichen Zuständen ein Beharrungszustand einstellen; man wird dann also auch keine vom Verkehr ausstrahlenden, das Leben ändernden Wirkungen wahrnehmen. Wenn sich dagegen die Verkehrsverhältnisse verändern, wird man ununterbrochen Wirkungen zu spüren bekommen. Wenn man also die vom Verkehr ausgehenden Wirkungen erläutern will, wird man zweckmäßigerweise von der Voraussetzung ausgehen, daß der Verkehr sich verändere, und zwar, daß er sich — der allgemeinen technischen Entwicklung entsprechend — verbessere; in diesem Sinne sprechen wir von den Wirkungen der fortschreitenden Verkehrsentwicklung.

Es ist nun aber kaum möglich, die Wirkungen der Verbesserungen des Verkehrs für sich allein zu betrachten, denn es haben wohl immer andere Ursachen (politischer, wirtschaftlicher, technischer Art) mit dazu beigetragen, das Leben der Menschen umzugestalten. In diesem Sinn müßten wir die drei Zeiten großen Aufstiegs (nämlich das Altertum bis zum Römischen Weltreich, das Zeitalter der Entdeckungen und unser heutiges Zeitalter) untersuchen; wir möchten uns aber möglichst auf diesen letzten Abschnitt beschränken und hierbei so scharf wie möglich auf die Wirkungen des Verkehrs konzentrieren. Diese Einseitigkeit ist berechtigt, da vieles schon früher angedeutet worden ist.

Wie hoch die Volkswirtschaftslehre den Einfluß des Verkehrs auf das wirtschaftliche Leben einschätzt, ergibt sich daraus, daß sie die früher üblich gewesenen Einteilungen der volkswirtschaftlichen Entwicklung zugunsten der Einteilung nach dem Gesichtspunkt der „fortschreitenden Verkehrsentwicklung" aufgegeben hat[1]. Sie unterscheidet jetzt je nach dem Stande der Verkehrstechnik und der Leistungen des Verkehrs die vier Stufen:

Dorf- oder Familienwirtschaft,

Stadtwirtschaft,

Territorialwirtschaft und

Welt- oder vielmehr Weltmarktwirtschaft.

Diese Einteilung knüpft bezeichnenderweise an Räume, und zwar an solche von sehr unterschiedlicher Größe an, denn die Räume, die zu einheitlicher wirtschaftlicher Tätigkeit zusammengefaßt werden können, sind um so kleiner, je schlechter (teurer, unzuverlässiger, langsamer) der Verkehr arbeitet:

1. Bei primitiven Verkehrsmitteln (nichtbefestigten Feldwegen) ist die Einheit des Wirtschaftsraums das Dorf mit seiner Feldmark. Es ist hier keine nennenswerte Arbeitsteilung nach Gegenden möglich; der Handel ist dementsprechend schwach entwickelt (s. o,); es herrscht die Familienwirtschaft, innerhalb deren auch die Arbeitsteilung nach Menschen (Berufen) nur wenig ausgeprägt ist. Diese Stufe herrscht auch heute noch in weiten Gebieten der Welt, nämlich überall dort, wo die Schiffahrt ungünstig ist und der neuzeitliche Verkehr noch nicht eingedrungen ist; sie hat sich im deutschen Osten auf dem platten Land bis in

---

[1] Vgl. hierzu besonders WIEDENFELD: Die Raumbeziehungen im Wirtschaften der Welt. Berlin: Julius Springer 1939.

die Gegenwart hinein gehalten, — allerdings mit einigen Zügen höherer Wirtschaftsstufen.

2. Die Stadtwirtschaft erfordert so gute Verkehrsmittel (Küstenfahrt, schiffbare Wasserläufe, Landwege), daß ein städtisches Gewerbe-, Handels- und Verwaltungszentrum mit seiner weiteren Umgebung dauernd in Güteraustausch stehen kann. Hierbei übernimmt die ländliche Umgebung die Versorgung der Stadt mit Lebensmitteln, Bau- und Brennstoffen und den Rohstoffen für die Gewerbe, während die Stadt die gewerblichen, kaufmännischen, politischen und kulturellen Aufgaben zu lösen hat. Es bahnt sich der Gegensatz zwischen Stadt und Land an; das Land gerät vielfach in Abhängigkeit von der Stadt. Höhepunkte der Stadtwirtschaft zeigen die Mittelmeerländer von den ältesten Zeiten bis in unsere Tage, ferner Nordwesteuropa bis etwa 1700 (mit seinen machtvollen Städtebünden); typisch für die Stadtwirtschaft sind die Stadtstaaten des Altertums, die Reichsstädte des Mittelalters, die Kreisstädte der neueren Zeit, aber auch die großen Oasenstädte der Wüsten und Steppen, jedoch ist bei diesen (wie etwa bei Damaskus) die „Umgebung" sehr groß. Die Stadtwirtschaft ist durch die Zünfte, Innungen und Gilden, die Kundenproduktion, das Streben nach „Autarkie", aber auch durch kraftvolle Pflege von Handel, Verkehr, Gewerbe und Kultur mittels Bündnissen gekennzeichnet.

So glanzvoll die Leistungen der Stadtwirtschaft zum Teil gewesen sind, so muß doch davor gewarnt werden, die Größe der einzelnen Städte zu überschätzen. Von den antiken und den altchinesischen Städten haben einige allerdings die Million erreicht; aber für die mittelalterliche Welt sind die Zahlen sehr bescheiden: Für das Jahr 1400 sind für die meisten deutschen Städte 1000—5000, für die großen 5000—25000 Einwohner und für die durch gute Wasserverbindungen ausgezeichneten Hauptstädte der großen Städtebünde Köln und Lübeck je etwa 30000 anzunehmen. Für die wichtigsten Handelsstädte werden genannt: Basel und Frankfurt 8000—10000, Leipzig 15000, Ulm, Straßburg und Nürnberg 20000—26000, Gent und Brügge 50000—60000, Florenz 90000, Venedig (Beherrscherin des Weltverkehrs!) 190000.

Die Verkehrswirkungen unter dem Zeichen der Stadtwirtschaft sind ausgezeichnet dargestellt in dem Werk v. Thünens „Der isolierte Staat" (1826): Um den städtischen Mittelpunkt müssen sich infolge der mit der Entfernung größer werdenden Transportkosten die verschiedenen Zweige der Land-, Forst- und Viehwirtschaft in konzentrischen Kreisen ansiedeln: 1. Gemüse, Obst, Milch, 2. Holz, 3., 4. und 5. Getreide bei fallender Intensität der Wirtschaftsform, 6. Viehzucht, 7. Jagd.

3. Die Territorialwirtschaft wurde aus der Stadtwirtschaft vielfach bewußt entwickelt, indem sich die Merkantilisten bemühten, eine in sich geschlossene Wirtschaft des politisch geeinten Territoriums zu schaffen. Sie war typisch für die Wirtschaft großer Teile Europas bis 1800 und darüber hinaus. Eines der wichtigsten Mittel hierzu war die bewußte Pflege des Verkehrs und aller ihm dienenden Wissenschaften (s. o.). Was hierdurch tatsächlich erreicht wurde, wird aber vielfach überschätzt, — und zwar deswegen, weil das im Verkehrswesen Erreichte überschätzt wird. Es sei daher die Richtigstellung Wiedenfelds angeführt:

„Dennoch ist es sogar einem Friedrich dem Großen nur in dem eingeschränkten Rahmen seines mitteldeutschen Besitzes, den er durch das Netz der Märkischen Wasserstraßen zwischen Elbe und Oder aufgeschlossen hat, und in schmalen Streifen längs des Warthe-Netze-Weges nach der Weichsel hin, nicht aber für das Gesamtgebiet gelungen, mit Hilfe seines Magazinsystems von Ost nach West einen regelmäßigen Ausgleich zwischen örtlichen Mißernten und andersörtlichen Überschüssen an Getreide zu sichern ... Ebenso lassen die zahlreichen Getreide-Ordonnanzen des großen französischen Kanalbauers Colbert deutlich erkennen, daß jener Ausgleich sich fast nur für benachbarte Landschaften und ebenfalls nicht, trotz günstigerer Raumgestaltungen des Staates, über das Gesamtgebiet hinweg bewirken ließ. In England standen noch nach den Napoleonischen Kriegen die Ausfuhr- und die Einfuhr-Grafschaften für Getreide nebeneinander, obwohl in der zweiten Hälfte des 18. Jahrhunderts ein „Kanalbaufieber" das Mittelland ebenso mit London wie mit der Ost-

und der Westküste verbunden hatte, und obwohl auch befestigte Landwege ... schon mannigfach das Gebiet durchzogen.

Trotz aller Wirtschaftspolitik war also vor dem Zeitalter der Eisenbahnen und Telegraphen nirgends in den großen Staaten von wirklicher Geschlossenheit eines einheitlichen, in seinen Teilen sich ergänzenden Wirtschaftskörpers zu sprechen. Sogar nach der Aufhebung der Binnenzölle, die überall die Einheitlichkeit des Staates wirtschaftlich zum Ausdruck bringen sollte ..., ist das Wirtschaftsleben noch lange Zeiten in allem Wesentlichen seinen alten Weg örtlicher Gebundenheit weitergegangen, hat es in den einzelnen Landschaften sich mit der Erzeugung und dem Verbrauch der tagtäglichen Lebensnotwendigkeiten oder gar deren Preisbildung kaum nach den benachbarten Landschaften und schon gar nicht nach der Ferne, auch nicht nach der Ferne des eigenen Staatsraumes maßgeblich ausgerichtet." (Arch. Eisenbahnw. 1938 S. 552.)

In Wahrheit hat sich die das Staatsganze umfassende Wirtschaft erst im Zeitalter des Dampfverkehrs durchsetzen können.

4. Hierbei sind nun auch, namentlich unter der Wirkung der Überseedampfer und der internationalen Eisenbahnen, die Verflechtungen zwischen den einzelnen „Volkswirtschaften" inniger geworden, und zwar um so inniger, je mehr ein Land durch Kolonialbesitz, Exportindustrialismus und Exportkapitalismus gekennzeichnet war und je schärfer sich die „Welt" in Agrar- und Industriestaaten gliederte. Die begeisterten Vertreter der „Nur-Wirtschaft" haben hieraus als weitere Stufe die der Weltwirtschaft abgeleitet. Das Ideal wäre hierbei, daß alle Volkswirtschaften ihre Güter (und vor allem auch ihre Kenntnisse, Produktionsmittel, Verfahren und Arbeitskräfte) so miteinander austauschen würden, daß jedes Gut nur dort erzeugt werden würde, wo es am besten und billigsten erzeugt werden kann — bzw. wo seine Produktion den höchsten Profit verspricht. Dieser Zustand der „reinen Weltwirtschaft" ist — glücklicherweise! — noch nicht erreicht; er würde das Ende vieler Staaten, so auch Deutschlands, bedeuten; — kein Land darf es dahin kommen lassen, daß es im Bezug der „lebenswichtigen" Güter vom Ausland abhängig wird! Es ist schon gefährlich, wenn große Länder, die durch verschiedene Zonen reichen, die Landwirtschaft ihrer kälteren Gebiete durch die Einfuhr aus ihren wärmeren Gebieten schädigen lassen, vgl. USA. und Frankreich-Algerien!

In Wirklichkeit gibt es keine Weltwirtschaft, sondern nur eine Weltmarktwirtschaft, denn es werden doch immer nur bestimmte höherwertige Güter (und bestimmte Verfahren, Arbeitskräfte und Kapitalien) ausgetauscht, während die einzelnen Volkswirtschaften (mit Ausnahme der englischen?) in erheblichem Maß ihre Selbständigkeit bewahren. Bis zum Weltkrieg wurde die „Weltwirtschaft" allerdings so hoch gepriesen, daß die aus der merkantilistischen Zeit stammenden Hemmnisse größtenteils beseitigt wurden und gewaltige Wanderungen von Gütern und Menschen, von Kapitalien und Produktionsmitteln fast hemmungslos durchgeführt werden konnten.

Eine solche „Weltmarktwirtschaft" hat es in gewissem Sinn schon im Römischen Weltreich gegeben, sofern man als „Welt" den Mittelmeerraum bezeichnet. Aber auch hier beschränkte sich der Verkehr auf Nachrichten, hochwertige Güter und bestimmte Reisende (Beamte, Offiziere, Gelehrte und reiche Vergnügungsreisende), dazu auf Truppen und Sklaven; es gab auch einige „Weltzentren" (für Verwaltung, Kunst, Wissenschaft und Genuß); im übrigen aber lebten die Hunderte von Stadtwirtschaften ihr eigenes Leben, und das Römische Weltreich ist sehr richtig als ein „Städtebund" mit der Stadt Rom als führender Spitze bezeichnet worden; — daß aber auch der Verkehr in mittelwertigen Gütern teilweise stark entwickelt war und daß die Versorgung der Großstädte mit Lebensmitteln erhebliche Schwierigkeiten verursachte, ist oben erwähnt.

Gegenüber dem Aufstieg von der Dorf- bis zur Weltwirtschaft zeigen sich heute gewisse rückläufige Erscheinungen, die ebenfalls mit dem Verkehr in engem Zusammenhang stehen:

Gegenüber der Schwärmerei für die Weltwirtschaft besinnen sich jetzt viele Staaten auf sich selbst und bemühen sich, eine feste, zuverlässige, harmonische Nationalwirtschaft aufzubauen. Veranlassung zu dieser Umstellung gaben die trüben Erfahrungen des Weltkriegs, verschärft durch die folgenden wirtschaftlichen Schwierigkeiten. Der Sinn der Nationalwirtschaft ist nicht „Autarkie", sondern die möglichste Entfaltung der eigenen Produktivkräfte und die Abstellung des Verbrauchs auf die einheimische Erzeugung; man bevorzugt die eigenen Güter selbst dann, wenn man sie vom Ausland billiger und besser einkaufen könnte; man spannt die Wissenschaft ein, um Ersatzstoffe und neue Verfahren zu ermitteln; man ist bemüht, die in Frieden und Krieg lebenswichtigen Güter selbst zu erzeugen und will sich die Preise für sie nicht mehr vom Ausland, d. h. von der internationalen Spekulation, vorschreiben lassen. Hierbei bemühen sich die Agrarstaaten und die „zurückgebliebenen" Völker, eine eigene Industrie (mindestens für kriegswichtige Güter) aufzubauen und von der Bevormundung durch das internationale Kapital loszukommen; man baut z. B. Eisenbahnen und Häfen nicht mehr mit fremden Anleihen, sondern aus eigener Kraft (z. B. aus Sondersteuern).

Hierbei wird aber die **Einfuhr** aus dem Ausland nicht abgelehnt, und es kann demgemäß auch die **Ausfuhr** in das Ausland nicht vernachlässigt werden. Vielmehr muß z. B. Deutschland nach wie vor bestimmte Nahrungs- und Genußmittel und Rohstoffe (Reis, Tee, Kaffee, Tabak, Südfrüchte, Baumwolle, Wolle, Häute, Phosphate, gewisse Erze und Hölzer) aus dem Ausland beziehen und es muß diese Einfuhr mit hochwertigen Industrieerzeugnissen bezahlen, die von seinen hochwertigen Arbeitskräften hergestellt werden. In ähnlicher Weise müssen die Balkanstaaten die Erzeugnisse ihrer Land- und Gartenwirtschaft (in edelsten Qualitäten) an die Industrievölker verkaufen, um von ihnen Fertigwaren einzutauschen.

Der „Rückfall" von der Welt- in die Nationalwirtschaft muß sich auch im **Verkehr** auswirken: Es müssen die Übersee- und die großen internationalen Eisenbahnlinien relativ verlieren, und es muß statt dessen der Binnenverkehr zunehmen; — ob sich das aber im einzelnen wird beweisen lassen, bleibe dahingestellt; vorläufig ist das ganze wirtschaftliche und politische Leben der Welt so aufgewühlt, daß man kaum klar sehen kann. Wir werden auf diesen Punkt im Zweiten Band zurückkommen[1].

Von einem „Rückfall" in frühere Wirtschaftsstufen kann man auch insofern sprechen, als die, leider so weit getriebene, **Verstädterung** und das Emporwuchern der Riesen- und Mehrmillionenstädte eine neue Art von „Stadtwirtschaft" haben entstehen lassen: Während die immer leistungsfähiger werdenden Fernverkehrsmittel die um die antike oder mittelalterliche Stadt gelegten Thünenschen Ringe zuerst ausgeweitet und schließlich gesprengt haben, legen

---

[1] Bezüglich der Stärkung des Binnenverkehrs sei über Deutschland bemerkt:

Die Zersplitterung der deutschen Eisenbahnen in die einzelnen Staatsbahnnetze und die noch stärkere Zersplitterung der Binnenwasserstraßen, von den Landstraßen ganz zu schweigen, brachte für den deutschen Binnenverkehr Hemmungen und bedeutete für den Auslandverkehr unter Umständen ein Schwächemoment, zumal der Einfluß der Reichsbehörden auf den Verkehr recht schwach war. Heute ist die Reichsgewalt stark ausgebaut, und Eisenbahnen, Binnenwasserstraßen, Post-, Kraft- und Luftverkehr sind unter den entsprechenden Reichsministern straff zusammengefaßt; demgemäß kann auch die nunmehrige einheitliche und kraftvolle gesamtdeutsche Verkehrspolitik die Ziele der deutschen Nationalwirtschaft wirkungsvoll unterstützen. Auch die Rückkehr Österreichs usw. zum Gesamtvaterland wirkt in diesem Sinn.

Eine einheitliche, das Gesamtland zusammenfassende Verkehrspolitik ist für Deutschland (im Gegensatz zu vielen andern Staaten) von besonders großer Bedeutung, weil die geographischen Verhältnisse die Einheit des deutschen Lebensraums nicht verstärken: Die Flüsse fließen nicht zentral zusammen (wie etwa in Frankreich), das Meer erschließt unmittelbar nur die eine Langseite, die Gebirge bilden manche peinlichen Binnengrenzen.

die neuzeitlichen Nahverkehrsmittel neue Ringe um die Stadt herum. Diese Verkehrsmittel (Straßenbahnen und Omnibusse, dazu Schnell- und Vorortbahnen und außerdem der Vorortverkehr der Fernbahnen und der Fahrrad- und Lieferwagenverkehr) sind nämlich dadurch gekennzeichnet, daß sie einen räumlich nur kleinen Aktionsradius haben, daß sie aber in ihrem engen Rahmen eine außerordentlich starke Kraft entwickeln, und zwar nicht etwa nur im Personen-, sondern auch im Güterverkehr, vgl. die Versorgung der Stadt mit Obst, Gemüse, Milch, Geflügel, Eiern, Blumen usw. aus der näheren Umgebung, und die Versorgung der Umgebung mit gewerblichen Erzeugnissen, Zeitungen, ärztlicher Hilfe usw. aus der Stadt.

Es entstehen hiermit Räume mit einer eigenartigen wirtschaftlich-kulturellen Prägung, sog. „Stadtlandschaften", die voneinander durch ländliche Gebiete getrennt sind. Sie sind gerade vom verkehrstechnischen Standpunkt besonders schwierig; und wenn sie auch räumlich klein sind, so sind sie doch für das ganze Volk von hoher Bedeutung, weil in ihnen — leider! — ein so hoher Anteil der Gesamtbevölkerung wohnt. — Um nicht mißverstanden zu werden, sei erwähnt, daß um die neuzeitliche Großstadt eigentlich nicht „Ringe" herumliegen, sondern daß sie — im großen gesehen — als Stern (zackenförmig) entwickelt werden muß.

Eine besondere Stufe der „Stadtlandschaft" stellt der Industriebezirk dar, der noch ausgeprägter die Züge eines eigenen wirtschaftlichen, kulturellen und siedlungstechnischen Eigenlebens zeigt und auch eine besondere Verkehrsgruppe, nämlich den Bezirksverkehr, hervorruft.

Der vorstehend angegebenen Gliederung in die vier Stufen der Dorf-, Stadt-, Territorial- und Weltmarktwirtschaft stellt WIEDENFELD für die Grundformen des Wirtschaftslebens, die alles Wesentliche umfassen sollen, folgende Gliederung gegenüber:

1. Die raumgebundene Wirtschaft ohne lebenswichtigen Güteraustausch, nämlich die Naturalwirtschaft mit den Unterteilungen der Nomaden-, Ackerbau- und der Feudalwirtschaft;

2. die raumgebundene Wirtschaft mit lebenswichtigem Güteraustausch, die „Nachbarschaftswirtschaft";

3. die raumgelöste Wirtschaft mit allgemeinem Güteraustausch, die „Weltmarktwirtschaft".

Zu diesen drei Grundformen kommt aber noch eine vierte hinzu:

4. Die staatsraumbezogene Wirtschaft mit allgemeinem Güteraustausch, die Nationalwirtschaft. Bei ihr könnte zwar eine raumgelöste Wirtschaft geführt werden; verantwortungsbewußte Staatslenker lehnen das aber ab, weil sie die Gefahren sehen, die einem Volk drohen, wenn es, namentlich im Krieg, in lebenswichtigen Gütern vom Ausland abhängig ist; sie bekennen sich also zur Nationalwirtschaft, zur staatsraumbezogenen Wirtschaft, bei der sich das Volk raumgebunden fühlt, hierbei aber gewisse Verflechtungen mit der Außenwelt nicht ablehnt.

A. Die Verbesserung des Verkehrs.

Man darf die Wirkungen der fortschreitenden Verkehrsentwicklung nicht derart erörtern, daß man sie einfach „registriert"; man muß vielmehr auf den inneren Zusammenhang zwischen den Verbesserungen des Verkehrs und den durch sie veranlaßten Wirkungen zurückgehen; man muß also auf die technischen und organisatorischen Vorgänge zurückgehen, durch die die Verkehrsfortschritte erzielt worden sind.

Wenn man nämlich nur die irgendwo beobachteten Wirkungen aufzählt, beschreibt und irgendwie in ein Schema einordnet, läuft man zunächst Gefahr, daß man Wirkungen für wesentlich, folgerichtig, innerlich begründet und allgemeingültig hält, die vielleicht nur zufällig sind und die vielleicht aus andern als verkehrstechnischen Gründen zu erklären sind.

Ferner kann man mit dem Registrieren nur die bisherige Entwicklung darstellen und erklären, aber man kann damit noch nicht die künftige Entwicklung vorausschauen; man kann damit also nicht die Entwicklungsmöglichkeiten veranschlagen, die durch eine Verbesserung des Verkehrs erzielt werden können. Das aber gerade wollen und müssen wir: Vorausschauen. Wir wollen (als Verkehrsmänner, Wirtschaftsführer, Generalstäbler, politische Führer) bestimmte Wirkungen (wirtschaftlicher, kultureller, strategischer, politischer Art) erzielen, und dazu müssen wir die hierfür geeigneten Mittel erforschen; der Blick in die Vergangenheit hat gerade hier den Sinn, das Auge für den Blick in die Zukunft zu schärfen[1].

I. Die Verbesserungen der vier Grundlagen.

Da der Verkehr mit den obenerwähnten vier Grundlagen Weg, Kraft, Fahrzeug und Stationsanlagen arbeitet, haben wir deren Verbesserungen zunächst im einzelnen, dann in ihren Wechselbeziehungen zu untersuchen.

Der **Weg** kann in der Seeschiffahrt nur wenig verbessert werden, weil das Meer eine so gewaltige Größe ist, daß der Mensch mit all seiner Technik an ihm nur sehr wenig ändern und bessern kann. Die „Verbesserung des Wegs“ besteht hier hauptsächlich in der Erforschung der Meere und aller für den Verkehr wichtigen klimatischen und wirtschaftlichen Verhältnisse, in der Herstellung und ständigen Verbesserung der Sicherungs- und Hilfsanlagen, der Verbesserung der Hafenzufahrten und schließlich in dem Bau der Seekanäle.

In der Binnenschiffahrt sind die entscheidenden Fortschritte die Erfindung der Kammerschleuse, die großen Flußverbesserungen und Kanalbauten des Merkantilismus und dann vor allem die neuzeitlichen Fluß- und Kanalbauten nebst ihren Hilfsanlagen (Talsperren); sie ermöglichen nicht nur den Verkehr von größeren Schiffen, sondern gewährleisten auch eine regelmäßigere Wasserführung (Wassertiefe) und hiermit eine größere Pünktlichkeit, also eine bessere Berechenbarkeit des erforderlichen Zeitaufwands.

Im Nachrichtenverkehr hat sich der Mensch durch die drahtlose Übermittlung gänzlich, im Luftverkehr fast ganz vom „Weg“ losgerungen.

Im Landverkehr zeigt der „Weg“ den Aufstieg vom ungebahnten Fuß- und Reitpfad zum markierten Weg für Tragtiere, der an den wichtigsten Stellen (bei Furten, Quellen, Pässen) schon gesichert und auch schon mit Rasthäusern ausgestattet ist, so daß er auch von großen Karawanen mit Sicherheit benutzt werden kann (wie heute noch in der Mongolei). Dann kommt der weitere Aufstieg zur gebahnten und befestigten Straße für Fuhrwerke, die von Zugtieren befördert werden. Hiermit war aber (und zwar im Römerreich und später gegen 1800) ein Zustand erreicht, der nach dem Stande der damaligen Technik Verbesserungen grundsätzlicher Art nicht mehr erhoffen ließ, wenn auch Verbesserungen dem Grade nach noch in großer Zahl erzielt wurden; so wurden die Pflasterarten, die Linienführungen (nach Steigungen und Krümmungen), die Entwässerungen, die Schutzmaßnahmen gegen Schnee usw. verbessert; insgesamt blieb aber doch die steinerne, also die rauhe und wenig widerstandsfähige Fahrbahn bestehen. Den entscheidenden Fortschritt brachte erst die Eisenbahn mit dem eisernen, glatten und festen Gleis; sie ermöglichte die Steigerung des Raddrucks etwa im Verhältnis von 1 : 10, wodurch das mögliche Ladegewicht auf das Zehn- und Mehrfache gesteigert wurde; sie setzte gleichzeitig den Wider-

---

[1] Wer nur nach der Wirkung urteilt, die inneren Vorgänge aber, die sie hervorgerufen haben, nicht kennt, ist wie ein Gartenliebhaber, der die Pflanzen nur danach einschätzt, was er von ihnen unmittelbar sieht; der Gärtner aber muß Boden, Wasser, Düngung und Wurzel kennen.

stand gegen die Fortbewegung etwa im Verhältnis 10 : 1 herab, wodurch die erforderliche Zugkraft auf ein Zehntel sank. — Solche Zahlen sind natürlich überschläglich; sie sollen nur einen Begriff dafür geben, in welchen Größen man ungefähr zu denken hat.

Weitere Verbesserungen des „Gleises" sind dem Grundsatz nach nicht möglich, denn es gibt (vorläufig?) keine insgesamt besseren Baustoffe als Stahl für die Schienen, Holz für die Schwellen und harten Schotter für die Bettung. Das ist aber unbedenklich, denn das Gleis kann in sich noch so verbessert werden, daß allen Forderungen noch größerer Gewichte und noch größerer Geschwindigkeit voll entsprochen werden kann, und außerdem kann die einzelne Eisenbahnlinie durch zwei- und mehrgleisigen Ausbau und das Eisenbahnnetz durch Hinzufügen weiterer Linien beliebig in seiner Leistungsfähigkeit verstärkt werden. Auch die Straße (Land- und Stadtstraße) ist gemäß den vom Kraftwagen ausgehenden Forderungen in Fahrbahndecke, Abmessungen, Linienführung erheblich verbessert worden; als höchste Stufen sind die (richtige) Autobahn und die mehrteilige großstädtische Hauptverkehrsstraße zu nennen. — Den Übergang von der (alten) Straße zur Schiene hat u. a. vor allem die Kosten gesenkt und die „quantitative Leistungsfähigkeit" emporschnellen lassen.

Die **Kraft** wurde vor dem Dampfzeitalter von Menschen, Tieren, Wind und Strömung gestellt. Befriedigende Zustände waren nur in der Seeschiffahrt erreicht, ferner in gewissen Verkehrsbeziehungen in der Talfahrt auf Flüssen; im übrigen war die Kraft unzureichend und infolge der Abhängigkeit von Wetter, Müdigkeit und Krankheiten unzuverlässig; außerdem bedingte sie meist sehr hohe Kosten und oft menschenunwürdige soziale Zustände (Galeerensklaven). Den stärksten und schnellstwirkenden Fortschritt brachte die Einführung der Dampfkraft auf der Eisenbahn; die Zugkraft stieg sprunghaft auf etwa das Fünfzigfache, — Zugkraft eines schweren Zweigespanns etwa 130 kg, einer kleineren Lokomotive 6500 kg. Gleichzeitig stieg die zweckmäßige Geschwindigkeit auf etwa das Zehnfache, — vorteilhafte Geschwindigkeit eines Frachtwagens in der Ebene 4 km, eines Güterzugs 40 km. Ferner ist die Maschine vom Wetter fast unabhängig, und sie kann fast ununterbrochen arbeiten. Die weiteren Fortschritte bezüglich der Kraft auf der Schiene bestehen in der ständigen Verbesserung der Dampflokomotive, die besonders nach dem Krieg wesentlich gefördert worden ist, ferner in der Einführung neuer Kräfte (Elektrizität, Treiböl); es handelt sich dabei aber nicht mehr um etwas grundsätzlich Neues, sondern nur um Verbesserungen dem Grade nach; — dies muß betont werden, weil der Laie das Neue meist überschätzt. Von großer Bedeutung bezüglich der Kraft sind auch die Fortschritte, die in der Bremstechnik erzielt worden sind, denn wer gewaltige Kräfte anwendet, muß sie auch bändigen können, — eine wichtige Forderung, die leider oft übersehen wird!

Über die Einführung der Dampfkraft in die Schiffahrt ist das Notwendige schon gesagt.

Im Straßenverkehr hat die Erfindung des Kraftwagens eine neue Zeit eingeleitet; Kraft und Geschwindigkeit sind in ähnlichen Verhältnissen wie bei der Lokomotive gesteigert worden.

Beim **Fahrzeug** bestehen die Fortschritte in erster Linie in der Vergrößerung der Tragkraft, kommen also der „quantitativen Leistungsfähigkeit" zugute; daneben ist aber auch die bessere Anpassung an die Forderungen der verschiedenen „Transportgegenstände" zu beachten, die dadurch befriedigt werden, daß eine Fülle der verschiedenartigsten Spezialschiffe und Spezialwagen (für Öl, Fleisch, Bananen, für Fische, Blumen, Glastafeln, Möbel, Tiere, schwerste Einzelstücke) in Dienst gestellt werden; — vgl. auch die Zusammensetzung eines D-Zuges aus etwa 8 verschiedenen Wagentypen. Die Steigerung der Schiffsgrößen ist bereits erörtert, sie war klein und langsam bis etwa 1850, sprunghaft

erst unter dem Zeichen des eisernen Dampfers. Beim Übergang von der Straße
zur Schiene hielt sich die Zunahme der Tragfähigkeit anfänglich in den bescheidenen Grenzen von etwa 2 auf 10 t; heute liegt die zweckmäßige Nutzlast der Eisenbahngüterwagen zwischen 15 und 40 t. Die Zunahme der Nutzlast der Lastkraftwagen ist nicht groß, da sich eine Tragfähigkeit von etwa 3 t für den durchschnittlichen Verkehr als vorteilhaft erwiesen hat; Ausnahmen sind aber notwendig,
namentlich für die Landesverteidigung.

Die **Stationsanlagen,** also die Häfen, Bahnhöfe und Hilfseinrichtungen des
Luft- und Kraftverkehrs usw., zeigen eine außerordentliche Entwicklung; sie sind
nicht nur in ihrer quantitativen Leistungsfähigkeit gewaltig gesteigert worden,
sondern gleichzeitig auch den so verschiedenartigen Anforderungen des Verkehrs
angepaßt worden; das gesamte Ladegeschäft ist wesentlich verbilligt und beschleunigt worden; ferner werden alle Güter beim Laden und Stapeln immer
schonender behandelt, und viele Ladeanlagen sind außerdem mit Einrichtungen
zum Lagern und Aufbewahren und auch zum Veredeln (Mischen, Sortieren,
Reinigen) der Güter verbunden worden.

Die großen Seehäfen sind die überhaupt größten, kostspieligsten und wichtigsten Einrichtungen des Weltverkehrs; sie sind maßgebend für die Leistungsfähigkeit des internationalen Verkehrs; sie beeinflussen bis tief ins Binnenland
hinein die Netzgestaltung, den Charakter und die Güte der andern Verkehrsmittel; — daß sie leider dazu beitragen können, den Verkehr, die Industrie und
die Bevölkerung zusammenzuballen, wird an anderer Stelle erörtert.

Für die Eisenbahn könnte man zunächst als einen Mangel gegenüber dem
Straßenverkehr feststellen, daß dieser ohne besondere „Stationsanlagen" aus-
komme, während die Eisenbahn des „Bahnhofs" als einer zusätzlichen Anlage bedürfe. Tatsächlich kann auf der Land- und Stadtstraße (beinahe) an jeder
beliebigen Stelle geladen werden; es ist hierzu aber bei einigermaßen lebhaftem
Verkehr eine „Standspur" notwendig, die nichts anderes, aber (am Verkehrs-
umfang gemessen) teurer ist als das Ladegleis der Eisenbahn; und sobald der
Straßenverkehr stark wird, sind Haltestellen für die öffentlichen Verkehrsmittel,
Droschkenstandplätze, besondere Vorfahrten an wichtigen Gebäuden, Ladehöfe der
großen Geschäfte und Spediteure, Tankstellen und schließlich Raststationen,
Autobahnhöfe und vor allem Parkgelegenheiten notwendig, also eine Unzahl von
Anlagen, die eben „Stationsanlagen" sind. Daß uns dies noch nicht richtig zum
Bewußtsein gekommen ist, ist darin begründet, daß bisher die Straße, die in erster
Linie für den fließenden Verkehr bestimmt ist, leider so stark für den ruhen-
den Verkehr in Anspruch genommen wird. — Die Bahnhöfe der Eisenbahn (und
zwar aller Arten von Schienenwegen) haben einen hohen Grad von Vollkommenheit erreicht; sie arbeiten verkehrs- und betriebstechnisch, im Güter- und Personenverkehr, für den kleinsten und den größten Verkehr, billig, zuverlässig und
schnell; sie sind letzten Endes die Gradmesser für die Leistungsfähigkeit der
großen Eisenbahnnetze; insbesondere gilt dies von den großen Rangierbahnhöfen.
— In der Bahnhofwissenschaft ist Deutschland unbestritten führend; welche
Erfolge hier erzielt worden sind, zeigt sich z. B. darin, daß die Leistungsfähigkeit
der Rangierbahnhöfe seit Kriegsende mehr als verdoppelt worden ist, und zwar
mit verschwindend kleinem Geldaufwand.

Jede Verbesserung in einer dieser vier Grundlagen wird in irgendeiner Weise
der Verkehrsbedienung zugute kommen, sei es als Verbilligung, sei es als Erhöhung
der Zuverlässigkeit, Schnelligkeit, Pünktlichkeit usw. Wenn man also in irgendeiner Richtung eine bestimmte Wirkung erzielen will, wird man zu prüfen haben,
welche der vier Grundlagen für diesen Zweck verbessert werden muß. Nun
stehen aber die vier Grundlagen nicht unabhängig nebeneinander; vielmehr
wirkt sich ein Fortschritt, der bei einem bestimmten Verkehrsmittel in der einen
Grundlage erzielt ist, meist in die drei anderen Grundlagen hinein aus, indem er

auch in diesen Fortschritte ermöglicht oder erzwingt. Wenn z. B. die Lokomotiven stärker werden, so ergeben sich die Chancen: Es können die Steigungen
größer werden und es können dann günstigere Trassen (Linienführungen) angewendet werden; es kann auf besondere Hilfsmittel (Zahnradbetrieb) verzichtet
werden; es können schwerere Züge gefahren werden, wodurch die Kosten gesenkt
werden können; es kann das kostspielige System der Vorspann- und Drucklokomotiven eingeschränkt werden; es kann eine höhere Geschwindigkeit erzielt
werden usw. Aber es tritt auch der Zwang nach Verbesserungen ein: der Oberbau und die Brücken müssen verstärkt werden, die Bremsen und Sicherungsanlagen müssen verbessert werden, die Bahnhöfe müssen erweitert werden (weil
die Züge länger werden).

Von der einen Grundlage ausgehend, „treibt ein Keil den andern". Im allgemeinen werden hierdurch der Kapitalaufwand gesteigert, dafür aber die
Betriebskosten verringert; die innere Wirkung ist also, daß das Unternehmen
„kapitalintensiver" wird, daß aber an Betriebsstoffen und Menschen gespart
wird, daß also die Betriebskosten niedriger werden; oft ist hiermit auch eine
Vermehrung der Einnahmen verbunden, weil die Verbesserungen verkehrwerbend wirken.

Neben diesen Wechselwirkungen, die sich innerhalb desselben Verkehrsmittels abspielen, bestehen nun aber noch Wechselwirkungen im Gesamtrahmen der verschiedenen Verkehrsmittel, da die bei dem einen Verkehrsmittel erzielte Verbesserung auf andere übertragen werden kann oder hier (wegen
des Wettbewerbs) bestimmte Verbesserungen erzwingt oder hier (z. B. infolge
Belebung seines Verkehrs) Verbesserungen ermöglicht. Man kann hierbei danach unterscheiden, ob das andere Verkehrsmittel schon vorhanden ist oder
erst geschaffen werden soll: So hat z. B. die Eisenbahn, obwohl sie viel jünger ist,
große Verbesserungen in der See- und Binnenschiffahrt ausgelöst: Der Dampf
als Kraft wurde allerdings bei allen ungefähr gleichzeitig und ziemlich unabhängig
voneinander eingeführt, aber die Eisenbahn hat die Erzeugung und Verarbeitung
des Eisens so gefördert, daß das Eisen immer besser befähigt wurde, das Holz
als wichtigsten Schiffbaustoff zu verdrängen; ferner hat die Eisenbahn den Bau
von großen eisernen Brücken und Hallen erzwungen, der dann dem Brückenbau
in den Hafenstädten und dem Werftbau zugute gekommen ist; ähnliches gilt von
den Signal- und Sicherungseinrichtungen, desgleichen von der Ausführung großer
Erdarbeiten. Noch größer ist vielleicht der Einfluß der Fortschritte der Eisenbahntechnik (einschließlich des Erd-, Tunnel- und Brückenbaus) auf den Bau
von Binnenwasserstraßen. Umgekehrt hat die Eisenbahn (in gewissem Sinn) übernommen: von der Schiffsmaschine die Verbundwirkung für die Lokomotive, vom
Kanalbau die maschinelle Ausführung großer Erdarbeiten, vom elektrischen
Nachrichtenverkehr gewisse Verbesserungen ihrer Sicherungsanlagen. An neuen
Verkehrsmitteln sind aus den bei den älteren erzielten Fortschritten entwickelt
worden: die Straßenbahn als typisches städtisches Verkehrsmittel für den Nahverkehr aus der von der Straße ausdrücklich losgelösten, dem Fernverkehr
dienenden Eisenbahn, und vor allem das Flugzeug aus dem Kraftwagen, — d. h.
nur insofern, als der Kraftwagen den für den Luftverkehr erforderlichen Motor
geschaffen, ständig verbessert und voll ausgeprobt hat.

Ferner kann von dem einen Verkehrsmittel auf andere eine starke Wirkung
dadurch ausstrahlen, daß die Heranschaffung der Bau- und Betriebsstoffe
verbilligt oder überhaupt erst ermöglicht wird: So hängt fast die ganze neuzeitliche Verkehrserschließung der Kolonien usw. davon ab, daß in den Industrieländern die Eisenbahn alle notwendigen Bau- und Maschinenteile von den Industriegebieten nach den Seehäfen und daß von hier aus die Seeschiffahrt sie nach
den Küstenplätzen der Kolonie bringen können; die meisten überseeischen Eisenbahnen „wachsen" in Europa oder Amerika und werden dann nach Übersee

transportiert. Hieraus folgt ohne weiteres, daß in den neu zu erschließenden Ländern zuerst ein brauchbarer Hafen geschaffen und daß von diesem aus die „Eisenbahnspitze" ins Landesinnere vorgetrieben werden muß.

Daß England und Holland früher so billige und gute Schiffe bauen konnten, beruhte zum großen Teil darauf, daß bestes Holz zu niedrigen Preisen aus den Ostseegebieten, bzw. aus dem Schwarzwald zugeführt werden konnte; später konnte England den Bau von eisernen Schiffen zum Teil deswegen nahezu monopolisieren, weil seine Kohle-Eisen-Industrie dicht am Meer liegt; und wenn Deutschland und Amerika später ihren Schiffbau (und ihren Seeverkehr) so entwickeln konnten, so ist das zum Teil dem Fortschritt zu danken, daß die Eisenbahn Kohle und Eisen so billig zur Küste fahren.

Die Einwirkung der Eisenbahn auf den Straßen-, den Stadt- und auch auf den Luftverkehr ist zwar nur von örtlich umgrenzter, darum aber von nicht geringerer Bedeutung: der Bau und die Instandhaltung unserer Land- und Stadtstraßen ist nur deswegen so gut und so billig möglich, weil die Eisenbahn die „Wegebaustoffe" über große Entfernungen so billig befördert; Straßen- und Kleinbahnen, auch Schnell- und Bergbahnen, können nur deswegen gebaut, instand gehalten und betrieben werden, weil sie ihre Bau- und Betriebsstoffe aus den Kohlenbecken mittels Eisenbahn so billig und zuverlässig beziehen können; ähnliches gilt von den Flugplätzen.

II. Die Verbesserungen der Verkehrsleistungen.

Die Verbesserungen der technischen und anderen Grundlagen kommen in Verbesserungen der Verkehrsleistungen zum Ausdruck, also in Steigerungen der „Leistungsfähigkeit"; und da sich diese gemäß unsern- früheren Ausführungen aus vielen Faktoren zusammensetzt, so müssen wir diese nun im einzelnen erörtern, wobei wir aber, um die Kernpunkte scharf herauszuarbeiten, in der Ausdrucksform teilweise abweichen wollen; — wir können uns kurz fassen, weil vieles schon früher behandelt werden mußte:

1. An erster Stelle möchten wir hier, obwohl sie nicht immer am wichtigsten ist, die Erhöhung der „quantitativen Leistungsfähigkeit" nennen. Hierbei ist vor allem daran zu denken, daß die Mengen (Massen), die befördert, also von den Verkehrsmitteln „bewältigt" werden können, durch die neuzeitlichen Verkehrsmittel gewaltig gesteigert worden sind, und zwar hauptsächlich durch Schiff und Eisenbahn, aber auch durch die — in diesem Zusammenhang fast immer vergessenen — Mittel des elektrischen Nachrichtenverkehrs (Telegraph, Fernsprecher, Rundfunk) und durch die Leitungen. In diesem Sinn spricht man davon, daß der moderne Verkehr durch „Massenhaftigkeit" gekennzeichnet ist.

Es ist nun schwer und auch nicht von Bedeutung, ziffernmäßig angeben zu wollen, um wieviel die „Massenhaftigkeit" etwa durch den Übergang von der früheren Landstraße zur Eisenbahn oder vom hölzernen Segler zum eisernen Dampfer gesteigert worden ist, oder vielmehr vom früheren Landstraßennetz zum heutigen Eisenbahnnetz, oder von der früheren Segler- zur heutigen Dampferflotte. Es genügt, folgende Zahlen anzuführen: Eine gute Straße wird unter günstigen Voraussetzungen im Krieg täglich in einer Richtung (zum Feind) nicht mehr als 2000 t leisten können; dagegen leistet eine eingleisige Feldbahn von 60 cm Spur ebenfalls 2000 t, eine von 75 cm Spur 4000 t, eine Kleinbahn von Meterspur 5000 t, eine schnell verlegte eingleisige Vollspurbahn schon 15000 t — und eine zweigleisige Hauptbahn 60000 t und mehr. Es sind dies Erfahrungssätze aus dem Weltkrieg, und zwar aus der „Materialschlacht"; die Zahlen sind grob abgestuft und im allgemeinen hoch angesetzt, in schwerem Kampf liegen sie niedriger. Ziehen wir den Vergleich zwischen den äußersten Extremen, nämlich dem Träger- und dem Eisenbahntransport, so ergibt sich, daß heute eine Lokomotive im tropischen Afrika die gleiche Jahresarbeit wie 300000—500000 Träger leistet; einem „Großschiffahrtweg" wird man heute eine Jahresleistung von 15 Millionen t in einer Richtung zumuten können, einer „Massengüterbahn" (d. h. einer nur dem Güterverkehr dienenden zweigleisigen Hauptbahn) sogar 60 Millionen t. Während um 1830 die hochstehenden Völker mit den damaligen Land- und Binnenwasserstraßen tatsächlich unter der „Grenze der notwendigen Leistungsfähigkeit" standen, braucht heute niemand in Sorge zu sein; der Verkehr kann noch so stark anschwellen, wir bewältigen ihn mit Seeschiff, Eisenbahn, Telegraph usw. glatt. Hiervon gibt es nur eine Ausnahme: den Stadtverkehr in den Mehrmillionenstädten; hier liegen die Gründe aber nicht im Verkehr, sondern auf politischem, wirtschaftlichem, städtebaulichem und organisatorischem Gebiet. — Wenn wir mittels Chaussee und Pferden einen kleinen Bruchteil dessen leisten wollten, was unsere Eisenbahnen leisten, müßten wir alle Pferdezüchter, Pferdeknechte und Straßenbauarbeiter sein; wenn wir ohne Elektrizität einen kleinen Bruchteil von dem leisten wollten, was der Fernsprecher leistet, müßten wir alle Eilboten sein.

2. Die Verbesserung bezüglich des Zeitaufwands darf man nicht nur vom Standpunkt der Erhöhung der Geschwindigkeit betrachten; vielmehr ist auch die Vermehrung der Fahrgelegenheiten, also die Häufigkeit der Verbindungen, zu beachten, ferner die mehr oder weniger günstige zeitliche Lage der Verbindungen, also der „gute Fahrplan", und vor allem die Pünktlichkeit und Zuverlässigkeit. Insgesamt ist oft die „Berechenbarkeit" des Zeitaufwandes und vor allem der Ankunftzeit, also die fahrplanmäßige Abwicklung des Verkehrs, wichtiger als die Geschwindigkeit.

Trotzdem seien einige Angaben über die Zunahme der Geschwindigkeiten gemacht:

Es verhalten sich von Landfuhrwerk und Eisenbahn in Kilometern in der Stunde:

<pre>
die Höchstgeschwindigkeiten . . . . wie 25 : 160
die höchsten Reisegeschwindigkeiten . . . . „ 15 : 120
die üblichen Reisegeschwindigkeiten . . . . „ 10 : 70
die Geschwindigkeit im Eilgutverkehr . . . .   „   6 : 50
die Geschwindigkeit im gewöhnlichen Güterverkehr . .   „   4 : 30
</pre>

Da aber der Fuhrwerkverkehr vielen Störungen ausgesetzt ist, mag man mit einem durchschnittlichen Verhältnis von 1 : 8 rechnen. Für die Beurteilung der tatsächlich zu erzielenden Regelleistungen ist aber noch zu beachten, daß der Fuhrwerktransport bei Nacht und besonders ungünstigem Wetter ruht und für die Reisenden recht anstrengend ist. Im allgemeinen lassen sich mit Pferdefuhrwerken täglich kaum mehr als 40 km erreichen; für Fußtruppen sind mehrtägige Märsche von 30 km schon gute, für die Reiterei 80 km Ausnahmeleistungen; was unsere Infanterie 1939 in Polen und 1940 im Westen geleistet hat, ist unerhörtes Heldentum. Die Höchstleistung der Extraposten soll 160 km täglich betragen haben; eine solche Fahrt war aber sicher eine Strapaze. Dagegen leistet die Eisenbahn 700 km und mehr in einer Nachtfahrt, ohne dem Reisenden Arbeitszeit zu rauben; insgesamt ist durch den Nachtschnellzug mit Schlaf-, Post- und Expreßgutwagen für eine große Zahl der Reisenden, Nachrichten und eilbedürftiger Güter der Zeitverlust für Entfernungen bis etwa 700 km auf Null herabgesetzt, die Geschwindigkeit also „unendlich groß"; und gleiches gilt für die nichteiligen Güter für Entfernungen bis etwa 300 km, wobei für diese Weiten der Kraftwagen der Schiene für alle Punkte abseits der Hauptstrecken zu Hilfe kommt. Da nun im binnenländischen Verkehr der meisten Staaten die durchschnittlichen Versandlängen weit unter diesem Maß liegen, so ist unter der Parole „abends laden, nachts fahren, morgens ankommen" auch für viele „gewöhnlichen" Güter der Zeitverlust gleich Null.

Wir brauchen auf die Erhöhung der Geschwindigkeit durch den Bau der „Windhunde des Ozeans", die Einführung der Fdt-Triebwagen, die Verbesserung

der Landstraßen, den Bau von Autobahnen und durch den Luftverkehr an
dieser Stelle nicht einzugehen, weil das Notwendige bei Erörterung der einzelnen
Verkehrsmittel gesagt ist oder an anderer Stelle noch gesagt werden wird. Und
auf die Aufzählung von Rekorden möchten wir verzichten. Wir möchten aber
noch folgende zwei Feststellungen machen:

α) Für die meisten Transporte von Reisenden, Nachrichten und eilbedürftigen
Gütern sind die Häufigkeit der Verbindungen und die Pünktlichkeit so groß
und die Fahrpläne so gut durchgearbeitet, daß selbst bei scheinbar mäßiger
Geschwindigkeit kein fühlbarer Zeitverlust entsteht, vgl. z. B. die von den großen
Eisenbahnzentren nach allen Richtungen ausgehenden Nachmittag- und Nacht-
schnellzüge; außerdem ist im Personenverkehr der „Komfort" so gesteigert,
daß mindestens alle reisegewandten Fahrgäste die Fahrt zum Lesen, Arbeiten,
Ausruhen oder Schlafen ausnutzen können; und im Güterverkehr ist die Anpassung der Wageneinrichtungen an die besonderen Anforderungen der Güter so
vervollkommnet, daß selbst die empfindlichsten nicht leiden.

β) Oft wird die Geschwindigkeit, die nach den gesamten Bau- und Betriebsverhältnissen erzielt werden könnte, nicht ausgenutzt, weil sie mit zu hohen
Kosten für die Zugkraft oder zu starken Behinderungen für den übrigen Verkehr
verbunden sein würde. Im Eisenbahngüterverkehr, in der Trampschiffahrt und
in der Güter-Binnenschiffahrt wird nicht mit der erzielbaren höchsten, sondern
mit der wirtschaftlich richtigen mäßigen Geschwindigkeit gefahren; durch
Erziehung, Schulung und Verordnungen wird in Deutschland dieser Grundsatz
auch für den Kraftverkehr verbindlich gemacht; ebenso wie ja auch die meisten
Radfahrer „vernünftig", d. h. nur so schnell fahren, daß sie sich nicht über-
anstrengen und gefährden.

3. Die Verbesserung der Sicherheit besteht nicht nur darin, daß die Unfälle
erheblich eingeschränkt worden sind, sondern auch darin, daß die Gefahr von
Erkrankungen, Überfällen, Diebstählen und Beschädigungen und andern Wert-
einbußen durch die Vervollkommnung der technischen Einrichtungen und der
Organisation stark herabgesetzt worden ist. Während mancher früher vor einer
Reise sein Testament machte, kann heute die Gesamtsicherheit in der See- und
Binnenschiffahrt und auf der Eisenbahn als nahezu „absolut" bezeichnet werden;
— leider läßt sich das vom Luft- und Kraftwagenverkehr noch nicht sagen! —
Im Luftverkehr sind die Tücken des Wetters und des Materials noch nicht überwunden, im Kraftverkehr sind die Schwächen und Unzulänglichkeiten des Men-
schen zu bekämpfen.

4. Die Verbilligung ist hauptsächlich darauf zurückzuführen, daß die technischen Verbesserungen zwar einen größeren Kapitalaufwand erfordern, daß hierdurch aber die laufenden Kosten (des Betriebs, der Unterhaltung und Erneuerung)
niedriger werden, so daß die Gesamtjahreskosten geringer werden und demgemäß
die Beförderungspreise gesenkt werden können. Die hierdurch bewirkte Vermehrung der Transporte führt dann zu weiteren Ermäßigungen der Selbstkosten
für die Transporteinheit (pkm, tkm).

Von besonderer Bedeutung ist hierbei, ob die Verbilligung langsam oder
plötzlich vor sich geht. Langsam vollzog sich die Verbilligung bei den „alten"
Verkehrsmitteln (besonders beim Straßen- und Wasserverkehr), weil hier die Verbesserungen verhältnismäßig langsam eingeführt wurden. Plötzlich — man
könnte sagen: „sprunghaft" — war dagegen die Verbilligung beim Übergang
vom Pferdefuhrwerk zur Eisenbahn, und die großen wirtschaftlichen und sozialen
Erschütterungen im Beginn des Eisenbahnzeitalters sind nicht zuletzt auf diesen
schnellen — zu schnellen! — Übergang zurückzuführen, der noch dazu mit der
Einführung der (Dampf-) Maschine in das gewerbliche Leben, namentlich in die
Textilindustrie, zusammenfiel; — und dies alles in einer Zeit, in der der sog.

Liberalismus sich auszutoben begann! Die durch die Eisenbahn bewirkte Verbilligung betrug schon in deren Entwicklungszeit im Personenverkehr mindestens 50%; hierin sind aber die gleichzeitig erzielten Verbesserungen in der Beförderung nicht berücksichtigt, obwohl diese doch auch zu wesentlichen mittelbaren Kostensenkungen geführt haben. Im Güterverkehr kann man die erste Verbilligung auf 75% veranschlagen; mit dem weiteren Ausbau der Netze, der Zunahme des Verkehrs und der ständigen Verbesserung des Eisenbahnverkehrs sind die Kosten dann auf etwa 5% (fünf Prozent) gesunken, — ganz grob abgerundet von 40 auf 2[1].

Der sprunghaften Verbilligung in der Jugendzeit der Eisenbahn (und heute beim Bau von Eisenbahnen in bisher eisenbahnlosen Ländern) steht aber jetzt nur eine weitere allmähliche Kostensenkung gegenüber, weil sie nicht mehr durch grundsätzliche Neuerungen, sondern nur noch durch Einzelverbesserungen erzielt werden kann; — daß an solchen mit allem Rüstzeug der Wissenschaft emsig gearbeitet wird und daß der exakten Erforschung der Selbstkosten von den führenden Verwaltungen größte Aufmerksamkeit entgegengebracht wird, ist selbstverständlich; es ist aber falsch, wenn Laien die Ansicht vertreten, man dürfe (oder müsse) noch mit erheblichen Kostensenkungen rechnen. Auch in der Binnen- und Seeschiffahrt und wohl im gesamten Postverkehr darf man nicht mehr mit sprunghaften Verbilligungen rechnen, zumal die Ansprüche ständig steigen. Ob der Kraftwagen gegenüber dem Fuhrwerkverkehr in den alten Kulturländern eine wesentliche Verbilligung gebracht hat, kann man nicht allgemein entscheiden; man muß die Frage für kurze Strecken verneinen; für lange Strecken ist sie zu bejahen. Erheblich kann aber die Verbilligung sein, wenn in Ländern der Halbkultur der Träger-, Karawanen- oder Gespannverkehr oder auch ein primitiver Schiffsverkehr durch den Kraftwagen ersetzt wird. Wesentliche Kostensenkungen können und müssen noch erzielt werden im Luftverkehr.

Die Verbilligung der Verkehrskosten ist im Sinn der Raumordnung von großer Bedeutung für die Grenzgebiete, die abgelegenen, die rein agrarischen und die gebirgigen Gegenden. Haben sie überhaupt noch keine Schienenwege, so muß die Verbilligung durch den Bau von Neben- und Kleinbahnen erzielt werden; haben sie schon Kleinbahnen, so kann durch eine entsprechende Tarifpolitik viel erreicht werden.

In welchem Rahmen sich die Verbilligungen in Kolonien usw. halten mögen, kann aus folgenden — sehr ungefähren — Angaben abgeleitet werden. In Afrika mögen die Kosten für den Tonnenkilometer vor dem Weltkrieg etwa betragen haben:

für Träger . . . . . . 100—150 Pf.,		für Kamele . . . . . . 12—30 Pf.,	
„ Ochsenwagen . . . 30— 80 „		„ Eisenbahnen . . . 6—12 „	

Für alle Betrachtungen nach dem Weltkrieg ist größte Vorsicht geboten, da die Zerrüttung der Weltwirtschaft und der Verfall der meisten Währungen zu beachten ist.

Der in und nach dem Weltkrieg an vielen großen Verkehrsanlagen getriebene Raubbau führt zur Zeit unverkennbar zu einer Vermehrung der Selbstkosten, denen Tariferhöhungen folgen müssen, sofern die Staaten nicht gewillt sind, aus allgemeinen Mitteln zu helfen.

---

[1] Dieses Verhältnis 40:2 bedeutet aber nicht den Durchschnitt, sondern es gilt nur für Massengüter. Um Irrtümern zu begegnen, sei bemerkt:

Im Beginn des Eisenbahnzeitalters betrug die Achsfracht je t/km etwa 30—40 Pfg. Dagegen hat die Bahnfracht anfänglich 13—14 Pfg. betragen. Die durchschnittliche Einnahme der deutschen Eisenbahnen betrug 1868 je t/km noch 6,2, 1885 noch 4,07 Pfg. Von da ab fiel sie bis 1913 auf 3,58 Pfg. Diese Zahlen zeigen, daß die Zeit der starken und schnellen Senkung der Transportkosten praktisch schon um 1885 beendet war.

Aber dies sind Durchschnittszahlen, die durch die hochtarifierten Sendungen stark in die Höhe getrieben sind.

Außerdem muß man beachten, daß die Transportkosten insofern viel stärker gesunken sind, als man die Kaufkraft des Geldes berücksichtigen müßte. (Näheres siehe bei Schulz-Kiesow, Die Eisenbahngütertarifpolitik, S. 23ff.).

B. Die allgemeinen Wirkungen.

I. Die allgemeinen Wirkungen auf die drei Hauptverkehrsarten.

a) Der Nachrichtenverkehr hatte vor allem von der Verbesserung der Geschwindigkeit, Pünktlichkeit, Regelmäßigkeit und Häufigkeit Vorteile. Soweit der Nachrichtenverkehr daher eigene Verkehrsmittel (Fernsprecher, Telegraph, Rundfunk, Postkraftwagen) in Dienst stellt, bevorzugt er solche, die durch hohe Leistungen in den genannten Beziehungen gekennzeichnet sind; soweit er sich dagegen anderer Verkehrsmittel (Eisenbahn, Seeschiffe, Fluglinien) bedient, sucht er sich von deren verschiedenen Beförderungsgelegenheiten die aus, die durch Geschwindigkeit usw. besonders ausgezeichnet sind. Durch die auf so vielen Verkehrsgebieten erzielten Fortschritte ist der Nachrichten-, Geld- und Zeitungsverkehr aber nicht etwa nur beschleunigt, sondern auch beträchtlich verbilligt, und der Zeitungs-, Zeitschriften- und Drucksachenverkehr eigentlich erst ermöglicht worden; — man bedenke hierbei, wie wichtig diese beiden Verkehre nicht etwa nur für das wirtschaftliche, sondern auch für das kulturelle und politische Leben sind. Im Rundfunk ist in den letzten Jahren dem Nachrichtendienst ein Verkehrsmittel erstanden, das nicht nur einzelne Mitteilungen, sondern ganze Reden und Vorträge von Männern, die in Politik, Wirtschaft und Kultur führen, ohne jeden Zeitverlust einem beliebig großen Hörerkreis zugänglich macht.

b) Auch für den Personenverkehr sind Geschwindigkeit, Pünktlichkeit, Regelmäßigkeit und Häufigkeit am wichtigsten; nächstdem kommen Billigkeit und Bequemlichkeit. Während früher das Reisen ein Vorrecht der Großen und Reichen war, haben die neuzeitlichen Verkehrsmittel die gesamte Bevölkerung beweglich gemacht. Der Mensch ist hierdurch „von der Scholle losgelöst" worden; er kann die günstigsten Stätten für seine Ausbildung und seine Arbeit aufsuchen. Hierdurch entstehen die überhaupt größten „Völkerwanderungen" aller Zeiten: Teils sind es einmalige, und zwar die über größte Räume: von Europa, Indien und China in die andern Erdteile (Amerika, Afrika, Südsee), aber auch die innerhalb kleiner Räume: in Deutschland von Ost nach West, in Mitteleuropa aus dem agrarischen Osten zum industriellen Westen, in allen „Kulturstaaten" vom Land zur Stadt. Teils sind es „Pendel"-Wanderungen, seien es solche von Saisonarbeitern, die jährlich hin- und herwandern, seien es solche, bei denen die Menschen aus ihren überfüllten Lebensräumen für mehrere Jahre ins Ausland gehen, um dort Geld zu verdienen und später in die alte Heimat zurückzukehren. Hieraus ergibt sich auch eine Ausgleichung des Arbeitslohns, und zwar nicht nur innerhalb jeder Volkswirtschaft, sondern in gewissem Sinn auch innerhalb der einzelnen großen Lebensräume der Menschheit und innerhalb der einzelnen Rassen. — Diese kurzen Andeutungen mögen vorläufig genügen; wir müssen aber auf die hieraus sich ergebenden bedeutungsvollen Probleme noch zurückkommen.

c) Im Güterverkehr ist für den größeren Teil der Güter die Verbilligung, für den kleineren die Verbesserung der Qualität der Beförderung maßgebend.

1. Nehmen wir die zweite Gruppe vorweg, so gehören zu ihr in erster Linie die leichtverderblichen Güter, besonders gewisse hochwertige Nahrungsmittel (Milch, Eier, Fische, Fleisch, Gemüse, Obst), dann einzelne Genußmittel (Bier), ferner Blumen, lebende Pflanzen und Tiere, die nicht weit marschieren können (Geflügel, Schweine). Es handelt sich also hauptsächlich um hochwertige Nahrungsmittel und deren „Vorstufen", sowie um Gegenstände des feineren Lebensgenusses; manche dienen allerdings dem „Luxus", die meisten aber sind für die hart arbeitenden Kreise notwendig, und mindestens das eine Gut Milch ist „lebenswichtig". Diese Güter müssen schnell, pünktlich und regelmäßig befördert werden; sie verlangen außerdem besonderen Schutz gegen Witterung und Diebstahl, sind also bei schlechten Verkehrsleistungen nur über kurze Entfer-

nungen beweglich. Von den für sie noch möglichen Transportlängen hängt eine für das gesamte Leben äußerst wichtige Beziehung ab, nämlich die mögliche Größe der Städte und damit das Verhältnis von Stadt zu Land, der Grad der Zusammenballung der Bevölkerung, die Volksdichte in gewissen Gebieten (z. B. in Kohlenbecken), kurz: das gesamte Siedlungswesen mit all seinen sozialen Rückwirkungen; denn keine Stadt kann größer sein, als daß sie aus ihrer „Umgebung" ernährt werde; was aber als „Umgebung" zu gelten hat, hängt von der Güte der Verkehrsmittel ab. Hiermit ist die Bedeutung der (so oft unterschätzten) „leicht verderblichen" Güter weit größer als man gemeinhin annimmt, z. B. auch für die Großindustrie, deren Menschenmassen, auf engem Raum zusammengedrängt, doch auch ernährt werden müssen.

Allerdings ist hierbei zu beachten, daß die leichtverderblichen Güter auch dadurch beweglicher gemacht werden, daß ihre Widerstandskraft gegen Verderben durch entsprechende „Konservierung" erhöht wird und daß bei Beförderung und Lagerung jedes Gut die ihm passende besonders pflegliche Behandlung erhalten kann.

Der erzielte Stand ist so hoch, daß die meisten der früher so schnell verderblichen hochwertigen Nahrungsmittel heute wochenlange Seefahrten und tagelange Eisenbahnfahrten aushalten; Grenzen sind hauptsächlich nur noch gezogen für Fische und Milch, außerdem für gewisse Obst- und Gemüsesorten.

2. Wichtiger ist nach den Arten und Mengen der Güter die Verbilligung, denn die meisten Güter bedürfen ihrer Natur nach keiner hohen Geschwindigkeit, sie sind vielmehr in allen Forderungen dem Verkehr gegenüber recht anspruchslos, — nur nicht im Geldpunkt! Offensichtlich kann ein Gut nur so viel für seine Ortsveränderung — einschließlich aller Nebenkosten, wie Zinsverlust, Versicherung, Wertminderung, An- und Abfuhr, Ein- und Ausladen, Umladen, Einlagern — bezahlen, als dem Preisunterschied am Erzeugungs- und Verbrauchsort entspricht. Dieser „Wert der Ortsveränderung" ist von dem „Wert" (inneren Wert, Tauschwert, Preis) des Gutes abhängig; je höherwertig ein Gut ist, desto größer ist (im allgemeinen) der Preisunterschied, also der „Wert der Ortsveränderung", desto mehr kann es bezahlen.

Es dürfte für allgemeine Verkehrsbetrachtungen zweckmäßig sein, die Güter in vier Gruppen einzuteilen:

α) höchstwertige: Edelmetalle, Edelsteine, Perlen, Seide, Erzeugnisse der Kunst und des Kunstgewerbes, Leckereien und Spezereien, Wein, Olivenöl;

β) hochwertige: gehaltvolle Nahrungsmittel und Kolonialwaren, Chemikalien, Erzeugnisse der Verfeinerungsgewerbe, Kleider und Stoffe, Möbel, Bücher;

γ) mittelwertige: die Massennahrungsmittel (Getreide, Kartoffeln), Erzeugnisse der Grobgewerbe, Baumwolle, Wolle, Leder, Kautschuk, Kupfer, Stahl, Stabeisen, — dazu gemäß der wirtschaftlich möglichen Transportweite: Starkstrom, Wasser, Gas und Öl;

δ) geringwertige, oft fälschlich „minderwertig" genannt, am besten wohl als „wohlfeile Massengüter" zu bezeichnen: Brennstoffe, Holz, Erze, Steine, Erden, Düngemittel.

In welche Gruppe man hierbei das eine oder andere Gut einordnet, ist belanglos, der Wert ist ja auch in verschiedenen Ländern und zu verschiedenen Zeiten verschieden; wichtig ist lediglich die Erkenntnis, daß eine solche Stufenleiter — und zwar mit großen Preisunterschieden — besteht.

Bei gering entwickelter Technik können nur die „höchstwertigen" Güter Gegenstände des Welthandels sein: die Phöniker haben nach unseren früheren Ausführungen für die damalige „Welt" mit Silber und Zinn, Bernstein und Bronzen, Seide und köstlichen Gewändern, Ölen und Wein gehandelt; die Römer haben von Ceylon Perlen geholt, von den Chinesen Seide eingehandelt, aus ihrem ganzen Reich Luxuswaren für ihre Lebe- und Halbwelt zusammengekratzt: die jungen Kolonialvölker haben Edelmetalle und Edelsteine, Gewürze und Zucker nach Europa gebracht; und stets war bis dahin der Mensch eines der wichtigsten Güter, denn der Sklavenhandel warf immer einen hohen Nutzen ab. Daß dieser „Welthandel" sich aber außerdem fast immer auf eine schamlose Ausbeutung der im Verkehr arbeitenden Menschen und Tiere wie auch meist auf eine ebenso schamlose Ausbeutung der „befriedeten" Völker gründete, daß er also mit der Tätigkeit des Ehrbaren Kaufmanns nicht zu vergleichen war, haben wir schon erwähnt.

Dagegen war der „Aktionsradius" aller andern Güter beschränkt, die geringwertigen waren nur innerhalb ihrer nächsten Umgebung absatzfähig. Es gab also meist noch keinen „Massenverkehr". Ein solcher tritt uns nur in Ausnahmefällen gegenüber; so haben die Römer große Mengen von Getreide transportiert, das aber den Provinzen gestohlen und an den Großstadtpöbel verschenkt wurde, desgleichen von Steinen für ihre großen Tempel-, Wasser- und Straßenbauten, wobei die Verkehrsleistung aber durch Frondienste oder Soldaten aufgebracht wurde; später hat sich der erwachende Ost- und Nordseeverkehr am Hering als wichtigem Massengut emporgearbeitet; aber im allgemeinen blieben große Verkehrsströme einheitlicher Güterart bis zum Dampfzeitalter Ausnahmen. Um Irrtümern vorzubeugen, sei angegeben:

Die Umlagerung des Güterverkehrs von den älteren Verkehrsmitteln auf die Eisenbahn erfolgte später und langsamer, als man im allgemeinen annimmt. Als Beispiel sei angegeben:

Die Ruhrkohle wurde befördert in Proz.:

	1851	1860
Auf der Straße	45,5	20,7
Auf der Ruhr	26,6	16,7
Auf der Eisenbahn	24,9	55,1

Die an 100 Prozent fehlenden Reste bedeuten den Selbstverbrauch der Zechen. Absolut genommen erreichte die Ruhrschiffahrt 1860 ihren Höhenpunkt. 1890 war sie erloschen.

Jede Verbilligung des Verkehrs verursacht als unmittelbarste Folge die Erweiterung des Absatzgebietes, also die Vergrößerung der Absatzmöglichkeit; gleiches gilt für die leichtverderblichen usw. Güter von der Erhöhung der Geschwindigkeit usw. Das wirkt sich in folgenden Hauptbeziehungen aus:

1. Die Zahl der Güter, die Gegenstände des Welthandels werden („Weltmarktreife" erhalten), wird vergrößert. In der Gegenwart haben alle Güter bis einschließlich der mittelwertigen diesen Grad erreicht, während die geringwertigen Güter Gegenstände des Handels innerhalb der einzelnen Volkswirtschaften bleiben, wobei aber für Erze, gute Kohlen und die besseren Steinsorten Mittel- und Westeuropas nebst den Randgebieten des Mittelmeeres eine Einheit bilden.

2. Die Gütermengen nehmen ständig zu. Diese Vermehrung stellt wieder höhere Ansprüche an den Verkehr und löst die Verbesserung der schon bestehenden Anlagen und den Bau neuer Linien aus. Das Verkehrsnetz wird also leistungsfähiger, die Beförderungskosten sinken vergleichsweise, und damit werden die Güter wieder beweglicher.

3. Gleichzeitig verschiebt sich die Bedeutung der Güterarten für die Verkehrsanstalten und allgemein für das Wirtschaftsleben. Die hochwertigen Güter, die früher am wichtigsten waren, verlieren, und die geringwertigen gewinnen an Bedeutung. Damit verschieben sich naturgemäß alle inneren Vorgänge des Betriebs und der Wirtschaftsführung; Güter, an denen sich einst der

Verkehr emporgerankt hat, werden als zu anspruchsvoll und lästig empfunden (und unter Umständen abgestoßen), während solche, die früher ob ihres geringen Wertes mißachtet wurden, nun herangezogen werden. — Im allgemeinen hat innerhalb desselben Verkehrskreises immer ein Gut die Hauptrolle gespielt, ist dann aber von anderen Gütern abgelöst worden. Solche Güter sind z. B. Zinn, Silber, Seide, Bernstein, Salz, Tuche, Zucker, in unsern Tagen Kohle, Baumwolle, Weizen. Im Seeverkehr sind die wichtigsten Einfuhrgüter nach Europa nacheinander gewesen: Zucker, dann Baumwolle, dann Weizen. Im Gesamt-Seeverkehr verhalten sich etwa die drei wichtigsten Massengüter: Baumwolle : Getreide : Kohle wie 1 : 5 : 20. Die nächstwichtigen Güter sind in der Einfuhr nach Europa: Reis, Wolle, Öl, Erze, Holz, Jute, Ölsaaten, in der Ausfuhr: gewerbliche Erzeugnisse.

4. Da sich die Verbesserung nicht innerhalb aller Verkehrsmittel gleichzeitig vollzieht, sondern stets das eine oder andere Verkehrsmittel „sprunghaft vorgeht", müssen „Verlagerungen" der Verkehrswege eintreten, die noch durch politische Verhältnisse und durch die verschiedene Pflege des Verkehrs durch die verschiedenen Völker verstärkt werden. Wie der Strom bei gleichbleibender Wassermenge dem alten Bett treu bleibt, bei Hochwasser sich aber manchmal ein neues Bett gräbt, so sucht unter Umständen die vergrößerte Verkehrsmenge sich neue Wege. Ob hierbei auch ein anderes Verkehrsmittel gewählt wird, hängt von den besonderen Verhältnissen des Landes und der Verkehrstechnik ab. Solche Verlagerungen des Verkehrs haben immer eine große Rolle in der Geschichte der weltbeherrschenden Völker gespielt, und jedes Handelsvolk ist davon bedroht, daß der ihm scheinbar so sichere Verkehr plötzlich verlorengeht, weil die ihm scheinbar so günstige Zunahme der Massen die Kraft des Verkehrs schließlich so steigert, daß er stark genug ist, sich neue Wege zu schaffen.

5. Die Vergrößerung des Absatzgebietes wirkt im Sinne fortschreitender Preisausgleichung und Preisermäßigung, weil immer mehr Erzeugungsgebiete in jedem Absatzgebiet in Wettbewerb treten und weil immer mehr die Erzeugung an die Stellen verlegt wird, die hierfür besonders günstig sind, also besonders billig arbeiten können.

Alle Güter des „Welthandels" haben auch „Weltmarktpreise", und die Unterschiede in den einzelnen Ländern hängen nur von den Unterschieden in den Beförderungskosten und den Zöllen ab. Die Angleichung ist aber nicht nur räumlich, sondern auch zeitlich zu verstehen, weil die Massen so groß sind und weil auch die vom Wechsel der Jahreszeiten abhängigen Güter in den verschiedenen Gebieten der Erde zu verschiedenen Zeiten gewonnen werden. Früher waren dagegen die Unterschiede von Land zu Land und innerhalb desselben Landes von Jahr zu Jahr sehr groß. Der gesamte Handel und alles, was an „Vorratswirtschaft" anklingt, ist durch diese Ausgleichung (namentlich auch in Verbindung mit der Berechenbarkeit und Zuverlässigkeit der Verbindungen) ruhiger und zuverlässiger geworden und der Spekulation damit (vergleichsweise!) mehr entrückt worden.

Wer in all dem, was vorstehend angedeutet ist, nur den Fortschritt sieht, sollte aber immer dessen eingedenk bleiben, daß man das menschliche Geschehen nicht nur vom wirtschaftlichen Standpunkt betrachten darf und daß auch hier vielfach dem Licht der Schatten gegenübersteht.

II. Die besonderen Wirkungen auf die Gütererzeugung.

Durch die Verbesserung des Verkehrs wird die Erzeugung der Güter in folgenden Hauptbeziehungen verändert, — vermehrt, verbessert und unter Umständen auch verschlechtert:

1. Die Vergrößerung der Absatzmöglichkeit reizt den „Unternehmer" zur Vergrößerung der bisherigen Mengen, weil er sie mit ständig zunehmender Sicherheit absetzen kann,

zur Verbesserung der bisher hergestellten Erzeugnisse, weil er infolge der Vermehrung allgemein zu besseren (billigeren) Arbeitsvorgängen übergehen (z. B. den Betrieb mehr und mehr „mechanisieren") kann, und weil er einerseits mehr Sorten, also auch bessere, herstellen, andererseits aber auch „normalisieren" und „typisieren" kann.

2. Die Erzeugung wird verbessert und verbilligt, weil die geeignetsten Roh- und Hilfsstoffe und Arbeitskräfte billig zugeführt werden können.

3. Der Zusammenstoß der aus verschiedenen Erzeugungsgebieten stammenden Waren in demselben Absatzgebiet weckt den Wettbewerb und spornt dadurch zu besseren Leistungen an.

4. Jedes Gut, das in ein ihm bisher verschlossenes Absatzgebiet einbricht, bedroht die Produktion, die bisher für dieses Gebiet gearbeitet hat. Bei unentwickeltem Verkehr muß man aber viele Güter an Stellen erzeugen, die hierfür wenig geeignet sind (vgl. den Weinbau in kalten Gegenden, den Anbau von Farbpflanzen im gemäßigten Klima, die Ausnutzung kleiner Wasserkräfte, die Ausbeutung armer Erzgänge); man erzeugt also teuer und unter Umständen gleichzeitig schlecht. Die fortschreitende Verkehrsentwicklung merzt solche „kranken Glieder der Volkswirtschaft" aus und erzieht die Bevölkerung, wenn sie tüchtig ist, zur Umstellung auf andere, nach den örtlichen Verhältnissen geeignetere Erwerbszweige (vgl. die Wirtschaftsgeschichte der deutschen Mittelgebirge).

Die unter 1. bis 4. angedeuteten Beziehungen gelten hauptsächlich für alte Kulturländer. Deren bisherige Produktion wird also gesteigert und verbessert, teilweise aber auch bedroht und unter Umständen sogar vernichtet.

5. Es entsteht das Bedürfnis nach neuartigen Waren, weil die Vermehrung, Verbesserung und Umstellung der Erzeugung und nicht zuletzt die Verkehrsmittel neuer Güter bedürfen und weil die reicher werdende Bevölkerung sich an neue Bedürfnisse gewöhnt.

6. Jede Hinbeförderung neuer Güter oder größerer Mengen von schon früher beförderten Gütern erzeugt einen Rückstrom von leeren Transportgefäßen, für welche die Verkehrsanstalten nach Rückfracht suchen, also besonders niedrige Tarife gewähren müssen. Hierdurch wird ein Gegenstrom andersartiger Güter erzeugt, durch welche die Erzeugungsstellen der den Hinstrom hervorrufenden Güter befruchtet werden. Wenn z. B. Kohle in ein Gebirge hinein absatzfähig geworden ist, machen die leeren Kohlenwagen die im Gebirge zu gewinnenden Steine in das Kohlenbecken hinein absatzfähig; wenn die Kohle dem im Gebirge wachsenden Holz den dortigen Absatz als Brennholz unmöglich macht, macht es das Holz dafür als Bauholz im Kohlenbecken absatzfähig.

7. Jede stärkere Arbeitsteilung macht das Wirtschaftsleben für die betreffende Gegend einseitiger. Da aber die Bedürfnisse der Menschen vielseitig sind (und bei steigender Arbeitskraft und demgemäß steigender Kaufkraft immer vielseitiger werden), ist ein größerer Zufluß von Gütern erforderlich, weil das, was früher an Ort und Stelle erzeugt wurde, nun aus andern Gegenden bezogen wird; insbesondere erzeugt das Zusammendrängen der Menschen in Großstädten und Industriebezirken einen starken Zustrom von Lebensmitteln und Baustoffen, weil die Versorgung aus der Nachbarschaft nicht mehr möglich ist.

8. Die Steigerung der Absatzmöglichkeit regt ferner dazu an, die Erzeugungsräume zu vergrößern. In alten Kulturländern kommt hierbei hauptsächlich die Urbarmachung von Heide und Mooren, die Erschließung von schwer zugänglichen Gebirgen und Wäldern und unter Umständen auch die Aufnahme des Bergbaus in Betracht; im allgemeinen gibt hier der Verkehr in Verbindung mit der neuzeitlichen Technik (z. B. der Großversorgung mit elektrischem Strom) überhaupt erst die Möglichkeit, die von der Natur vernachlässigten Gebiete einer höheren Wirtschaftsstufe zu erschließen. Im Neuland, in Kolonialländern, kommt es vor allem darauf an, die für die Erzeugung eines bestimmten Gutes

geeignetsten Gebiete zu ermitteln; so hat man für den Tee neue Anbaugebiete in Ceylon (nach Vernichtung der dortigen Kaffeepflanzungen durch einen Schädling) und am Himalaja erschlossen; an Kautschuk liefern jetzt die Plantagen in den malaiischen Staaten weit größere Mengen als das frühere Monopolland Brasilien; für die Baumwolle hat man die Gebiete der Südstaaten, Ägypten, Vorderindien usw. erschlossen; der Weizenbau ist nach den Mittelstaaten der Union, den La Plata-Ländern und Indien ausgedehnt worden; für die Zucht von Schafen, Rindern, Schweinen sind die geeignetsten Gebiete dienstbar gemacht; die Erzeugung aller Metalle ist gewaltig gesteigert, indem große Gebiete der Erde planmäßig geologisch durchforscht und der Bergbau an den geeignetsten Stellen aufgenommen worden ist.

Wie schon wiederholt angedeutet, wirkt die fortschreitende Verkehrsentwicklung in einer ständig günstigeren Arbeitsteilung nach Gegenden und Menschen, und zwar in dreifacher Beziehung: die Güter, die überhaupt ihrem Zweck nur schlecht entsprechen (teuer und schlecht sind), werden unterdrückt und durch geeignetere (billige und gute) ersetzt; jedes Gut wird dort erzeugt, wo die günstigsten Voraussetzungen vorhanden sind; dorthin strömen auch die geeigneten Arbeitskräfte, teils freiwillig, teils zwangsweise (Sklaven). Letzten Endes muß also jedes Gut nur noch an einer oder an wenigen Stellen erzeugt werden; die ganze Welt wird dann mit einem bestimmten Gut von nur einer Stelle aus versorgt.

Daß dies immer noch nicht ganz erreicht ist, liegt daran, daß Weltverkehr und Weltwirtschaft eben noch „rückständig sind" und daß es der Menschheit bisher noch nicht gelungen ist, einen „Weltwirtschafts-Diktator" einzusetzen!?

III. Kulturelle und politische Wirkungen.

Vorstehend ist vornehmlich die Wirkung der fortschreitenden Verkehrsentwicklung auf die wirtschaftlichen Verhältnisse, besonders auf die Erzeugung und Verteilung der Güter, erörtert, der Einfluß auf politische, soziale und kulturelle Verhältnisse aber nur gelegentlich gestreift worden. Da aber diese letzten Endes doch noch wichtiger sind als die nur-wirtschaftlichen Folgen, so müssen sie entsprechend gewürdigt werden.

Hierbei muß man sich zunächst daran erinnern, daß sich die meisten wirtschaftlichen Umgestaltungen auch irgendwie in die Politik und Kultur hinein auswirken, und daß ein gewisser Wohlstand eine unentbehrliche Grundlage nicht nur für die Zivilisation, sondern auch für echte Kultur ist. Im allgemeinen wird sich also der Aufstieg der Wirtschaft auch in einen Aufstieg der Kultur auswirken, — jedoch nur bis zu der Grenze, bei der die sozialen Unterschiede, der Luxus und Snobismus zu stark werden. Ferner ist zu beachten, daß in allen Staaten die Politik in hohem Maß „Wirtschaftspolitik" ist; und in Ansehung des Weltverkehrs und der Weltwirtschaft ist zu bedenken, daß in vielen wichtigen Staaten die sog. „Politik" von den Führern des Wirtschaftslebens und der Berufsorganisationen „gemacht" wird, die aber vielfach gar nicht „Herren" der Wirtschaft sind, sondern den „ewigen Gesetzen der Wirtschaft" folgen müssen oder womöglich Sklaven politischer Parteien oder des Kapitals sind.

Über die Wirkungen auf kulturellem Gebiet genügen hier folgende Andeutungen, die sich auf Ausbildung und Wissenschaft beschränken:

Die allgemeine Bildung wird gefördert, weil der Schulbetrieb und Schulbesuch auch auf dem platten Land erleichtert und verbilligt wird und weil desgleichen die Einrichtung und Unterhaltung und der Besuch von Fach- und Hochschulen aller Art gefördert wird; die gesunde Spezialisierung im gesamten Fachschulwesen wird erleichtert. Studienreisen, gemeinsame Beratungen, internationale Kongresse fördern die Wissenschaft und Kunst und machen sie zu einem edlen

Gemeingut der Menschheit. Ferner hat der Verkehr gewisse Gebiete der Wissenschaft und Kunst dadurch gefördert, daß er ihnen immer größere Aufgaben stellte, immer höhere Leistungen von ihnen verlangte, aber ihnen auch die Mittel zur Verfügung stellte, um die notwendigen Forschungen durchzuführen; der Verkehr ist ein gewaltiger Förderer der Geographie, Astronomie und Geodäsie, der Geologie, des Bergbaus und der Wasserwirtschaft, aller Naturwissenschaften und aller technischen Wissenschaften und Künste.

Als wichtigste „politische" Wirkung ist die Stärkung der Staatsgewalt zu nennen, die wohl mit jedem Fortschritt im Verkehrswesen verbunden ist: Der einheitliche Staatswille läßt sich schneller und zuverlässiger über das Staatsgebiet durchsetzen; die Staatsgewalt wird durch die schriftlichen, telegraphischen, telephonischen und mündlichen Berichte ihrer Beauftragten (Satrapen, Gaugrafen, Statthalter, Präsidenten) schneller und eingehender unterrichtet; die Überwachung der „Provinz" durch die Zentralstelle (Ministerium) ist zuverlässiger; eine straffe — oft übertriebene — Zentralisation ist möglich; die Machtmittel des Staats lassen sich schnell und zuverlässig nach den Punkten etwaigen Widerstandes werfen. Ist die Regierung gut, so wird das Vertrauen der Bevölkerung gestärkt, weil sie nicht mehr von der Willkür der „Satrapen" usw. abhängt. Die Grenzgebiete fühlen sich sicherer gegen Angriffe feindlicher Nachbarn, weil das Heer zur Abwehr schnell aufmarschieren kann. Durch die Erleichterung des Personenverkehrs und durch die engere Verknüpfung der wirtschaftlichen Belange, die hauptsächlich der Verbesserung des Güterverkehrs zu danken ist, wird das Staats- und Nationalbewußtsein gestärkt; örtliche Überschätzung und die Überspannung des Stammesgefühls wird geschwächt, die Vorurteile gegen die derselben Nation angehörenden andern Stämme schleifen sich ab, die Gegensätze mildern sich. — Die Verkehrslinien selbst sind große einheitliche, durchgehende Gebilde, die aus gemeinsamer Kraft geschaffen und mit gemeinsamen Mitteln betrieben, den Eigenbrötlern die Segnungen eines großen einheitlichen Vaterlandes vor Augen führen; — für all das gibt es kaum ein besseres Beispiel als die Geschichte unseres eigenen Heimatlandes, wo fast immer die auseinanderstrebenden Kräfte ausgesprochen verkehrsfeindlich waren und nur zu oft die Verkehrspolitik dazu mißbraucht haben, um ihre eigensüchtigen Zwecke zum Schaden des Gesamtvaterlandes zu verfolgen.

In wie hohem Maß schlechte Verkehrsverhältnisse nicht nur einzelne Staaten oder Völker, sondern ganze Erdteile schädigen können, haben die sog. Friedensverträge offenbart, mittels deren einzelne Siegerstaaten den Weltkrieg fortgesetzt haben: Durch sie sind in Mitteleuropa nicht nur viele neue Grenzen, sondern diese außerdem so sinnwidrig gezogen worden, daß die Gebiete, die geographisch, völkisch, wirtschaftlich und nicht zuletzt verkehrstechnisch zusammengehören, gewaltsam zerschlagen wurden; gleichzeitig aber wurde in der sog. Tschechoslowakei ein „Staat" geschaffen, der nach Gestalt und Grenzen und nach völkischen und verkehrspolitischen Gesichtspunkten ein Zerrbild war. Die Rückkehr Österreichs und der Sudetenländer zum deutschen Vaterland und die Errichtung des Protektorats sind nicht zuletzt auch vom verkehrstechnischen Standpunkt zu würdigen. Indem nun Zusammengehöriges nicht mehr künstlich auseinandergerissen ist, kann nun auch eine einheitliche Verkehrspolitik eingeleitet werden, die auch eine der wichtigsten Grundlagen für eine einheitliche Wirtschaftspolitik sein wird; diese wird sich aber nicht etwa nur für Deutschland, sondern für ganz Südosteuropa bis in die Türkei hinein segensreich auswirken.

Über das Nationale hinausgehend, fördert die Verbesserung des Verkehrs auch die Internationalität. Ob dabei die Vorteile oder die Nachteile überwiegen, möge jeder Leser sich selbst überlegen. Schöne Reisen zu machen (natürlich nur zur Belehrung!), fremde Sprachen, Sitten, Gebräuche und Kulturen zu studieren, internationale Kongresse abzuhalten, ausländische Universitäten zu besuchen, ist gewiß verdienstlich: es fördert die allgemeine Kultur, die Wissenschaft und Kunst, das gegenseitige Verständnis der Völker und damit den Weltfrieden; aber jene Internationalität, die uns, in allen Farben prangend, im Schützengraben gegenüberstand, und die heutige Internationalität einer verlogenen, kriegshetzerischen Weltpresse dürfen wir ja wohl ablehnen?

Indem sich die Völker infolge der Verkehrsverbesserungen besser kennen und verstehen lernen, macht der Verkehr auch die Kriege seltener; es werden nämlich (vielleicht?) die Raufereien zwischen Kleinstaaten durch die — — Weltkriege der Weltmächte ersetzt; und an solchen wird vielleicht gerade der Verkehr noch einige hervorrufen, sei es um das für den Verkehr so wichtige Öl, sei es um die weltbedeutenden Knotenpunkte[1].

IV. Gesamtwirkung auf Mensch und Volk.

Letzten Endes kommt es aber bei allen Wirkungen nicht auf Einzelheiten von Wirtschaft, Politik, Kultur usw., sondern nur auf Mensch und Volk an; wir müssen diese Gesamtwirkung also betrachten und möchten hierzu ausführen:

Jedes einer Verkehrsverbesserung teilhaftig werdende Gebiet kann hierdurch besser mit Gütern versorgt werden; für seine Bevölkerung wird damit die äußere Grundlage verstärkt und verbessert; insbesondere werden auch solche Güter zur Verfügung gestellt, die über den notdürftigen Lebensunterhalt (in Nahrung, Kleidung und Behausung) hinausgehen, also den Aufstieg zu einer höheren Lebenshaltung ermöglichen; am wichtigsten ist hierbei als Grundlage für das kulturelle Leben die Verbesserung der Wohnung und die Möglichkeit, größere Anlagen für die Allgemeinheit, wie Schulen, Gemeinschaftshäuser, Be- und Entwässerungen zu schaffen. Aber so wenig man diese Verbreiterung und Vertiefung der Grundlage unterschätzen soll, so darf man doch nicht übersehen, daß der Mensch in dieser Beziehung nur als Verbraucher (Konsument), aber nicht als Schaffender (Produzent) auftritt. Außerdem muß festgestellt werden, inwieweit das Mehr an Gütern wirklich der Allgemeinheit oder nur einzelnen Bevorzugten zugute kommt, und ob nicht Güter erzeugt werden, die eher schädlich als nützlich sind. Bei langsamer Entwicklung mag die Allgemeinheit tatsächlich ziemlich gleichmäßig an der besseren Versorgung teilnehmen, bei schneller Entwicklung aber werden es die bisher schon bevorzugten Schichten und die Spekulanten verstehen, sich den Löwenanteil zu sichern, und die Allgemeinheit wird unter Umständen schlechter gestellt sein als vorher. Es kann dann leicht die stärkere Gütererzeugung dazu benutzt werden, um die Masse des Volkes zu knechten und auszuplündern, während gleichzeitig eine Fülle von Gütern nur erzeugt oder aus weiten Fernen herbeigeschafft werden, um einen raffinierten Luxus noch raffinierter zu machen. Zum Teil ist dies darin begründet, daß die politischen Ansichten, die staatlichen Verfassungen und das soziale Gewissen sich nicht schnell genug auf die durch den Verkehrsfortschritt bewirkte Umgestaltung umstellen können; der Verfall Roms zeigt deutlich, wohin der zu schnelle „Aufstieg" führt.

Unter Beschränkung auf das Wesentlichste und das nur aus dem Verkehr Folgende kann man nachstehende Fragen als wichtigste bezeichnen:

Wie wirkt die fortschreitende Verkehrsverbesserung

a) auf den Menschen als Produzenten, als Schaffenden, Arbeitenden?

b) auf die menschliche Seele und damit auf den Wert des Menschen für Vaterland und Kultur?

c) auf die Verteilung der Bevölkerung auf Landwirtschaft und Gewerbe und auf die Gemeindegrößen?

d) auf die Versorgung des Volkes mit lebenswichtigen Gütern aus der eigenen (heimischen) Volkswirtschaft?

e) auf die Machtverhältnisse der Rassen und (großen) Völker?

[1] Vgl. Z. V. Mitteleur. Eisenbahnverw. 1941, S. 243.

Die Verkehrsverbesserung hat große Menschenmassen aus härtester Fronarbeit befreit; die Rudersklaven und Galeerensträflinge sind durch das Segeln ersetzt worden; die Zahl der Schiffsheizer sinkt durch Einführung von Einzelverbesserungen und grundsätzlichen Wechsel des Antriebs; die Träger (in China und Afrika) und die Treidler und Karrenzieher (Rikschakulis) werden allmählich abgelöst; auch die Zugtiere werden verdrängt. Dagegen erhebt der Verkehr, je mehr er „mechanisiert" wird, seine Diener zu Leistungen des Geistes und des Charakters; rohe Kraft wird nicht mehr benötigt, denn sie wird vom Dampf usw. gestellt; der Mensch hat auch in den unteren Stellen die Kräfte zu leiten, und zwar, ohne daß er dabei zum „Sklaven der Maschine" wird.

Da, wie oben angedeutet, der erleichterte Personenverkehr dem Menschen die Möglichkeit gibt, die Stätten aufzusuchen, an denen er seine Arbeitskraft (Kenntnisse und Fähigkeiten) am besten ausnutzen kann, da er außerdem das Sammeln von Kenntnissen in Schule und Fremde erleichtert und da der erleichterte Güterverkehr die Gütererzeugung verfeinert, so wirkt die Verkehrsverbesserung allgemein im Sinne höherer Berufstüchtigkeit, größerer geistiger Regsamkeit und stärkeren Dranges zum Aufstieg durch bessere Arbeitsleistung. Der Verkehr erzieht zu geistiger Regsamkeit, Fortbildungsstreben, schneller Entschlußfähigkeit und Verantwortungsfreude, zu Mut und echter Kameradschaft; er ist für alle Mannestugenden eine Schule, die vielleicht sogar der militärischen Ausbildung überlegen ist; die im Verkehr Stehenden bilden eine geistige und seelische Elite; und so jung der Dampfverkehr auch ist, so hat er sich doch schon Familien mit Standestradition geschaffen, die schon in der dritten Generation ihre Ehre einsetzen, im Dienst „ihrer" Reederei aufzusteigen.

Das scheint also alles sehr günstig zu sein. In Wirklichkeit ergibt sich aber oft folgendes Bild: Die Menschen, die sich in ihrer bisherigen Tätigkeit wohl fühlen, daher nicht fort wollen und gleichzeitig mit die wertvollsten Bestandteile des Volkes sind, nämlich die Söhne und Töchter des „Nährstandes", müssen fort, weil ihnen durch den Einbruch fremder Erzeugnisse die Grundlage zur Schaffung einer Lebensstellung entzogen wird; sie haben hierbei aber nicht die Möglichkeit, die „günstigste" Arbeitsstätte aufzusuchen, denn diese würde immer in der Landwirtschaft liegen, sondern sie müssen gerade in Berufe, zu denen sie nicht vorgebildet sind, und in eine Lebensweise, die ihnen schädlich ist, denn sie müssen in die Stadt und in die Fabrik; auch für die gewerblichen Arbeiter gibt es nur zu oft keine Gelegenheit, bessere Arbeitsstätten aufzusuchen, sie bleiben vielmehr an die Stadt und den Gewerbebezirk gefesselt.

Man könnte also den Satz von der erleichterten Freizügigkeit umkehren und sagen:

Die in gesunden Verhältnissen Lebenden müssen fort, obwohl sie nicht fort wollen, und die in ungesunden Verhältnissen Lebenden können nicht fort, obwohl sie so gern fort möchten. Frei ist nur der Weg von der heiligen Mutter Erde in die Stadt; nicht frei aber ist der Rückweg. Die in eigener Scholle Wurzelnden werden entwurzelt, aber sie können nicht wieder Wurzel fassen.

Wie stark sich hierbei das Verhältnis zwischen der landwirtschaftlich zu der gewerblich tätigen Bevölkerung verschiebt, wie stark und schnell hierbei die Großstädte anwachsen, ist bekannt. Und daß die Arbeit des Bauern mehr geeignet ist, die seelischen Kräfte zu entfalten, als die meist einseitigere und freudlosere und von der Natur stärker losgelöste Arbeit des Fabrikarbeiters und Bergmanns, ist ebenfalls bekannt; — man sollte sich aber in dieser Beziehung vor verallgemeinernden Behauptungen hüten!

Wenn wir auf die Fortschritte im Verkehr, Gewerbe und auf das Anwachsen der Bevölkerung und der Städte so stolz sind, so übersehen wir nur zu oft, daß es sich hierbei nicht um Kultur, sondern nur um Zivilisation handelt, und daß diese überfeinerte Zivilisation den Tod der Kultur und den Untergang der anscheinend auf so stolzen Höhen wandelnden Völkern bedeuten kann. Unser deutsches Volk steht glücklicherweise zivilisatorisch noch etwas „tiefer" als manche anderen Völker; und wir können bestimmt die Hoffnung hegen, daß wir die drohenden Schäden abwehren werden; und dazu ist eines der wirksamsten Mittel eine Verkehrspolitik, die sich bewußt von der früheren Richtung abwendet und in den Dienst der großen Sache eingeschaltet wird.

Durch den erleichterten Verkehr werden schwächere Rassen durch das Eindringen von stärkeren bedroht; manche Völker sind hierdurch schon ausgestorben oder dem Aussterben nahe; — aber sie sind ja auch „kulturfeindlich", da sie auf so „tiefer" Stufe stehen, daß sie die Errungenschaften der Kultur, als da sind Alkohol, Geschlechtskrankheiten, Fronarbeit nicht so rasch in sich aufnehmen können. In anderen Ländern werden die einheimischen, nicht so gut geschulten Kräfte durch die Einwanderung geschulter Ausländer bedroht; oder es werden die einheimischen hochwertigen und an hohe Lebenshaltung gewöhnten Arbeiter durch den Zuzug von anspruchslosen Ausländern bedrängt, z. B. der Angelsachse in Amerika durch den Ost- und Südeuropäer und den Chinesen, der Engländer in Südafrika durch den Inder, in der Südsee durch den Chinesen; oder es wird auch der ehrbare, national empfindende Kaufmann durch den Zuzug von besonders „geschäftstüchtigen" Leuten bedroht, die, je wie das Geschäft es erfordert, ihre Staatszugehörigkeit wechseln.

Andererseits ist die Zuwanderung tüchtiger Kräfte hochstehender Völker eine der wichtigsten Grundlagen für das wirtschaftliche Aufsteigen noch nicht entwickelter Länder.

Alles, was es auf Erden an Geltung der Staaten und Völker für die innere und äußere Politik gibt, alles, wodurch der innere Aufbau des Staates und das Verhältnis der Völker zueinander bestimmt wird, hat sich verschoben und verschiebt sich dauernd durch eine ungeheure Völkerwanderung, die, mit einer starken Vermehrung der lebenskräftigen Rassen verbunden, sich nach drei Richtungen äußert:

innerhalb des Volkes im Zug vom Land zur Stadt, in Deutschland wie auch in andern Ländern im Zug nach Westen,

innerhalb des einzelnen Volkes und von Volk zu Volk in dem regelmäßigen Hin- und Herwandern großer Massen von „Saisonarbeitern",

von Volk zu Volk in dem Vordringen der tüchtigeren, zäheren, rücksichtsloseren oder auch anspruchsloseren gegen die schwächeren oder auch satten und fauleren Rassen.

Um welch ungeheure Bewegung es sich dabei handelt, lehrt ein Vergleich mit jener geschichtlichen Erscheinung, die wir ehrfürchtig die „Völkerwanderung" nennen, die die alten Mittelmeerreiche vernichtet und die letzten Endes die heutigen europäischen Reiche geschaffen hat: Als die Germanen und Slawen zu Fuß und Pferd und mit ungefügen Wagen die „Völkerwelle" nach Westen trieben, waren das Stämme, die mit Weib und Kind vielleicht 100000—200000 Köpfe zählten; und manches „Volk" ist in einem „Begegnungsgefecht" vernichtet worden. Aber mit dem Segelschiff schon sind Millionen von Chinesen nach der Inselwelt und soviel Neger nach Amerika gewandert, daß aus ihnen rund 22 Millionen „Farbige" hervorgegangen sind, und so viel Weiße, daß sie dort jetzt 120 Millionen ausmachen; Dampfschiff und Lokomotive haben manches Jahr 400000 Einwanderer nach Kanada, je 700000 nach Lateinamerika und Sibirien, 1 Million nach den Vereinigten Staaten gebracht, 1 Million und mehr Chinesen nach Indien, der Inselwelt und Afrika verpflanzt. Und das chinesische Volk hat nicht nur das mandschurische Volk aufgesogen, sondern auch die Mandschurei völkisch erobert, indem es dort 30 Millionen Chinesen angesiedelt hat.

In Verbindung hiermit ist die Verschiebung in der Zusammensetzung der Bevölkerung Europas von Bedeutung. Insgesamt zeigen in Prozent der Gesamtbevölkerung die Romanen eine starke Abnahme, die Slawen dagegen eine starke Zunahme, während die Germanen sich ungefähr behauptet haben; und diese Erscheinung ist durch den Zusammenbruch Frankreichs 1940 noch verstärkt worden.

Der Schwerpunkt Europas wandert also nach Osten!

Die Länder in der Mittellage (Deutschland, Italien) müssen in den großen Linien ihrer Verkehrspolitik hierauf achten. In Deutschland werden z. B. die Strecken Frankfurt—Nürnberg—Wien (—Budapest) und der oberschlesische Raum wesentlich an Bedeutung gewinnen. Dabei ist auch die gesündere soziale und siedlungstechnische Struktur der östlichen Völker zu beachten: sie haben mehr Raum, mehr Bauern, weniger Städter als Westeuropa, und sie verfügen über alle unsere Kenntnisse und Erfahrungen auf jedem Gebiet und werden dadurch vor vielen Fehlern, namentlich in der Industrialisierung und im Siedlungswesen, bewahrt bleiben.

Von Bedeutung sind auch die Verschiebungen in der Verteilung der Bevölkerung auf die Kontinente; sie ergibt sich aus folgender Zusammenstellung:

	Bevölkerung in Millionen			In Prozent der Erdbevölkerung		
	1810	1910	1935	1810	1910	1935
Asien	380	858	1135	56	53	55
Europa	180	447	516	26	28	25
Afrika	99	127	147	15	8	7
Amerika	21	180	261	3	11	12,5
Australien	2	7	10	—	—	0,5
	682	1619	2069	100	100	100

Also: die Welt wächst, Europa fängt an zu stagnieren!

Und besonders kritisch ist die Verschiebung im Stärkeverhältnis Europas zu Amerika:

> 1810: Europa 180 Millionen, Amerika 21 Millionen, gleich 9 : 1,
> 1935:   „   516   „   „   261   „   „   2 : 1.

Und diese Entwicklung schreitet weiter fort!

Die für so manches Volk aus diesen Verschiebungen drohenden Gefahren werden noch dadurch verschärft, daß sich innerhalb des Volkes das Verhältnis zwischen Land und Stadt, Landwirtschaft und Gewerbe in einer für die innere wie für die äußere Politik gleich gefahrvollen Weise verschiebt.

Ferner gilt auch von der Verbesserung, nämlich der fortschreitenden Mechanisierung des Verkehrs im allgemeinen der Satz, daß wir damit zwar von der Natur unabhängiger, dafür aber von den Menschen abhängiger werden, nämlich von den im Verkehrsdienst stehenden Massen, die sich leider unter Umständen auch einmal von Hetzern dazu mißbrauchen lassen, um durch Sabotage oder Streik den Verkehr stillzulegen. Je mehr sich der Verkehr also entwickelt und je mehr sich seine Folgen auswirken, desto „lebenswichtiger" wird er, desto größere Gefahren sind mit einer Lähmung des Verkehrs verbunden; — ein vollständig durchgeführter Eisenbahnstreik bedeutet für die kleinen Kinder einer Weltstadt das Todesurteil.

Es sind also auch im Verkehr viele Schattenseiten vorhanden. Wenn wir immer nur die Lichtseiten sehen, so liegt es daran, daß wir auch in dieser Beziehung zu einseitig nurwirtschaftlich und dabei zu international („weltwirtschaftlich") denken, darüber aber die Seele im Menschen und das eigene Vaterland vergessen; es ist die materialistisch-kosmopolitische Einstellung, der wir verfallen waren, und von der wir den Rückweg zur idealistisch-vaterländischen wieder finden müssen. Mag das Leben zum größten Teil „Wirtschaft" sein, mögen alle Güter und Kräfte wirtschaftliche Größen sein, — der Mensch steht höher denn die Wirtschaft. Wenn es die Aufgabe der Technik und des Verkehrs ist, stets das „Grundgesetz der Wirtschaftlichkeit" zu erfüllen, d. h. den Zweck mit dem kleinsten Aufwand von Mitteln zu erreichen, so versündigt sich jeder an diesem Gesetz und an seinem Volk, der am Menschen „Raubbau" treibt. Ein Volk mag vorübergehend Großes in Industrie und Verkehr leisten und zu hoher äußerer Macht aufsteigen, indem es auf die seelischen Kräfte nicht Rücksicht nimmt, sondern die Volksgenossen rein-materialistisch zu äußerster Anstrengung anspornt; aber es wird dann innerlich zermürbt werden und wird durch einen vielleicht kleinen äußeren Rückschlag zu Boden geworfen werden.

Die einseitig-wirtschaftliche Einstellung ist auch darum gefährlich, weil sie im Zeichen des Weltverkehrs folgerichtig zu einer weltwirtschaftlichen Einstellung führen muß, die für viele Länder bedenklich werden kann; denn, wie oben angedeutet, treibt die fortschreitende Arbeitsteilung nach Gegenden dahin, daß schließlich jedes Gut nur an einer oder wenigen Stellen erzeugt werden müßte. Damit würde aber so manches Land, darunter auch unser Vaterland, in lebenswichtigen Gütern vom Ausland abhängig. Das mag jahrzehntelang gut gehen; zu welchem Unheil es aber führen kann, haben wir schaudernd selbst erlebt.

Wir dürfen daher nicht das Nur-Wirtschaftliche auf die Spitze treiben, wir müssen vielmehr ein gewisses Maß von „Unwirtschaftlichkeit" oder eine entsprechende Mäßigkeit in unserem Verbrauch in Kauf nehmen, um einerseits die unbedingt lebenswichtigen Güter im Inland zu erzeugen und ein gesundes Verhältnis zwischen städtischer und ländlicher Bevölkerung wieder herzustellen; die Pflege der Weltwirtschaft ist wichtig, die Pflege der deutschen Landwirtschaft ist aber noch wichtiger.

C. Wirkungen auf Einzelgebieten.

Insgesamt sind die Wirkungen der fortschreitenden Verkehrsentwicklung so vielseitig, daß der vorstehende Versuch einer Gesamtdarstellung unvollkommen bleiben mußte. Die Schwierigkeiten einer Gesamtdarstellung werden noch dadurch gesteigert, daß in den meisten Fällen der Verkehr nicht die einzige Ursache der Veränderungen ist, sondern daß noch andere Kräfte, besonders die Einführung der (Dampf-) Maschine hinzukommen, ferner dadurch, daß die meisten Leser geneigt sind, die äußeren Fortschritte der Gesamtentwicklung zu überschätzen, die inneren Schäden aber zu unterschätzen. Um eine vollständige und dabei klare Darstellung zu geben, müßten folgende Einzelgebiete in ihrer Abhängigkeit von der Verkehrsentwicklung untersucht werden:

1. Die natürlichen geographischen Zustände, — natürliche Landschaft, Klima, Wasserhaushalt, Pflanzen- und Tierwelt[1].
2. Waldnutzung und Forstwirtschaft.
3. Landwirtschaft, einschließlich Viehzucht, Garten-, Obst- und Weinbau und Plantagenwirtschaft.
4. Fischerei, getrennt nach See- und Flußfischerei.
5. Bergbau, — allgemein: Gewinnung der mineralischen Rohstoffe.
6. Handwerk, Klein- und Mittelgewerbe.
7. Industrie, — mit besonderer Berücksichtigung der industriellen Standortlehre.
8. Handel, — einschließlich der Verlagerung der Handelswege.
9. Geldwesen (Einkommen, Bank- und Börsenwesen, Kapital, Grundrente).
10. Großbauten, — Ent- und Bewässerungen, Kultivierungen, militärische Großbauten („Maginot-Zonen"), große Verkehrsbauten.
11. Siedlungswesen, — Städtebau, Raumordnung.
12. Machtpolitische Auseinandersetzungen und Kriegführung.

Ob vorstehend wirklich alle Gebiete aufgezählt sind, die untersucht werden müßten, bleibe dahingestellt; jedenfalls können wir nur einige wenige herausgreifen. Wir möchten uns zunächst auf die drei Gebiete Fischerei, Forstwirtschaft und Siedlungswesen beschränken, und zwar aus „pädagogischen" Gründen; bei ihnen bleibt nämlich (nach persönlichen Er-

---

[1] Vgl. hierzu Fels: Der Mensch als Gestalter der Erde. Abschnitt C. Leipzig: Bibliographisches Institut 1935.

fahrungen) die Untersuchung besonders kurz, klar und übersichtlich, während sie bei den meisten andern Gebieten umfangreich und schwer verständlich wird. — Auf die Bedeutung des Verkehrs für die Landesverteidigung, den Aufbau des neuen Europa, die Kolonien kann erst im Zweiten Band eingegangen werden.

I. Verkehr und Hochseefischerei.

Vorbemerkung. Im folgenden bleiben einerseits die Edelfische, die einen hohen Aufwand für ihre Beförderung tragen können, andererseits die Salz- und Räucherfische, die wegen der guten Konservierung keine besonders schnelle Beförderung verlangen, unberücksichtigt; in Betracht kommen nur die „frischen Seefische", die sehr leicht verderben, aber in frischem Zustand in die Küche kommen müssen, und daher besonderer Schnelligkeit bedürfen. Es handelt sich dabei allerdings nur um einen kleinen Ausschnitt aus der Volksernährung, aber es läßt sich kaum ein anderes Gebiet finden, bei dem letzten Endes alles so auf den „Verkehr" hinausläuft, wie den Fang und den Absatz frischer Seefische. Denn sie sind ein reines Naturprodukt, bei dem die gesamte Nutzbarmachung, außer dem Kochen, nur aus „Verkehrs"-Handlungen besteht. Dies Gebiet ist daher besonders geeignet, an erster Stelle betrachtet zu werden. An Verkehrsvorgängen werden erforderlich: Fahrt der Fischdampfer zu den Fanggründen, Fang mittels Nachschleppen der Netze, Rückfahrt zum Hafen, Ausladen, Sortieren, Verkauf, Einpacken, Verladen in die Eisenbahn (oder Kraftwagen), Fahrt zu den Empfangsstationen, Ausladen, Rückfahrt der leeren Fischwagen zum Hafen, von den Empfangsstationen: Abrollen zu den Händlern, Hinbringen in die Haushaltungen[1].

In Deutschland ist der Versorgung der Bevölkerung mit der billigen und gehaltvollen Seefischnahrung früher nicht genügend Aufmerksamkeit gezollt worden; vor dem Weltkrieg haben wir allgemein zu wenig Seefische (und dafür zuviel Fleisch) gegessen, haben aber trotzdem etwa zwei Drittel des Fischverbrauchs aus dem Ausland (Holland und England) decken müssen. Nach dem Weltkrieg sind aber große, und zwar erfolgreiche Anstrengungen gemacht worden, um die deutsche Erzeugung zu steigern. Außer der Deckung des eigenen Bedarfs kommt es aber auch darauf an, die geeigneten Nachbargebiete (Böhmen, Ungarn, Schweiz, Oberitalien) dem deutschen Seefisch zu erschließen, was fast ausschließlich ein Eisenbahntransportproblem ist. — Die Hochseefischerei hat aber nicht nur den unmittelbaren Nutzen der Nahrungsbeschaffung, sondern auch den, daß sie (ebenso wie der Walfang) mit die beste Schule für den seemännischen Nachwuchs der Handels- und Kriegsmarine ist.

Die Schwierigkeiten des Seefischtransportproblems liegen — abgesehen von den hohen Anforderungen an Kühlhaltung, Geschwindigkeit und Pünktlichkeit — noch in der besonders eigenartigen Erscheinung, daß der Seefischverbrauch in großen Gebieten, nämlich in den katholischen Landesteilen, an bestimmte Zeiten und Tage (Fastenzeit und Fasttage) gebunden ist; für Millionen von Menschen muß der „frische Seefisch" Freitag früh beim Kleinhändler verkaufsfertig bereitliegen. Die Absatzschwankungen sind also sehr groß; sie springen unter Umständen von einem zum andern Tag von 1 : 8; sie erschweren in Verbindung mit der leichten Verderblichkeit der Ware die Vorrathaltung außerordentlich; die „Handelsspanne" muß also groß sein (etwa 590% gegenüber 220% beim Fleisch); je mehr Frischhaltung, Schnelligkeit und Pünktlichkeit verbessert werden, desto mehr kann die Handelsspanne und damit der Ladenpreis gesenkt werden.

Die Aufgaben des Seefischtransportes scheiden sich scharf in die des See- und des Binnenverkehrs. Die ersteren werden von den Fischdampfern wahrgenommen, die gleichzeitig den Fang und den Transport besorgen. Für die deutsche Hochseefischerei liegen die wichtigsten Fanggründe nach Abb. 26 in der Barentsee, 3000 km (!), bei Island, 2000 km, und in der nördlichen Nordsee, immer noch 1000 km von den Hauptfischereihäfen entfernt! Diese Entfernungen waren für Segelschiffe zu groß, als daß eine deutsche Hochseefischerei größeren Stils hätte aufgebaut werden können; für England und Norwegen liegen die

---

[1] Schrifttum: Dr.-Ing.-Dissertationen von Agatz und Schroeder, Technische Hochschule Hannover. — Ottmann: Arch. Eisenbahnw. 1937 und Z. V. Mitteleur. Eisenbahnverw. 1938, — dem wir bezüglich der Einzelheiten teilweise wörtlich folgen.

Verhältnisse viel günstiger; es ist daher verständlich, daß diese Länder von alters her einen wesentlich höheren Verbrauch haben; außerdem haben sie reiche Fischgründe innerhalb der eigenen Hoheitsgewässer, und ihre Bevölkerung wohnt durchschnittlich näher an der Küste als die deutsche. Erst mit der 1885 begonnenen Einstellung von Fischdampfern konnte sich die Hochseefischerei Deutschlands entwickeln.

See- und Landverkehr stoßen im Fischereihafen zusammen, der nach Lage, Anordnung und Ausrüstung besondere Anforderungen stellt.

Der Fischereihafen liegt zweckmäßigerweise nicht unmittelbar mit andern Häfen zusammen. Er sollte möglichst weit seewärts liegen, damit die Fischdampfer kurze Fahrten haben und vom Gezeitenwechsel nicht abhängig sind, und damit die höhere Geschwindigkeit der Eisenbahn auf möglichst lange Strecken ausgenutzt werden kann. In diesem Sinne könnte man sagen, daß das Lister Tief an der Nordspitze von Sylt nach dem Bau des Hindenburgdamms der „gegebene" Platz für den wichtigsten Fischereihafen Deutschlands geworden wäre; dieser Punkt ist aber aus andern Gründen ungeeignet. Infolge der geschichtlichen Entwicklung ist die deutsche Hochseefischerei auf die drei Häfen Wesermünde, Altona und Cuxhaven verteilt.

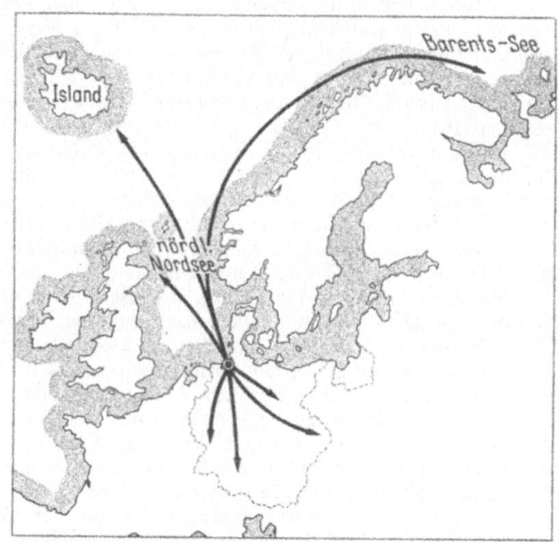

Abb. 26. Die Fanggründe der deutschen Hochseefischerei.

Der Fischereihafen nebst seinem Hafenbahnhof muß so durchgebildet sein und so betrieben werden, daß der Zeitaufwand zwischen Anlandung der Fische und Abrollen der Eisenbahnzüge möglichst klein wird; denn alle Bemühungen, die Fischbeförderung auf den Eisenbahnstrecken zu beschleunigen, wären zwecklos, wenn sich im Ausladen, Sortieren, Versteigern, Einladen usw. Zeitverluste einschleichen würden.

Ein Fischereihafen besteht (nach dem auch für Laien sehr sehenswerten Hafen Wesermünde) aus mindestens zwei Hafenbecken. Das eine Becken kann man als „Verkehrsbecken" bezeichnen. Es dient der Anlandung der Fische. Hier löschen die Fischdampfer ihre Ladung, und zwar nachts, um die Fische vor den Einwirkungen des Tageslichts zu schützen. Hier liegen die Auktionshallen, in denen die angelandeten Fische versteigert werden, die Packhallen, in denen sie versandfertig gemacht werden, und die industriellen Anlagen, wie Bratereien, Marinieranstalten, Klippfischwerke, in denen der entsprechende Teil der Fische vor ihrem Versand ins Binnenland verarbeitet wird. Das andere Hafenbecken (in Wesermünde zwei Becken) ist das „Ausrüstungsbecken". Hier werden die Fischdampfer ausgestattet, hier erhalten sie Bunkerkohle und Eis, hier sind die Anlagen für Ausbesserungen der Schiffe und Netze, die Kohlenlager, Kistenfabriken usw. Die räumliche Trennung zwischen Verkehrs- und Ausrüstungshafen bringt den Vorteil, daß das Löschen, Sortieren, Verkaufen, Verpacken und Einladen der Fische gegen die im Ausrüstungshafen unvermeidliche Schmutzentwicklung geschützt ist.

Die Aufgaben der Eisenbahn bestehen außer der richtigen Durchbildung des Hafenbahnhofs und der möglichst schnellen Erledigung aller Ladeaufgaben besonders in der schnellen und fahrplanmäßig pünktlichen Beförderung nach den Inlandstädten. Man kann die Seefische nicht einfach auf Personen- oder Schnellzüge verweisen, denn diese würden auf den Ausgangsstrecken (vom Hafen ab) zu stark belastet werden; auch werden viele zeitlich nicht zweckmäßig liegen, und das Aussetzen der Fischwagen würde vielfach zuviel Zeit erfordern. Man muß also von dem Hafen aus auf den in die verschiedenen Absatzgebiete führenden „Stammlinien" besondere „Fisch-Schnellzüge" fahren, deren Fahrplan so zu gestalten ist, daß die Fische an den Verbrauchsorten rechtzeitig eintreffen, damit sich die Händler darauf einrichten können. Solche besonderen Fisch-Schnellzüge verursachen aber naturgemäß beträchtliche Kosten, man muß daher ihre Zahl durch gute Organisation möglichst einschränken.

Alle Fahrpläne müssen darauf abgestellt werden, daß der Empfänger, d. h. im allgemeinen der Kleinhändler, den Fisch bis zu einer bestimmten Tagesstunde erhalten muß. Die Ankunftstunde dieser empfindlichen und, wenn die Kühlhaltung einmal unterbrochen ist, schnell verderbenden Ware muß sich der Abwicklung des Kleinhandelsgeschäfts einfügen, dessen Rhythmus durch Tageseinteilung, Geschäftsstunden, Gewohnheiten der Verbraucherschaft und sonstige außerhalb des Willensbereichs des Kleinhändlers liegende Umstände bestimmt wird.

Die Verbraucher pflegen den Frischfisch vorzugsweise in den Vormittagsstunden einzukaufen, da der Fischverzehr in Deutschland hauptsächlich für die Mittagsmahlzeit in Frage kommt. Während sonst im Kleinhandel die Hauptverkaufszeit in die Nachmittagsstunden fällt, und Räucherwaren, Marinaden sowie sonstige Erzeugnisse der Fischindustrie ebenfalls vornehmlich zwischen 16 und 19 Uhr verkauft werden, ist die Lage beim Frischfischeinkauf grundsätzlich anders; er findet zwischen 10 und 13 Uhr statt. Da der Kleinhändler zum Abholen der Fische von der Bahnstation, zum Auspacken, zum Sortieren und zum Fertigmachen für den Verkauf einige Stunden Zeit braucht, müssen die Fischsendungen spätestens bis 7 Uhr morgens auf der Bahn ausgabebereit sein, wenn der Fisch noch am Tage der Ankunft zum Verkauf kommen soll. Wo der binnenländische Fischgroßhandel eine Rolle spielt, ist der Zeitpunkt sogar auf 3 Uhr morgens vorzuverlegen. So sind 7 Uhr und 3 Uhr die „kritischen Punkte", bei deren Überschreitung in der Regel ein ganzer Verkaufstag verlorengeht. Der Beförderungseffekt kann so durch eine geringfügige Verschiebung der Ankunftzeit verschlechtert werden. Aus dieser Tatsache erklären sich die Bemühungen der Eisenbahn, unter Einsatz aller zur Verfügung stehenden Mittel vor der kritischen Stunde am Bestimmungsbahnhof einzutreffen.

Wie die Ankunft der Fische am Bestimmungsort sich zeitlich dem Ablauf des Kleinhandelsgeschäfts und der Zuführung an den Verbraucher einfügen muß, so wird auch die Auflieferung am Versandplatz durch Besonderheiten des Fischhandels festgelegt: Die Versteigerung der zur Nachtzeit angelandeten Fische findet in den frühen Morgenstunden statt und ist 8 Uhr beendet. Anschließend werden die Fische den Betrieben der im Hafengebiet ansässigen Großhändler zugeführt, um hier versandfertig gemacht zu werden. Insgesamt beanspruchen diese umfangreichen Arbeiten am Versandplatz nicht nur den Vormittag, sondern dehnen sich bis in die Nachmittagsstunden aus. Ehe die Ware nicht versandfertig ist, kann die Eisenbahnbeförderung nicht beginnen. Demgemäß können die Züge erst von etwa 16 Uhr abfahren, und zwar werden hierbei die Züge nach Richtung Köln—Basel zuerst abgelassen. Die Zahl der besonderen „Fischschnellzüge" beträgt am Dienstag, dem stärksten Versandtag, 9; sie steigt in der Karwoche auf 12 an.

Die Bevorzugung des Freitag als „Fischtag", die sogar in evangelischen Ländern zu beobachten ist, hat zur Folge, daß die Hauptankunft Donnerstags erfolgen muß, und demgemäß liegt die Hauptabfahrt, je nach den Entfernungen, am Mittwoch oder Dienstag. Diese Schwankungen erschweren und verteuern natürlich den gesamten Transportvorgang; es hat dies zu Anregungen geführt, für die evangelischen Gebiete grundsätzlich nicht den Freitag, sondern etwa den Dienstag zum „Fischtag" zu ernennen.

Über die „Verkehrsströme" des von Wesermünde ausgehenden Fischverkehrs sei angegeben: Die Ströme gehen nach:

1. Köln und weiter nach Basel zur Versorgung von Westfalen, Rheinland, Baden, Schwaben, Schweiz;

2. Hannover und weiter nach Bebra und Süden zur Versorgung von Niedersachsen, Thüringen, Süddeutschland;

3. Magdeburg zur Versorgung von Mitteldeutschland, Sachsen, Schlesien;

4. Berlin[1].

Da aber die Eisenbahn nicht nur den vorhandenen Verkehr, so wie er sich ihr anbietet, zu bedienen hat, sondern gesunde Entwicklungsmöglichkeiten zu fördern hat, so sei hierzu angedeutet: In Deutschland werden bei allen Verbesserungen des Beförderungswesens wohl immer nur die dichtbesiedelten, städtischen Gegenden, insbesondere die Großstädte, für den Absatz von frischen Seefischen in Frage kommen; immerhin sind das etwa 30 Millionen Menschen. Wenn hiervon der dritte Teil veranlaßt werden könnte, wöchentlich $^1/_2$ Pfund

---

[1] Berlin, Schlesien, Böhmen usw. werden aber überwiegend von Altona und Cuxhaven versorgt.

Fisch zu verzehren oder mehr zu verzehren als bisher, so würde das jährlich einem Mehrverbrauch von 250 000 t „ab Schiff" gleichkommen. Zu den bisherigen Anlandungen in den deutschen Fischereihäfen in Beziehung gesetzt, ergäbe das eine Steigerung um 50%. Eine solche Steigerung der Fänge, des Verbrauchs und Transports läge durchaus im Bereich des Möglichen. Allgemeine Hebung der Kaufkraft einerseits, Drosselung der Einfuhr ausländischer Nahrungs- und Futtermittel andrerseits könnten dem Fischverbrauch einen weiteren Auftrieb geben. Hierbei wird es in der natürlichen Entwicklungslinie liegen, daß die Steigerung des Verbrauchs auf die bisher absatzschwachen Zeiten und Tage entfällt, da der heutige Verbrauch an Spitzenleistungstagen kaum noch gesteigert werden kann.

Neuerdings sind mehrfach Anregungen gegeben worden, das Beförderungssystem im Fischverkehr grundsätzlich umzustellen und das gesamte Absatzgebiet in einzelne, jeweils um einen Hauptverbrauchsplatz gelagerte Bezirke aufzuteilen. Dieser Plan wird dann meist mit dem weiteren Gedanken in Verbindung gebracht, die Verteilung der Fischsendungen in den Bezirken durch den Einsatz von Kraftwagen zu intensivieren. Hiervon kann man sich vielleicht einige Vereinfachung für die Eisenbahn versprechen, vielleicht auch eine schnellere Erfassung der Orte abseits der Schiene; doch stehen einer derartigen Neuregelung auch gewisse Bedenken entgegen. Als nachteilige Folgen wären zu verzeichnen, daß das neue Verteilersystem zusätzliche Umladungen erforderlich machen, die Kühlhaltung der Fischsendungen unterbrechen und die Beförderungskosten unwirtschaftlich ansteigen lassen würde. Vor allem kann als sicher angenommen werden, daß für die Empfangsstationen, mit Ausnahme der Orte abseits der Schiene, eine frühere Ankunft nicht zu erreichen ist. Daß heute schon der Lastkraftwagen im Verteilergeschäft dort eingesetzt wird, wo die Maßnahme wirtschaftlich vertretbar erscheint, ist selbstverständlich. Für das Verteilergeschäft steht heute in Kurswagen, leichten Güterzügen, Packwagen der Personenzüge und Lastkraftwagen ein vielstimmiges Instrument zur Verfügung, mit dem, wenn es gut gespielt wird, Besseres zu leisten ist als mit einer einseitigen Festlegung auf ein regionales Kraftwagenverteilersystem.

An der Tatsache, daß große Verbrauchszentren stets eine bessere Beförderung haben werden als kleine Empfangsplätze oder gar Orte abseits der Schiene, wird kein irgendwie geartetes System etwas ändern. Es kommt ja auch nur darauf an, daß jeder Platz, auch der kleinste, seine Ware in einwandfreiem Zustande erhält; bei guter Beeisung hat aber selbst ein Transport von 3 Tagen keine nachteiligen Folgen.

Vor allem wird dem Gedanken entgegenzutreten sein, daß es für die kleinen Orte nur einer Beförderungsverbesserung bedürfte, um dort den Fischabsatz über das bisherige Maß hinaus zu heben. Für den Absatz an Fischen sind noch andere Faktoren ausschlaggebend neben den Abstufungen der Beförderungsdauer. Neben dem Verkaufspreis ist es in erster Linie die Ausgestaltung des Kleinhandels. Nur wo dieser mit Ladengeschäften in einer ansprechenden und hygienisch einwandfreien Aufmachung aufzuwarten hat, werden sich neue Käuferschichten werben lassen. Derartige Geschäfte sind jedoch dort, wo nur eine dünne und verstreut wohnende Bevölkerung ansässig ist, schwer denkbar[1]. So tritt für den Beförderungsdienst das Problem der Erschließung des flachen Landes, so verlockend es sein mag, bis auf weiteres wohl noch hinter der Aufgabe zurück, zu den großen Verbrauchsplätzen schnell und billig hinzukommen. Zunächst kommt es bei der Fischbeförderung mehr auf eine Tiefenwirkung als auf eine Flächenwirkung an, zumal wenn die Flächenwirkung nur mit einem Aufwand erreicht werden kann, der die Fischversorgung der darauf angewiesenen großstädtischen breiten Schichten verteuern würde.

Immer aber bleibt die unbedingte Innehaltung aller Beförderungspläne das wichtigste. Eine Überspitzung der Beförderung mit knappen Übergängen, gespannten Fahrzeiten, überlasteten Zügen muß unterbleiben. Es kommt darauf an, daß die Beförderung gleichmäßig und mit der Zuverlässigkeit eines Uhrwerkes läuft, so daß die Empfänger zur im voraus feststehenden Stunde die Ware in Empfang nehmen können. An theoretischen, nur unter günstigen Umständen zu erreichenden Rekordbeförderungsleistungen ist niemand gelegen, — man erkennt auch hier wieder die Bedeutung der Berechenbarkeit, der Pünktlichkeit und des guten Fahrplans!

---

[1] Ein Fischspezialgeschäft setzt einen Kundenkreis von 6000—7000 Menschen voraus, die in der näheren Umgebung des Geschäfts wohnen müssen. Der Umsatz im Fischeinzelhandel beträgt für ein Geschäft mittlerer Größe 300—500 kg Frischfische in der Woche. An Orten, die nicht zu weit von der Küste entfernt liegen, wird die Zufuhr dieser Menge auf mehrere Tage in der Woche verteilt. Bei weiteren Entfernungen zieht man es vielfach vor, die Fische durch Einschaltung des Großhandels zu erwerben.

II. Verkehr und Forstwirtschaft.

Während es sich bei der Hochseefischerei fast nur um Fragen des Verkehrs und in Verbindung hiermit um solche des Handels und der Frischhaltung (Konservierung) handelt, liegen die Verhältnisse bei der Waldnutzung und Forstwirtschaft schon erheblich verwickelter, da die Wirkungen nicht nur vom Verkehr, sondern auch vom Bergbau und Bauwesen, von bestimmten Gewerben und allgemein von der Maschine ausgehen. Immerhin kann die Darstellung noch einigermaßen durchsichtig gehalten werden; hierzu trägt wesentlich der Umstand bei, daß sich in der Verfassung, der Betriebsweise und der Art der Erzeugnisse nichts Wesentliches geändert hat: Die Verfassung ist nach wie vor in der Hauptsache Großbetrieb (des Staates, der Gemeinden und weniger Einzelbesitzer); der Betrieb zeigt zwar die unten angedeuteten Wandlungen, diese sind aber doch lange nicht so stark wie etwa in der Landwirtschaft oder gar im Gewerbe; und das Haupterzeugnis, das Holz, ist im wesentlichen ein Naturprodukt geblieben.

Die Fortschritte der Technik und des Verkehrs haben den Verbrauch an Erzeugnissen der Forstwirtschaft teils eingeschränkt, teils ausgedehnt und außerdem in vielen Beziehungen umgewandelt.

Die wichtigsten Einschränkungen sind:

1. Das Holz war früher der überhaupt wichtigste Brenn- und Heizstoff für Wohnung, Haushalt und Gewerbe. Die Nachfrage war in dichtbesiedelten Gebieten, in der Nähe von Großstädten, an den Stätten der Metall- und Glasindustrie usw. so groß, daß furchtbare Waldverwüstungen hierdurch verschuldet worden sind; allein der Bedarf an Holzkohle für die Eisengewinnung war so groß, daß ausgedehnte Waldgebiete vom Meilerbetrieb leben konnten, und daß große Wälder durch ihn vernichtet worden sind, und noch im Eisenbahnzeitalter ist so mancher Wald von der mit Holz gefeuerten Lokomotive verschlungen worden, — das geschah z. B. noch im Weltkrieg in Rußland und Kleinasien. Das Holz war für die reicheren Städte so notwendig, aber sein Transport über größere Entfernungen war so teuer, daß in der Nähe der Städte — bei v. Thünen schon im zweiten Kreis — Wälder geschaffen werden mußten, und zwar auch auf Böden, die eigentlich dem Acker- oder Gartenbau hätten zugeführt werden müssen.

Die Bedeutung des Holzes als Heizstoff hat nun um so mehr nachgelassen, je mehr andere Quellen für die Erzeugung von Wärme, Kraft und Licht erschlossen wurden, als da sind Kohle, Koks, Gas, Öl und Elektrizität, und je mehr diese den Bedarfstätten billig zugeführt wurden; die Wandlung ist hier also in der Hauptsache durch das Zusammenwirken von Bergbau und Verkehr verursacht worden. In sog. Kulturländern wird Holz nur noch in Luxusfeuerungen (in Kaminen), in einigen Sondergewerben und als Abfall in Sägewerken verfeuert.

2. Das Holz war früher (neben dem Stein) das wichtigste Konstruktionselement für Großbauten. Für den Hafen- und Grundbau brauchte man lange, starke Pfähle, für den Brücken-, Speicherhallen-, Schleusen- und besonders für den Schiffbau brauchte man große, starke Balken. Der Wald mußte also große, d. h. alte Stämme von geradem Wuchs und astfreiem Holz liefern. Die Nachfrage war bei den Seehandelsvölkern so groß, daß große Waldgebiete des Binnenlandes, die mit dem Meer in gut schiffbarer (oder vielmehr flößbarer) Verbindung standen, eine blühende Wirtschaft hierauf aufbauen konnten, vgl. Schwarzwald und Spessart, Teile von Polen, Rußland und Nordamerika, Burma; an andern Stellen hat dies aber zu furchtbaren Waldverwüstungen geführt, so in Italien und Dalmatien und auf dem Libanon.

Das Holz verlor aber seine Bedeutung als Hauptbaustoff für Brücken, Speicher, Schiffe usw. um so mehr, je mehr für die Großkonstruktionen Stahl, Stein, Beton und Eisenbeton eingeführt wurden. Demgemäß mußte die Nachfrage nach Hölzern (Stämmen) großer Abmessungen, also nach besonders alten Bäumen, sinken; die Forstwirtschaft wurde also angeregt, den Umtrieb abzukürzen, wodurch die Rentabilität verbessert werden und namentlich auch die Mittel- und Kleinbetriebe gestärkt werden konnten (s. u.).

Diesen wichtigsten Einschränkungen stehen folgende Ausdehnungen des Verbrauchs (der Absatzmöglichkeiten) gegenüber:

1. Alle Länder mit großen Wäldern können diese für die eigene Wirtschaft und namentlich für die Ausfuhr besser nutzbar machen oder überhaupt erst erschließen, indem die neuzeitlichen Mittel des Verkehrs (Überseeverkehr, Binnenschiffahrt, Eisenbahnen, Seilbahnen) entsprechend eingesetzt werden, vgl. den starken Anstieg der Holzausfuhr aus Rußland, Polen, dem früheren Ungarn, aus USA. und Kanada und bestimmten subtropischen und tropischen Waldgebieten; für Deutschland eröffnen sich hier große Aufgaben und Chancen durch die Rückgliederung Österreichs und der Sudetenländer usw. Der planmäßige Einsatz der durch den Verkehr gegebenen Möglichkeiten erschöpft sich aber nicht nur im Bau und der Verbesserung von Verkehrseinrichtungen; vielmehr muß auch die Tarifpolitik eingesetzt werden, um die Forstwirtschaft und ihre Nebengewerbe möglichst zu stärken; dieser Hinweis ist deshalb wichtig, weil Holz ein geringwertiges Massengut ist, das über weite Entfernungen (etwa von Steiermark nach Frankfurt oder gar Hamburg) nur dann absatzfähig ist, wenn die Tarife auf die wirtschaftliche Tragfähigkeit sorgfältig abgestimmt werden. Die allgemeine wirtschaftliche Stärkung des Waldes durch Verkehrsverbesserungen gibt auch die Möglichkeit, Wälder, für die eine geregelte Forstwirtschaft bisher nicht möglich war, in geordneten Betrieb zu nehmen; ferner können die von Natur hierfür besonders geeigneten, für die Landwirtschaft dagegen weniger in Betracht kommenden Flächen für den Forstbetrieb erschlossen werden, und zwar für die von Natur günstigsten Baumarten.

Andrerseits muß die Verkehrspolitik in Verbindung mit der Handelspolitik darüber wachen, daß die einheimische Forstwirtschaft nicht durch den unerwünschten Einbruch ausländischer Hölzer usw. bedroht wird.

2. Das Holz ist — namentlich durch die Fortschritte der Chemie — ein wichtiger Roh- und Ausgangsstoff für große Industrien geworden. Am bedeutungsvollsten ist hier die Papierindustrie, deren Bedarf z. B. in USA. schon so groß ist, daß Holz aus Kanada eingeführt werden muß. Die Bedeutung des Holzes als industrieller Rohstoff wird noch stark zunehmen; von großer Bedeutung ist hierbei, daß auch „minderwertiges" Holz und Abfälle zu manchen Ausgangsstoffen verarbeitet werden können.

3. Während im Bauwesen die Nachfrage nach hölzernen großen Abmessungen sinkt, steigt die Nachfrage nach Hölzern von mittleren und kleinen Abmessungen. Es ist dies hauptsächlich in der allgemeinen Zunahme der Bautätigkeit, die ja zum Teil eine Folge der Verkehrsentwicklung ist, begründet, außerdem aber darin, daß die konstruktive Durchbildung der Holzbauten verbessert und daß in der Bearbeitung, Konservierung und Feuersicherheit durch entsprechende Leistungen der Technik und Chemie erhebliche Fortschritte erzielt sind. Von großer Bedeutung sind Hölzer kleiner Abmessungen für Lehrgerüste und als Schalungen im Eisenbetonbau. Auch auf den Aufschwung der Möbelindustrie ist hinzuweisen.

Für die gesamten Gewerbe, die sich auf dem Holz als Grundstoff aufbauen, ist die Eisenbahntarifpolitik von großer Bedeutung, denn durch ihre sinnvolle Anwendung kann man einerseits die Verarbeitung ausländischen Holzes in das eigene Land ziehen und andrerseits die Verarbeitung des einheimischen Holzes heilsam dezentralisieren, nämlich ihre Abwanderung aus den Waldgebieten in die Großstädte verhindern.

4. Ein großer Abnehmer von Holz, und zwar von Hölzern kleiner Abmessungen, ist sodann der Bergbau geworden, da er einen großen Verbrauch an Grubenholz hat.

5. Schließlich ist der Verkehr als Großabnehmer für Holz zu nennen; namentlich ist dabei auf die Bedeutung der hölzernen Eisenbahnschwellen hinzuweisen, auf die wir noch zurückkommen müssen.

Wie sich nun alle diese Fortschritte auf die Waldnutzung und Forstwirtschaft ausgewirkt haben, sei im folgenden (mit Beschränkung auf Deutschland) kurz angedeutet:

In Deutschland entwickelte sich erst um 1300 aus der bis dahin getriebenen regellosen Ausschlachtung des Naturwaldes eine planmäßige Forstwirtschaft. Namentlich veranlaßte die in der Nähe der Städte drohende Holznot behördliche Maßnahmen, durch die die Wälder geschützt wurden (Einteilung in regelmäßige Jahresschläge, Verjüngung des Bestandes, Waldweideverbote). Aber erst im 18. Jahrhundert schritten die Regierungen infolge der allgemeinen Furcht vor Holznot zur Aufforstung der durch die vielen Kriege entstandenen Ödlandflächen und zur Verjüngung der zur Viehweide mißbrauchten Waldungen[1].

Hierbei war man vielfach gezwungen, zum Aufforsten besonders genügsame Nadelhölzer zu verwenden; hiermit beginnt die Verdrängung des Laubholzes durch das Nadelholz, die insgesamt so stark gewesen ist, daß das Laubholz, das im 14. Jahrhundert noch zwei Drittel der Gesamtwaldfläche ausmachte, heute nur noch ein Drittel beträgt. Diese — teilweise kaum vermeidbare — Maßnahme ist aber auf lange Sicht betrachtet, bedenklich, denn es wird dadurch der Bodenzustand verschlechtert, der natürliche Wasserhaushalt gestört und manche Landesschönheit vernichtet.

Unter dem Einfluß der weiteren Entwicklung von Technik und Verkehr ging die Forstwirtschaft mehr und mehr dazu über, nur noch „wirtschaftlich" zu denken, also auf den höchsten (Dauer-) Ertrag zu arbeiten. Dies führte zu einer weiteren Verdrängung des Laubholzes, namentlich der Buche, weil deren Holz als Brennholz durch die Kohle ihren Absatz verlor, als Bauholz damals aber kaum verwendet werden konnte. Am wirtschaftlichsten schien es zu sein, Nadelholz-Monokulturen hierbei zur Züchtung von Bauholz zu pflegen. Hierbei waren Stämme besonders großer Abmessungen so lange am vorteilhaftesten, bis diese in der Bautechnik durch Stahl usw. ersetzt wurden; demgemäß war der Umtrieb entsprechend langsam. Später wurde aber allgemein die Nachfrage nach Holz von mittleren und kleinen Abmessungen stärker, so daß der Umtrieb beschleunigt werden konnte. In so manchem Land hat die Umwandlung des Waldes in eine „Holzfabrik" zu schweren Schäden geführt. Der schlimme Einfluß auf den Wasserhaushalt und die Vernichtung von Naturschönheiten sind schon erwähnt, wobei Leute, die alles nur vom wirtschaftlichen Standpunkt ansehen und über jede Romantik erhaben sind, bedenken mögen, daß diese beiden Erscheinungen auch wirtschaftlich recht bedenklich sein können. Noch kritischer ist aber diese Entwicklung vom unmittelbaren forstwirtschaftlichen Standpunkt anzusehen: Der Wald ist nämlich keine Vielheit von Baumstämmen gleicher Art und gleichen Alters, die alle gleichmäßig in Reih und Glied stehen, sondern der Wald ist eine natürliche Lebensgemeinschaft von Bäumen und Sträuchern und vielen andern Pflanzen und von Tieren, und wenn dies nicht beachtet wird, so bestraft die Natur den frevelnden Menschen: die Böden werden schlechter, der Ertrag auf die Dauer geringer, Schnee- und Windbruch werden schlimmer, und namentlich richten die Forstschädlinge ihre furchtbaren Verwüstungen an.

---

[1] Davon, wie damals die Wälder ausgesehen haben mögen, kann man sich heute in Deutschland nur noch einen Begriff in den sog. „Naturparks" machen, die den Besucher oft so schwer enttäuschen, weil er prachtvolle hohe Bäume erwartet hat und nun nur ein undurchdringliches „Gestrüpp" von kleinen Bäumen und dichtem Unterholz vorfindet. — Wie schlimm die rücksichtslose Ausschlachtung der Wälder und ihre Benutzung als Ziegen- und Schafweide wirken, kann man heute noch im ganzen Mittelmeergebiet erkennen; — dagegen kämpfen jetzt Italien, Jugoslawien und Bulgarien energisch an.

Nachdem dies jetzt erkannt ist und die Forstwirtschaft zum Mischwald mit gesunder Verjüngung zurückstrebt, haben Technik und Verkehr die hohe Aufgabe, dies Streben sinnvoll zu unterstützen. Was hierzu alles geschehen muß, möge der Leser anhand unserer Ausführungen selber überdenken und Gelegenheit nehmen, darüber mit Forstleuten zu sprechen. Für Deutschland sind diese Fragen besonders wichtig, weil die Rückgliederung der Ostmark und der Sudetenländer dem Gesamtvaterland große Waldungen gebracht hat, die aber erst in den gesamtdeutschen Wirtschaftsraum eingegliedert werden müssen, und weil wir dadurch Länder zu unmittelbaren Nachbarn gewonnen haben, die uns Holz liefern können, die aber auch deutsche Hilfe zur Erschließung ihrer Wälder und zum Ausbau ihrer Holzindustrie zu schätzen wissen. Daß hierbei der Verkehr durch sinnvolle Betriebs- und Tarifpolitik viel Gutes leisten kann, ist einleuchtend.

Was im einzelnen trotz großer Schwierigkeiten erreicht werden kann, sei noch an einem Ausschnitt aus dem Gesamtproblem erläutert:

Ein besonders wichtiger Verbraucher von Holz ist die Eisenbahn, da sie ungeheurer Mengen von Schwellen bedarf. Nun ist aber die Schwelle insofern ein sehr einfaches Konstruktionsglied, als ihre Anforderungen an Geradlinigkeit und Astfreiheit gering sind, andrerseits aber ein recht anspruchsvolles, als sie wegen des ständigen Wechsels von Feuchtigkeit und Trockenheit gegen Fäulnis widerstandsfähig sein muß. Das ist von Natur aus nur bei Hölzern der Fall, die mit einem natürlichen Schutzstoff bedacht sind; von unsern heimischen Bäumen entspricht aber nur die Eiche den notwendigen Anforderungen. Die andern Hölzer müssen daher künstlich ausgelaugt und getränkt werden, verhalten sich aber recht verschieden, denn die Nadelhölzer sind einfacher zu behandeln als Buchenholz. Lange Zeit war die Buche daher für Schwellen wenig geeignet, bis es in gemeinsamer Arbeit von Forstmann, Chemiker und Eisenbahningenieur gelang, auch aus Buchenholz wirtschaftlich befriedigende Schwellen zu erzeugen. Damit ist die Möglichkeit gewährleistet, unsere Buchenwälder der Heimat zu erhalten, denn die Eisenbahnen haben einen so großen Gesamtbedarf an Schwellen, daß sie den Einkauf von Holzschwellen den Anforderungen der Gesamtforstwirtschaft und innerhalb dieser Menge den Einkauf von Buchenschwellen der Wirtschaftslage der Buchenforsten anpassen können.

III. Verkehr und Raumordnung.

Die Raumordnung hat die sinnvolle Ausnutzung des Staatsgebietes zum Ziel. Vom regionalen Standpunkt kann bzw. muß man hierbei zwei Hauptfälle unterscheiden, nämlich die Raumordnung im kleinsten einheitlichen Raum, also innerhalb des einzelnen Stadtgebietes, und die Raumordnung in den größeren Gebieten, also in den einzelnen Industriegebieten, Landschaften, Gauen, Provinzen und schließlich im ganzen Staatsgebiet. Im ersten Fall sprechen wir von Städtebau, im zweiten Fall von Landesplanung; der Städtebau muß demgemäß sinnvoll in die Landesplanung eingefügt werden; er ist nicht mehr etwas Selbständiges (wie etwa zu den Zeiten der Stadtwirtschaft), sondern ein Glied der Landesplanung. Auf den Städtebau ist aber an dieser Stelle nicht einzugehen, weil seine Beziehungen zum Verkehr in meinem Buch „Städtebau" (Verlag Julius Springer) eingehend dargestellt sind.

Das Hauptziel der Landesplanung ist die zusammenfassende, übergeordnete Regelung und Planung des gesamten Staatsgebiets: Die Bewohner des Landes und seine politischen, kulturellen und wirtschaftlichen Mittel sollen am richtigen Ort zum richtigen Zweck in der richtigen Form angesetzt werden, um den höchsten Nutzen für die Volksgemeinschaft zu erreichen. Es gilt, die Erhaltung und Mehrung eines gesunden Volkes, die Hebung der Lebenshaltung, die Sicherheit der Wirtschaft und Ernährung in Krieg und Frieden zu gewährleisten[1].

Dieses hohe Ziel schließt die folgenden Forderungen ein:

a) Bevölkerungspolitisch: Ausreichende Volksvermehrung durch einen gesunden Nachwuchs; Hebung des Bauernstandes, Herstellung eines gesunden Verhältnisses zwischen ländlicher und städtischer Bevölkerung; Abbau der über-

---

[1] Vgl. Zg. Ver. Mitteleurop. Eisenbahnverw. 1938 S. 629ff.

großen Städte und der Industriebezirke; Hebung der gewerblichen Tätigkeit auf dem platten Land. Insgesamt kann man in diesem Sinn von der Dezentralisation, von der Auflockerung der Zusammenballung, von dem Kampf gegen die „Ballungstendenzen" sprechen.

b) **Wehrpolitisch:** Erhaltung und Mehrung der Volkskraft; Sicherstellung der Ernährung und — soweit möglich — der Rohstoffversorgung; richtige Lage der Industrien und der Großversorgungsanlagen; richtige Anlage der Siedlungen im ganzen (städtebaulich) und im einzelnen (bautechnisch).

c) **Ernährungspolitisch:** Sicherstellung der Ernährung; Gewinnung neuen Lebensraumes (durch Ödlandkultivierung, Bodenverbesserung, Eindeichung, Be- und Entwässerung); Hebung des Lebensstandards der Bauern und Landarbeiter; Anlage von Heimstättensiedlungen, Förderung des Kleingartenwesens.

d) **Wirtschaftspolitisch:** Richtige Verteilung der Industrie, Auswahl der Standorte im Sinne der Dezentralisation, Verlegung der Industrie aus den kritischen Gebieten und den Großstädten und Anlage gewerblicher Neusiedlungen unter Beachtung der Rohstoff-, Absatz- und Verkehrsfrage, der Anlage neuer Arbeiterheimstätten und der militärischen Notwendigkeiten.

Über allen gesetzlichen, verwaltungstechnischen und politischen Maßnahmen steht immer als oberstes Ziel, dem **Volksgenossen und seiner Familie eine Heimat zu schaffen, mit der er innerlich verbunden ist, die er lieb und wert hält.**

Die Bedeutung der Raumordnung ist für die einzelnen Staaten und Völker von verschieden großer Bedeutung; denn es gibt einige, die unter den schlimmen Folgen der sog. „natürlichen Entwicklung" oder vielmehr der ungenügenden Voraussicht der Staatslenker noch nicht stark zu leiden haben, und es gibt andere, in denen die Gefahren schon recht groß sind. Dies gilt namentlich von den sog. Kulturstaaten und von manchen Kolonien und selbständig gewordenen Kolonialstaaten;.es gilt für **kleinräumige** Staaten, die unter dem Zeichen „Volk ohne Raum" stehen, wie Deutschland, Italien und Japan, aber auch für **großräumige** Staaten, die durch das Wort vom „Raum ohne Volk" gekennzeichnet sind, wie für das britische Weltreich und besonders für einzelne seiner Glieder, Australien, Südafrika. Wir haben uns in erster Linie mit den **kleinräumigen** Staaten zu beschäftigen, weil unser Vaterland zu ihnen gehört.

Für die **kleinräumigen** Staaten ist die Raumordnung allgemein um so wichtiger, je kleiner das Staatsgebiet absolut und relativ (d. h. auf den Kopf der Bevölkerung) ist. Hierbei wird die Lage um so kritischer, je stärker das Staatsgebiet durch äußere Feinde bedroht ist und je schwächer die Ernährungs- und Rohstoffbasis ist; — zwei Umstände, die auf Deutschland leider teilweise zutreffen. Daß hier der Verkehr eine große Rolle bei Milderung der Schäden und Gefahren spielen kann, ist von Anfang an einleuchtend.

Aber auch die **großräumigen** Staaten können bedroht sein. Das gilt in erster Linie von Ländern, deren Bevölkerung überhaupt (absolut) zu **gering** ist. Hier ist besonders auf die gefahrdrohenden Zustände in **Australien** hinzuweisen, wo 60 Millionen Weiße als Bauern und Viehzüchter leben **könnten,** aber nur 6 Millionen Weiße vorhanden und dabei in erschreckend hohem Maße in den Großstädten konzentriert sind! Allgemein zeigen ja viele großräumige Staaten eine **ungesunde Verteilung der Bevölkerung,** indem einzelne Gebiete übervölkert, andere dagegen menschenleer sind; das schlimmste Beispiel hierfür bietet China, jedoch sind hier diese — auch vom politisch-militärischen Standpunkt aus — so kritischen Zustände größtenteils in der **Natur,** nämlich in Klima und Fruchtbarkeit, begründet; Ähnliches gilt von Ostindien, Südafrika, Brasilien. Bei anderen Staaten ist die ungesunde Verteilung der Bevölkerung aber neben gewissen natürlichen Grundlagen vor allem auf das Versagen der Siedlungs- und Verkehrspolitik zurückzuführen. Besonders schlimm liegen die Verhältnisse in

den Vereinigten Staaten von Amerika. An Raum, Nahrung, industriellen Rohstoffen und Kraftquellen ist hier keine Not; auch Bedrohung durch äußere Feinde
spielt keine Rolle, aber die völkischen und siedlungstechnischen Zustände sind
hochgefährlich. Die Ursachen hierfür liegen zunächst in gewissen geographischen
Verhältnissen, nämlich in den Klimaunterschieden zwischen Nord- und Südstaaten, die in die landwirtschaftliche Bodennutzung eine unheilvolle Zerklüftung
hineingebracht haben, in den allgemein so starken Klimaextremen, in dem steppen-
und wüstenartigen Charakter weiter Gebiete, auch in der Küstengliederung und
der Gestaltung der Flußnetze. Doch wäre das alles erträglich, wenn nicht eine
geradezu verhängnisvolle Wirtschafts-, Siedlungs- und Verkehrspolitik die Folgen
der ungünstigen geographischen Faktoren so verschärft hätte. Sie hat u. a. zu
dieser unerhörten Verstädterung geführt, zu diesen gefährlichen Zusammenballungen von Kapital, Verkehr und Handel, von Industrie und Menschen in bestimmten kleinen Räumen, denen die Öde weiter Gebiete gegenübersteht, ferner
zu dieser entsetzlichen Waldverwüstung, durch die das Klima verschlechtert und
die Hochwasser vergrößert werden, schließlich zu diesem einseitigen Großfarmbetrieb, durch den das ehemals so fruchtbare Land von der Versteppung bedroht
wird. Da die führenden Männer die großen Gefahren erkannt haben, ist es erklärlich, daß ein besonderes Ministerium für Raumordnung eingerichtet werden
soll[1].

Die Raumordnung ist zwar in der Gegenwart infolge der so schnellen Industrialisierung der neuzeitlichen Völkerwanderungen mit ihren Zusammenballungen, der Entstehung übermächtiger Kolonial- und Weltreiche, der Zerrüttung
der Weltwirtschaft, der politischen Spannungen besonders wichtig, und ihre Notwendigkeit ist besonders sinnfällig; sie ist aber kein Kind der Gegenwart; vielmehr
ist Raumordnung seit den ältesten Zeiten immer und immer wieder notwendig
geworden oder von weitblickenden Staatslenkern vorsorglich und bewußt durchgeführt worden. Da es aber immer noch Zweifler gibt, die es nicht begreifen
können, daß der Mensch mit seinem Wollen und seinem Können, d. h. durch
zielbewußte, verantwortungsfrohe politische Führung und durch Einsatz technischer Kräfte seinen Lebensraum sinnvoll zum höchsten Nutzen der Allgemeinheit ordnen könne, sei nachstehend auf die großen Leistungen der Raumordnung
früherer Zeit kurz hingewiesen:

Die großen Schöpfungen der Wasserbaukunst haben ganzen Staaten oder
wenigstens ihren wichtigsten Teilen ihr Gepräge aufgedrückt: Die sinnfälligsten
und bekanntesten sind die von den Babyloniern und Ägyptern geschaffenen
„Groß-Oasen"; weniger bekannt, aber nicht weniger beweiskräftig sind die wasser-
und landwirtschaftlichen Arbeiten der sog. „Reisvölker" (in Japan, China, Siam,
Java) oder der Araber in Spanien. Gewaltig sind die Leistungen des preußischen
Staates, der die wertlosen Brüche an Oder, Warthe und Netze der Kultur erschloß. Die Kolonisierung weiter Gebiete nicht etwa nur in tropischen und
subtropischen Gebieten, sondern auch in Mitteleuropa, sind Werke planvoller,
allseitiger Raumordnung; wie klug sind hierbei die Stellen zur Gründung von
Burgen und Städten ausgesucht, wie planmäßig fügen sie sich in die natürlichen
Wege, namentlich in das Flußnetz ein! In diesem Zusammenhang mag auch
auf die Wiederbevölkerung der durch den Dreißigjährigen Krieg und durch die
Türkenkriege verödeten Länder hingewiesen werden.

Die Sorge um den Grenzschutz hat in manchen Ländern die dichten Wälder
gehegt, also die Besiedlung absichtlich schwach gehalten, in anderen Ländern
aber einen „lebenden Schutzwall" durch das Ansetzen von Bauern geschaffen;
die Schutzwälle der Römer (limes) haben die Gebiete, die dauernd behauptet
werden sollten, klar abgegrenzt; das gigantischste Werk dieser Art ist die Chine-

---

[1] Vgl. BLUM: Verkehrsgeographie, Anhang.

sische Mauer (2450 km lang!), die den seßhaften Bauern vor den Einfällen der räuberischen Nomaden schützen sollte.

Die Politik hat geographisch einheitliche Räume, die in Kleinstaaten zertrümmert waren, wieder einheitlich zusammengeschweißt; in diesem Sinne war Bismarck einer der größten „Raumordner", denn er hat die Norddeutsche Tiefebene zum Einheitsstaat zusammengefaßt. Hier tritt uns auch der Verkehr in seiner Bedeutung für die Raumordnung entgegen: in diesem Einheitsstaat nämlich erst konnte Bismarck eine einheitliche Eisenbahnpolitik betreiben; sein höheres Ziel einer einheitlichen gesamtdeutschen Eisenbahnpolitik konnte er allerdings nicht durchsetzen, weil die partikularistischen Widerstände zu groß waren; dafür faßte er wenigstens die Eisenbahnen Norddeutschlands zur Preußischen Staatsbahn zusammen, die dann gerade vom raumpolitischen Standpunkt aus durch Stärkung des Ostens und anderer schwacher Gebiete so segensreich gewirkt hat.

Die Raumordnung und Landesplanung steht, wie schon angedeutet, als die das ganze Land umfassende Aufgabe mit dem die einzelne Stellung ordnenden Städtebau in enger Beziehung. Die Stadt ist ja kein selbständiges Wesen für sich, sondern ein Glied der Landschaft, und sie liegt auch nicht isoliert im gleichsam luftleeren Raum, sondern sie ist in vielfältigster Weise mit ihrer Umgebung verflochten. Sei es Großstadt, Mittel- oder Kleinstadt, — jede ist auf das engste mit der Landschaft verbunden; man denke an die Bedeutung so vieler Kleinstädte als Kreisstädte und an die so vieler Mittelstädte, besonders solcher, die als Sitze von Behörden, Universitäten, Spezialindustrien usw. oder als Verkehrsknotenpunkte eine besondere Note haben. Die Stadt ist das wirtschaftliche und kulturelle, das verwaltungs- und verkehrstechnische Zentrum einer Landschaft; sie ist der Sitz der Kaufgeschäfte, Banken und vieler Gewerbe, der Behörden und Gerichte, der Kulturstätten und höheren Schulen; sie ist wichtigster Markt für die Erzeugnisse der Landschaft (nicht nur für Lebensmittel, sondern auch für Steine, Erden und Holz); sie stärkt durch ihre Kaufkraft die Wirtschaft der Umgebung; sie ermöglicht den Übergang zu hochwertiger Landwirtschaft (auf Gemüse, Obst, Geflügel, Eier, Milch) und die Ausnutzung von Bodenschätzen (namentlich zur Erzeugung von Baustoffen); sie ruft Ausflugs- und Erholungsorte hervor; sie gibt den arbeitswilligen Händen, die in der Landwirtschaft kein ausreichendes Brot finden, dauernd oder zeitweise Arbeit. Daß auf der anderen Seite jede Stadt Gefahren für die Landwirtschaft, deren Mittelpunkt sie ist, birgt, muß als bekannt vorausgesetzt werden.

Neben diesen Beziehungen der Stadt zur Landschaft wird ein Übergreifen in die Umgebung hinein besonders dann notwendig, wenn der Raum für die Stadt aus geographischen oder politischen Gründen zu klein ist und daher eine Aussiedlung der Bevölkerung und der Gewerbe und unter Umständen auch der großen Verkehrsanlagen notwendig wird; vgl. als besonders lehrreich Venedig, Genua, San Franzisko und New York, wo die zu schmale Halbinsel Manhattan dazu gezwungen hat, die großen Hafen- und Eisenbahnanlagen jenseits der beiden Meeresarme (zum Teil in einem anderen „Staat") anzulegen. Vielfach ist auch ein Überspringen einer gewissen Zone zu beobachten, dergestalt, daß diese Zone, also die nähere Umgebung, ihren alten (landwirtschaftlichen) Charakter beibehält, daß aber weiter draußen besondere Vorzüge das Entstehen von städtischen „Ablegern" hervorrufen, sei es, daß diese einen Anreiz bieten zum Wohnen (Mannheim — Bergstraße) oder zum Erholen (Frankfurt — Taunus) oder zum Erledigen besonderer Verkehrsaufgaben (Bremen — Bremerhaven) oder zum Errichten besonderer Gewerbebetriebe.

Die Stadt verlangt also von der Landschaft die Abgabe von Land für die verschiedensten Zwecke des Verkehrs und der Wirtschaft, des Wohnens und der Erholung. Diese Anforderungen werden um so umfassender sein, je größer die

Stadt ist, und sie werden um so schwieriger zu erfüllen sein, je dichter bereits die Umgebung besiedelt ist. Und so ist es denn auch ganz natürlich, daß in Deutschland gerade im Ruhrbezirk zuerst der Gedanke einer Planung, die über die Verwaltungsgrenzen der einzelnen Stadt hinausgeht, entstand und in der Gründung des Ruhrsiedlungsverbandes seine Formung fand. Man sah, daß man der Schwierigkeiten in dieser dichtbesiedelten Landschaft nur dann einigermaßen Herr werden konnte, wenn man die — zwangsläufig „egoistische" — Planung der Einzelstadt zugunsten der Planung der Landschaft überwand. Weitere „Planungsverbände" entstanden in den Folgejahren beispielsweise in Oberschlesien, Mitteldeutschland und Hamburg. Heute haben wir in Deutschland eine das ganze Reich umfassende „Reichsstelle für Raumordnung", der in den einzelnen Provinzen „Landesplaner" und in den Regierungsbezirken „Bezirksplaner" unterstehen.

In den Arbeiten der Raumordnung steckt ähnlich wie in denen des Städtebaues ein stark „negatives" Moment; ihre Pläne haben nämlich zum Teil nicht den Sinn, daß nach ihnen — positiv — alsbald gebaut werden soll, sondern daß im Gegenteil — „negativ" — das Bauen verhindert werden soll, nämlich das Bauen am unrechten Ort, also das Bauen von Einzelanlagen (Einzelgebäuden, einzelnen Straßen, Wohnkolonien u. dgl.), bei deren Anlage auf die künftige Gesamtgestaltung nicht Bedacht genommen wird, so daß später die zweckmäßige Gestaltung eines gesunden Gesamtorganismus durch die planlos entstandenen Einzelbauten erschwert, verteuert oder gar unmöglich gemacht wird.

Aber so wichtig diese Feststellung ist, so muß doch betont werden, daß in der Raumordnung wie im Städtebau die schöpferische Tat, das Schaffen, also das positive klare Entwerfen, das Gestalten des Planes das Wesentliche ist. Erhebungen, Untersuchungen, Statistiken sind gewiß notwendig; sie sind das unentbehrliche Rüstzeug, sie können im Stadium der Vorarbeiten umfangreichere Arbeiten erfordern als das Entwerfen; aber die Raumordnung ist „Baukunst", so wie das Schaffen von Gebirgsbahnen, Wasserwerken, Städten Kunst ist.

Der richtige Einsatz der Verkehrsmittel ist eine der wichtigsten Maßnahmen in der Durchführung der Raumordnung, daher ist die Ausrichtung der Verkehrspolitik nach den Zielen der Raumordnung notwendig. Dabei kommt es aber nicht allein auf die Baupolitik, also die Ausgestaltung der Verkehrswege und die Durchbildung der einzelnen Verkehrsanlagen, sondern vor allem auf die Betriebs- und Tarifpolitik an. Dies muß von Anfang an betont werden, denn weite Kreise glauben, daß die Raumordnung von der Verkehrsseite her nur mittels großer — also viel Zeit und Geld erfordernder — Bauten (von Eisenbahnen, Kanälen usw.) angepackt werden könnte; sie übersehen dabei aber, daß sich große Erfolge schnell, billig und besonders wirksam auf Grund der vorhandenen Verkehrsanlagen durch planmäßigen Einsatz der Betriebs- und Tarifpolitik erzielen lassen.

Die enge Verbindung von Verkehr und Raumordnung ergibt sich ohne weiteres daraus, daß der Verkehr auf der einen Seite und daß die Wirtschaft und das Siedlungswesen auf der anderen in so nahen Beziehungen zueinander stehen. In diesem Sinne wachsen ja auch, wie oben angedeutet, Verkehrs- und Siedlungsgeographie zu einer höheren Einheit zusammen, denn die Menschen wohnen, arbeiten und kämpfen zwar auf Flächen, sie schließen sich aber in Siedlungen, also in Punkten zusammen, und der Verkehr hat letzten Endes die Aufgabe, die Siedlungen untereinander zu verbinden. Wenn wir daher die so gebräuchliche Redewendung benutzen: „Das Verkehrsnetz" — also ein System von Linien — „erschließt ein Land", also eine Fläche, so verdichtet sich doch jede tiefere Erörterung zu einer Untersuchung, die an Punkte anschließen muß.

Von den Verkehrsarten ist im Rahmen der Landesplanung der Güterverkehr nicht nur wegen seiner großen Einzelanlagen (Häfen, Rangierbahnhöfe), sondern vor allem deswegen von besonders großer Bedeutung, weil bei allem Fragen der industriellen Standortwahl und Industrieverlagerung der Güterverkehr von entscheidendem Einfluß ist. Dagegen tritt die Bedeutung des Personenverkehrs etwas zurück; — mindestens ist er nicht so wichtig, wie von den dem Verkehr Fernerstehenden meist angenommen wird. Vom Personenverkehr wirkt der Nahverkehr fast immer günstig, weil er die Auflockerung der Großstädte und Industriebezirke erleichtert; dagegen kann der Fernverkehr ungünstig wirken, weil er die Landflucht, also das Abwandern vom Land in Stadt und Industrie, begünstigt. Eine besonders sorgfältige Pflege des Personenverkehrs kann das platte Land, Dörfer und Kleinstädte kulturell und wirtschaftlich stärken, indem er das Leben hier angenehmer macht und den Absatz der hochwertigen Erzeugnisse in die Städte erleichtert.

Die bedeutungsvollsten Fragen sind nun die,

ob die verschiedenen Verkehrsmittel ihrer Natur nach mehr zentralisierend oder mehr dezentralisierend, also mehr zusammenballend oder mehr auflockernd wirken, und

wie sie im einzelnen eingesetzt werden müssen, um die Ziele der Raumordnung zu unterstützen[1].

Wir können uns bei Prüfung dieser Fragen auf die Verkehrsmittel des Binnenlandes, also auf Schiene, Straße und Wasserstraße beschränken und deuten über die Wirkungen des Seeverkehrs auf die Verteilung der Bevölkerung und der wirtschaftlichen, kulturellen und politischen Kräfte nur an:

Die großen Seehäfen zeigen (leider!) starke zusammenballende Wirkungen; — die größten Städte der Welt sind Seehäfen, und von den Millionenstädten liegen nur ganz wenige im Binnenland. Die Entwicklung hat nämlich, wie oben schon erörtert, dahin gedrängt, die Schiffsgrößen ständig zu steigern, weil dadurch die Kosten verringert werden. Nun verlangt aber das immer größer werdende Schiff ständig größer werdende Hafenanlagen, tiefere Zufahrten, tiefere und breitere Becken. Diesem Verlangen zu entsprechen sind viele Häfen schon ihrer Natur nach nicht geeignet, weil der erforderliche Tiefgang nicht erzielt werden kann, vgl. den schweren Kampf Bremens um die Unterweser. Aber selbst wo die Auswahl unter guten Naturhäfen groß ist, wie besonders in England, erfordern die Ozeanriesen außer den schon genannten Anlagen eine so große kaufmännische Organisation, eine solche Kapitalkraft und eine so hohe Leistungsfähigkeit der Verkehrsverbindungen mit dem Binnenland, daß im allgemeinen jede Volkswirtschaft (jeder Staat) an jeder ihrer Küsten nur einen Großhafen ernähren kann. Die wenigen Ausnahmen bestätigen nur die Regel. Hier ist also die dem Verkehr entspringende Richtung zur Konzentration zuzugeben. Aber daraus folgt noch nicht, daß der Großhafen nun auch eine Riesenstadt sein müßte. Denn wenn sich ein Großhafen auf seine typischen Aufgaben, einschließlich der Pflege der Überseekultur, beschränkt, kann er mit einer verhältnismäßig geringen Bevölkerung auskommen, vgl. Antwerpen (450000), Bremen (323000), Rotterdam (587000), Genua (631000 Einwohner).

Von dem für uns maßgebenden, nämlich dem siedlungstechnischen Gesichtspunkt aus, ist aber bezüglich des Seehafens besonders zu betonen, daß dieser überhaupt kein Punkt, sondern ein Raum ist. Das erkennt man klar daraus, daß nicht die Punkte Hamburg, Bremen, London, Buenos Aires, sondern die Mündungen der Flüsse Elbe, Weser, Themse, La Plata das Maßgebende sind, und auch nicht einfach die schmalen Flußstrecken, sondern die ganzen Mündungs-

---

[1] Vgl. PIRATH in Z. Verkehrswiss. 1936/37; SCHULZ-KIESOW, HOFFMANN u. TEUBERT in Raumordnung u. Raumforsch. 1937; Z. Reichsplanung 1935/36 u. Z. Binnenschiff. 1938.

gebiete. Wie stark hier die Dezentralisation unter Umständen von der Natur begünstigt wird, kann man an den La Plata- und Rhein-Mündungshäfen erkennen; am La Plata sind es zwei Haupthäfen, zu denen noch weitere Häfen für Sonderzwecke hinzukommen, am Rhein sind es die drei Haupthäfen Antwerpen, Rotterdam und Amsterdam (mit zusammen „nur" rund 1,6 Millionen Einwohnern), zu denen man in gewissem Sinne noch Ostende, Vlissingen usw. hinzurechnen müßte. Aber selbst, wo es sich um nur einen, und zwar verhältnismäßig schmalen Flußschlauch handelt, ist die Dezentralisation das Natürliche, denn der Großhafen ist allerdings eine wirtschaftliche und verkehrspolitische Einheit, aber seine einheitliche Gesamtaufgabe gliedert sich in eine Reihe von Teilaufgaben, die zweckmäßigerweise nicht alle an demselben Punkt zu erledigen sind, zum Teil auch gar nicht an demselben Punkt erledigt werden können. Tatsächlich haben die größten Häfen Deutschlands die Dezentralisation in Haupthafen (Güterumschlag), vorgeschobenen Hafen (Cuxhaven, Bremerhaven; Personen- und Postverkehr, Abfertigung der Ozeanriesen), Fischereihafen (Geestemünde), vollzogen, und zwar durchaus den natürlichen Voraussetzungen entsprechend. Auch die Absonderung der Kriegsmarine und des Schiffbaus und der Schiffsausbesserung und Großgewerbe (Verarbeitung der überseeischen Rohstoffe) ist teils vollzogen, teils wird sie weiter angestrebt; vgl. hierzu auch Vegesack als Stützpunkt für die Industrie Bremens (Schiffbau und Wollwäscherei).

Auch hier weist uns die Natur wie auf den geologischen Bändern der Salze, Erze, Kohlen usw. und in den den Verkehr sammelnden Buchten auf die klare Aufgabe hin: die Natur konzentriert ihre Gaben nicht auf einen Punkt, sondern in einem Raum, und es ist unsere Aufgabe, diese Chance für die Dezentralisation auszunutzen: Wirtschaftlich bilden Hamburg, Harburg und Cuxhaven, weil sie im einheitlichen geographischen Raum liegen, eine Einheit, städtebaulich sind sie aber selbständige Gebilde, die jedes für sich so durchgebildet werden können und müssen, daß den großen Schäden der Riesenstadt entgegengetreten wird. In der städtebaulichen Durchbildung kommt aber der einheitliche wirtschaftliche Zweck doch zum Ausdruck, denn auch hier müssen (ähnlich wie in den Kohlenbezirken usw.) die verschiedenen Siedlungen durch besondere Verkehrsmaßnahmen (besondere Pflege des Nachbarschaftsverkehrs auf den Fernbahnen, Bau von Schnell-Straßenbahnen, Städtebahnen und Autobahnen) untereinander gut verbunden werden. Andererseits sind sie, damit sie städtebaulich selbständig bleiben, durch große Freiflächen (Schutzflächen) gegeneinander abzutrennen.

Was die Verkehrsmittel des Binnenlandes anbelangt, so brauchen die Kraft- und Gasfernleitungen ebenso wie der Postverkehr nicht besonders erörtert zu werden. Es ist nur hervorzuheben, daß diese Verkehrsmittel bei richtigem Einsatz das platte Land, die Kleinstädte, die Klein- und Mittelgewerbe stärken, daß sie also auflockernd wirken können. Besonders ist dabei auf die Post, einschließlich Fernsprecher, Telegraph und Rundfunk hinzuweisen, die Großes leisten kann und in vielen Staaten, besonders auch in Deutschland, Großes leistet.

Bezüglich der genannten, in unserem Zusammenhang wichtigsten drei Verkehrsmittel ist davon auszugehen, daß diese nicht jedes für sich arbeiten dürfen, sondern daß im Gegenteil die Gesamtheit aller Verkehrsmittel einheitlich eingesetzt werden muß. Hierbei sind nun folgende Fragen zu klären:

1. Wirken die neuzeitlichen Verkehrsmittel in ihrer Gesamtheit, wirkt also die neuzeitliche Verkehrsentwicklung insgesamt zusammenballend oder auflockernd? Wie ist dies in den verschiedenen Ländern?

2. Sind diese Wirkungen in der technischen Natur der Verkehrsmittel begründet? Bestehen bei den verschiedenen Verkehrsmitteln in dieser Beziehung Unterschiede?

3. Oder ist die beobachtete Wirkung auf andere Gründe zurückzuführen, insbesondere auf bestimmte geographische Gegebenheiten oder bestimmte politische Kräfte?

4. Welche Mittel der Verkehrspolitik gibt es, um schlechte Wirkungen abzuschwächen und um gute hervorzurufen?

Betrachten wir hierbei zunächst den Bau, oder vielmehr die Netzgestaltung, so ist einleuchtend, daß die Auflockerung um so mehr begünstigt wird:

je engermaschiger das Netz sein kann, je billiger also die einzelne Strecke ist;

je mehr das Verkehrsmittel die Geländeschwierigkeiten überwinden kann, je kleiner also die Halbmesser und je größer die Steigungen sein können;

je weniger der Umschlag der Güter besonderer Stationen (Güterbahnhöfe, Autobahnhöfe, Häfen) bedarf;

je mehr das Verkehrsmittel einerseits geschlossene Netze bilden, andererseits sich aber fein verzweigen kann.

In diesem Sinne kann die Binnenwasserstraße leider der Auflockerung nicht so gut dienstbar gemacht werden, wie das oft behauptet wird. Da sie nämlich vom Gelände stark abhängig ist, kann sie einerseits nur selten große geschlossene Netze bilden, andererseits sich aber nicht so fein verästeln, wie das zur Dezentralisation der Industrie notwendig sein würde. Da sie außerdem infolge von Frost, Hoch- und Niedrigwasser zeitweilig ausfallen kann, kann sich kein größerer Gewerbebetrieb auf die Wasserstraße allein verlassen. Für die Binnenwasserstraße fallen ferner gerade die Teile des Landes aus, die man durch Industrie befruchten möchte, nämlich die armen Gebirgsgegenden. Es läßt sich jedenfalls die Tatsache der Zusammenballung von Industrie und Handel an gewissen Stellen des Rheines, der Elbe und der Kanäle nicht leugnen. Offensichtlich üben namentlich die Knotenpunkte des Wasserstraßennetzes eine stark konzentrierende Wirkung aus. Das wird man voraussichtlich bald im Raum Magdeburg beobachten können. Andererseits muß es stark zu denken geben, daß am Mittellandkanal entlang bisher, außer bei Fallersleben, noch wenig Industrie entstanden ist, und daß an der Elbe lange Strecken ohne Industrie geblieben sind. Hamburg und Magdeburg haben wohl eine so starke Anziehungskraft bewiesen, daß ganze Zwischenstrecken von Industrie frei geblieben sind[1].

Gegen die Eisenbahn wird oft der Vorwurf erhoben, daß sie zusammenballend wirke. Diese Behauptung ist schon reichlich 80 Jahre alt, und gewisse Erscheinungen haben sie scheinbar bestätigt. Es ist aber zu prüfen, ob die ungünstige Wirkung in der Natur der Eisenbahn liegt, oder ob sie auf andere Kräfte zurückzuführen ist. Zur Klarstellung dieser Frage ist es besonders lehrreich, die Entwicklung in Nordamerika und die in Deutschland einander gegenüberzustellen. Das typische Beispiel, daß die Eisenbahn zusammenballend wirken kann, bieten nämlich die Vereinigten Staaten von Amerika. Hier haben aber bestimmte, jetzt klar erkannte Ursachen geographischer, geschichtlicher, staats- und wirtschaftspolitischer Art dahin zusammengewirkt, daß sich — unter Mitschuld einer falschen Verkehrspolitik — das Siedlungswesen so verhängnisvoll entwickelt hat[2].

---

[1] Diese Fragen sind von TEUBERT in der Z. Binnenschiff. 1938 eingehend untersucht, desgl. früher von NAPP-ZINN.

Daß die Binnenwasserstraße (d. h. ihre Häfen) in höherem Maße zusammenballend wirkt, als die Eisenbahn (d. h. ihre Knotenpunkte), ist neuerdings von Dr. NAGEL, der als Direktor des großen Industriehafens Neuß besonders sachkundig ist, betont worden. Er schreibt in der Z. öff. Wirtsch. 1938 S. 289:

„Man gelangt zu der Erkenntnis, daß eine gute Hafenlage zusammenballend auf die gewerbliche und besonders die industrielle Wirtschaft wirkt. Diese zusammenballende Wirkung ist eine typische Eigenschaft der Hafenwirtschaft, während beispielsweise ein Eisenbahnknotenpunkt eine solche Wirkung nicht in so starkem Ausmaße herbeiführt.“

[2] Vgl. O. BLUM: Verkehrsgeographie. Berlin 1936, und Arch. Eisenbahnw. 1934.

In Deutschland hat — wie in fast allen Ländern der Erde — in den ersten Zeiten der Privatbetrieb geherrscht, und es ist (zum Teil in Verbindung mit der Kleinstaaterei) eine Baupolitik verfolgt worden, die dem Siedlungswesen hätte verhängnisvoll werden können, denn Privatunternehmer fanden sich nur für die „guten Linien", für die ein privatwirtschaftlicher Ertrag zu erwarten war. Wollte man daher die Vorteile des neuen Verkehrsmittels nicht einseitig den sowieso begünstigten Gebieten und natürlichen Knotenpunkten zugute kommen und die schwachen Gebiete nicht verkümmern lassen, so mußte sich der Staat mittels einer gesunden, ausgleichenden, alle Wirtschaftskreise und alle Gemeinden berücksichtigenden Verkehrspolitik einschalten. Und das tat er auch von Anfang an durch Gesetzgebung und Verwaltung, durch finanzielle Unterstützung und bald auch durch eigenen Bau. Als das Hauptnetz dann später unter staatlicher Führung ausgebaut und die wichtigsten Linien verstaatlicht worden waren, wurden umfangreiche Nebenbahnnetze geschaffen und außerdem der Bau von Kleinbahnen mit reichen Mitteln unterstützt. „Die Systeme der deutschen Staatsbahnen wurden damit der staatliche Ausdruck einer Volksgemeinschaft, in der jedes einzelne Glied in möglichst gleicher Weise der Vorteile eines leistungsfähigen nationalen Transportmittels teilhaftig wird" (PIRATH in Z. Verkehrswiss. 1936 S. 26).

Es soll nicht verkannt werden, daß trotzdem im einzelnen böse Fehler in der Netzgestaltung vorgekommen sind. Aber diese liegen eben nicht in der Natur der Eisenbahn, sondern sind jeweils auf bestimmte, klar erkennbare andere Ursachen zurückzuführen, vor allem auf Fehler in der Gesamtsiedlungs- und Verkehrspolitik.

Man darf nämlich nicht nur die Netzgestaltung und die Baupolitik berücksichtigen, sondern man muß vor allem die Wirkungen beachten, die durch eine zielbewußte Betriebs-, Verkehrs- und Tarifpolitik hervorgerufen werden können. In dieser Beziehung haben nun die Staatslenker in Nordamerika und in manchen anderen Ländern allerdings versagt; dagegen haben die meisten Staatsbahnen eine Gesamtpolitik betrieben, die auf die gleichmäßige und ausgleichende Befruchtung aller Landesteile abgestellt war. In diesem Sinne wirken zunächst die der Eisenbahn auferlegten verkehrsgesetzlichen Sonderbindungen, nämlich die Betriebs-, die Beförderungs- und Tarifpflicht, durch die eine gleichmäßige Behandlung aller Verkehrsteilnehmer sichergestellt wird. Darüber hinaus nahmen die Staatsbahnen in Deutschland, ähnlich wie die Post, nationalwirtschaftliche Pflichten auf sich, durch die das platte Land, die Landwirtschaft, die Kleinstädte, die Grenzgebiete, die Gebirgsgegenden, das Handwerk, die Kleingewerbe und allgemein das Schwache, aber Entwicklungsfähige gefördert wurde. Außer den vielen Einzelmaßnahmen betriebs- und verkehrstechnischer Art ist hier vor allem die Tarifpolitik hervorzuheben[1]:

Das gemeinwirtschaftliche Tarifsystem hat in seinem Werttarif und seinem Staffeltarif, abgesehen von anderen günstigen Auswirkungen, auf die Industriestandorte dezentralisierend gewirkt und die Entwicklung der Landwirtschaft gefördert. Es hat sich damit für die Raumordnung segensreich ausgewirkt. Insgesamt ist bezüglich der Eisenbahn festzustellen:

In den hochindustrialisierten Ländern mit dichtem Eisenbahnnetz sind zwar noch Maßnahmen der Baupolitik notwendig, namentlich Verbesserungen von Linien, Bau von Neben- und Kleinbahnen, Anlage neuer Stationen, Bau von (unter Umständen ziemlich langen) Anschlußgleisen. Der Schwerpunkt muß hier aber auf der Betriebs- und Tarifpolitik liegen. Wenn sie bewußt in den Dienst der Raumordnung gestellt wird, kann man mit ihr sehr viel, wahrscheinlich mehr als mit irgendeiner anderen Maßnahme, erreichen. — Eine sinnvolle Betriebs-

---

[1] Vgl. SCHULZ-KIESOW: Die Eisenbahngütertarifpolitik.

und Tarifpolitik ist für die Raumordnung Gesamtdeutschlands zur Zeit besonders wichtig, weil die Ostmark, die Sudetenländer und die zurückgewonnenen östlichen und westlichen Gebiete in die deutsche Gesamtwirtschaft eingeflochten werden müssen, und zwar muß hier schnell gehandelt werden; große Neubauten, die an und für sich durchaus notwendig sind, erfordern aber zu viel Zeit.

Die Straße (d. h. der Kraftwagen) hat im Sinne der Auflockerung die Vorzüge der Elastizität und Anpassungsfähigkeit, der niedrigen Ansprüche an die Verkehrsmengen, an das Kapital und an die Größe der einzelnen Betriebsunternehmungen; auch die Möglichkeit des „Haus-Haus-Verkehrs" ist von Bedeutung. Aus all dem wird vielfach eine „flächenhafte" Wirkung des Kraftwagens gefolgert, der die nur „linienhafte" Wirkung der Eisenbahn gegenübergestellt wird, desgleichen die noch stärker linienhafte Wirkung der Wasserstraßen.

Leider werden hierbei aber oft Möglichkeiten, die bei entsprechender Verkehrspolitik erzielt werden können, mit den tatsächlichen Leistungen verwechselt. Was den Haus-Haus-Verkehr anbelangt, so sind bei der Eisenbahn mehr als 65% des Güterverkehrs ebenfalls Haus-Haus-Verkehr, nämlich Verkehr von Anschlußgleis zu Anschlußgleis. Andererseits befördert der Kraftverkehr einen erheblichen Teil seines Verkehrs, abgesehen vom Werkverkehr, heute schon nicht mehr unmittelbar, d. h. ohne Umladen, von Haus zu Haus, sondern er sammelt und verteilt mit kleinen Wagen die Güter in der Stadt, um dann die weiten Strecken mit großen Wagen zu überwinden. Ferner ist bei der Gegenüberstellung von flächenhafter und linienhafter Wirkung zu beachten, daß in den Industrieländern die Maschenweite des Schienennetzes einschließlich der Anschlußgleise und Kleinbahnen so klein ist, daß mindestens alle Kleinstädte einen Bahnhof haben und fast alle Mittelstädte Knotenpunkte sind.

Die Dezentralisation der Industrie ist aber gerade dadurch zu fördern, daß sie in Klein- und Mittelstädte verlegt wird, denn hier sind alle die Anlagen und Einrichtungen schon vorhanden, die nun einmal für Industrieanlagen nicht entbehrt werden können, und unter ihnen ist der Güterbahnhof mit die wichtigste Anlage. Wir haben aber in den Klein- und Mittelstädten Tausende von Güterbahnhöfen (und außerdem viele Häfen mit Gleisanschluß), die noch nicht ausgenutzt sind. Und auch hier gilt der Satz, daß zunächst die vorhandenen Anlagen ausgenutzt werden müssen. Wer da glaubt, man könne Gewerbe aus Großstädten und Industriebezirken, also aus Punkten mit Eisenbahn, nach Stellen ohne Eisenbahn verlagern, der wird bitter enttäuscht werden[1].

Hunderte von neuen Städten zu bauen und in sie Industrie zu verlegen, können wir uns nach Zeit, Geld, Baustoffen und Arbeitskräften nicht leisten; wir haben es auch glücklicherweise nicht nötig; wir brauchen hierzu im allgemeinen nicht einmal die Dörfer heranzuziehen; sie kommen aber u. U. in Betracht, um in ihnen Industriearbeiter, die in den zu „industrialisierenden" benachbarten Klein- und Mittelstädten arbeiten, gesund anzusiedeln; — hierbei muß aber sehr behutsam vorgegangen werden.

Da es bei uns und in vielen anderen Ländern von Bedeutung ist, die bisher zurückgebliebenen Gebiete, also namentlich die gebirgigen Gegenden und die Gebiete mit extensiver Landwirtschaft (Moore, Heiden usw.) zu befruchten und in diesem Sinne zu „industrialisieren", so ist hierzu festzustellen, daß der Kraftwagen besonders in der Entwicklungszeit Gutes leisten wird, vorausgesetzt, daß das Straßennetz einigermaßen gut und engmaschig ist; im übrigen sind diese Gebiete die gegebenen Betätigungsfelder für die Kleinbahn, und zwar für die bescheidene Schmalspurbahn, die mittels ihrer sehr billigen Anschlußgleise jedes Dorf und jeden Gewerbebetrieb unmittelbar erreichen kann. Aber auch hier

---

[1] Vgl. hierzu besonders Ministerialdirektor TREIBE: Bedeutung von Kraftwagen und Eisenbahn für die Erschließung dünnbesiedelter und verkehrsarmer Gebiete. Verkehrstechn. Woche 1937, S. 31.

wird oft die Eisenbahn-Tarifpolitik das wirkungsvollste Mittel sein; man beachte hierzu zum Beispiel, daß die Deutsche Reichsbahn für die Gebirge keine sog. „Bergzuschläge" erhebt, obwohl die Betriebskosten durch die Steigungen in die Höhe getrieben werden. Solingen, Remscheid, Lennep usw. hätten ohne diese Tarifpolitik niemals die Entwicklung nehmen können, die sie hinter sich haben! Was wären die vielen kleinen Industrieorte Thüringens, Sachsens, Schwabens ohne die gemeinnützige Tarifpolitik der früheren Staatsbahnen, der heutigen Reichsbahn? — Besonders wichtige Aufgaben stehen uns in dieser Beziehung in den Sudetenländern und noch größere in den Alpengebieten der Ostmark bevor! — Hierbei ist zu beachten, daß Bergzuschläge nicht grundsätzlich als falsch bezeichnet werden dürfen, z. B. auch nicht für entsprechende Kraftlinien der Reichspost.

Schließlich ist bei all diesen Fragen zu berücksichtigen, daß auch die land- und forstwirtschaftlichen und kleingewerblichen Betriebe nicht ohne Massen- verkehr auskommen können (vgl. den Verkehr in Düngemitteln, Kartoffeln, Rüben, Holz und besonders in Kohlen). Diese wohlfeilen Massengüter kann der Kraftwagen aber leider nicht billig genug befördern. Er wird oft auch für diesen Saisonverkehr nicht ausreichend Wagen stellen können; ferner verfügt er zur Zeit noch nicht über die Spezialwagen, die hierzu notwendig sind.

Aus den vielen Problemen, die sich aus den vorstehenden Feststellungen er- geben, können wir hier nur die Verlagerung der Industrie behandeln, die aber im Rahmen einer gesunden Raumordnung von besonderer Bedeutung ist und die gerade durch die zielbewußte Pflege des Verkehrs, und zwar vornehmlich des Güterverkehrs, besonders gefördert werden kann:
Man kann hier zwei Fälle unterscheiden:
1. die Umsiedlung der Industrie innerhalb desselben Stadtgebietes;
2. die Verlegung der Industrie aus einer bestimmten Stadt (oder einem Indu- striegebiet) in eine ganz andere Gegend.
Die Grenzen zwischen diesen beiden Fällen sind natürlich fließend, und bei genaueren Untersuchungen wird man vielleicht noch mehr selbständige Fälle aus- kristallisieren können.
Die Umsiedlung der Industrie innerhalb desselben Stadtgebietes ist weniger eine Frage der Raumordnung als des Städtebaus; aber es bestehen viele Beziehungen untereinander, und das Gesamtziel ist das gleiche: Auflocke- rung und Schaffung gesunder Wohnverhältnisse. Die Verlegung von Industrie aus den Großstädten heraus ist aber nicht mehr eine Angelegenheit des Städte- baus, sondern eine typische Aufgabe der Raumordnung. Welche Gründe im Sonderfall für die Verlegung maßgebend sind, braucht hier nur kurz angedeutet zu werden: es kann sich um wehrpolitische Maßnahmen handeln, also um die Verlegung aus den bedrohten Grenzgebieten in das Landesinnere oder um die Dezentralisation lebenswichtiger Großbetriebe; es kann sich um das Streben handeln, wirtschaftlich schwache Gegenden, Mittel- und Kleinstädte, zu fördern; es kann sich auch um die dringend notwendige Entlastung von Großstädten und Industriebezirken handeln, die innerhalb der eigenen Grenzen nicht mehr genügend aufgelockert werden können. In jedem Fall wird bei allen diesen Maßnahmen der Verkehr, und zwar wieder vornehmlich der Güterverkehr, eine große und oft die entscheidende Rolle spielen.
Daß hierzu aber keine großartige Baupolitik notwendig ist, ist schon hervor- gehoben; es kommt vielmehr darauf an, das Vorhandene auszunutzen. Wir haben so viele Schienenwege und Wasserstraßen und an ihnen so viele Güterbahn- höfe und teilweise auch Häfen, die nicht voll ausgenutzt sind, daß wir Jahrzehnte brauchen werden, um an sie die Industrie, die wir verlagern wollen, anzugliedern. Die Aufgabe ist: Die in den Klein- und Mittelstädten vorhandenen

Güterverkehrsanlagen müssen in die große Aufgabe der Raumordnung eingegliedert werden; außerdem möge man die großen Güterbetriebsanlagen (Rangierbahnhöfe) als Stützpunkte heranziehen, ferner an den vorhandenen Wasserstraßen Anlegestellen schaffen, sofern dies mit geringen Kosten möglich ist. Der eigentliche Ausbau kann sich also auf einfache, billige, kleinere Ergänzungen beschränken.

Dagegen ist die Betriebspolitik besonders wichtig: Hierunter ist das gesamte Fahrplanwesen zu verstehen, wobei auch hier der Güterverkehr nicht übersehen werden darf. Es ist der Nachtverkehr auf Nebenbahnen, die Bedienung der Mittelstädte durch D-Züge, die der Kleinstädte durch Eilzüge zu beachten, — alles Betriebsmaßnahmen, durch die man die Klein- und Mittelstädte planmäßig fördern, ihre Industrie stärken, neue Industrie zu ihnen hinziehen kann. Hier liegen große Aufgaben für den Triebwagen vor und für alle Arten von sog. „leichten Zügen", und zwar nicht etwa nur für die Reichsbahn, sondern vor allem auch für die Kleinbahnen.

Noch wichtiger als die Betriebs- ist aber die Tarifpolitik, denn sie ist das Mittel, durch das man die „geographischen Entfernungen korrigieren" kann; durch ihren planmäßigen Einsatz kann man verkehrswirtschaftlich die Grenzgebiete näher an das Landesinnere heranbringen, die armen Gebirgsgegenden näher an die Kohlenbezirke und die Seehäfen.

Das Problem, bestehende Industrie zu verlegen, scheint nun aber auf den ersten Blick wegen der hohen Kosten kaum lösbar zu sein. Prüft man die Frage aber genauer durch, so findet man (nicht immer, aber oft), daß die Verlegung bei sorgfältiger Vorbereitung und bei sinnvollem Arbeiten auf lange Sicht ohne wirtschaftliche Schädigung oder jedenfalls ohne unerträglich hohe Opfer (des Industriellen, der Stadt, des Staates) möglich ist. Man hat nämlich zu bedenken,

daß viele Gewerbezweige in den alten, beengten Anlagen — in den alten „Buden" — recht teuer arbeiten, und daß Erweiterungen oft unmöglich sind und jedenfalls sehr kostspielig sein würden,

daß viele Anlagen und Einrichtungen kurzlebig sind, also in kurzen Zeitabschnitten erneuert werden müssen,

daß viele Maschinen und andere Einrichtungen verlegt werden können,

daß die Wohnverhältnisse der Belegschaft ungünstig sind und daß sie zu viel Kosten und Zeit auf das Hin- und Herfahren verwenden muß,

daß der Standort in irgendeiner Weise ungünstig zu den Bezugsquellen der Roh- oder Hilfsstoffe oder zu den Absatzmärkten liegt,

daß der Verkehrsanschluß des Werkes ungünstig ist und

daß hierdurch hohe Kosten für Transporte entstehen.

Wir können uns hier auf folgende Punkte beschränken, die den Verkehr betreffen:

Was den Standort anbelangt, der aus transporttechnischen Erwägungen bei der Verlegung von Industrien zu wählen ist, so möchten wir hier nicht etwa eine neue „industrielle Standortlehre" aufstellen, sondern nur kurz bemerken:

Die Theorie der industriellen Standortlehre geht auf den Altmeister der Ingenieurwissenschaften Launhardt zurück, der schon vor rund 70 Jahren den theoretisch günstigsten Standort für eine Industrie, die mehrere Rohstoffe erfordert, auf mathematischem Wege ermittelte. Da aber Launhardt ein guter Mathematiker war, war er davor bewahrt, die Mathematik falsch anzuwenden. Später sind aber mit einem großen Aufwand von mäßig angewandter Mathematik große Theorien aufgestellt worden, denen man recht skeptisch gegenüberstehen muß. Abgesehen von anderen Schwächen krankten sie an folgenden Mängeln: Sie berücksichtigten zwar mit Recht stark die Transportkosten, übersahen dabei aber, daß eine zielbewußte Betriebs- und Tarifpolitik die etwaige Ungunst der Transportlage stark mildern kann; sie berücksichtigten ferner nicht genügend, daß

menschliche Kräfte (Unternehmungsgeist, Tradition, politische und geschichtliche Faktoren usw.) die Standorte der Industrie stark beeinflussen; sie betrachteten drittens alles fast nur unter dem Gesichtspunkt des privaten Nutzens (der
niedrigsten Gestehungskosten), während wir doch gerade den Gemeinnutzen in
den Vordergrund zu schieben haben.

Wir haben nun die Industrie danach einzuteilen, ob wir von ihr eine unzulässige Zusammenballung der Bevölkerung befürchten oder nicht, wobei wir davon
auszugehen haben, daß wir Klein- und Mittelstädte nicht nur fürchten, sondern
sogar befruchten wollen, daß wir also nur die (Groß- und) Riesenstädte und die
Industriebezirke als kritisch ansehen und daher zu entlasten streben.

Nicht kritisch ist daher fast die gesamte Industrie, die land- und forstwirtschaftliche Erzeugnisse des Inlands verarbeitet und die typisch Güter
für die Landwirtschaft erzeugt; denn diese Gewerbebetriebe liegen auf dem platten
Land (Zuckerfabriken, Sägewerke) oder in Klein- und Mittelstädten (Mühlen,
Konservenfabriken). Kritisch kann aber die Verarbeitung ausländischer Erzeugnisse (Getreide, Ölfrüchte) in den großen Häfen sein; die Raumordnung muß
jedenfalls beobachten, ob hier Gefahren vorhanden sind oder entstehen können.

Nicht kritisch sind im allgemeinen die Industrien der Steine und Erden
(Ziegeleien, Zementfabriken, Steinbrüche, nebst ihren Folgebetrieben), weil sie
im allgemeinen auf dem platten Land oder in Klein- und Mittelstädten liegen.

Gleiches gilt von den Industrien der Salze und Erze, namentlich dann, wenn
es sich nur um die Gewinnung und die erste Aufbereitung handelt, denn die Vorkommen der Rohstoffe sind hier weit verbreitet, und die Zahl der Arbeitskräfte
ist verhältnismäßig klein.

Kritisch sind aber die Lagerstätten der Kohlen. Würde es sich hier nur
um die Gewinnung, die erste Aufbereitung und den Abtransport handeln, so
würden dafür nur so geringe Arbeiterzahlen erforderlich sein, daß noch keine
Gefahren entstehen können. Leider wandern aber die Erze in großem Umfang
zur Kohle hin, um sich verhütten zu lassen, und leider baut sich dann auf der
Kohle eine gewaltige Fertigungsindustrie (Baukonstruktionen, Maschinen, Eisenbahnmaterial, Waffen) auf, zu denen noch all die Gewerbe hinzukommen, die
dazu dienen, die Bedürfnisse der Bevölkerung zu befriedigen. Hier muß die
Raumordnung eingreifen, und zwar muß sie in erster Linie die Industriezweige
zu verlegen trachten, bei denen der Stoff wenig, die Arbeit stark zu Buch schlägt.
Das wichtigste Mittel hierzu ist die Tarifpolitik der Verkehrsanstalten, die durch
niedrige Tarife für die Roh- und Hilfsstoffe (z. B. für Stahl und Kohle) die Veredelung von der Rohstoffbasis fort in Richtung der Verbrauchsstellen verschieben
helfen müssen.

Besonders kritisch sind aber die Riesenstädte, also jene Gebilde, die sich
im allgemeinen aus der Verkehrs- zur Handels- und Industriestadt entwickelt
haben. Hier kann nur eine zielbewußte Gesamtpolitik des Staates helfen, die
die Wirtschafts-, Handels-, Steuer und Verkehrspolitik erfaßt.

Über den Verkehrsanschluß des einzelnen Werkes sei im Sinne der Senkung
der Transportkosten noch bemerkt:

Eine der wichtigsten Voraussetzungen für die Senkung der Produktionskosten
ist das Niedrighalten und Senken der Transportkosten für die Anfuhr der Roh-,
Halb- und Hilfsstoffe und die Abfuhr der Erzeugnisse (und der Abfälle). Je nach
der Art der Industrie geht nämlich der Anteil der Transportkosten am Wert
(Preis) des Enderzeugnisses bis auf 38% hinauf (vgl. PIRATH: Verkehrswirtschaft.
Berlin 1934); er ist natürlich am kleinsten bei hochwertigen Gütern, am größten
bei geringwertigen Massengütern (z. B. Ziegelsteinen, Zement, Schnittholz, Roheisen).

Die wichtigsten Mittel, die Transportkosten namentlich für die Massengüter
(Holz, Roheisen, Stahl, Profileisen, Erden, Steine, tropische Erzeugnisse) und für

den wichtigsten Hilfsstoff (nämlich Kohle) zu senken, sind die Wahl des richtigen Standortes und der unmittelbare Anschluß des Werkes (der Fabrik) an die dem Güterfernverkehr dienenden Verkehrsanstalten (Eisenbahn, Kleinbahn, Wasserstraße, Fernstraße, Autobahn). Vor allem trägt der unmittelbare Anschluß an Wasserstraßen und Schienenwege stark dazu bei, die Produktionskosten zu senken, weil dadurch die vergleichsweise kostspieligeren Straßentransporte fortfallen, das Umladen und die damit verbundenen Kosten und Werteinbußen vermieden werden und außerdem unter Umständen das Ausladen, Lagern und Stapeln billiger und schonender ausgeführt werden kann.

Über die Bedeutung des unmittelbaren Anschlusses der Industrie (einschließlich der Großanlagen für Lagerung, Speicher, Lagerplätze, Speditionsbetriebe) an die dem Massenverkehr dienenden Verkehrsmittel sind die beteiligten Kreise (die Aufsichtsbehörden und Stadtverwaltungen und namentlich die Gewerbetreibenden nebst den Handelskammern) leider oft noch schlecht unterrichtet, und es wird daher über diesen Punkt oft mit zu großer Leichtigkeit hinweggegangen. Hier hat der Verkehrsfachmann noch viel Aufklärungsarbeit zu leisten!

Anhänge.

I. Die Macht des Verkehrs.

Die Macht der (großen) Transportanstalten.

Unsere Darstellung der Wirkungen der fortschreitenden Verkehrsentwicklung zeigt, daß der Verkehr sich als eine große Macht gegenüber allen wirtschaftlichen und gegenüber vielen politischen, kulturellen und sogar religiösen Beziehungen erwiesen hat.

Man kann sich hierbei nun vorstellen, daß die einzelnen Verkehrsanstalten oder vielmehr ihre Leiter sich dieser Macht nicht bewußt sind, sondern ihre Verkehrsleistungen jedem Benutzungswilligen zur Verfügung stellen, ohne sich um die Wirkungen zu kümmern. Das mag auch oft genug der Fall sein, zumal dann, wenn ein Verkehrsunternehmen rein als „Geschäft" aufgefaßt wird, so daß es dem Leiter also nur darauf ankommt, möglichst viel Geld zu verdienen, ohne daß er sich darüber Skrupel macht, daß etwa Mitbürger oder das ganze Gemeinwesen geschädigt werden. Wir haben aber bereits erwähnt, daß die leitenden Verkehrsmänner sich über die Wirkungen des Verkehrs Rechenschaft geben müssen, und daß es für die Wissenschaft nicht genügt, die Wirkungen darzustellen und zu registrieren, sondern daß man einerseits die Wirkungen aus dem inneren Wesen der Verbesserungen erklären und daß man das Ganze so leiten muß, daß erwünschte Wirkungen erzielt, unerwünschte vermieden werden.

Jede Verkehrsanstalt soll sich also ihrer Macht bewußt sein, sie soll sie planmäßig zum Wohl der Volksgemeinschaft ausnutzen. Da aber die Gefahr besteht, daß dies doch nicht genügend geschieht, ist es erforderlich, daß die Allgemeinheit — der Staat — der Macht der Verkehrsanstalten seine Macht gegenüberstellt, um Schädliches zu verhindern, Gutes zu erzielen. Dann muß also der Staat über Kräfte verfügen, die das für die Allgemeinheit Gute und Schädliche erkennen, die Wirkungen des Verkehrs verstehen und auch den notwendigen Einblick in das innere Wesen der Verkehrstechnik haben.

Die Macht der Verkehrsanstalten entspringt bestimmten Quellen, von denen die einen außerhalb, die anderen innerhalb des Verkehrs liegen.

Die außerhalb des Verkehrs liegenden, also die „nichtverkehrlichen" Machtquellen, entspringen in der Hauptsache dem Charakter der Verkehrsanstalten als Großbetrieb. Abgesehen von den Kleinstbetrieben in der Küsten- und Flußschiffahrt, dem Fuhrwesen und der Spedition, ist jede Transportanlage ein „Großbetrieb"; die großen Verkehrsunternehmen aber, besonders die Großreedereien, die größeren Eisenbahnnetze und die Telegraphengesellschaften, gehören zu den überhaupt größten Betrieben, die die Welt bisher hervorgebracht hat. Die Deutsche Reichsbahn ist mit einem Anlagewert von etwa 25 Milliarden Goldmark das überhaupt größte Unternehmen der Welt, und sie stellt mit ihrer unmittelbaren Gefolgschaft von rund 850000 Mann, jetzt etwa 1 Million (ohne Familienmitglieder), eines der überhaupt größten stehenden Heere der Welt dar. Im einzelnen sei hierzu ausgeführt:

1. Aus dem Charakter als Großbetrieb ergibt sich zunächst eine entsprechende Kapitalmacht. Der Verkehr bedarf für Bau und Erweiterungen großer Anlagekapitalien; er muß also der Volkswirtschaft (der eigenen oder fremden) große Summen entnehmen, muß sie aber auch verzinsen und tilgen und übt damit auf den Kapitalmarkt einen großen, oft den bestimmenden, aber manchmal keinen guten Einfluß aus; in Ländern mit Privatbahnen beherrschen die Eisenbahnaktien vielfach den Markt, einzelne Eisenbahn- oder Schiffahrtwerte gehören wohl an jeder Börse zu den beliebtesten oder auch gefürchtetsten Papieren. Der Verkehr bedarf ferner beträchtlicher Betriebskapitalien, verfügt dafür aber auch infolge des Grundsatzes der Bar- oder Vorausbezahlung (letztere im Personenverkehr unvermeidlich) über bedeutende Bargeldsummen.

2. Ferner gibt der Verkehr durch seine Bau- und Betriebsbedürfnisse vielen Erwerbszweigen Arbeit, wodurch diese unter Umständen in eine gewisse Abhängigkeit von der Verkehrsanstalt geraten können. Es sei z. B. an all die kleinen und großen Bauunternehmer, vom kleinen Handwerker bis zur „Welt-Tiefbau-Firma", erinnert, die am Bau, der Erweiterung und Unterhaltung von Eisenbahnen, Kanälen, Häfen, Straßen beteiligt sind; gibt es doch Großunternehmen, die fast nur „für die Bahn" arbeiten, indem sie entsprechende Erdarbeiten, Tunnel, Brücken ausführen. Dann ist der großen Aufträge für die Eisenindustrie (Schiffe, Schienen, Brücken), die Forsten und das Holz-Großgewerbe (Schwellen), die Maschinenbauanstalten (Lokomotiven, Wagen, Maschinen), den Kohlenbergbau (Kohlen) und all der Gewerbetreibenden und Kaufleute zu gedenken, die Betriebsstoffe und Bürobedürfnisse liefern, schließlich der Unternehmen, die überhaupt nur für den Verkehr arbeiten (Werften, Signalbauanstalten, Kraftwagen- und Flugzeugwerke).

Hierbei ist aber nicht nur zu berücksichtigen, daß der Verkehr so vielen andern Unternehmungen und deren Gefolgschaften Arbeit gibt, sondern es ist noch der Einfluß dieser großen Aufträge auf die einheimische Wirtschaftspolitik und den Außenhandel zu beachten; hierzu seien folgende Andeutungen gestattet:

a) Die Bedürfnisse des Verkehrs sind so groß, daß er die Konjunktur bestimmend beeinflussen kann. Leider sind sich die verantwortlichen Leiter von Verkehrsanstalten dieser Macht und der daraus entspringenden Pflicht gegenüber der Volkswirtschaft nicht immer genügend bewußt. Das Gemeinwohl verlangt nämlich möglichste Stetigkeit, denn das sprunghafte Auf und Ab von Hausse und Baisse mag zwar für Börsenjobber ganz schön sein, für die Allgemeinheit ist es aber schädlich, denn die Hochkonjunktur hat, abgesehen von anderen Schäden, das überschnelle Zusammenströmen von Arbeitskräften und damit Wohnungselend, die niedergehende aber Arbeitslosigkeit zur Folge. Da sich aber das Auf und Ab schon einfach wegen des verschiedenen Ausfalls der Ernte und der politischen Beziehungen nicht vermeiden läßt, so sollten wenigstens die Großbetriebe, die „auf lange Sicht" bauen, sich bemühen, ausgleichend zu wirken. Gerade die Eisenbahnen und andere großen Verkehrsbetriebe sollten mit verstärkter Bautätigkeit einsetzen, sobald die Konjunktur abflaut; dann geben sie nicht nur Arbeitsgelegenheit, sondern sie bauen auch billig und sind mit den Bauten fertig, wenn die Wirtschaftswelle wieder ansteigt. Zu einer solchen

Baupolitik gehören allerdings viel Voraussicht, ein klares Bauprogramm, fertige Entwürfe und greifbare Geldmittel; — hieran haben es aber manche Unternehmungen mehrfach fehlen lassen und „von der Hand in den Mund gelebt". Andrerseits sollten die großen Verkehrsanstalten (ebenso wie die öffentliche Hand) mit ihren Aufträgen unter Umständen „abstoppen", sobald die Privatwirtschaft genügend „angekurbelt" ist.

b) Ferner sind die Verkehrsanstalten verpflichtet, die heimischen Gewerbe zu unterstützen, indem sie nur solche Aufträge ins Ausland geben, die im Inland tatsächlich nicht ausgeführt werden können. Staaten ohne Kohle und Eisen müssen natürlich die Brennstoffe und den Oberbau aus dem Ausland beziehen; um so mehr aber sind ihre Verkehrsanstalten verpflichtet, alle Verfeinerungsgewerbe, vom Maschinenbau angefangen, zu unterstützen. Junge Staaten mit noch nicht entwickelter Industrie müssen natürlich Brücken, Lokomotiven, Wagen, Sicherungsanlagen, Schiffe, Flugzeuge, Kraftwagen aus den Industriestaaten beziehen; aber die Verkehrsbetriebe haben die Verpflichtung, ständig zu prüfen, ob nicht die Zeit für die Eigenerzeugung gekommen ist. Es kann andrerseits gelegentlich notwendig werden, bei zu hohen Preisforderungen einzelnen einheimischen Gewerbetreibenden einen Dämpfer zu geben, indem man ihnen zeigt, daß man aus dem Ausland ebenso gut, aber billiger kaufen kann. — Das Schaffen einer eigenen „Verkehrsindustrie" und die Erschließung eigener Rohstoff- und Kraftquellen ist zur Zeit besonders für die jüngeren, sich noch schwach fühlenden Staaten, von großer Bedeutung, die fürchten, mit Angriffen mächtiger Völker rechnen zu müssen. Wir können daher gerade hier — neben dem kräftigen Ausbau der Verkehrsanlagen — die Bemühungen um den Aufbau einer Kohle-Eisen-Maschinen-Industrie beobachten.

c) Sodann sollten die Verkehrsanstalten der Pflicht eingedenk sein, daß sie die Kleinen, insbesondere die ortsansässigen Handwerker und Kaufleute, zu unterstützen haben, wenn auch das Arbeiten mit großen Unternehmungen oft einfacher und bequemer sein mag. Man wird hierbei aber solche Unternehmer ausschließen, die ihre Arbeiter nicht angemessen behandeln.

d) In dem gesamten Gebiet der Erteilung von Aufträgen an Industrie und Forstwirtschaft, Handwerk und Handel, an Inland und Ausland ist im Interesse der eigenen Volkswirtschaft und der Landesverteidigung noch zu beachten, daß die Verkehrsanstalten einerseits gelegentlich darauf verzichten müssen, das für den eigenen Betrieb absolut Beste zu erhalten, damit insgesamt das volkswirtschaftlich Beste erzielt wird; denn selbst in so gefährlichen Betrieben, wie es Verkehrsbetriebe meist sind, braucht nicht alles „absolute Qualitätsware" zu sein; man kann sich vielmehr mit den einheimischen, wenn auch geringerwertigen Erzeugnissen begnügen.

e) Andrerseits hat der Verkehr die Pflicht, in gemeinsamer Arbeit mit den liefernden Industrien (Lokomotivfabriken, Werften, Kraftwagen- und Flugzeugwerken usw.) die Technik weiterzuentwickeln, um der Verkehrsindustrie den Absatz in das Ausland zu erleichtern; denn jedes Land kauft gern von einem Land, das auf erstklassige Erzeugnisse Wert legt.

3. Die Transportanstalten haben ein großes Heer von Angestellten, die von ihnen in gewissem Sinne abhängig sind, früher vielfach völlig abhängig waren und unter Umständen zu politischen Zwecken mißbraucht werden können. Zu den unmittelbaren Angestellten, die nebst Angehörigen in hochentwickelten Ländern sicher 6% der Bevölkerung ausmachen, treten noch all die Arbeitskräfte hinzu, die nur oder hauptsächlich für bestimmte Verkehrsanstalten tätig sind und daher mittelbar von ihnen abhängig sind. Überwiegend gehören beide Gruppen gelernten Berufen an und sind demgemäß straff organisiert; sie können also leicht als geschlossene Macht eingesetzt werden, bzw. als solche auftreten. Während sich früher die Angestellten unter Umständen zu Handlungen im Dienste

der Eisenbahnmagnaten usw. mißbrauchen ließen, hat sich jetzt das Blättlein
gewendet; je mächtiger die Organisationen geworden sind, desto kräftiger treten
sie unter Umständen gegen die Leitung auf. — Die leitenden Persönlichkeiten
sollten nie die Torheit begehen, ihre Angestelltenverbände zu irgendwelchen
politischen Handlungen mißbrauchen zu wollen[1].

4. Eine weitere Quelle der Macht fließt aus dem Umstand, daß die Verkehrsanstalten die Öffentlichkeit unterrichten und aufklären müssen; denn die
sog. „Öffentlichkeit" (das Publikum, die Gesamtheit der Fahrgäste und Frachtgeber) kann einerseits in vielen Fällen sich kein eigenes Urteil bilden, andererseits ist es aber an vielen Verkehrsfragen stark interessiert. Die an sich also notwendige Beeinflussung der Öffentlichkeit darf aber selbstverständlich nur im
Sinne wirklich sachlicher Belehrung und Aufklärung und nur mit absolut einwandfreien Mitteln geschehen. Erziehung des Publikums, namentlich der Reisenden, tut dringend not, zumal die Schule hier bisher derart versagt hat, daß sog.
„gebildete" Herren damit kokettieren dürfen, daß sie das Kursbuch nicht lesen
können. Ständiges Fühlunghalten mit den Verkehrsvereinen, Standesvertre-
tungen, besonders den Handelskammern und der Presse ist erforderlich. Hiermit beginnt aber unter Umständen der Anreiz zum Anwenden von nicht ganz
einwandfreien Mitteln; Besichtigungsfahrten, Einweihungsfeiern, gute Frühstücks
mögen noch hingehen, zumal dabei nichts heimlich geschieht; dann aber kommen
die Freifahrtscheine, die Inserate, die Einstellung von „warm empfohlenen"
Verwandten und Freunden, die Zuwendung von Aufträgen, Unterstützungen der
Parteien, zumal beim Wahlkampf, die Gewährung von „Darlehen", und schließlich
wird eben alles, was Einfluß hat, Beamte, Presse, Parlament, „gekauft"; es ist
bezeichnend, daß der größte politische Skandal von einem Verkehrsweg seinen
Namen hat — „Panama"; man könnte auch „Suez" sagen, denn die Geschichte
seiner Entstehung ist auch ein ungeheurer Skandal; ihr Studium kann jedem
Verkehrsmann dringend empfohlen werden. Als ungehörig muß es auch bezeichnet
werden, wenn Leute, die am Verkauf, der Vermietung, dem Betrieb, der Ausbesserung usw. bestimmter Verkehrsmittel ein eigenes finanzielles Interesse haben,
in der Reklame so weit gehen, daß sie andere Verkehrsmittel verächtlich machen,
über die eigenen Erzeugnisse wissentlich unwahre Angaben verbreiten, die Presse
durch ungeheure Inseratenaufträge bestechen, die Vertreter der wahren Wissenschaft verunglimpfen usw.

Zu den vorstehend skizzierten Machtquellen, die man als „nichtverkehrlich"
bezeichnen könnte, kommen nun noch die folgenden hinzu, die man als „verkehrlich" bezeichnen kann, weil sie unmittelbar aus dem Charakter der Unternehmungen als Verkehrsanstalten entspringen; sie können danach unterschieden
werden, daß sie je nachdem dem Bau, dem Betrieb oder der Verkehrsbedienung
entsprechen:

1. Was den Bau von Verkehrsanlagen und allen ihren Nebeneinrichtungen
anbelangt, so hat jede Transportanstalt die Macht, Linien und Erweiterungen
zu bauen oder nicht zu bauen, für eine Linie eine bestimmte Variante zu wählen,
eine Erweiterung, z. B. eines Bahnhofs, nach einer bestimmten Richtung zu
entwickeln, Großbetriebe, z. B. Werkstätten, Lokomotivstationen, Verschiebe-
bahnhöfe, in eine bestimmte Gemeinde zu legen, Straßendurchlegungen zu verhindern oder zu begünstigen, ganze Stadtteile in bestimmter Weise zu beeinflussen, Stationen neu anzulegen oder die Anlage abzulehnen, bestehende Bahnhöfe zu erweitern oder zu schließen, — alles unter Umständen nach irgendwelchen
„politischen" Erwägungen und in irgendeiner Absicht, die vielleicht mit dem
Verkehr selbst gar nichts zu tun hat. Eine große Rolle kann hierbei der private

---

[1] Die Verkehrsanstalten haben bei dem besonders harten, aufreibenden und oft nicht
ungefährlichen Dienst ihrer Gefolgschaften in erhöhtem Maße die Pflicht, sich wahrhaft
sozial zu verhalten.

Erwerbsgeist der Gesellschaft spielen. Da wir hierauf noch bei der Frage „Staats-
oder Privatbetrieb" zurückkommen müssen und manches schon angedeutet haben,
sei hier nur noch bemerkt: Im allgemeinen werden private Verkehrsunternehmungen nicht geneigt sein, Verkehrsanlagen (Kanäle, Eisenbahnen, Häfen, Bahnhöfe, Fluglinien usw.) anzulegen oder einzurichten, die ihnen keine Rente in
Aussicht stellt; sie werden also nur die „guten" Linien bauen. Hierdurch werden
die sowieso schon wohlhabenden Landesteile noch mehr begünstigt, die von der
Natur weniger begnadeten dagegen noch mehr benachteiligt; Zusammenballung
der Bevölkerung und Wirtschaft in den einen, Verödung in den anderen Landesteilen ist die verhängnisvolle Folge.

2. Im Betrieb ist vor allem die Handhabung des Fahrplans eine starke Machtquelle; man denke nur an all die Wünsche der Bevölkerung nach neuen Zügen,
Einstellen der unteren Wagenklassen, von Speise- und Schlafwagen, Anhalten
von Schnellzügen, Herstellung von Anschlüssen, Erhöhung der Geschwindigkeit,
Benutzung der Schnell- und Eilzüge für den Eilgutverkehr, Einlegen von Stück-
gut-, von Eilgut- und Viehzügen, Bedienung der Ladegleise und Anschlüsse,
Verlängerung der Ladezeiten, Einrichtung von Omnibuslinien usw. Je nachdem,
ob und inwieweit hier den berechtigten Wünschen bzw. den völkischen, sozialen
oder wirtschaftlichen Notwendigkeiten entsprochen wird, hat das Verkehrsunternehmen die Macht, ganze Städte, Gewerbezweige, Bevölkerungskreise zu fördern
oder zu schädigen.

3. Im Verkehrsdienst ist neben manchem vorstehend schon Angedeuteten
vor allem der Wagengestellung und der Tarifpolitik zu gedenken; denn die Transportkosten bilden einen Teil der Produktionskosten und bei den wichtigsten
Gütern, nämlich den wohlfeilen Massengütern, einen recht beträchtlichen Teil;
die Transportanstalten können daher durch eine günstige Tarifpolitik (in Verbindung mit guten Betriebsleistungen) bestimmte Gewerbezweige, Häfen, Städte,
Landesteile und schließlich ganze Länder unterstützen, sie können aber auch
durch entgegengesetzte Maßnahmen die schwersten Schädigungen hervorrufen.

Ob bei all diesen oft ineinander greifenden Maßnahmen des Baus, Betriebs
oder Verkehrs die Leiter der Verkehrsanstalten sich ihrer Macht bewußt sind
und von ihr absichtlich Gebrauch machen, ist oft unwesentlich; der Schaden
bleibt schließlich derselbe, gleichgültig, ob er nur aus Torheit oder womöglich
aus Bosheit oder aus anderen Gründen entsteht; Dummheit ist auch hier unter
Umständen ein größeres Verbrechen als Bosheit; sie kann allerdings vom Strafrichter nicht geahndet werden, während die Bosheit dem Richter — — auch
ein Schnippchen schlägt; denn eines der wirksamsten Mittel ist die Schikane,
und diese läßt sich durch kein Gesetz und keinen Richter fassen. Das Verkehrswesen greift in so viele Staats- und Privatrechte ein, ist so mit „Belästigungen"
verbunden, erfordert so viel Geld und so viele technischen Einzelheiten und ist
außerdem so „gefährlich", daß man, wenn man lähmen will, hierzu immer
eine Handhabe findet. Den Bau von neuen Linien und die Ausführung von
Bahnhofserweiterungen kann man jahrzehntelang hinziehen, indem man zunächst
zahlreiche Entwürfe und jeden besonders sorgfältig bearbeitet, dann die Baukosten
hoch ermittelt und die Rentabilität niedrig einschätzt, so daß die Geldgeber
abgeschreckt werden, indem man ferner alle möglichen allgemeinen und besonderen Erwägungen, z. B. die „strategischen", von recht vielen Instanzen prüfen
läßt; — bei all dem wird man sogar den Eindruck erwecken, daß man selbst
recht warm für den Bau eintrete; und wer einen Verkehrsweg nicht haben will,
tut am besten, wenn er sich als dessen eifrigsten Vorkämpfer aufspielt und eine
besonders gute und bei jedem neuen Entwurf eine noch bessere Ausführung
fordert; er wird dann sicher das Ziel erreichen, daß der Bau zu teuer und daher
— leider, leider! — nicht ausgeführt werden kann. Es besteht z. B. der starke
Verdacht, daß städtische Grundbesitzer ihre Macht als Stadtverordnete dazu

mißbraucht haben, um die sozial dringend notwendige Ausweitung der städtischen Verkehrsnetze zu verhindern; beweisen wird sich das aber nur selten lassen, denn seine wahren Beweggründe schreibt in solchen Fällen niemand in die Akten; — es wird behauptet, daß die Ausdehnung der Pariser Untergrundbahnlinien in die Vororte hinein durch die Grundbesitzer der Innenstadt planmäßig verhindert worden sei.

Insgesamt gibt es in Bau, Betrieb und Verkehr Hunderte von Möglichkeiten, um zu lähmen, zu hindern, zu verzögern: man kann notwendige Anschlüsse (z. B. zu Häfen und Kleinbahnen, die man bekämpft) nicht bauen, weil sie „technisch nicht möglich" wären; man kann das Zustellen von Wagen verzögern, übertriebene Forderungen an das Ordnen der Züge stellen, zu hohe Zustellungskosten ausrechnen. Insbesondere können hier bei starker Zersplitterung des Netzes in viele (Privat-) Gesellschaften große Unzuträglichkeiten entstehen.

Allerdings können solche Zustände nur dort einreißen, wo die Verkehrsmittel, mögen sie in Staats- oder Privatbetrieb sein, von nicht einwandfreien Persönlichkeiten geleitet werden, die eine unlautere und vaterlandslose Gesinnung haben und auch ihren fachmännisch geschulten Beamten gegenüber eine übergroße Macht haben; denn ein wirklicher Verkehrsfachmann ist durch seinen ganzen Beruf derart zur Wahrhaftigkeit erzogen, daß er sich zu solchen Machenschaften nicht hergibt. — Wie sich die Staatsgewalt oder das „öffentliche Gewissen" hierzu stellt, wird noch erörtert werden.

Eine besonders starke Machtquelle kann in vielen Fällen daraus entspringen, daß ein Verkehrsunternehmen eine Monopolstellung einnimmt.

Da die Monopole in rechtliche und tatsächliche (faktische) eingeteilt werden, haben wir diese beiden Arten zu untersuchen.

Das rechtliche Monopol besteht im Verkehrswesen darin, daß einem bestimmten Unternehmen das alleinige Recht verliehen wird, in einem bestimmten Gebiet (Land, Landesteil, Kreis, Stadt) bestimmte Verkehrsanlagen (Kanäle, Eisenbahnen, Klein- und Straßenbahnen, Omnibus- und Luftlinien) anzulegen, einzurichten oder zu betreiben.

Rechtliche Monopole sind vor allem im Nachrichtenverkehr in so großem Umfang verliehen worden, daß in ihm das Monopol eigentlich die Regel ist; es handelt sich dabei aber fast immer um Staatsmonopole. Andrerseits sind rechtliche Monopole wenig verliehen worden im Gesamtbereich der Schiffahrt; desgleichen (vorläufig?) nicht im Kraftwagen-, Omnibus- und Güterverkehr. Im Eisenbahnwesen haben viele Staatsregierungen, da sie die große Macht der Eisenbahngesellschaften witterten und fürchteten, die Verleihung von Monopolen an Privatunternehmungen gesetzlich verhindert oder wenigstens verhindern wollen; es ist aber auch in diesen Ländern vielfach dazu gekommen, daß Städte und Kreise usw. an Klein- und Straßenbahnen Rechte verliehen haben, die einem Monopol gleichkommen; und wenn z. B. in Ländern mit Staatsbahnen der Staat mittels seines Aufsichtsrechtes das Entstehen von Privatbahnen, deren Wettbewerb er fürchtet, verhindert, so errichtet er damit zu seinen Gunsten ein rechtliches Monopol; dies war z. B. in Preußen der Fall, wo der Minister der öffentlichen Arbeiten, der gleichzeitig Generaldirektor der Staatsbahnen und höchste Aufsichtsinstanz für die Privatbahnen war, Privatbahnen nur genehmigte, wenn sie eine rein örtliche Bedeutung hatten, also ihrem Wesen nach Kleinbahnen waren. Auch die heutige Deutsche Reichsbahn verfügt — praktisch gesehen — über ein rechtliches Monopol.

Auf Feinheiten formaljuristischer Natur über rechtliche Monopole im Verkehrswesen brauchen wir aber nicht einzugehen, weil viele Verkehrsanstalten selbst dort, wo ein rechtliches Monopol ausgeschlossen ist, aus ihrer eigenen Natur heraus die Macht besitzen, tatsächliche (faktische) Monopole zu begründen. Neben einem großen Hafen oder einem Flughafen kann sich eine entsprechende zweite, gleichwertige Anlage nicht entwickeln, auch dann nicht, wenn sich die erste Anlage in Privatbetrieb befindet und die Konkurrenzanlage durch die öffentliche Hand (Staat, Stadt) geschaffen werden soll. Am sinnfälligsten ist die Bedeutung und Macht des tatsächlichen Monopols bei der Eisenbahn, denn die Eisenbahn ist für den Binnenverkehr derart das vollkommenste Verkehrsmittel, daß ihr kein anderes Verkehrsmittel in allen Verkehrsbeziehungen Wettbewerb machen kann. Man hat sich daher seit den Jugendtagen der Lokomotive abgemüht, dem Schienenweg durch sich selbst Wettbewerb zu bereiten. Laien, die vom inneren Wesen des Eisenbahnbetriebs nichts verstanden, haben es mit der „Konkurrenz auf der Schiene" versucht: Die Eisenbahngesellschaft sollte nur die Strecke und die Bahnhöfe, vielleicht auch nur deren wichtigste Teile bauen und unterhalten, und jeder „Spediteur" sollte das Recht haben, gegen entsprechende Vergütung seine eigenen Lokomotiven und Wagen auf der Bahn verkehren zu lassen; — ein Gedanke, der vom Fuhrverkehr auf der Straße entnommen war, sich aber selbstverständlich auf den schwierigen und gefährlichen Eisenbahnbetrieb nicht übertragen läßt. Auch die Beschränkung auf den Wagendienst ist kaum durchführbar; mindestens führt sie zu Verzögerungen, Leerläufen, großen Schwierigkeiten in den Bahnhöfen und zu unwirtschaftlicher Zersplitterung. — Übrigens würden sich die „Spediteure" bald zu irgendwelchen Interessengemeinschaften zusammenfinden, die man allerdings unter Umständen geheimhalten würde, um der Öffentlichkeit das Märchen vom freien Wettbewerb weiter vorzutäuschen.

Das hier Gesagte bedarf allerdings gewisser Einschränkungen: „Mitbenutzungsrechte" sind wohl möglich und notwendig, jedoch immer nur für wenige fremde Verkehrsanstalten und immer nur in der Form, daß der Betrieb auf der Gemeinschaftsstrecke in einer Hand liegt. Dies spielt eine große Rolle im Grenzverkehr, bei den Straßenbahnen und bei der Benutzung von Bahnhöfen nebst deren Einführungsstrecken. — Wo ein Bahnhof von vielen Gesellschaften gemeinsam benutzt werden muß, haben die Amerikaner das Aushilfsmittel ausgebildet, für den Bau, Betrieb und Verkehr der Gemeinanlage eine besondere Gesellschaft als Tochtergesellschaft der Benutzenden zu bilden, wobei die Abrechnungen nach grob abgestuften Pauschsätzen erfolgt.

In der Schiffahrt ist im Binnen- und Seeverkehr die „Konkurrenz auf der Straße" ohne weiteres möglich und ursprünglich das Gegebene; die vielfach zu beobachtenden und oft sehr erfolgreichen Konzentrationsbestrebungen entspringen nicht der Natur des Betriebes, sondern den Bedürfnissen der Verkehrsabwicklung und des Kapitals; Häfen, Hafenzufahrten und Treidelei sind aber ihrer Natur nach auf einheitlichen Betrieb angewiesen. Fast das gleiche gilt vom Luftverkehr.

Da es bei der Eisenbahn mit der „Konkurrenz auf der Schiene" nichts ist, hat man es mit der „Konkurrenz der Knotenpunkte" versucht. Für Verkehrsbeziehungen zwischen Knotenpunkten gibt es tatsächlich vielfach zwei oder mehr Eisenbahnlinien, vgl. z. B. die Rheinlinien zwischen Duisburg und Basel, die rheinisch-westfälischen Linien zwischen Aachen und Hamm, die Gebirgsrandlinien zwischen Hannover und Oberschlesien. Der Wettbewerb ist aber nur möglich, wenn zwei Städte durch mindestens zwei Linien verbunden sind, und wird auch hier geschwächt, wenn die Strecken durch einen großen Fluß getrennt sind, weil dann das Überschreiten des Flusses für die Fuhrwerke oder die eine Linie besondere Kosten verursacht, die allerdings nicht in den Beförderungskosten zum Ausdruck zu kommen brauchen, vgl. Köln-Deutz, Mannheim-Ludwigshafen. Tatsächlich sind um den Verkehr von Knotenpunkten schwere Wettbewerbkämpfe geführt worden, z. B. auf den Hudson-Linien, im Ruhrgebiet und bezüglich der Schnellzüge am Oberrhein. Solche Kämpfe haben aber im allgemeinen zu Verständigungen zwischen den Kämpfern, zu ihrer Verschmelzung oder zur Erdrosselung des einen geführt, womit auch dieser Wettbewerb ausgeschaltet war. Ist also die „Konkurrenz der Knotenpunkte" im allgemeinen überhaupt nur zeitweilig wirksam, so kann sie für das Gesamtland sogar besonders gefährlich sein: Die Zwischenpunkte, die an nur einer Linie liegen, können nämlich von diesem Wettbewerb keinen Vorteil ziehen (vgl. alle Rheinstädte ohne Straßenbrücke), und an ihnen halten sich dann die Eisenbahnen schadlos; sie müssen die „Kriegskosten bezahlen"; es haben also die Kleinen zu leiden, damit die Großen Vorteile haben; — wenn hierbei unterschiedliche Tarife gesetzlich verboten sein sollten, so gibt es genug andere Mittel, mit denen man den dem Wettbewerb unterliegenden Knotenpunkten doch Vorteile zuwenden und sich an den wettbewerbfreien Zwischenorten schadlos halten kann, denn es ist eine laienhafte Auffassung, anzunehmen, daß es nur auf die Tarife ankäme. Die Tarife sind allerdings ein wichtiges, aber doch nur eines der vielen Kampfmittel; im übrigen wird der Kampf vor allem mit guten Leistungen für die Knotenpunkte geführt (viele, gute, schnelle Züge, gute Anschlüsse, gute Stationsanlagen, gute Verbindungen zu Häfen und Fabriken mit niedrigen Zustellungsgebühren, besondere Pflege des Stück- und Eilgutverkehrs), während man bei den Zwischenorten möglichst spart und alle Arten von „Sondergebühren" so hoch ansetzt, daß gerade eben der Strafrichter nicht einschreiten kann.

Aber es liegt ganz allgemein in der Natur der Eisenbahnen als Großunternehmen mit hohem Kapitalaufwand, den gegenseitigen Wettbewerb zu vermeiden, durch den — mindestens zeitweise — beide Parteien Nachteile haben. Früher, als man die wirtschaftlichen Verhältnisse noch nicht so durchschaute, hat man allerdings vielfach so lange gerungen, bis der Stärkere (oder Skrupellosere) den Schwächeren (oder Anständigeren) vernichtet oder so geschwächt hatte, daß man ihn „billig kaufen" konnte. Heute verständigt man sich schon früher, und auch die Allgemeinheit hat erkannt, daß solcher Wettbewerb durch den Mehraufwand an Strecken, Stationen, Zügen usw. vom allgemeinvolkswirtschaftlichen Standpunkt verfehlt ist, und der Staat sorgt auch bei Privatbetrieben dafür, daß ungesunder Wettbewerb nicht aufkommt, indem er das Gesamtgebiet vernünftig auf die verschiedenen Gesellschaften (Frankreich) oder Gesellschaftsgruppen (England) aufteilt und sich in anderer Weise sichert. — Die angelsächsische Wissenschaft hat zum Wettbewerb der Eisenbahnen den Satz geprägt: „competition is combination."

II. Staat und Verkehr.

Die Stellung der öffentlichen Körperschaften zu den Verkehrsanstalten.

Gemeinnützige Verkehrspolitik. Die Fülle der vom Verkehr ausstrahlenden Wirkungen und die große Macht der Verkehrsanstalten zwingen die öffentliche Gewalt, dem Verkehr ihre besondere Aufmerksamkeit zu widmen, d. h. Verkehrspolitik zu treiben.

Hierbei wird die „öffentliche Gewalt" bezüglich des Verkehrs von den „öffentlichen Körperschaften", in erster Linie von den Gebietskörperschaften getragen. Das sind je nach der Größe der Netze und der Art des Verkehrsmittels: Gemeinde, Kreis, Provinz, Staat, wobei in Deutschland unter „Staat" das Reich oder eines der „Länder" (Bundesstaaten) gemeint sein kann[1]. Wer im Einzelfall zuständig ist, ist durch die Gesetze geregelt; wir sprechen nachstehend der Kürze halber von „Staat", meinen aber dabei die zuständige öffentliche Körperschaft.

---

[1] Auf die „Aufsichtsbehörden" (Minister, Reichsstatthalter, Oberpräsident, Regierungspräsident usw.) brauchen wir hier nicht einzugehen.

Man kann die Aufgaben des Staates in drei Gruppen einteilen:

1. Der Staat muß den Verkehr fördern und unterstützen, damit der Verkehrszweck erreicht wird und die Segnungen des Verkehrs möglichst groß werden;

2. der Staat muß die Schädigung einzelner verhindern, bzw. unvermeidliche Schädigungen erträglich machen;

3. der Staat muß die gesamte Verkehrsentwicklung und Bedienung so lenken, daß der höchste Nutzen für die Allgemeinheit erzielt wird.

Insgesamt darf der Staat hierbei nicht etwa nur beaufsichtigen, regeln, prüfen, genehmigen, bremsen oder schlimmstenfalls bestrafen, sondern er muß eine tatkräftige Politik treiben.

Zu 1. Die Unterstützung des Verkehrs, d. h. in diesem Zusammenhang der einzelnen Verkehrsanstalten durch die Staatsgewalt ist notwendig, damit die Verkehrsanlagen überhaupt geschaffen und betrieben werden können und damit der Verkehrszweck erreicht wird:

Damit ein Verkehrsweg geschaffen werden kann, sind Eingriffe in die Rechte anderer, besonders der bisherigen Grundeigentümer, der Nachbarn und der für Wege und Vorflut Verantwortlichen erforderlich. Der Staat muß also nicht etwa nur das Enteignungsrecht verleihen, sondern muß auch Belästigungen der Nachbarn, Wirtschaftserschwernisse, Veränderungen an Wegen, Wasserläufen, Grundwasser usw. gutheißen und nötigenfalls erzwingen.

Sodann ist oft die Finanzierung nur möglich, wenn der Staat die Verkehrsanstalt wirtschaftlich sicherstellt oder ihr wenigstens das Risiko erleichtert. Das geschieht durch Barzuschüsse zum Bau, die unter Umständen ganz à fonds perdu gegeben werden, oder durch Beteiligung an Aktien oder Schuldverschreibungen, auf deren Verzinsung ganz oder zeitweise verzichtet wird, durch die dauernde oder zeitweilige Übernahme der Zinsgarantie (Sicherstellung einer Mindestverzinsung), durch laufende Zuschüsse zu den Betriebskosten, ferner durch die Verleihung von Land oder von Gerechtsamen zum Ausbeuten von Wäldern, Wasserkräften, Bodenschätzen (wichtig besonders für Halbkulturländer und Schutzgebiete), durch Zollfreiheit für Bau- und Betriebsstoffe, durch Gestellung von Arbeitskräften zu Bau und Betrieb, durch Verzicht auf Steuern, sodann durch Zusicherung bestimmter Verkehre (Post, Regierungsgüter, Soldaten), schließlich durch Verleihung von Monopolen.

Diese Unterstützungen und ihre Formen sind so mannigfaltig und oft sind mehrere so miteinander verquickt, daß wir uns auf diese kurzen Andeutungen beschränken müssen. Die Fassung der Verträge ist äußerst schwierig, denn es handelt sich um zwei Parteien, die zwar einem gemeinsamen Ziel vereint zustreben, die aber doch verschiedene und teilweise einander widerstrebende Belange zu vertreten haben.

Für die Betriebsführung muß der Staat den Verkehrsanstalten gewisse Rechte einräumen, die als „Staatshoheitsrechte" sonst nur vom Staat und seinen Angestellten wahrgenommen werden. Hierzu gehört vor allem die Polizeigewalt. Ferner muß der Verkehr teilweise der allgemeinen Aufsicht entzogen werden, die der Staat sonst den Gewerbebetrieben gegenüber ausübt. Die Anlieger müssen sich Belästigungen gefallen lassen, die sonst verboten und manchmal sehr störend sind (Rauch, Lärm). Gewisse Gesetze (z. B. über Arbeitszeiten, Sonntagsruhe, Feiertagsheiligung) können auf den Verkehr nicht angewendet oder müssen wenigstens gemildert werden. Zum Schutz des Verkehrs gegen verbrecherische Anschläge usw. (Transportgefährdung) sind besonders gesetzliche Bestimmungen erforderlich, die bis zur Todesstrafe gehen müssen.

Zu 2. Da mit dem Bau und Betrieb von Verkehrsanstalten zahlreiche Schädigungen anderer — von kleinen Belästigungen bis zur Tötung — verbunden sind, hat der Staat die Pflicht, die Möglichkeit von Schädigungen auf das überhaupt erzielbare Geringstmaß herabzudrücken und ausreichenden Schadenersatz sicherzustellen, falls ein Schaden eingetreten ist.

Für den Bau muß der Staat Beeinträchtigungen anderer, und zwar von einzelnen Personen (Grund- und Hauseigentümern, Fabrik- und Mühlenbesitzern usw.) und ganzen Gemeinden (namentlich in bezug auf Vorflut- und Wegeänderungen) gutheißen und sogar erzwingen; er muß aber auch andererseits dafür Sorge tragen, daß die Schäden möglichst gering und daß sie voll vergütet werden, und daß überhaupt ein billiger Ausgleich zwischen den Belangen des Verkehrs und denen der Anlieger erzielt wird. Dies geschieht im Planfeststellungsverfahren (in der landespolizeilichen Prüfung), in dem eine oberste Staatsbehörde entscheidet.

Ferner sorgt der Staat durch Gesetze, Verordnungen und entsprechende Aufsicht dafür, daß die mit dem Betrieb nun einmal verbundenen Gefahren möglichst herabgemildert werden und daß, wenn ein Schaden durch einen Verkehrsunfall entsteht, der Geschädigte entschädigt wird. In dieser Beziehung ist das Haftpflichtgesetz gegenüber den Eisenbahnen in Deutschland außerordentlich streng, und seine Auslegungen durch die höchsten Gerichte sind gelegentlich von einer außerordentlichen Schärfe gegen die Eisenbahn und einer merkwürdigen Milde gegenüber dem Leichtsinn der Geschädigten.

Zu 3. Am wichtigsten ist aber die Sicherstellung der Belange der Allgemeinheit; der Staat muß eben dafür sorgen, daß der Verkehrszweck voll und ständig erreicht wird und daß die Verkehrsanstalten im Geist der Anforderungen der Gesamtvolkswirtschaft betrieben werden. Um zu würdigen, was dies alles bedeutet, soll an dieser Stelle zunächst nur daran erinnert werden, daß der Verkehr sich nicht im Transportieren erschöpft, sondern daß noch andere wesentliche Punkte zu beachten sind:

Hierzu sei angedeutet:

a) Der Verkehr greift in alle Gebiete der Wirtschaft entscheidend ein, denn ein erheblicher Teil der Produktion besteht aus Transportkosten; es kann daher der Allgemeinheit nicht gleichgültig sein, ob in dieser Beziehung die einzelnen Privatwirtschaften Nachteile haben, da sich aus den Hunderttausenden und Millionen einzelner privatwirtschaftlicher Schäden ein großer Gesamtschaden für die Volkswirtschaft ergeben muß.

b) Der Verkehr ist für das kulturelle Leben und die Volksgesundheit (vgl. den Wohn-, Sport- und Ausflugsverkehr) von größter Bedeutung.

c) Der Verkehr erfordert sehr große Kapitalien, und zwar in den meisten Ländern die überhaupt größten Kapitalien. Die Allgemeinheit, der Staat, kann also nicht tatenlos zusehen, ob die Summen richtig oder falsch verwendet werden; er hat vielmehr dafür zu sorgen, daß einerseits nicht zu große Summen aus dem Kapitalmarkt — für überflüssige Verkehrseinrichtungen — entnommen werden, und daß andererseits die notwendigen Beträge für die gesunde Entwicklung des Verkehrs! — zur Verfügung gestellt werden, und daß mit diesem Kapitalaufwand der höchstmögliche Nutzen erzielt wird; hierzu ist vor allem notwendig, daß das verfügbare Kapital den jeweils richtigen Verkehrsmitteln zugewendet wird.

d) Im Verkehr arbeiten außerordentlich viele Angestellte; in den großen Verkehrsanstalten sind die überhaupt größten Heere der Welt tätig; es kann dem Staat selbstverständlich nicht gleichgültig sein, wie das Wohl und Wehe dieser großen Volksmenge gesichert ist.

e) Der Verkehr ist in vielen Ländern (durchschnittlich) der größte Auftraggeber für die Industrie und einer der größten Auftraggeber für die Forstwirtschaft. Große Industriezweige hängen von den Aufträgen der großen Verkehrsanstalten ab; von besonderer Bedeutung ist hierbei, daß lohnende und gleichmäßige Aufträge der inländischen Verkehrsmittel die beste Unterstützung für den Absatz in das Ausland sind.

f) Der Verkehr ist nächst Heer, Flotte und Luftwaffe das wichtigste Instrument der Landesverteidigung.

Bei jedem dieser Punkte muß der Staat mindestens überwachend und regelnd, bei vielen aber anordnend, führend und schaffend eingreifen; und insgesamt muß der Verkehr sinnvoll in die gesamte Wirtschafts-, die innere und äußere Handelspolitik, die Sozial- und Raumpolitik, die Macht- und Wehrpolitik eingegliedert werden. Dies muß zu dem Gedanken führen, daß es bei so vielfältigen, schwierigen und bedeutungsvollen Aufgaben doch wohl am besten sei, wenn der Staat selber den Verkehr in die Hand nimmt. Wir wollen daher diese Frage vorab erörtern.

Staats- oder Privatbetrieb. Die Frage „Staats- oder Privatbetrieb" im Verkehrswesen ist (seit dem Aufkommen der Eisenbahn) heiß umstritten worden, und es wird sich hier nie eine Einigung erzielen lassen. Denn es handelt sich um eine grundsätzliche Anschauung der wirtschaftspolitischen Überzeugung, und man wird den auf „Merkantilismus" und „Sozialisierung" Eingeschworenen nicht überzeugen können, daß auch nur in einem Sonderfall oder auch nur vorübergehend der Privatbetrieb richtig sei, und der „Manchestermann" wird trotz zwingender Gründe den Staatsbetrieb ablehnen; — in der „Politik" handelt es sich eben vielfach nicht um Wissen und wahre Gründe, sondern um Glauben, Gefühlsgründe, „Imponderabilien" und ähnliche Dinge.

Außerdem ist es schwer, Vergleiche zwischen verschiedenen Ländern zu ziehen, weil die gesamten geographischen, wirtschaftlichen und politischen Verhältnisse so verschieden sind, daß für das eine Land der Privat-, für ein anderes der Staatsbetrieb vorzuziehen ist; und innerhalb desselben Landes wechseln die politischen Verhältnisse unter Umständen auch derart, daß das, was unter einem autoritären Staat richtig ist, für einen parlamentarisch regierten Staat verkehrt sein kann.

Im Schrifttum herrscht eine gewisse Einseitigkeit zum Nachteil des Privatbetriebs, namentlich in Deutschland, weil seit etwa 1875 die Vertreter der Staatsbahnen, die amtliche Presse und die Kathedersozialisten für den Staatsbetrieb eingetreten sind; dagegen haben sie in der Berichterstattung über den im Ausland, besonders in Nordamerika, herrschenden Privatbetrieb oft dessen hervorragende Leistungen verschwiegen, dagegen die (nicht zu leugnenden) Schmutzereien verallgemeinert und üble Dinge dem Privatbetrieb als solchem angehängt, was doch nur Entgleisungen einzelner, und zwar in der stürmischen Entwicklungszeit eines jungen Volkes, gewesen sind. Viele dieser Vorkämpfer des Staatsbahngedankens haben außerdem nicht im Eisenbahnbetrieb gestanden; ob sie also berufen sind, über Fragen zu urteilen, die nun einmal von den Schwierigkeiten und Gefahren des Verkehrs nicht getrennt werden können, mag bezweifelt werden. Dagegen haben die Anhänger des Privatbetriebes sich wenig geäußert. — Weil das Schrifttum ziemlich einseitig für den Staatsbetrieb eintritt, wollen wir absichtlich die Vorzüge des Privatbetriebs und gewisse Schattenseiten des Staatsbetriebs stärker betonen.

Bei der Frage „Staats- oder Privatbetrieb" ist nicht vom Eigentum, sondern von der Betriebsführung auszugehen; es kommt also nicht darauf an, wem die Verkehrsanlage gehört, sondern darauf, wer sie betreibt. Diese Feststellung ist wichtig, weil es viele Verkehrsanlagen (z. B. Häfen, Eisenbahnnetze, Stadtbahnen) gibt, die zwar dem Staat oder einer Stadt gehören, die aber an eine Privatgesellschaft zur Betriebsführung verpachtet sind.

Unter „Staat" ist, wie schon angedeutet, die zuständige öffentliche Gebietskörperschaft zu verstehen; es kommen also z. B. je nach dem räumlichen Umfang des Unternehmens in Betracht:

für Stadt- und Straßenbahnen und Omnibuslinien: die Stadt,
für Kleinbahnen und Kraftlinien: der Kreis,
für Neben- und Kleinbahnen und Hauptstraßen: die Provinz,
für Eisenbahnen, Flüsse, Kanäle, Autobahnen: der Staat.

In vielen Fällen kann aber eine einzelne Körperschaft das Unternehmen aus finanziellen, politischen oder regionalen Gründen nicht allein durchführen, sondern es müssen sich z. B. die Stadt und ihre verwaltungstechnisch selbständigen Vororte oder mehrere Landkreise oder Städte und Landkreise oder die Provinz und Landkreise zusammentun; in solchen Fällen wird oft die für den Privatbetrieb übliche Form, nämlich die Aktiengesellschaft, gewählt; der Charakter als „Staatsbetrieb" wird hierdurch aber nicht abgestreift.

Es können auch mehrere öffentliche Körperschaften an derselben Verkehrsanlage, aber an verschiedenen Teilen, Eigentum haben; in Deutschland stehen z. B. die Binnenwasserstraßen meist im Eigentum des Staates, die Häfen aber im Eigentum von Städten oder Kreisen (oder auch von Privaten, z. B. von Zechen und Hütten). Auch Vereinigungen von Staats- und Privatbetrieb sind möglich. — Wir kommen hierauf noch zurück.

Zur Klarstellung sei zunächst davon ausgegangen, daß der Staat früher im allgemeinen den Verkehr nicht selbständig betrieben hat, daß vielmehr die größten Leistungen und wichtigsten Fortschritte dem privaten Unternehmungsgeist zu danken sind. Allerdings haben in allen Zeiten aufstrebende Staaten den amtlichen und militärischen Verkehr gepflegt und dafür unter Umständen Großes geschaffen, vgl. die Postkurse der Perser und die Straßenbauten der Römer; der wirtschaftliche Verkehr wurde aber auch im Römerreich von Privaten getragen, zumal in der Seeschiffahrt, die für den Güterverkehr auch damals ungleich wichtiger war als der Landverkehr, wobei man sich auch zu erinnern hat, daß die römischen Straßen für den allgemeinen Verkehr erst spät freigegeben worden sind und auf der Grundlage von Frondiensten der anliegenden Gemeinden unterhalten und betrieben wurden, also wirtschaftlich anders zu beurteilen sind als unsere heutigen Verkehrsmittel. Auch im Zeitalter des Merkantilismus, das sich durch staatliche Pflege des Verkehrs auszeichnet, ist der Bau von Kanälen teilweise durch Private erfolgt, und der Betrieb war auch auf den staatlichen Straßen und Kanälen im wesentlichen in Privathand. Auch die Eisenbahn ist dem privaten Unternehmungsgeist zu danken; für ihre Grundlage haben die Staaten wenig geleistet; viele Staaten sind ihr anfänglich sogar feindlich gewesen; sie mußte sich als Privatunternehmen nur zu oft gegen den Staat durchsetzen; es ist also undankbar, wenn dies heute von manchen übersehen wird. Wie es mit dem Schaffen der ersten Grundlagen, Lokomotive und Gleis, gewesen ist, so ist es mit vielen großen Fortschritten bis in die Gegenwart hinein gewesen: Man soll die Leistungen der Staatsbahnen und ihrer Beamten gewiß nicht herabsetzen, aber man darf doch auch nicht übersehen, daß alle Fortschritte, die in England, Amerika, früher auch in der Schweiz und Deutschland, erzielt worden sind, dem Privatbetrieb zu danken sind, und daß dies noch heute für so manche Verbesserungen gilt, die von den für die Eisenbahn arbeitenden Gewerben ausgehen, vgl. die Parallelerscheinung in der Waffenindustrie. Auch die neuen Bahnarten, Gebirgs- und Bergbahnen, Zahn- und Seilbahnen, Straßen- und Schnellstraßenbahnen, Stadt- und Städtebahnen, elektrische Bahnen, Schmalspur- und Kleinbahnen, sind größtenteils von Privaten ausgebildet und wagemutig geschaffen worden, mochten auch die Schwierigkeiten des Geländes oder die Ungewißheit des wirtschaftlichen Erfolges noch so groß sein. Gleiches beobachten wir in der Seeschiffahrt, der Entwicklung des Kraftwagens und der Luftfahrt. Zum „Pionier" des Fortschritts ist zwar der Staatsbeamte, der Staat selbst aber nur wenig befähigt; er kann im allgemeinen nur das von Privaten Eingeleitete übernehmen, weiterführen und weiterentwickeln; das Schaffen steht aber höher als das Weiterführen. Andrerseits verfügt der Staat u. U. über die Mittel für Neuerungen, die dem Privatbetrieb vielleicht nicht zur Verfügung stehen.

Zur wirklichen Klarstellung der Streitfrage muß für jeden einzelnen Punkt geprüft werden, ob der Vorzug oder Nachteil dem Wesen der Betriebsweise, ob staatlich oder privat, entspricht, oder ob es sich um eine zufällige Sondererscheinung handelt. Die aus dem Wesen der Betriebsweise entspringenden

Mängel können natürlich nicht beseitigt, sondern höchstens durch besondere Tüchtigkeit der Beamten gemildert werden; dagegen sind die zufälligen Erscheinungen vermeidbar, man darf sie also nicht dem System zur Last legen. Man darf auch hier nicht verallgemeinern. Im folgenden bringen wir nur die wesentlichsten Punkte und unterstreichen dabei, wie schon erwähnt, absichtlich die Vorteile des Privatbetriebes und die Mängel des Staatsbetriebs, denn es muß ein Gegengewicht gegen die in Deutschland bisher übliche einseitige Stellungnahme geschaffen werden.

Vom Staatsbetrieb wird behauptet, daß er zur Wahrnehmung der allgemeinen Belange besonders berufen sei, daß er sie — seiner Natur nach — vertrete, während der Privatbetrieb — ebenso seiner Natur nach — die privaten Belange der Aktionäre vertrete; der Staatsbetrieb tue gern und freudig, wozu der Privatbetrieb wider seine Natur gezwungen werden müsse. Nun hat aber die „Allgemeinheit" oft überhaupt nicht die Fähigkeiten, um beurteilen zu können, was ihre „allgemeinen Belange" sind, zumal nicht im Verkehr, der nun einmal recht schwierig ist. Sie hat auch selten so viel Gemeinsinn oder Macht, um das als richtig Erkannte durchzusetzen. Wer stellt überhaupt diese „Allgemeinheit" dar? Das ganze Volk, die Volksvertretung, die Gesamtheit der Reisenden und Verfrachter? Man denke an die Kämpfe, in denen sich die Allgemeinheit bei jeder Linie, jedem Bahnhof, im Fahrplan- und Tarifwesen aufreibt. Auch so manche Regierung wird nicht so viel Wissen, Können, Wollen und Macht aufbringen, um zu beurteilen und durchzusetzen, was wirklich für die Allgemeinheit das beste ist. Staat und Politik sind nun einmal nicht zu trennen, demgemäß auch Staatsbetrieb und Politik nicht, und darunter kann der Verkehr leiden, denn gar oft herrschen im Staat dauernd oder zeitweise Stände, Cliquen, Kasten, Parteien, vgl. im alten feudalpatriarchalischen Obrigkeitsstaat den starken Einfluß großagrarischer, militärischer und sogar höfischer Kreise, die zu starke Bevormundung der Angestellten, die Abhängigkeit vom Finanzminister, die zu langsame Bereitstellung von Mitteln für dringend notwendige Erweiterungen usw. — Schädigungen des Verkehrs durch törichte Regierungen lassen sich aus der deutschen Eisenbahngeschichte nachweisen, schwere Schädigungen des ganzen Landes durch den Parlamentarismus aus der Geschichte Frankreichs, Nord- und Südamerikas usw.

Wenn der Staat einzelne Verkehrsmittel selbst betreibt, so kommt er ständig in Konflikte mit den anderen Verkehrsmitteln; denn er übt über sie die Staatsaufsicht aus, macht ihnen aber gleichzeitig Wettbewerb oder fürchtet ihren Wettbewerb. Hierdurch wird die Allgemeinheit geschädigt, denn der höchste Nutzen wird erzielt, wenn für jeden Verkehrsvorgang das geeignetste Verkehrsmittel angewandt wird, und wenn alle Verkehrsmittel einheitlich zusammenarbeiten. Der Staat kommt auch beim Planfeststellungsverfahren leicht in Konflikte, wenn er z. B. bei den teilweise sehr schwierigen Auseinandersetzungen zwischen Verkehr und Städten gleichzeitig Partei und Richter ist.

Der Staatsbetrieb gibt also nicht unbedingt die Gewähr, daß die „allgemeinen Belange" gerecht und gleichmäßig wahrgenommen werden; er kann vielmehr zu Konflikten führen, die beim Privatbetrieb ausgeschlossen sind. Die hieraus folgenden Bedenken gegen den Staatsbetrieb werden noch verstärkt:

wenn der Staat von fremden Staaten abhängig ist, besonders dann, wenn diese feindlich sind und wenn die Abhängigkeit stark ist,

wenn die Finanzlage des Staates ungünstig ist,

wenn die Regierung schwach, die Bevölkerung leicht zu erregen und das Parlament stark ist,

wenn die Moral in Regierung, Parlament und Presse nicht hoch steht.

Vorurteilslose Anhänger des Staatsbetriebs geben diese Mängel zu, sie halten ihn aber für das kleinere Übel, indem sie dem Privatbetrieb vorwerfen, daß er nicht an die allgemeinen, sondern an seine privaten Belange (an die Dividenden und andere Vorteile) denke und daß er hierdurch zum Schaden des Gesamtlandes zu „regional" denke.

Zum Beweise hierfür werden aber fast nur gewisse Erscheinungen aus der Jugend des amerikanischen Eisenbahnwesens angeführt, während man die Leistungen der großen Masse der Privatbetriebe vergißt. Demgegenüber ist festzustellen, daß sich auch deren Leiter im allgemeinen an Ehrenhaftigkeit, Uneigennützigkeit und Vaterlandsliebe von den Staatsbeamten nicht übertreffen lassen. Es kommt eben darauf an, ob das Gesamtvolk sittlich hoch oder tief steht; ein unlauterer Mensch ist als Minister noch gefährlicher als als Eisenbahn- oder Schiffahrtdirektor.

Es ist aber allgemein falsch, daß der Privatbetrieb nur an seinen eigenen Vorteil denke, und es ist außerdem falsch, daß der anständig wahrgenommene Privatvorteil den Belangen der Allgemeinheit widerspreche: Selbstverständich will die Privatunternehmung „verdienen", sie soll sogar verdienen, denn das ist volkswirtschaftlich notwendig; ein nicht rentierender Betrieb muß nämlich im Lauf der Zeit verkümmern, jedes Nachlassen in der Güte der Verkehrsbedienung schädigt aber die Allgemeinheit. Verdienen kann man aber nur, wenn man gute Ware zu einem vernünftigen Preis anbietet. In dieser grundlegenden Beziehung besteht zwischen Staat- und Privatbetrieb kein Unterschied, denn auch das Staatsunternehmen muß „verdienen", es muß nämlich seine vollen Selbstkosten (einschließlich Verzinsung und Tilgung des Anlagekapitals) herauswirtschaften. Eine Staatsbahn kann nicht (dauernd) unter den Selbstkosten arbeiten, man kann sie nicht mit Ent- und Bewässerungen oder gar mit Schulen vergleichen; auch der Staatsbetrieb verkümmert, wenn ihm dauernd eine Unterbilanz aus öffentlichen Mitteln gedeckt werden muß; vorübergehend und für bestimmte Linien, Stationen, Verkehrsarten können beide Systeme ohne volle Selbstkostendeckung arbeiten; ob aber die Allgemeinheit einer Privat- oder einer Staatsbahn Zuschüsse zahlt, ist im Grundsatz gleichgültig.

Dem Verkehr ist aber im Vergleich zum Kaufmann oder Industriellen das Verdienen in gewissem Sinne erschwert: Er hat nicht die Freiheit in der Festsetzung der Verkaufsbedingungen; er muß vielmehr alle „Kauflustigen" (Reisende und Verfrachter) gleich behandeln, muß vielfach alle Bedingungen im voraus veröffentlichen, kann sie nur nach längerem Zeitraum ändern und steht in allen wichtigen Tariffragen unter der Aufsicht der öffentlichen Gewalt. Ferner kann er nicht gelegentlich „Konjunkturgewinne" machen, sondern er muß fortlaufend immer dasselbe Gut produzieren, nämlich Transportleistungen, und diese können nur in allmählicher Entwicklung verbessert werden, und auch die Selbstkosten können nur allmählich gesenkt werden. Der Verkehr ist eben ein Dauerbetrieb, der nur bestehen kann, wenn er dauernd gute Leistungen anbietet.

Tatsächlich ist die Rente der meisten Verkehrsanstalten durchschnittlich bescheiden, gleichgültig, ob sie sich im Staats- oder Privatbetrieb befinden. Das ist aber auch selbstverständlich, denn beim Verkehr wird seiner Natur nach der Erwerbstrieb durch den stärkeren Willen zur Verbesserung gebändigt. Es liegt eben im Wesen des Großbetriebes, der mit langen Zeiträumen rechnet, daß die ständige Verbesserung oberstes Ziel ist. Die „Dividendenpolitik" der großen Unternehmen ist auf eine mäßige, gleichbleibende Rente gerichtet; Mehrverdienste werden dem Unternehmen als Reserven und neue Kräfte zugeführt, genau wie bei den altererbten landwirtschaftlichen Betrieben. Die Geschichte der großen Verkehrsanstalten bestätigt nicht nur diese Grundrichtung, sondern bietet auch manches leuchtende Beispiel dafür, daß der Privatbetrieb im Sonderfall bewußt auf Verdienst verzichtet hat, um der Allgemeinheit zu dienen, vgl. die deutschen Schiffahrtsgesellschaften, die Großbanken, die elektrischen Unternehmungen, die großen Baufirmen, die oft unter schweren Opfern deutschen Unternehmungsgeist in Gestalt von Verkehrsanlagen ins Ausland getragen haben.

Dem Privatbetrieb wird ferner der Vorwurf gemacht, daß er die gleichmäßige Behandlung des ganzen Volkes nicht gewährleiste. Aus diesen bedeutungsvollen Gesamtfragen, auf die wir noch zurückkommen müssen, ist hier nur die Teilfrage des Baus, d. h. der Gestaltung der Verkehrsnetze vorwegzunehmen. Es genügt die Erörterung für die Eisenbahn: Verlangt werden muß hier, daß das ganze Eisenbahnnetz auf die Bedürfnisse aller Landesteile, insonderheit auch auf die der abgelegenen und der ärmeren und der der Schiffahrt entbehrenden Gebiete, abgestimmt sein muß. Man muß hierbei den Begriff „gleichmäßig" also dahin erweitern, daß darunter nicht nur die „korrekte", bürokratisch gerechte Behandlung zu verstehen sei, denn darunter würden die Kleinen zugunsten der Großen doch leiden, vielmehr muß die gesamte Baupolitik darauf eingestellt sein, die Kleinen (das platte Land, die kleinen Städte, die Handwerker und Bauern, die armen Bezirke) und die von den wichtigsten Produktions- und Handelszentren (Kohlenbecken, Seehäfen) weit entfernten Gebiete zu stützen. Diesen Fragen gegenüber zeigen beide Systeme keine grundsätzlichen Unterschiede; es hängt vielmehr auch hier alles von Anstand und Ehrgefühl, Wissen und Können, politischer Einsicht und Verantwortungsgefühl der leitenden Männer ab. Beide Systeme haben hier Gutes geleistet, beide haben an anderen Stellen und zu anderen Zeiten gesündigt.

Der Bevorzugung einzelner Gebiete und Großstädte, die bei beiden Systemen vorkommt, steht die angebliche Vernachlässigung der abgelegenen Landesteile gegenüber, der sich der Privatbetrieb schuldig machen soll, indem er nur die „guten" Linien baue, sich zum Bau von unrentablen aber nur durch hohe Zuschüsse bewegen lasse, so daß schließlich der Staat einspringen müsse, dem dann also nur die „schlechten" Linien übrigblieben. Tatsächlich liegen die Verhältnisse hier so:

a) Der Staatsbetrieb hat nur selten alle abgelegenen Landesteile gleichmäßig bedacht; vielmehr fühlen sich überall gewisse Gebiete dauernd oder zeitweise zurückgesetzt, wohingegen andere recht gut bedacht sein sollen, sei es aus „politischen" oder „strategischen" Gründen.

b) Beim Bau jeder unrentabeln Linie sind Zuschüsse der „Allgemeinheit" erforderlich, denn auch beim Staatsbetrieb muß die Unterbilanz gedeckt werden; hierüber darf man sich nicht dadurch hinwegtäuschen, daß bei unrentabeln Staatsbahnstrecken die Unterbilanz nicht genau ermittelt und noch weniger bekanntgegeben wird. Übrigens läßt sich auch der Staat „Zuschüsse" zahlen, z. B. durch unentgeltliche Hergabe des Bodens und Sonderzuschüsse der Provinzen, Kreise, Gemeinden usw.

c) Es ist aber überhaupt fraglich, ob die „Nebenbahnpolitik" mancher Staatsbahnen richtig war. Mögen viele Nebenbahnen, zumal aus älterer Zeit, berechtigt sein, — gewisse Staatsbahnen haben sich damit auf eine schiefe Bahn begeben, denn nun ging das „Rennen um die Bahn" los, und es wurde mit allen politischen Mitteln gearbeitet und „Kuhhandel" versucht, um die „Bahn" zu bekommen. Dadurch wurde nicht nur das Verantwortungsgefühl und die eigene Schaffenskraft herabgesetzt, sondern es wurde die Anwendung der richtigen Bahnart verhindert. Indem man sich darauf versteifte, den Staat zum Bau der Nebenbahn „herumzukriegen", verzichtete man darauf, die Kleinbahn aus eigener Kraft zu schaffen. Der Privatbetrieb muß solche unberechtigten Wünsche natürlich ablehnen, und er ist dadurch zu einem großen Erzieher, zu einer kraftvollen Kleinbahnpolitik geworden. Der Staatsbetrieb hat dagegen infolge seiner Doppelstellung als Betriebsführer der Staatsbahn und Aufsichtsbehörde über die Kleinbahn manchmal die richtige Stellung zum

Kleinbahnwesen nicht gefunden. Manche Länder haben zu viele Nebenbahnen, nämlich zu viele teure Nebenbahnen, aber zu wenig Kleinbahnen, nämlich zu wenige bescheidene, billige, aber dem Verkehrsbedürfnis voll gewachsene Kleinbahnen; und auch die technische Ausgestaltung der Kleinbahnen hat unter dem Einfluß militärischer Erwägungen, die noch dazu falsch waren, gelitten. Das Privatbahnsystem, schwach in Politik und Strategie, aber stark im Rechnen, erstrebt dagegen für jeden Zweck das geeignete Verkehrsmittel.

Dem Staatsbetrieb wird der Vorwurf gemacht, daß er teuer arbeite. Man sagt: Verkehrsanstalten sind nicht nur einfach kaufmännische, sondern sie sind industrielle Unternehmungen (technisch-wirtschaftliche Großunternehmungen), der Staat aber eigne sich „anerkanntermaßen" nicht zum Industriellen. Hierzu ist zu bemerken: Der Privatbetrieb ist allerdings elastischer, schneller, er ist nicht an ein Etatsschema gebunden, desgleichen nicht an Rangordnungen für seine Angestellten; er kann sich die besten Köpfe aussuchen, dem Tüchtigen den Aufstieg ermöglichen, den richtigen Mann an die richtige Stelle setzen, für Sonderfragen die hervorragendsten Sachverständigen zuziehen; er kann aber auch Unfähige leichter abschieben; da er ferner verdienen will und auch soll, so hat er den doppelten Anreiz, den Verkehr zu beleben und die Selbstkosten zu senken; das beste Mittel hierzu ist aber die ständige Verbesserung aller Anlagen und Betriebsvorgänge, er wird also seiner Natur nach gezwungen, ständig bessere Leistungen zu erzielen. Aber der Staatsbetrieb hat — mindestens in Deutschland und so manchem anderen Land — seine „Bürokratie" abgestreift; die Deutsche Reichsbahn und so manche kommunale Verkehrsanstalt sind auch im „privatwirtschaftlichen" Sinn Musterbetriebe, — und die großen Privatbetriebe werden den Behörden doch sehr ähnlich.

Bei der großen Bedeutung der menschlichen Arbeitskraft im Verkehrswesen und dem starken Anteil der „Verkehrsleute" an der Gesamtbevölkerung ist es von besonderer Bedeutung, ob die Gesamtstellung der Angestellten bei Staats- oder Privatbetrieb günstiger ist. Auch in dieser Frage wird man zu keiner Einigung kommen; die einen behaupten, der Staatsbetrieb gebe den Angestellten eine zwar bescheidenere, dafür aber sichere Stellung, die andern weisen auf die besseren Aufstiegmöglichkeiten beim Privatbetrieb hin. Für beide Systeme wird man zahlreiche Beispiele anführen können, daß die Angestellten mehr oder weniger gut behandelt werden; das ist auch selbstverständlich, denn die Stellung der Angestellten hängt bei so großen und lebenswichtigen Unternehmungen von ganz andern Faktoren als der Betriebsform ab, nämlich von den innerpolitischen Zuständen, vom sozialen Geist, vom Verantwortungsgefühl der Leiter, vom Gemeinschaftsgefühl der Angestellten, von der Höhe der Volksbildung usw. Nun ist es aber eine feststehende Tatsache, daß jeder tüchtige Betriebsleiter eine seiner vornehmsten Aufgaben darin erblickt, sich einen tüchtigen, strebsamen, arbeits- und verantwortungsfrohen Beamten- und Arbeiterstamm zu schaffen, zu erhalten und zu ständig höheren Leistungen weiterzubilden. Da macht es kaum einen Unterschied, ob es sich um Staats- oder Privatbetrieb handelt.

Ich möchte den Vergleich zwischen Staats- und Privatbetrieb nicht mehr weiterführen; mancher Leser wird den Eindruck haben, daß die Ausführungen sich nicht gerade durch Klarheit und wissenschaftliche Bekenntnistreue auszeichnen, sondern daß sie eine typische verschwommene und nicht gerade mutige „Einerseits-andrerseits"-Darstellung sind. Aber das liegt nun einmal am Thema!

Ich möchte aber meine Ansicht über die wichtigsten Teilfragen wie folgt zusammenfassen:

a) Im allgemeinen:

1. Die für den Verkehr arbeitende Industrie soll man weitestgehend dem freien Unternehmertum überlassen; denn hierdurch wird der technische und wirtschaftliche Fortschritt am besten sichergestellt; außerdem liegen gerade in der

„Verkehrsindustrie" für technisch hochstehende Völker große Chancen für den Absatz im Ausland, vgl. unsere Lieferung von Lokomotiven, Wagen, Kraftwagen, Flugzeugen, Schiffen, Schienen, Brücken, Sicherungsanlagen an das Ausland.

2. In diesem Sinne sollen sich die großen (staatlichen und privaten) Verkehrsanstalten nicht mit „Nebenbetrieben" befassen; sie sollen sich also nicht Bergwerke, Walzwerke, Werften, Gasthöfe usw. angliedern, sondern diese Betriebe den dafür zuständigen Gewerben überlassen. Dieser Grundsatz gilt um so mehr, je größer das Verkehrsunternehmen ist. Bei kleinen Verkehrsanstalten sind dagegen Angliederungen unter Umständen zweckmäßig, z. B. von Gasthöfen an Bergbahnen.

3. In Verkehrszweigen, deren Technik besonders eigenartig oder noch nicht abgeklärt ist, sondern sich noch in schneller Entwicklung befindet, also z. B. bei Berg- oder Seilbahnen, ist der Privatbetrieb vorzuziehen.

4. Gleiches gilt von Verkehrsbetrieben, die nicht regional an eine bestimmte Stelle gebunden sind, sondern sich an beliebigen Punkten und daher auch im Ausland betätigen können, denn es wird hierdurch der Absatz ins Ausland und die Tätigkeit hochwertiger Menschen im Ausland begünstigt. Das spricht dafür, z. B. Straßenbahnen, Omnibuslinien (und z. B. auch Gas- und Kraftwerke) nicht nur durch die Kommunen zu betreiben, sondern teilweise auch dem freien Unternehmungsgeist zu überlassen. Andererseits muß der Einfluß des Staates um so größer sein, je mehr eine Verkehrsanstalt dem ganzen Land dient, denn es muß dann die gemeinwirtschaftliche Bau- und Tarifpolitik sichergestellt werden, und je wichtiger sie für die Landesverteidigung ist.

b) Zu den einzelnen Verkehrsmitteln:

1. In der Seeschiffahrt sind nur die Häfen, die Hafenzufahrten und die Schutz- und Warnanlagen durch öffentliche Körperschaften (Staat, Stadt) zu betreiben; für alles andere ist der private Unternehmungsgeist einzusetzen. Der Staat hat hierbei aber noch zwei wichtige Aufgaben, nämlich die (an anderer Stelle erörterte) Unterstützung der heimischen Schiffahrt durch die Handels- und die Verkehrspolitik und die Sicherstellung der Forderungen der Landesverteidigung. Da die Handelsflotte hierfür von besonders großer Bedeutung ist, wird der Staat u. U. die Bildung von Großreedereien begünstigen, obwohl dies dem sonst so gesunden Grundatz der Stärkung der Mittel- und Kleinbetriebe widerspricht; denn alle Fragen der Organisation, der Vorbereitung, der Durchführung, der Abrechnung, des Austausches von Mannschaften usw. sind um so einfacher und sicherer, je fester die Zusammenfassung des größeren Teils der Handelsflotte bei wenigen in sich festgefügten, schlagfertigen Gesellschaften ist.

2. In der Binnenschiffahrt sind im allgemeinen die Wasserstraßen vom Staat, die Häfen von den Städten zu betreuen, alles andere aber ist der Privatwirtschaft zu überlassen. Bei den „Straßen", also den Flüssen und Kanälen, muß der Einfluß des Staates schon einfach aus dem Grunde besonders groß sein, weil hier die wasserwirtschaftlichen Fragen besonders wichtig sind, aber wohl nur von öffentlichen Körperschaften betreut werden können. Das staatliche Schleppmonopol kann ein besonders wirksames Mittel sein, um die Verkehrspolitik des Staates zu unterstützen.

3. Im Straßenverkehr sind die Straßenkörper (Land- und Stadtstraßen) nebst ihren Hilfseinrichtungen und einschließlich der Verkehrsregelung und -sicherung Sache der öffentlichen Körperschaften (Kreise, Provinzen, Staaten); der Verkehr ist aber den einzelnen Selbstfahrern, Werken und Unternehmern zu überlassen; hierbei können auch Gebietskörperschaften (Kreise, Städte) und staatliche Verkehrsunternehmungen (Reichsbahn, Post) heilsame Arbeit leisten. Der Einfluß der staatlichen Verkehrspolitik muß aber groß sein, da er zwei besonders wichtige Aufgaben zu erfüllen hat: Erstens hat der Staat dafür zu sorgen, daß die Wegebenutzer in Form von Zweckabgaben der Allgemeinheit alle

Kosten zu ersetzen haben, die dieser für Bau, Unterhaltung und Verbesserung des Wegenetzes, ferner für die Verwaltung und die Verkehrspolizei in Stadt und Land entstehen; die Zweckabgaben müssen aber auch den Wegen wirklich zugute kommen; es ist kurzsichtig, Abgaben in ausreichender Höhe (aber mit gerechter Verteilung!) zu bekämpfen, denn die Folge ist der Verfall des Straßennetzes. — Zweitens muß der Staat gerade im Straßenverkehr die Notwendigkeiten der Landesverteidigung sicherstellen. Es handelt sich hierbei neben Bestand und Güte der Pferde um die Erfassung der Kraftwagen; ähnlich wie in der Seeschiffahrt müßte der Staat (namentlich für den gewerblichen Güternfernverkehr) auf die Bildung einer den ganzen Staat umfassenden Großorganisation oder einiger weniger regionalen Organisationen drängen, da man für den Kriegsfall nicht mit vielen Tausenden Kleinstunternehmern operieren kann, die jeder einen anderen Wagentyp, und zwar von sehr verschiedener — oft höchst fragwürdiger — Güte fahren und an das notwendige disziplinierte Zusammenarbeiten nicht gewöhnt sind. — Drittens hat der Staat dafür Sorge zu tragen, daß die gemeinnützige Tarifpolitik der andern Verkehrsanstalten nicht durch private Erwerbsfreude durchkreuzt wird.

4. Die Post — in diesem Zusammenhang in erster Linie der Brief- und elektrische Nachrichtenverkehr, weniger der Paketverkehr und noch weniger der Omnibusbetrieb — ist in fast allen Ländern Staatssache und hat sich in dieser Form bewährt. Beim Nachrichtenverkehr ist hierbei seine hohe politische und militärische Bedeutung zu beachten.

5. Im Luftverkehr sind die gesamte „Bodenorganisation" (Flugplätze usw.) und die wissenschaftliche Forschung Sache des Staates und anderer öffentlicher Körperschaften; Bau, Betrieb und Verkehr sind aber dem privaten Unternehmungsgeist zu überlassen. Abgesehen von den Rücksichten auf die Landesverteidigung muß der Einfluß des Staates schon deshalb groß sein, weil dieses junge Verkehrsmittel noch hoher Subventionen bedarf, und weil ein besonders enges Zusammenarbeiten mit der Post und Eisenbahn erforderlich ist.

6. Für die Eisenbahn ist der Staatsbetrieb dort gut, wo die obenerwähnten ungünstigen Einflüsse ausgeschaltet sind, und auch der Privatbetrieb erfordert einen starken Einfluß des Staates, um die Forderungen der Wirtschaft, der Volksgesundheit, des Siedlungswesens und der Landesverteidigung sicherzustellen. — Stadtschnell-, Straßen- und Bergbahnen können im Betrieb von Privaten oder Städten usw. stehen; für Kleinbahnen sind die Landkreise und Provinzen im allgemeinen die zweckmäßigsten Betriebsführer.

Insgesamt ist zur Zeit — teilweise unter den Folgen des Weltkriegs und der Wirtschaftskrisen — ein Zug zum Staatsbetrieb zu beobachten; er hat sogar Nordamerika bezüglich der Eisenbahnen und der Seeschiffahrt ergriffen, also das Land, in dem sonst die „freie Wirtschaft" so hoch gepriesen wird.

In Deutschland ist die leidige Streitfrage jetzt dahin geklärt,

daß der Staat (die Reichsregierung) die gesamte Verkehrspolitik, also die Entscheidung über alle maßgebenden Verkehrsfragen allen Verkehrsbetrieben gegenüber für sich in Anspruch nimmt,

daß aber für kein Verkehrsmittel die Betriebsform (Staats- oder Privatbetrieb) vorgeschrieben wird[1].

---

[1] Vgl. HUNKE: Grundzüge der deutschen Volks- und Wehrwirtschaft. Verlag Haude & Spener 1938.

Sachverzeichnis.